现代食品科学技术著作丛书

海洋水产品加工技术与质量安全

SEAFOOD PROCESSING TECHNOLOGY, QUALITY AND SAFETY

主编 [希] 扬尼斯·S. 博济亚里斯（Ioannis S. Boziaris）

主译 毛相朝 常耀光 孟祥红

WILEY

中国轻工业出版社

图书在版编目（CIP）数据

海洋水产品加工技术与质量安全/（希）扬尼斯·S. 博济亚里斯（Ioannis S. Boziaris）主编；毛相朝，常耀光，孟祥红主译．—北京：中国轻工业出版社，2022. 10

（现代食品科学技术著作丛书）

ISBN 978-7-5184-3807-5

Ⅰ. ①海…　Ⅱ. ①扬…②毛…③常…④孟…　Ⅲ. ①水产品加工　Ⅳ. ①S98

中国版本图书馆 CIP 数据核字（2021）第 273352 号

责任编辑：罗晓航　　责任终审：白　洁　　整体设计：锋尚设计

策划编辑：伊双双　罗晓航　　责任校对：吴大朋　　责任监印：张　可

出版发行：中国轻工业出版社（北京东长安街 6 号，邮编：100740）

印　　刷：三河市万龙印装有限公司

经　　销：各地新华书店

版　　次：2022 年 10 月第 1 版第 1 次印刷

开　　本：787×1092　1/16　印张：27. 5

字　　数：685 千字

书　　号：ISBN 978-7-5184-3807-5　定价：148. 00 元

邮购电话：010-65241695

发行电话：010-85119835　传真：85113293

网　　址：http：//www. chlip. com. cn

Email：club@ chlip. com. cn

如发现图书残缺请与我社邮购联系调换

190140K1X101ZYW

译者名单

主　　译： 毛相朝　常耀光　孟祥红

参译人员：（按姓氏笔画排序）

马　磊　王彦超　王静雪　孔　青

刘尊英　米娜莎　李兆杰　李振兴

赵元晖　侯　虎　徐　莹　董　平

薛　勇

撰稿人名单

Mercedes Alonso

ANFACO-CECOPESCA, Vigo, Pontevedra, Spain

Sigurjon Arason

Faculty of Food Science and Nutrition, University of Iceland, Reykjavík, Iceland and Matís-Icelandic Food and Biotech R & D, Reykjavík, Iceland

Ioannis S. Arvanitoyannis

Laboratory of Food Technology, Department of Agriculture, Ichthyology and Aquatic Environment, University of Thessaly, Volos, Greece

Ioannis S. Boziaris

Department of Ichthyology and Aquatic Environment, School of Agricultural Sciences, University of Thessaly, Volos, Greece

Frank Devlieghere

Laboratory of Food Microbiology and Food Preservation, Member of Food 2 know, Department of Food Safety and Food Quality, Ghent University, Ghent, Belgium and Pack 4 Food, Department of Food Safety and Food Quality, Ghent University, Ghent, Belgium

Christina DeWitt

Oregon State University Seafood Research and Education Center, Astoria, OR, USA

Trygve Magne Eikevik

Norwegian University of Science and Technology-NTNU, Department of Energy and Process Engineering, Trondheim, Norway

Montserrat Espiñeira

ANFACO-CECOPESCA, Vigo, Pontevedra, Spain

George M. Hall

University of Central Lancashire, Centre for Sustainable Development, Preston, Lancashire, UK

Flemming Jessen
DTU Food, National Food Institute, Division of Industrial Food Research, Technical University of Denmark, Kgs. Lyngby, Denmark

Ikuo Kimura
Laboratory of Food Engineering, Faculty of Fisheries, Kagoshima University, Shimoarata, Kagoshima, Japan

Sevim Köse
Department of Fisheries Technology Engineering, Faculty of Marine Sciences, Karadeniz Technical University, Trabzon, Turkey

Fátima C. Lago
ANFACO-CECOPESCA, Vigo, Pontevedra, Spain

Erling Larsen
DTU Aqua, National Institute of Aquatic Resources, Technical University of Denmark, Charlottenlund, Denmark

Chengchu Liu
College of Food Science and Technology, Shanghai Ocean University, Shanghai, People's Republic of China

Catherine McLeod
South Australian Research and Development Institute, Adelaide, Australia and Seafood Safety Assessment, Tournissan, France

Michael Morrissey
Oregon State University Food Innovation Center, Portland, OR, USA

Minh Van Nguyen
Faculty of Food Technology, Nha Trang University, Nha Trang, Vietnam and Matís-Icelandic Food and Biotech R & D, Reykjavík, Iceland

Jette Nielsen
DTU Food, National Food Institute, Division of Industrial Food Research, Technical University of Denmark, Kgs. Lyngby, Denmark

Bert Noseda
Laboratory of Food Microbiology and Food Preservation, Member of Food2know, Department of Food Safety and Food Quality, Ghent University, Ghent, Belgium

Jörg Oehlenschläger
Seafood Consultant, Buchholz, Germany

Emiko Okazaki
Tokyo University of Marine Science and Technology, Department of Food Science and Technology, Tokyo, Japan

Foteini F. Parlapani
Department of Ichthyology and Aquatic Environment, School of Agricultural Sciences, University of Thessaly, Volos, Greece

Peter Ragaert
Laboratory of Food Microbiology and Food Preservation, Member of Food2know, Department of Food Safety and Food Quality, Ghent University, Ghent, Belgium and Pack4Food, Department of Food Safety and Food Quality, Ghent University, Ghent, Belgium

Tom Ross
University of Tasmania, Tasmanian Institute of Agriculture-School of Agricultural Science, Hobart, Australia

Dagbjørn Skipnes
Nofima AS, Stavanger, Norway

Yi-Cheng Su
Seafood Research and Education Center, Oregon State University, Astoria, Oregon, USA

John Sumner
University of Tasmania, Tasmanian Institute of Agriculture-School of Agricultural Science, Hobart, Australia

Somboon Tanasupawat
Department of Biochemistry and Microbiology, Faculty of Pharmaceutical Sciences, Chulalongkorn University, Bangkok, Thailand

Kristin A. Thorarinsdottir

Marel, Reykjavik, Iceland

Gudjon Thorkelsson

Faculty of Food Science and Nutrition, University of Iceland, Reykjavík, Iceland and Matís-Icelandic Food and Biotech R & D, Reykjavík, Iceland

Persefoni Tserkezou

Laboratory of Food Technology, Department of Agriculture, Ichthyology and Aquatic Environment, University of Thessaly, Volos, Greece

An Vermeulen

Laboratory of Food Microbiology and Food Preservation, Member of Food2know, Department of Food Safety and Food Quality, Ghent University, Ghent, Belgium and Pack4Food, Department of Food Safety and Food Quality, Ghent University, Ghent, Belgium

Wonnop Visessanguan

Food Biotechnology Research Unit, National Center for Genetic Engineering and Biotechnology (BIOTEC), Klong Luang, Pathum Thani, Thailand

Juan M. Vieites

ANFACO-CECOPESCA, Vigo, Pontevedra, Spain

译者序

我国海洋生物资源丰富，海洋水产品中富含优质蛋白质、功能多糖和活性脂质等功效成分，具有安全、营养和健康等特点，是优质食物的重要来源。近年来，我国海洋渔业发展迅速，海洋水产品总量逐年增长，海洋水产品产业从加工出口带动型逐步向内涵式发展转型升级，带动了一二三产业融合发展，产业发展态势良好。但是，从我国海洋水产品加工现状来看，仍然以初级加工为主，精深加工比例和副产物综合利用率比较低，且产品品种单一、市场占有率不高，亟须通过科学研究和技术开发推动产业升级。

《海洋水产品加工技术与质量安全》一书对海洋水产品加工领域的技术、设施和产品做了详细介绍，同时对海洋水产品的质量和安全性评价以及风险评估进行了描述，归纳了各类海洋水产品加工和质量安全控制技术的研究进展。本书可作为水产相关专业本科生、研究生教材和从事海洋水产品加工专业技术人员的参考书。为此，译者决定将这本书翻译成中文，呈现给国内广大读者。

本书共有 17 章，其中第 1 章、第 2 章由李兆杰译，第 3 章由孟祥红译，第 4 章由董平译，第 5 章由赵元晖译，第 6 章、第 7 章由马磊译，第 8 章由徐莹译，第 9 章由薛勇译，第 10 章由李振兴译，第 11 章由毛相朝译，第 12 章由侯虎译，第 13 章由常耀光、王彦超译，第 14 章由王静雪译，第 15 章由刘尊英译，第 16 章由孔青译，第 17 章由米娜莎译。全书由毛相朝、常耀光、孟祥红统稿和审校。当然，由于译者专业水平所限，本书的翻译难免有不足甚至错误之处，恳请读者和同行专家批评指正。最后，要特别感谢中国轻工业出版社的大力支持，使得本书能够顺利翻译和出版。

主译：毛相朝、常耀光、孟祥红

2022 年 3 月

关于IFST食品科学进展系列丛书

食品科学与技术学会（The Institute of Food Science and Technology，IFST）是欧洲领先的食品专业资格认定机构，也是英国唯一一家与食品科学及食品技术各个方面均相关的专业机构。它的认证作为食品行业资质和诚信的标志，受到国际认可。能力、诚信以及为公共利益服务是 IFST 价值观的核心。IFST 关注安全、健康、营养且平价的食品的供应、制造及流通，并考虑环境、动物福利和消费者权利。

《海洋水产品加工技术与质量安全》属于“IFST 食品科学进展系列丛书”。本系列丛书是一系列针对食品科学与技术中最重要、最受欢迎的主题的书籍，着重介绍了全球食品工业各个领域的重大进展。每卷都是详细而深入的作品，其特色是均由国际公认的专家编辑，关注于该领域的新发展。该系列丛书共同构成了一个食品科学最新研究和实践的综合文库，并提供了对食品加工技术的宝贵见解，这些见解对于理解和发展这个快速进步的行业至关重要。

本系列丛书由爱尔兰都柏林 Teagasc 食品研究中心食品生物科学系高级研究员 Brijesh K. Tiwari 博士主编。

前言

近年来，人们对海洋水产品的需求不断增长。世界很多地区的居民都将鱼作为主要的动物蛋白质来源。但是，海洋水产品易于腐烂，受生物危害污染的风险也很高。因此，加工是延长海洋水产品保质期、提高其安全性的必要手段。海洋水产品加工业目前面临着许多新的挑战。海洋水产品产量在近年有了很大的增加，相关制品在被消费之前可能还需要经过长途运输。同时，法律法规以及消费者对更好质量与更安全产品日益增长的需求也应该被充分考虑。海洋水产品应是高质量的、营养的、安全的，并且保质期要长。为满足这些标准，海洋水产品加工必须吸收食品科学与技术、食品质量与安全方面的新进展。当前一系列技术（如气调包装、最小限度热处理、快速冷冻、注射腌制）发展迅速，诸如高压处理之类的新兴技术也已应用至实际。先进的质量与安全保证方法，如用于质量和安全性评估的现代快速技术、物种鉴别技术及风险评估工具，在海洋水产品领域都有了重要的应用。

本书全面涵盖了目前用于海洋水产品各主要加工过程的技术，同时也包括了质量与安全方面的相关技术。本书的第一部分包括初级加工、冷藏与冷冻、热处理、辐照、传统保存方法（腌制、烟熏、酸化、干燥和发酵等）以及包装，还介绍了鱼糜生产、鱼加工副产物处理、可持续开发与高值化开发。本书的第二部分涉及海洋水产品质量的测定、微生物检测、真实性及风险评估。

目录

第二部分 质量与安全

1 海洋食品加工概述
——确保海洋食品的质量与安全

Ioannis S. Boziaris
Department of Ichthyology and Aquatic Environment,
School of Agricultural Sciences, University of Thessaly, Volos, Greece

1.1 引言

近年来，随着水产蛋白质（fish protein）成为世界许多地区消费的主要动物蛋白质，海洋食品（seafood）的需求持续增长。根据联合国粮农组织（FAO）2012 的数据，鲜活海洋水产品占全球海洋水产品总量的 40.5%，而加工水产品（冷冻、腌制、罐装等）占 45.9%。为保证加工原料的质量，海洋水产品（fish）在收获前后必须进行预处理。鱼类和贝类通常在主要加工前要经过预处理或初加工（清洗、去内脏、剖片、去壳等），以确保其质量和安全，并生产新的、方便和高附加值产品（如带包装的鱼片，而不是未包装、未去内脏的整条鱼）。

海洋食品加工主要是抑制和/或灭活细菌和酶，从而延长保质期，并确保食品安全。加工的主要作用是保存，加工不仅延长了保质期，而且创造了一系列新的产品。

海洋食品加工几乎使用了食品工业所有常见的加工技术。保存海洋水产品使用最广泛的方法是低温（冷却、超冷、冷冻）。气调包装技术（MAP）和冷却技术的应用最大限度地保持了产品的质量，延长了保质期。加热可以使致病菌和腐败微生物失活，有利于产品的稳定性和安全性。辐照是一种成熟的非热加工技术，而高压加工的海洋食品不断增加。传统的保藏方法（腌制、发酵等）也用于生产各种产品。

1.2 海洋食品的腐败

由于各种腐败机制，海洋食品腐败的速度非常快。腐败可由微生物的代谢活性、内源性酶活性（如自溶和甲壳类动物壳的酶促褐变）和脂类氧化等引起（Ashie 等，1996；Gram 和 Huss，1996；Huis in't Veld，1996）。

海洋水产品肌肉组织中含有大量的非蛋白质含氮化合物（NPN），肌肉组织维持在低酸度环境（pH>6），使微生物快速生长，这是导致海洋水产品腐败的主要原因。腐败微生物的生长和代谢，特别是特异性腐败微生物（SSOs），会产生影响产品感官特性的代谢物（Ashie 等，1996；Gram 和 Huss，1996）。简单来说，SSOs 最初可能只占海洋水产品微生物菌群（内源性和外源性）的一小部分；然而，它们随后增殖成为具有腐败潜能（能产生异味成分）和腐败活性（能产生大量代谢物）的优势微生物菌群（Gram 和 Dalgaard，2002）。因此，抑制 SSOs 的生长可以延长海洋水产品的保质期。假单胞菌属和希瓦菌属（*Pseudomonas* 和 *Shewanella*）是低温有氧保藏的海洋鱼类和甲壳类动物中的主要腐败菌，而明亮发光杆菌（*Photobacterium phosphoreum*）、各种乳酸菌和热死环丝菌（*Brochothrix thermosphacta*）是气调保藏海洋水产品的主要腐败菌（Gram 和 Huss，1996；Dalgaard，2000）。

鱼类死后，在内源酶的作用下即刻发生自溶，使鱼失去其特有的新鲜气味和滋味，并导致鱼肉肉质变软（Huss，1995；Ashie 等，1996）。发生的主要变化最初是三磷酸腺苷（ATP）及其相关产物的酶降解，随后是蛋白水解酶的作用。酶也与海洋水产品颜色的变化有关。除微生物之外，酶促褐变是甲壳类动物最重要的腐败原因（Ashie 等，1996；Boziaris 等，2011）。甲壳类动物外壳的褐变是多酚氧化酶对酪氨酸及其衍生物如酪胺作用的结果（Martinez-Alvarez 等，2007）。通过各种方法（如加热、添加抗褐变剂等）抑制或灭活多酚氧化酶，以及减少或排除氧气，可以防止甲壳类动物外壳原有颜色的丧失。

脂类的化学氧化（氧化酸败）是鱼类尤其是多脂鱼类最重要的腐败机制之一。氧气（O_2）是氧化性酸败发生的必要条件；因此，减少氧气或排除氧气可以抑制脂质的氧化（Ashie 等，1996）。

所有这些腐败过程几乎同时进行，造成了变质；然而，新鲜海洋水产品变质的主要原因是微生物的作用。对于微生物生长缓慢或受到抑制的加工产品，非微生物作用机制起着决定作用。

1.3 海洋食品的安全问题

化学品、海洋毒素和微生物对海产品的污染可能性很高。海水中存在着各种各样的细菌病原体，包括海水中自然存在的细菌病原体［如致病性弧菌（pathogenic *vibrio*）、肉毒杆菌（*clostridium botulinum*）、嗜水气单胞菌（*Aeromonas hydrophilla*）］以及污染物［如沙门菌（*Salmonella* spp.）、致病性大肠杆菌（Pathogenic *Escherichia coli*）］都可能对海洋水产品造成污染；在加工过程中可能发生其他细菌的污染，如单核增生李斯特菌（*Listeria monocytogenes*）、金黄色葡萄球菌（*Staphylococcus aureus*）等（Feldhusen，2000；Huss 等，2000）。海洋水产品也可以受到病毒（如甲型肝炎病毒、诺如病毒、星形病毒等）、海洋生物毒素［如腹泻性贝类毒素（DSP）、麻痹性贝类毒素（PSP）、神经毒性贝类毒素（NSP）、失忆性贝类毒素（ASP）、鱼类雪卡毒素］和化学污染物（如重金属）等的污染（Huss，1994）。一般来说，加工过程主要控制微生物危害，但几乎无法控制化学危害或生物毒素。因此，必须在初加工和收获前对化学危害和生物毒素进行有效控制。

从安全角度来看，海洋食品可以根据微生物污染的风险和加工方法分为 7 类（Huss 等，2000）。软体动物，尤其是那些不经烹饪就食用的软体动物，属于风险最高的一类；第二类包括烹饪后食用的鱼类和甲壳类；第三类和第四类分别是轻微加工（水相中 NaCl<60g/L，pH>5）和半加工（水相中 NaCl>60g/L，pH<5）产品；第五类是适度热加工的产品，如巴氏杀菌和热熏海鲜；而第六类是经热处理的产品；最后一类是干燥、盐干和熏干的海洋食

品，其风险最低。

1.4 获得最佳的原料质量

鱼的采前和采后处理影响其品质。鱼类死亡后，许多生化变化立即开始。最主要的变化是死后僵直，最初是松弛和有弹性的肌肉变得僵硬，在死后僵直结束时，肌肉再次松弛，但不再有弹性。死后僵直的机制将在第3章进行描述。死后僵直影响水产动物的死后处理。死后僵直可使鱼片开裂，降低产量；在死后僵直开始前对整条鱼或鱼片进行冷冻能得到更好的产品（Huss，1995）。死后僵直的发生和持续时间取决于多方面因素，如鱼的大小、温度和鱼的生理状态，包括应激（Huss，1995）。例如，死前饥饿或者应激反应大的鱼，糖原储备都被消耗殆尽，死后僵直立即开始。快速冷却不仅对抑制水产品细菌的生长很重要，而且还可以控制死后僵直的开始和持续时间。Abe和Okuma（1991）认为，海洋水产品死后僵直的发生取决于其生长环境温度和贮藏温度的差异。当这种差异很大时，死后僵直开始得很快，反之亦然。

1.4.1 死前处理

死前处理过程会影响鱼类死后的僵直。在野生鱼类的捕捞过程中，应尽量不要造成鱼类应激和过度挣扎；而在养殖鱼类中，收获前饥饿、收获和屠宰过程中尽量减少应激反应，可以最大限度地提高质量和保质期（Bagni等，2007；Borderias和Sanchez-Alonso，2011）。消化道中有大量由细菌产生的消化酶，这导致死后严重的自溶，在腹部区域产生强烈的异味（Huss，1995）。饥饿会减少肠内的粪便量，延缓腐败。一般来说，饥饿期为1~3d。捕捞、击昏和宰杀方法对死后的变化和随后的鱼类质量有很大影响。当鱼类被迅速杀死时，可以减少应激，提高质量（Ottera等，2001；Bagni等，2007）。击晕和杀死鱼的方法有很多，如窒息、在流态化冰中快速冷却、电击晕、二氧化碳（CO_2）麻醉、敲或刺等。窒息和电击晕的鱼比刺入、敲击和在流态化冰中快速冷却的活鱼受到的应激更大（Poli等，2005）。敲击头部是获得优质大菱鲆肉的最佳宰杀方法（Roth等，2007）。

对于贝类，为了获得安全的产品，需要在收获前后进行适当的处理。贝类是滤食性动物，能够富集水环境中的污染物。必须采取预防措施，防止病原微生物、生物毒素和化学污染物的积累。水质是最重要的因素之一，因此净化等处理以及随后适当的处理和加工是必不可少的（参见第2章）。

关于甲壳类动物的死前处理，如龙虾和螃蟹，与有鳍鱼类和软体动物贝类相比，发表的研究要少得多。龙虾和螃蟹只要活得越久，品质就越好，保质期也越长。挪威龙虾和螃蟹在冷却条件下或冰藏时会迅速腐败，主要是由于它们死后微生物的快速生长（Robson等，2007；Boziaris等，2011）。最近，Neil（2012）综述了收获后处理对甲壳类动物品质的影响。

1.4.2 死后处理

将鱼宰杀和冷却后，可以进行最小程度的处理，如清洗、去内脏或切片等。去内脏对鱼类品质和保质期的影响是相互矛盾的，未去内脏的海鲷（*Sparus aurata*）和海鲈鱼（*Dicentrarchus labrax*）的微生物数量比去内脏的略低，而感官和化学方法评估的质量和保质期没有差异（Cakli 等，2006）。Erkan（2007）报道了去内脏和不去内脏海鲷的保质期相似。另一方面，Papadopoulos 等（2003）发现，与未去内脏的鲈鱼相比，去内脏的鲈鱼保质期更短。

鱼被切成鱼片以生产高附加值产品。一般情况下，在切片过程中发生尸僵和鱼片开裂，导致产量降低。切片通常在尸僵发生之前或之后进行，各有优缺点。在尸僵发生之前对大西洋三文鱼切片，细菌数量较低，气味评分较高，开裂较少，但失水较僵硬发生后的切片高（Rosnes 等，2003）。

1.5 海洋食品加工

加工对微生物的活动造成了阻碍（Leistner 和 Gorris，1995），因此可以抑制或灭活微生物，从而防止腐败和延长保质期。此外，加工还可以延缓或抑制非微生物腐败机制（表 1.1）。从安全角度来看，加工可以去除或灭活致病菌，使海洋水产品食用更安全。

表 1.1 目前的食品和海洋水产品加工方法

加工过程	作用	目的
冷却	低温	抑制微生物生长
冷却和气调包装	低温、低 O_2 浓度、高 CO_2 浓度	抑制微生物生长； 降低化学氧化速率
冷冻	低温	抑制微生物生长； 降低酶活； 降低化学氧化速率
冷冻（镀冰衣或真空包装）	低温、隔绝 O_2	抑制微生物生长； 抑制氧化酸败； 抑制酶促褐变
加热	高温	灭活微生物和酶
辐照	电离辐射	灭活微生物和酶
盐渍	低水分活度	抑制微生物生长
腌制	低 pH	抑制或灭活微生物
干燥	低水分活度	抑制微生物生长
烟熏	低水分活度、高温（热熏）、熏烟中的抑菌物质	抑制微生物生长
调制（盐渍、烟熏、酸化、干燥等综合处理）	低水分活度和 pH、高温（热熏）、熏烟中的抑菌物质	抑制微生物生长
发酵	低 pH、有机酸、抑菌成分	抑制微生物生长

很多加工方法可以用来保藏海洋食品。处理方法可以单独使用，也可以组合使用（表 1.1）。冷藏是保存海洋食品最简单的方法。整条鱼在收获和宰杀后用冰冷藏，而包装好的去内脏或去骨的鱼则用冷冻保藏。超冷保藏（低于 0℃，而不冻结）可显著延长保质期（参见第 3 章）。利用气调包装结合低温保藏（0～2℃）可以显著延长各种海洋食品的保质期（参见第 10 章）。冷冻也是最广泛使用的海洋食品保存方法之一（参见第 3 章）。

热处理仍然是延长海洋食品保质期的主要方法之一，因为热处理不仅延长了海洋食品的保质期，而且提供了很高的安全性和方便性（参见第 4 章）。尽管消费者对辐照方法缺乏信任，但辐照不仅保证了产品的安全性，而且延长了保质期。这是一种非常有效的灭活微生物的方法，同时又不会显著降低食品质量（参见第 5 章）。

传统的保藏方法，如盐渍、熏制、浸泡、干燥和发酵（参见第 6、7 和 8 章），在世界范围广泛使用。传统的腌鱼深受人们的喜爱，主要是由于其贮藏稳定性好，具有特殊的感官特征和营养价值。

大量的鱼用于鱼糜生产。鱼糜是一种具有胶凝能力的鱼类浓缩蛋白质，已成为世界各国食品生产的重要中间原料。鱼糜被进一步加工成鱼糜制品，如鱼糕和蟹肉棒（参见第 9 章）。

海洋水产品加工业消耗大量能源，产生大量废弃物。处理鱼类废弃物并将其转化为有用的产品（如饲料、天然色素和其他产品）的方法已经问世（参见第 11 章）。鱼类加工厂的可持续发展也令人关切，这不仅涉及废弃物处理和处置以及副产物的回收，而且涉及能源效率和用水（参见第 12 章）。

1.6 质量、安全和真实性保证

海洋食品的新鲜度和质量是通过感官、微生物和化学方法来评估的（Olafsdottir 等，1997）。感官评价是主观的，需要训练有素的专门人才；而微生物学结果具有可追溯性，因此确定与微生物生长有关的化学腐败参数更适合常规使用（Dainty，1996）。总挥发性盐基氮（TVB-N）和三甲胺氮（TMA-N）是与微生物生长有关的主要化学参数，如假单胞菌（*Pseudomonas* spp.）、腐败希瓦菌（*Shewanella putrefaciens*）和明亮发光杆菌（*Photobacterium phosphoreum*）（Gram 和 Huss，1996；Gram 和 Dalgaard，2002）。然而，最常用的参数 TVB-N 被认为是评价硬骨鱼新鲜度的一个较差的指标（Castro 等，2006）。目前的研究主要集中在水产品贮藏过程中产生的其他代谢产物，如含氮化合物以外的挥发物（Duflos 等，2006；Soncin 等，2008）。此外，一系列能够在不破坏样品的情况下提供快速可靠测量的物理和自动化仪器方法正在开发之中，如可见/近红外（VIS/NIR）光谱、电子鼻等（参见第 14 章）。

此外，亦研究了多种微生物指标，以评估水产品的品质及安全性。尽管传统培养技术存在诸多弊端，但它们仍然被认为是标准的方法。然而，分子微生物学和自动化快速检测方法的进步为快速可靠的分析提供了替代工具（参见第 15 章）。

为了保护消费者，杜绝捕捞和养殖水产品以及加工水产品销售中的欺诈行为，需要快速和可靠的物种识别方法。分子生物学和基于聚合酶链式反应（PCR）技术的最新发展，以及分子标记和数据库的使用对这一研究领域作出了重大贡献（参见第 16 章）。

最后，在过去20年中，风险评估的概念大大改进了评估和控制海洋食品危害的方法。第17章分析了风险评价的四个要素（危害识别、暴露评估、危害描述和风险描述）。

1.7 展望

目前的加工技术正在快速发展（气调包装、最小热处理、快速冷冻等），而新兴的技术如高压处理（HPP）、射频加热、智能包装、pH变换加工等将在海洋食品加工中得到广泛应用。HPP目前主要应用于牡蛎，压力可以将闭壳肌从壳上分离，同时使致病性弧菌和其他病毒失去活性。HPP将很快应用到各种海鲜食品加工中。

精深加工海洋水产品在满足全世界消费者对安全、优质、方便、健康和营养海洋食品的需求方面变得越来越重要（参见第13章）。市场需求和新技术将很快成为海洋食品加工技术创新的驱动力。

参考文献

Abe, H. and Okuma, E. (1991). *Rigor mortis* progress of carp acclimated to different water temperatures, *Nippon Suisan Gakkaishi*, 57, 2095-2100.

Ashie, I. N. A., Smith, J. P. and Simpson, B. K. (1996). Spoilage and shelf-life extension of fresh fish and shellfish. *Critical Reviews in Food Science and Nutrition*, 36, 87-121.

Bagni, M., Civitareale, C., Priori, A. *et al.* (2007). Pre-slaughter crowding stress and killing procedures affecting quality and welfare in sea bass (*Dicentrarchus labrax*) and sea bream (*Sparus aurata*). *Aquaculture*, 263, 52-60.

Borderias, A. J. and Sanchez-Alonso, I. (2011). First processing steps and the quality of wild and farmed fish. *Journal of Food Science*, 76, R1-R5.

Boziaris, I. S., Kordila, A. and Neofitou, C. (2011). Microbial spoilage analysis and its effect on chemical changes and shelf-life of Norway lobster (*Nephrops norvegicus*) storedinair at various temperatures. *International Journal of Food Science and Technology*, 46, 887-895.

Cakli, S., Kilinc, B., Cadun, A., Dincer, T. and Tolasa, S. (2006). Effects of gutting and ungutting on microbiological, chemical, and sensory properties of aquacultured sea bream (*Sparus aurata*) and sea bass (*Dicentrarchus labrax*) stored in ice. *Critical Reviews in Food Science and Nutrition*, 46, 519-527.

Castro, P., Padron, J. C. P., Cansino, M. J. C., Velazquez, E. S. and De Larriva, R. M. (2006). Total volatile base nitrogen and its use to assess freshness in European sea bass stored in ice. *Food Control*, 17, 245-248.

Dainty, R. H. (1996). Chemical/biochemical detection of spoilage. *International Journal of Food Microbiology*, 33, 19-33.

Dalgaard, P. (2000). Fresh and lightly preserved seafood, in *Shelf-Life Evaluation of Foods* (eds C. M. D. Man, and A. A. Jones), Aspen Publishers, London, pp. 110-139.

Duflos, G., Coin, V. M., Cornu, M., Antinelli, J. F. and Malle, P. (2006). Determination of volatile compounds to characterize fish spoilage using headspace/mass spectrometry and solid-phase microextraction/gas chromatography/mass spectrometry. *Journal of the Science of Food and Agriculture* 86, 600-611.

Erkan, N. (2007). Sensory, Chemical, and Microbiological Attributes of Sea Bream (*Sparus aurata*): Effect of Washing and Ice Storage. *International Journal of Food Properties*, 421-434.

FAO (2012). *The State of the World Fisheries and Aquaculture*. Food and Agriculture Organization, Rome, Italy. http://www.fao.org/docrep/016/i2727e/i2727e00.htm [accessed 30 May 2013].

Feldhusen, F. (2000). The role of seafood in bacterial foodborne diseases. *Microbes and Infections*, 2 (13), 1651-1660.

Gram, L. and Dalgaard, P. (2002). Fish spoilage bacteria - problems and solutions. *Current Opinion in Biotechnology*, 13, 262-266.

Gram, L. and Huss, H. H. (1996). Microbiological spoilage of fish and fish products. *International Journal of Food Microbiology*, 33, 121-137.

Huis in't Veld, J. H. J. (1996). Microbial and biochemical spoilage of foods: an overview. *International Journal of Food Microbiology*, 33, 1-18.

Huss, H. H. (1994). Assurance of seafood quality. FAO Fisheries Technical Paper-334. FAO Press. Rome.

Huss, H. H. (1995). Quality and quality changes in fresh fish. FAO Fisheries Technical Paper-348. FAO Press, Rome.

Huss, H. H., Reilly, A. and Karim Ben Embarek, P. (2000). Prevention and control of hazards in seafood. *Food Control*, 11, 149-156.

Leistner, L. and Gorris, L. G. M. (1995). Food preservation by hurdle technology. *Trends in Food Science and Technology*, 6, 41-46.

Martinez-Alvarez, O., Lopez-Caballero, M. E., Montero, P. and Gomez-Guillen, M. C. (2007). Spraying of 4-hexylresorcinol based formulations to prevent enzymatic browning in Norway lobsters (*Nephrops norvegicus*) during chilled storage. *Food Chemistry*, 100, 147-155.

Neil, D. M. (2012) Ensuring crustacean product quality in the post-harvest phase. *Journal of Invertebrate Pathology*, 110, 267-275.

Olafsdottir, G., Martinsdottir, E., Oehlenschläger, J. *et al.* (1997). Methods to evaluate freshness in research and industry. *Trends in Food Science and Technology*, 8, 258-265.

Ottera, H., Roth, B. and Torrissen, O. J. (2001). Do killing methods affect the quality of Atlantic salmon? in*Farmed Fish Quality* (eds S. C. Kestin and P. D. Warriss), Blackwell Science Ltd, Oxford, pp. 398-399.

Papadopoulos, V., Chouliara, I., Badeka, A., Savvaidis, I. N., Kontominas, M. G. (2003). Effect of gutting on microbiological, chemical, and sensory properties of aquacultured sea bass (*Dicentrarchus labrax*) stored in ice. *Food Microbiology*, 20, 411-420.

Poli, B. M., Parisi, G., Scappini, F. and Zampacavallo, G. (2005). Fish welfare quality as affected by pre-slaughter and slaughter management. *Aquaculture International*, 13, 29-49.

Robson, A. A., Kelly, M. S. and Latchford, J. W. (2007). Effect of temperature on the spoilage rate of whole, unprocessed crabs: *Carcinus maenas*, *Necora puber* and *Cancer pagurus*. *Food Microbiology*, 24, 419-424.

Rosnes, J. T., Vorre, A., Folkvord, L. *et al.* (2003). Effects of pre-, in-, and post-rigor filleted Atlantic salmon (*Salmo salar*) on microbial spoilage and quality characteristics during chilled storage. *Journal of Aquatic Food Product Technology*, 12, 17-31.

Roth, B., Imsland, A., Gunnarsson, S., Foss, A. and Schelvis-Smith R. (2007). Slaughter quality and rigor contraction in farmed turbot (*Scophthalmus maximus*): a comparison between different stunning methods. *Aquaculture*, 272, 754-61.

Soncin, S., Chiesa, M., L., Panseri S., Biondi, P. and Cantoni, C. (2008). Determination of volatile compounds of precooked prawn (*Penaeus vannamei*) and cultured gilthead sea bream (*Sparus aurata*) stored in ice as possible spoilage markers using solid phasemicroextraction and gas chromatography/mass spectrometry. *Journal of the Science of Food and Agriculture* 89, 436-442.

第一部分　加工技术

2 贝类预处理及初级加工

Yi-Cheng Su[1], Chengchu Liu[2]
[1]*Seafood Research and Education Center, Oregon State University, Astoria, Oregon, USA*
[2]*College of Food Science and Technology, Shanghai Ocean University, Shanghai, People's Republic of China*

2.1 引言

美国是世界第三大鱼类和贝类消费国，仅次于中国和日本。美国人在 2009 年共消费了 2200 万 t 的海洋水产品，平均每人消费 7.2kg 的鱼类和贝类（NOAA，2010）。2010 年，美国商业渔民收获 3700 万 t 海洋水产品，价值 45 亿美元（NOAA，2011）。据统计，美国消费的海洋水产品约 86% 是进口的，其中近一半是养殖的。根据 FAO 的数据，美国以外的水产养殖在过去 30 年里急剧扩张，目前提供了世界海洋水产品需求的一半。世界贝类产量从 1950 年的 170 万 t 增加到 1990 年的 910 万 t，2010 年达到 2080 万 t（FAO，2010，2012）。贝类水产养殖产量的快速增长是由于过去 10 年贝类消费量的增加。

2.1.1 与贝类软体动物有关的健康危害

软体动物贝类是滤食性动物，其在滤食海水获取食物的过程中，也会富集海水中有毒物质和微生物。许多研究表明，重金属（Eisenberg 和 Topping，1984；Presley 等，1990；Jiann 和 Presley，1997；Fang 等，2003）、细菌（Lipp 等，2001）、诸如人诺如病毒或甲型肝炎病毒（HAV）之类的病毒（Richards，1987；Lewis 和 Metcalf，1988；Beril 等，1996；Costantini 等，2006）以及藻类产生的海洋毒素（USFDA，2012b）等污染物可在贝类中积累。因此，双壳类动物可能是人类疾病的载体。

2.1.1.1 细菌性病原体

致病性副溶血弧菌（*Vibrio parahaemolytius*）和创伤弧菌（*Vibrio vulnificus*）是海洋环境中自然存在的嗜盐细菌，常从贝类软体动物中分离出来。因此，人类生食贝类与副溶血弧菌或创伤弧菌感染的高风险有关。进食生的或未煮熟的、被副溶血弧菌或创伤弧菌污染的贝类，特别是牡蛎，可引起急性肠胃炎，表现为腹泻、头痛、呕吐、恶心、腹部绞痛及低烧。在美国，与生蚝消费相关的副溶血弧菌感染已多次暴发（CDC，1998，1999，2006；McLaughlin 等，2005）。最近，据美国疾病控制与预防中心（CDC）统计，美国每年约有 4.5 万例副溶血弧菌感染（USFDA，2012a）。

食用生的或未煮熟的牡蛎后，副溶血弧菌感染的威胁是一个公共卫生问题。副溶血弧菌感染的暴发通常给贝类产业造成重大经济损失。除了弧菌感染，人诺如病毒引起的肠胃炎也与生蚝食用有关（Kohn 等，1995）。据报道，在美国，每 2000 份生食软体动物贝类中就有一份是传播弧菌感染的媒介，而在所有与海洋食品消费相关的死亡事件中，生食牡蛎导致的死亡约占 95%（Oliver，1989）。

2.1.1.2 病毒

诺如病毒和甲型肝炎病毒，可以存在于被生活污水污染的海区生长的贝类中（Fiore，2004；CDC，2012）。诺如病毒是美国急性肠胃炎最常见的病因，每年约有 2100 万人患病，7 万人住院治疗，800 人死亡（CDC，2012）。通常与诺如病毒爆发有关的食物包括绿叶蔬菜、新鲜水果和贝类（主要是牡蛎）。

由诺如病毒引起的感染通常会在 12~48h 内引发突发性疾病，症状包括头痛、恶心、呕吐、腹痛、腹泻和发烧。这些症状通常会持续几天。大多数人不用药物就能康复。肝炎病毒感染可导致以黄疸为典型症状的肝病的发生。甲型肝炎感染的严重程度因人而异，可能是持续数周的轻微疾病，也可能是持续数月的严重综合征。人类是甲型肝炎病毒（HAV）的主要宿主，在食品制作过程中，它可以通过甲型肝炎病毒感染者与食物接触而传播（Fiore，2004）。

2.1.1.3 海洋毒素

多种海洋毒素可能在贝类中积累并引起中毒（USFDA，2012b）。由浮游藻类（主要是鞭毛藻）产生的石房蛤毒素，可在贝类中积聚，引起麻痹性贝类毒素（PSP）中毒，症状为刺痛、灼烧、麻木和语无伦次。在严重的病例中，可能会由于呼吸麻痹而死亡。短裸甲藻毒素由褐藻鞭毛虫（*Gymnodinium breve*）产生，可导致神经毒性贝类毒素（NSP）中毒，表现为神经和胃肠道症状，包括嘴唇和舌头刺痛、头晕、恶心、呕吐、腹泻和肌肉疼痛。这些症状通常发生在食用受污染的贝类后几小时内，大多数疾病不需要住院治疗。

大田软海绵酸及其相关毒素可引起腹泻性贝类毒素（DSP）中毒，主要表现为轻度胃肠道疾病，症状为恶心、呕吐、腹泻和腹痛，伴有寒颤和头痛。DSP 中毒一般不是危及生命的疾病，康复后通常完全没有后遗症。此外，硅藻属微藻（*Pseudo-nitzschia* spp.）产生的一种神经毒素——软骨藻酸，会导致失忆性贝类毒素（ASP）中毒，表现为胃肠道功能紊乱（呕吐、腹泻和腹痛），其次是神经问题（混乱、记忆丧失、定向障碍、癫痫发作和昏迷）（Jeffery 等，2004）。ASP 可能危及生命，易引起老年患者死亡。

2.2 贝类的获取

为了最大限度地降低食用双壳贝类所带来的健康风险，对贝类生长环境的水质进行持续监测，以便发现有毒物质和微生物，这对公共卫生保护至关重要。

2.2.1 生长区域

贝类养殖区的污染来源在不同条件下会不同。一般来说，污染源可以分为两类：点污染源和非点污染源（CSSP，2011）。点源和非点源均可释放公众健康关注的化学和/或微生物污染物。

点源污染是在不连续和可测量的地点混入的污染，如废水处理和收集系统、纸浆厂和食品加工设施的排放。非点源污染是指由流域内与人类活动和自然过程有关的扩散或分散的污染源造成的污染。这些来源不是在离散的、可识别的地点进入的，而且难以测量或定义。美国食品与药物管理局（FDA）确定了8种可能影响贝类生长环境的非点源污染（USFDA，1995）。这些包括城市径流、农业径流、动物粪便污染、船只排放的污水、野生动物粪便、疏浚作业、采矿和造林作业。

2.2.1.1 英国①

在英国，捕捞双壳类软体动物的区域是根据监测贝类肉中大肠杆菌的水平确定的污染程度来分类的（CEFAS，2011）。英国环境、渔业和水产养殖科学中心（CEFAS）制定英格兰和威尔士双壳类生产区的分类方案，并确定哪些地区被批准捕捞双壳贝类，以及在人类消费前是否需要处理。分类如下：

（1）A类［每100g肉中大肠杆菌最大可能数（MPN）≤230］——可直接收获供人类食用。

（2）B类［90%的样品中大肠杆菌最大可能数（MPN）≤4600/100g；所有样本中大肠杆菌最大可能数（MPN）<46000/100g］——软体动物可出售给人类食用：

- 在经过批准的工厂净化后，或
- 在批准的A类区域暂养后，或
- 经过欧盟委员会（EC）批准的热处理工艺。

（3）C类［每100克肉中大肠杆菌最大可能数（MPN）≤46，000］——软体动物必须在批准的中继区至少暂养2个月，然后必要时在净化中心进行处理，或经过欧盟批准的热处理工艺后，方可出售给人类食用。

在所有情况下，必须符合欧盟委员会指令第853/2004号附件Ⅲ所载的健康标准，以及根据欧盟委员会指令第2073/2005号所采纳的微生物标准。软体动物不得在禁区内生产或收集。英格兰和威尔士有两种分类系统：

（1）年度或“临时”分类制度。

（2）长期分类（LTC）系统。

在符合LTC的标准之前，新区域最初将进行年度/临时分类。不符合LTC标准的采收地点将根据年度/临时分类系统自动分类。

2.2.1.2 加拿大

在加拿大，海洋环境水质监测项目是贝类卫生控制的第一道防线。该方案的目的是查明和评价贝类生长和捕捞水域的所有污染源。《加拿大贝类卫生项目（CSSP）操作手册》（第2版）要求贝类生长地区的水质需要进行调查，并确定实际和潜在污染源（CSSP，2011）。在这些调查中，根据贝类生长地区是否适合公认的水质标准和该地区的一般卫生条件来捕捞贝类，对贝类生长地区进行了分类。CSSP根据贝类地区的卫生及水质调查结果，将贝类生长区域划分为五个类别：

①许可区域。

---

① 原版书于2014年出版，不涉及英国脱欧。此部分遵照原版书翻译。——译者注

②有条件许可区域。

③限制区域。

④有条件限制区域。

⑤禁止区域。

(1) 许可区域的分类 如果贝类生长地区没有受到粪便、致病菌、有毒或有害物质的污染，或者污染程度不足以导致食用贝类时存在安全隐患，则可将该地区列为“许可区域”。还必须满足下列条件：

- 养殖水域中粪便大肠菌群的最大可能数（MPN）的中位数或几何平均值不超过14/100mL，在五管十倍稀释试验中，90%海水样本中的粪便大肠菌群的最大可能数（MPN）不超过43MPN/100mL；或
- 化学含量符合《加拿大贝类卫生项目操作手册》附录Ⅱ和《鱼类产品标准和方法手册》附录3《加拿大鱼类和鱼类产品中的化学污染物和毒素指南》中概述的标准或范围。

有证据显示有潜在污染源，如污水提升泵站溢出、污水直接排放、化粪池渗漏等，足以把该贝类生长区域排除在“许可区域”之外。

(2) 有条件许可区域的分类 有条件许可区域是指经贝类管理局确定，在可预测的期间内符合“许可”标准的贝类养殖区。这些地区因废水处理和收集系统的排放、季节性人口、非点源污染或划船活动而受到间歇性污染。符合许可标准的期限（季节性划船活动除外）以许可管理计划中规定的标准为条件。贝类管制当局会将不符合批准贝类生长地区标准的有条件许可区域置于封闭状态。

(3) 限制区域 限制区域不允许捕捞贝类，除非污染渔业管理组织下发许可证（DFO，1990）。由于受粪便、病原微生物或有毒有害物质的污染，消费贝类可能有害。

(4) 有条件限制区域 有条件限制区域是指贝类管制当局为在一段可预测的期间内至少符合“限制”分类标准而确定的贝类生长区域。这些贝类生长区域因废水处理和收集系统的排放、季节性人口、非点源污染或划船活动而受到间歇性污染。满足“限制”标准的期限（季节性划船活动除外）以有条件管理计划中规定的标准为条件。当“有条件限制”的贝类养殖区处于关闭状态时，禁止捕捞。

(5) 禁止区域 禁止在“禁止区域”内捕捞贝类，除用于获取种苗或幼苗、制作饵料和科学目的之外，不得用于任何目的。

2.2.1.3 美国

在美国，《美国国家贝类卫生计划（NSSP）》之《贝类软体动物控制指南》允许使用总大肠菌群标准或粪便大肠菌群标准对生长区域进行分类。贝类生长区域被分为许可、有条件许可、限制、有条件限制或禁止（NSSP，2009）五类。所有养殖区域必须根据每12年的卫生调查及其最新的3年期或年度重新评价（如有的话）进行分类，符合其中一种：

①许可区域。

②有条件许可区域。

③限制区域。

④有条件限制区域。

⑤禁止区域。

未进行每12年一次卫生调查的养殖区域将被列为禁止养殖区域。

（1）许可区域　当卫生调查发现生长区域符合下列标准时，该生长区域将被归类为许可区域：

- 贝类直接销售安全。
- 根据管理局的判断，受人体或动物粪便物质污染的程度不足以构成实际或潜在的公共卫生危害；并且未被下列污染：

①致病菌。

②有毒或有害物质。

③海洋生物毒素。

④在本分类中，某一生长区域的细菌浓度超过细菌学标准。

（2）有条件许可区域　有条件许可区域需要满足：

- 当条件许可区域处于开放状态时，应符合许可区域标准。
- 当条件许可区域处于关闭状态时，应为限制或禁止区域。

如果处于关闭的生长区符合限制区域标准，则应在管理计划中指出是否能采捕原料贝用于暂养或净化。

（3）限制区域　在以下情况下，生长区域被划分为限制级：

- 卫生调查显示污染程度有限。
- 粪便污染、人类病原体、有毒或有害物质的水平如此之高，以至于贝类通过暂养至其他区域、净化或低酸罐头食品加工都无法供人类安全食用。

管理部门会采取有效的管制措施，确保贝类只在以下范围内捕捞：

- 通过特殊执照。
- 在当局的监督下。

管理部门将制定贝类的质量标准，以便将某一地区列入限制分类。并依照是否需要“暂养”或“净化”的准则，提出适用于贝类的处理程序。

（4）有条件限制区域　任何有条件限制区域将：

- 满足以下要求：

①处于开放状态时为有条件许可区域。

②处于封闭状态时为禁止区域。

- 在其管理计划中指定收获的贝类是否要暂养或净化。

（5）禁止区域　在码头内或码头附近的禁止区域不能捕捞贝类。但是，管理部门可以对这些水域使用禁止的分类。

如果生长区域达到如下标准，就可以划分为“禁止区域”：

- 目前未进行卫生调查。
- 通过卫生调查确定：

①生长区域毗邻污水处理厂排水口或其他对公众健康有重要影响的点源排水口。

②污染源可能对生长区域造成无法预测的污染。

③生长地区受粪便污染，贝类可能成为疾病微生物的媒介。

④生物毒素的浓度足以造成公共卫生风险。

⑤该地区受有毒或有害物质污染，导致贝类污染。

- 根据风险评估和风险管理进行的评估表明，贝类不适合人类食用。

管理部门将（a）不允许从任何禁止区域捕捞贝类，但捕捞贝苗用于水产养殖或用于贝类资源保护的除外；（b）确保从任何被列为禁止区域捕捞的贝类不被用于人类消费，除非是如《美国国家贝类卫生计划（NSSP）》第6章“贝类养殖”中所述的采集贝类种苗。

2.2.2 水质

海洋环境污染会影响贝类的品质、价值和安全。以粪便大肠菌群水平为基础的水质细菌标准通常用于贝类生长水域的分类。经常监测水中的粪便大肠菌群，以确保环境符合既定的贝类养殖水卫生标准。此外，粪便大肠菌群在水中的存在可以作为贝类中粪便病原体潜在积累的一个指标。

2.2.2.1 许可类贝类生长水域

美国国家贝类卫生计划要求贝类生长区域的水质符合粪便大肠菌群标准（NSSP，2009）。由最大概率法（MPN）或膜过滤法（MF）（mTEC）测定的水样粪便大肠菌群的中位数或几何平均数，不能超过14个/100mL，而超过14个的水样不能超过10%：

- 三管十倍稀释法测定值不大于49MPN/100mL。
- 五管十倍稀释法测定值不大于43MPN/100mL。
- 十二管单次稀释法测定值不大于28MPN/100mL。
- mTEC测试法测定值不大于31CFU/100mL。

2.2.2.2 限制性生长区域

如果潮位增加了粪大肠菌群浓度，管理当局将根据在该潮位采集的水样来对该区域进行分类。对于受到点源影响且用于贝类净化的限制类生长区域，水样中粪便大肠菌群的中位数或MPN几何平均值或MF（mTEC）测试值不应超过88/100mL，并且估计的第90百分位数应满足：

- 三管十倍稀释试验不超过300MPN/100mL。
- 十二管十倍稀释试验不超过173MPN/100mL。
- MF（mTEC）不超过163CFU/100mL。

对于受到非点源影响且用于贝类净化的限制类生长区域，水样中粪便大肠菌群的中位数或MPN几何平均值或MF（mTEC）值不应超过88/100mL，并且估计的第90百分位数应满足：

- 三管十倍稀释试验不超过300MPN/100mL。
- 五管十倍稀释试验不超过260MPN/100mL。
- MF（mTEC）不超过163CFU/100mL。

2.3 双壳贝类处理

2.3.1 温度控制

双壳贝类一旦被捕捞，应立即置于适当的温度条件下。新鲜贝类在运输和处理过程中温度变化大，可能会导致贝类品质下降或活贝类死亡。温度控制是指使用冰、机械制冷或其他允许的方法，可以降低温度至10℃或以下（NSSP，2009）。

为了保持贝类采后的品质，抑制人类病原体的生长，《贝类软体动物控制指南》（NSSP，2009）建立了贝类采后暴露在高温下的最长时间的温度-时间模型（NSSP，2009）。需在一定时间内将采集的贝类冷却至10℃，以控制副溶血弧菌（表2.1）或创伤弧菌（表2.2）的生长。

表2.1 控制贝类副溶血弧菌的时间-温度模型

处理水平	月平均最高气温/℃	暴露于该温度下的最长时间/h
水平1	≤18	36
水平2	19~27	12
水平3	≥27	10

资料来源：《美国国家贝类卫生计划》（2009年修订版）。

表2.2 控制贝类创伤弧菌时间-温度模型

处理水平	月平均最高气温/℃	暴露该温度下的最长时间/h
水平1	<18	36
水平2	18~23	14
水平3	23~28	12
水平4	>28	10

资料来源：《美国国家贝类卫生计划》（2009年修订版）。

2.3.2 运输与贮藏

冷藏是保持贝类食品等易腐败食品的品质和延长保质期的一种最常用的短期贮藏方法。保持从收获到消费的“冷链”对保持新鲜和质量以及确保贝类产品的安全至关重要。据国际制冷协会（IIR）统计，由于缺乏温度控制，每年有3亿t农产品被浪费，美国食品工业每年丢弃价值350亿美元的变质食品（IIR，2008）。此外，很大比例的食源性疾病是由于食用不能控温的食物而发生的。因此，时间和温度是影响贝类产品质量和安全性的两个主要因素。

2.3.2.1 贝类装载

贝类运输时应附有适当的识别标识和/或标签及其装运单据。根据NSSP的相关规定，活贝类的内部体温应冷却到10℃或更低，而剥壳贝类和带壳产品需要冷却到7.2℃或更低（NSSP，2009）。时间-温度指示装置可以用来监测在运输过程中贝类内部体温是否保持在10℃。如果出现以下情况，可拒绝接收产品：

- 标签或装运单据没有正确标识。
- 贝类内部温度超过15.6℃，除非可以记录下开始采收的时间，并表明从采收开始的时间没有超过控制副溶血弧菌（表2.1）或创伤弧菌（表2.2）的温度时间矩阵。
- 剥壳贝类温度或带壳贝类内部体温超过10℃。
- 或管理部门确定该产品对人体不健康或不安全。

有关拒收货物的情况，管理部门应通知装运商、收货商和装运地的管理部门。

2.3.2.2 贝类运输

贝类应在具备有效排水系统的清洁贮藏箱中运输，并应在有妥善保养的卡车上用托盘装运，以防止污染、变质和分解。当预先降温的贝类产品受到环境温度影响逐渐升温，导致细菌生长或贝类品质劣化时，应该在卡车运输制冷系统配备自动温度控制系统，使贮藏箱的温度保持在7.2℃或更低（NSSP，2009）。任何用于贝类运输的冰都应该在现场用商用制冰机以饮用水制取。所有用于运输贝类的容器都应该采用安全材料，便于清洗。使用后应使用饮用水、清洁剂和消毒剂清洗。

2.3.2.3 贝类装运时间

当装运时间为4h或更少时，所有贝类都可以用冰或可接受的冷藏方式装运（NSSP，2009）。缺乏冰或可接受的冷藏方法被认为是不能令人满意的运输条件。当使用机械制冷设备时，该设备应配备自动温度控制，使储存箱的温度能够保持在7.2℃或更低。在运输过程中，经销商不需要提供热记录仪。

当装运时间超过4h，经销商应采用机械式冷藏集装箱运输，并且配备温度自动控制系统，使集装箱内部温度始终保持在7.2℃或更低。

初始经销商需要确保在每批贝类装运时都有时间-温度记录装置，记录日期和时间信息，除非经销商有一个经批准的危害分析与关键控制点（HACCP）计划，并有其他监测时间-温度的方法（NSSP，2009）。中间经销商应在收到货物并打开运输工具或集装箱的门时，在温度指示装置上写明日期和时间。最终经销商应将时间-温度记录表或其他时间和温度记录存档，并应按要求提供给主管部门。不工作的温度指示装置视为无温度记录装置。

2.3.3 零售处理

良好零售规范（GRP）是保持贝类新鲜和安全食用的关键组成部分。GRP类似于良好生产规范（GMP），是食品公司的最低卫生和加工要求（Anonymous，2001）。应根据当地监管标准，制定针对每个设施和操作的GRP。一旦收到新鲜的贝类，应立即在适当的条件下贮藏。用于贮藏贝类的冷藏室和冷冻室必须配备温度记录装置和报警系统，以确保贮藏期间的温度控制。强烈建议零售商运用先进先出（FIFO）的库存轮换系统，并将较旧的产品移到存储货架的前面（Anonymous，2001）。为防止交叉污染，贝类展示柜应与即食产品展示区分开。当使用冰控制展示柜的温度时，贝类应放置在干净的容器中，以避免与冰直接接触。所有用于展示贝类的容器在使用后都需要适当消毒。

2.4 贝类初级加工

牡蛎中副溶血弧菌的水平受到捕捞时和捕捞后处理方法的影响。据报道，太平洋西北河口潮间带牡蛎的捕捞方式显著影响牡蛎副溶血弧菌的水平。在潮间带捕捞过程中，牡蛎在低潮时先放在篮子里，然后在涨潮时捕捞。这种做法使牡蛎在捕捞前暴露在环境空气中数小时，这使得自然积累的副溶血弧菌在牡蛎中迅速繁殖，特别是在温暖和阳光明媚的日子。

Nordstrom等（2004）报道，在两次潮汐之间暴露于环境空气后，牡蛎中副溶血弧菌总数增长4~8倍，而耐热直接溶血毒素（*tdh*）阳性的副溶血弧菌计数也从≤10增加到高达

160CFU/g。该研究还表明，在一个潮汐周期的夜间浸泡可将副溶血弧菌降低到与潮间带暴露前测定的水平。因此，牡蛎的潮间带捕捞应在涨潮时进行，以避免在捕捞前牡蛎暴露在气温下。

除捕捞方法外，采后处理也会影响牡蛎中副溶血弧菌的水平。例如，牡蛎在捕捞后和冷藏前的保存时间（非冷藏贮藏）因地理区域和一年中的不同时间而异。虽然牡蛎中副溶血弧菌的数量在捕捞时通常低于 10^3CFU/g（Kaysner 和 DePaola，2000），但是在高温下牡蛎中副溶血弧菌可以迅速繁殖。因此，捕捞的贝类应尽快低温保存，以防止副溶血弧菌在污染贝类中快速生长。

2.4.1 脱壳

贝类可通过高温或高压处理（HPP）进行脱壳。在进行热力脱壳的过程中，应由管理部门或有足够设施并且有资质的研究人员进行适当的研究，并获得管理部门的批准。管理部门将确保对可能影响贝类热力脱壳过程的关键环节进行充分研究，为开发贝类热力脱壳工艺提供基础（NSSP，2009）。管理部门应保留开发热力脱壳工艺过程的所有记录。影响脱壳过程的关键因素包括：

- 贝类的种类和大小。
- 热处理的时间和温度。
- 工艺类型。
- 加热罐、隧道或高压釜的尺寸。
- 贝水比。
- 温度和压力监测设备。

此外，管理部门应确保热力脱壳过程不会：

- 改变物种的物理和感官特性。
- 开壳前将贝类杀死。
- 增加开壳贝类的微生物变质。

在加拿大，所有经过热力开壳的贝类应立即被剥去外壳，在 2h 内将肉冷却至 7℃，并将肉储存在-1~4℃的冷库中（CSSP，2011）。此外，热力开壳加热水箱应每隔 3h 或更短的时间完全排水和冲洗一次，以排放出残留的泥浆和碎屑。

除了热力开壳，最近关于 HPP 灭活牡蛎副溶血弧菌的研究表明，该过程还通过破坏闭壳肌来协助牡蛎开壳。He 等（2002）报道，在 240~275MPa 压力条件下处理不到 1min，就可以使牡蛎开壳，且外观变化最小。利用 HPP 开壳的一个缺点是，这个过程会杀死动物。因此，在 HPP 处理之前，需要对牡蛎进行捆扎，以阻止壳在处理过程中打开。此外，高压处理系统的初始投资成本较高，限制了其在贝类行业的应用。

2.4.2 包装

贝类应先洗净、漂洗，然后彻底排水，以确保贝壳表面没有沉淀物。去壳后的牡蛎肉在送到包装间后应立即包装。

当用热力开壳时，热处理后的贝类需要立即冷却：①在冰浴中浸泡；②用饮用水冲洗（NSSP，2009）。热处理过程中，如果水温保持在 60℃ 或以上，在每天的操作结束时，应将热处理罐的水完全排尽，并进行冲洗，以消除所有积累的泥浆和碎渣。如果水温保持在60℃以下，则应每隔 3h 完全排水和冲洗一次热处理罐（NSSP，2009）。

2.4.3 捕捞后处理

低温巴氏杀菌、速冻后冷冻保藏、HPP 和低剂量辐照在内的几个过程都能够减少牡蛎中副溶血弧菌或创伤弧菌的数量。然而，除了低剂量辐照，牡蛎通常在加工过程中被杀死。

Andrews 等（2000）报道，用绑带捆绑的带壳牡蛎在 52℃的热水中处理 10min 后，牡蛎内部温度可达到 48~50℃，再加热 5min 后，99.9% 的牡蛎中的创伤弧菌可以达到检测不出的水平。然而，一些副溶血弧菌菌株需要将牡蛎在 55℃热水中保持近 9min，才能实现 5log（即 5 个数量级）以上的减少（Johnson 和 Brown，2002）。只要牡蛎巴氏杀菌的温度不超过 52.5℃，其在冰藏过程中保持生牡蛎品质的时间可长达 3 周。Liu 等（2009）报道，半壳太平洋牡蛎经快速冷冻，并在（-21±2)℃条件下冻藏 5 个月，其副溶血弧菌的数量减少超过 3.52log（MPN/g）。

几项研究表明，HPP 可用于灭活牡蛎中的弧菌。大多数环境中的副溶血弧菌在 300MPa 下处理 300s 后就完全失活（Chen，2007）。然而，已知临床菌株比环境菌株更具耐压性。在 300MPa 下处理 180s，才能使牡蛎中的副溶血弧菌临床菌株（包括 O3：K6 菌株）的数量降低大于 5log（Cook，2003）。另一项相似的研究也报道，在 350MPa 条件下处理 2min（温度 1~35℃）或者在≥300MPa 条件下处理 2min（温度 40℃）才能使活牡蛎中副溶血弧菌的数量减少 5log（Kural 等，2008）。最近的一项利用 HPP 灭活副溶血弧菌的研究表明，在 293MPa 条件下处理 120s［温度（8±1)℃］，太平洋牡蛎中副溶血弧菌数量可减少 3.52log（Ma 和 Su，2011）。在 293MPa 条件下处理 120s 的牡蛎在 5℃条件下可以保存 6~8d，在冷冻条件可保存 16~18d。

辐照是一种非热过程，可用于杀灭贝类中的弧菌。Andrews 等（2003）的一项研究报告报道，在实验室接种副溶血弧菌 O3：K6 株（4log）的牡蛎中，1.0~1.5kGy 剂量的钴-60γ 射线照射，可将副溶血弧菌的数量降低到无法检测的水平（<3.0MPN/g）。146 名志愿者对辐照牡蛎进行感官分析（包括差异测试）后得出结论，低剂量辐照不会杀死牡蛎，也不会影响它们的感官品质（Jakabi 等，2003）。然而，消费者不愿意接受辐射食品，限制了其使用。

2.5 双壳贝类净化

净化是利用贝类的天然滤水机制，将污染物从消化道释放到干净、无污染的海水中的过程（Blogoslawski 和 Stewart，1983）。该工艺旨在减少从中度污染水域中捕捞的贝类中存在的微生物，包括致病菌的数量，使贝类无须进一步加工即可供人类食用。这种做法并不适用于在污染严重的水域中生长的贝类，也不适用于降低污染环境中贝类可能积累的有毒或有害物质的水平（NSSP，2009）。该工艺作为采后处理减少贝类中微生物污染物的方法具有悠久的历史（Canzonier，1971）。

在大多数情况下，通过净化，可以使贝类中的菌落总数减少一个数量级。然而，某些贝类很少能将细菌总数减少到10^4MPN/g以下。Motes和DePaola（1996）报道，自然感染创伤弧菌的牡蛎（3~4log MPN/g）被转移到未受污染的近海水域暂养7~17d后，其创伤弧菌的数量可降低到<10MPN/g；将暂养时间延长至49d后，创伤弧菌的数量进一步降低至平均0.52MPN/g。然而，有几项研究报告认为，通常在环境水温下进行的净化对减少贝类中某些持久性细菌（包括弧菌）没有效果（Colwell和Liston，1960；Vasconcelos和Lee，1972；Eyles和Davey，1984）。在温度高于23℃时，净化过程可导致牡蛎创伤弧菌水平的增加（Tamplin和Capers，1992）。其他关于与氯、紫外线、臭氧和碘伏等联合净化的研究报道了牡蛎中细菌的减少（Fleet，1978）。然而，没有一种处理方法能有效地去除贝类中的副溶血弧菌。用臭氧水对实验污染的紫贻贝进行44h的净化，只减少了约1.0log的霍乱弧菌和副溶血弧菌，而用同样的处理方法在贻贝中观察到大肠杆菌数量减少了3log（Croci等，2002）。

为确定净化在消除贝类病毒方面的效果，进行了一些研究。用连续流动的含臭氧海水对贻贝进行商业净化96h后，贻贝中甲肝病毒（HAV）的含量略有下降（98.7%）（Abad等，1997）。然而，在净化96h后，HAV仍然能在双壳贝类中检测到。最近，一项研究报告称，在干净的海水中暂养17d和21d后，牡蛎中的诺如病毒从>1000减少至492和<200病毒基因组拷贝/g（Dor'e等，2010）。这些数据表明，通过净化过程从贝类中去除诺如病毒比HAV更难，而且即使经过长时间的净化过程，贝类中也可能含有较低水平的诺如病毒。

已经尝试通过净化去除贝类中的海洋毒素。少数研究表明，贝类暂养于干净的海水中，会释放组织中积累的毒素。然而，这一过程的效果在贝类物种之间存在很大差异。早期研究调查发现，将麻痹性贝类毒素（PSP）含量大于1000μg/100g的蛤置于干净海水中净化3个月后，外套膜和腮中PSP含量分别降低了35%和52%（Blogoslawski和Stewart，1978）；另外研究发现，在净化过程的最后两周，用臭氧处理海水，外套膜和腮中PSP含量分别降低了68%和76%。即便经过净化，蛤中PSP毒素的水平仍然高于FDA规定的不大于80μg/100g的水平。净化似乎对消除贝类中的海洋毒素无效。

2.5.1 影响净化效果的因素

水温是影响副溶血弧菌存活和生长的主要因素。水温也会影响牡蛎的滤水活动。据报道，当海水温度在8~36℃时，美洲牡蛎（*Crassostrea virginica*）的滤水活动处于较高水平（Loosanoff，1958）。当海水温度下降到5℃时，滤水活动逐渐减少。Souness和Fleet（1979）以悉尼岩牡蛎（*Crassostrea commercialis*）对海水中染料的吸收过程为模型，研究了海水温度对其滤水速率的影响，发现悉尼岩牡蛎的滤水速率在25℃时达到最大，当海水温度降低到15℃或增加到30℃时，滤水速率逐渐降低。最近的一项研究表明，在7~15℃的海水温度下，太平洋牡蛎（*Crassostrea gigas*）净化5d后，副溶血弧菌的数量减少了3.0log MPN/g（Phuvasate等，2012）。在此期间，牡蛎没有损失。

海水的盐度也可能影响牡蛎中副溶血弧菌的净化效果。一项关于氯化钠浓度对副溶血弧菌存活率影响的研究表明，副溶血弧菌在含>3%（特别是6%~9%）NaCl的胰酪大豆胨液体培养基（TSB）中存活率优于不含NaCl的TSB培养基（Covert and Woodburn，1972）。也有报道称，牡蛎在高盐度海水中的摄食活动要大于在低盐度海水中的，当盐度低于0.74%时，牡蛎的摄食活动似乎停止（Chestnut，1946；Roderick和Schneider，1994）。因为牡蛎已经适应了生活环境的盐度，建议净化用海水的盐度与牡蛎养殖水域盐度相差不超过20%（NSSP，1990）。

当pH在7.0左右时，牡蛎一般具有正常的滤水速率，这也是副溶血弧菌生长的最佳pH。早期的一项研究报告指出，牡蛎的滤水活动受到pH变化的影响，当环境中的pH降至6.5或更低时，滤水活动逐渐减弱（Loosanoff和Tommers，1947）。当海水的pH降至4.1时，牡蛎的滤水速率降至正常水平的10%。因此，由于酸性沼泽水的流入或工业污染造成的牡蛎生长环境中水的pH下降，将导致牡蛎滤水活动的减少。

2.5.2 贝类净化设施

贝类净化工厂的设施，包括处理系统，应防止贝类在操作过程中受到动物和其他害虫的污染，并使加工后易于清洗和消毒（NSSP，2009）。净化工厂的场地必须远离可能在处理和贮藏过程中造成贝类污染的污染源。应采用耐用和不透水材料建造地板，可以快速处理液体和固体废物，这便于清洁工厂（NSSP，2009）。附着在贝壳上的泥沙可能会干扰贝类的净化，使净化池在处理后难以清洗。贝类净化厂在进行贝类净化前，应设有独立的清洗池，以清除泥沙。

2.5.3 水消毒

水质是影响贝类净化过程的重要因素。用于贝类净化的海水应取自无化学或生物毒素及微生物含量较低的海区。海水的盐度可能在1.9%~3.5%，浊度小于15浊度单位（NTU），这取决于要净化的物种（FAO，2008）。当没有现成的无污染海水时，可以用人造海水代替。水应经紫外线、氯、含氯化合物、臭氧或其他方法过滤或消毒，以防止成为细菌污染源。

2.5.3.1 过滤

过滤是根据滤膜的孔径大小，去除水中的杂质，如颗粒和细菌的过程。如果海水在净化过程中没有过滤或消毒，某些细菌和病毒可以存留在海水中，使海水成为贝类净化过程中的污染源，特别是在循环系统中（Di Girolamo等，1975）。无论是回流净化系统还是再循环净化系统都可以配置过滤装置。过滤器需要经常清洗和更换，这样它们才能正常工作，不会成为污染源。一项研究报道，用孔径0.25~3.0μm过滤器过滤后，附着在海水中悬浮颗粒上的脊髓灰质炎病毒可去除95%以上（Rao等，1984）。

2.5.3.2 紫外线

由汞蒸气灯产生的紫外线（UV）可以通过破坏脱氧核糖核酸（DNA）键来灭活微生物，并造成细胞损伤。因此，可以利用紫外线净化海水来净化贝类。用紫外线照射72h后，海水中大肠菌群水平从17MPN/mL降低到<0.18MPN/mL（Vasconcelos和Lee，1972）。另一项研究报道，在25℃条件下，用紫外线照射2h，海水中副溶血弧菌的数量从500CFU/mL下降到1CFU/mL（Greenberg等，1982）。

紫外线消毒器通常设有回流和再循环净化系统，以消毒用于贝类净化的海水。然而，悬浮在水中的微粒会影响紫外线辐射对海水中细菌的灭活效果。因此，我们建议在净化系统中安装过滤装置，特别是用于再循环系统，以便在经紫外线消毒器泵送海水前，可将贝类排出的沙、泥及粪便清除。

2.5.3.3 含氯消毒剂

含氯消毒剂，如液氯、次氯酸盐和二氧化氯，可用于灭活水中或食品接触面的微生物。液氯可以直接添加到海水中，以消除或减少细菌数量。在海水中加入次氯酸钠溶液，使游离氯浓度达到0.3~0.4mg/kg，可以用于净化软壳蛤（Wright，1933）。一项使用含30mg/kg氯气的电解水净化牡蛎的研究报告称，经过4h的处理，牡蛎中的副溶血弧菌和创伤弧菌分别减少了1.13log、1.05log MPN/g（Ren和Su，2006）。但海水中氯的存在可能不利于贝类的生长发育，影响贝类的滤水活性。Dodgson（1928）报告说，氯的含量从0.25~5mg/kg都会影响贻贝的正常生理活动。牡蛎在含50mg/kg氯气的电解水中饲养12h后死亡（Ren and Su，2006）。因此，用含氯杀菌剂处理过的海水中的余氯应在净化前清除。

2.5.3.4 臭氧

臭氧具有广谱抗菌活性，已被用于净化饮用水、再生家禽冷却水和用于贝类净化的海水（Broadwater等，1973；Hon和Chavin，1976；Rice等，1981；Liltved等，1995；Restaino等，1995）。贻贝在含臭氧的海水（臭氧浓度0.139 mg/kg）中净化44h后，大肠杆菌和副溶血弧菌的数量分别减少了约3.0log和1.0log（Croci等，2002）。蛤蜊在含有臭氧的海水（臭氧浓度0.6×10^{-6}~3.1mg/kg）中净化24h后，创伤弧菌减少了2.0log（Schneider等，1991）。最近一项用过滤海水结合臭氧处理自然污染蛤蜊的净化研究报告称，经过24h处理后，大肠杆菌和大肠菌群分别减少到<2.3MPN/g和3.0MPN/g（Maffei等，2009）。

臭氧在欧洲用于净化过程中的水处理已有多年（NSSP，2009）。臭氧与有机成分反应迅速。因此，海水在与臭氧混合之前，应先过滤掉大部分有机物，使臭氧水表现出较强的杀菌性能。

2.5.3.5 环境卫生

迅速和适当地处置贝类净化工厂的贝壳和废物对于保持环境的清洁和尽量减少贝类的潜在污染至关重要。贝类净化池和容器需要经常清洗和消毒。用于储存贝类的冰应当用饮用水制备。所有贝类净化工厂都应建立卫生标准操作规程（SSOP），并为员工提供足够的卫生间和洗手设施（NSSP，2009）。所有员工应保持良好的个人卫生，包括经常洗手和消毒。任何出现生病的员工或有开放性损伤或感染伤口的员工都应该被排除在可能导致贝类污染的操作之外。

2.6 贝类标签

在一个理想的可追溯系统中，贝类容器应有标签，标签应包含有关贝类品种、获取日期和时间、容器编号和条形码等信息。在贝类从卡车上卸下之前，这些数据应记录在电脑上，并传送给接收人。然后，接收人根据可追踪的信息处理贝类，并在每个运输箱上贴上新的标签。每一个新标签都应该包括收件人的姓名、贝类的大小和重量，以及新的箱号。所有的信息都应该输入数据库。当运输箱分发给批发商和零售商时，应使用相同的程序。

根据NSSP（2009），每个贝类捕捞或养殖商在将贝类运输给经销商之前，应在每个贝类容器上贴上标签。如果贝类在多个地点收获，每个容器将在其生长区域标记。捕捞或养殖商的标签必须是耐用和防水的，使用前须经权威部门批准，至少 89.03cm^2。捕捞或养殖商的标签将按照以下顺序包含不可磨灭且易读的信息：

- 权威指定的捕捞或养殖商识别号。
- 捕捞或养殖日期。
- 精确的捕捞地点或养殖地点，包括所在州的首字母缩写和管理部门通过行政或地理标识指定的生长区域。
- 贝的种类和数量。
- 在每个标签上用粗体大写的下列语句“此标签必须被附加，直到容器被清空或重新装载，然后保存此文件 90d”。

对于去壳贝肉，每包新鲜或冷冻贝肉的包装盒上应包括：①贝的通用名称；②净含量；③加工商或经销商的名称和地址；④去壳日期；⑤“最好早于”日期（CSSP，2011）。

2.7 结语

贝类是滤食性动物，通过过滤生长环境中的水可以浓缩有毒物质和微生物。从水质良好的水域捕捞的贝类通常比从受污染的海洋环境捕捞的贝类含有更低的化学和微生物污染物。受到污染的贝类可作为人类疾病的传播媒介，特别是副溶血弧菌或创伤弧菌感染，需要在收获后进行处理，以确保产品可以安全食用。患有肝病、糖尿病或免疫紊乱等疾病的消费者更容易感染弧菌，应避免生吃或食用未煮熟的贝类。

致谢

本章编写由美国农业部国家粮食农业研究所农业与粮食研究计划（2011-68003-30005）、中国国家自然科学基金（31071557）及中国国家高技术研究发展计划（2012AA101702）支持。

参考文献

Abad, F. X., Pintó, R. M., Gajardo, R. and Bosch, A. (1997). Viruses in mussels: public health implications and depuration. *Journal of Food Protection*, 60, 677-681.

Andrews, L., Jahncke, M. and Mallikarjunan, K. (2003). Low dose gamma irradiation to reduce pathogenic *Vibrio* in live oysters (*Crassostrea virginica*). *Journal of Aquatic Food Product Technology*, 12, 71-82.

Andrews, L. S., Park, D. L. and Chen, Y. P. (2000). Low temperature pasteurization to reduce the risk of *Vibrio* infections from raw shell-stock oysters. *Food Additives and Contaminants*, 19, 787-791.

Anonymous (2001). *A Total Food Safety Management System Guide for Molluscan Shellfish*. Food Marketing

Institute.

Beril, C., Crance, J. M., Leguyader, F. *et al.* (1996). Study of viral and bacterial indicators in cockles and mussels. *Marine Pollution Bulletin*, 32, 404-409.

Blogoslawski, W. J. and Stewart, M. E. (1978). Paralytic shellfish poison in *Spisula solidissima*: anatomical location and ozone detoxification. *Marine Biology*, 45, 261-264.

Blogoslawski, W. J. and Stewart, M. E. (1983). Depuration and public health. *Journal of the World Mariculture Society*, 14, 535-545.

Broadwater, W. T., Hoehn, R. C. and King, P. H. (1973). Sensitivity of three selected bacterial species to ozone. *Applied Microbiology*, 26, 391-393.

Canzonier, W. J. (1971). Accumulation and elimination of coliphage S-13 by the hard clam, *Mercenaria mercenaria*. *Applied Microbiology*, 21, 1024-1031.

CDC (Centers for Disease Control and Prevention) (1998). Outbreak of *Vibrio parahaemolyti-cus* infections associated with eating raw oysters-Pacific Northwest, 1997. *Morbidity and Mortality Weekly Report*, 47, 457-462.

CDC (Centers for Disease Control and Prevention) (1999). Outbreak of *Vibrio parahaemolyti-cus* infection associated with eating raw oysters and clams harvested from Long Island Sound-Connecticut, New Jersey and New York, 1998. *Morbidity and Mortality Weekly Report*, 48, 48-51.

CDC (Centers for Disease Control and Prevention) (2006). *Vibrio parahaemolyticus* infections associated with consumption of raw shellfish-Three States, 2006. *Morbidity and Mortality Weekly Report*, 55, 854-856.

CDC (Centers for Disease Control and Prevention) (2012). About norovirus. http://www.cdc.gov/norovirus/about/index.html [accessed 7 June 2013].

CEFAS (Centre for Environment, Fisheries and Aquaculture Science) (2012). Cefas Protocol for the Classification of Shellfish Harvesting Areas-England and Wales. http://www.cefas.defra.gov.uk/media/560824/20120124%20cefas%20external%20classification%20protocol%20version%205.pdf [accessed 7 June 2013].

Chen, H. (2007). Use of linear, Weibull, and log-logistic functions to model pressure inactivation of seven foodborne pathogens in milk. *Food Microbiology*, 24, 197-204.

Chestnut, A. F. (1946). Some observations on the feeding of oysters with special reference to the tide. *Proceedings of the National Shellfisheries Association*, pp. 22-27.

Colwell, R. R. and Liston, J. (1960). Microbiology of shellfish: bacteriological study of the natural flora of Pacific oysters (*Crassostrea gigas*). *Applied Microbiology*, 8, 104-109.

Cook, D. W. (2003). Sensitivity of *Vibrio* species in phosphate-buffered saline and in oysters to high-pressure processing. *Journal of Food Protection*, 66, 2276-2282.

Costantini, V., Loisy, F., Joens, L., Le Guyader, F. S. and Saif, L. J. (2006). Human and animal enteric caliciviruses in oysters from different coastal regions of the United States. *Applied and Environmental Microbiology*, 72, 1800-1809.

Covert, D. and Woodburn, M. (1972). Relationships of temperature and sodium chloride concentration to the survival of *Vibrio parahaemolyticus* in broth and fish homogenate. *Applied Microbiology*, 23, 321-325.

Croci, L., Suffredini, E., Cozzi, L. and Toti, L. (2002). Effects of depuration of molluscs experi-mentally contaminated with *Escherichia coli*, *Vibrio cholerae* O1 and *Vibrio parahaemolyticus*. *Journal of Applied Microbiology*, 92, 460-465.

CSSP (Canadian Shellfish Sanitation Program) (2011). *Manual of Operations* (*version* 2), Canadian Food Inspection Agency, Fisheries and Oceans Canada and Environment Canada. http://www.inspection.gc.ca/

english/fssa/fispoi/man/cssppccsm/cssppccsme. shtml [accessed 7 June 2013] .

DFO (Fisheries and Oceans Canada) (1990). *Management of Contaminated Fisheries Regula-tions*. http: // www. dfo-mpo. gc. ca/acts-loi-eng. htm [accessed 30 May 2013] .

Di Girolamo, R. , Liston, J. and Matches, J. (1975). Uptake and elimination of poliovirus by West coast oysters. *Applied Microbiology*, 29, 260-264.

Dodgson, R. W. (1928). *Report on Mussels Purification. Fisheries Investigations. Series II*, His Majesty's Stationary Office, London.

Doré, B. , Keaveney, S. , Flannery, J. and Rajko - Nenow, P. (2010). Management of health risks associated with oysters harvested from a norovirus contaminated area, Ireland, February - March 2010. *Eurosurveillance*, 15, 1-4.

Eisenberg, M. and Topping, J. J. (1984). Trace metal residues in shellfish from Maryland waters, 1976 - 1980. *Journal of Environmental Science and Health, Part B*, 19, 649-671.

Eyles, M. J. and Davey, G. R. (1984). Microbiology of commercial depuration of Sydney rock oyster, *Crassostrea commercialis. Journal of Food Protection*, 47, 703-706.

Fang, Z. Q. , Cheung, R. Y. H. and Wong, M. H. (2003). Heavy metals in oysters, mussels and clams collected from coastal sites along the Pearl River Delta, South China. *Journal of Environmental Sciences*, 15, 9-24.

FAO (2008). Bivalve depuration: fundamental and practical aspects. *FAO Fisheries Technical Paper No. 511*. Food and Agricultural Organization of the United Nations, Rome.

FAO (2010). *Fishery Statistical Collections: Consumption of Fish and Fishery Products*, Food and Agricultural Organization of the United Nations, Rome. http: //www. fao. org/fishery /statistics/global - consumption/en [accessed on 30 May 2013] .

FAO (2012). *Production statistics: Global Production Statistics 1950 - 2010*, Food and Agricul - tural Organization of the United Nations, Rome. http: //www. gfcm. org/gfcm/topic/17105/en [accessed 30 May 2013] .

Fiore, A. E. (2004). Hepatitis A transmitted by food. *Clinical Infectious Diseases*, 38, 705-715.

Fleet, G. H. (1978). Oyster depuration-a review. *Food Technology*, 30, 444-454.

Greenberg, E. P. , Duboise, M. and Palhof, B. (1982). The survival of marine vibrios in *Mercenaria mercenaria*, the hardshell clam. *Journal of Food Safety*, 4, 113-123.

He, H. , Adams, R. M. , Farkas, D. F. and Morrissey, M. T. (2002). Use of high-pressure processing for oyster shucking and shelf-life extension. *Journal of Food Science*, 67, 640-644.

Hon, K. V. and Chavin, W. (1976). Utility of ozone treatment in the maintenance of water quality in a closed marine system. *Marine Biology*, 34, 201-209.

IIR (2008). RFID technologies for cold chain applications. 4th Informatory Note on Refrigera tion and Food. International Institute of Refrigeration, Paris, France.

Jakabi, M. , Gelli, D. S. , Torre, J. C. M. D. *et al.* (2003). Inactivation by ionizing radiation of *Salmonella* enteritidis, *Salmonella* infantis, and *Vibrio parahaemolyticus* in oyster (*Crassostrea brasiliana*). *Journal of Food Protection*, 66, 1025-1029.

Jeffery, B. , Balow, T. , Moizer, K. , Paul, S. and Boyle, C. (2004). Amnesic shellfish poisoning. *Food and Chemical Toxicology*, 42, 545-557.

Jiann, K. - T. and Presley, B. J. (1997). Variations in trace metal concentrations in American oysters (*Crassostrea virginica*) collected from Galveston Bay, Texas. *Estuaries*, 20, 710-724.

Johnson, M. D. and Brown, M. H. (2002). An investigation into the changed physiological state of *Vibrio* bacteria as a survival mechanism in response to cold temperatures and studies on their sensitivity to heating and freezing. *Journal of Applied Microbiology*, 92, 1066–1077.

Kaysner, C. A. and DePaola, A. (2000). Outbreaks of *Vibrio parahaemolyticus* gastroenteritis from raw oyster consumption: assessing the risk of consumption and genetic methods for detection of pathogenic strains. *Journal of Shellfish Research*, 19, 657.

Kohn, M. A., Farley, T. A., Ando, T. *et al.* (1995). An outbreak of Norwalk virus gastroenteritis associated with eating raw oysters. Implications for maintaining safe oyster beds. *Journal of the American Medical Association*, 273, 466–471.

Kural, A. G., Shearer, A. E. H., Kingsley, D. H. and Chen, H. (2008). Conditions for high pressure inactivation of *Vibrio parahaemolyticus* in oysters. *International Journal of Food Microbiology*, 127, 1–5.

Lewis, G. D. and Metcalf, T. G. (1988). Polyethylene glycol precipitation for recovery of pathogenic viruses, including hepatitis A virus and human rotavirus, from oyster, water, and sediment samples. *Applied and Environmental Microbiology*, 54, 1983–1988.

Liltved, H., Hektoen, H. and Efraimsen, H. (1995). Inactivation of bacterial and viral fish pathogens by ozonation or UV irradiation in water of different salinity. *Aquacultural Engineering*, 14, 107–122.

Lipp, E. K., Farrah, S. A. and Rose, J. B. (2001). Assessment and impact of microbial faecal pollution and human enteric pathogens in a coastal community. *Marine Pollution Bulletin*, 42, 286–293.

Liu, C., Lu, J. and Su, Y. -C. (2009). Effects of flash freezing, followed by frozen storage, on reducing *Vibrio parahaemolyticus* in Pacific raw oysters (*Crassostrea gigas*). *Journal of Food Protection*, 72, 174–177.

Loosanoff, V. L. (1958). Some aspects of behavior of oysters at different temperatures. *Biological Bulletin*, 114, 57–70.

Loosanoff, V. L. and Tommers, F. D. (1947). Effect of low pH upon the rate of water pumping of oysters, *Ostrea virginica*. *The Anatomical Record*, 99, 668.

Ma, L. and Su, Y. -C. (2011). Validation of high pressure processing for inactivating *Vibrio parahaemolyticus* in Pacific oysters (*Crassostrea gigas*). *International Journal of Food Microbiology*, 144, 469–474.

Maffei, M., Vernocchi, P., Lanciotti, R. *et al.* (2009). Depuration of striped Venus clam (*Chamelea gallina* L.): effects on microorganisms, sand content and mortality. *Journal of Food Sci* 74, M1–7.

McLaughlin, J. B., DePaola, A., Bopp, C. A., Martinek, K. A. and Napol, N. P. (2005). Outbreak of *Vibrio parahaemolyticus* gastroenteritis associated with Alaskan oysters. *New England Journal of Medicine*, 353, 1463–1470.

Motes, M. L. and DePaola, A. (1996). Offshore suspension relaying to reduce levels of *Vibrio vulnificus* in oysters (*Crassostrea virginica*). *Applied and Environmental Microbiology*, 62, 3875–3877.

NOAA (2010). *US Seafood Consumption Declines Slightly in 2009*, National Oceanic and Atmospheric Administration. http://www.noaanews.noaa.gov/stories2010/20100909_consumption.html [accessed 30 May 2013].

NOAA (2011). *US Domestic Seafood Landings and Values Increase in 2010*, National Oceanic and Atmospheric Administration. http://www.noaanews.noaa.gov/stories2011/20110907_usfisheriesreport.html [accessed 30 May 2013].

Nordstrom, J. L., Kaysner, C. A., Blackstone, G. M. *et al.* (2004). Effect of intertidal exposure on *Vibrio parahaemolyticus* in Pacific Northwest oysters. *Journal of Food Protection*, 67, 2178–2182.

NSSP (National Shellfish Sanitation Program) (1990). *Manual of Operations, Part I: Sanitation of Shellfish Growing Areas*, Public Health Service, US Food and Drug Administration, Washington DC.

NSSP (National Shellfish Sanitation Program) (2009). *Guide for the Control of Molluscan Shell-fish (2009 Revision)*, US Food and Drug Administration. http://www.fda.gov/downloads/Food /GuidanceRegulation/ Federal State Food Programs/UCM350004.pdf [accessed 3 June 2013].

Oliver, J. D. (1989). *Vibrio vulnificus*, in *Foodborne Bacterial Pathogens* (ed. M. P. Doyle), Marcel Dekker, New York, pp. 569-599.

Phuvasate, S., Chen, M. H. and Su, Y.-C. (2012). Reductions of *Vibrio parahaemolyticus* in Pacific oysters (*Crassostrea gigas*) by depuration at various temperatures. *Food Microbiology*, 31, 51-56.

Presley, B. J., Taylor, R. J. and Boothe, P. N. (1990). Trace metals in gulf on Mexico oysters. *Science of the Total Environment*, 97, 551-593.

Rao, V. C., Seidel, K. M., Goyal, S. M., Metcalf, T. G. and Melnick, J. L. (1984). Isolation of enteroviruses from water, suspended solids, and sediments from Galveston Bay: survival of poliovirus and rotavirus adsorbed to sediments. *Applied and Environmental Microbiology*, 48, 404-409.

Ren, T. and Su, Y.-C. (2006). Effects of electrolyzed oxidizing water treatment on reducing *Vibrio parahaemolyticus* and *Vibrio vulnificus* in raw oysters. *Journal of Food Protection*, 69, 1829-1834.

Restaino, L., Frampton, E. W., Hemphill, J. B. and Palnikar, P. (1995). Efficacy of ozonated water against various food-related microorganisms. *Applied and Environmental Microbiology*, 61, 3471-3475.

Rice, R. G., Robson, C. M., Miller, G. W. and Hill, A. G. (1981). Use of ozone in drinking water treatment. *Journal American Water Works Association*, 73, 44-57.

Richards, G. P. (1987). Shellfish-associated enteric virus illness in the United States, 1934-1984. *Estuaries*, 10, 84-85.

Roderick, G. E. and Schneider, K. R. (1994). Depuration and relaying of molluscan shellfish, in *Environmental Indicators and Shellfish Safety* (eds C. R. Hackney, and M. D. Person), Chapman & Hall, New York, pp. 331-363.

Schneider, K. R., Steslow, F. S., Sierra, F. S., Rodrick, G. E. and Noss, C. I. (1991). Ozone depuration of *Vibrio vulnificus* from the southern quahog clam, *Mercenaria campechiensis*. *Journal of Invertebrate Pathology*, 57, 184-190.

Souness, R. A. and Fleet, G. H. (1979). Depuration of the Sydney rock oyster, *Crassostrea commercialis*. *Food Technology in Australia*, 31, 397-404.

Tamplin, M. L. and Capers, G. M. (1992). Persistence of *Vibrio vulnificus* in tissues of Gulf coast oysters, *Crassostrea virginica*, exposed to seawater disinfected with UV light. *Applied and Environmental Microbiology*, 58, 1506-1510.

USFDA (United States Food and Drug Administration) (1995). *Sanitary Surveys of Shellfish Growing Areas-Training Course Source Book*, US Department of Health and Human Services, Northeast Technical Service Unit, Shellfish Program Implementation Branch, CBC, North Kingstown, Rhode Island.

USFDA (United States Food and Drug Administration) (2012a). *Bad Bug Book-Foodborne Pathogenic Microorganisms and Natural Toxins*, 2nd edn. http://www.fda.gov/Food /FoodborneIllnessContaminants/Causes OfIllness BadBugBook/ucm2006773.htm [accessed 3 June 2013].

USFDA (United States Food and Drug Administration) (2012b). *Various Shellfish-Associated Toxins. Foodborne Pathogenic Microorganisms and Natural Toxins Handbook* http://www.fda.gov/Food/Foodborne Illness Contaminants/CausesOfIllnessBadBugBook /ucm070795.htm [accessed 3 June 2013].

Vasconcelos, G. J. and Lee, J. S. (1972). Microbial flora of Pacific oysters (*Crassostrea gigas*) subjected to ultraviolet-irradiated seawater. *Applied Microbiology*, 23, 11–16.

Wright, E. (1933). Public health engineering: shellfish treatment plant at Newburyport, Mass. *American Journal of Public Health and the Nations Health*, 23, 266–270.

3 鱼类的冷藏与冷冻

Flemming Jessen,[1] Jette Nielsen[1], Erling Larsen[2]
[1]*DTU Food, National Food Institute, Division of Industrial Food Research, Technical University of Denmark, Kgs. Lyngby, Denmark*
[2]*DTU Aqua, National Institute of Aquatic Resources, Technical University of Denmark, Charlottenlund, Denmark*

3.1 引言

鱼是一种极易腐烂的商品，在食用或加工之前必须通过冷藏、冷冻或其他方式加以保存。中国人早在公元前1000年就在冬季过后在冰窖中使用了冷却甚至冷冻的方法，希腊人和罗马人都将压缩雪贮藏在隔热的地窖中。早在1913年，Sabroe A/S和A. J. A. Ottesen就因在-17℃使用循环盐水而获得了第一项工业专利。1930年，Clarence Birdseye和他的美国公司通过成功创建双带式冷冻机使冷冻食品成为现实。但是，消费者接受冷冻产品的道路漫长，甚至现在，鲜鱼也被认为是优质的。而通过快速冷冻并随后将其储存在较低且稳定的温度下，来生产高食用质量的冷冻鱼是可以实现的。

FAO的最新统计数据（FAO，2012）指出，世界鱼类产量的85%（1.31亿t）用于人类消费，而其余的则用于非食品目的，如用作饲料和医药用途的鱼饵、鱼粉和鱼油，以及在水产养殖和毛皮动物养殖中用做直接饲料。2010年，供人类食用的活鱼或新鲜鱼（冷藏）是最主要的产品，所占份额为40.5%，其次是冷冻鱼（29.3%）（图3.1）。

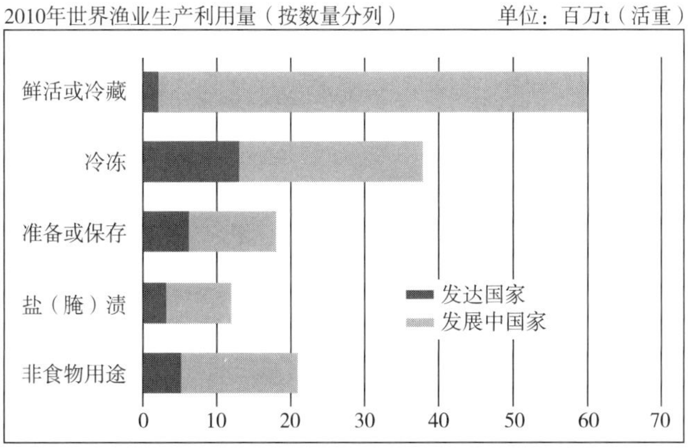

图3.1 世界渔业生产利用

资料来源：FAO（2012）。经联合国粮食及农业协会许可转载。

由于解冻的原材料通常用于保存（如鲭鱼罐头和金枪鱼罐头）和腌制（盐腌、熏制和腌渍的鱼），因此在加工链中冷冻的鱼的实际百分比高于25.4%。甚至出售新鲜的鱼也可能被冻结；在某些国家/地区，用于寿司的鱼必须在食用前24h内冷冻，以消除线虫的危害，或者在超市以“复鲜（refreshed）”的形式出售。用于非食用目的的鱼在加工之前也要冷藏或冷冻。

本章将尝试概述鱼类的冷藏和冷冻以及影响产品质量的因素。由于主题的多样性，将不给出详细的评论，但将引用关键的研究论文以使读者能够找到更多的信息。

本章将介绍用于冷藏和冷冻的模型供应链，并就获得良好产品质量的适当条件提出建议。

3.2 冷藏温度下的死后变化

鱼死亡后立即开始许多化学反应。其中包括与冷藏过程中鱼类质量变化相关的反应。在这里，我们简要介绍主要影响鱼类质量的死后过程。

3.2.1 死后僵直

鱼类死亡会终止向肌肉的氧气供应，因此，随着氧气的快速消耗，正在进行的有氧ATP生成将停止。肌肉尝试通过维持ATP水平来保持“活跃”状态，最初是通过使用磷酸肌酸储备，但不久之后将使用由肌肉中的糖原通过厌氧糖酵解产生的ATP。该过程的结果是乳酸的形成和pH的下降。只要肌肉中存在糖原，糖酵解就会持续进行，或者直到pH达到如此低的水平，以至于它会降低糖酵解酶的活性。发生这种情况时，肌肉中的ATP浓度下降，并且当其低于特定值（1~2μmol/g肌肉）时，ATP不足以阻止肌动蛋白和肌球蛋白丝之间的结合（形成了肌动蛋白）。细丝将保持交联，肌肉变得越来越僵硬，并进入严格的死亡（Iwamoto等，1988）。一段时间后，鱼的僵硬会慢慢消失，肌肉会再次变软。在鱼类中，这种肌肉软化的确切机制仍然未知。但是，通常认为可能的原因包括作用在Z盘（Seki和Tsuchiya，1991）或肌球蛋白-肌动蛋白连接处（Yamanoue和Takahashi，1988）的肌丝上的蛋白质水解酶，但结缔组织的降解（Ando等，1993）也被认为是相关的。

死后僵直的进程在不同物种之间有所不同，除温度以外，其他许多因素也会影响发作和消退的速度，如处理方法、大小、身体状况和鱼的生物学状态（Huss，1995）。通常，高温会导致发作迅速，反之亦然。但是，这似乎仅对冷水鱼类正确，而在较高温度下生活的鱼类在0℃时也会较快出现死后僵直（Abe和Okuma，1991）。因此，更一般的规则可能是从死亡到死后僵直发生的时间取决于环境温度和贮藏温度之间的差异，而与哪个温度最高无关。该温度差越大，肌肉收缩越强，并且开始出现死后僵直的时间越短。应避免导致快速而强烈的死后僵直的贮藏温度，因为强烈的死后僵直张力会导致裂口［即鱼片的结缔组织破裂（Lavety等，1988）］，并且还伴随着肌肉的加速软化（图3.2）。

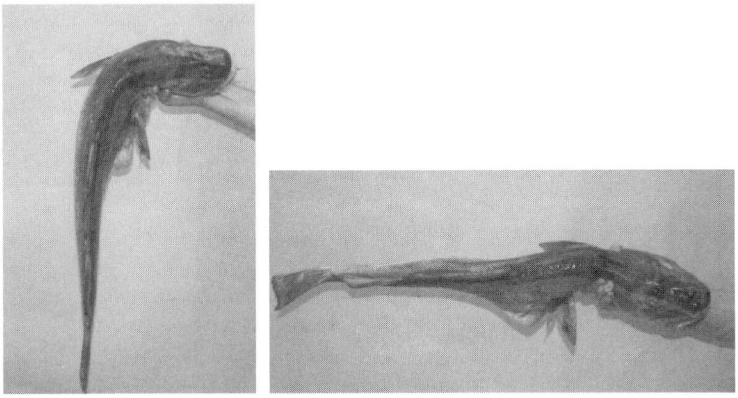

图 3.2 死后僵直

注：解剖后，当肌肉中的 ATP 浓度降至 1～2 μmol/g 以下时，松弛的鳕鱼（左图）进入僵硬的死后僵直状态（右图）。从死亡到死后僵直发生的时间以及死后僵直程度在很大程度上取决于环境温度和贮藏温度之间的差异。该温度差越大，肌肉收缩越强，开始出现僵硬的时间越短。

这种软化似乎不是解冻僵硬导致的结果，而是由于其他蛋白质水解导致的（Ando 等，1991）。目前尚不清楚软化中的蛋白酶激活是否与死后僵直有关，还是由其他机制引发的（Roth 等，2006）。

3.2.2 蛋白质变化

蛋白质的死后降解是影响鱼肉质地最重要过程之一（Delbarre-Ladrat 等，2006），这些自溶事件在死亡后不久就开始。尽管鱼类之间存在很大差异，但在死后 1～2d 内首先降解的一些蛋白质是肌营养不良蛋白质和将肌原纤维与细胞膜连接的其他蛋白质（Papa 等，1996b；Caballero 等，2009）。其他鱼类肌肉中的蛋白质水解酶也会降解其他结构蛋白质：肌联蛋白（Seki 和 Watanabe，1984）、伴肌动蛋白（Astier 等，1991）、α-肌动蛋白（Papa 等，1996a）、肌球蛋白（Wu 等，2010）和原肌球蛋白（Astier 等，1991）。肌肉中存在的未知数量的蛋白水解酶可能在死后早期被激活，这时对其活动的正常生理控制逐渐消失，即蛋白酶从细胞器中释放，由贮藏中 Ca^{2+} 泄漏或通过 pH 变化激活。鱼类肌肉死后蛋白质降解的机制尚不清楚，但通常认为组织蛋白酶和钙蛋白酶家族的不同蛋白酶参与其中。Delbarre-Ladrat 等（2006）提出了协同相互作用：即组织蛋白酶和钙蛋白酶在肌原纤维蛋白的分解中以不同的水平以互补的方式起作用。在肉中，有研究表明蛋白质水解的蛋白酶体复合物参与了其他蛋白酶形成的肽的持续降解（Houbak 等，2008），但是在鱼类中尚未发现。如前所述（参见 3.2.1），死后鱼肌肉的结缔组织也被降解，组织蛋白酶的活性似乎也很重要（Sato 等，1997），但其他胶原酶作为基质金属肽酶也参与其中（Kubota 等，2001）。

最近，有关如何将肌肉转化为食肉的研究，越来越集中于程序性细胞死亡（凋亡）早期生理过程中的半胱氨酸蛋白酶在肉嫩化中的重要作用（Herrera-Mendez 等，2006；Kemp 等，2010）。

我们认为，有关胱天蛋白酶参与导致鱼肉软化的死后蛋白质变化的早期证据仅在文献中出现过一次（Ishida 等，2003）。验尸后肌肉细胞中不存在氧气时，细胞会感觉到一种类似缺血的状态，在许多细胞类型中已知这种状态会诱导细胞凋亡，因此细胞凋亡在鱼类肌肉软化中可能起重要作用。但是，这必须得到证明，这对于鱼肌肉死后改变的未来研究是一个重要的挑战。总而言之，这表明死后鱼类肌肉软化是由于肌肉蛋白质的一系列降解所致，如图 3.3 所示。

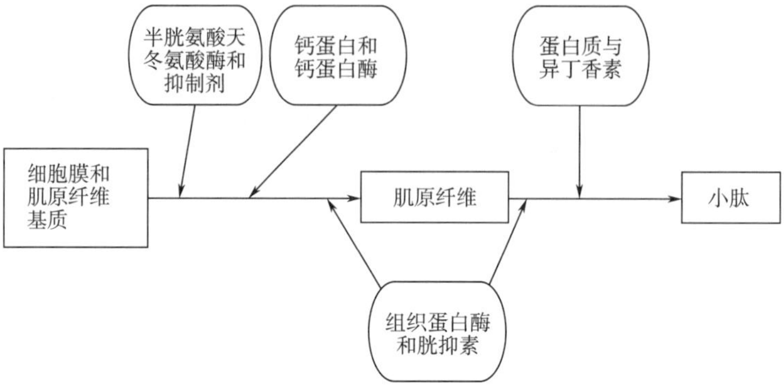

图 3.3 鱼类死后肌肉蛋白质的降解

资料来源：Ishida 等，2003；Delbarre-Ladrat 等，2006；Houbak 等，2008。

3.2.3 脂质变化

由于抗氧化剂和促氧化剂之间的平衡，活鱼中的脂质非常稳定。一些死后事件，包括自溶过程，都有助于引发脂质水解和氧化，从而产生一系列物质（Undeland，1997）。其中，一些具有腐烂的味道和气味，也有一些通过与蛋白质结合而促进蛋白质变性。这些过程使它们更易于氧化，包括促氧化剂的增加或活化，抗氧化剂的丧失或失活，酶的活化以及膜的分解（Nielsen 等，2001）。

3.2.4 微生物变化

细菌对冰鲜鱼的影响也将在死亡后立即开始，但是直到特定的腐败生物增加至一定水平时，细菌生长引起的生化变化对腐败的影响才开始显现（Gram 和 Huss，1996）。另外，随着微生物数量的增加，微生物分泌的酶可能也会导致鱼的进一步软化（Nielsen 等，2001）。

3.3 冷冻温度对质量相关过程的影响

鱼类死后质量降低速度取决于温度，并且随着温度降低，这些反应速率通常会根据阿伦尼乌斯关系降低。因此，为了使冷冻鱼产品的质量最优化，我们需要知道在冷冻和冻藏过程中发生的各种变化涉及的机制。由于不同死后过程的程度和速度不同，鱼类之间存在巨大差异，这也取决于鱼在死前和死后的处理方式。由于冷冻温度对这些过程的影响也不尽相同，很明显，鱼类在冷冻贮藏过程中的质量变化方式将有所不同。

3.3.1 冻结过程

3.3.1.1 从水到冰

在其他动物的肌肉以及鱼肉中，水含量非常高，约占个体的80%。在冷冻过程中，鱼的核心温度迅速降至0℃以下（图3.4）。在-1℃左右，随着冰晶的形成，水从液态变为固态。当肌肉中的大部分水转化成冰时，放热过程中产生的热量会从鱼身上带走，因此在冻结期间鱼的温度只会缓慢下降。当有冻结能力的水实际被冻结时，温度再次开始迅速下降，直到达到预设温度。由于存在大量浓缩的小溶质，以及蛋白质等大分子的水合作用，加之结构元素之间的距离小，黏度极高，在以上因素的综合作用下，一部分水将保持未冻结状态。肌肉中未冻结的水构成了冷冻鱼化学质量下降过程的基础。

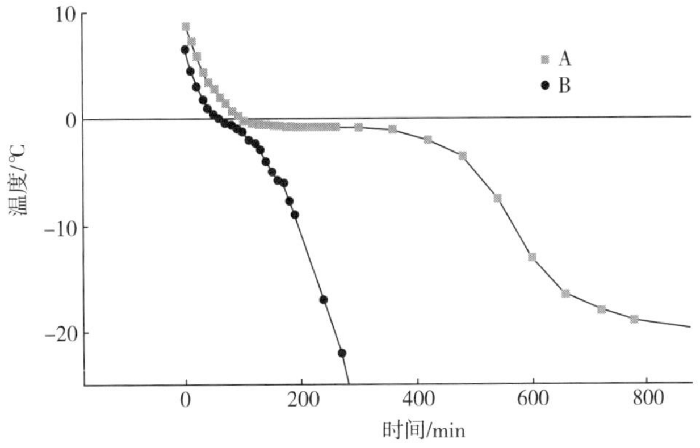

图3.4 整个鳕鱼冷冻期间的温度曲线

注：A：在静止空气中以-20℃温度冷冻（家用冷冻机）。B：在鼓风冷冻机（工业冷冻机）中以-45℃冷冻。在鱼的中央测量温度（中心温度）。从图中可以明显地看出，当在低温下快速冷冻并且同时在风扇散热下，鱼可以快速通过临界温度间隔，0℃至-5℃。

资料来源：Nielsen和Jessen，2007。经John Wiley and Sons许可转载。

3.3.1.2 冰晶形成

鱼在死后僵直之前、期间或之后是否被冷冻，以及冷冻的速度对在肌肉组织中何处形成冰晶及其大小有很大的影响。在僵直前的鱼肌肉中，水几乎完全存在于肌肉细胞内部，在冻结这种鱼的过程中，冰晶会在细胞内部形成。与冻结速率无关，冰晶通常较小，但是如果冻结过程非常缓慢（如在高于-18℃的静止空气中），也会形成大的冰晶。无论是在僵硬中还是僵硬后的肌肉中，水都将存在于细胞外部，而冻结的速度将对冰晶的形成产生更大的影响。在快速冷冻期间，小冰晶将在细胞内部和外部形成，而缓慢冷冻是先在细胞外部形成冰晶，后在细胞内部形成。所产生的较高的细胞外盐浓度将使水从细胞中渗透出来，并且在细胞外部形成的冰晶将会生长，而不是形成新的冰晶。因此，僵硬鱼的冻结速度决定了冰晶的大小和位置，范围从细胞内部和外部的许多小冰晶到仅位于外部的较少的大冰晶（图3.5）。

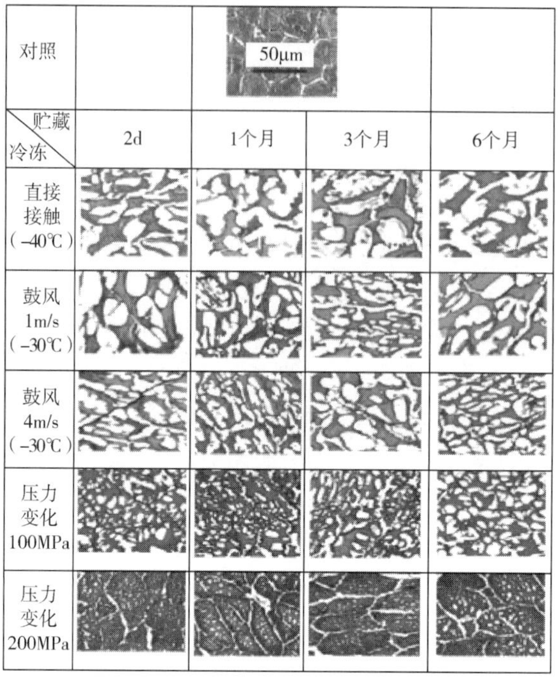

图 3.5 受冷冻程序和冷冻贮藏时间影响的肌肉中的冰晶

注：显然，冰晶的大小会受到压力的很大影响。

资料来源：Alizadeh 等，2007。经 Elsevier 许可转载。

在冷冻贮藏温度下，冰晶的大小和分布仍然会发生变化。形成的新冰晶不多，但是已经存在的冰晶会发生重结晶。在此过程中，最初的小冰晶表面融化，形成水随后冻结以制造更大的冰晶。贮藏温度的波动很大程度上促进了这种再结晶过程，即使所涉及的温度波动只有几摄氏度。

肌肉内冰的形成会对肌肉产生影响，这会影响解冻鱼的品质；其程度取决于鱼的肌肉中冰晶的生成位置和大小。通常认为，小冰晶在冷冻贮藏过程中对鱼类质量的危害最小，并且由于形成了独立于冷冻速率的小冰晶，因此使死后僵直前冷冻变得非常有吸引力。

因此，当涉及僵直后的鱼时，优选以高冷冻速率减小冰晶的尺寸，也使在肌肉细胞外部形成的冰量最小化。这种细胞外的冰会在解冻（解冻或失水率）和蒸煮（沸腾损失）期间从鱼肌肉中排出，这意味着鱼在准备和食用时会变干。

3.3.2 冷冻贮藏温度

冷冻和冷冻贮藏不能提高鱼的质量。因此，鲜鱼的主要品质特性对冷冻鱼的最终品质是至关重要的，如果适当地进行捕捞处理和冷冻过程，则可以将初始品质保持在一定范围内（Boknase 等，2001）。

如前所述，水向冰的转化意味着肌肉中的可溶性物质（如盐和酶），以高浓度存在于剩余的“不可冻结”水中，这会影响冷冻鱼的质量。蛋白质的变性以及脂质氧化、蛋白质水解和甲醛生成等几种化学反应都会对品质产生负面影响。尽管通常较低的温度会降低化学反应速率，但在未冷冻水中，较高浓度的底物和酶对酶催化反应的影响可能会抵消这一点，即使在非常低的温度下也能保持反应的进行。据记录，降低质量的反应会在低至-30℃发生，但速度非常慢（Hiraoka 等，2004）。

鱼在冷冻贮藏过程中不可避免地会变质。但是，这种变质的性质和程度因物种而异，尤其取决于脂肪和蛋白质的含量和分布。在诸如鳕鱼这样的少脂鱼中，降低质量的主要过程是蛋白质的变性和聚集（Mackie，1993），从而导致功能特性（如持水量）的损失，所制备的鱼具有坚硬和干燥的质地。在鲱鱼等多脂鱼类中，造成质量下降的主要因素是脂质的氧化变化以及伴随而来的酸臭味的形成（Hultin，1992）。酸败并不总是一个问题，因为像鲑鱼这样的一些多脂鱼类实际上可以维持大约 25 个月的商业上可接受的品质。但是，这要求仅使用于最高质量的鱼。此外，鱼必须在屠宰后不久进行冷冻，选用最佳方式进行处理和冷冻，然后用包冰衣和真空包装后的贮藏于-30℃或更低的稳定温度下（Sørensen 等，1996）。

几个因素对于冷冻贮藏过程中发生的蛋白质变化是很重要的（图 3.6）。冰晶形成除了对蛋白质有直接的物理作用外，这种形成也会导致蛋白质的部分脱水。而且，由于与高浓度盐的相互作用，以及氧化的脂质、游离脂肪酸、脂质氧化产物和与硫醇基团相互作用的氧化反应物，都会使蛋白质变性（Haard，1992；Mackie，1993）。

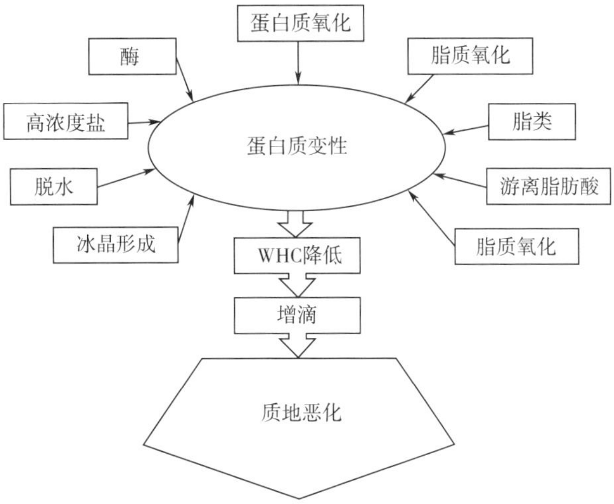

图 3.6 通过蛋白质变性作用影响鱼类品质（质地）的因素

资料来源：Shenounda，1980。经 Elsevier 许可转载。

鳕鱼科所含的酶氧化三甲胺醛缩酶（TMAOase；EC 4.1.2.32）在冷冻温度下的活性高于在 0℃以上温度的活性。氧化三甲胺醛缩酶的活性在-10℃附近最大，而当温度接近-30℃时降低到非常低的值（Howell 等，1996）。氧化三甲胺醛缩酶催化了一种导致质量变劣的反应，即氧化三甲胺（TMAO）降解为甲醛和二甲基胺（DMA），从而导致蛋白质变性和广泛的质地变化（Babbitt 等，1972；Sotelo 等，1995；Nielsen 和 Jorgensen，2004）。甲醛被认为比 DMA 对蛋白质的危害更大，但还未完全理解这些成分如何导致鱼肉坚硬、纤维状和变干的（LeBlanc 和 LeBlanc，1998；Chapman 等，1993；Burgaard 和 Jorgensen，2010）。

冷冻僵硬的鱼类时，僵硬的过程停止，仍然会有 ATP 和糖原存在于冻结的肌肉中。这可能在解冻过程中产生一个问题，即 ATP 的存在，以及利用糖原合成更多 ATP 的潜力，为肌肉收缩过程提供了强大的能量基础。肌肉收缩特别强烈，因为 Ca^{2+}（收缩激活剂）的浓度很高，且冷冻会导致大量的 Ca^{2+} 从细胞储存物（肌浆体）释放出来。这种现象称为解冻僵硬，会导致解冻渗出液增加（Jones，1965）并导致质地坚硬。尽管解冻僵硬的确切机制仍不清楚，但对所涉及的过程已经有了很多了解（Cappeln 和 Jessen，2001；Imamura 等，2012），这使得在未来改善解冻僵硬前冷冻鱼的过程成为可能，这样它们就不会表现出解冻僵硬（参见 3.5.3“解冻”）。

3.4 鲜鱼链

几千年来，人们一直采用鲜食鱼的方式，因此一直需要寻找保持鱼新鲜的方法。由于鱼的保质期相对较短，已经寻找到不同的保存方法。按照传统，只有几种方法可以用来保存鲜鱼：要么是让其在有水的容器中生长，要么使用冰。在温带气候地区很容易产生冰，在冬季自然条件下就会有冰出现。但是要在夏季保存冰就会变得困难。最初建造了用于储存冰的特殊房屋，冰块是用来保持鱼类新鲜的东西之一。在电力时代之前，人们可用盐水生产冰，但量很少。电的大规模使用使得安装制冰机成为可能。先制作出大块的结晶冰，然后将其压碎放在鱼箱或鱼盒中——表面覆盖越多，融化的冰水就越多。冷却产品的是融化的水，而不是冰。

使用冰的优点很多。为了融化成冰水，处于 0℃ 的冰所需要的能量为 385kJ/kg，从而需要从周围环境中吸收大量热量。冰具有很高的冷却能力，可以维持恒定的温度，如果水源无害那么冰也就是无害的，融化的冰水可以满足整批装在板条箱中的鱼的需求（FAO，2003）。而且还可以增加以下经济利益，例如，如今几乎所有渔港都可以使用冰块，冰块价格相对便宜，冰块可以从一个地方移动到另一个地方，并且其可以轻松地存储在渔船上。利用当今的技术，也可以轻松地利用安装在渔船上的相对较小的机械来制冰。

一个多世纪以前，随着铁路系统的建设，交通运输业的发展使长距离运输新鲜的冰鱼成为可能。在 48h 内运输 1500km 并不罕见。因此，周一在北海北部捕获的鱼可以于周四/周五在巴黎出售。在不间断的冷链存在的情况下，鱼是一种非常好的鲜食产品。如今，卡车运输并不比铁路运输快，但是在第一个火车站和最后一个火车站之间的运输变得要快得多。运输物流现在是一门独立的科学学科。

鱼是全球化商品。在过去的 15 年中，鲜鱼作为空运货物，一直是增长最快的商业产品之一。每年有越来越多的鲜鱼被空运到欧盟（EU）国家。向日本进口的活鱼和贝类数量稳步增长。因此，鲜鱼链不是一条单一的链，而是包含许多链，具有很多变量。链条通常可以细分为以下几个部分：①捕捞作业/初级产品；②着陆和初次销售；③加工（主要是鱼片）；④零售商；⑤消费者。不管作为运输或贮藏，这些链也可以看作是不同层次，在它们之间有物流活动（图 3.7）。

在过去的 15 年中，人们越来越关注可追溯性。这表明鱼链中的每条链彼此独立起作用。相关信息在链中丢失或者批次太大而无法得到及时处理（Larsen 和 Villerreal，2009）。自 2012 年 1 月 1 日起，欧盟委员会开始实施一项针对鲜鱼的新法规，与欧盟其他食品部门相比，该法规提高了对链条中各个环节的要求（EU，2011）。

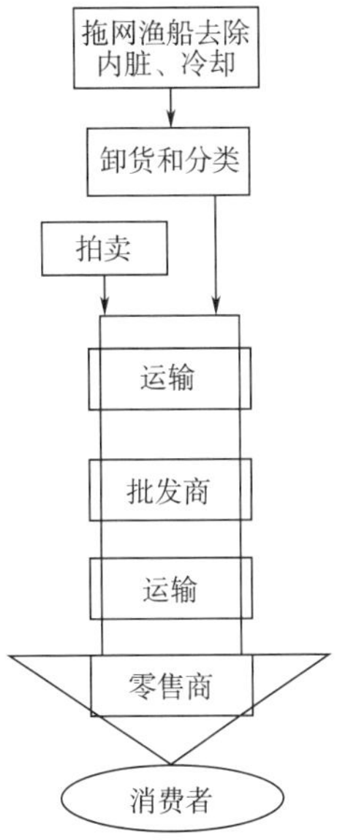

图 3.7 鲜鱼的通用供应链——简化流程图

3.4.1 渔船上的处理和加工

鲜鱼拖网渔船仍然是主要捕鱼国渔船队的骨干。它们的黄金时期始于 20 世纪 50 年代，一直持续到今天。鲜鱼是通过各种捕鱼活动获得的。拖网捕鱼属于沿网主动捕鱼的集体活动，从丹麦围网到苏格兰围网，都可以称为围网捕鱼。不同的鱼种可被锚定捕捞，但都取决于将捕集器冷却至约 0℃。刺网捕鱼法、沿线捕鱼法、笼捕法和木桩网捕鱼法都属于被动捕鱼，都被认为是传统的捕鱼方法，但它们也和主动捕鱼法一样有了发展。作为一种"经验法则"，由于压力较小，被动捕捞法捕获的鱼质量较好。研究表明，处于放松状态的鱼类比受压的鱼类具有更长的保质期（Skjervold 等，2001）。在商业上，可以使用不同商标区分这些，如长线捕获的鱼与拖网捕获的鱼。

现代的渔船，特别是在老牌工业化国家中，已经被大量机械化。这种发展趋势一方面与船只尺寸的增加有关，从而与渔具的尺寸和所捕捞的鱼的数量有关。另一方面，船员工资的增加以及对良好的设施和工作时间的普遍需求推动了机械化的发展（Olsen，1992）。鱼泵被广泛用于远洋鱼类的捕捞，如鲭鱼、鲱鱼和沙丁鱼。为了避免在中层拖网网囊中存获大量鱼，现在将鱼泵连接到拖网网囊，一旦捕鱼作业停止，鱼就可以被泵到船上。与老式的操作技术相比，这可以将拖网中的捕获时间降到最低。甲板设施已从将甲板上的鳕鱼端排空的旧方法进行了改进，使其具有可以用冷却的海水填充的特定接收区域或水箱。运输可以在传送带上进行，屠宰场和排污站现在被建造起来，以减少吊装和搬运渔获物。鱼在特定的清洗站进行清洗和宰杀，然后被运送到鱼舱中，并在箱子里用船上的制冰机上制成的冰冷冻（Frederiksen 等，1997）。绝缘的货舱通过机械制冷方式保持冷却至 2℃（以确保冰融化）。盒子可以装满按照法律进行分类和称重的鱼，标签或其他电子设备可以携带有关鱼箱何时着陆的信息（Mission 等，2003）。

小的远洋鱼类通常存放在装有冷藏海水的水箱系统中（RSW 方法）。常用方法是在机械制冷机中冷却海水，然后在水箱内的特定位置进行循环，避免积水。现在欧盟已制定了关于渔获物冷却速度的规定。小的远洋鱼类不去内脏，因为鱼的数量使这一程序很难进行。在某些水箱系统中，将淡水冰添加到水箱中的水中，可以加快冷却速度。

在合适的水箱系统中贮藏的远洋鱼类质量很高，尤其是在最开始那几天。机械化的渔获处理程序可保持优质的渔获。由于小的远洋鱼类不会被掏空内脏，因此要采集渔获物的样本以评估胃的内容物。在这一年的进食时间内，胃和肠中高水平的消化酶可能会导致自溶。其结果可能是产生强烈的异味，最终使鱼的腹部破烂。在其他情况下，具有高酶活性的鱼饲料可能导致腹部破烂（Felberg 和 Martinez，2006）。

船上有一些非常专业的捕捞活动，如捕捞沙虾（*Crangon vulgaris*）。捕获虾后，将它们煮熟，然后在船上的鱼箱中冰冻。通常虾要在船上加工后再冷冻。

根据鱼种类、船上保留时间、季节和温度，选择使用不同的冷冻方法。如今，在现代渔业领域，木制鱼盒已经非常少见了，一些渔场除外，如沙丁鱼或凤尾鱼的捕捞，传统的10kg 鱼箱仍在使用中。现代鱼箱由塑料制成，使用期限一般为 7 年，且形状和大小因地区而异。冰融化时具有冷却作用，因此第一代塑料鱼箱的底部有排水孔，排出来的水可以冷却箱底。该原理已经被或多或少地放弃了，因为鱼舱具有足够的制冷能力，可以精确调节温度，避免了从一个鱼箱到下一个鱼箱的污染。添加到鱼上的冰量取决于鱼的温度和鱼舱的温度。在夏季捕鱼期间，水温和鱼的温度很高，可能有必要增加鱼质量 25% 的冰。

冰在鱼箱中的放置方式因地区而异。通常，鱼箱的底部被冰覆盖，然后放上鱼，在鱼上面再放上冰。但是，如果在几天内鱼就可上岸，且鱼是按照头在一边尾在一边的方式排列，则仅在鱼的头和尾巴上放冰，这可使鱼在出售时更具吸引力。

3.4.2 上岸、分类和首次销售

将冰鲜鱼运上岸的渔船，由于船上的贮藏、鱼种类和它们运送鱼的区域不同而遵循不同的程序。在欧盟，现在强制要求在上岸时称鱼重，如果不这样做，必须遵循欧盟规定的特定处理流程（EU，2009）。如果鱼是装在有冰的箱子中的，则必须先清空箱子，并给鱼去冰后才能称到实际重量。之后，根据欧盟规定（EU，1996）通常将鱼按照不同的重量等级和质量等级进行分类，并存放在 2℃ 的冷藏室中直至出售或下一步运输。如果在上岸地出售鱼，则买方将鱼箱运到他们的经营场所。到这儿，要么进行加工处理，要么准备下一步运输。可以将准备出口的鱼重新包装在聚苯乙烯箱中，需要向箱中添加新的冰。将要出口的鱼贮藏在冷藏库中或直接放置在冷藏货车中。货车货舱中的温度将保持在 2~4℃。运输时间可能长达 3~4d，具体取决于在货物中心（通常是在两国之间的边界）重新装好鱼箱。从挪威北部到法国，长达 3000km 的运输并非罕见。货车货舱中的温度测量结果表明温度有波动，特别是在部分货物被卸载且货舱门长时间打开的情况下（Frederiksen 等，2002）。

如果将冰鲜鱼加工（如切鱼片），则通常的程序如下。鱼箱到达鱼片加工中心后，存放在冷藏室（接待冷藏室）中。贮藏时间可以从 1d 至几天，直到将它们取出进行加工处理。鱼除冰后被运送到加工区。处理区域的温度低于 10℃，在一些现代工厂中，温度会低至 4℃。若切鱼片和包装鱼的操作时间可能长达 1h，随后会加冰或将产品放入冷藏库中（Whittle，1997）。切片后，将产品包装在聚苯乙烯盒中，并放置在另一个冷藏库中，以进一步运输到批发商或鱼类零售商。如果批发商将鱼片重新包装在较小的箱子中，那它

们会被冰冻或冷藏。

对捕捞、上岸、销售、运输、加工、批发商和零售商总流程链条的描述表明，一条鱼可以被冰冻、去冰、再次被冰冻多达六次，然后出售给最终用户——消费者。链中的链接越多，出现问题的可能就越大。这样的冷链很容易出问题，产品的保质期就会缩短（Larsen等，1992）。

鲱鱼、鲭鱼和凤尾鱼等远洋鱼的处理方式不同于圆形鱼（如鳕鱼和比目鱼）。捕获的远洋鱼通常由大小和种类相同的鱼组成。渔船的处理布局使鱼可以从水箱中抽出，将冷水排干，并将鱼直接输送到加工设施或装有1/3冷水的水箱的卡车。货车通过公路前往加工厂，未立即加工的鱼通常与卡车水箱中的水一起泵送到水箱存储设施中。尽可能轻柔地处理且保持温度不升高是使鱼品质良好的关键。实际加工处理通常非常快，并且加工区的时间可以缩短至5~10min。

3.4.3 运输和批发商或中央仓库

冷冻的鱼和鱼产品主要通过专用卡车在公路上运输，也可通过海运和空运运输，或者由两种或多种方法的组合运输。不同的运输系统旨在保持或维持选定的温度，而不是冷却货物（IIR，2003）。交通领域的发展似乎非常迅速，主要是因为有减少能源的空间。有一些公路运输规则的建议：①在装货前检查产品温度；②将空气温度保持在-1~4℃；③允许冷却自由流通货物周围的空气；④利用强制空气循环；⑤监测空气温度（使用温度记录仪）；⑥考虑使用隔热容器进行短途运输（Margeirsson等，2006）。

在分销链中，批发商和/或中央存储设施在冷却链中发挥作用。他们的主要活动是根据客户的订单重新包装不同批次的产品。

3.4.4 过冷

通过降低变质率来延长鱼的保质期，有时可以通过将鱼贮藏在0℃以下的过冷状态来实现。鱼在冷藏海水中可能达到过冷状态。海水可以快速去除鱼中的热量，并使冷冻过程更快，从而将鱼的温度降低到-2~-1℃（Hedges和Hielsen，2000；Magnussen等，2008）。过冷可用于保护鱼类在短时间内不受恶劣的冷链温度升高的影响（Lee和Toledo，1984；Chang等，1998）。如果冷链长时间无法控制，组织的微结构变化会由结晶引起重结晶，从而将导致解冻渗出液损失增大，最终导致产品干燥而坚韧。但是在实践中，由于冷却柜中的温度波动，很难保持过冷状态（Kaale等，2011）。

超级冷却（也称为冷冻冷却）是通过-4~-2℃的温度将鱼部分冷冻的一种扩展技术（Fagan等，2003）。这种状态可以在鱼解冻之前进行回温时获得。与在冷链中深层冷冻产品分销时解冻相比，短时冷冻冷藏可以延长保质期（Jensen等，2010；Adler-Nissen和Zammit，2011）。

3.5 冷冻鱼链

冷冻是鱼类保鲜最广泛的使用方法。然而，新鲜鱼的食用质量被认为优于冷冻鱼。但是，可以通过快速冷冻并将其贮藏在较低且稳定的温度中，是可能生产高食用质量的冷冻品（NieLsen 等，2001）。

图 3.8 展示了一条从捕捞到零售柜的冷冻鱼的供应链。决定冷冻鱼质量的主要因素可分为预冷冻过程，冷冻过程和冻藏/产品分配过程。在预冷冻步骤中，必须遵循冷藏鱼的良好生产规范（参见 4.4）。在所有供应链的步骤中，定义最不明确的领域是零售/消费者处理阶段，并且在此阶段可能发生潜在的严重热滥用（Hedges 和 Nielsen，2000），因为消费者和售货员没有意识到温度波动的影响（参见 3.3.2）。

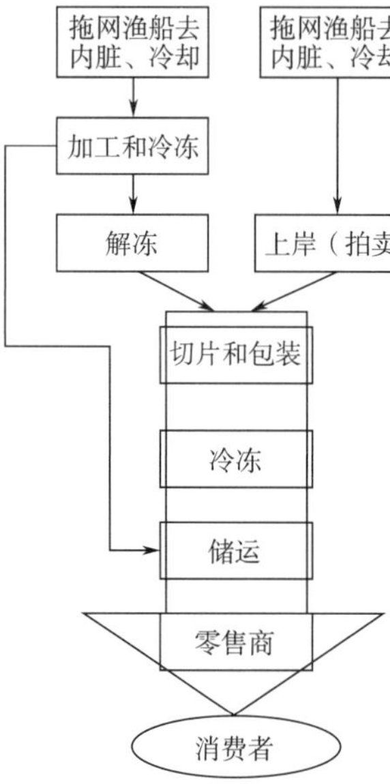

图 3.8 冷冻鱼供应链

冷冻鱼产品通常以下面两种方式之一进行加工：将鱼冷冻在船上或陆地上。船上的鱼分为整鱼冷冻和鱼片冷冻。冷冻鱼片通常直接用于销售，而整鱼在陆地上解冻，加工后再次冷冻（二次冷冻）。冷冻和冻藏的鱼可以有 1 年以上的贮藏期，尤其是如果将鱼类预先冷冻且贮藏温度低于-30℃且无温度波动时。船上冷冻鱼的方法使渔船能够在海上停留更长的时间，以便在捕捞期间贮藏鱼，同时扩大了高质量鱼产品的市场（Hedges 和 Nielsen，2000；Nielsen 等，2001）。

3.5.1 冷冻系统

鱼产品的工业冷冻是在船上或陆地上的不同生产阶段进行的。种类繁多的过程提供了许多不同的冷冻鱼产品，这些产品可分为两大类：直接食用产品和需要进一步加工产品（Johnston 等，1994）。

直接消费的产品可以单独冷冻（IQF），成为一个独立的单元（如鱼片或虾和其他贝类），无须再将其解冻以用于细分甚至是烹饪目的；其他产品（如小块鱼和其他鱼类）也可以包装后直接食用，而无须进行后处理。消费者可以从零售商处购买这种仍处于冷冻状态的产品，并以冷冻状态烹饪或解冻立即食用（Johnston 等，1994）。

待深加工的产品可以散装冷冻并在贮藏后解冻，以用作新鲜鱼（保鲜鱼），也可以散装冷冻并进一步加工而不解冻，以零售包装形式提供。散装冷冻的产品可未经加工，如整块鱼在接触式冷冻机中冷冻。冷冻鱼块通常在冷冻后镀冰衣（glazed）或包装，然后贮藏直至需要进一步加工。镀冰衣还用于单个冷冻的整条鱼和虾：冷冻后，将鱼喷上汽化水，该水立即冻结到鱼表面的薄冰层。这样，鱼的整个表面被覆盖在冰层中，从而防止空气（氧气）与鱼接触。

在拖网渔船上，整条鱼在垂直板式冷冻机中冷冻，鱼片在水平板式冷冻机中冷冻，成为交错鱼片或 20kg 的标准块（Boknaes 等，2001）（图 3.9）。

图 3.9 冷冻拖网渔船 Ariadne

注：Ariadne 长 89.5m，日产能为 150t。冷冻存储容量为 1700t 鱼块，每箱重 50kg，纸箱包装。

资料来源：FiskerForum. dk/MHR。

在岸上，现代鱼类产业将配备快速冷冻设施，如鼓风冷冻机、平板冷冻机和流化床，以及用于单体快速冷冻的低温冷冻机。快速冷冻意味着从 0℃至-5℃的温度变化之间的时间通常不得超过 5~10h，且产品中温度最高的部分也要能够达到下一步冻藏室的温度（图 3.4）。由于生产过程的流动，总冷冻时间应低于 1~2h。但是，对于产品的感官评定和物理质量而言，核心温度能否达到所需的贮藏温度非常重要，否则可能会导致几天后缓慢冷冻。

这里有三种传统的冷冻鱼的方法：

（1）鼓风冷冻机　通常在较小的房间或隧道中，冷空气流在鱼的上方高速循环。空气速度通常为 2.5~7.5m/s。如果将鱼包装打开且未镀冰衣，则空气流速必须尽可能低，以避免表面干燥（冷冻燃烧）。

（2）接触或板式冻结法　鱼类与冷藏表面直接接触。平板冷冻机的灵活性不如鼓风冷冻机，只能用于冷冻规则且形状相同的鱼块和包装。板式冷冻机有两种类型：由水平板构成的架式结构、由垂直板构成的箱式结构。立式平板冷冻机通常用于散装产品的船上冷冻

(图 3.10)。鱼被泵入纸板箱，通常添加水以填充块中的空隙。卧式平板冷冻机用于冷冻鱼和鱼产品的预包装纸箱，用于零售或冷冻鱼片块以规则形状冻结在处理过的纸板箱和金属保持架中。将鱼块（20kg）切成鱼条，然后在冷冻状态下切成小块。

图 3.10 在由塑料包裹的 Ariadne 船板上的立式平板冷冻机中捕获并冷冻的 Sandeel 鱼块

(3) 低温冷冻 将冷冻液喷洒在鱼的表面。冷冻液可以是氮气或二氧化碳，并使产品与制冷剂直接接触。鱼被放在不锈钢传送带上，并在约-50℃的温度下与逆向气流接触。鱼在冷冻机的第一阶段前进时，气体冻结部分鱼。然后，产品通过液体喷雾下方，沸腾的液态气体完成冻结。最后将鱼在冷冻机中停留几分钟，使其温度达到平衡。液氮冷冻机的主要优点是冷冻速度快并且冷冻机的物理尺寸比较小（Johnston 等，1994）。

冷冻设备的新发展

冷冻设备仍在继续开发，但只有在成本不高的情况下，现有的捕鱼业才会对其感兴趣。

超级冷冻 超级冷冻或超冷冻是通常与用于长期保存的生化、微生物和医学样品的低温保存的相关术语。在鱼类部门，术语“超级冷冻”用于将鱼类快速冷冻和贮藏在-60℃及更低的温度下。用常规冷冻设备无法实现这种形式的低温保存。需要特殊的压缩机、制冷剂和绝缘材料。目的是通过防止冰晶的形成或非常小的晶体的形成来阻止所有导致质量和质地问题的过程（参见 3.3.1）。这可以通过压力变化［高压切换冻结（PSF）和冲击式冻结］或磁场［活细胞系统（CAS）］来实现。超级冷冻最初被引入到日本金枪鱼船上，主要是为了保留深红色的金枪鱼肉，用于寿司和生鱼片生产。

通过使用更传统的方法将在鱼死后僵直前冷冻，也可以获得小冰晶或没有冰晶。

由于冻结前的超强冷却效果，快速冷冻法具有较好的减少冰晶的形成，但是它也可能对较大的物体（如整条鱼）造成机械损坏。这现象也可能会导致后续存储（低温恒温），尤其是由于解冻僵硬的发生，而导致质量很快变劣（参见 3.3.2）。

①高压切换冻结（PSF）：在 PSF 中，水-冰的相变在 0℃ 至-21℃ 的温度下受到抑制，

压力释放导致从过冷状态立即冻结，进而形成非常小的均质冰晶（Kalichevsky 等，1995）（图 3.5）。在鱼类上进行的一些实验表明，PSF 具有良好的质地和水结合力，但尚无适用的商用设备（Chevalier 等，2000；Schubring 等，2003；Alizadeh 等，2007）。

②冲击式冻结：冲击技术加快了空气冷却中的表面传热。快速冲击空气射流破坏了鱼产品周围空气的静态表面边界层。产品周围产生的介质更加湍流，热交换变得非常有效（图 3.11）。例如，它可以用于单体冷冻鱼片和虾，并且通常可以代替具有高生产成本的低温生产线。冷冻机围绕两条直的产品传送带构建，并配备有指向产品顶部和底部的大量小型高速气流。该系统达到的冷冻速度与液氮冷冻机中的冷冻速度类似。

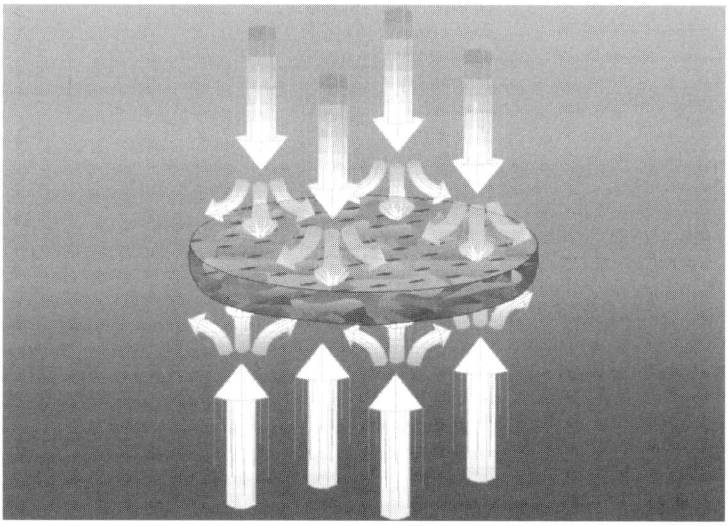

图 3.11　片状产品冲击冻结中的气流

通过对虾和鱼片全面实施感官评估和失水率评估（待发表结果），可提供高质量的产品。冲击冷冻技术目前可用于 JBT（Frigoscandia）公司的各种冷冻机配置中。

③活细胞系统（CAS）：冻结通常，产品从外面冻结，但是在 CAS 冻结系统中，过程是相反的。CAS 使用一种振荡磁场，使水分子旋转（与微波中的振动相反），阻止水分子聚集形成冰晶而破坏细胞壁。这种旋转运动还可以人为地将水的凝固点降低到大约-7℃。当产品达到此温度时，电场将关闭，并且几乎从内而外立即发生冻结。CAS 冷冻是在日本（ABI 公司）开发的，可以在市场上买到并用于金枪鱼行业，并在西班牙、爱尔兰和阿拉斯加的海产品领域进行了实验。

3.5.2　冻藏

冷冻鱼有利于贮藏和分销，在理想的情况下（优质的原始品质、良好的加工工艺、贮藏期间较低且稳定的贮藏温度），一些鱼类可以应一年以上仍具有合格食用品质。鱼类的腐败变质（参见 3.3）是由于蛋白质变性、脂肪酸败和脱水作用造成，通过降低储存温度能有效减缓鱼类的腐败变质。从实际意义上讲，细菌作用引起的腐败通常都不是大问题，因为冷冻低温会抑制细菌生长繁殖，并且其他不良变化反应的速率也会大幅降低（Johnston 等，

1994)。但是冷冻不是灭菌，某些致病菌和寄生虫仍能存活，因此必须保持良好的操作规范进行冷冻（参见 3.3）、冻藏，尤其是解冻时对解冻时间和温度的控制。

大多数研究报道，所有水产品的冻藏温度应设置在-30℃或更低的温度下，但实际上全球使用的冻藏温度都较高，尤其是在分销链的最后一部分。大多数国家/地区的立法以及国际冷冻协会（IIR）推荐，鳕鱼和黑线鳕等少脂鱼的冻藏温度为-18℃，鲱鱼和鲭鱼等多脂鱼的冻藏温度为-24℃（多脂鱼油可能会渗出）。冷库设计专家计算得出，在一定条件下，从经济效益方面考虑，-30℃下运行冷库的总成本仅比在-20℃下运行时高 4%（Johnston 等，1994）。因此，在考虑到提高鱼类品质和延长贮藏期时，保持较低冻藏温度可能具有一定经济优势。

在-60℃下运行的集装箱机组可商用，用于冷冻、运输和贮藏有价值的鱼类产品，如日本寿司和生鱼片市场所需求的金枪鱼、海胆和剑鱼等。

3.5.3 解冻

冷冻鱼可以用于超低温或冷冻解冻、冷冻-冷藏和复鲜的形式销售，带有或不带有气调包装（Boknaes 等，2000；Olafsdottir 等，2006）。冷藏鱼的品质取决于冷冻鱼的质量和解冻过程。这一过程使批量产品的制造能够按需投放到冷链中，因此控制解冻过程很关键。

解冻比冷冻过程需要更长的时间，因为食品表面解冻时传热速率降低，解冻鱼的导热系数低于冷冻鱼。解冻速率取决于许多因素，如产品类型、解冻方法、鱼的种类和死后僵直状态（参见 3.2.1）。当产品中没有冰晶残留时，表明解冻完成（Archer 等，2008）。

在解冻期间和解冻后要考虑多种重要因素，随着表层冰（冰衣）融化，解冻速率减慢，食品温度接近冰融化温度需要更长时间。此时，需要克服将固体冰转变为液体水所需的能量。这是由于冷冻前处理不当、冷冻速率过于缓慢或冷冻期间温度波动造成组织细胞损伤，导致细胞内成分外渗，形成“汁液流失”（Archer 等，2008）。

大多数关于解冻食品的研究表明，未冷冻和预冻/解冻食品在保质期和微生物生长方面差异很小（Archer 等，2008）。在某些情况下，-20℃冷冻可以延长解冻产品的保质期。研究表明，将北大西洋和巴伦支海的鳕鱼在-20℃下冷冻，解冻后，与新鲜鳕鱼或低温冷藏鳕鱼相比，其保质期得到延长（Martinsdttir 和 Magnússon，2001；Boknaes，2002）。这是由于鳕鱼中两种最重要的腐败菌［腐败希瓦菌（*Shewanella putrefaciens*）和明亮发光杆菌（*Photobacterium phosphoreum*）］在-20℃冷冻 8 周后死亡，但是在-30℃或更低温度下可以存活 8 周。此外还应该考虑质地、风味以及汁液流失等因素，尤其要控制好解冻过程。

解冻设备一直在不断创新，但只有在成本不高的情况下，才会在渔业中得到应用发展。传统的解冻方法包括：

- 水（浸泡或喷雾）。
- 强风或鼓风。
- 静止或常温空气。

回温和解冻的先进设备包括使用真空、微波或无线电波，最新研究方向是压力辅助解冻。Schubring 等（2003）发现在 200MPa 压力下解冻的鱼片比在 15℃下常规解冻具有更佳的品质。

有关不同解冻方法的更多信息，以及良好操作建议，参见 Archer 等（2008）的研究。

3.5.4 保质期

冷冻食品贮藏时间的长短对人类健康影响不大，因此冷冻鱼制品不需要“使用日期”。但是需要根据感官特性（气味、滋味、质地、外形）和物理特性（汁液和水分的流失）来确定保质期（P. Howgate，个人通信，2008，seafood@ ucdavis. edu）。贮藏期间的变化速率取决于几个因素，包括产品的性质及其包装，最关键是温度和贮藏期间温度的波动。这些变化是逐渐的，在某一点上无突然变化可以作为产品不再处于最佳状态的标准。IRR 运用实际保质期（PSL）和高质量保质期（HQL）。实际保质期是指鱼在没有丧失其品质特性和正常食用性下能够贮藏的时间，高质量保质期是指由专家品评小组在鉴别贮藏期的鱼与原始鲜鱼有差异之前的时间。高质量保质期通常为实际保质期的 1/3～1/2（表 3.1）。有文献报道了关于冻藏鱼品质变化的许多不同的可接受性信息和确定保质期的广泛标准（Reid，1998）。一般情况下没有使用实际保质期和高质量保质期的定义，通常所描述的保质期是介于两者之间。大多数情况下，质地被认为是限制性指标，但氧化也很重要——即使像鳕鱼这种少脂鱼，也会产生一种令人不愉快的氧化冷冻风味（Mcgill 等，1974）。冷冻前的处理也会影响保质期。

表 3.1　在-30℃恒温条件下冻藏鱼的高质量（HQL）和实际质量（PSL）保质期

单位：月

鱼的种类	PSL	HQL
少脂鱼（鳕鱼、黑线鳕鱼）	12	3
大的多脂鱼（三文鱼）	>12	3
小的多脂鱼（鲱鱼、鲭鱼）	10	2

欧盟立法规定，预包装冷冻鱼产品的制造商必须在产品上注明最佳食用日期。虽然没有关于保质期的官方立法，但由于欧洲零售级的冷冻水产品大多来自少数几家大型食品公司，因此一般保质期是由这些公司作为贸易伙伴之间的协议来确定的。如果他们能够维持提供高质量产品的声誉，并确保持续销售，那么他们的产品至少是消费者可接受的，最好是消费者喜欢的产品，这符合他们的利益所求（P. Howgate，个人通信，2008）。最佳食用日期是在产品生产时打印在包装上的，是从产品生产时开始算起的存储时间，而不是从原材料冷冻时开始算起的储存时间。因此，制定通用的规则是不可能的。

3.6 相关法规

自从渔业贸易开始，就有专门的规则来保证仅有高质量的鱼才能销售给消费者。关于特定渔业的法规很早就有确立，例如，中世纪的鲱鱼渔业，其制品的盐含量和重量就有相关规定。大约一百年前，防止劣质鱼制品成为官方通用食品法的组成部分，这些法律是基于对鱼的感官评估（Nielsen 等，2001）。

一直以来都有保持新鲜鱼冷冻的良好实践操作手册。标准通常是供应商和买方之间的自愿协议。联合国粮农组织/世界卫生组织（FAO/WHO）的食品法典标准实际上是国际贸易中使用的示范法。各种法典标准涉及不同鱼类产品的定义，以确保食品安全和动物友好生产。《通用食品法》［欧盟（EU）2002/178；http：//ec. europa. eu/food/food/foodlaw/traceability/index_en. htm］是第一个一般法规，如制定了欧盟的可追溯性规则。最近，欧盟在《理事会条例 1224/2009》第 56、57 和 58 条（EU，2009）中对可追溯性要求更加严格，其中一项要求是，鱼或鱼制品必须说明其是否在销售前已经冷冻，这仅适用于野生捕获鱼类。

3.7 建议

温度和温度波动是影响冷藏和冷冻鱼品质最重要的因素。为减缓生化反应和微生物反应，在鱼捕获后应尽快将其冷冻。捕鱼方式和温度对鱼死后僵直也同样重要。一般规律是，从鱼死亡到开始死后僵直的时间取决于环境温度和贮藏温度之间的差异，而与哪个温度最高无关。温差越大，肌肉收缩越强，死亡到开始死后僵直的时间越短。此外，冷冻后解冻和加工的鱼必须在僵直前进行冷冻，这样才能保证最佳食用品质和最大产量。鱼类最好在贮藏和冷冻之前去除内脏和放血，因为内脏中酶活性很高，而且血液中的化合物会加剧降解过程。如果由于实际原因无法去除内脏和放血，则应尽快将鱼冷藏。

高端冷冻产品只能使用高品质鱼类，最好是僵直期前的鱼，并将其在稳定的低温条件下冷冻和贮藏。如果产品在冷冻和冷藏过程中处理不当，例如，冷冻过程持续一整天、冷藏温度长期波动，产品将会被损坏。短期贮藏，良好的捕获和加工过程、快速冷冻、半成品在-30℃下进行短期冻藏，将获得最佳冷冻产品。

参考文献

Abe, H. and Okuma, E. (1991). Rigor-mortis progress of carp acclimated to different water temperatures. *Nippon Suisan Gakkaishi*, 57, 2095-2100.

Adler-Nissen, J. and Zammit, G. Ø. (2011). Modeling and validation of robust partial thawing of frozen convenience foods during distribution in the cold chain. *Procedia Food Science*, 1, 1247-1255.

Alizadeh, E., Chapleau, N., De Lamballerie, M., and Le-Bail, A. (2007). Effect of different freezing processes on the microstructure of Atlantic salmon (*Salmo salar*) fillets. *Innovative Food Science and Emerging Technologies*, 8, 493-499.

Ando, M., Toyohara, H., Shimizu, Y., and Sakaguchi, M. (1991). Post-mortem tenderization of fish muscle proceeds independently of resolution of rigor mortis. *Nippon Suisan Gakkaishi*, 57, 1165-1169.

Ando, M., Toyohara, H., Shimizu, Y., and Sakaguchi, M. (1993). Post-mortem tenderization of fish muscle due to weakening of pericellular connective tissue. *Nippon Suisan Gakkaishi*, 59, 1073-1076.

Archer M., Edmons M., and Martins G. (2008). Seafood Thawing. Seafish Research and Devel-opment, Report SR598. http://www. seafoodacademy. org/Documents/SR598% 20thawing. pdf [accessed 31 May

2013].

Astier, C., Labbe, J. P., Roustan, C., and Benyamin, Y. (1991). Sarcomeric Disorganization in postmortem fish muscles. *Comparative Biochemistry and Physiology B-Biochemistry and Molecular Biology*, 100, 459-465.

Babbitt, J. K., Law, D. K., and Crawford, D. L. (1972). Decomposition of trimethylamine oxide and changes in protein extractability during frozen storage of minced and intact hake (*Merluccius productus*). Muscle. *Journal of Agricultural and Food Chemistry*, 20, 1052.

Boknaes, N., Guldager, H. S., Osterberg, C., and Nielsen, J. (2001). Production of high quality frozen cod (*Gadus morhua*) fillets and portions on a freezer trawler. *Journal of Aquatic Food Product Technology*, 3, 33-37.

Boknaes, N., Jensen, K. N., Guldager, H. S., Osterberg, C., Nielsen, J., and Dalgaard, P. (2002). Thawed chilled Barents Sea cod fillets in modified atmosphere packaging-application of multivariate data analysis to select key parameters in good manufacturing practice. *Lebensmittel - Wissenschaft Und - Technologie-Food Science and Technology*, 35, 436-443.

Boknaes, N., Osterberg, C., Nielsen, J., and Dalgaard, P. (2000). Influence of freshness and frozen storage temperature on quality of thawed cod fillets stored in modified atmosphere packaging. *Lebensmittel-Wissenschaft Und-Technologie-Food Science and Technology*, 33, 244-248.

Burgaard, M. G. and Jorgensen, B. M. (2010). Effect of temperature on quality-related changes in cod (*Gadus morhua*) during short-and long-term frozen storage. *Journal of Aquatic Food Product Technology*, 19, 249-263.

Caballero, M. J., Betancor, M., Escrig, J. C., Montero, D., Monteros, A. E. D., Castro, P., Gines, R., and Izquierdo, M. (2009). Post mortem changes produced in the muscle of sea bream (*Sparus aurata*) during ice storage. *Aquaculture*, 291, 210-216.

Cappeln, G. and Jessen, F. (2001). Glycolysis and ATP degradation in cod (*Gadus morhua*) at subzero temperatures in relation to thaw rigor. *Lebensmittel - Wissenschaft Und - Technologie - Food Science and Technology*, 34, 81-88.

Chang, K. L. B., Chang, J. J., Shiau, C. Y., and Pan, B. S. (1998). Biochemical, microbiological, and sensory changes of sea bass (*Lateolabrax japonicus*) under partial freezing and refrigerated storage. *Journal of Agricultural and Food Chemistry*, 46, 682-686.

Chapman, K. W., Sagi, I., Hwang, K. T., and Regenstein, J. M. (1993). Extra-cold storage of hake and mackerel fillets and mince. *Journal of Food Science*, 58, 1208-1211.

Chevalier, D., Sentissi, M., Havet, M., and Le Bail, A. (2000). Comparison of air-blast and pressure shift freezing on Norway lobster quality. *Journal of Food Science*, 65, 329-333.

Delbarre-Ladrat, C., Cheret, R., Taylor, R., and Verrez-Bagnis, V. (2006). Trends in postmortem aging in fish: Understanding of proteolysis and disorganization of the myofibrillar structure. *Critical Reviews in Food Science and Nutrition*, 46, 409-421.

EU (1996). Council Directive 2406/96 of 26 November 1996 laying down common marketing standards for certain fishery products. *Official Journal of the European Union*, L 334, 1-15.

EU (2009). Council Regulation 1224/2009 of 20 November 2009, establishing a Community control system for ensuring compliance with the rules of the common fisheries policy. *Official Journal of the European Union*, L 343/1, 1-50.

EU (2011). Commission Implementing Regulation 404/2011 of 8 April 2011 laying down detailed rules for the implementation of Council Regulation (EC) No 1224/2009 establishing a Community control system for ensuring compliance with the rules of the Common Fisheries Policy. *Official Journal of the European Union*, L 112, 1-153.

Fagan, J. D., Gormley, T. R., and Mhuircheartaigh, M. U. (2003). Effect of freeze-chilling, in comparison with fresh, chilling and freezing, on some quality parameters of raw whiting, mackerel and salmon portions. *Lebensmittel-Wissenschaft Und-Technologie-Food Science and Technology* 36, 647-655.

FAO (2003). *The Use of Ice in Small Fishing Vessels*, Food and Agricultural Organization of the United Nations, Rome. ISBN 92-5-105010-4.

FAO (2012). *The State of World Fisheries and Aquaculture*, Food and Agricultural Organization of the United Nations, Rome. ISBN 978-92-5-107225-7.

Felberg H. S. and Martinez I. (2006). Protein degrading enzymes in herring (*Clupea harengus*) muscle and stomach, in *Seafood Research from Fish to Dish* (eds J. B. Luten, C. Jacobsen, K. Bekaert, A. Sæbø and J. Oehlenschläger), Wargeningen Academic Publishers, Wargenin-gen, The Netherlands.

Frederiksen, M., Popescu, V., and Olsen, K. B. (1997). Integrated quality assurance of chilled food fish at sea, in *Seafood from Producer to Consumer*, *Intergrated Approach to Quality* (eds J. Luten, T. Børesen and J. Oehlenschläger), Elsevier, Amsterdam.

Frederiksen, M., Østerberg, C., Silberg, S., and Larsen, E. (2002). Infofisk. Development and validation of an Internet based traceability system in a Danish domestic fresh fish chain. *Journal of Aquatic Food Product Technology*, 11 (2), 13-34.

Gram, L. and Huss, H. H. (1996). Microbiological spoilage of fish and fish products. *International Journal of Food Microbiology*, 33, 121-137.

Haard, N. F. (1992). Biochemical reactions in fish muscle during frozen storage, in *Seafood Science and Technology* (ed. E. G. Bligh), Proceedings of the Conference Seafood 2000 celebrating the Tenth Anniversary of the Canadian Institute of Fisheries Technology of the Technical University of Nova Scotia, 13-16 May 1990, Halifax, Canada, Fishing News Books, Oxford.

Hedges N. and Nielsen J. (2000). The selection and pre-treatment of fish, in *Managing Frozen Foods* (ed. Christopher J. Kennedy), Woodhead Publishing, Cambridge.

Herrera-Mendez, C. H., Becila, S., Boudjellal, A. and Ouali, A. (2006). Meat ageing: reconside-ration of the current concept. *Trends in Food Science and Technology* 17, 394-405.

Hiraoka, Y., Ohsaka, E., Narita, K., Yamabe, K., and Seki, N. (2004). Preventive method of color deterioration of yellowtail dark muscle during frozen storage and post thawing. *Fisheries Science*, 70, 1130-1136.

Houbak, M. B., Ertbjerg, P., and Therkildsen, M. (2008). In vitro study to evaluate the degradation of bovine muscle proteins post-mortem by proteasome and mu-calpain. *Meat Science*, 79, 77-85.

Howell, N., Shavila, Y., Grootveld, M., and Williams, S. (1996). High-resolution NMR and magnetic resonance imaging (MRI) studies on fresh and frozen cod (*Gadus morhua*) and haddock (*Melanogrammus aeglefinus*). *Journal of the Science of Food and Agriculture*, 72, 49-56.

Hultin H. O. (1992). Biochemical deterioration of fish muscle, in *Quality Assurance in the Fish Industry* (eds H. H. Huss, M. Jakobsen and J. Liston), Elsevier, Amsterdam.

Huss, H. H. (1995). *Quality and Quality Changes in Fresh Fish*, FAO Fisheries Technical Paper, 348, FAO, Rome.

IIR (2003). Refrigerated transport: progress achieved and challenges to be met. 16*th Informatory Note on*

Refrigerating Technologies, International Institute of Refrigeration.

Imamura, S., Suzuki, M., Okazaki, E. *et al.* (2012). Prevention of thaw-rigor during frozen storage of bigeye tuna (*Thunnus obesus*) and meat quality evaluation. *Fisheries Science*, 78, 177-185.

Ishida, N., Yamashita, M., Koizumi, N. *et al.* (2003). Inhibition of post-mortem muscle softening following in situ perfusion of protease inhibitors in tilapia. *Fisheries Science*, 69, 632-638.

Iwamoto, M., Yamanaka, H., Abe, H. *et al.* (1988). ATP and creatine phosphate breakdown in spiked plaice muscle during storage, and activities of some enzymes involved. *Journal of Food Science*, 53, 1662-1665.

Jensen, L. H. S., Nielsen, J., Jorgensen, B. M., and Frosch, S. (2010). Cod and rainbow trout as freeze-chilled meal elements. *Journal of the Science of Food and Agriculture*, 90, 376-384.

Johnston, W. A., Nicholson, F. J., Roger, A., and Stroud, G. D. (1994). *Freezing and Refrigerated Storage in Fisheries*, FAO Fisheries Technical Paper, 340, FAO Rome.

Jones, N. R. (1965). Problems associated with freezing very fresh fish, in *Fish Handling and Preservation.* OECD Paris, Scheveningen.

Jul, M. (1984). *The Quality of Frozen Food.* Academic Press, St Louis, Missouri.

Kaale, L. D., Eikevik, T. M., Rustad, T., and Kolsaker, K. (2011). Superchilling of food: a review. *Journal of Food Engineering*, 107, 141-146.

Kalichevsky, M. T., Knorr, D., and Lillford, P. J. (1995). Potential food applications of high-pressure effects on ice-water transitions. *Trends in Food Science and Technology*, 6, 253-259.

Kemp, C. M., Sensky, P. L., Bardsley, R. G., Buttery, P. J., and Parr, T. (2010). Tenderness-an enzymatic view. *Meat Science*, 84, 248-256.

Kubota, M., Kinoshita, M., Kubota, S. *et al.* (2001). Possible implication of metalloproteinases in post-mortem tenderization of fish muscle. *Fisheries Science*, 67, 965-968.

Larsen, E. P., Heldbo, J., Jespersen, C. M., and Nielsen, J. (1992). Development of a standard for quality assessment of fish for human consumption, in *Quality Assurance in the Fish industry* (ed. H. H. Huss), Elsevier, Amsterdam.

Larsen, E. P., and Villerreal, B. P. (2009). Traceability as a tool, in *Fishery Products: Quality, Safety and Authenticity* (eds H. Rehbein and J. Oehlenschläger), Wiley-Blackwell Publishing.

Lavety, J., Afolabi, O. A., and Love, R. M. (1988). The connective tissue of fish. Gaping in farmed species. *International Journal of Food Science and Technology* 23, 23-30.

LeBlanc, E. L. and LeBlanc, R. J. (1988). Effect of frozen storage-temperature on free and bound formaldehyde content of cod (*Gadus morhua*) fillets. *Journal of Food Processing and Preservation*, 12, 95-113.

Lee, C. M. and Toledo, R. T. (1984). Comparison of shelf-life and quality of mullet stored at zero and subzero temperature. *Journal of Food Science*, 49, 317-322.

Mackie, I. M. (1993). The effects of freezing on flesh proteins. *Food Reviews International*, 9 (4), 575-610.

Magnussen, O. M., Haugland, A., Hemmingsen, A. K. T., Johansen, S., and Nordtvedt, T. S. (2008). Advances in superchilling of food-process characteristics and product quality. *Trends in Food Science and Technology*, 19, 418-424.

Margeirsson, S., Nielsen, A., Jonsson, G., and Arason, S. (2006). Effect of catch location, season and quality defects on value of Icelandic cod (*Gadus morhuea*) products, in *Seafood Research from Fish to Dish* (eds J. B. Luten, C. Jacobsen, K. Bekaert, A. Sæbø and J. Oehlenschläger), Wargeningen Academic Publishers, Wargeningen, The Netherlands.

Martinsdóttir, E. and Magnússon, H. (2001). Keeping quality of sea-frozen thawed cod fillets on ice. *Journal of Food Science*, 71, M69-M76.

Mcgill, A. S., Hardy, R., Burt, J. R., and Gunstone, F. D. (1974). Hept-cis-4-enal and its contri-bution to off-flavor in cold stored cod. *Journal of the Science of Food and Agriculture*, 25, 1477-1489.

Mission, T., Mitchell, P., and Steele, A. (2003). Weighing and labelling at sea, in *Quality of Fish from Catch to Consumer* (ed. J. B. Luten), Wageningen Academic Publishers, Wageningen.

Nielsen, J. and Jessen, F. (2007). Quality of frozen fish, in *Handbook of Meat, Poultry and seafood quality* (ed. L. N. L. Nollett), Blackwell Publishing, Oxford.

Nielsen, J., Larsen, E., and Jessen, F. (2001). Chilling and freezing of fish and fishery products, in *Advances in Food Refrigeration* (ed. Da-Wen Sun), Leatherhead Publishing.

Nielsen, M. K. and Jorgensen, B. M. (2004). Quantitative relationship between trimethylamine oxide aldolase activity and formaldehyde accumulation in white muscle from gadiform fish during frozen storage. *Journal of Agricultural and Food Chemistry*, 52, 3814-3822.

Olafsdottir, G., Lauzon, H. L., Martinsdottir, E., Oehlenschlager, J., and Kristbergsson, K. (2006). Evaluation of shelf life of superchilled cod (*Gadus morhua*) fillets and the influence of temperature flctuations during storage on microbial and chemical quality indicators. *Journal of Food Science*, 71, S97-S109.

Olsen, K. B. (1992). Handling and holding of fish on fishing vessels in Denmark, in *Quality Assurance in the Fish Industry* (ed. H. H. Huss), Elsevier, Amsterdam.

Papa, I., Alvarez, C., Verrez-Bagnis, V., Fleurence, J., and Benyamin, Y. (1996a). Post mortem release of fish white muscle (alpha) -actinin as a marker of disorganisation. *Journal of Science and Food Agriculture*, 72, 63-70.

Papa, I., Ventre, F., Lebart, M. C., Poustan, C., and Benyamin, Y. (1996b). Post mortem degradation of dystrophin from bass (*Dicentrarchus labrax*) white muscle, in *Refrigeration and Aquaculture.* Proceedings of the Meeting of Commission C2, Bordeaux, 20-22 March 1996, AD: Refrigeration.

Reid, D. (1998). Freezing preservation of fresh foods. Quality aspects, in *Food storage stability* (eds I. A. Taub and R. P. Singh), CRC Press LLC, Cambridge, England.

Roth, B., Slinde, E., and Arildsen, J. (2006). Pre or post mortem muscle activity in Atlantic salmon (*Salmo salar*). The effect on rigor mortis and the physical properties of flesh. *Aquaculture*, 257, 504-510.

Sato, K., Ando, M., Kubota, S. *et al.* (1997). Involvement of type V collagen in softening of fish muscle during short-term chilled storage. *Journal of Agricultural and Food Chemistry*, 45, 343-348.

Schubring, R., Meyer, C., Schlüter, O., Boguslawski, S., and Knorr, D. (2003). Impact of high pressure assisted thawing on the quality of fillets from various fish species. *Innovative Food Science and Emerging Technologies*, 4, 257-267.

Seki, N. and Tsuchiya, H. (1991). Extensive changes during storage in carp myofirbillar proteins in relation to fragmentation. *Nippon Suisan Gakkaishi*, 57, 927-933.

Seki, N. and Watanabe, T. (1984). Connectin content and its post-mortem changes in fish muscle. *Journal of Biochemistry*, 95, 1161-1167.

Shenouda, S. Y. K. (1980). Theories of protein denaturation during frozen storage of fish flesh. *Advances in Food Research*, 26, 275-311.

Skjervold, P. O., Fjaera, S. O., Ostby, P. B., and Einen, O. (2001). Live-chilling and crowding stress before slaughter of Atlantic salmon (*Salmo salar*). *Aquaculture*, 192, 265–280.

Sørensen, N. K., Gundersen, B., Nyvold, T. E., and Elvevoll, E. (1996). Evaluation of sensory quality during freezing and frozen storage of whole, gutted Atlantic salmon (*Salmo salar*), in *Refrigeration and Aquaculture*. Proceedings of the Meeting of Commission C2, Bordeaux, March 20–22.

Sotelo, C. G., Piñeiro, C. and Pérez-Martín, R. I. (1995). Denaturation of fish proteins during frozen storage: role of formaldehyde. *Zeitschrift fur Lebensmittel Untersuchung und Forschung*, 200, 14–23.

Undeland, I. (1997). Lipid oxidation in fish: causes, changes and measurements, in *Methods to Determine the Freshness of Fish in Research and Industry*. Proceedings of the Final Meeting of the Concerted Action 'Evaluation of Fish Freshness', 12–14 November 1997, Nantes, France. EU-project FAIR programme (AIR3CT94 2283). International Institute of Refrigeration.

Whittle K. J. (1997). Opportunities for improving the quality of fisheries products, in *Seafood from Producer to Consumer, Integrated Approach to Quality* (eds J. Luten, T. Børresen and J. Oehlenschläger), Elsevier, Amsterdam.

Wu, G. P., Chen, S. H., Liu, G. M. *et al.* (2010). Purification and characterization of a collagenolytic serine proteinase from the skeletal muscle of red sea bream (*Pagrus major*). *Comparative Biochemistry and Physiology B-Biochemistry and Molecular Biology*, 155, 281–287.

Yamanoue, M. and Takahashi, K. (1988). Effect of paratropomyosin on the increase in sarcomere-length of rigor-shortened skeletal-muscles. *Journal of Biochemistry* 103, 843–847.

4 鱼的热加工处理

Dagbjørn Skipnes
Nofima AS, *stavanger*, *Norway*

4.1 引言

热加工保藏具有安全性高、方便和产品健康的优点，仍然是延长包装鱼保质期的主要方法之一。该方法通过对包装密封后的产品进行热处理，防止微生物污染加工食品。包装后进行热加工的鱼产品已经生产了近两个世纪。1803 年，Nicolas Appert 建立了第一个肉类和蔬菜罐头工厂（Appert，1810），第一个罐装沙丁鱼产生于 1830 年的法国。FAO（2010）的数据表明罐头产业市场份额的减少及鲜鱼产业市场份额的提高，但自 1962 年以来，全球罐头鱼生产总量每年都在增加（FAO，2012）。海产品罐头出口量从 1998 年的 11805000t 增加到 2008 年的 17106000t（FAO，2009）。此外，越来越多的作为冷冻或冷藏（通常在 2~5℃）出售的鱼在冷却到销售温度之前已经进行了热处理。

4.2 基本原理

热加工可根据温度、热加工的方法或设备、鱼类品种、包装方法或目标微生物细分为多种组别。

灭菌是经典的方法。产品经过加工处理旨在灭活所有病原菌及其芽孢。加工过程中的温度在 110~135℃。对于低酸性食品（pH>4.5），加工旨在灭活 A 型肉毒梭菌（*Clostridium botulinum*）的孢子。一些形成芽孢的非致病性菌株可能会在这种热负荷下存活下来，这有时被称为商业无菌。

巴氏杀菌旨在灭活营养细胞，但不是用来灭活所有病原菌的芽孢。该术语通常与酸性食品或冷藏食品的热处理有关，其通过降低 pH（<4.5）、低温或其他方法阻止存活芽孢的生长。巴氏杀菌的一种变体是真空低温处理，即真空包装产品的温和热处理。

最低限度加工的方便食品在欧洲市场上的占比不断增加。由于存在许多未解决的问题，在上述的这些食品中以鱼为基础的产品并不具有代表性。由于季节、新鲜度的变化和渔获物和鱼片处理之间的差异，以及由其原材料决定的功能特性的差异，如新鲜原料与冷冻原料，传统鱼类加工业的产品对于最低限度加工的适合性及质量均无法预测。

4.3 鱼类最适热加工实用技术

在约 90℃及以上的温度下进行巴氏杀菌，软包装材料可能需要反压，这在某些情况下（如易剥离的顶膜）甚至是必要的。这意味着需要高压釜，但即使在低于 90℃的温度下，高压釜也可能是首选的解决方案，因为它提供的反压和温度分布通常比其他方法好得多。压力可能对于传热和产品的安全也很重要（Skipnes 等，2002）。低压可能会导致食品和包装之间产生死角，从而使食品隔热。在开始冷却时，突然的压力变化可能会导致沸腾和产品内部温度的突然快速下降。

用于温和热处理的替代设备是水浴和蒸汽柜。至于高压灭菌器，这些方法有连续处理载体，包括蒸汽隧道和带传送带的水浴。对于具有足够循环（每分钟至少 50%的水交换）和传热系统的水浴，温度分布应该可以与现代高压釜相媲美。对于机柜，其性能取决于机柜和风扇系统中的空气和蒸汽的混合物。机柜内必须有较大的温度偏差（Sheard 和 Rodger，1995），蒸汽/空气比的变化也可能导致看上去可接受的温度分布变为热分布不均匀。Nicolaii（1994）报告的测量结果显示，使用热空气/蒸汽混合物，在组合蒸锅中预置温度为 70℃时，机柜不同位置的温差高达 15℃。与高压釜相比，机柜中与设定点温度的偏差通常也较大，但尽管温度分布不均匀，仍有通过使用先进控制方法进行改进的例子（Ryckaert 等，1999；Verboven 等，2000a，2000b）。厨房橱柜的产量大、价格适中，但对于工业鱼类加工，温度均匀性在 1℃以内的高容量橱柜仍是必须的。

快速加热方法更适合连续加工。微波加热的问题包括加热不均匀和穿透深度有限（几毫米）（Ryynänen，2002）。

新兴的热和非热技术通过提高整体能效或减少不可再生资源的使用，对环境具有明显的利处（Pereira 和 Vicente，2010）。然而，很难对它们进行公平的比较，因为最终产品可能不同或缺乏可比较的数据，这从后面提到的参考资料中可以看出。使用高压处理（HPP）对食品进行冷巴氏杀菌，与传统的热加工相比，可以潜在地减少 20%的能源消耗。

高压处理的典型能耗为 7.2×10^7J/t 食品（Heinz 和 Buckow，2010），但仍没有合适的工艺规范。Pereira 和 Vicente（2010）提出，当采用高压辅助热处理代替常规热处理时，罐头灭菌所需能量可以从 83kW·h/t 减少至 2.7×10^8J/t。该方法可以通过能量回收来进一步将能量输入减少至 2.4×10^8J/t（Toepfl 等，2006）。这比在 220℃的烘箱中烤牛肉 40min 所需能耗（7 MJ/kg）（Goñi 和 Salvadori，2012）高 10 倍，相当于约 6.8×10^9J/t 牛肉。我们自己计算的传统的罐装 850mL 的番茄酱意大利面条和肉丸的罐头能耗为 5.9×10^8J/t，而每分钟 140 冲程的纵向搅拌，能耗为 5.5×10^8J/t。对于微波加热（Thostenson 和 Chou，1999），以 100℃加热比热容为 3.8kJ/（kg·K）的食物所需的最低热能为 3.8×10^8J/t，在没有能量损失的前提下这个计算结果可能是正确的。

罐装鱼（金枪鱼）生产过程中的主要能源消耗集中在热处理以及锡罐的生产和运输过程（Hospido 等，2006）。贻贝罐头的采后加工研究结果（Iribarren 等，2010a，2010b），也有类似的发现。特定的热处理研究表明，通过改善高压釜的隔热性能可以将能耗降低 15%～25%（Simpson 等，2006）。在加工过程中使用纵向搅拌可以使半液体产品的加工时间减少

90%（Walden，2008），从而使具有最先进隔热的高压釜节能13%～22%。此外，还需采取的措施是减少每生产一批食品所需加热和冷却的热媒质量，以及从装料至最高温度到卸料的温差，但这一点仍尚待研究。已经提出的一种降低热媒温度峰值的措施（Walden，2009）是在高压釜内部提供隔热屏蔽。这将有效地控制足够短的处理时间，来避免灭菌温度与最终温度间产生的温度跨度。在较高温度下将产品从杀菌釜中取出并持续非加压冷却，可进一步降低该温度跨度。现有技术的这种组合将会带来新的处理方法。对一些杀菌釜，节约的能量可能会特别高，例如传统的蒸汽杀菌釜需要在抽气和灭菌过程中进行排气以避免导致热量传递不充分的气穴产生。

建模已被广泛用于热加工中，包括用于优化能量控制，但尚未见对立体加热和高压处理过程为节省能源和水而进行的研究或优化。

4.4 鱼类热加工过程中的质量变化

健康饮食趋势的发展，导致对鱼类和海鲜的需求增加，这给消费者带来许多健康益处。另外，在发达国家中心脏病致死率高，心脏健康已经成为现代消费者的主要关注问题。鱼油相对于动物脂肪，对消费者的健康更有益处，这得到了广泛认可，也导致了饮食从红肉转向白肉，特别是鱼和鱼制品的转变。食用海鲜之所以健康主要与海洋脂质（Larsen 等，2007）和海洋 ω-3 多不饱和脂肪酸（PUFA）有关，它们能够降低得冠心病的风险（Schmidt 等，2006）。与水溶性维生素相反，脂溶性维生素对热相对稳定，并且由于热处理的鱼通常是真空包装的，因此脂肪酸可以很好地保存。预防氧化对于保护许多以鱼为重要来源的矿物质也很重要。最后，在热加工鱼中无须添加防腐剂。即使可能存在与营养相关的其他问题，例如蛋白质的热变性可能会增加消化率，但要在期望的感官品质与保证安全和保质期的微生物限制之间平衡热负荷也更具挑战性。鱼肉的主要营养成分是蛋白质，低于100℃的热处理可能会改变它们的功能特性（Cheftel 等，1985），并可能提高消化率，但并不会改变氨基酸的组成。

各种微生物，通过生化和化学分解过程使鲜鱼的质量迅速降低，因此，在这些分解过程导致质量显著下降之前，需要对鱼类进行热处理。初始质量的损失主要是由于死后自溶作用和化学降解过程，但到产品保质期的中期阶段，微生物活性对于质量的变化就变得越来越重要（Huss，1995）。如 Gram 和 Dalaard（2002）所述，真空包装可以抑制一些耐寒革兰阴性菌［如假单胞菌（*Pseudomonas* spp.）和希瓦菌（*Shewanella* spp.）］在新鲜冷冻鱼上的生长，并有利于发光杆菌和乳酸菌的生长。然而，这些腐败细菌均不耐热，无法在温和的热处理过程中存活。

热处理产品的质量高度依赖于热负荷，而热负荷由微生物灭活要求决定。关于致病微生物灭活的法规通常包含一个安全余量，这可能会导致某些商品的过度加工。在美国，FDA已表明对巴氏杀菌食品安全性的担忧（Rhodehamel，1992），而经冷冻的巴氏杀菌鱼产品已经普遍流通。在目前 FDA《食品法典》的建议中，只有在鱼产品从包装/热加工到食用前一直保持冷冻状态，才能使用真空低温烹饪和速冻等技术（FDA，2005）。自从该技术发明以来，密封包装和热加工食品的安全性一直是一个问题，具体的法规正在用于监管。灭菌食品已在世界范围内使用了数十年，大多数国家的一个共同要求是，对于低酸罐头食品，最低灭菌值 F_0 应为 3.0。这已成为灭菌鱼以及其他罐头食品的基本原则，但这是建议而非法律上的限制。有几种鱼产品的热负荷量高于达到 $F_0=3$ 的要求以保证更高的安全性、特殊的质量属性（如软骨）或即使在 40℃以上的温度下贮藏也具有较长的保质期的产品。国际公认的准则由联合国食品法典委员会（2001）发布。在大多数关于密封包装、保温食品的法规中，除了一般的问题（如卫生）外，以下也是主要关注的问题：

- 确定安全的加热程序，即灭菌或巴氏杀菌值的要求。
- 如何实现所需的灭菌/巴氏杀菌（即热渗透测试或其他测量技术）以及确定加热程序（如灭菌时间和温度）。
- 如何重现一个预定的过程，即控制产品的热量分布和恒定的传热条件。
- 验证程序和设备（至少校准温度计）并保存记录。
- 最终产品控制：对于灭菌产品，包括培养和微生物样品检测。
- 包装完整性。

坎普登食品研究院 1997 年 5 月出版了《欧洲罐头指南》。志愿组织如食品杂货制造商协会（前国家食品加工协会）和热加工专家协会（IFTPS）已经出版了一些广泛使用的出版物（IFTPS，1992，1995，2002）。这些指南描述了如何在罐头产品中进行热渗透测试和在杀菌釜中进行热分布测试。这些问题对于较温和的热处理技术来说也很重要，并且罐头指南中的一些条件也可以适用。罐头食品热渗透试验指南几乎可以成功地用于包装食品的任何加热方式。

海洋中存在几种病原体细菌。其中一些是产生毒素的细菌，如 B 型、E 型和 F 型肉毒芽孢菌，以及产生组胺的耐冷细菌（光细菌）。其他相关微生物有李斯特菌（*Listeria monocytogenes*）、霍乱弧菌（*Vibrio cholerae*）、副溶血弧菌、创伤弧菌、嗜水气单胞菌和志贺假单胞菌（*Plesiomonas shigelloides*）（Nilsson 和 Gram，2002）。鱼类在去内脏和去鱼片的过程中很容易被环境中的细菌污染。嗜冷 E 型肉毒梭菌和李斯特菌是最容易污染鱼类的细菌。产生致病性毒素的蜡样芽孢杆菌（Bacillus cereus）与鱼类原料无关，但可能来自混合或切碎的鱼制品或腌料中的成分（Feldhusen，2000）。1988—2007 年国际报道的由海鲜引起的病原菌爆发案例排前三名的细菌分别为肉毒梭菌、弧菌（*Vibrio* spp.）和李斯特菌（Greig 和 Ravel，2009）。总之，如果在产品的保质期内不能抑制这些细菌的生长（如通过冷藏），则热处理应以安全破坏这些病原体为目标。

细菌芽孢的耐热性一直是许多研究的重点（Setlow 和 Johnson，1997；Lindstrom 等，2006；Peleg 等，2008；Rajkovic 等，2010；Silva 和 Gibbs，2010）。根据品系、基因型和生长培养基参数（pH、A_w、脂肪含量等）的不同，芽孢的耐热性有很大差异。由芽孢杆菌属（*Bacillus*）、梭状芽孢杆菌属（Clostridium）、脱硫菌属（*Desulfotomaculum*）和芽孢乳杆菌属（*Sporolactobacillus*）形成的芽孢是食品微生物学研究的热点。梭状芽孢杆菌在热加工方面受到特别的关注，肉毒梭菌的理想减少量为 12 个数量级，是上述灭菌值 F_0 超过 3min 的限制的基础。现有的一些安全生产即食（RTE）包装食品的法规和操作规范，这些食品在冷藏条件下具有较长的保质期（ACMSF，1992，2006；ECFF，1996；Betts，2009），其中大多数都旨在防止非蛋白质水解型肉毒梭菌的生长和毒素产生。这些法规的一般建议是，热处理或组合方法应将非蛋白质水解型肉毒梭菌的活芽孢数量减少 6 个数量级。因此，推荐最低加热温度为 90℃加热 10min 或者是产品具有等效致死率的最慢加热点①（ACMSF，1992，1995）。这基于，产品温度低于 90℃时 $D_{90℃}$ 为 1.6min 和 z 值为 7.5℃以及在较高温度下 z 值为 10℃的结果。

李斯特菌是一种革兰阳性细菌，可通过鞭毛活动，它被认为是引起死亡的主要食源性细菌病原体（Paoli 等，2005）。流行病学数据表明，涉及李斯特菌疾病暴发的食品中微生物大量繁殖，食物中所含微生物水平明显高于 100CFU/g（Buchanan 等，1997）。食品法典委员会还建议，根据即食（RTE）食品中李斯特菌的风险评估，食用时食品中李斯特菌的最大污染水平应低于 100CFU/g（Codex Alimentarius Comission，2002）。

6*D* 概念也适用于李斯特菌。因此，推荐最低加热温度为 70℃加热 10min 或者是产品具有等效致死率的最慢加热点（ACMSF，1992，2006）。这是基于 $D_{70℃}$ 为 0.33min 以及 z 值为 7.5℃的结果。然而，根据确定微生物耐热性的模型，李斯特菌失活动力学数据范围广泛（Ben Embarek，1993）。对于化学需氧量，Ben Embarek（1993）研究了李斯特菌 O62 的耐热性，发现 $D_{70℃}$ 为 0.03min，在 z 值为 5.7℃，而李斯特菌 O57 的 $D_{70℃}$ 为 0.05min，z 值为 6.1℃。这表明微生物失活达到 6 个数量级需要巴氏杀菌值 $P_{70℃}$ 在 0.18~0.30min 范围内，但是需要进一步研究鱼类中李斯特菌的耐热性才能得出结论。

多名研究者已经报道了副溶血弧菌的耐热性（Drake 等，2007），但是热失活动力学数据却很少。只有一份有关 *D* 值的详细报告指出 $D_{55℃}$ 为 1.75min（Johnston 和 Brown，2002），而 z 值仅适用于其他弧菌属。基于此以及国际上公认的某些微生物的耐热性，图 4.1 显示了微生物失活达到 6 个数量级所需的热负荷（基于前面讨论的动力学数据）。

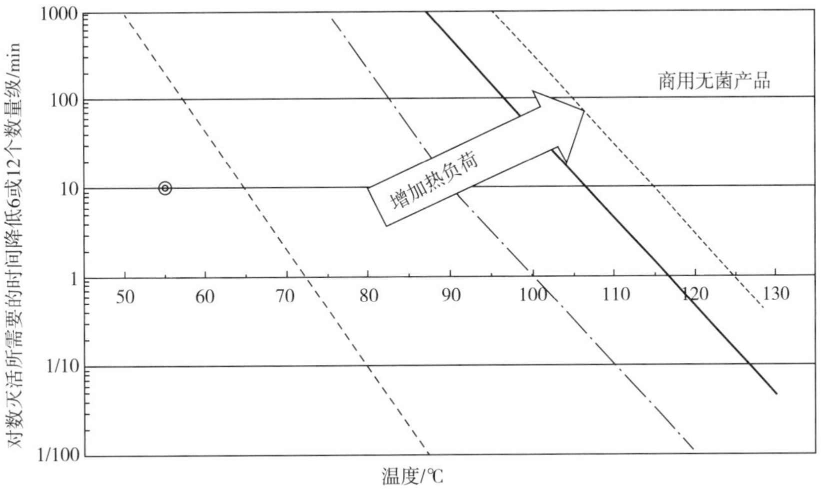

图 4.1 对某些目标微生物进行热灭活降低 6 个数量级所需的热负荷

注：从左至右：副溶血弧菌（双环）；单增李斯特菌（虚线）；嗜冷性非蛋白水解型 C 型肉毒梭菌（虚线/点线）；蜡样芽孢杆菌（实线）；A 型肉毒梭菌（12 对数灭活，点线）。

每条线右侧的区域代表该生物体被认为是“安全的一侧”。

① 产品的最慢加热点是加热过程中温度最低点。这不一定是在产品的几何中心上，必须根据不同的产品进行确定。

图4.1中的数据是对数线性失活动力学的报告，非蛋白质水解型E型肉毒梭菌在失活线上的断裂点为90℃，副溶血弧菌只有一个断裂点也在90℃。近年来，常用的一阶失活模型受到更复杂的非对数线性模型的挑战（Peleg和Cole，1998；Peleg等，2008）。如果可以在立法和标准中采用这种方法，那么可能会更准确地优化热过程，从而获得更详细的数据。对于对数线性灭活模型还存在一个挑战，与自由浮动微生物相比，食品表面细菌的耐热性更高（Lejeune，2003）。鱼肉表面的微生物负荷也比鱼肉内部高很多，外加更高的耐热性，可能会产生问题。另一方面，当使用常规加热系统时，产品表面的热负荷比内部要高得多。对于快速加热技术，情况并非总是如此。在蒸汽灭菌过程中，聚四氟乙烯表面上的李斯特菌的耐热性也被证明遵循先前提出的失活模型以外的所有模式（Valdramidis等，2007；Skara等，2011）。然而，对于真空包装鱼制品在高压锅或蒸汽柜中进行的常规巴氏杀菌，建立良好的对数线性失活动力学和巴氏杀菌值的计算仍然是可行的方法。

即使是打算在烹调后立即食用的产品（如在餐馆或家庭烹调和食用的新鲜鱼），FDA食品法典建议，出于对食品安全的考虑［沙门菌属（*Salmonella* spp.）］，必须将鱼加热至至少63℃持续15s（FDA，2005）。但是，一些厨师和食谱建议使用48~60℃的温度，以达到期望的质量。低于55℃的温度甚至不足以杀死线虫（Huss，1994）。养殖鱼类如鲑鱼中没有线虫（Lunestad，2003），但线虫仍然存在于养殖鳕鱼中（Mackenzie等，2009）。

只有当我们能够量化微生物失活动力学变化和量化在此过程中的质量保留情况时，才能优化热处理的质量和安全性。虽然许多病原微生物的热失活动力学是众所周知的，但在热处理过程中质量变化的信息往往是缺乏的。简单的基本化学反应可以很好地描述，但是食物基质中的相互作用和个体的生物变异是两个复杂的因素（van Boekel，2008）。因此，在加热过程中质量因素的动力学变化是热处理技术的研究前沿之一。Skipnes和Hendrickx（2008）给出了包括鱼罐头加工在内的优化的一般概述，但也可以对温和热处理进行更具体的研究（Skipnes等，2011）。

Richardson（2004）总结介绍了复杂的优化方法，包括时温积分器和计算流体力学。性能优化最简单的方法之一是利用前面描述的烹饪值（cook value，C值）来计算多个可达到相同F值的时间-温度组合的C值。产生最小C值的时间-温度组合与最佳质量保持率相关（Tucker，2003；Richardson，2004）。质量变化通常过于复杂，无法用z值来描述，但也有例外。例如，用差示扫描量热法研究了在加热过程中鱼蛋白质变性的焓（Skipnes等，2008）。

包装几何结构是决定热处理过程中可能达到的最终质量的另一个参数。距离产品最慢加热点的距离对于整个产品达到预期灭菌/巴氏杀菌所需的时间至关重要。鱼产品的导热系数取决于几个参数，其中最重要的是水分含量。新鲜鱼的导热系数为0.5W/（m·K），对于固体产品，热量是通过传导传递的。在产品的边界处，热处理过程中的温度将接近水温，从而产生远高于冷点的热负荷。

希望获得稳定质量的生产商应注意，鱼类作为原材料的持续变化不能避免，应将优化视为一个动态过程，可能需要对每个产品批次进行更新。因此，优化工具需要易于使用，并给出快速的结果，甚至是在线过程控制。

4.4.1 工艺设计对产品质量的影响

用传统方法对食品进行热处理（如用圆柱形罐头包装）会使食品表面的热负荷比产品

中心的热负荷高很多，可以采用各种方法来减少表面和冷点之间的差异。在食物中心达到与表面相似的温度曲线通常是我们所希望的，因为这将减少单位体积产品的热负荷。在这种情况下，需调整处理时间以达到目标微生物所需的致死效果。通过使用不同直径的罐头已经验证了这一效果，实验结果表明当罐头直径增大时，最佳加工温度降低（Ohlsson，1980）。

快速加热可以通过多种方式实现，而无须减少食品的体积。对于液体或半液体产品，在常规加热过程中通过旋转包装非常有效（Eisner，1988）。传统的加热也可以通过对产品进行振动或一起使用超声波实现加热加速。但是对于一些鱼制品，晃动、旋转等都会使鱼肉散烂，进而限制了这些方法的使用。

快速立体加热被认为是降低产品单位体积平均热负荷的一种方法。欧姆加热是一种通过电介质产生温度的方法，但由于需要与食品接触的电极而限制了这种方法在无菌包装中的应用。

电场加热对于塑料等包装的产品更为方便。但在金属容器中的使用受到限制。与巴氏杀菌或灭菌相比，微波和射频在食品工业中更常用于食品的解冻或加温。微波只能在鱼产品中穿透几毫米，从而在产品的横截面将产生很大的温度梯度。由于波长较长，即使射频能穿透产品几分米，但也可能导致加热不均匀，特别是在产品中存在离子或矿物质（如盐）的情况下（Mckenna 等，2006）。对于射频加热，浸水可用于稳定产品边界的温度，并可能在未来促使该方法有更广泛的工业应用。正在进行的研究（Lyng 等，2007）提出了减少烹饪损失和更好地控制质地属性。然而，快速加热的效果可能有一些局限。蛋白质变性通常是一个低 z 值的过程，即温度的微小变化将导致蛋白质变性时间的大变化。因此，蒸煮损失量和持水力（WHC）的变化将受到工艺温度的极大影响，而工艺时间变得不那么重要。大多数目标微生物将具有更高的 z 值，因此低温和相对长的处理时间将是有利的。对于这种情况，快速加热几乎没有好处。Kong 等（2007b）给出了这种情况的一个例子。

4.4.2 加热过程中的生化变化

当为了得到最好的质量而优化鱼的热处理过程时，液体损失和质地变化是主要问题。Aitken 和 Connell（1979）总结了加热对鱼的影响，提到烹饪损失随鱼种、加热方法和加热模式（即灭菌、巴氏杀菌法等）的不同而有很大差异。很少有发表的文章讨论热对鱼的影响以及僵直前后对鱼片和热加工的影响。在下文中，将根据来自 Skipnes（2011）的信息，以养殖大西洋鳕鱼为例进行讨论。

加热将半透明的、类似果冻的细胞团转变为不透明、易碎、略微结实和弹性的形式。肌肉在加热过程中收缩，导致液体释放。这种液体中的蛋白质可能会凝结在固体鱼的表面上形成凝乳。将细胞连接在一起的结缔组织很容易受损，因此，煮熟的鱼很容易散开并在温和的加热下变得可口（Parry，1970）。死后僵直后处理后的鱼不像死后僵直前处理的鱼那样容易崩解，但是更有可能在肌节中破裂。即使在低至 37℃ 的温度下，银鳕鱼的拉伸强度在 30min 后也会降低至 0（Aitken 和 Connell，1979），在 35℃ 处理 15min 后，结缔组织的可见软化就会发生。在此情况下，Aitken 和 Connell 未发现温度的影响。但是，Howgate 和 Ahmed（1972）研究表明，蛋白质的热效应是研究鳕鱼和花点鲥在 30℃ 下干燥的最重要的质地参数。在沸水中煮 20min 的鱼显示变性蛋白质从 12.82% 增加至 27.15%（Aman，1983）。

肌肉中大约 95% 的水是物理作用固定的水，通常称为“自由水”。这种水可自由迁移至整个肌肉结构，在测量肌肉中的持水力（WHC）时会受到关注。鳕鱼肌肉的脂肪含量约为0.3%。低脂鱼的平均总液体损失为18.6%（Aitken 和 Connell，1979）。因此，液体损失主要由水和溶解的蛋白质组成。对于低脂鱼来说，水和液体保持能力之间的细微差别就不那么重要了，在本章中 WHC 涵盖从鱼类释放的所有液体，即使其中含有溶解的蛋白质和少量脂肪。

鱼的大部分肌肉被分成圆盘状生肌节，每个生肌节组成一个单独的肌肉。肌节由肌纤维及肌隔膜形成，而肌纤维是一个细胞（Bremner 和 Hallett，1985）。纤维由肌纤维构成，肌纤维含有交联结构的肌动蛋白和肌球蛋白的收缩肌节。组织总水分中约有0.1%的化学结合水，肌原纤维中固定有5%～15%，而其余的是肌原纤维外水，这对持水力最为关键（Olsson，2003）。肌原纤维水位于肌原纤维之间以及肌原纤维和细胞膜之间（肌膜间质），还有肌细胞之间和肌束之间（肌细胞群之间）（Huff-Longergan 和 Longergan，2005）。固定的肌原纤维水与肌原纤维外水之间的比例很重要，因为后者很容易流失。

人们普遍认为，将“自由水”固定在肌肉中的力是由表面张力产生的（Hamm，1986）。更具体地说，水是由小孔或“毛细血管”产生的毛细作用捕获在肌肉内的（Trout，1988）。产生毛细作用力的孔位于肌球蛋白和肌动蛋白之间，在正常条件下大约为10nm（Hermansson，1983）。肌原纤维量的变化将引起肌肉中水的变化。在生肉中，水分通过肌原纤维的进入而吸收。相反地，当长丝彼此靠近收缩时，水分从肌原纤维中排出而导致水分流失。持水力取决于热引起的结构变化、肌节长度、pH、离子强度、渗透压和僵硬状态（Ofstad 等，1996b）。养殖鳕鱼的持水力变化仅与细菌生长广泛相关（Olsson 等，2007）。

Ofstad 等（1993）已经研究了加热过程中鳕鱼的持水力，他们发现鳕鱼和鲑鱼的主要结构变化发生在低温（<40℃）的结缔组织中。他们得出的结论是，这些温度下的水分流失主要是由于胶原蛋白的变性和熔化所致。研究者使用1℃/min 的升温速率达到所需温度，并保持10min。将固体物质放在样品架的网上，并以210×g（重力加速度）离心15min。当肌肉细胞因肌球蛋白变性而收缩并且细胞外空间扩大时，获得最大的水分流失。当细胞外颗粒状物质变得可见时，离心损失随温度降低而降低。Ofstad 等（1993）发现离心损失在40～60℃最大，而在60℃以上时较低。

碎鱼的特性既受生物组织结构的影响，也受加工过程中形成的新结构的影响（Ofstad 等，1996a）。但是，由于粗切的肌肉在加热过程中微观结构的变化与组织的 WHC 密切相关，因此据称对于粉碎的鱼也是如此。正如预期的那样，还发现将温度从30℃提高至60℃会增加液体的损失。Ofstad 等（1993）研究表明，当在加热之前将肌肉粉碎时，在60℃时液体的损失要高得多。

当将鲑鱼加热到121.1℃时，加热5min 后蒸煮损失迅速增加至14%，然后在2h 后缓慢增加至20%（Kong 等，2007a）。

对于鱼的固体部分，如140g 的鱼片，在传统的加热过程中，在蒸汽柜中会存在从鱼的表面到鱼中心的温度梯度。这已经被用于研究金枪鱼肌肉中水分的迁移。Bell 等（2001）发现水分从金枪鱼肌肉中的迁移主要是由于肌肉蛋白质的变性和由此产生的压力梯度引起的。近表面区域传质特性的变化降低了质量损失率，但增强了压力梯度。对于真空包装的鱼块，表面积与总体积的比率并不重要。

鱼中最不稳定的肌肉蛋白质是胶原蛋白和 α-肌动蛋白。胶原蛋白变性大约在30℃开始，α-肌动蛋白在50℃变得不溶。任何足以煮鱼的温度都足以破坏胶原蛋白，因此这不是烹饪材料韧性的因素。肌球蛋白在约55℃变得不溶，肌动蛋白在70~80℃变得不溶。原肌球蛋白和肌钙蛋白最耐热，在约80℃时变得不溶（Damodaran，1996）。

肌肉蛋白通常分为肌浆蛋白（水溶性）、肌原纤维蛋白（盐溶）或基质蛋白（不溶）（Skåra 和 Regenstein，1990），其中肌原纤维在鳕鱼中在总蛋白质中占比最大（76%），而基质（细胞外）部分占比最少（3%）主要由胶原蛋白组成（Suzuki，1981）。鳕鱼肌肉中含有大量的蛋白质，Gebriel 等（2010）提出446种独特的蛋白质中有50%普遍具有结合功能。

肌浆蛋白本身对结构变化的贡献不大，因为它们将水固定在其结构中的能力非常低（Dunajski，1979）。然而，肌浆部分中存在的酶可能会影响完整肌肉的凝胶化。

肌球蛋白和肌动蛋白是直接参与收缩松弛的肌原纤维蛋白。由于鱼的胶原蛋白含量低，它们在胶凝和质地中的作用比在肉中更为重要（Brown，1987）。肌原纤维蛋白凝胶化的散热方面已经做了大量研究，特别是与鱼糜有关的（Arai，2002）。

Haard（1992）以及 Skåra 和 Olsen（1999）综述了鱼产品中蛋白质水解酶活性的影响因素。热处理后鱼产品中残留酶活性对其质地的质量变化有着重要影响。Deng（1981）研究了鱼在加热过程中的质地变化，并在改变加热过程时发现了不同的剪切力分布。他用碱性蛋白酶活性解释道，煮熟的鱼的质地更坚硬仅仅是由于蛋白质的物理变性而引起的，而较慢或逐步加热的过程则使鱼的质地更嫩或者更柔软。大多数酶在高于50℃的温度下会失活（Svensson，1977），而有些酶是热稳定的（在一定的时间和温度范围内保持稳定的活性），因此有可能改变产品质量。实际上，一些热稳定的碱性蛋白酶在生理温度下或多或少是无活性的，仅在高温下才被激活（Toyohara 等，1987）。

优质的鳕鱼肉具有温和的味道，经温和的热处理不会有太大改变。但是，也有报道说蒸煮味（WOF），这一哺乳动物肉类中众所周知的现象，在鱼类中也有。WOF 有时会在热处理1~2d后出现，其特征在于有纸箱或油漆的味道。WOF 是由脂质的氧化引起的，通常与哺乳动物的肉和鱼有关（Pearson 等，1977）。热处理使鱼肉中释放铁和其他离子，提高了60~70℃范围内的氧化速率。在80℃以上，尤其是在100~110℃，美拉德反应会减慢。糖和蛋白质的还原反应具有抗氧化作用（Yamauchi，1972），在鱼饲料中添加抗氧化剂（如维生素E，α-生育酚）会降低氧化速率。WOF 的产生通常通过硫代双丁酸（TBA）的含量来测量。鳕鱼肌肉中很少发生 WOF，可能是由于其脂肪含量相对较低或被认为在贮藏过程中产生酸败。但是，已发现在鳕鱼粉煮制过程中有 TBA 的形成，可以通过添加壳聚糖来控制其形成（Shahidi 等，2002）。

4.4.3 烹调损失

导致蒸煮损失的主要机制是肌肉蛋白质的热变性（Bell 等，2001）。加热鱼肌肉会导致肌球蛋白变性和肌原纤维收缩从而导致脱水（Ofstad 等，1993）。但是，当样品加热到比蛋白质变性所需的温度更高的温度时，蒸煮损失会继续增加，并且可以预期产品中的水可通过弱的机械力排出。这样的机械力可能是由于温度、压力和水浓度的梯度引起的。如果其中包含自由水，显然这将导致水从任何加热的多孔介质中排出。

像大多数食物一样，鱼的细孔或毛细孔可能含有水。大部分水位于肌原纤维内，在粗细丝之间的狭窄通道中（Offer 和 Trinick，1983；Bertola 等，1994）。食物中液体的运输机制主要有三个：分子扩散（对于气体）、毛细管扩散（对于液体）和对流（压力驱动或达西流动）。Ni 等（1999）已经描述出了这种流体传输的机械模型，并已出现在蒸汽 $\vec{n}_v$ 和液体 $\vec{n}_w$ [kg/(m^2·s)] 的总通量方程中，如式（4.1）和式（4.2）所示。此外，还提出了一个空气总通量的方程，$\vec{n}_a$，在我们的案例中可以忽略不计，因为真空袋中的空气量与鱼中的水量相比微不足道。

$$\vec{n}_v = -\rho_v \frac{k_g}{\mu_g} \nabla P - \frac{C_g^2}{\rho_g} M_a M_v D_{eff} \nabla \left(\frac{\rho_v}{P} \right) \tag{4.1}$$

和

$$\vec{n}_w = -\rho_w \frac{k_w}{\mu_w} \nabla P - D_w \rho_w \phi \nabla S_w - D_T \nabla T \tag{4.2}$$

式中 C_g——摩尔气体浓度，mol/m^3；

ϕ——相对湿度（饱和湿空气的百分比），%；

D_{eff}——有效毛细管扩散率，m^2/s；

D_T——由于温度梯度引起的毛细管扩散率，m^2/s；

M_a——相对于空气的水分含量，kg 水/m^3；

M_v——相对于蒸汽的水分含量，kg 水/m^3；

P——压力，Pa；

S_w——水饱和度；

T——温度，K；

k_w——水的渗透率，m^2；

k_g——气体的渗透率，m^2；

μ_g——气体黏度，kg/ms；

ρ_a——空气密度，kg/m^3；

ρ_g——气体密度，kg/m^3；

ρ_v——蒸气密度，kg/m^3；

ρ_w——水的密度，kg/m^3。

$$\vec{n}_v = -\rho_v \frac{k_g}{\mu_g} \nabla P \tag{4.3}$$

由于可以认为真空袋中没有空气，因此可以简化式（4.1），通过忽略由于空气中的二元扩散而产生的蒸汽通量。因此，可以通过式（4.3）来计算蒸汽通量。

Ni 等（1999）的式（4.4）定义了水饱和度 S_w。

$$S_w = \frac{c_w}{\rho_w \phi} \tag{4.4}$$

式中 c——质量浓度，kg/m^3。

因此，式（4.2）可以简化为式（4.5）

$$\vec{n}_w = \underbrace{-\rho_w \frac{k_w}{\mu_w} \nabla P}_{\text{压力导致的水通量}} \underbrace{- D_w \nabla c_w}_{\text{浓度驱动水通量}} \underbrace{- D_T \nabla T}_{\text{温度驱动水通量}} \tag{4.5}$$

为了在加热介质和鱼之间获得有效的热传递和可预测的热传递系数，一些加工商选择在高压锅中对真空包装的部分进行超高压处理，该超高压应足以防止产品中蒸汽形成并确保小袋与小袋之间的良好接触。在这种条件下，水的毛细管扩散系数 D_w 如式（4.6）所示。

$$D_w = -\rho_w^2 g \frac{k_w}{\mu_w} \frac{\partial h}{\partial c_w} \tag{4.6}$$

式中 g——重力加速度，9.81m/s^2；

h——比焓，J/kg。

测量或确定这些方程中使用的常数超出了本文的范围。尽管如此，根据观察到的蒸煮损失，可以从式（4.5）中的三项讨论真空包装鱼块的水通量的原理：

（1）假设水的密度、渗透率和黏度是恒定的（等温条件下），水通量随压力的增加呈线性增加。然而，压力梯度不是线性增加的，因为它是：

①蛋白质热变性的几个步骤引起的肌肉收缩，即温度和时间的变化。

②水和气体在鱼肉中的热膨胀，即温度的函数。

事实上，观察到的蒸煮损失随着温度的升高而增加，如式（4.5）。但是在主要蛋白质转变结束时增加得更快。

（2）排出的水会环绕在鱼的周围，浓度梯度会增加并抵消排出的水。根据时间/温度历程和鱼的条件，蛋白质会溶解在排出的水中，降低浓度梯度。水也会从蛋白质中释放出来，并以相反的方向增加浓度梯度。浓度梯度项可以解释在低温或加热到更高温度时观察到的烹调损失。

（3）温度梯度由热方程给出，当加热开始时，温度从最大值开始呈对数线性递减，当鱼体内的温度趋于零时，温度梯度趋于零。这与观察到的蛋白质变性后，在恒温条件下烹饪损失随时间增加很少或没有增加是一致的，在恒温条件下几分钟内即可完成。

式（4.5）中的三项在原则上与观测数据吻合较好，但应考虑蛋白质的变性效应。已有研究表明，热诱导的结构变化（Ofstad 等，1993）和蛋白质变性（Skipnes 等，2008）是不可逆的。在冷却过程中，加热过程中形成的新的鱼肉结构将保持不变。加热时排出的液体在冷却时只有少量被鱼吸收，预计不会造成任何膨胀，遵循式（4.6）。对蛋白质变性的进一步研究有助于建立这一模型，但有可能通过测量加热过程中鱼肉的收缩来间接研究。在 100~130℃范围内加热鲑鱼的研究表明，加热 30min 后，蒸煮损失是相对恒定的，这一稳定水平状态是温度的函数，同时与盘状样品的面积收缩相关（Kong 等，2007b）。在达到稳定水平之前的这种快速增长似乎与在温度低于 100℃时在鳕鱼中看到的情况相同。

4.4.4 持水力

在 20~95℃，加热时间为 1~60min 范围内，通过等温加热筛选养殖大西洋鳕鱼的持水力结果见图 4.2。正如预期所示，温度的升高和处理时间的延长会导致 WHC 的损失。然而，在有限的加工时间和温度范围内（45~70℃）持水力会增加。在分配和贮藏过程中，时间和温度的组合会导致持水力的过度损失，可能与高滴漏损失以及汁液损失有关。再加之一个中间热负荷，如在 60℃，30min 时，使持水力在 66%~70%。这些时间和温度的组合与单增李斯特菌失活所需的热负荷相一致。在这个范围内，有可能将 WHC 保持在 66% 以上，蒸煮损失保持在 5.6% 以下。因此，应在约（68±4）℃下，在 25~35min 的处理时间内对鳕鱼进行巴氏杀菌。

持水力和蒸煮损失都是由物理原因（即浓度和温度梯度）和蛋白质变性共同造成的。蛋白质变性导致鱼肌肉和毛细血管的内部结构发生变化。收缩和汁液的机械排出是另一个与蛋白质变性有关的影响。

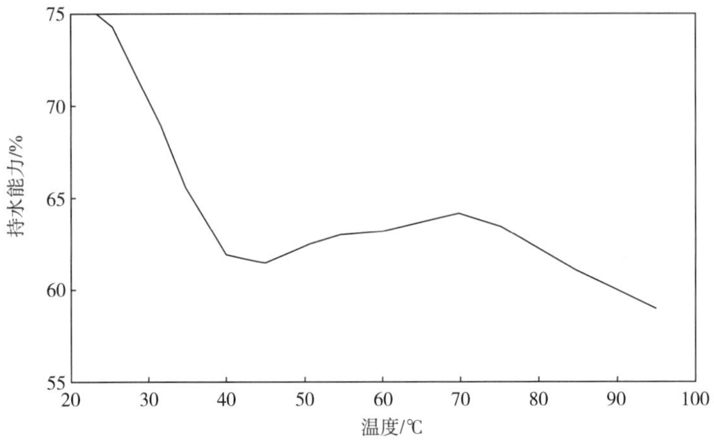

图 4.2 在 20~95℃的热处理下，持水力（WHC）高于 1~60min 蒸煮处理

4.4.5 质地和颜色的变化

由于质地与蛋白质变性密切相关（Dunajski，1979），因此质地的测量可能与水分含量相关，但这种关系并不直接，有时在测量技术上具有挑战性。烹饪后的食材的质构分析（TPA）没有得到可重复的结果，因为烹饪后肌肉段的角度无法标准化（Skipnes，2011）。对单个完整的肌肉段的质地测量已经被用于对质地的直接测量（Skipnes，2011），对一小块食物的两次压缩测试可以用来获得一些质地参数，这些参数被发现与感官评估有很好的相关性（Bourne，1978，1992）。硬度、内聚性、弹性和黏附性等主要参数，以及分形性（脆性）、咀嚼性和黏性等次要（或衍生）参数可以由 TPA 确定（Szczesniac，1966）。

不同温度热处理的样品硬度不一定有显著差异，但在 Skipnes 等（2011）的研究中发现，所有煮熟的样品均比生样品硬度大。随着热负荷的增加，硬度也有增加的趋势。需要进一步的测量来验证质地和持水力之间可能的相关性。

在加热温度在 30~40℃范围内加热后，不透明的鳕鱼肌肉会变成白色。在温度为 70~90℃间没有显著的颜色变化。在 60℃以上温度处理的鳕鱼样品的白度评分高于在较低温度处理的所有样品（Skipnes 等，2011）。对于鲑鱼和鳟鱼来说，随着热负荷的增加，它们的颜色从红色变成粉红色，然后变成浅粉红色，这种变化比白鱼中相对较弱的颜色变化更为明显。可溶于水的蛋白质释放出来后，会在鱼制品的表面形成一种黄色到灰色的凝块，这对加工者来说仍然是个挑战。众所周知，含有少量盐和少量柠檬酸的卤水可以缓解这种情况。

致谢

这项工作是"创新和安全的海鲜加工、卫生、光谱学"项目的一部分。由挪威研究理事会（NFR 项目第 186905 号）提供资金支持。

参考文献

ACMSF（1992）. *Report on Vacuum Packaging and Associated Processes*, Advisory Committee on the Microbiological Safety of Food, HMSO, London, UK.

ACMSF（1995）. *Annual Report*, Her Majesty's Stationary Office, London, UK.

ACMSF（2006）. *Report on Minimally Processed Infant Weaning Foods and Infant Botulism*, Advisory Committee on the Microbiological Safety of Food, Food Standads Agency, London, UK.

Aitken, A. and Connell, J. J.（1979）. Fish, in *Effects of Heating of Foodstuffs*（ed. R. J. Priestley）, Applied Science Publishers Ltd, Barking, Essex, UK, pp. 219–254.

Aman, M. B.（1983）. Effect of cooking and preservation methods on the water holding capacity（WHC）of mullet fish in relation with changes occurred in muscle proteins. *Zeitschrift fur Lebensmittel–Untersuchung Und–Forschung*, 177, 345–347.

Appert, N.（1810）. L'art de conserver pendant plusiers annes toutes les substances animales et vegetables（translated by B. G. Bitting, Chicago, IL, 1920）, in *Introduction to Thermal Processing of Foods*（1961）（eds S. A. Goldblitch, M. A. Joslyn and J. T. R. Nickerson）, AVI Publishing Inc., Westport, CT, USA.

Arai, K.（2002）. Denaturation of muscular proteins from marine animals and its control. *Nippon Suisan Gakkaishi*, 68（2）, 137–143.

Bell, J. W., Farkas, B. E., Hale, S. A. and Lanier, T. C.（2001）. Effect of thermal treatment on moisture transport during steam cooking of skipjack tuna（*Katsuwonas pelamis*）. *Journal of Food Science*, 66（2）, 307–313.

Ben Embarek, P. K.（1993）. Heat resistance of *Listeria monocytogenes* in vacuum packaged pasteurized fish fillets. *International Journal of Food Microbiology*, 20（2）, 85–95.

Bertola, N. C., Bevilacqua, A. E. and Zaritzky, N. E.（1994）. Heat–treatment effect on texture changes and thermal–denaturation of proteins in beef muscle. *Journal of Food Processing and Preservation*, 18（1）, 31–46.

Betts, G.（2009）. *Code of Practice for the Manufacture of Vacuum and Modified Atmosphere Packaged Chille Foods with Particular Regard to the Risk of Botulism*（*Guideline no.* 11）, 2nd edn, Campden BRI, Chipping Campden, UK.

Bourne, M. C.（1978）. Texture profile analysis. *Food Technology*, 32（7）, 62–66.

Bourne, M. C.（1992）. Calibration of rheological techniques used for foods. *Journal of Food Engineering*, 16（1–2）, 151–163.

Bremner, H. A. and Hallett, I. C.（1985）. Muscle–fiber connective–tissue junctions in the fish blue grenadier

(*Macruronus*-Novaezelandiae) -a scanning electron-microscope study. *Journal of Food Science*, 50 (4), 975-980.

Brown, W. D. (1987). Fish muscle as food, in *Muscle as Food* (ed. P. J. Bechtel), Academic Press Inc., Orlando, FL, pp. 405-451.

Buchanan, R. L., Damert, W. G., Whiting, R. C. and Van Schothorst, M. (1997). Use of epi demiologic and food survey data to estimate a purposefully conservative dose - response relationship for *Listeria monocytogenes* levels and incidence of listeriosis. *Journal of Food Protection*, 60 (8), 918-922.

Cheftel, J. C., Cuq, J. L. and Lorient, D. (1985). Amino acids, peptides and proteins-VII Modifications of food proteins through processing and storage, in *Food Chemistry*, 2nd edn (ed. O. R. Fennema), Marcel Decker Inc., New York, USA, pp. 232-369.

Codex Alimentarius Comission (2001). *Fish and Fishery Products*, *Yearly Report*, Food and Agriculture Organization of the United Nations, Rome, Italy.

Codex Alimentarius Comission (2002). *Fish and Fishery Products*, *Yearly Report*, Food and Agriculture Organization of the United Nations, Rome, Italy.

Damodaran, S. (1996) Amino acids, peptides and proteins, in *Food Chemistry*, 3rd edn (ed. O. R. Fennema), Marcel Dekker, New York, USA, pp. 321-431.

Deng, J. C. (1981). Effect of temperatures on fish alkaline protease, protein interaction and texture quality. *Journal of Food Science*, 46, 62-65.

Drake, S. L., De Paola, A. and Jaykus, L. A. (2007). An overview of *Vibrio vulnificus* and *Vibrio parahaemolyticus*. *Comprehensive Reviews in Food Science and Food Safety*, 6 (4), 120-144.

Dunajski, E. (1979). Texture of fish muscle. *Journal of Texture Studies*, 10, 301-318.

ECFF (1996). *Guideline for The Hygienic Manufacture of Chilled Foods*, European Chilled Food Federation, Brussels, Belgium.

Eisner, M. (1988). *Introduction into the Technique and Technology of Rotary Sterilization.* Private Author's Edition, Milwaukee, WI, USA.

FAO (2009). *Yearbooks of Fishery Statistics*, *Summary tables of Fishery Statistics*, *Capture - Aquaculture - Commodities*, Food and Agriculture Organization of the United Nations, Rome, Italy.

FAO (2010). *The State of World Fisheries and Aquaculture*, Food and Agriculture Organization of the United Nations, Rome, Italy.

FAO (2012). *The State of World Fisheries and Aquaculture*, Food and Agriculture Organization of the United Nations, Rome, Italy.

FDA (2005). *Food Code*, US Department of Health and Human Services, Food and Drug Administration.

Feldhusen, F. (2000). The role of seafood in bacterial foodborne diseases. *Microbes and Infection*, 2 (13), 1651-1660.

Gebriel, M., Uleberg, K. E., Larssen, E. *et al.* (2010). Cod (*Gadus morhua*) muscle pro - teome cataloging using 1D-PAGE protein separation, nano-liquid chromatography peptide fractionation, and linear trap quadrupole (LTO) mass spectrometry. *Journal of Agricultural and Food Chemistry*, 58 (32), 12307-12312.

Goñi, S. M. and Salvadori, V. O. (2012). Model-based multi-objective optimization of beef roasting. *Journal of Food Engineering*, 111 (1), 92-101.

Gram, L. and Dalgaard, P. (2002). Fish spoilage bacteria - problems and solutions. *Current Opinion in Biotechnology*, 13 (3), 262-266.

Greig, J. D. and Ravel, A. (2009). Analysis of foodborne outbreak data reported internationally for source attribution. *International Journal of Food Microbiology*, 130 (2), 77-87.

Haard, N. F. (1992). Control of chemical composition and food quality attributes of cultured fish. *Food Research International*, 25 (4), 289-307.

Hamm, R. (1986). *Muscle as Food*, Academic Press, New York, USA.

Heinz, V. and Buckow, R. (2010). Food preservation by high pressure. *Journal für Verbrauch-erschutz und Lebensmittelsicherheit*, 5 (1), 73-81.

Hermansson, A. M. (1983). Quality of plant foods. *Human Nutrition*, 32, 369.

Hospido, A., Vazquez, M. E., Cuevas, A., Feijoo, G. and Moreira, M. T. (2006). Environmental assessment of canned tuna manufacture with a life-cycle perspective. *Resources, Conservation and Recycling*, 47 (1), 56-72.

Howgate, P. F. and Ahmed, S. F. (1972). Chemical and bacteriological changes in fish muscle during heating and drying at 30℃. *Journal of the Science of Food and Agriculture*, 23, 615-627.

Huff-Lonergan, E. and Lonergan, S. M. (2005). Mechanisms of water-holding capacity of meat: The role of postmortem biochemical and structural changes. *Meat Science*, 71 (1), 194-204.

Huss, H. H. (1994). *Assurance of Seafood Quality*, Food and Agriculture Organization of the United Nations, Rome, Italy.

Huss, H. H. (1995). *Quality and quality changes in fresh fish*, Food and Agriculture Organization of the United Nations, Rome, Italy.

IFTPS (1992). *Temperature Distribution Protocol For Processing In Steam Still Retorts, Exclud ing Crateless Retorts*, Institute for Thermal Processing Specialists, Washington, DC.

IFTPS (1995). *Protocol for Carrying Out Heat Pentration Studies*, Institute for Thermal Processing Specialists, Washington, DC.

IFTPS (2002). *Temperature Distribution Protocol for Processing iIn Still, Water Immersion Retorts, Including Agitating Systems Operated in a Still Mode*, Institute for Thermal Processing Specialists, Washington, DC.

Iribarren, D., Moreira, M. T. and Feijoo, G. (2010a). Life cycle assessment of fresh and canned mussel processing and consumption in Galicia (NW Spain). *Resources, Conservation and Recycling*, 55 (2), 106-117.

Iribarren, D., Moreira, M. T. and Feijoo, G. (2010b). Revisiting the life cycle assessment of mussels from a sectorial perspective. *Journal of Cleaner Production*, 18 (2), 101-111.

Johnston, M. D. and Brown, M. H. (2002). An investigation into the changed physiological state of *Vibrio* bacteria as a survival mechanism in response to cold temperatures and studies on their sensitivity to heating and freezing. *Journal of Applied Microbiology*, 92 (6), 1066-1077.

Kong, F., Tang, J., Rasco, B. and Crapo, C. (2007a). Kinetics of salmon quality changes during thermal processing. *Journal of Food Engineering*, 83, 510-520.

Kong, F., Tang, J., Rasco, B., Crapo, C. and Smiley, S. (2007b). Quality changes of salmon (*Oncorhynchus gorbuscha*) muscle during thermal processing. *Journal of Food Science*, 72 (2), 103-111.

Larsen, R., Stormo, S. K., Dragnes, B. T. and Elvevoll, E. O. (2007). Losses of taurine, creatine, glycine and alanine from cod (*Gadus morhua* L.) fillet during processing. *Journal of Food Composition and Analysis*, 20 (5), 396-402.

Lejeune, P. (2003). Contamination of abiotic surfaces: what a colonizing bacterium sees and how to blur it. *Trends in Microbiology*, 11 (4), 179-184.

Lindstrom, M., Kiviniemi, K. and Korkeala, H. (2006). Hazard and control of group II (non-proteolytic) *Clostridium botulinum* in modem food processing. *International Journal of Food Microbiology*, 108 (1), 92-104.

Lunestad, B. T. (2003). Absence of nematodes in farmed Atlantic salmon (*Salmo salar* L.) in Norway. *Journal of Food Protection*, 66 (1), 122-124.

Lyng, J. G., Cronin, D. A., Brunton, N. P., Li, W. Q. and Gu, X. H. (2007). An examination of factors affecting radio frequency heating of an encased meat emulsion. *Meat Science*, 75 (3), 470-479.

Mackenzie, K., Hemmingsen, W., Jansen, P. A., Sterud, E. and Haugen, P. (2009). Occurrence of the tuna nematode Hysterothylacium cornutum (Stossich, 1904) in farmed Atlantic cod (*Gadus morhua*) in North Norway. *Polar Biology*, 32 (7), 1087-1089.

May, N. (1997). Guidelines for batch retort systems-full water immersion-raining/spray water-steam/air, in *Guideline No.* 13 (ed. N. May), Campden and Chorleywood Food Research Association, Chipping Campden, Gloucestershire, UK, pp. 22-37.

Mckenna, B. M., Lyng, J., Brunton, N. and Shirsat, N. (2006). Advances in radio frequency and ohmic heating of meats. *Journal of Food Engineering*, 77 (2), 215-229.

Ni, H., Datta, A. and Torrance, K. (1999). Moisture transport in intensive microwave heating of biomaterials: a multiphase porous media model. *International Journal of Heat and Mass Transfer*, 42 (8), 1501-1512.

Nicolaii, B. M. (1994). Modeling and uncertainty propagation analysis of thermal food processes. PhD thesis. Katholieke Universiteit Leuven.

Nilsson, L. and Gram, L. (2002). Improving the control of pathogens in fish products, in *Safety and Quality Issues in Fish Processing* (ed. H. A. Bremmer), Woodhead Publishing Limited, Cambridge, England, pp. 54-84.

Offer, G. and Trinick, J. (1983). On the mechanism of water holding in meat-the swelling and shrinking of myofibrils. *Meat Science*, 8 (4), 245-281.

Ofstad, R., Kidman, S. and Hermansson, A. M. (1996a). Ultramicroscopical structures and liquid loss in heated cod (*Gadus morhua*) and salmon (*Salmo salar*) muscle. *Journal of the Science of Food and Agriculture*, 72 (3), 337-347.

Ofstad, R., Kidman, S., Myklebust, R. and Hermansson, A. M. (1993). Liquid holding capacity and structural-changes during heating of fish muscle-Cod (*Gadus morhua*) and Salmon (*Salmo salar*). *Food Structure*, 12 (2), 163-174.

Ofstad, R., Kidman, S., Myklebust, R., Olsen, R. L. and Hermansson, A. M. (1996b). Factors influencing liquid-holding capacity and structural changes during heating of comminuted cod (*Gadus morhua*) muscle. *Food Science and Technology-Lebensmittel-Wissenschaft and Technologie*, 29 (1-2), 173-183.

Ohlsson, T. H. O. M. (1980). Temperature dependency of sensory quality changes during thermal processing. *Journal of Food Science*, 45 (4), 836-839.

Olsson, G. B. (2003). Water-holding capacity and quality-studies on Atlantic halibut (*Hip-poglossus hippoglossus*) muscle. PhD thesis. University of Tromsø, Institute of Marine Biotechnology.

Olsson, G. B., Seppola, M. A. and Olsen, R. L. (2007). Water-holding capacity of wild and farmed cod (*Gadus morhua*) and haddock (*Melanogrammus aeglefinus*) muscle during ice storage. *LWT-Food Science and Technology*, 40 (5), 793-799.

Paoli, G. C., Bhuni, A. K. and Byles, D. O. (2005). Listeria monocytogenes, in *Foodborne Pathogens*:

Microbiology and Molecular Biology (eds P. M. Fratamico, A. K. Bhunia and J. L. Smith). Caister Academic Press, Norfolk, UK.

Parry, D. A. (1970). Fish as food, in *Proteins as Human Foods* (ed. R. A. Lawrie), Butterworths, London, UK, 365 p.

Pearson, A. M., Love, J. D. and Shorland, F. B. (1977). Warmed - over flavor in meat, poultry and fish. *Advances in Food Research*, 23, 1-74.

Peleg, M. and Cole, M. B. (1998). Reinterpretation of microbial survival curves. *Critical Reviews in Food Science and Nutrition*, 38 (5), 353-380.

Peleg, M., Normand, M. D., Corradini, M. G. *et al.* (2008). Estimating the heat resistance parameters of bacterial spores from their survival ratios at the end of UHT and other heat treatments. *Critical Reviews in Food Science and Nutrition*, 48 (7), 634-648.

Pereira, R. N. and Vicente, A. A. (2010). Environmental impact of novel thermal and non - thermal technologies in food processing. *Food Research International*, 43 (7), 1936-1943.

Rajkovic, A., Smigic, N. and Devlieghere, F. (2010). Contemporary strategies in combating microbial contamination in food chain. *International Journal of Food Microbiology*, 141, 29-42.

Rhodehamel, E. J. (1992). FDA concerns with sous vide processing. *Food Technology*, 46 (12), 73-76.

Richardson, P. (2004). *Improving the Thermal Processing of Foods*, Woodhead Publishing Ltd, Cambridge, England.

Ryckaert, V. G., Claes, J. E. and Van Impe, J. F. (1999). Model - based temperature control in ovens. *Journal of Food Engineering*, 39 (1), 47-58.

Ryynänen, S. (2002). Microwave heating uniformity of multicomponent prepared foods. PhD EKT series 1260, University of Helsinki, Department of Food Technology (Dissertation).

Schmidt, E. B., Rasmussen, L. H., Rasmussen, J. G. *et al.* (2006). Fish, marine n-3 polyunsaturated fatty acids and coronary heart disease: a minireview with focus on clinical trial data. *Prostaglandins Leukotrienes and Essential Fatty Acids*, 75 (3), 191-195.

Setlow, P. and Johnson, E. A. (1997). Spores and their significance, in *Food Microbiology. Fundamentals and Frontiers*, (eds M. P. Doyle, L. R. Beuchat and T. J. Montville), ASM Press, Washington, DC, pp. 30-65.

Shahidi, F., Kamil, J., Jeon, Y. J. and Kim, S. K. (2002). Antioxidant role of chitosan in a cooked cod (*Gadus morhua*) model system. *Journal of Food Lipids*, 9 (1), 57-64.

Sheard, M. A. and Rodger, C. (1995). Optimum heat treatments for 'sous vide' cook-chill products. *Food Control*, 6 (1), 53-56.

Silva, F. V. M. and Gibbs, P. A. (2010). Non-proteolytic Clostridium botulinum spores in low-acid cold-distributed foods and design of pasteurization processes. *Trends in Food Science and Technology*, 21 (21), 95-105.

Simpson, R., Cortés, C. and Teixeira, A. (2006). Energy consumption in batch thermal processing: model development and validation. *Journal of Food Engineering*, 73 (3), 217-224.

Skåra, T., Cappuyns, A. M., Johnsen, S. O., Van Derlinden, E., Rosnes, J. T., Olsen, Ø, Impe, J. F. M. V. and Valdramidis, V. P. (2011). A thermodynamic approach to assess a cellular mechanism of inactivation and the thermal resistance of *Listeria innocua*. *Procedia Food Science*, 1, 972-978.

Skåra, T. and Olsen, S. O. (1999) Proteolytic enzyme activity during thermal processing. Proceedings of the 29th WEFTA Meeting (ed. S. A. Georgakis), Greek Society of Food Hygienists and Technologists,

Leptocarya, Pieria, Greece, pp 268-286,

Skåra, T. and Regenstein, J. (1990). The structure and properties of myofibrillar proteins in beef, poultry and fish. *Journal of Muscle Foods*, 1, 269-291.

Skipnes, D. (2011). Optimisation of thermal processing of fresh farmed cod. PhD dissertation. Norwegian University of Life Sciences.

Skipnes, D. and Hendrickx, M. (2008). Novel methods to optimise the nutritional and sensory quality of in-pack processed fish products, in *In - pack Processed Foods: Improving Quality* (ed. P. Richardson), Woodhead Publishing Inc., Cambridge, pp. 382-402.

Skipnes, D., Johnsen, S. O., Skåra, T., Sivertsvik, M. and Lekang, O. (2011). Optimization of heat processing of farmed Atlantic cod (*Gadus morhua*) muscle with respect to cook loss, water holding capacity, color and texture. *Journal of Aquatic Food Product Technology*, 20 (3), 331-340.

Skipnes, D., Øines, S., Rosnes, J. T. and Skåra, T. (2002). Heat transfer in vacuum packed mussels (*Mytilus edulis*) during thermal processing. *Journal of Aquatic Food Product Tech nology*, 11 (3/4), 5-19.

Skipnes, D., Van Der Plancken, I., Van Loey, A. and Hendrickx, M. (2008). Kinetics of heat denaturation of proteins from farmed Atlantic cod (*Gadus morhua*). *Journal of Food Engineering*, 85 (1), 51-58.

Suzuki, T. (1981). *Fish and Krill Protein: Processing Technology*, Applied Science Publishers, London, UK.

Svensson, S. (1977). Inactivation of enzymes during thermal processing, in *Physical, Chemical, and Biological Changes in Food Caused by Thermal Processing* (ed. T. K. O. Høyem), Applied Science Publishers Ltd, London, UK, pp. 201-218.

Szczesniac, A. S. (1966). Texture measurements. *Food Technology*, 20 (10), 1292-1293.

Thostenson, E. T. and Chou, T. W. (1999). Microwave processing: fundamentals and applications. *Composites Part A: Applied Science and Manufacturing*, 30 (9), 1055-1071.

Toepfl, S., Mathys, A., Heinz, V. and Knorr, D. (2006). Review: potential of high hydrostatic pressure and pulsed electric fields for energy efficient and environmentally friendly food processing. *Food Reviews International*, 22 (4), 405-423.

Toyohara, H., Nomata, H., Makinodan, Y. and Shimizu, Y. (1987). High molecular weight heat-stable alkaline proteinase from white croaker and chum salmon muscle: comparison of the activating effects by heating and urea. *Comparative Biochemistry and Physiology Part B: Comparative Biochemistry*, 86 (1), 99-102.

Trout, G. R. (1988). Techniques for measuring water - binding capacity in muscle foods - a review of methodology. *Meat Science*, 23 (4), 235-252.

Tucker, G. (2003). Cook value calculations and optimisation, in *Thermal Processing: A safe Approach* (ed. S. Emond), Campden and Chorleywood Food Research Association Group, Chipping Campden, UK, pp. 1-10.

van Boekel, M. A. J. S. (2008). Kinetic modeling of food quality: a critical review. *Comprehensive Reviews in Food Science and Food Safety*, 7 (1), 144-158.

Valdramidis, V. P., Geeraerd, A. H., Poschet, F. *et al.* (2007). Model based process design of the combined high pressure and mild heat treatment ensuring safety and quality of a carrot simulant system. *Journal of Food Engineering*, 78 (3), 1010-1021.

Verboven, P., Scheerlinck, N., De Baerdemaeker, J. and Nicolai, B. M. (2000a). Computational fluid dynamics modelling and validation of the isothermal airflow in a forced convection oven. *Journal of Food*

Engineering, 43 (1), 41-53.

Verboven, P., Scheerlinck, N., De Baerdemaeker, J. and Nicolai, B. M. (2000b). Computational fluid dynamics modelling and validation of the temperature distribution in a forced convection oven. *Journal of Food Engineering*, 43 (2), 61-73.

Walden, R. (2008). The Zinetec Shaka™ retort and product quality, in *In-pack Processed Foods: Improving Quality* (ed. P. Richardson), Woodhead Publishing Ltd, Cambridge, UK, pp. 86-101.

Walden, R. (2009). Energy saving strategies for batch retorts. Proceedings of the 2nd European IFTPS Symposium. Institute for Thermal Processing Specialists (IFTPS) Guelph, Canada, pp. 13-14.

Yamauchi, K. (1972). Effect of heat treatment on the development of oxidative rancidity in meats and its isolated tissue fraction. *Bulletine of the Faculty of Agriculture, Miyazaki University*, 19, 147.

5 辐照技术在鱼类及水产品贮藏保鲜加工中的应用

Ioannis S. Arvanitoyannis, Persefoni Tserkezou
Laboratory of Food Technology, Department of Agriculture, Ichthyology and Aquatic Environment, University of Thessaly, Volos, Greece

5.1 引言

全球对水产品的需求不断加大，需要挖掘有效的水产品保藏技术（Rahman，1999）。水产品销售过程中的主要不利之处是微生物生长容易引起产品的腐败变质（Colby 等，1993；Gram 和 Huss，1996）。

尽管消费者对食品辐射技术缺乏信任，但这种方法被认为是一项成功的技术，它不仅可以使食品安全得到保证，而且可以延长诸如新鲜肉类等食品的保质期（Arvanitoyannis 等，2009）。辐照在不降低食品质量的前提下可以有效杀灭病原微生物（Josephson 和 Peterson，2000；Mahapatra 等，2005）。通常利用放射性同位素源产生的 γ 射线辐照食品。与此同时，X 射线或电子加速器产生的电子也是另外的选择（Barbosa-Canovas 等，1998）。合适条件下的食物辐照不包括原子核反应，而是由原子核周围的电子云引起的化学反应。食品在辐照过程中吸收的能量称为“吸收剂量”，其国际单位为 Gy（McLaughlin 等，1989）。

实际上，用于食品辐照的剂量取决于食品类型和预期效果。剂量水平可分为三个主要等级（Morehouse，1998）：

- “低”剂量（≤1kGy）用于降低一些生理过程的发生速度，例如新鲜果蔬的成熟或发芽，并有效控制食品中害虫的数量。
- “中等”剂量（1~10kGy）用于减少各种食品的腐败变质和病原微生物，提高食品性能，例如缩短脱水蔬菜的烹饪时间，并延长许多食品的保质期。
- “高”剂量（>10kGy）主要用于肉类、家禽、海鲜和其他即食（RTE）食品的杀菌，并与温和加热一同使酶失活，以及用于食品或配料（如香料）的消毒。

表 5.1 列出了美国可经辐照处理的各种食品的批准年份和可接受的剂量。表 5.2 列出了欧盟成员国鱼和海鲜产品允许的最高辐照剂量。

表 5.1　美国可以被辐照的各种食品的批准年份及可接受剂量　　单位：kGy

食品	剂量	目的	批准年份
面粉	0.2~0.5	防霉	1963 年
白薯	0.05~0.15	减少发芽	1964 年

续表

食品	剂量	目的	批准年份
猪肉	0.3~1.0	灭活旋毛虫寄生虫	1986 年
水果和蔬菜	1.0	害虫防治，延长保质期	1986 年
草药及香料	30	灭菌	1986 年
家禽	3	减少细菌	1990 年
家禽	1.5~3.0	减少细菌	1992 年
肉	4.5	减少细菌	1997 年
肉	4.5	减少细菌	1999 年

资料来源：美国政府（传染病中心），［http：//www.cdc.gov/nczved/divisions/dfbmd/diseases/irradiation_food/（2013 年 6 月 1 日）］。

表 5.2 根据指令 1999/2/EC（EPCEU， 1999），辐照处理的鱼和海鲜允许的最高吸收剂量

单位：kGy

欧盟成员国	根据欧盟法律给出的最高平均吸收剂量		
	鱼和贝类（包括鳗鱼、甲壳类和软体动物）	冷冻、去皮或断头的虾	全虾
比利时	3	5	—
法国	—	5	3
荷兰	—	—	—
英国	3	—	—

本章详细综述了鱼类及其产品的辐照研究，并探讨辐照对腐败和致病微生物存活的影响。

5.2 辐照对鱼类及其产品品质和保质期的影响

5.2.1 鱼类

Badr（2012）的研究表明，γ 射线辐照对冷熏大马哈鱼的水分、盐分含量、pH、总挥发性盐基氮（TVB-N）和三甲胺氮（TMA-N）含量没有显著影响，但可显著降低酚类化合物的含量并提高硫代巴比妥酸反应物（TBARS）的水平。此外，3kGy 剂量的辐照处理对三文鱼的感官可接受程度没有显著影响。

Moini 等（2009）用 γ 射线（0、1、3、5kGy）辐照乙酸钠处理的养殖虹鳟鱼（*Oncorhynchus mikiss*）鱼片，而后真空包装并冷藏保存。辐照极大地影响了细菌的数量，如产 H_2S 的细菌和肠杆菌科细菌。结果表明，较高剂量（5kGy）的辐照可以抑制微生物的生长，但可能会促进脂质和蛋白质的氧化。在冷藏条件下，低剂量（3kGy）辐照可以

使冷藏保存的虹鳟鱼在4周内符合微生物和安全生化指标，并对其品质和可接受度无不良影响。

Riebroy等（2007）研究发现，经辐照处理的som-fug（一种泰国发酵鱼糜）的TBARS值高于未辐照组。在贮藏的前25d中，较高剂量（6kGy）辐照样品的TBARS值增长幅度较未辐照样品或2kGy剂量辐照样品更高。在整个贮藏过程中，所有样品的亮度（L^*）均降低，而红度（a^*）和黄度（b^*）均增加。2kGy剂量辐照的样品a^*和b^*变化最小。在储存过程中，与第0天贮藏的样品相比，所有样品的pH在15d贮藏期内均逐渐降低。

比较冰藏的未辐照和辐照组（2.5kGy和5.0kGy）鲈鱼（*Dicentrarchus labrax*）品质的变化。在腐败的化学指标中，冰藏期间未辐照鲈鱼的TVB-N值增加至36.44mg/100g，而辐照剂量为2.5kGy和5.0kGy的鲈鱼在第17天的TVB-N值分别为25.26mg/100g和23.61mg/100g。辐照样品的TMA-N和TBARS值均低于未辐照样品（Ozden等，2007）。

分别以1、3kGy剂量的γ射线辐照大西洋竹荚鱼（*Trachurus trachurus*），之后冰藏23d（Mendes等，2005）。未经辐照样品的感官保质期只有8d，而辐照样品的保质期延长了4d。菌落总数（TVC）和生物胺水平在贮藏期间有所增加；然而，使用较低剂量的辐照（1kGy）处理，辐照样品中上述物质的含量也显著降低。第23天发现变质，结束贮藏，在辐照组中没有检测到组胺，而在对照组中，组胺浓度较高，但未超过允许的最高水平（100mg/kg）。

Silva等（2006）研究了不同剂量（1、5、10kGy）γ射线辐照以及辐照后冷藏保存[（2±0.5）℃]对竹荚鱼肌肉蛋白质的影响。研究表明，1~10kGy剂量的辐照对蛋白质没有明显影响。这些结果证实了高达10kGy的辐照处理对延长竹荚鱼保质期以及确保健康安全的潜力。

Dvorak等（2005）研究了辐照对虹鳟鱼片颜色变化的影响。辐照（3kGy）和未辐照样品的L^*值变化相同。这种变化可能是由鱼肉的成熟引起的。它们的a^*值没有变化，而b^*值出现了下降。辐照样品和未辐照样品的pH降低幅度相同。因此，这表明3kGy剂量辐照对样品pH没有影响。

Cozzo-Siqueira等（2003）研究了辐照对尼罗罗非鱼（*Oreochromis niloticus*）的影响。分别以0、1.0、2.2、5.0kGy的剂量辐照样品，辐照后样品在0.5~2℃下贮藏20~30d。在贮藏期间，未辐照样品中的水分含量降低，蛋白质和脂质含量升高，而辐照样品各成分则保持稳定。未辐照的样品的TVB-N含量增加，而辐照样品的TVB-N则趋于稳定。辐照后鱼肉中的氨基酸含量和鱼油中的脂肪酸含量保持稳定，而未辐照样品的氨基酸含量降低。当辐照剂量增加时，脂质氧化呈增加的趋势。

Bani等（2000）根据以5kGy的剂量辐照在指定配方下实验室制备的鱼排，发现室温下鱼排保质期可以延长至5周。在商业制备的鱼排中，根据微生物、化学和感官综合评估，用5kGy剂量辐照处理，环境温度下样品的最长保质期为14d。

Mendes等（2000）研究了辐照蓝竹荚鱼（*Trachurus picturatus*）在3℃贮藏23d的品质变化。不同剂量（1、2、3kGy）辐照样品的TVB-N含量均随时间逐渐增加，并且在贮藏结束时其值一般比未辐照样品的低3倍。贮藏23d后，1、2、3kGy剂量辐照的样品中的三甲胺（TMA）含量分别为18.9、30.9、10.0mg/100g。结果表明，辐照处理显著降低了样品中

TMA 含量。

Lakshmanan 等（1999）用 2kGy 剂量辐照鳀鱼（*Stolephorus commersonii*）。未包装的辐照鱼在冰中贮藏的保质期为 17d，而未辐照鱼的保质期为 13d。包装好的辐照鱼保质期为 20d，但是，包装会造成滴水积聚并且会使外观变差。未辐照和辐照样品在贮藏 10d 后蛋白质浓度均降低，分别为（0.97±0.5）mg 和（0.77±0.01）mg。贮藏 17d 后，蛋白质浓度降低至（0.21±0.06）mg 和（0.17±0.06）mg。

Al-Kahtani 等（1998）研究了经辐照处理的罗非鱼（*Tilapia nilotica*×*T. aurea*）和康氏马鲛鱼（*Scomberomorus commerson*）的氨基酸和蛋白质变化。以 ^{60}Co 为辐照源，采用 1.5、3.0、4.5、6.0、10.0kGy 剂量辐照鱼容器。两种鱼的氨基酸含量随辐照剂量的增加而增加或减少，但没有明显的变化趋势。罗非鱼的赖氨酸和甲硫氨酸（g/100g 蛋白质）含量随着辐照剂量的增加而增加［在贮藏的第 1 天，1.5、3.0、4.5、6.0、10kGy 剂量辐照下甲硫氨酸含量分别为（2.0±0.0）、（2.4±0.0）、（2.3±0.0）、（2.0±0.0）、（2.4±0.14）g/100g 蛋白质，赖氨酸含量分别为（3.7±0.0）、（4.1±0.3）、（3.8±0.0）、（5.3±0.0）、（5.5±0.1）g/100g 蛋白质］。贮藏 20d 后，高剂量（10.0kGy）辐照的马鲛鱼中所有必需和非必需氨基酸（包括赖氨酸）含量显著降低。

Al-Kahtani 等（1996）使用 γ 射线（1.5~10.0kGy）辐照罗非鱼和马鲛鱼，探究辐照后 2℃下贮藏 20d 对其化学性质的影响。辐照鱼中 TVB-N 含量的增长速度要低于未辐照鱼。辐照使鱼中的硫代巴比妥酸（TBA）值大幅增加。另外，不同剂量的辐照均导致一些脂肪酸含量下降。高剂量（≥4.5kGy）辐照时，硫胺素损失更为严重，而核黄素不受影响。罗非鱼的 α、γ 生育酚以及马鲛鱼中的 α、β、γ 和 δ 生育酚含量随辐照剂量增加而降低，并在辐照后 20d 的贮藏期间持续减少。

使用 γ 射线（1、2、6kGy）辐照两种澳大利亚海洋鱼类——黄鳍鲷（*Acanthopagrus australis*）和棘金眼鲷（*Centroberyx affinis*），结果表明两种鱼的脂肪酸组成没有明显变化。部分鱼片维生素 E 含量降低，但与辐照剂量无关。所有辐照鱼片肉中维生素 E 的含量（mg/100g）均高于适合人类食用的水平（辐照剂量为 1、2、6kGy 时，棘金眼鲷维生素 E 含量分别为 9.36、5.12、5.10mg/100g，黄鳍鲷中维生素 E 含量分别为 2.46、2.74、2.53mg/100g）（Armstrong 等，1994）。

Kwon 和 Byun（1995）将 γ 射线辐照与气密包装相结合以保存和提高煮干鳀鱼（*Engraulis encrasicholus*）的质量。辐照后，其所含多不饱和脂肪酸含量下降了约 5%，而饱和脂肪酸含量略有增加。但是，贮藏期间样品的脂肪酸组成未发现显著差异。总氨基酸和游离氨基酸的总量随贮藏时间的增加略有下降。在感官评价方面，5kGy 或 5kGy 以下的 γ 射线辐照并没有使样品立即发生外观、酸味和适口性上的显著变化。使用气密层压薄膜（尼龙 15μm/聚乙烯 100μm）预包装与辐照（5kGy）处理相结合，样品可以在室温下贮藏 6 个月以上，在冷藏温度（5~10℃）下贮藏 12 个月以上。

Icekson 等（1996）对两组冷冻鱼（*Cyprinus carpio*）进行辐照处理，以延长保质期。辐照后，将鱼肉贮藏在 0~2℃。根据感官评价，辐照处理的鱼肉在第 31 天变得不可接受，但比未经辐照处理的鱼肉延长了 15d。

Poole 等（1994）以 0、1、3、5kGy 的剂量辐照长吻裸颊鲷（*Lethrinus miniatus*）、皇红鲷（*Lutjanus sebae*）、康氏马鲛鱼（*Scomberomorus commerson*）、鳕鱼（*Sillago ciliate*）、鲻鱼

(*Mugil cephalus*)、尖嘴鲈(*Lates calcalifer*)、沙蟹(*Portunus pelagicus*)、莫顿湾对虾(*Metapenaeus* spp.)和国王虾(*Penaeus plubujus*)。将所有辐照处理的样品在冰中贮藏。据推断，1kGy 的剂量使细菌减少 1.5~4.0 个数量级，而 5kGy 剂量使细菌减少 3.7~5.7 个数量级。所有品种中，除莫顿湾对虾和国王虾外，其余品种鱼经 5kGy 辐照后均具有良好的风味、质地和气味。

用低剂量 γ 射线辐照羽鳃鲐(*Rastrellinger kanagurta*)、印度太平洋鲭鱼(*Scombermorus guttatus*)和白鲳鱼(*Stromateus cinerius*)，然后冰藏 3~4 周。羽鳃鲐和马鲛鱼的 TBA 值在辐照组和非辐照组均升高。而羽鳃鲐的 TBA 值随着贮藏时间的增加而下降。只有白鲳鱼在辐照处理后出现了皮肤氧化，并在贮藏期间 TBA 值逐渐增加(Doke 等，1992)。

在 2.4℃下用 1kGy 剂量辐照罗非鱼(*Oreochromis mosambicus*)和鲢鱼(*Hypophthalmichythys molitrix*)鱼片，研究发现鲢鱼中硫胺素的含量显著下降。此外，辐照后鱼体内的核苷酸分解代谢物浓度无明显变化。经辐照的样品在 1℃贮藏 5d 后，菌落总数未增长(Liu 等，1991)。

Chuaqui-Offermanns 等(1988)测定了在 3℃下贮藏的白鲑鱼(*Coregonus clupeaformis*)经过辐照诱导的脂质氧化。在整个研究过程中，未辐照样品的 TBA 保持在较低的水平，且基本保持稳定。以 0.82kGy 和 1.22kGy 剂量辐照时，TBA 值随贮藏时间增加而升高。但在第 28 天，TBA 值仍然保持在可接受的范围内，低于 20g/kg。化学、感官及微生物分析表明，以 0、0.82、1.22kGy 剂量辐照的样品平均保质期分别为(7.8±1)、(16.4±3.6)、(20.9±3.9)d。

欧洲无须鳕鱼(*Merluccius merluccius*)在 1.0~1.5kGy 剂量的最佳辐照条件下，0.5℃下贮藏的保质期为 24~28d(De la Sierra Serrarano，1970)。欧洲无须鳕鱼的最大可接受的辐照剂量为 2kGy。阿根廷鳕鱼(*Merluccius hubsi*)的最佳辐照剂量为 5kGy，4℃下可以贮藏 48d(Ritaco，1976)。

Emerson 等(1964，1965)发现斑点叉尾鮰(*Ictalurus punctatus*)的最佳辐照剂量为 1~2kGy，使其在 0℃下可贮藏 20d(从第 4 天开始)。而斑点叉尾鮰最大辐照剂量为 5kGy。Aiyar(1976)曾报道了马鲅(*Eleutheronesma tetradactylum*)的最佳辐照剂量为 1.0~2.5kGy，辐照处理可以使其保质期增加至原来的 3~4 倍。

Ostovar 团队(1967)发现，未经辐照的白鲑鱼的保质期为 12~15d。而经最佳剂量 1.5~3kGy 辐照的白鲑鱼冷藏保质期为 15~29d。Graikowski 等(1968)研究表明，湖鳟鱼(*Salvelinus namaycush*)的最佳辐照剂量为 3kGy，经辐照处理的鱼 0.6℃下贮藏保质期可达到 26d。且低于 7kGy 的辐照剂量不会使样品中的色素消失。

平鲉(*Sebastes marinus*)的最佳辐照剂量为 1.5~2.5kGy，辐照后在 0.6℃条件下贮藏的保质期可延长至 30d，7.8℃下贮藏的保质期可延长至 15d。此外，由于辐照会引起样品感官的变化不建议使用高于 1kGy 的辐照剂量(Reinacher 和 Ehlermann，1978；Ronsivalli 和 Slavin，1965)。

太平洋鲈鱼片(*Sebastodes alutus*)的最佳辐照剂量为 1~2kGy，在 0.6℃下贮藏的保质期为 25~28d。高质量的鱼比低质量的鱼对辐照的反应更好(Miyauchi 等，1967；Teeny 和 Miyauchi，1970)。

对于空气包装的狭鳕鱼片(*Pollachius virens*)，其最佳辐照剂量为 1.5kGy，但会使鱼片变暗。0.6℃贮藏的保质期为28~30d，7.8℃贮藏时保质期小于20d，最大可接受剂量目前还未明确，但科学研究表明，如果辐照前将其进行漂白处理，最大可接受剂量为2.3~2.5kGy或5~8kGy（Slavin和Rosivalli，1964；Ampola等，1969）。

白鲳鱼（*Stomateus cinereus*）和乌鲳鱼（*Parastomatus niger*）的最佳辐照剂量为1kGy，0~2℃下贮藏的保质期分别为28d和10~16d，最大可接受辐照剂量为3kGy（Kumta和Sreenivasin，1970；Aiyar，1976）。

以2~3kGy的最佳剂量辐照鲽鱼（*Parophyrs vetulus*）片，其保质期可达到4~5周保质期（Teeny和Miyauchi，1970）。此外，灰色鳎鱼（*Glyptocephalus cyngolossus*）片的最佳辐照剂量为1~2kGy，0.6℃下贮藏的保质期为29d，在5.6℃下贮藏的保质期为10~11d（Miyauchi等，1968）。氮包装的柠檬鳎（*Microstomus kitt*）的最佳辐照剂量为2.5kGy，而经冷冻处理柠檬鳎最佳辐照剂量为5kGy，最高辐照剂量为5~10kGy（Coleby和Shewan，1965）。

Hussain（1980）和Ghadi等（1978）研究发现，羽鳃鲐（*Rastrellinger kanagurta*）的最佳辐照剂量为1.5kGy，0、5、7.8℃下贮藏的保质期分别为21~24d、13~15d及7~11d。另一项研究报道，大西洋鲭鱼（*Scomber scombrus*）的最佳辐照剂量为2.5kGy，0.6℃下贮藏的保质期可达到30~35d（Slavin等，1966）。

Sofyan（1978）将甘望鱼（*Rastrelliger ignores*）在2~5℃下贮藏12d，发现TVB-N和次黄嘌呤含量显著增加，但巯基蛋白酶和酸性磷酸酶的比活降低。1~2kGy的γ射线辐照对巯基蛋白酶和酸性磷酸酶活性无明显影响。与贮藏7d后再进行2kGy辐照相比，直接用2kGy处理后的样品中TVB-N和次黄嘌呤浓度明显降低。鲱鱼（*Clupea herring*）是一种脂肪含量极高的鱼类，其最佳辐照剂量为1~2kGy，2℃下贮藏的保质期为10~14d。当以≥3kGy剂量辐照时颜色和自然风味损失，因此其最高可接受剂量<5kGy（Snauwert等，1977）。

此外，Carver等（1969）发现银鲑鱼（*Argentina silus*）的最佳辐照剂量为0.5~1.0kGy，0.6℃贮藏的保质期延长了6d。

黑线鳕鱼片（*Melanogrammus aeglefinus*）的最佳辐照剂量为1.5~2.5kGy，5.6℃和0.6℃贮藏的保质期分别为22~22d和30~35d。最高可接受辐照剂量为6~7kGy（Rosnivalli等，1968，1970）。

在去皮切碎的鳕鱼片中加入亲水胶体，取1kg放入冰箱。样品经3kGy剂量辐照处理，而后在-18℃下贮藏。研究发现，在3个月的贮藏期内，辐照和未辐照样品之间没有显著差异（de Ponte等，1986）。

龙头鱼（*Harpodon nehereus*）在冷藏条件下的保质期为5~7d。辐照剂量为1.0~2.5kGy时，保质期可延长至18~20d。5kGy是龙头鱼最高可接受辐照剂量，尽管在此剂量下异味会有所增加，但在4d后消退（Kumta等，1973；Gore和Kumta，1970）。Cho团队（1992）发现，在510kGy的条件下辐照鱼干粉时，样品的氨基酸浓度、TBA、三甲基胺氮和颜色都没有变化。贮藏3个月后，辐照组的感官特性优于对照组。

辐照剂量对鱼肉品质和延长保质期的影响见表5.3。

表 5.3 经辐照鱼类的品质和保质期

海鲜种类	辐照类型	辐照剂量/kGy	温度/℃	品质①	保质期/d	参考文献
Dicentrarchus labrax（海鲈）	—	—	-4	TVB-N 值增加到 36.44mg/100g（第 17 天）	13	Ozden 等，2007
Dicentrarchus labrax（海鲈）	—	2.5	-4	TVB-N 值增加到 25.26mg/100g（第 17 天）	15	
Dicentrarchus labrax（海鲈）	—	5	-4	TVB-N 值增加到 23.61mg/100g（第 17 天）	17	
Bigeye snapper-Priacanthus tayenus（som-fug，一种泰国发酵鱼糜）	—	—	4	所有样品的 L^* 值均降低，而 a^* 和 b^* 值在整个贮藏过程中均有所升高；所有样品的 pH 均逐渐降低	—	Riebroy 等，2007
Bigeye snapper-Priacanthus tayenus（som-fug，一种泰国发酵鱼糜）	γ 射线辐照	2	4	在整个贮藏过程中，所有样品的 L^* 值均降低，而 a^* 和 b^* 值则升高。在这些样品中，a^* 和 b^* 值的变化最小；6kGy 剂量辐照样品的 TBARS 值更大。所有样品的 pH 均逐渐降低	—	
Trachurus trachurus（竹荚鱼）	—	1 5 10	2±0.5	对其蛋白质没有明显影响		Silva 等，2006
Onchorynchus mykiss（虹鳟片）	—	—	—	辐照和未辐照样品的 pH 均降低		Dvorak 等，2005
Onchorynchus mykiss（虹鳟片）	γ 射线辐照	3	—	辐照和未辐照样品的 L^* 值变化趋势相同；这种变化可能由鱼肉的成熟引起的；a^* 值相同，而 b^* 值减小	—	
Onchorynchus mykiss（虹鳟片）	—	—	—		—	
Onchorynchus mykiss（虹鳟片）	γ 射线辐照	3	—		—	
Oreochromis niloticus（尼罗罗非鱼）	—	—	0.5~2（20d 和 30d）	在贮藏过程中，未辐照样品中的水分含量降低，蛋白质和脂质含量升高，TVB-N 含量增加	—	Cozzo-Siqueira 等，2003

续表

海鲜种类	辐照类型	辐照剂量/kGy	温度/℃	品质[1]	保质期/d	参考文献
Oreochromis niloticus（尼罗罗非鱼）	—	1.0 2.2 5	0.5~2（20d 和 30d）	在贮藏期间，水分、蛋白质和脂质的含量保持稳定； TVB-N 的水平趋于稳定； 当辐照剂量增加时，脂质氧化有增加的趋势	—	
Oreochromis niloticus（尼罗罗非鱼）	—	1.0 2.2 5	0.5~2（20d 和 30d）		—	
Oreochromis niloticus（尼罗罗非鱼）	γ 射线辐照	1.0 2.2 5	0.5~2（20d 和 30d）		—	
实验室制备的鱼片	γ 射线辐照	5	环境温度	—	5 周	Bani 等，2000
商业化鱼片	γ 射线辐照	5	环境温度	—	14	
Trachurus picturatus（蓝竹荚鱼）	—	—	3（23d）	第 4 天后，未辐照肉的 TVB-N 值超过可接受水平（30~40mg/100g）	3~4	Mendes 等，2000
Trachurus picturatus（蓝竹荚鱼）	γ 射线辐照	1	3（23d）	TVB-N 含量随着时间的推移而逐渐增加，冷藏结束时含量普遍增加了 3 倍； 贮藏 23d 后，TMA 含量为 18.9mg/100g	8	
Trachurus picturatus（蓝竹荚鱼）	γ 射线辐照	2	3（23d）	TVB-N 含量随着时间的推移而逐渐增加，冷藏结束时的含量普遍增加了 3 倍； 贮藏 23d 后，TMA 含量为 30.9mg/100g	8	
Trachurus picturatus（蓝竹荚鱼）	γ 射线辐照	3	3（23d）	TVB-N 含量随着时间的推移而逐渐增加，冷藏结束时的含量普遍增加了 3 倍； 贮藏 23d 后，TMA 含量为 10.0mg/100g	8	
Stolephorus commersoni（康氏小公鱼）	—	—	13	贮藏 10d 后，蛋白质含量下降至（0.97 ± 0.5）mg； 贮藏 17d 后，蛋白质含量进一步下降至（0.21 ± 0.06）mg	13	Lakshmanan 等，1999

续表

海鲜种类	辐照类型	辐照剂量/kGy	温度/℃	品质①	保质期/d	参考文献
Stolephorus commersoni（康氏小公鱼）	^{60}Co	2	13	贮藏 10d 后，蛋白质含量下降至（0.77 ± 0.01）mg。贮藏 17d 后，进一步下降至（0.17 ± 0.06）mg	17	
Scomberomorus commerson（康氏马鲛鱼）	γ 射线辐照	1.5	2 ± 2	苏氨酸含量为（4.5 ± 0.5）g/100g 蛋白质（0d 时）	—	Al-Kahtani 等，1998
Scomberomorus commerson（康氏马鲛鱼）	γ 射线辐照	3	2 ± 2	苏氨酸含量为（5 ± 0）g/100g 蛋白质（0d 时）	—	
Scomberomorus commerson（康氏马鲛鱼）	γ 射线辐照	4.5	2 ± 2	苏氨酸含量为（5 ± 0.1）g/100g 蛋白质（0d 时）	—	
Scomberomorus commerson（康氏马鲛鱼）	γ 射线辐照	6	2 ± 2	苏氨酸含量为（5.1 ± 0）g/100g 蛋白质（0d 时）	—	
Scomberomorus commerson（康氏马鲛鱼）	γ 射线辐照	10	2 ± 2	苏氨酸含量为（4.4 ± 0）g/100g 蛋白质（0d 时）	—	
Tilapia nilotica × *Tilapia aurea*（罗非鱼）	—	1.5	2 ± 2	苏氨酸含量为（4 ± 0.1）g/100g 蛋白质（0d 时）	—	
Tilapia nilotica × *Tilapia aurea*（罗非鱼）	—	3	2 ± 2	苏氨酸含量为（4.2 ± 1）g/100g 蛋白质（0d 时）	—	
Tilapia nilotica × *Tilapia aurea*（罗非鱼）	—	4.5	2 ± 2	苏氨酸含量为（3.7 ± 0）g/100g 蛋白质（0d 时）	—	
Tilapia nilotica × *Tilapia aurea*（罗非鱼）	—	6	2 ± 2	苏氨酸含量为（3.9 ± 0）g/100g 蛋白质（0d 时）	—	
Tilapia nilotica × *Tilapia aurea*（罗非鱼）	—	10	2 ± 2	苏氨酸含量为（4 ± 0）g/100g 蛋白质（0d 时）		

续表

海鲜种类	辐照类型	辐照剂量/kGy	温度/℃	品质①	保质期/d	参考文献
Cyprinus carpio（冷冻鱼）	—	—	0~2	从这项研究可以清楚地看出，新鲜度的化学测试如TVB-N和*K*值测定，不适用于辐照鱼的研究； 感官评定及一种使用气味浓度计的新方法比较适用于新鲜度测定	16	Icekson等，1996
Tilapia nilotica × *Tilapia aurea*（罗非鱼）	—	—	2±2（最多可贮藏20d）	受辐照鱼的TVB-N低于未辐照鱼； 辐照还引起贮藏期间硫代巴比妥酸值的大幅度增加	—	Al-Kahtani等，1996
Scomberomorus commerson（康氏马鲛鱼）	—	1.5~10	2±2（最多可贮藏20d）		—	
Tilapia nilotica × *Tilapia aurea*（罗非鱼）	—	—	2±2（最多可贮藏20d）	所有剂量的辐照处理都会降低某些脂肪酸的含量	—	
Scomberomorus commerson（康氏马鲛鱼）	—	1.5~10	2±2（最多可贮藏20d）	高剂量（≥4.5kGy）辐照时，硫胺素损失更为严重，而核黄素不受影响	—	
Acanthopagrus australis（黄鳍鲷）和*Centroberyx affinis*（棘金眼鲷）	γ射线辐照	1	-22	0.246mg/100g	—	Armstrong等，1994
Acanthopagrus australis（黄鳍鲷）和*Centroberyx affinis*（棘金眼鲷）	γ射线辐照	2	-22	0.274mg/100g	—	
Acanthopagrus australis（黄鳍鲷）和*Centroberyx affinis*（棘金眼鲷）	γ射线辐照	6	-22	0.253mg/100g	—	

续表

海鲜种类	辐照类型	辐照剂量/kGy	温度/℃	品质①	保质期/d	参考文献
Acanthopagrus australis（黄鳍鲷）和 *Centroberyx affinis*（棘金眼鲷）	γ 射线辐照	1	−22	0. 936mg/100g	—	
Acanthopagrus australis（黄鳍鲷）和 *Centroberyx affinis*（棘金眼鲷）	γ 射线辐照	2	−22	0. 512mg/100g	—	
Acanthopagrus australis（黄鳍鲷）和 *Centroberyx affinis*（棘金眼鲷）	γ 射线辐照	6	−22	0. 510mg/100g	—	
Coregonus clupeaformis（白鲑鱼）	—	—	3	在整个研究过程中，未辐照样品的 TBA 值保持在较低水平，几乎没有变化	7. 8 ± 1（平均）	Chuaqui-Offer manns 等，1988
Coregonus clupeaformis（白鲑鱼）	γ 射线辐照	0. 82	3	TBA 值随贮藏时间的延长而增加	16. 4 ± 3. 6（平均）	
Coregonus clupeaformis（白鲑鱼）	γ 射线辐照	1. 22	3		20. 9 ± 3. 6（平均）	
Bigeye snapper-Priacanthus tayenus（som-fug），一种泰国发酵鱼糜	γ 射线辐照	6	4	在整个贮藏过程中，所有样品的 L^* 值均降低，而 a^* 和 b^* 值均升高； 用 2kGy 辐照的样品中的 TBARS 值较低； 所有样品的 pH 逐渐降低	—	
日式鱼糕（鱼酱）来自鳕鱼和沙丁鱼	—	—	1~4 和 10~12	—	5	Oku，1981；Oku，1976；Oku 和 Kimura，1975；Sasayama，1973，1972，1977；Kum 等，1975
日式鱼糕（鱼酱）来自鳕鱼和沙丁鱼	—	5	1~4 和 10~12	—	34	

续表

海鲜种类	辐照类型	辐照剂量/kGy	温度/℃	品质[①]	保质期/d	参考文献
Rastrelliger kanagurta（羽鳃鲐）	—	1.5	0	—	21~24	Hussain, 1980;
Rastrelliger kanagurta（羽鳃鲐）	—	1.5	7.8	—	7~11	Ghadi 等, 1978
Rastrelliger neglectus（短体羽鳃鲐）	—	1~2	5	TVB-N 值和次黄嘌呤浓度显著增加，SH 蛋白酶和酸性磷酸酶的比活降低	12	Sofyan, 1978
Sebastes marinus（平鲉）	—	1.5~2.5	0.6	由于较高的脂肪含量和特殊风味，不建议使用高于 1kGy 的剂量进行辐照，因为会引起感官变化	30	Reinacher and Ehlermann, 1978;
Sebastes marinus（平鲉）	—	1.5~2.5	7.8		15	Teeny and Miyauchi, 1970;
Sebastodes alutus（平鲉片）	—	1~2	0.6		25~28	Miyauchi 等, 1967;
Stomateus cinereus（白鲳鱼）	—	1	0~2		4 周	Ronsivalli 和 Slavin, 1965
Clupea herring（鲱鱼）	—	—	2	最高可接受剂量<5kGy，剂量≥3kGy 会使颜色和天然风味有所损失	10~14	Snauwert 等, 1977
Merluccius hubsi（阿根廷鳕鱼）	—	5	4	—	48	Ritacco, 1976
Parastomatus niger（乌鲳鱼）	—	1	0~2	—	10~16	Aiyar, 1976
Harpodon nehereus（龙头鱼）	—	—	冷藏	—	5~7	Kumta 等, 1973;
Harpodon nehereus（龙头鱼）	—	1.0~2.5	冷藏	最高可接受剂量为 5kGy，在此剂量下会产生异味，但在 4d 后会消失	18~20	Gore 和 Kumta, 1970
Merluccius merluccius（欧洲无须鳕鱼）	—	1~1.5	0.5	—	24~28	de la Sierra Serrano, 1970

续表

海鲜种类	辐照类型	辐照剂量/kGy	温度/℃	品质[①]	保质期/d	参考文献
Melanogrammus aeglefinus（黑线鳕鱼片）	—	1.5~2.5	5.6	—	22~25	Rosnivalli等，1970；
Melanogrammus aeglefinus（黑线鳕鱼片）	—	1.5~2.5	0.6	—	30~35	Rosnivalli等，1968
Glyptocephalus cynoglossus（美首鲽鱼片）	—	1~2	0.6	—	29	Miyauchi等，1968
Glyptocephalus cynoglossus（美首鲽鱼片）	—	1~2	5.6	—	10~11	
Salvelinus mamaycush（湖鳟鱼）	—	—	0.6	直到使用7kGy的剂量辐照时，被辐照样品中的色素才会消失	8	Graikowski等，1968
Salvelinus mamaycush（湖鳟鱼）	—	3	0.6	—	26	
Coregonus clupeaformis（白鲑鱼）	—	—	冷藏	—	12~15	Ostovar等，1967
Coregonus clupeaformis（白鲑鱼）	—	1.5~3	冷藏	—	15~29	
Scomber scombrus（大西洋鲭鱼）	—	2.5	0.6	—	30~35	Slavin等，1966
Ictalurus punctatus（斑点叉尾鮰）	—	1~2	0	—	20	Emerson等，1964，1965

注：①TVB-N，总挥发性盐基氮； TMA，三甲胺； TBARS，硫代巴比妥酸反应物。

5.2.2 贝类、甲壳类和软体动物

将冷藏碟形扇贝（*Amusium balloti*）分别在0.5、1.5、3kGy剂量下进行辐照处理，0℃

下的保质期分别为28d（生）和43d（熟），而未辐照样品的保质期则为13~17d。当辐照剂量≥1.5kGy时，会使扇贝肉的结构变得柔软，呈海绵状和糊状结构（Poole等，1990）。Liuzzo（1970）等发现脱壳牡蛎肉的最佳辐照剂量为2.5kGy，最长保质期为7d，并且冷藏7d后感官质量没有下降。此外，他们还发现超过1kGy的辐照剂量改变了牡蛎肉中的维生素B含量、水分百分比、糖原含量和可溶性糖含量。

Novak（1966）等以空气为介质对罐装牡蛎进行2kGy的辐照处理，并将它们在冷藏中保存23d。在23d的贮藏期内，经辐照处理的样品感官品质仍可被接受，而未经辐照处理的样品在第7天发生变质。

Nickerson（1963）发现，将未经辐照处理的蛤蜊肉和经8kGy辐照处理的蛤蜊肉在6℃下贮藏40d后，它们之间没有显著的感官差异。未辐照与2.5~5.5kGy辐照的蛤蜊肉之间无显著差异（Connors和Steinberg，1964）。此外，对于蛤蜊（*Venerupis semidecus sata*）来说，最佳辐照剂量为1~4.5kGy，在0~2℃下贮藏的保质期为4周。

Gardner和Watts（1957）分别用剂量为0.63、0.83、3.5kGy的电离辐照处理牡蛎肉（*Crassostrea virginica*，*Crassostrea pacificus*），观察到牡蛎产生不良气味。辐照处理的牡蛎生肉产生的气味被称为“草香味”，而辐照处理的牡蛎熟肉产生的气味被称为“氧化味”。此外，他们的研究提出辐照处理对延长贮藏期没有益处，因为在5℃下进行3.5kGy剂量的辐照处理时，酶仍能够发挥作用。

Sharma（2007）等研究了γ射线辐照处理对虾（*Solenocera choprii*）中挥发性化合物的影响。整个虾（头部或肌肉部分）分别以2kGy的剂量进行辐照处理。然后从未辐照部分和辐照部分中分离出挥发性成分。数据定量分析表明，辐照对整个虾或虾的挥发性风味化合物的总体影响不显著，这表明γ射线辐照不会影响虾的肌肉或壳废料的感官评价。

Sinanoglou等（2007）研究了辐照冷冻软体动物（鱿鱼、章鱼和乌贼）和甲壳类动物（虾）。未辐照的鱿鱼（*Todorodes sagittatus*）、章鱼（*Octopus vulgaris*）和乌贼（*Sepia officinalis*）的总脂质含量分别占组织湿基的1.80%、2.32%和1.55%。未经辐照的斑节对虾（*Penaeus monodon*）的肌肉和头胸部的脂质含量分别为1.30%和2.75%。与未经辐照的样品相比，在4.7kGy的辐照剂量下，软体动物的总脂质含量减少了4.5%~6.9%，虾的肌肉和头胸部总脂质含量分别减少了6.2%和5.8%。但是，报告的所有变化均无统计学意义。总脂肪酸含量和ω-3：ω-6脂肪酸比值均不受影响。研究发现多不饱和脂肪酸与饱和脂肪酸之比呈辐照剂量依赖性显著下降。随着辐照剂量的增加，a^*和b^*值出现变化，软体动物和虾类肌肉中的L^*值显著下降，而虾头胸部的L^*值显著增加，总色差变化随着剂量的增加而增加。

在Lee等（2002）的研究中，虾（*Acetes chinensis*）经切片，洗涤，15%和20%（质量分数）氯化钠（盐）腌制。盐渍虾在两个不同阶段分别受到0、5、10kGy剂量的辐照：①加工成盐渍虾后直接辐照；②在最佳发酵时期辐照，并在15℃发酵10周。以含30%盐的非辐照虾作为对照。在相同的盐添加量和辐照时间下，经辐照处理的虾的营养成分，盐度和水分活度与对照组相比没有差异。在发酵过程中，挥发性盐基氮（VBN）含量随盐浓度和辐照剂量的降低而增加。根据感官特性、菌落总数和pH的分析结果，低盐浓度（15%或20%）和γ射线辐照（5kGy或10kGy）的组合可有效地加工低盐和发酵虾。结果显示，与对照样品（添加30%盐）相比，没有不良的感官问题，而且还可以提高产品的储藏保质期。

研究发现去皮的欧洲棕虾（*Crangon vulgaris* 和 *Crangon crangon*）的最佳辐照剂量为1.5kGy，在2℃下贮藏的保质期为23d，相比之下，未辐照虾的保质期为9~16d（Vyncke等，1976）。另外，除去氧气有助于最大程度地提高辐照效果（Ehlermann，1976；Ehlermann和Muenzer，1976；Ehlermann和Diehl，1977）。

Scholz等（1962）发现，经5kGy剂量辐照的太平洋虾（*Pandalus jordani*）在3℃下贮藏的保质期为3周，没有明显的异味。对于生的、去头热带虾（*Penaeus* spp.）的最佳辐照剂量为1.5~2kGy，在3℃下的贮藏保质期约为42d。在用1.5~2kGy剂量辐照之前预先进行4min的热烫处理，贮藏保质期可延长至130d（Gueavara等，1965；Kumta等，1970）。表5.4给出了辐照剂量对贝类和甲壳类动物的质量和保质期的影响。

表5.4 辐照处理后贝类和甲壳类动物的质量和保质期

海鲜种类	辐照类型	辐照剂量/kGy	温度/℃	品质	保质期/d	参考文献
Solenocera choprii（虾头或肌肉部分）	γ射线辐照	2	—	—	—	Sharma等，2007
Cragon vulgaris 和 *Cragon cragon*（去皮欧洲棕虾）	—	—	2	—	9~16	Vyncke等，1976
Cragon vulgaris 和 *Cragon cragon*（去皮欧洲褐虾）	—	1.5	2	—	23	
蛤蜊肉	—	—	6	无可察觉的感官差异	40	Nickerson，1963
蛤蜊肉	—	最高8	6	无可察觉的感官差异	40	
Pandalus jordani（太平洋虾）	—	5	3	无可察觉的感官差异	21	Scholz等，1962

5.3 辐照对鱼类及水产品中微生物的影响

5.3.1 鱼类

分别用3kGy和1kGy剂量辐照灭活冷熏鲑鱼中的单核细胞增生李斯特菌（*Listeria monocytogenes*）和副溶血弧菌（*Vibrio parahaemolyticus*），接种量分别为6.59log CFU/g和6.05log CFU/g（Badr，2012）。此外，未接种李斯特菌的冷熏鲑鱼，辐照处理显著减少了嗜温需氧、厌氧、嗜冷和乳酸菌（LAB）以及霉菌和酵母菌的数量。

Medina 等（2009）从微生物安全性和延长保质期两个角度研究了电子束辐照和高压处理对冷熏鲑鱼的效果。根据单核细胞增生李斯特菌菌落数对辐照的响应，确定了 D 值为 0.51kGy。对于贮藏在 5℃下的样品，1.5kGy 辐照剂量可达到食品安全目标（FSO），即在 35d 的保质期内单核细胞增生李斯特菌的菌落数为 2log CFU/g，而温度不当［（5+8)℃］则需要 3kGy 辐照剂量。

Ozden 等（2007 年）发现未辐照海鲈（*Dicentrarchus labrax*）的微生物数量（嗜冷细菌、嗜温需氧细菌、产 H_2S 细菌、肠杆菌和假单胞菌）高于经辐照处理的海鲈。研究表明，未辐照样品在冰中贮藏的保质期为 13d，经 2.5kGy 剂量处理的样品的冰藏保质期为 15d，5kGy 剂量辐照处理的样品的冰藏保质期为 17d。

Riebroyetal 研究了不同剂量（0.2kGy 和 6kGy）辐照对泰国发酵鱼糜（*Priacanthus tayenus*）的影响（2007）。在第 0 天，对照样品的 TVC 为 2.9×10^8CFU/g，LAB 为 2.8×10^8CFU/g。在 4℃贮藏 30d 过程中，经 6kGy 剂量辐照的样品的 LAB、酵母和霉菌计数均未检测到，而 2kGy 辐照的样品仅在最初 10d 内未发现生长。

Jo 等（2005）研究了辐照对用于制作紫菜（干海藻）卷的三种海鲜制品的影响，以消除鼠伤寒沙门菌（*Salmonella typhimurium*）、大肠杆菌（*Escherichia coli*）、金黄色葡萄球菌（*Staphylococcus aureus*）和伊氏李斯特菌（*Listeria ivanovii*）。这些生物的辐照敏感性（D_{10} 值或灭活 90% 微生物所需的剂量）在仿蟹腿中为 0.23～0.62kGy，鱼糜凝胶中为 0.31～0.44kGy，海藻干中为 0.27～0.44kGy。在辐照后贮藏的 24h 内，无论贮藏温度（10、20、30℃）如何，辐照都会抑制接种到食品中的微生物的生长。经 3kGy 剂量辐照处理后未检测到伊氏李斯特菌，而 2kGy 剂量辐照处理则可消灭其他病原体。

根据 Cozzo-Siqueira 等（2003）的研究，经辐照（1.0、2.2、5.0kGy）处理的罗非鱼（*Oreochromis niloticus*），在 0.5～2℃的下贮藏 20d 和 30d 后，罗非鱼中微生物数量依然低于巴西海产品立法规定的范围，而未辐照样本的微生物数量则较高，不符合法律允许的范围。

Jaczynski 和 Park（2003）用电子束（e-beam）测定了鱼糜海鲜中的电子穿透和微生物灭活情况。研究发现，单面和双面电子束可以分别有效穿透 33mm 和 82mm 厚的鱼糜海鲜。用电子束灭活微生物发现，如果鱼糜海鲜包装厚度小于 82mm，双面电子束可以有效控制金黄色葡萄球菌的数量。金黄色葡萄球菌的 D 值为 0.34kGy。4kGy 的电子束辐照使金黄色葡萄球菌至少减少 7 个数量级，很有可能减少 12 个数量级。冷冻样品经电子束辐照时，由于穿透力降低，微生物灭活变得缓慢。

Mendesetal 等（2000）研究发现，不同剂量辐照处理会使贮藏在 3℃的蓝竹荚鱼（*Trachurus picturatus*）的细菌数量相对减少。此外，经 3kGy 剂量辐照处理细菌数量较少，而在 0、1、2kGy 剂量辐照处理的样品的细菌数量则越来越多。腐败时，未辐照的 13d 龄鱼的细菌数量是同一年龄辐照鱼的 5～10 倍。未辐照过的鱼（0kGy）的贮藏保质期为 3～4d。辐照处理的样品保质期可延长 4～5d，8d 后变得不可接受。此外，未经辐照处理的样品质量往往会迅速下降，而辐照过的样品在变得不可接受之前似乎会在很长一段时间内保持临界质量。

Lakshmanan 等（1999 年）研究表明，鳀鱼（*Stolephorus commersonii*）的初始细菌数量（10^4CFU/g）随着贮藏时间的延长而增加。在超过 20d 的整个贮藏期内，辐照过的未包装样品的 CFU 水平比未辐照过的未包装的样品低（1±2）个对数。与包装的未辐照样品相比，包装的辐照样品的 CFU 较低。包装样品中 CFU 水平的增加低于相应的未包装样品。包装的辐照过的样品的保质期为 20d，而未辐照样品的保质期仅为 13d。

Kamat 和 Thomas（1998）研究了低（0.39%～1.1%）、中（4.25%）、高（7.1%～32.5%）脂肪酸浓度对四种食源性病原体辐照灭活的影响。单核细胞增生李斯特菌 036（*Listeria monocytogenes* 036）、小肠结肠炎耶尔森菌 F5692（*Yersinia enterocolitica* F5692）、蜡样芽孢杆菌（*Bacillus cereus*）和鼠伤寒沙门菌（*Salmonella typhimurium*）对数生长期的细胞接种在 10%的匀浆中，并在冰温（0～1℃）下进行 γ 射线辐照，剂量范围为 0.05～0.08kGy。单核细胞增生李斯特菌 036、蜡样芽孢杆菌、鼠伤寒沙门菌和小肠结肠炎耶尔森菌 F5692 的 D_{10} 值分别在 0.2～0.3、0.15～0.25、0.1～0.15 及 0.09～0.1 之间。鱼体脂肪含量对各微生物的辐照敏感性没有影响。

进行了多项研究，以评估 γ 射线辐照对纳格里鱼（*Sillago sihama*）的微生物特性、保质期及质量的影响。未辐照的样品在 1～2℃下的贮藏保质期为 7～8d，而辐照样品（2kGy 和 3kGy）的贮藏保质期可长达 19d。辐照处理前的经敷料处理并没有延长保质期。3kGy 剂量辐照样品中未检出沙门菌（*Salmonella* sp.），2kGy 剂量辐照处理可杀灭副溶血弧菌和金黄色葡萄球菌，单核细胞增生李斯特菌和小肠结肠炎耶尔森菌（*Yersinia enterocolitica*），但在辐照前在鱼体内观察到了非致病性物种，如格氏李斯特菌（*Listeria grayi*）、默氏李斯特菌（*Listeria murrayi*）和结核耶尔森菌（*Yersinia tuberculosis*）。2kGy 和 3kGy 剂量辐照分别破坏耶尔森菌属（*Yersinia* sp.）和李斯特菌属（*Listeria* sp.）。经辐照处理的鱼在贮藏过程中没有检测到这些微生物（Ahmed 等，1997）。

Abu-Tarboushetal 等（1996）以 1.5、3.0、4.5、6.0、10.0kGy 剂量辐照处理罗非鱼（*Tilapia nilotica*×*Tilapia aurea*）和康氏马鲛鱼（*Scomberomorus commerson*）。辐照和未辐照（对照）样本贮藏在（2±2）℃下。3.0kGy 和/或 4.5kGy 剂量辐照样品与未辐照的样品相比，延长了 8d 的感官可接受性（外观、气味、质地、气味）和化学质量（总量和形态）。两种鱼中产 H_2S 细菌数量都较低，1.5kGy 的剂量使它们的数量在整个贮藏期间保持在较低水平。此外，该剂量也足以消除两种鱼类中的沙门菌。1.5kGy 和 3.0kGy 剂量可有效消除耶尔森菌和弯曲杆菌（*Campylobacter*）。6.0kGy 和 10.0kGy 的剂量导致嗜冷菌下降，但对鱼的质量产生了不利的影响。

巴西圣保罗有 10 人因食用鲻鱼生鱼片而感染了长翅虫（*Phagicola longa*）。Antunes 等（1993）研究了三种鲻鱼（*Mugil* sp.）的长翅虫、银鲻鱼（*Mugil nuema*）、灰鲻鱼（*Mugil plutunu*）和附睾（*Mugil* sp.），将它们暴露在 1.0～10.0kGy 的电离环境中，以控制由于商业贮藏条件和生鱼消费造成的这种感染现象。结果表明，1.0kGy 和 2.0kGy 辐照处理可使银鲻鱼寄生虫的运动率从 100%下降至 15%和 17%，而剂量为 4.0kGy 和 10.0kGy 则会导致后囊蚴无法生存。2.0、2.5、3.0、3.5kGy 剂量处理的鲻鱼，其寄生虫运动率分别从 56%下降到 31%、9%、18%和 5%，4.0kGy 有可能成为长翅虫的防治剂量。这一剂量还控制了在“副体毛”中发现的其他囊蚴，而不影响处理过的鲻鱼的气味、颜色或外观。

Hammad 和 El-Mongy（1992）以 2kGy 和 4kGy 剂量辐照处理熏鲑鱼片。在 4kGy 剂量辐照时，主要质量损失是与熏鲑鱼有关的正常樱桃红色。2kGy 剂量辐照后未见颜色损失。2kGy 和 4kGy 均能有效地减少样品中的微生物数量，而 4kGy 剂量可消除所有大肠菌群、粪便链球菌和金黄色葡萄球菌。非辐照样品在 1 个月后达到不可接受的平板计数，而经 2kGy 和 4kGy 处理的样品的微生物水平可分别在 2 个月和 4 个月内保持正常范围。

Cho（1992）等分别将 $10^3 \sim 10^7$、$10^2 \sim 10^3$、$10^2 \sim 10^6$CFU/g 的中温好氧菌、霉菌和大肠菌群接种于干鱼粉中。结果表明，5～10kGy 剂量可以灭活所有霉菌和大肠菌群，但中温好氧菌数量仅减少至小于 10^3CFU/g。

Valdes 和 Szeinfeld（1989）研究发现，经 2kGy 剂量辐照的鳕鱼片中细菌数量与未辐照组相比减少了 1 个数量级。6～10kGy 剂量辐照可使细菌数量减少 3 个数量级，而最佳辐照剂量为 6kGy。

Hussain 等（1985）利用 0～3kGy 剂量辐照羽鳃鲐（*Rastrellinger kanagurta*），然后保存在 1～3℃中。第 0 天细菌数量为 1×10^5CFU/g，第 28 天增加到 2.5×10^7CFU/g。假单胞菌（*Pseudomonas*）和变形杆菌（*Proteus* spp.）是对照组的优势菌属，而经辐照处理的鱼片中以无色杆菌（*Acromobacter*）、黄杆菌（*Flavobacterium*）、芽孢杆菌（*Bacillus*）和微球菌（*Micrococcus*）为主，而经 10% 聚磷酸钠浸提预处理可减少滴水损失。在 1.5kGy 和 10% 聚磷酸钠预处理条件下，最佳效果可保持长达 3 周。Dymsza 等（1990）用 0.66kGy 和 1.31kGy 辐照清洗过的红鳕鱼糜（*Urophycis chuss*），然后在 3.3℃下有氧贮藏。研究发现，在所有剂量辐照后 4、10、17d 菌落总数小于 10^6CFU/g。感官评价结果显示辐照后的样品的保质期比未辐照的对照样品长 12～18d。

Ogbadu（1988）发现，将黄曲霉孢子（UI 81）接种于烟熏干鱼中，经剂量为 0.625、1.26、2.60、6.00kGy 的 γ 射线辐照。在固定培养条件下培养 8d 后，测定黄曲霉毒素 B_1 的含量。发现所产生的黄曲霉毒素 B_1 的含量随 γ 射线辐照剂量的增加而降低（4.73、2.45、1.90、0.80mg/kg 分别对应辐照剂量为 0，0.625、1.26、2.60、6.00kGy），而与处理的培养物相比，未经辐照处理的对照组的黄曲霉毒素 B_1 的含量明显更高。

鱼糕（*Kamaboko*）是一种来自日本的鱼糜制品（由鳕鱼和沙丁鱼制成）。鱼糕样品经 5kGy 辐照处理，之后分别贮藏在 1～4℃和 10～12℃。5kGy 剂量辐照样品的保质期从 5d（未辐照样品）延长至约 34d。使用的最高剂量（5kGy）仍使芽孢杆菌属残存。仅观察到对风味的轻微影响。在最佳辐照剂量下（3kGy），10～12℃下贮藏的保质期从 14d 延长至 42d（Oku，1976，1981；Sasayama，1972，1973，1977；Kume 等，1975）。

Laycock 和 Regier（1970）将黑线鳕鱼片（*Melanogramus aeglefinus*）在冰中浸泡 2、5、9d（所用的样本为 2、5、9 日龄）。辐照（1kGy）处理使细菌总数减少约 1 个数量级。辐照后从 5 日龄及 9 日龄鱼片中分离出的假单胞菌约减少了 2～3 个数量级。通过感官评定，分别确定了未辐照鱼片在 3℃贮藏的保质期，分别为 9d（2 日龄）、7d（5 日龄）、5d（9 日龄）。而经辐照处理的样品在 3℃贮藏的保质期分别为 18d（2 日龄和 5 日龄）、13d（9 日龄）。

Anellis 等（1972）筛选出 10 批鳕鱼饼，每批大约含有 10^6 个不同菌株的肉毒梭菌的芽孢（5 个 A 型和 5 个 B 型），在（−30±10）℃下，用一系列递增的剂量（20 个重复/每种剂量条件）辐照样品，之后在 30℃下孵育 6 个月，结果表明，鳕鱼饼的实验灭菌剂量（ESD）为：27.5<ESD<30kGy。

Nickerson（1969）和 Goldblith（1971）将 E 型肉毒梭菌以 10^4 芽孢/g 接种到黑线鳕鱼片中，并在 1kGy 和 2kGy 剂量下辐照。1kGy 辐照的样本可以接受，因为腐败是在毒素产生之前发生的。然而，经 2kGy 剂量辐照处理的样本，毒素是在生鱼片变质前产生。10℃贮藏的未接种、自然污染的鳕鱼，在辐照剂量高达 2kGy 时没有形成毒素。

Kazanas 和 Emerson（1968）研究了贮藏在 1℃条件下的经辐照（1kGy 和 2kGy）处理和未经辐照处理的黄鲈鱼片（*Perca phescens*）。从未经辐照的鱼片中分离出的微生物由黄杆菌、微杆菌、弧菌、肌球菌、假单胞菌、气单胞菌、芽孢杆菌、棒状杆菌、乳酸杆菌、短杆菌和产碱无色杆菌组成。辐照前的平板计数显示，每种样品约有 10^6 个微生物/g。1kGy 和 2kGy 剂量辐照处理分别使初始计数减少 1.4 个和 3 个对数，并且可使样品的贮藏保质期从 10d 提高到 18d。而将样品经 3kGy 和 6kGy 剂量辐照处理，保质期可延长至约 43d 和 55d。

Kazanas 等（1966）研究了辐照对黄鲈鱼片的影响。样品经 3kGy 和 6kGy 剂量处理，之后贮藏在 1℃或 6℃下。辐照前，样品的菌落总数不超过 8.7×10^5CFU/g。而以 3kGy 或 6kGy 剂量辐照处理后，该计数减少了近 100%。随着辐照剂量的增加，细菌数量逐渐减少，滞后期逐渐延长。细菌增长率没有显著下降。10℃下贮藏的未辐照鱼片的保质期为 9~13d，经 3kGy 和 6kGy 剂量辐照处理的样品的保质期分别延长了 3.6 倍和 5 倍。与 1℃相比，贮藏温度提高到 6℃，滞后期出现了降低，并且显著加速腐败。贮藏于 6℃的未辐照样品的贮藏保质期约为 6d，而经 3kGy 和 6kGy 剂量辐照处理后，保质期分别延长了 3 倍和 3.5 倍。

表 5.5 概述了辐照剂量对鱼类菌群和保质期的影响。

表 5.5 辐照对鱼类微生物区系的影响

海鲜种类	辐照类型	辐照剂量/kGy	温度/℃	结果	保质期/d	参考文献
Dicentrarchus labrax（海鲈）	—	—	-4	辐照剂量越高，嗜冷菌、中温好氧菌、产 H_2S 菌、肠杆菌科和假单胞菌数量越少	13	Ozden 等，2007
Dicentrarchus labrax（海鲈）	—	2.5	-4		15	
Dicentrarchus labrax（海鲈）	—	5	-4		17	
Bigeye snapper-Priacanthus tayenus（som-fug），一种泰国发酵鱼糜	—	—	4	TVC①为 2.9×10^8CFU/g；LAB②为 2.8×10^8CFU/g	—	Riebroy 等，2007
Bigeye snapper-Priacanthus tayenus（som-fug），一种泰国发酵鱼糜	γ 射线辐照	2	4	在最初 10d 内，经 2kGy 剂量辐照的样品中未发现乳酸菌、酵母和霉菌计数的增长	—	
Bigeye snapper-Priacanthus tayenus（som-fug），一种泰国发酵鱼糜	γ 射线辐照	6	4	在整个 30d 的贮藏过程中，经 6kGy 剂量辐照处理的样品未检测到乳酸菌（LAB）、酵母和霉菌数量	—	

续表

海鲜种类	辐照类型	辐照剂量/kGy	温度/℃	结果	保质期/d	参考文献
Oreochromis niloticus（尼罗罗非鱼）	—	1.0 2.2 5	0.5~2（20d 和 30d）	经辐照处理的样品的微生物含量低于巴西海产品法规规定的水平，而未经辐照的样品微生物含量较高，不符合规定水平	—	Cozzo-Siqueira 等，2003
Trachurus picturatus（蓝竹荚鱼）	—	—	3	不同剂量辐照处理使样品中细菌数量成比例减少。腐败时，未辐照的 13 日龄鱼样本中的细菌数量是同龄辐照鱼样本的 5~10 倍	3~4	Mendes 等，2000
Trachurus picturatus（蓝竹荚鱼）	γ 射线辐照	1 2 3	3		8	
金色鲲鱼（0.39%脂肪）	γ 射线辐照	1	0~1	单核细胞增生李斯特菌 036，小肠结肠炎耶尔森菌 F5692，蜡样芽孢杆菌和鼠伤寒沙门菌的生存情况没有区别	—	Kamat and Thomas，1998
印度沙丁鱼（7.1%脂肪）	γ 射线辐照	1	0~1		—	
金色鲲鱼（0.39%脂肪）	γ 射线辐照	3	0~1		—	
印度沙丁鱼（7.1%脂肪）	γ 射线辐照	3	0~1		—	
Sillago sihama（多鳞鱚）	—	—	1~2	—	7~8	Ahmed 等，1997
Sillago sihama（多鳞鱚）	γ 射线辐照	2	1~2	消除了副溶血弧菌和金黄色葡萄球菌，消除了耶尔森菌	19	
Sillago sihama（多鳞鱚）	γ 射线辐照	3	1~2	沙门菌未检测到；消除了李斯特菌属	19	
Tilapia nilotica × *Tilapia aurea*（罗非鱼）和 *Scomberomorus commerson*（马鲛鱼）	—	—	2±2	—	—	Abu-Tarboush 等，1996

续表

海鲜种类	辐照类型	辐照剂量/kGy	温度/℃	结果	保质期/d	参考文献
Tilapia nilotica × *Tilapia aurea*（罗非鱼）和 *Scomberomorus commerson*（马鲛鱼）	—	1.5	2±2	在整个贮藏期间，产 H_2S 的细菌数量一直保持在较低水平；消除了耶尔森菌和沙门菌	—	
Tilapia nilotica × *Tilapia aurea*（罗非鱼）和 *Scomberomorus commerson*（马鲛鱼）	—	3.0	2±2	消除了弯曲杆菌	比未辐照处理的多 8d	
Tilapia nilotica × *Tilapia aurea*（罗非鱼）和 *Scomberomorus commerson*（马鲛鱼）	—	4.5	2±2	—	比未辐照处理的多 8d	
Tilapia nilotica × *Tilapia aurea*（罗非鱼）和 *Scomberomorus commerson*（马鲛鱼）	—	6 10	2±2	减少了嗜冷菌计数	—	
Mugil nuema（银鲻鱼）	无辐照类型	1	—	长食道疟原虫（*Phagicola longa*）运动能力由 100% 下降至 15%	—	Antunes 等，1993
Mugil nuema（银鲻鱼）	无辐照类型	2	—	长食道疟原虫运动能力由 100% 下降至 17%	—	
Mugil nuema（银鲻鱼）	无辐照类型	4	—	长程噬菌不能存活	—	
Mugil nuema（银鲻鱼）	无辐照类型	10	—	长程噬菌不能存活	—	
Mugil plutunus（灰鲻鱼）	无辐照类型	2 2.5 3 3.5	—	长食道疟原虫的运动能力从 56% 下降至 31%、9%、18% 和 5%	—	

续表

海鲜种类	辐照类型	辐照剂量/kGy	温度/℃	结果	保质期/d	参考文献
Mugil plutunus（灰鲻鱼）	无辐照类型	4	—	倾向于需要控制长食道疟原虫剂量	—	
分别以 10^3~10^7、10^2~10^3、10^2~10^6CFU/g 接种中温需氧细菌、霉菌和大肠菌群的鱼干粉	—	5~10	—	所有霉菌和大肠菌群均被清除，但中温需氧细菌平板计数仅降至<10^3CFU/g	—	Cho 等，1992
Urophycis chuss（水洗过的红鳕鱼糜）	—	0.66 1.31	3.3	监测所有剂量辐照处理后 4、10、17d 的需氧菌平板总数，发现低于 10^6CFU/g	比未辐照处理的多 6~13d	Dymsza 等，1990
Merluccius merluccius hubi（欧洲无须鳕鱼片）	γ 射线辐照	2	—	与对照组相比，细菌数量减少了 1 个数量级	—	Valdes 和 Szeinfeld，1989
Merluccius merluccius hubi（欧洲无须鳕鱼片）	γ 射线辐照	6~10	—	与对照组相比，细菌数量减少了 3 个数量级	—	
烟熏鱼干	γ 射线辐照	—	—	4.73mg/kg 黄曲霉毒素 B_1	—	Ogbadu，1988
烟熏鱼干	γ 射线辐照	0.625	—	2.45mg/kg 黄曲霉毒素 B_1	—	
烟熏鱼干	γ 射线辐照	1.26	—	1.90mg/kg 黄曲霉毒素 B_1	—	
烟熏鱼干	γ 射线辐照	2.60	—	0.80mg/kg 黄曲霉毒素 B_1	—	
烟熏鱼干	γ 射线辐照	6	—	0.51mg/kg 黄曲霉毒素 B_1	—	
Coregonus clupeaformis（白鲑鱼）	—	—	3	初始计数为 1.1×10^5 个微生物/g	7	Chuaqui-Offermanns 等，1988
Coregonus clupeaformis（白鲑鱼）	γ 射线辐照	0.52 1.22	3	减少 4.1×10^2 个微生物/g，嗜冷菌也减少 2 个数量级，未检出假单胞菌	20	

续表

海鲜种类	辐照类型	辐照剂量/kGy	温度/℃	结果	保质期/d	参考文献
Merluccius merluccius hubi（欧洲无须鳕鱼片）	γ射线辐照	0.82 1.22	3	减少 1×10^2 微生物/g，适冷菌也减少了2个数量级辐射后未检测到假单胞菌	20~28	
Melanogrammus aeglefinus（黑线鳕鱼片）在冰里放置2d	—	—	3	假单胞菌和在较小量的无色杆菌在整个贮藏过程中占优势	9	Laycock and Regier, 1970
Melanogrammus aeglefinus（黑线鳕鱼片）在冰里放置5d	—	—	3	—	7	
Melanogrammus aeglefinus（黑线鳕鱼片）在冰里放置9d	γ射线辐照	—	3	—	5	
Melanogrammus aeglefinus（黑线鳕鱼片）在冰里放置2d	γ射线辐照	1	4	辐照（1kGy）处理可使细菌总数减少约1个数量级。无色杆菌的数量也减少了约1个数量级	18	
Melanogrammus aeglefinus（黑线鳕鱼片）在冰里放置5d	γ射线辐照	1	3	辐照（1kGy）处理可将细菌总数减少约1个数量级。无色杆菌的数量也减少了约1个数量级	13	
Melanogrammus aeglefinus（黑线鳕鱼片）在冰里放置9d	γ射线辐照	1	3	假单胞菌在辐照处理后立即从5日龄和9日龄鱼的鱼片中分离出来，似乎减少了2~3个数量级	9	
每批鳕鱼饼约含 10^6 个不同菌株（5个A型和5个B型）肉毒杆菌的孢子	γ射线辐照	一系列递增的辐照剂量（20个重复样品）	30（6个月）	实验灭菌剂量（ESD）为：27.5kGy<ESD<30kGy	—	Anellis等，1972

续表

海鲜种类	辐照类型	辐照剂量/kGy	温度/℃	结果	保质期/d	参考文献
Perca flavescens（黄鲈鱼片）	—	—	1	约 10^6 个微生物/g	10	Kazanas 和 Emerson，1968
Perca flavescens（黄鲈鱼片）	γ 射线辐照	1	1	比初始计数减少了 1.4 个数量级	18	
Perca flavescens（黄鲈鱼片）	γ 射线辐照	2	1	比初始计数减少了 3 个数量级	18	
Perca flavescens（黄鲈鱼片）	γ 射线辐照	3	1	—	43	
Perca flavescens（黄鲈鱼片）	γ 射线辐照	6	1	—	55	
Perca flavescens（黄鲈鱼片）	—	—	1	初始总计数范围为 0.93×10^5/g~8.62×10^5/g	9~13	Kazanas 等，1966
Perca flavescens（黄鲈鱼片）	—	—	6	—	6	
Perca flavescens（黄鲈鱼片）	γ 射线辐照	3	1	微生物数量减少近 100%	保质期延长 3.6 倍	
Perca flavescens（黄鲈鱼片）	γ 射线辐照	6	1	微生物数量减少近 100%。当辐照强度更大时，最大细菌种群逐渐降低且滞后期逐渐延长	保质期延长了 5 倍	
Perca flavescens（黄鲈鱼片）	γ 射线辐照	3	6	微生物数量减少近 100%	保质期延长了 3 倍	
Perca flavescens（黄鲈鱼片）	γ 射线辐照	6	6	微生物数量减少近 100%，随着辐照强度更大时，最大细菌种群逐渐降低且滞后期逐渐延长	保质期延长了 3.5 倍	

注：①TVC：菌落总数（total viable count）；
②LAB：乳酸菌（*Lactic acid bacteria*）。

5.3.2 贝类、甲壳类和软体动物

Sommers 和 Rajkowski（2011）研究了 γ 射线对接种在冷冻海产品（扇贝、龙虾肉、青蟹、剑鱼、章鱼和鱿鱼）表面的食源性致病微生物的灭活情况。将单核细胞增生李斯特菌、金黄色葡萄球菌和沙门菌接种到冷冻状态下（-20℃）经辐照处理的海鲜样品上（D_{10} 值分别为 0.43~0.66kGy、0.48~0.71kGy 和 0.47~0.70kGy）。研究发现，使冷冻海鲜上的这些食源性病原体失活所需的辐照剂量明显低于冷冻肉类或冷冻蔬菜。

Collins 等（2005）研究了电子束辐照对东方牡蛎（*Crassostrea virginica*）中微小隐孢子虫（*Cryptosporidium parvum*）感染能力的影响。通过将经过处理的牡蛎组织口服喂给新生小鼠来评估治疗的效果。与未经处理的对照组相比，经 1.0kGy、1.5kGy 或 2kGy 剂量的电子束辐照处理的带壳和脱壳牡蛎显著降低小鼠的感染。经剂量 2kGy 辐照处理后，完全降低了微小隐孢子虫的感染力，且对牡蛎的外观没有不良影响。

用 0~3kGy 剂量的 γ 射线辐照处理自然产生和人工接种致病性弧菌的东方牡蛎（*Crassostrea virginica*）。在 0.75~1.0kGy 剂量辐照处理后，牡蛎肉中创伤弧菌（MO-624）从 10^6CFU/g 降低至不可检测水平（<3MPN/g 牡蛎肉）。副溶血弧菌（*Vibrio parahaemolyticus*），03：K6（TX-2103），需要用 1.0~1.5kGy 辐照剂量才能将其降低到检测不出水平。采用三角差异测试，要求感官小组成员评估经辐照处理（1kGy）和未经处理的牡蛎之间的差异，然而两者之间的差异无法区分（Andrews 等，2003）。

Jakabi 等（2003）评估了 0.5~3.0kGy 剂量范围内的 γ 射线辐照对红树林牡蛎（*Crassostrea brasiliana*）中肠炎沙门菌（*Salmonella enteritidis*）、婴儿沙门菌（*Salmonella infantis*）和副溶血弧菌的影响。3.0kGy 剂量的辐照处理足以使血清型沙门菌降低 5~6 个数量级。1.0kGy 的剂量辐照处理可使副溶血弧菌降低 6 个数量级。最高辐照剂量处理并不会杀死牡蛎，也不会影响它们的感官特征。

根据 Gelli 等（1999）的研究，在实施良好的初级生产实践及 HACCP 的前提下，辐照剂量低于 3kGy 也可使肠炎沙门菌处于安全水平。

Dixon 等（1992）研究了经辐照处理的佛罗里达贝类牡蛎。研究表明，在所有剂量的辐照处理下细菌数量立即减少 2~3 个数量级。辐照处理的牡蛎中的细菌数量明显减少，创伤弧菌（*Vibrio vulnificus*）表现出很高的辐照敏感性。当辐照剂量高于 1kGy 时，辐照贝类的保质期明显缩短。

Shiflett 等（1966）研究了首长黄道蟹（*Cancer magister*）和太平洋牡蛎（*Crassostrea gigas*）的菌群。观察这两种水产品的初始菌群和在 7℃ 贮藏条件下的菌群变化。在经过 1kGy 和 4kGy 剂量辐照处理后以及之后在 7℃ 的贮藏期间，测定了两种贝类中的微生物菌群变化。无色杆菌属（*Achromobacter*）最初在蟹肉菌群中占优势（77.0%）。在 1kGy 和 4kGy 剂量辐照处理后，该菌群的优势地位分别上升到 99.2% 和 100%。牡蛎中乳酸菌（*Lactobacillus*）的检出率高达 55.0%。牡蛎在经过 1kGy 剂量辐照处理后，主要存活菌株为乳杆菌属（92.4%），经过 4kGy 剂量辐照处理后，主要存活菌株为无色杆菌属（99.3%）。

Sinanoglou 等（2007）用不同剂量的 γ 射线辐照冷冻软体动物（鱿鱼、章鱼和墨鱼）和甲壳类动物（虾），以研究 γ 射线辐照对其菌群的影响。用 2.5kGy 或 4.7kGy 剂量辐照虾和鱿鱼，可将中温细菌降至很低或不可检测的水平。章鱼和墨鱼在经相同剂量辐照处理后均可

减少细菌数量。

Chen 等（1996）比较了经过辐照（2kGy 或更低）处理的蟹产品（蟹肉、蟹钳和蟹爪），之后冰藏 14d 期间微生物和感官质量的变化。与对照样品相比，辐照处理有效地减少了样品中的腐败菌，使蟹产品保质期延长了 3d 以上。在贮藏过程中，辐照处理后的样品、对照样品、新鲜蟹产品的臭味和滋味相似，而对照样品中的异味和气味则产生得更快。在整个 14d 的冷藏过程中，经辐照处理的蟹样品的总体可接受性优于对照样品。

在斑节对虾（*Penaeus monodon*）表面接种霍乱弧菌（*Vibrio cholera*）、金黄色葡萄球菌、大肠杆菌和肠炎沙门菌，并经 0~10kGy 的剂量辐照后贮藏 48d。经 7.5kGy 剂量辐照后，霍乱弧菌、金黄色葡萄球菌、大肠杆菌和肠炎沙门菌的细菌数量减少 2~3 个对数，其 D_{10} 值分别为 0.11、0.29、0.39、0.48kGy。同时，还评估了样品的营养损失程度，发现二十碳五烯酸乙酯、二十二碳六烯酸乙酯和硫胺素含量分别降低了 22%、25% 和 32%（Hau 等，1992；Hau 和 Liew，1993）。

Rashid 等（1992）研究发现，以 3kGy 剂量辐照处理冻虾，弧菌属（*Vibrio*）、嗜水气单胞菌（*Aeromonas hydrophila*）能有效地减少 4 个对数，同时 3.5kGy 辐照处理可以减少单核细胞增生李斯特菌或沙门菌的数量。将霍乱弧菌接种到蟹肉匀浆中至 10^7CFU/g（*Callinectes sapidus*）中，0.25kGy 辐照处理可以有效减少霍乱弧菌超过 3 个数量级，而 0.5kGy 和 1kGy 辐照剂量可以将其完全消除。

Angel 等（1986）用 1.45kGy 和 2.3kGy 剂量辐照淡水虾（*Macrobrachium rosenbergii*），菌落总数减少 1~2 个数量级。经过 28d 贮藏后，菌落总数增加 2~3 个数量级。

辐照剂量对贝类、甲壳类和软体动物的微生物菌群和保质期的影响如表 5.6 所示。

表 5.6 辐照贝类、甲壳类和软体动物的微生物区系和保质期

海鲜种类	辐照类型	辐照剂量/kGy	温度/℃	结果	保质期/d	参考文献
鱿鱼	γ 射线辐照	2.5 4.7	—	将中温细菌污染降低至很低或不可检测的水平	—	Sinanoglou 等，2007
章鱼	γ 射线辐照	2.5 4.7	—	微生物数量下降	—	
墨鱼	γ 射线辐照	2.5 4.7	—	微生物数量下降	—	
虾	γ 射线辐照	2.5 4.7	—	将中温细菌污染降低至很低或不可检测的水平	—	
Crassostrea virginica（活牡蛎）	电子束照射	2.0	—	完全消除微小隐孢子虫的传染性	—	Collins 等，2005
Crassostrea virginica（活牡蛎）	γ 射线辐照	1.0	—	副溶血弧菌群数降低 6 个数量级	—	Jakabi 等，2003
Crassostrea virginica（活牡蛎）	γ 射线辐照	3.0	—	血清型沙门菌群数降低 5~6 个数量级	—	

续表

海鲜种类	辐照类型	辐照剂量/kGy	温度/℃	结果	保质期/d	参考文献
Crassostrea virginica（活牡蛎）	γ 射线辐照	0.75~1.0	—	牡蛎肉中创伤弧菌（MO-624）从 106CFU/g 降低至不可检测水平（<3MPN/g）	—	Andrews 等，2003
Crassostrea virginica（活牡蛎）	γ 射线辐照	1.0~1.5	—	牡蛎肉中副溶血弧菌 03:K6（TX-2103）降低至不可检测水平	—	
螃蟹产品（蟹肉、蟹钳和蟹爪）	—	—	冰藏（14d）		—	Chen 等，1996
螃蟹产品（蟹肉、蟹钳和蟹爪）	γ 射线辐照	2.0	冰藏（14d）	辐照有效地减少了变质	—	
Penaeus monodon（斑节对虾）	—	高达 7.5	—	菌落总数降低 2~3 个数量级	—	Hau 等，1992；Haw 和 Liew，1993
冻虾	—	3.0	—	弧菌属和嗜水气单胞菌减少了 4 个数量级	—	Rashid 等，1992
冻虾	—	3.5	—	单核细胞增生李斯特菌和沙门菌减少 4 个数量级	—	
Callinectes sapidus（蟹肉）	—	0.25	—	减少霍乱弧菌超过 3 个数量级	—	Grodner and Hinton，1986
Callinectes sapidus（蟹肉）	—	0.5 1	—	完全消除样品中的霍乱弧菌	—	
Crassostrea gigas（太平洋牡蛎）	—	—	7	检测出大量乳酸菌（55%）	2	Shiflett 等，1966
Crassostrea gigas（太平洋牡蛎）	γ 射线辐照	1.0	7	主要存活菌株为乳杆菌属（92.4%）	—	
Crassostrea gigas（太平洋牡蛎）	γ 射线辐照	4.0	7	主要存活菌株为无色杆菌属（99.3%）	—	
Cancer magister（首长黄道蟹）	—	—	7	无色杆菌属在蟹肉的初始菌群中占主导地位（77.0%）	2	
Cancer magister（首长黄道蟹）	γ 射线辐照	1.0	7	无色杆菌属主导地位（增加到 99.2%）	—	

续表

海鲜种类	辐照类型	辐照剂量/kGy	温度/℃	结果	保质期/d	参考文献
Cancer magister（首长黄道蟹）	γ 射线辐照	4.0	7	无色杆菌属主导地位（增加到 100%）	—	

5.4 结语

与目前所有其他可用方法相比，辐照作为一种延长鱼类和水产品保质期的保藏技术优点在于有效性和低成本。对于鱼类产品，与传统方法相比辐照可以延长保质期 3~5 倍。2~7kGy 的辐照剂量是公认的安全剂量，可以减少食源性细菌病原体（沙门菌、李斯特菌、弧菌属）的数量和许多鱼类特有的腐败菌，并且可以延长鱼类的保质期。

参考文献

Abu-Tarboush, H. M., Al-Kahtani, H. A., Atia, M. *et al.* (1996). Irradiation and postirradiation storage at 2±2℃ of tilapia (*Tilapia nilotica* × *T. aurea*) and Spanish mackerel (*Scombero-morus commerson*): Sensory and microbial assessment. *Journal of Food Protection*, 9 (10), 1041-1048.

Ahmed, I. O., Alur, M. D., Kamat, A. S., Bandekar, J. R. and Thomas, P. (1997). Inflence of processing on the extension of shelf-life of Nagli-fish (*Sillago sihama*) by gamma irradiation. *International Journal of Food Science and Technology*, 32 (4), 325-332.

Aiyar, A. S. (1976). Progress in food irradiation: India. *Food Irradiation Information*, 6, 35-38.

Al-Kahtani, H. A., Abu-Tarboush, H. M., Atia, M. *et al.* (1998). Amino acid and protein changes in tilapia and Spanish mackerel after irradiation and storage. *Radiation Physics and Chemistry*, 51 (1), 107-114.

Al-Kahtani, H. A., Abu-Tarbous, H. M., Bajaber, H. S. *et al.* (1996). Chemical changes after irradiation and post-irradiation storage in tilapia and Spanish mackerel. *Journal of Food Science*, 61 (4), 729-733.

Ampola, V. G., Connors, T. J. and Ronsivalli, L. J. (1969). Preservation of fresh unfrozen fishery products by low level irradiation. VI. Optimum radiopasteurization dose studies on ocean perch, pollock and cod fillets. *Food Technology*, 23, 357-359.

Andrews, L., Jahncke, M. and Mallikarjunan, K. (2003). Low dose gamma irradiation to reduce pathogenic vibrios in live oysters (*Crassostrea virginica*). *Journal of Aquatic Food Product Technology*, 12 (3), 71-82.

Anellis, A., Berkowitz, D., Swantak, D. W. and Strojan, C. (1972). Radiation sterilization of prototype military foods: low-temperature irradiation of codfish cake, corned beef, and pork sausage. *Applied Microbiology*, 24 (3), 453-462.

Angel, S., Juven, B. J., Weinberg, Z. G., Linder, P. and Eisenberg, E. (1986). Effects of radurization and refrigerated storage on quality and shelf life of freshwater prawns, *Macrobrachium rosenbergii*. *Journal of Food Protection*, 49, 142-145.

Antunes, S. A., Wiendl, P. M., Almeida, E. R., Arthur, V. and Daniotti, C. (1993). Gamma ionozation of *Phugicoiu longa* (Trematoda: Heterophyidae) in Mugilidae (Pisces) in Sao Paulo, Brazil. *Radiation Physics and Chemistry*, 30, 425-428.

Armstrong, S. G., Wyme, S. G. and Leach, D. N. (1994). Effects of preservation by gamma-irradiation on the nutritional quality of Australian fish. *Food Chemistry*, 50, 351-357.

Arvanitoyannis, S. I., Stratakos, A. and Mente, E. (2009). Impact of irradiation on fish and seafood shelf life: a comprehensive review of applications and irradiation detection. *Critical Reviews in Food Science and Nutrition*, 49, 68-112.

Badr, H. M. (2012). Control of the potential health hazards of smoked fish by gamma irradiation. *International Journal of Food Microbiology*, 154, 177-186.

Bani, M. L., Sabina, Y., Kusunoki, H. and Uemura, T. (2000). Preservation of fish cutlet (*Pangasius pangasius*) at ambient temperature by irradiation. *Journal of Food Protection*, 63 (1), 56-62.

Barbosa-Canovas, G. V., Pothakamury, U. R. and Palou, E. (1998). *Nonthermal Preservation of Foods*, Marcel Dekker, Inc., New York, USA.

Carver, J. H., Connors, T. J. and Slavin, J. W. (1969). Irradiation of fish at sea. *Freezing and Irradiation of Fish*. Fishing News (Books) Ltd., London, UK, pp. 509-513.

Chen, Y. P., Andrews, L. S. and Grodner, R. M. (1996). Sensory and microbial quality of irradiated crab meat products. *Journal of Food Science*, 61 (6), 1239-1242.

Cho, H. O., Byun, M. W. and Kwon, J. K. (1992). Preservation of dried fish powders and mix condiments by gamma irradiation, in Asian Regional Co - Operative Project on Food Irradiation: Technology Transfer. Proceedings of the Final Coordination Meeting in Bangkok, (1988), International Atomic Energy Agency, Vienna, pp. 51-63.

Chuaqui - Offermanns, N., McDougall, T. E., Sprung, W. and Sullvan, V. (1988). Raduriation of commercial freshwater fish species. *Radiation Physics and Chemistry*, 31 (1-3), 243-252.

Colby, J. W., Enriquez-Ibarra, L. and Flick, G. J., Jr, (1993). Shelf life of fish and shellfish, in *Shelf Life Studies of Foods and Beverages-Chemical*, *Biological*, *Physical and Nutritional* (ed. G. Charalambous), Elsevier, Amsterdam, pp. 85-143.

Coleby, B. and Shewan, J. M. (1965). The radiation preservation of fish, in *Fish as Food*, Vol. 4 (ed G. Borgstrom), Academic Press Inc., New York, p. 419.

Collins, M. V., Flick, G. J., Smith, S. A. *et al.* (2005). The effects of e-beam irradiation and microwave energy on eastern oysters (*Crassostrea virginica*) experimentally infected with *Cryptosporidium parvum*. *Journal of Eukaryotic Microbiology*, 52 (6), 484-488.

Connors, T. J. and Steinberg, M. A. (1964). Preservation of fresh unfrozen fishery products by low level irradiation. II. Organoleptic studies on radiation pasteurized soft - shell clam meats. *Food Technology*, 18, 1057-1060.

Cozzo-Siqueira, A., Oetterer, M. and Gallo, C. R. (2003). Effects of irradiation and refrigeration on the nutrients and shelf-life of tilapia (*Oreochromis niloticus*) *Journal of Aquatic Food Product Technology*, 12 (1), 85-101.

De la Sierra Serrano, D. (1970). Prolonging the commercial life of fresh white (lean) fish: microbiological aspects, in *Preservation of Fish by Irradiation*, International Atomic Energy Agency, Vienna, pp. 27-48.

De Ponte, D. J. B., Roozen, J. P. and Pilnik, W. (1986). Effect of irradiation on the stability of minced cod, with and without hydrocolloids during frozen storage. *Lebensmittel-Wissenschaft und Technologie*, 19, 167-171.

EPCEU (European Parliament and the Council of the European Union) (1999) Directive (1999) /2/EC of the European Parliament and of the Council on the approximation of the laws of the Member States concerning foods and food ingredients treated with Ionizing radiation. *Official Journal of the European Communites*, L 66/16. http://eur-lex.europa.eu/LexUriServ/LexUriServ.do? uri=OJ: L: 1999: 066: 0016: 0022: EN: PDF [accessed 7 June 2013].

Dixon, D. W. (1992). The effects of gamma irradiation (^{60}Co) upon shellstock oysters in terms of shelf life and bacterial reduction, including *Vibrio vunificus* levels. *Master's thesis*. University of Florida, USA.

Doke, S. N., Sherekar, S. V. and Ghadi, S. V. (1992). Radiation preservation of white pomfret (*Scombermorus guttatus*) in tomato sauce. *Acta Alimentaria*, 21, 123-129.

Dvorak, P., Kratochv, B. and Grolichov, M. (2005). Changes of colour and pH in fish musculature after ionizing radiation exposure. *European Food Research and Technology*, 220, 309-311.

Dymsza, H. A., Lee, C. M., Saibu, L. O. *et al.* (1990). Gamma irradiation effects on shelf life and gel forming properties of washed red hake (*Urophycis chuss*) fish mince. *Journal of Food Science*, 55 (6), 1745-1746.

Ehlermann, D. (1976). Preliminary studies on the radiation preservation of brown shrimp. *Chemie, Mikrobiologie und Technologie der Lebensmittel*, 4 (5), 150-153.

Ehlermann, D. and Diehl, J. F. (1977). Economic aspects of the introduction of radiation preservation of brown shrimp in the Federal Republic of Germany. *Radiation Physics and Chemistry*, 9, 875-885.

Ehlermann, D. and Muenzer, R. (1976). Radurization of brown shrimp. *Archives Lebensmittel-hygiene*, 27 (2), 50-55.

Emerson, J. A, Greig, R. A., Kazanas, N., Kempe, L. L., Markakis, P., Nicholas R. C., Schweigert, B. S. and Seagran, H. L. (1964). Irradiation preservation of freshwater fish and inland fruits and vegetables, Michigan State University., Ann Arbor, COO-1283-12.

Emerson, J. A., Kazanas, N., Gnaedinger, R. H., Krzeczkowski, R. A. and Seagran, H. L. (1965). *Irradiation of freshwater fish*. Report to the US Atomic Energy Commission on Contract No. AT (11-1) -1283. Bur. Com. Fish. Tech. Lab., Ann Arbor, Michigan, USA.

Gardner, E. A. and Watts, B. M. (1957). Effect of ionizing radiation on southern oysters. *Food Technology*, 11, 329-331.

Gelli, D. S., Del Mastro., N., Rodrigues de Moraes, I. and Jakabi, M. (1999). Study on the radio-sensitivity of pathogenic Vibrionaceae and Enterobacteriaceae in vitro and after incorporation into oysters (*Crassostrea brasiliana*), in *Final Report*, *Co-ordinated Research Programme on Irradiation as a Public Health Intervetion Measure to Control Food-borne Desease (Cysticercosis/ Taeniasis and Vibrio Infections) in Latin America and the Carribean*, Pan American Health Organization, Washington, DC, pp. 5-6.

Ghadi, S. V., Alur, M. D., Ghose, S. K. *et al.* (1978). Quality assessment of radurized Indian mackerel (*Rastrellinger kanagurta*). Progress report of IAEA. Research contract No 1612/CF, presented at the Advisory Group Meeting on Radiation treatment of Fish and Fishery products, Manila, Philippines.

Graikowski, J. T., Kazanas, N., Watz, J. *et al.* (1968). Irradiation preservation of freshwater fish. Report to the US Atomic Energy Commission on Contract No. AT (49-11) -2954. Bur. Com. Fish. Tech. Lab., Ann Arbor, Michigan.

Gram, L. and Huss, H. H. (1996). Microbial spoilage of fish and fish products. *International Journal of Food*

Microbiology, 33, 121-137.

Gore, M. S. and Kumta, U. S. (1970). Studies on textural stability of irradiated Bombay duck. *Food Technology*, 24, 286-289.

Grodner, R. M. and Hinton, A. H. (1986). Low dose gamma irradiation of *Vibrio cholera* in crabmeat (*Callinectes sapidus*). Proceedings of the Eleventh Annual Tropical and Subtropical Fisheries Conference of the Americas. Texas Aricultural Extension Service.

Gueavara, G., Borromeo, J. and Matias, V. (1965). Effect of gamma irradiation in the preser-vation of fish and fishery products. Report to IAEA on Contract number No. 1495/RB and 1495/R1/RB.

Hammad, A. A. I. and El-Mongy, T. M. (1992). Shelf life extension and improvement of the microbiological quality of smoked salmon by irradiation. *Journal of Food Processing*, 16, 361-370.

Hau, L. B. and Liew, M. S. (1993). Effect of gamma irradiation and cooking on vitamins B6 and B12 in grass prawns (*Penaeus monodon*). *Radiation Physics and Chemistry*, 42, 297-300.

Hau, L. B., Liew, M. S. and Yeh, L. T. (1992). Preservation of grass prawns by ionizing radiation. *Journal of Food Protection*, 55, 198-202.

Hussain, A. M. (1980). Radiation preservation of mackerel. *Food Irradiation News Letter*, 4, 14-15.

Hussain, A. M., Chaudry, M. A. and Haq, I. (1985). Effect of low doses of ionizing radiation on shelf life of mackerel (*Rastrellinger kanagurta*). *Lebensmittel, Wissenschaft und Technologie*, 18, 273-276.

Icekson, I., Pasteur, R., Drabkin, V. *et al.* (1996). Prolonging shelf-life of carp by combined ionizing radiation and refrigeration. *Journal of the Science of Food and Agriculture*, 72 (3), 353-358.

Jaczynski, J. and Park, J. W. (2003). Microbial inactivation and electron penetration in surimi seafood during electron beam processing. *Journal of Food Science*, 68 (5), 1788-1792.

Jakabi, M., Gelli, D. S., Torre, J. C. M. D. *et al.* (2003). Inactivation by ionizing radiation of *Salmonella* enteritidis, *Salmonella* infantis, and *Vibrio parahaemolyticus* in oysters (*Crassostrea brasiliana*). *Journal of Food Protection*, 66 (6), 1025-1029.

Jo, C., Lee, N. Y., Kang, H. J. *et al.* (2005). Inactivation of pathogens inoculated into prepared seafood products for manufacturing kimbab, steamed rice rolled in dried seaweed, by gamma irradiation. *Journal of Food Protection*, 68 (2), 396-402.

Josephson, E. S. and Peterson, M. S. (2000). *Preservation of Food by Ionizing radiation (II)*, CRC, Boca Raton, FL, pp. 102-103.

Kamat, A. and Thomas, P. (1998). Radiation inactivation of some food-borne pathogens in fish as influenced by fat levels. *Journal of Applied Microbiology*, 84, 478-484.

Kume, T., Tachibana, H., Aoki, S. and Sato, T. (1975). Dose distribution of 'Kamaboko' on package irradiation. *Shokuhin Shosha*, 1 (1/2), 61-67.

Kumta, U. S., Mavinkurve, S. S., Gore, M. S. *et al.* (1970). Radiation pasteurization of fresh and blanced tropical shrimps. *Journal of Food Science*, 35, 360-363.

Kumta, U. S., Savagaon, K. A., Ghadi, S. V. *et al.* (1973). Radiation preservation seafoods: review and research in India. Radiation Preservation of Food, Proceedings of Symposium, Bombay, 1972, International Atomic Energy Agency, Vienna. pp. 403-424.

Kumta, U. S. and Sreenivasin, A. (1970). Preservation by gamma irradiation of Bombay duck, shrimps and white pomfet, in *Preservation of Fish by Gamma Irradiation*, International Atomic Energy Agency, Vienna, pp. 403-424.

Kazanas, N. and Emerson, J. A. (1968). Effect of γ irradiation on the microflora of freshwater fish Ⅲ

. Spoilage patterns and extension of refrigerated storage life of yellow perch fillets irradiated to 0. 1 and 0. 2 megarad. *Applied Microbiology*, 16 (2), 242–247.

Kazanas, N., Emerson, J. A., Seagran, H. L. and Kempe, L. L. (1966). Effect of–γ–irradiation on TBW microflsra of freshwater fish I. Microbial load, lag period, and rate of growth on yellow perch (*Perca flavescens*) fillets. *Applied Microbiology*, 14 (2), 261–266.

Kwon, J. H. and Byun, M. W. (1995). Gamma irradiation combined with improved packaging for preserving and improving the quality of dried fish (*Engraulis encrasicholus*). *Radiation Physics Chemistry*, 46 (4–6), 725–729.

Lakshmanan, R., Venugopal, V., Venketashvaran, K. and Bongirwar, D. R. (1999). Bulk preservation of small pelagic fish by gamma irradiation: studies on a model storage system using anchovies. *Food Research International*, 32, 707–713.

Laycock, R. A. and Regier, L. W. (1970). Pseudomonads and achromobacters in the spoilage of irradiated haddock of different pre–irradiation quality. *Applied Microbiology*, 20 (3), 333–341.

Lee, K. H., Ahn, H. J., Jo, C., Yook, H. S. and Byun, M. W. (2002). Production of low salted and fermented shrimp by irradiation. *Journal of Food Science*, 67 (5), 1772–1777.

Liu, M. S., Chen, R. Y., Tsai, M. J. and Yang, J. S. (1991). Effect of gamma irradiation on the keeping quality and nutrients of tilapia (*Orechromis mosambicus*) and silver carp (*Hypophthalmichthis molitrix*) stored at 1℃. *Journal of the Science of Food and Agriculture*, 57, 555–563.

Liuzzo, J. A., Novak, A. F., Grodner, R. M. and Rao, M. R. R. (1970). Radiation Pasteurization of Gulf shellfish, Louisiana State University for the U. S. Atomic Energy Commission, Technical Information Division, Rep. No. ORO–676, Baton Rouge, LA, 42.

Mahapatra, A. K., Muthukumarappan, K. and Julson, J. L. (2005). Applications of ozone, bacteriocins and irradiation in food processing: a review. *Critical Reviews in Food Science and Nutrition*, 45, 447–461.

McLaughlin, W. L., Boyd, A. W, Chadwick, K. H., McDonald, J. C. and Miller, H. (1989). *Dosimetry for Radiation Processing*, Taylor & Francis, New York, p. 251.

Medina, M., Cabeza, M. C., Bravoa, D. *et al.* (2009). A comparison between E–beam irradiation and high pressure treatment for cold–smoked salmon sanitation: microbiological aspects. *Food Microbiology*, 26, 224–227.

Mendes, R., Silva, H. A., Nunes, M. L. and Empis, J. M. A. (2000). Deteriorative changes during ice storage of irradiated blue jack mackerel (*Trachurus picturatus*). *Journal of Food Biochemistry*, 24, 89–105.

Mendes, R., Silva, H. A., Nunes, M. L. and Empis, J. M. A. E. (2005). Effect of low–dose irradiation and refrigeration on the microflora, sensory characteristics and biogenic amines of Atlantic horse mackerel (*Trachurus trachurus*). *European Food Research and Technology*, 221, 329–335.

Miyauchi, D. T., Spinelli, J., Pelroy, G. and Steinberg, M. A. (1968). Radiation preservation of Pacifisc coast fishery products. *Isotope Radiation Technology*, 5, 136–141.

Miyauchi, D. T., Spinelli, J., Pelroy, G., Teeny, F. and Seman, J. (1967). Application of radiation pasteurization process to Pacific crab and flounder. Report to the U. S. Atomic Energy Commission on Contract No. AT (49–11) –2058. Bur. Com. Fish. Tech. Lab., Seattle, Washington. TID–24317.

Moini, S., Tahergorabi, R., Hosseini, S. V. *et al.* (2009). Effect of gamma radiation on the quality and shelf life of refrigerated rainbow trout (*Oncorhynchus mykiss*) Fillets. *Journal of Food Protection*, 72 (7), 1419–1426.

Morehouse, K. M. (1998). Fish irradiation: results and perspectives. *Food Testing and Analysis*, 4 (3), 9,

32, 35.

Nickerson, J. T. R. (1963). *The Storage Life Extension of Refrigerated Marine Products by Low Dose Radiation Treatment: Exploration of Future Food Processing Techniques*. MIT Press, Cambridge, MA.

Nickerson, J. T. R. and Goldblith, S. S. (1969/1971). Toxin production of naturally occuring levels of *Clostridium botulinum* in irradiated and nonirradiated seafood, U. S. Atomic Energy Commission, Division of Technical Information, Springfild, reports: MIT-4049-1. Progress Report, MIT-4049-2, Final Report (1969). Final Report MIT-4049-2 (1971), Final Report, 1970 (Revision).

Novak, A. F., Liuzzo, J. A., Grodner, R. M. and Lovell, R. T. (1966). Radiation pasteurization of Gulf Coast oysters. *Food Technology*, 20, 201-202.

Ogbadu, G. H. (1988). Use of gamma irradiation to prevent aflatoxin B1 production in smoked dried fish. *Radiation Physics and Chemistry*, 31 (1-3), 207-208.

Oku, T. (1976). Changes in amino acid content of irradiated Kamaboko during storage*Shokuhin Shosha*, 11 (1/2), 27-32.

Oku, T. (1981). Changes in amino acid content of irradiated Kamaboko during storage *Shokuhin Shosha*, 16 (1/2), 13-18.

Oku, T. and Kimura, S. (1975). Effect of irradiation on amino acid content of tuna meat and steamed fish paste Kamaboko. *Shokuhin Shosha*, 10 (12), 14-43.

Ostovar, K., Slusar, M. and Vaisey, M. (1967). Preservation of fresh whitefish with gamma irradiation. *Journal of the Fisheries Research Board Canada*, 24, 9-19.

Ozden, O., Inugur, M. and Erkan, N. (2007). Effect of different dose gamma radiation and refrigeration on the chemical and sensory properties and microbiological status of aquacultured sea bass (*Dicentrarchus labrax*). *Radiation Physics and Chemistry*, 76, 1169-1178.

Poole, S. E., Mitchell, G. E. and Mayze, J. L. (1994). Low dose irradiation affects microbiological and sensory quality of sub-tropical seafood. *Journal of Food Science*, 59 (1), 85-87.

Poole, S. E., Wilson, P., Mitchell, G. E. and Willis, P. A. (1990). Storage life of chilled scallops treated with low dose irradiation. *Journal of Food Protection*, 53 (9), 763-766.

Rahman, M. S. (1999). Irradiation preservation of foods, in *Handbook of Food Preservation* (ed. M. S. Rahman), Marcel Dekker, New York, pp. 397-419.

Rashid, H. O., Ito, H. and Ishigaki, I. (1992). Distribution of pathogenic vibrios and other bacteria in imported frozen shrimps and their decontamination by gamma irradiation. *World Journal of Microbiology and Biotechnology*, 8, 494-499.

Reinacher, E. and Ehlermann, D. (1978). Effect of irradiation on board on the shelf life of red fish. 1. Results of the sensory examination. *Archives von Lebensmittelhygiene*, 29 (1), 24-28.

Riebroy, S., Benjakul, S., Visessanguan, W. *et al.* (2007). Effect of irradiation on properties and storage stability of Som-fug produced from bigeye snapper. *Food Chemistry*, 103, 274-286.

Ritacco, M. (1976). Effect of vacuum on the radurization of hake (*Merluccius merluccius husbi*) fillets. *Comision Nacional de Energia Atomica*, 409, 1-16.

Rosnivalli, L. J., Ampola, V. G., King, F. G. and Holston, J. A. (1970). Study of irradiated pasteurized fishery products. Maximum shelf life study. Report to U. S. Atomic Energy Commission on Contract no. AT (49-11) -1889. Bur. Com. Fish. Tech. Lab., Glousester, Mass.

Rosnivalli, L. J., King, F. G., Ampola, V. G. and Holston, J. A. (1968). A study of irradiated pasteurized fishery products. Report to U. S. Atomic Energy Commission on Contract no. AT (49-11) -

1889. Bur. Com. Fish. Tech. Lab., Gloucester, Mass, TID-24256.

Rosnivally, L. J. and Slavin, J. W. (1965). Pasteurization of fishery products with gamma rays from a Cobalt-60 source. *Commercial Fisheries Reviews*, 27, 1-9.

Sasayama, S. (1972). Irradiation preservation of fishery products-1. Effects of low dose irradiation and storage acceptability of Kamaboko. *Shokuhin Shosha*, 7 (1), 64-72.

Sasayama, S. (1973). Irradiation preservation of fish meat jelly products-2. Classification of bacteria isolated from Kamaboko, *Shokuhin Shosha*, 8 (1), 107-111.

Sasayama, S. (1977). Irradiation preservation of fish meat jelly products - 3. Irradiation effect on freid Kamaboko (Age-Kamaboko). *Shokuhin Shosha*, 12 (1), 55-56.

Scholz, D. J., Sinnhuber, R. O., East, D. M. and Anderson, A. W. (1962). Radiation pasteurized shrimp and crab meat. *Food Technology*, 16, 118-120.

Sharma, S. K., Basu, S. and Gholap, A. S. (2007). Effect of irradiation on the volatile compounds of shrimp (*Solenocera choprii*). *Journal of Food Science and Technology*, 44 (3), 267-271.

Shiflett, M. A., Lee, J. S. and Sinnhuber, R. O. (1966). Microbial flora of irradiated dungeness crabmeat and pacific oysters. *Applied Microbiology*, 14 (3), 411-415.

Silva, H. A., Mendes, R., Nunes, M. L. and Empis, J. (2006). Protein changes after irradiation and ice storage of horse mackerel (*Trachurus trachurus*). *European Food Research and Technology*, 224, 83-90.

Sinanoglou, V. J., Batrinou, A., Konteles, S. and Sflomos, K. (2007). Microbial population, physicochemical quality, and allergenicity of molluscs and shrimp treated with cobalt-60 gamma radiation. *Journal of Food Protection*, 70 (4), 958-966.

Slavin, J. W., Carner, J. H., Connors, T. L. and Rosnivalli, L. J. (1966). Shipboard Irradiator Studies. Annual Report, TID-23398. Bureau of Commercial Fisheries, Gloucester, MA.

Slavin, J. W. and Ronsivalli, L. J. (1964). Study of irradiated pasteurized fishery products. Report to U. S. Atomic Energy Commission on Contract No. AT. (49 - 11) - 1889. Bureau of Commercial Fisheries Laboratory, Gloucester, TID-21600.

Snauwert, F., Tobback, P., Maes, E. and Thyssen, J. (1977). Radiation induced lipid oxidation in fish. *Zeitscrift fur Lebensmittel-Unterforschung und Forschung*, 164, 28-30.

Sofyan, I. R. (1978). Biochemical effects of gamma irradiation on Kembung fish (*Rastrelliger neglectus*), in *Food Preservation by Irradiation*, International Atomic Energy Agency, Vienna, p. 407-420.

Sommers, C. H. and Rajkowski, K. T. (2011). Radiation inactivation of food - borne pathogens on frozen seafood products. *Journal of Food Protection*, 74 (4), 641-644.

Teeny, F. M. and Miyauchi, D. T. (1970). Irradiation of Pacifisc coast fish at sea. *Journal of Milk and Food Technology*, 33, 330-340.

Valdes, E. and Szeinfeld, D. (1989). Microbiological analysis of *Merluccius merluccius hubsi* fillets treated with Co-60 ionizing radiation. *Bulletin of the PanAmerican Health Organization*, 23, 316-322.

Vyncke, W., Declerk, D. and Scietecatte, W. (1976). Influence of gas permeability of the packaging material on the shelf life of irradiated and nonirradiated brown shrimps (*Crangon vulgaris*). *Lebensmittel-Wissenschaft und Technologie*, 9, 14-17.

6 鱼的腌制保藏

Sigurjon Arason,[1,3] Minh Van Nguyen,[2,3] Kristin A. Thorarinsdottir[4], Gudjon Thorkelsson[1,3]
[1]*Faculty of Food Science and Nutrition, University of Iceland, Reykjavik, Iceland*
[2]*Faculty of Food Technology, Nha Trang University, Nha Trang, Vietnam*
[3]*Matís-Icelandic Food and Biotech R & D, Reykjavik, Iceland*
[4]*Marel, Reykjavik, Iceland*

6.1 引言

鱼类的食用历史源远流长，从史前时期原始人（南方古猿和直立人）开始捕获并食用，一直延续至今（Stewart，1994），大量考古证据显示，该历史已达 38 万年之久（Toussaint-Samat，2009）。由于以往缺乏制冷技术，所以腌制是鱼类被打捞上岸后、食用或运往市场之前最好的保藏方法。

鱼的腌制通常包括除冷藏和罐藏外的所有保藏方法，即①干燥、盐腌、熏制、酸渍以及卤制；②如①所述各种方法的组合；③发酵（FAO，1983；Jarvis，1988）。用盐保存食物的起源至少可以追溯到古埃及，那时盐就被用于防腐处理以及食品保藏过程中。埃及坟墓中咸鱼的发现比公元前 2000 年中国第一个用盐保存鱼的记录还要早。在约公元前 100 年（McCann，1988）的罗马帝国，鱼的盐腌几乎已成为一个蓬勃发展的综合性产业（捕捞、养殖、加工、包装、运输和分销）。腌制技术在人类历史上已经历多次发展和改进，现在仍被广泛使用。

腌鱼产业经年累月蓬勃发展，却未明显受到现代鱼类保藏及加工技术的影响。腌鱼在许多国家是一种备受赞誉的传统产品，主要是由于其出色的贮藏稳定性、特有的感官特性及营养价值（Lauritzsen 等，2004a）。目前，在直接供人类食用的鱼类中，腌制鱼有着重要地位，占比 9.8%，而活鱼、冰鲜鱼占比 46.9%，冷冻鱼占比 29.3%（FAO，2012）。2001—2010 年，世界腌鱼产品年产量较为稳定，平均每年 1200 万 t（FAO，2010）。欧洲的腌鱼产量约占总量的 2/3，按重要性排序，最大的生产和出口国依次为挪威、冰岛、法罗群岛，而最大的进口国为葡萄牙和西班牙，其次是巴西。除欧洲之外，最重要的生产国是加拿大和美国（Bjarnason，1987；Thorarinsdottir 等，2010b）。

传统上，底栖鱼类（鳕鱼、绿青鳕、黑线鳕、矶鳕、蓝鳕、单鳍鳕）可用于盐腌工艺，包括低盐腌制和高盐腌制，主要因为底栖鱼类的肌肉脂肪含量较低。而远洋鱼种（鲱鱼、沙丁鱼、毛鳞鱼、蓝鳕、马鲛鱼）和脂质含量较高的鲑类（鲑鱼、鳟鱼、北极红点鲑）更适合其他腌制处理（如熏制、卤制）。

6.2 盐腌

盐腌是最古老的鱼类保存方法之一。它是通过盐渗透进入鱼的肌肉，使水分流失，从而降低水分活度和 pH。水分的流失不仅是因为鱼肌肉与周围介质间的盐与水浓度的差异，还归因于肌肉的结构变化（盐对蛋白质的影响）。传统意义上，盐腌是通过干腌、醋或盐渍法进行处理。在过去的几十年里，盐水注射法被广泛采用，该方法可以加快腌制速度，提高自动化程度，使厚肌肉内的盐分分布更加均匀，并且能够提高加工产量（Thorarinsdottir 等，2010b）。

盐腌工艺由一步法发展为多步法，其中包括的预腌步骤可用来满足买家和消费者的新需求，并提高产能和自动化程度。这种新的盐腌工艺是先将盐水注入鱼的肌肉中，进行干腌或盐水浸泡后，再一次干腌。本章重点介绍的是鳕科鱼类的腌制。

6.2.1 盐腌方法

6.2.1.1 干腌（仓腌）

干腌是许多国家在腌鱼加工过程中使用的原始盐腌技术（Lauritzsen 等，1999；Gallart-Jornet 等，2007a）。在传统的干腌中，（劈开的）蝴蝶鱼或鱼片被堆放在一起，与干燥的粗盐交替放置几层，并保存数周。而目前的做法是，将鱼与盐交替叠放在一个底部有洞的塑料桶里，从鱼身渗出的水分通过小孔排出桶外。盐的吸收是从鱼肌肉中水分的流失和盐的溶解开始的。在腌制过程中，盐扩散进鱼的肌肉，而水分扩散到周围的介质中（van Klaveren 和 Legrende，1965）。水和盐扩散的驱动力主要来自于鱼肌肉与周围介质及肌肉内部间的浓度梯度、压力梯度以及水分活度梯度。由于鱼肌肉中盐浓度的增加，蛋白质发生变性和聚集，从而影响盐进一步渗入鱼的肌肉。

6.2.1.2 酸腌

酸腌过程与干腌法相同。然而，在酸腌过程中，盐渗透进鱼肌肉时提取的水分没有排出桶外，而是滴到桶的底部，从而使鱼片逐渐浸入饱和盐水中。但酸腌过程中盐水与鱼的比例比湿腌中常用比例低得多，而且不能像湿腌过程一样控制其盐化速率和盐浓度。由于高盐浓度使肌肉蛋白质迅速聚合，与湿腌相比，酸腌的产品重量更低（Andres 等，2005a）。

6.2.1.3 湿腌

近年来，将湿法腌制作为预腌步骤，然后进行干腌这种做法变得非常流行（Thorarinsdottir 等，2004）。湿法腌制是将（劈开的）蝴蝶鱼或鱼片浸入到由粗盐和自来水制备的盐水中，不同生产者使用的盐水浓度及其他条件会有所不同。盐水浸泡过程通常进行 1~3d，之后再干腌 14~21d。盐渍率取决于初始盐水浓度和盐水与鱼的比例。常见的初始比率为 1.6∶1 或 1∶1，这意味着在浸泡过程中伴随着水分从肌肉扩散所带来的稀释效应，盐水中的盐浓度会发生显著变化。在盐水处理过程中盐水浓度和盐渍率的变化可以通过增加盐水与鱼的比例，或向盐水中添加盐以补偿被鱼肌肉吸收的盐分来加以控制（Barat 等，2002，2003；Andres

等，2002，2005b）。

与干腌和酸腌相比，在干腌前将湿腌作为预腌步骤具有更多优点，包括更短的加工时间和更高的产量，因为此法能更好地控制肌肉的盐渍率和水分流失速率（Beraquet 等，1983；Thorarinsdottir 等，2004；Andres 等，2005a）。盐渍率和水分流失速率也可能受到鱼肌肉中盐浓度增加而引起的蛋白质构象变化的影响。当氯化钠（NaCl）使用量低于 200g/L 时，湿腌也可改善腌鱼产品的色泽和外观（Thorarinsdottir 等，2004）。

6.2.1.4 注射腌制

过去数十年，通过自动注射进行腌制的做法非常普遍。盐水通过多针注射机注射到鱼肉中，最先位于注射部位周围的盐水口袋，随着盐从注射部位转移至肌肉中其他部位，盐浓度被肌肉中的液体迅速稀释（Offer 和 Knight，1988）。注入的效果与湿腌类似，即因浓度梯度引起的盐从注射部位迁移，但该工艺与湿腌的不同之处在于盐水扩散距离更短。盐水注入的体积、分布和鱼肌肉中盐水的保留量取决于原料的特性、盐水成分及设备装置，如针类型、针密度、注射速度和施加的压力。大直径、高压针头以及连续的注射会导致肌肉组织结构的断裂，影响肌肉中的通道及盐水口袋的形成，使位于针孔内的盐水不能固定在肌肉结构内而滴落。提高针头密度往往比增加压力能更有效地改善鱼肌肉的重量收率，并且不会增加造成结构缺陷的风险（Birkeland 等，2003）。压力过高很容易对肌肉结构造成损伤，如肌节间隙的增加和肌肉纤维的断裂。由于鱼肌肉的结构比其他肌肉更加脆弱，故须使用较温和的处理方法。

注射腌制的优点是：①整个肉的盐浓度一致；②提高了盐渗透进鱼肌肉的速度；③比传统的干腌或酸腌方法有更高的产量，因为在接下来的盐处理阶段鱼的水分损失较少（Akse 等，1993）。但这种方法的缺点是：①针头和设备的使用增加了微生物和金属（如铁和铜）污染的风险；②高压和针孔可能损伤鱼肌肉（Bakowski 等，1970；Boles 和 Swan，1997；Birkeland 等，2003，2007）。

6.2.2 盐腌鱼产品加工

6.2.2.1 高盐腌鱼产品的加工

高盐腌鱼产品是来自北大西洋渔业的传统产品，并在许多国家被高度认可为成熟的鱼类产品（Lauritzsen 等，2004b）。鱼的高盐腌制是一个漫长的过程，如图 6.1 所示分为几个步骤。将劈开的鱼堆叠起来，与干燥的粗盐交替放置几层（“仓腌”参见 6.2.1），然后将鱼重新堆放几次使其压力和腌制更加均匀。最后将腌鱼晒干以更大程度地去除水分。近些年，腌制流程发生了很大的变化，所设计的新流程不仅能保藏鱼，同时也能改善其感官特征，如气味、滋味、质地、汁液和外观（Martinez-Alvarez 和 Gomez-Guillen，2005）。

在 20 世纪后期的冰岛，生产者们开始在堆叠盐步骤之前利用酸浸（从约 1980 年）和盐浸（从约 1990 年）对鱼进行预腌处理。20 世纪 90 年代，出口商开始控制贮藏环境的温度，这使腌制过程时间缩短。鱼在预腌后堆放 10～14d，然后按轻盐腌/淡盐腌包装，此加工阶段也被称为“湿腌”。如今，注射、盐渍、醋渍、干腌/堆盐/堆叠等组合方法因生产者和生产国家而异。

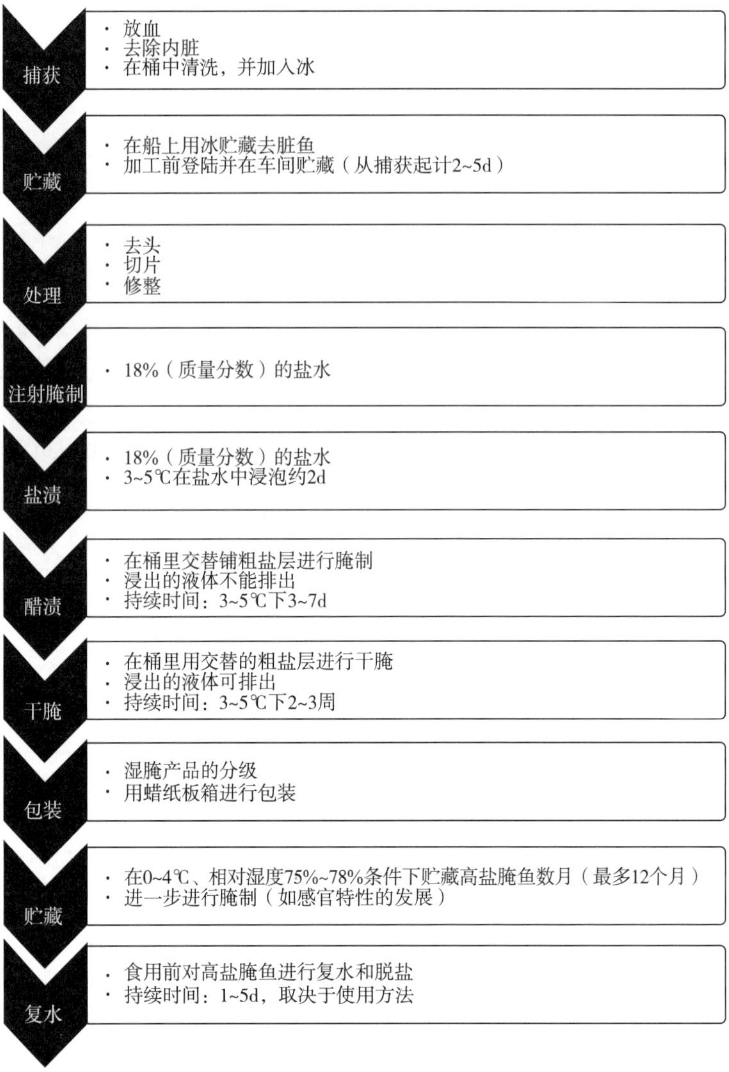

图 6.1　从捕获到即可烹调的高盐腌鱼产品的处理过程

盐腌工序和条件的变化引起了产品特性的改变，不仅增加了产量，而且提高了商业品质（如色泽/外观、汁液）（Lindkvist 等，2008）。腌制时间越短，腌制和贮藏的温度越低，腌鱼的味道会更加柔和，外观更加白皙（Barat 等，2003；Lindkvist 等，2008）。另一个重要的因素是鱼的捕捞、处理和贮藏技术的改进使原材料质量得到了提升。

（1）高盐腌鱼的贮藏和运输　腌制后的鱼通常会与多余的盐被放入 25kg 的蜡纸箱中包装，于 0~4℃、相对湿度（RH）（78±4)% 条件下贮藏。为了尽量减少贮藏期间的重量变化，腌鱼水分活度（A_w）与贮藏环境的空气相对湿度必须维持平衡。当环境相对湿度高于腌鱼肌肉中的水分活度（0.77）时，腌鱼片吸收水分并增加重量，而当环境相对湿度小于水分活度时则相反（Doe 等，1982）。精确控制温度和湿度对嗜盐细菌的生长和产品质量参数的稳定至关重要。即使在高盐、低温条件下，一些微生物和酶仍较为活跃（Pedro 等，2004；Rodrigues 等，2003）。在包装后以及贮藏、运输期间，鱼的腌制仍在进行，其腌制时间以及是否进一步处理（如干燥），取决于消费者的需求。

（2）复水方法　高盐腌鱼在烹饪前，需要进行复水处理。其目的是利用淡水浸泡高盐腌鱼，使盐浓度降低至食用水平，NaCl 质量分数通常控制在 1%～3%。同腌制过程相同，复水过程中转移的主要成分是水、盐和一些含氮化合物。从工程的角度来看，复水被认为是一种固-液提取过程，其中 Na^+ 及 Cl^- 为溶质，水为溶剂（Barat 等，2004c）。相比于腌制过程，复水过程中盐和水的流动被逆转。复水过程中的传质不仅是通过扩散作用完成，同时受到水动力机制的影响，在压力梯度的作用下传质过程被加速，促进了包括水和盐在内的溶液的大量转运（Barat 等，2004c；Thorarinsdottir 等，2010a）。

化学流动速率取决于所使用的原材料、加盐方法、鱼的大小以及采用的复水方法（Andres 等，2005b；Barat 等，2004a，2004b，2004c，2006）。复水时的用水量以及对水的调控会影响鳕鱼复水过程（Andres 等，2005b；Barat 等，2004b），同时水与鱼的比例以及温度也会影响复水过程（Andres 等，2005b）。为了加速复水过程中的吸水率和盐的转移率，已开发并运用了多种技术，如注射和翻滚技术（Bjørkevoll 等，2004），以及真空脉冲复水技术（Andres 等，2005b）。Skjerdal 等（Skjerdal 等，2002）研究表明，翻滚技术的使用使腌鳕鱼的复水时间减少了 70%～90%。

6.2.2.2　低盐腌鱼的加工

盐浓度约 2% 的低盐腌鱼是近年来在欧洲南部，尤其是西班牙、意大利和希腊流行的一种新产品。鱼片的低盐腌制是通过注射或浸入盐水完成。低盐腌制通常在冷冻之前进行，避免了冷冻对鱼造成的负面影响，其目的是增加持水量和冷冻产品的重量，减少贮藏期间的水分流失（Mahon 和 Schneider，1964；Boyd 和 Southcott，1965）。此外，低盐腌制的产品中不存在由于蛋白质和脂质降解而形成的味道和质地特征，这与高盐腌制的产品不同。低盐腌制后的鱼肉经冷冻处理，用于出口。低盐腌制过程如图 6.2 所示。

6.2.3　盐腌期间鱼肌肉的变化

6.2.3.1　鱼的化学成分

鱼肌肉的主要成分是水、蛋白质、脂质和结缔组织。同一品种中不同个体的鱼甚至同一条鱼内，其化学成分差异较大（FAO，2001）。众所周知，鱼类的组成成分受季节变化、性别、年龄、水温以及膳食成分的类型和数量的影响（Ross 和 Love，1979；Shearer，1994）。鱼肌肉中的蛋白质含量和水分含量成反比，尤其是临近产卵期的时候。与蛋白质和水含量相比，鱼肌肉中的脂质含量差异更为显著。根据脂质含量，鱼被分为四类（Ackman，1990）：①少脂鱼（如鳕鱼、黑线鳕）：脂质含量低于 2%；②低脂鱼（如比目鱼、大比目鱼）：脂质含量为 2%～4%；③部分多脂鱼（如鲑鱼）：脂质含量为 4%～10%；④多脂鱼（如鲭鱼）：脂质含量超过 10%。用于腌制的一些常见鱼类的化学成分如表 6.1 所示。

图 6.2 从捕获到最终产品的低盐腌鱼处理过程

表 6.1 鱼肉的化学成分组成[①] 单位：%

物种	学名	水分	脂肪	蛋白质
鳕鱼	大西洋鳕（*Gadus morhua*）	80.0~83.0	0.2~0.8	17.0~19.0
黑线鳕	黑线鳕（*Gadus aeglefinus*）	79.0~82.0	0.2~0.6	18.0~20.0
绿鳕	绿青鳕（*Pollachius virrens*）	79.0~81.0	0.3~0.6	19.0~20.0
矶鳕	蓝鲟鳕（*Molva molva*）	79.0~81.0	0.2~0.4	19.0~21.0
单鳍鳕	单鳍鳕（*Brosme brosme*）	80.0~81.0	0.2~0.5	18.0~20.0

注：①数据来源于 Matis 数据库。

6.2.3.2 鱼肌肉的物理性质的变化

（1）鱼肌肉的水分活度和 pH　在腌制过程中，鱼肌肉的水分活度（A_w）和 pH 因肌肉中水分和盐含量的变化而降低。一般来说，高盐腌鱼的水分活度在 0.70~0.75（Troller 和 Christian，1978；Thorarinsdottir，2010）。在预腌（注射腌制和/或盐渍）期间，水分活度略有下降，干腌后水分活度显著降低。鱼肌肉的 pH 变化取决于多种因素，如原材料的状况

(如死后僵直前/后、冷藏/冻藏鱼、鲜鱼）以及腌制过程中使用盐水/盐的 pH。在腌制过程中添加磷酸盐的腌鱼的 pH 低于未添加磷酸盐的腌鱼（Thorarinsdottir 等，2001)。腌鱼肌肉的 pH 与所用盐的 pH 呈正相关，与相关蛋白质的含量呈负相关（Lauritzsen 等，2004b)。

(2) 鱼肌肉的质地　由于腌制过程中盐和水分含量的变化，鱼的肌肉蛋白质和脂质被降解，导致鱼肌肉的质地和微观结构发生变化。一般来说，随着盐浓度和盐渍时间的增加，肌肉剪切力增大而弹性降低（Barat 等，2002，2003；Jittinandana 等，2002；Gallart-Jornet 等，2007a，2007b；Thorarinsdottir 等，2011a)。腌鱼的质地取决于原料的状态和所应用的腌制方法。在饱和盐水中腌制的鱼比低浓度盐水腌制的鱼更硬（Barat 等，2002；Gallart-Jornet 等，2007b)，主要是因为饱和盐水腌制的鱼水分流失程度更大，这导致蛋白质基质中的液相较低并且在鱼肉表面形成边界层。所使用的盐中的钙和镁对腌制鱼的质地也有影响。低浓度的钙和镁（<1%）会引起肉体明显变白和软化。然而，随着鱼肌肉中钙含量的增加，腌制鱼肌肉的硬度也会增加（Lauritzsen 等，2004b)。

(3) 持水力　腌鱼持水力（WHC）的变化主要是由于鱼肌肉中盐分含量增加、水分含量减少而导致蛋白质的特性发生变化（Thorarinsdottir 等，2002，2004；Nguyen 等，2010)。腌制过程中鱼肌肉的持水力变化与结构变化之间存在相关性（Akse 等，1993)。鱼肌肉的持水力在预腌（注射/盐浸）后增加，主要是由于蛋白质膨胀（盐溶效应)。然而，由于蛋白质聚集和沉淀（盐析效应)，干腌后鱼肌肉的持水量会下降（Fennema，1990；Gallart-Jornet 等，2007b；Martinez - Alvarez 和 Gomez - Guillen，2005，2006；Offer 和 Trinick，1983；Thorarinsdottir 等，2004；Chaijan，2011；Nguyen 等，2010)。盐分对持水力的影响是通过低盐浓度（<0.1mol/L≈5.8g/L）时阳离子与蛋白质结合，高盐浓度（0.1~1mol/L）时阴离子与蛋白质结合来实现的。影响腌鱼持水力的因素包括原料、腌制方法、盐水浓度和 pH。一般而言，由冷冻鱼生产的腌鱼的持水力低于由冷藏鱼生产的腌鱼的持水力（Lauritzsen 等，2004a)。高盐腌鱼的持水力与鱼肌肉的出水量相反。因此，与其他腌制方法相比，注射腌制的鱼片有较低的持水力，这表明外加的水在鱼肌肉中相对松散（Thorarinsdottir，2010)。此外，二价阳离子（Ca^{2+}、Mg^{2+}、Zn^{2+}）通过与肌原纤维交联而减少肌肉细胞中水的空间，从而影响肌肉的持水力（Asghar 等，1985)。

6.2.3.3 鱼肌肉化学性质的变化

(1) 水分和盐含量　在腌制过程中，水分和盐是在鱼的肌肉及其周围环境之间转移的主要成分，这导致鱼肌肉中的水分含量减少而盐分含量增加。含盐量增加与含水量下降高度相关。扩散是发生在腌制过程中最重要的传质机制（Barat 等，2002；Wang 等，2000)。扩散是由肌肉和盐剂间的浓度和渗透压的差异（Raoult-Wack，1994；Yao 和 Le Maguer，1996；Barat 等，2003）以及肌肉中的浓度梯度（Erikson 等，2004）引起的。在盐渍过程中，化学通量可能主要是由肌肉和盐水之间以及腌制后期鱼肌肉内部的浓度梯度引起的。对于干腌，由肌肉蛋白质变性/聚集引起的压力梯度被认为是水分和盐扩散的主要驱动力（Jittinandana 等，2002；Sannaveerappa 等，2004；Thorarinsdottir 等，2004)。水分和盐分流动的速率取决于所用的腌制方法、原料的质量和化学成分、蛋白质的状态（Nguyen 等，2011）和肌肉结构（Thorarinsdottir，2010)。鱼皮的完整程度可能会影响腌制过程中的传质（Wang 等，2000；Fuentes 等，2007)。二价阳离子（Ca^{2+}、Mg^{2+}、Zn^{2+}）被认为对高浓度下的腌制速率有负作用。这可能主要是由于与蛋白质的强结合，导致在肌肉表面形成一层屏障而减少肌肉对盐分的吸收和脱水。此外，盐分和水分的扩散还取决于温度和肌纤维取向（Zhang 等，2011）。

（2）蛋白质　腌制过程中鱼肌肉含盐量的增加会导致蛋白质的构象变化（即蛋白质变性/聚集）。盐诱导蛋白质变性/聚集的可能机制是在低盐浓度下（<1mol/L），氯离子与带相反电荷的氨基酸残基牢固结合，肌丝之间的静电排斥力增加，从而导致丝状晶格膨胀（盐溶效果）（Offer 和 Trinick，1983；Schmidt 等，2008）。在高盐浓度（>1mol/L）下，盐离子与蛋白质之间的溶剂化竞争变得更激烈。离子更高的溶剂化能力降低了蛋白质的水动力半径，并且使蛋白质间的相互作用变得比蛋白质与水之间的作用更强。这导致稳定的亲水性表面减少，极性和疏水性蛋白质间的相互作用增加，有利于其疏水性、聚集和沉淀（盐析效应）（Offer 和 Trinick，1983；Stefansson 和 Hultin，1994；Caflisch 和 Karplus，1994）。蛋白质变性/聚集伴随蛋白质溶解度、蛋白质功能、蛋白质消化率、蛋白质结构和营养质量的变化（Nguyen 等，2011；Sotelo 等，1995；Matsumoto，1979；Love 和 Mackay，1962）。当盐浓度从 0.15mol/L 增加至 1.0mol/L，蛋白质溶解度增加，并且在 0.8~1.0mol/L 达到最大值时。在较高盐浓度（>1.0mol/L）下，蛋白质溶解度降低（Curtis 和 Lue，2006；Stefansson 和 Hultin，1994）。蛋白质变性/聚集的程度取决于腌制方法，在不同的盐腌方法中，蛋白质的变性/聚集的程度按以下顺序依次增加：注射腌制+盐渍<盐渍<湿腌（Thorarinsdottir 等，2011a）。与湿腌相比，当使用注射腌制和盐渍法进行预腌时，肌球蛋白的功能特性可以更好地保留（Thorarinsdottir 等，2011a，2011b）。如果预先将鱼冷冻再解冻，腌鱼的蛋白质变性/聚集程度也会增加，这主要是由于肌肉蛋白的交联而产生相互作用以及盐析效应（Lauritzsen，2004）。

（3）脂质　鱼类肌肉中的脂质通常含有很高比例的多不饱和脂肪酸，这些多不饱和脂肪酸易被氧化，这是造成鱼肉质量下降的主要原因（Masniyom 等，2005）。鱼肉中盐分的增加会导致肌肉脂质降解（即脂质水解/氧化）。盐渍鳕鱼在加工和储存过程中发生的脂质氧化是导致品质下降的主要原因，例如肉体表面变为黄/棕褐色（Lauritzsen 等，1999；Nguyen 等，2012）。盐诱导肌肉中脂质氧化的一种可能机制是细胞内化合物的融合以及细胞结构的破坏（Shomer 等，1987）；此外，盐可能会取代大分子中结合的铁离子（Kanner 等，1991；Osinchak 等，1992）。另一个理论是，盐会破坏细胞膜的结构完整性，使催化剂更紧密地接触脂质反应物（Rhee 和 Ziprin，2001）。盐最初也可能会促进高铁肌红蛋白的形成，即与过氧化氢反应形成亚铁肌红蛋白并促进脂质氧化。氢过氧化物的极性比生成它们的脂质大，而盐等离子型化合物可能会改变氢过氧化物的构象，从而影响氧化动力学（Calligaris 和 Nicoli，2006）。腌制过程中鱼的脂质氧化取决于很多因素，如原料状态、pH、盐成分以及所使用的腌制方法。鳕鱼高盐腌制前，在最终肌肉 pH 最低的条件下可获得最高程度的脂质氧化（Lauritzsen 等，1999）。但关于 pH 如何控制鱼类脂质氧化的机制尚不清楚。盐中的金属杂质，尤其是铁和铜，也被认为会引起脂质氧化。金属离子诱导脂质氧化的机制涉及单电子氧化还原反应，从而使氢过氧化物分解（Kanner 等，1988；Bondet 等，2000）。金属的促氧化作用取决于离子的类型和价态，并且金属和血红素对脂质氧化的相对活性如下：Fe^{2+}>血红素>Cu^{2+}>Fe^{3+}。此外，被用作食盐抗结剂的亚铁氰化钾可以促进脂质氧化（Andersen 等，1990；Nguyen 等，2012）。亚铁氰化钾促进脂质氧化的机制是先将亚铁氰化物（$[Fe(CN)_6]^{4-}$）氧化为铁氰化物（$[Fe(CN)_6]^{3-}$），继而氧化肌红蛋白形成高铁肌红蛋白和高铁肌红蛋白自由基。之后，高铁肌红蛋白和高铁肌红蛋白自由基均促进脂质氧化（Kanner 等，1987）。而且亚铁氰化钾分子中的氰化物和铁离子都被认为会影响脂质氧化（Daya 等，2000；Nguyen 等，2012；Tokur 和 Korkmaz，2007）。

6.2.4 高盐腌鱼制品

6.2.4.1 高盐腌鱼的分类

高盐腌鱼主要按照鱼的大小、加工方法、是否干燥以及产品的质量进行分类。腌鱼制品的化学成分取决于腌制时间、再次腌制的频率及干燥程序（表 6.2）。通常轻盐腌/淡盐腌产品的水分和盐含量分别约为 55%～58% 和 18%～21%。中盐腌产品是通过将鱼片重堆积并进一步腌制 1～3 周来获得的，这种完全腌制的鱼含有 50%～52% 的水分和 20%～22% 的盐。对腌鱼产品进行干燥可以获得半干或特干腌鱼制品。但还没有腌鱼中化学成分的官方标准。产品的条件通常是由出口商和买方根据消费者的喜好而定。

表 6.2 高盐鳕鱼产品在不同腌制阶段的水分和盐分含量 单位：%

产品	水分	盐分
轻盐腌/淡盐腌	55～58	18～21
中盐腌	53～54	19～21
重盐腌	51～53	20～22
半干腌	44～47	22～24
干腌	36～40	22～25
特干腌	30～35	23～35

注：尽管对腌鱼产品还没有官方标准，但这些数值提供了一个基本的参考（Thorarinsdottir，2010）。

6.2.4.2 高盐腌鱼的重要质量标准

最终产品的质量取决于许多因素，如所用原材料的条件、加工方法和设备以及用于腌制、贮藏和复水的方法（Lindkvist 等，2008；Thorarinsdottir 等，2001；van Klaveren 和 Legrende，1965）。在包装阶段或出口之前，由训练有素的质量评估员对其产品的商业质量进行评估。评分主要是根据产品的外观，如颜色（即白度、黄度）、厚度，以及是否存在裂缝/裂纹、瘀伤和血迹。用于质量分级的准则因进出口国家以及不同的腌鱼产品而异。此外，即使对于同一个产品，每个国家也存在差异（Gallart-Jornet 和 Lindkvist，2007；Lindkvist 等，2008）。本章介绍了冰岛和挪威高盐鳕鱼的商品质量等级。

（1）冰岛的高盐鳕鱼的商品质量等级　包装时，腌制产品根据其尺寸和商品质量（PORT/SPIG）进行分级。PORT 是指将产品出口到葡萄牙，SPIG 是指将产品出口到西班牙、意大利和希腊。这里介绍了一些质量评级的基本准则，但评分员的经验和培训是长期和生产者之间保持一致表现的基本因素。鱼的外观或颜色是最重要的变量。SPIG 鱼使用的标准更高；比 PORT 鱼更白，更厚。

SPIG 类别中包含Ⅰ、Ⅱ和Ⅲ三个质量等级：

- SPIG Ⅰ：鱼片应该很厚；外观亮丽但无缺陷（PORT AB 可能缺陷少，颜色略深）。

• SPIG Ⅱ：鱼片类似于 SPIG Ⅰ，不同之处在于允许有轻微的缺陷。

• SPIG Ⅲ：鱼片允许有比 SPIG Ⅱ更多的裂口以及由于去头和切片机造成的小缺陷。

通常用 A、B 和 C 三种质量等级来评估 PORT 鱼：

• PORT A：鱼片颜色浅，厚，无血迹；只允许有较小的裂缝（由于结缔组织弱化，肌节间可能会出现缝隙、开口或破裂）。

• PORT B：由于小缺陷，鱼片不是 A 质量等级。颜色较深，鱼片较薄或鱼片间有较长的空隙。

• PORT C：鱼片存在质量缺陷，如鱼肉中的缝隙或其他明显的机械缺陷。由于颜色太深而无法定为 B 质量等级。鱼片由于略微变红而被清洗（由嗜盐细菌生长引起）。

• PORT AB：A 级和 B 级的鱼片可以打包在一起。B 级鱼片最大占比为每件货中占 50%。

• PORT CD 和 E：有时也使用 D 级和 E 级。然后 C 级和 D 级鱼片打包在一起。由于较大的缝隙、变色或其他可见缺陷，D 级鱼片的质量低于 C 级。E 级鱼片缺陷更大，但仍然适合人类食用。鱼片有可见缺陷的部分可以切掉。

鱼片因金属催化脂肪氧化而产生黄色的鱼片不归为上述质量等级（Thorarinsdottir 等，2010b）。

（2）挪威高盐腌鳕鱼的商品质量等级 根据挪威腌制和干腌产品的工业标准，腌鱼可分为下列商品质量类别：

• 高端/高级：由彻底放血、洗净并漂洗至去除残留的血渍和内脏，并附着有背部及头部皮肤的鱼制成。在加工过程中，将鱼适当分开，均匀加盐，压好，再重新包装。鱼的颜色浅、稳固且无污点。

此类别可能包括具有以下特征的鱼：腹部出血少，有小裂口或纵向裂缝，未冲洗干净，有血块，腌制不均匀。在评估鱼时，将重点关注在生产过程中鱼的彻底放血及适当的重堆积。在这种情况下，如果总体印象是合理的，则可以接受略大的缺陷，特别是当鱼的颜色浅且稳固时。

• 普通：不符合高端/高级要求的鱼归类为普通鱼。

此类别可能包括具有以下特征的鱼：分割不充分，圆尾，未充分清洗或漂洗，脊椎骨去除不充分，中等血块，大裂口或纵向裂缝，中度破裂，少量血液、肝脏和/或胆汁污渍。鱼必须保持其自然形状。损坏的污迹，如血迹/干血块或内脏残余物，应予以清除。

• 合格：不符合普遍要求但仍适合人类消费的鱼，则可归类为“大众”。然而，这类不能是酸败的，有污染的，有破烂腹部、胆汁或消化道内容物的，或裂口严重/肉质疏松的鱼。

• 混合：本标准中的所有产品，如果不同类别的鱼平均分配，则均可归类为“混合”。所有类别都可能包括带有黑膜的鱼。如果是“盐干鱼”产品（即干腌鳕鱼），此信息应包含在包装标签上。

标准中添加了一些用于腌制鱼片评级的修改：

• 高端/高级：在此类别中，这种产品来自被放空血液的鱼，但也包括颜色稍深、有不完全出血痕迹的鱼片。

此类别可能包括具有以下特征的鱼：小的裂口或纵向裂缝，机械损伤很小。鱼应该是浅色的、稳固的且无瑕疵。

- 不符合高端/高级要求的腌鱼片归类为“合格”。

此类别可能包括具有以下特征的鱼：有泛黄的迹象，较大的裂口或纵向裂缝，中度裂缝，少量血液，肝脏和/或胆汁斑点，颜色较深（普遍可接受的黑色程度应根据鱼的总体印象来评估），轻微的机械损伤痕迹。

6.2.4.3 影响质量的因素

（1）原材料　原材料的特点和状况对腌制产品的加工产量和质量很重要。这些因素因渔场、鱼的种类、渔获量、捕捞方法以及处理方法而异。受影响的质量属性是腌制产品的化学成分、持水力、开口和质地。化学成分，特别是原料的脂质含量，会影响腌鱼产品的传质和质量。在腌制过程中，脂质对于水和盐的运输起到阻碍作用（Gallart-Jornet 等，2007a）；腌鱼的黄/棕变色与腌制过程中和贮藏时的脂质氧化密切相关（Lauritzsen 等，1999；Nguyen 等，2012）。鱼肌肉的化学成分不仅取决于季节，也取决于鱼的大小和年龄。鱼在产卵期的脂质和蛋白质含量最低，主要是由于其生殖器官（卵子或精子）的生长，所以鱼的肌肉被水代替。因此，在产卵后，鱼处于不利于腌制的状态，出现缝隙等质量缺陷的风险较高，肌肉的持水力较其他季节低，导致重量产量较低及最终产品的质量下降。

船上的捕获方法和处理方法也会影响原料的质量。不正确的处理方法会引起瘀伤、血块和裂开等质量缺陷（Botta 等，1987）。在最终产品经腌制和复水后，这些缺陷仍然可见。与钓丝相比，当鱼被拖网或围网捕捞时，此类缺陷的风险会更高。此类缺陷的风险高低也受打捞装置、拖网尺寸和捕获期间的天气条件等因素的影响。

鱼在腌制前的死后僵直状态和死后贮藏（冷藏或冷冻）会影响最终产品的产量和质量。与死后僵直期后及冻藏后腌制的鱼相比，死后僵直期前腌制的鱼体重下降幅度更大，水分损失更多，盐摄取量更低（Lauritzsen 等，2004a）。与死后僵直期后腌制的冷冻鱼相比，在腌制死后僵直期后的鱼之前进行冻融处理，可增加腌制产品的坚固性（Lauritzsen 等，2004a）。这主要是由于冷冻过程中出现的蛋白质变性/聚集。在冻结和解冻周期时，冰的形成和融化可能会改变肌肉结构，导致更高的盐扩散率（Wang 等，2000）。

（2）盐的质量　用于生产腌鱼的盐的质量是影响腌制过程和最终产品质量的最重要因素之一。盐中的金属杂质，特别是铁和铜，可能会引起脂质氧化，增加盐溶性蛋白质的含量并改变腌鱼产品的质地和颜色。金属杂质还会影响腌制过程中水分和盐分的扩散速率。因此，在腌制鱼的过程中使用的盐必须干净，无异物或异物晶体，并且没有被污垢、油、舱底水或其他外来物质污染的迹象。每个国家的盐加工厂之间以及加工批次之间的盐成分可能有所不同。北欧国家的腌鱼生产者主要使用从南欧（西班牙）和北非（突尼斯）进口的粗海盐（表 6.3、表 6.4 和表 6.5）。

表 6.3　生产高盐腌鱼所使用的不同类型盐的典型成分

化学成分	盐的类型			
	托雷维耶哈	突尼斯	伊维萨岛	岩盐
水/%（质量分数）	2.50~1.80	2.30~1.30	2.60~3.10	0.40~0.50
NaCl/%（质量分数）	97.3~97.7	97.1~97.8	96.2~94.5	98.0~99.0
$CaSO_4$/%（质量分数）	0.15~0.32	0.17~0.30	0.82~1.58	0.53~0.72

续表

化学成分	盐的类型			
	托雷维耶哈	突尼斯	伊维萨岛	岩盐
$MgSO_4$/%（质量分数）	0~0.10	0.10~0.30	0.16~0.38	0.04~0.17
$MgCl_2$/%（质量分数）	0~0.12	0.10~0.30	0.16~0.48	0~0.02
Na_2SO_4/%（质量分数）	0	0	0	0.04~0.49
不溶物	0.1	0.1	0.1	0.10~0.40
Fe/（mg/kg）	12~25	10~15	13~17	4~30
Cu/（mg/kg）	<0.01	<0.01	<0.01	—

资料来源：Lauritzsen，2004。经 Kristin Lauritzsen 许可转载。

表 6.4 冰岛生产高盐鳕鱼所使用盐的标准

化学成分	欠佳	好的	欠佳	无用的
水/%（质量分数）		<3.5	≥3.5	
盐/%（质量分数）		≥98	<98	
Ca/%（质量分数）	<0.05	0.05~0.20	0.20~0.35	>0.35
$CaSO_4$/%（质量分数）	<0.17	0.17~0.70	0.70~1.19	>1.19
Mg/%（质量分数）		<0.1	≥0.5	
$MgSO_4$/%（质量分数）		<0.5	≥0.5	
Fe/（mg/kg d. w.）		20	≥20	
Cu/（mg/kg d. w.）		<0.03	0.03~0.05	>0.05
Mn/（mg/kg d. w.）		<2		≥2

表 6.5 食品级盐的国际食品法典标准

化学成分	限量
NaCl/%（质量分数）	≥97
砷/（mg/kg，用 As 表示）	0.5
铜/（mg/kg，用 Cu 表示）	2.0
铅/（mg/kg，用 Pb 表示）	2.0
镉/（mg/kg，用 Cd 表示）	0.5
汞/（mg/kg，用 Hg 表示）	0.1

资料来源：FAO，食品法典委员会/食品级盐的国际食品法典标准 150—1985 修订为一份表格。

6.3 盐渍

6.3.1 简介

盐渍是一种半保鲜鱼的方法，它基于用含有盐、糖、调料、油和酸（来自醋、果汁、酒）等的腌料液（盐渍浴）来处理鱼的肌肉。腌料液可用来提供高感官可接受性（如柔嫩、多汁、风味和香气）并延长产品的保质期（Cadun 等，2005；Duyar 和 Eke，2009；Yashoda 等，2005）。腌料液也被用来抑制微生物的生长以及抑制酶的活性，这主要是基于盐的作用、低水活性，酸性 pH 和抗菌药物的使用。腌料液对细菌和酶的抑制作用随着浓度和盐渍时间的增加而增强，在酸性 pH（$1.0<pH\leq4.5$）时，食物中所有的有毒细菌和大多数腐败细菌的生长都被抑制。因此，腌料液的 pH 应保持在 4.5 以下。乙酸是最常用、最有效的酸，它不会破坏食物中的微生物群落并且还是一个很强的生长抑制剂。乙酸能抑制大多数酶，但仍然有一些酶会保持活性。

盐渍鱼是半保鲜的鱼产品，在许多国家都很受欢迎。一般来说，盐渍过程中会用到鲱鱼、沙丁鱼、鲭鱼和凤尾鱼等多脂鱼类以及几种甲壳类和双壳类动物。传统上的盐渍是将鱼浸入现成的腌料液中，如今，鱼肉浸入腌料液有多种方法，其中包括低温法、煮法、油炸法和巴氏杀菌法（Yeannes，1991；Capaccioni 等，2011）。最终产品的质量取决于腌料液的组成、鱼与液体的比例以及鱼在腌制过程中的处理方式。所使用的腌料液的成分根据生产商和盐渍产品的预期特性而异。在盐渍过程中，盐和其他物质进入鱼的肌肉，而水则扩散到周围的介质。浓度梯度被认为是水、盐、其他物质扩散的主要驱动力。此外，由蛋白质变性/聚集引起的压力梯度以及水分活度梯度也有助于水、盐、其他物质的扩散。盐、醋和其他配料的扩散取决于多种因素，如鱼的种类、肌肉类型、鱼的大小、鱼片的厚度、质量、化学成分（脂质含量和贡献）以及生理状态（Baygar 等，2010）。

6.3.2 盐渍方法

6.3.2.1 低温盐渍

低温盐渍是盐渍鱼加工最常用的方法。在欧洲，低温盐渍产品约占市场的 92%（Szymczak，2011）。首先根据不同的产品，用适当的含醋和盐的腌料液将鱼腌制 12 周。然后将盐渍的鱼装在玻璃杯或盛有香料的塑料容器内，并覆盖上含盐的醋溶液。在盐渍步骤中所使用的盐和醋的浓度取决于鱼的种类和对最终产品的期望值。用于包装的腌料液中盐和醋的浓度较低，并与腌制后的鱼肌肉中的盐和醋浓度相似。如对于鲱鱼的腌制，如果加工过程是在开口容器中进行，腌料液最初的组成应为 4%（体积分数）的醋和 100g/L 的盐，而密闭容器中应为 7%（体积分数）的醋，140g/L 的盐。用于包装腌制鲱鱼的腌料液由 1%～2%（体积分数）的醋和 20～40g/L 的盐组成（FAO，2001）。所使用醋的浓度决定了保存的效果，并且须使用足够的盐让鱼肉保持紧实。在开口容器中，鱼与腌料液的比例通常在 1∶1～1.5∶1 之间。但是在密闭容器中，鱼与腌料液的比例可以增加到 2.3∶1。最重要的条件之一是鱼在整个生产过程中要完全浸入腌料液（盐渍浴）。腌制鱼的过程可分为如图 6.3 所示的步骤。

6.3.2.2 煮熟盐渍

煮熟盐渍包括在含盐的醋溶液中煮鱼或炖鱼。然后将鱼装进盒子，并用含水、醋、盐和香料的腌料液覆盖。

6.3.2.3 油炸盐渍

在油炸盐渍中，先将鱼浸入盐水和面粉中，然后将腌鱼油炸。炸鱼冷却后放入含有盐、乙酸和香料的腌料液中。

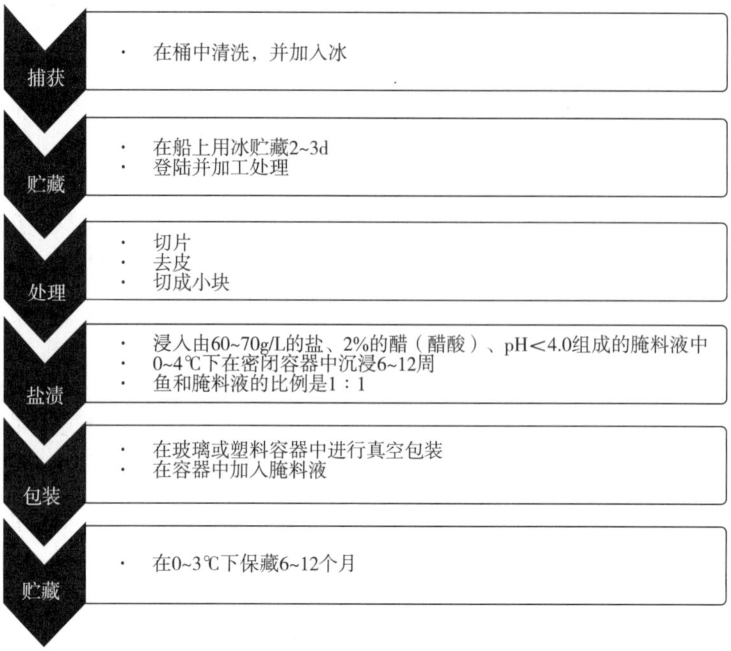

图 6.3 鱼从捕获到最终产品的盐渍过程

6.3.3 盐渍中使用的配料

6.3.3.1 盐

盐是盐渍鱼的重要成分之一。盐不仅能抑制微生物生长，还会改变鱼的味道、质地和结构特性。鱼在盐渍过程中使用的盐必须是干净的，不含杂质和杂质晶体，并且没有被污垢、油、舱底水或其他外来物质污染的迹象。盐的组成可能会因每个国家的盐处理厂以及批次之间的不同而有所差异。盐渍过程中使用的盐浓度取决于产品和市场盐标准。

6.3.3.2 糖

糖主要由于其甜味而被用于鱼的盐渍。糖在食品加工中具有许多功能，如作为甜味剂、防腐剂、质地改良剂、发酵底物、调味剂和着色剂。所用糖的浓度取决于产品和市场。例如，用糖盐渍的鱼产品在北欧国家受到青睐，而南欧的消费者（如葡萄牙、西班牙）偏爱带有酸味的盐渍鱼产品（乙酸腌泡）。

6.3.3.3 醋

醋是一种主要由乙酸和水组成的液体，常用于食物保藏，如酸洗、盐渍和沙拉酱中等。当用于盐渍鱼时，醋可以作为防腐剂，软化鱼肌肉，并赋予产品特殊的味道。盐渍过程中醋的浓度取决于产品类型和市场。

6.3.4 影响盐渍产品质量的因素

6.3.4.1 原材料

原材料的质量会影响最终产品的质量。鱼的化学成分组成会根据捕捞季节的改变而变化，尤其是鱼肌肉中的脂质含量。由于盐渍过程中使用的鱼是多脂鱼，因此船上的捕获方法和处理方法会对原材料的质量影响较大。鱼在捕获后应尽快将其冰冻以防止脂质氧化，在上岸后需尽快进行盐渍。

6.3.4.2 配料

盐渍过程中所使用配料的质量也会影响盐渍鱼产品的质量。如金属杂质，尤其是铁和铜的存在可能会引起盐渍过程中的脂质氧化，形成腐臭味。因此，盐渍过程中使用的所有配料均应达到食品级。

6.3.5 盐渍过程中鱼肌肉的变化

在盐渍过程中，盐、醋和其他成分扩散进鱼肌肉中而水扩散出来。鱼肌肉中的水、盐、醋及其他物质的含量变化会导致质地、风味、味道和 pH 等发生变化。鱼肌肉保水性增加主要是由于含盐量增加而引起的蛋白质溶胀。此外，肌肉 pH 的降低也会增加其保水性。鱼肌肉的硬度随着盐渍时间的增加而降低，并且与感官特征的改善有关（Szymczak，2011）。

6.3.6 盐渍鱼产品的贮藏

盐渍鱼产品的贮藏寿命取决于盐和醋的浓度。在特定条件下，其贮藏寿命可能长达 6~12 个月。盐渍过程中使用的是多脂鱼，因此，盐渍鱼产品需要预抽真空密封包装以抑制氧气诱导的脂质氧化。温度是最重要的贮藏条件之一，因此盐渍的鱼产品需要在 0~3℃的冷藏温度下贮藏，以保持其质量并抑制微生物的生长。

6.4 熏制

6.4.1 简介

烟熏是用于加工及保存鱼和肉类的最古老方法之一（Dore，1993）。烟熏将风味、味道和防腐成分引入鱼的肌肉中，这是通过把鱼暴露于由燃烧或缓慢燃烧的植物材料所产生的烟气中实现的，所用的植物材料大多数是木头，烟气中的挥发性化合物渗透进鱼的肌肉（Ward，1995）。烟熏的组合效果延长了鱼的贮藏期限：①腌制降低了水分活度，从而抑制微生物生长；②高温干燥为微生物的传播形成了物理表面障碍；③抗微生物和抗氧化化合物的沉积，如醛、羧酸和苯酚，会抑制微生物的生长和酸败的发生（Efiuvwevwere 和 Ajiboye，1996；Leroi 和 Joffraud，2000）。而且鱼肌肉暴露在烟气中结合高温可以有效地限制有害的酶促反应（FAO，1992）。如今，烟熏的主要目的已经变成了提高产品的感官质量，而不是防腐。根据烟气被传递到鱼肌肉中的方式以及烟熏温度，烟熏可以划分为热烟熏、冷烟熏、液体烟熏和静电烟熏（Wheaton 和 Lawson，1985），同时也可以通过冷热结合的方法来熏鱼。烟熏过程通常具有的特点是在烟熏室/熏制室中，完成腌制、干燥、加热和熏制步骤（Alcicek 和 Atar，2010）（图 6.4）。真空、改良、控制气调包装或罐装可以延长烟熏鱼制品的保质期（Bannerman 和 Horne，2001）。

图 6.4 鱼从捕获到最终产品的熏制过程

6.4.2 烟熏方法

6.4.2.1 热熏

热熏是同时使用热量和烟雾的传统熏制方法。鱼在足够高的温度下熏制足够充分的时间使得全部蛋白质热凝固。一般来说，温度应保持在 30℃ 以上，正常范围为 70~80℃。热熏后鱼已是熟的，消费者无须进一步烹饪即可食用。美国食品及药物管理局的指导方针建议使用安全的真空包装或气调包装热熏鱼产品，这需要至少 35g/L 的水相盐且必须达到至少 62.8℃ 的中心温度 30min。这样可以防止肉毒羧菌产生毒素（FDA，2001）。此外，热熏鱼产品的水分活度（A_w）必须在 0.85 或以下以保证其稳定的保质期。

6.4.2.2 冷熏

冷熏指的是鱼产品在没有任何热凝固迹象的温度下进行熏制。在冷熏中，温度应保持低于 30℃ 以赋予鱼肉香气和风味（Doe 等，1998）。相对湿度应保持在 75%~85%。在冷熏后，鱼还不熟，因此除鲑科中的鱼（如鲑鱼、鳟鱼和北极红点鲑）外，必须经烹调后再食用。冷熏所需时间更长，但产量更高，并且保留了比热熏产品更好的原始质地特性。冷熏已应用于不同种类的鱼，如鲑鱼、虹鳟鱼、鳕鱼、金枪鱼等（Dillon 和 Patel，1993；Lyhs 等，

1998；Birkeland 等，2003，2004a，2008；Emborg 和 Dalgaard，2006；Birkeland 和 Skara，2008）。冷熏鲑鱼和鳟鱼主导了熏制鱼产品的市场。

6.4.2.3 冷热结合熏制

在这种方法中，先在低于 30℃的温度下将鱼熏制几小时，最后将温度提高到 30℃以上进行热熏。

6.4.2.4 液熏

烟熏液是以木材为原料，经干馏后浓缩制成。浓烟溶解在油、水等溶剂后（Maga，1988），可以直接用于产品的熏制。将鱼浸入烟熏液中（Wheaton 和 Lawson，1985），烟熏液可以将熏烟的香味和气味转移到鱼肌肉中。液熏有几个优点：与传统的冷熏和热熏工艺相比，它的速度更快且更容易实现烟味的均匀（Varlet 等，2007a）。与传统的熏制鲑鱼相比，它具有更高的产量和相似的结构特性（Birkeland 和 Skara，2008）。天然烟气中一些不需要的化合物（如多环芳烃）可以去除（Chen 和 Lin，1997；Hanne 等，2007），并且抗氧化剂和抗菌剂的活性很容易测定（Sñnen 等，2003）。此外，液熏可降低运营成本，减少环境污染，比其他烟熏方法耗时更少（Simon 等，2005；Muratore 等，2007）。

6.4.2.5 静电烟熏

这是一种用红外线照射来熏制鱼类的方法。在电场（通常带正电）中用烟气处理鱼（带负电）。电场作用在电离的烟气颗粒上，使得烟熏过程加快，从而缩短烟熏时间。静电烟熏是完全机械化的，因此在保持最终产品高质量的同时，还可以降低人工和生产成本。

6.4.3 烟熏过程中鱼肌肉的变化

在烟熏过程中，由于鱼肌肉的脱水以及鱼肌肉中脂质的浸出会导致其重量减轻。根据原材料、最终产品的特性及烟熏方法，烟熏过程中因脱水引起的重量减轻在 10%～25%（Howgate，1979）。而且鱼的大小和形状也会影响加工产量（Rørå 等，1998）。烟熏过程中鱼肌肉的 pH 下降，主要是由于从烟气中吸收了酸，水分损失以及酚类、多酚和羰基化合物与蛋白质和蛋白质成分（如氨基酸、—SH 基团）的反应（Hassan，1988）。熏制温度越高，鱼肌肉的 pH 越低，因此与其他方法相比，静电熏制的鱼的 pH 下降幅度最小（Espe 等，2002）。

腌制步骤中鱼肌肉含盐量的增加导致蛋白质结构发生变化（即蛋白质溶胀或聚集），还导致鱼肌肉的保水性、质地和微结构的变化（Thorarinsdottir 等，2004）。这些变化取决于食物本身的成分和烟熏条件（Toth 和 Potthast，1984）。在传统的热熏中，质地的变化主要是由于蛋白质的热变性（Gill 等，1992），而液熏过程中鱼的质地变化主要是由于蛋白酶活性，即蛋白质水解的结果，这也为盐诱导蛋白质的构象变化提供了良好条件（Lund 和 Neilsen，2001；Hultmann 等，2004）。根据 Sigurgisladottir 等（2001）的研究，鱼的肌肉在腌制和烟熏过程中会收缩，并且许多脂肪球在烟熏后会分散进入肌肉纤维中。此外，所使用的烟气的成分也会影响烟熏产品的质构特性（Daun，1972）。熏鱼产品的质地还取决于在烟熏之前所使用的腌制方法。据报道，与干腌相比，虽然注射腌制的烟熏三文鱼的开口分数更高，质地更软，但是注射腌制技术可以使熏制产品的着色更均匀（Birkeland 等，2004a，2004b）。

烟熏过程中鱼肉风味和味道的变化主要是由于从烟气中吸收了挥发性化合物，尤其是酚类化合物（Doe 等，1998）。烟熏温度和方法使产品能够根据烟的气味及味道强度来进行区分（Cardinal 等，2001）。在较高温度下烟熏会增加食物中烟气成分的沉积。形成的味道也可能是由于在烟熏过程中发生的脂质氧化所致。

6.4.4 影响熏鱼产品质量的因素

6.4.4.1 原料

原料的化学和物理特性极大地影响了烟熏制品的产量和整体吸引力。影响原料质量的因素有很多，如渔场、捕鱼方法、放血和处理方法，以及使用养殖或野生的鱼。脂质含量和分布对食品的营养价值以及最终产品在质地、风味和味道方面的质量评估中有重要影响（Rørå 等，1998）。一般来说，脂质含量较低的鱼肌肉的苯酚含量更高，这可能是由于水的可及性与脂肪含量相关。有研究表明，鱼肌肉中的高脂肪含量会降低腌制鱼的定性特征（Espe 等，2002；Birkeland 等，2004a），脂肪含量也会影响腌制过程中盐和水的扩散（Gallart-Jornet 等，2007a）。

6.4.4.2 腌制方法

腌制是烟熏过程中最重要的步骤之一。盐用作鱼肉中的防腐剂，可通过降低水分活度及抑制细菌生长来延长产品的保质期。腌制还可以提供最终熏制产品所需的坚实质地和咸味（Doe 等，1998）。熏制鱼行业采用不同的腌制方法，如干腌、湿腌、注射腌制或它们的组合（Chiralt 等，2001；Espe 等，2002）。腌制方法能够影响加工产量和最终熏制产品的质量。与湿腌相比，如果在烟熏前将鱼干腌，那么熏制鲑鱼的肌纤维会收缩更多（Sigurgisladottir 等，2000），湿腌和注射腌制鱼片的质量和加工产量更高（Birkeland 等，2004b）。然而与干腌相比，在烟熏之前进行注射腌制会得到更高的开口数（Birkeland 等，2003）。

6.4.4.3 干燥方法

众所周知，干燥对最终的熏鱼产品起到防腐作用，这主要是通过减少水分活度，从而降低微生物和酶的活性。鱼的干燥条件取决于生产者和鱼的种类。对于高脂鱼（如鲑鱼），温度范围为 15~26℃，相对湿度范围为 55%~57%（Birkeland 等，2003，2004a，2004b）。使用不合适的干燥条件可能会对产品质量产生重大影响，如质地、颜色以及产品的加工产量（Cardinal 等，2001）。熏鱼产品中的微生物菌群分布各不相同，并且在很大程度上取决于干燥温度和干燥时间（Nickelson 等，2001）。

6.4.4.4 烟气成分

烟气成分是影响最终熏制产品质量的最重要的因素之一。烟是由燃烧或闷烧（即无火焰燃烧）木材产生的，其成分因使用的木材类型和产生烟的条件而异（Conde 等，2006）。熏鱼的香气和风味主要归因于烟中的挥发性化合物。酚类化合物被鱼肉强烈保留，尤其是丁香醛和松柏醛，从而增加了熏制鱼的香气（Varlet 等，2007b）。熏鱼的香气是通过两个主要途径产生的：①美拉德反应（即烟气中羰基与食物氨基间的相互作用）产生烟熏气味；②脂质氧化产生鱼腥味。烟熏味道被认为是由愈创木酚及其衍生物产生的，而丁香酚及其衍生物被认为是形成烟熏气味的原因（Martinez 等，2011）。此外，烟中的其他化合物，如苯酚、对甲酚、邻甲酚、愈创木酚、4-甲基愈创木酚、4-乙基愈创木酚、丁子香酚、4-丙基愈创木酚、异丁子香酚，被认为有助于形成烟熏香气及熏鱼产品的风味（Serot 和 Lafficher，

2003；Varlet 等，2006）。熏鱼的色泽取决于羰基的含量（Martinez 等，2007）、高分子质量的酚类（Daun，1972）和挥发性的醛（Clifford 等，1980）。而且由于烟含有甲醛和乙酸而具有一定的杀菌性能，并且由于含有三种主要化学物质（2，6-二甲氧基苯酚、2，6-二甲氧基-4-甲基苯酚和 2，6-二甲氧基-4-乙基苯酚）而具有抗氧化性能。也有文献指出烟熏冷凝物即使在低浓度下也具有抗氧化作用（Fretheim 等，1980；Kjallstrand 和 Petersson，2001），这主要是由于 2，6-二甲氧基苯酚和 2-甲氧基苯酚的存在。烟熏香肠贮藏期间的氧化弱于未烟熏过的香肠的氧化（Ernawati 等，2012）。Bower 等（2009）发现，烟熏处理使烟熏粉鲑的提取油具有抗氧化的潜力，不会破坏其中的多不饱和脂肪酸。

烟中的有毒物质有多环芳烃，这类化合物被认为具有致癌特性。在烟熏过程中，多环芳烃在鱼的肌肉中积累，且由于其亲脂性而难以去除。熏鱼中多环芳烃的含量取决于烟气中这些化合物的浓度、烟熏条件以及鱼的种类。为了清除致癌化合物，可将烟通过静电除尘设备吸收。

6.4.5 熏鱼制品的包装和贮藏

熏鱼产品在烟熏后受到污染的原因有很多。因此，通过使用合适的包装材料和包装方法来降低污染可能性是很重要的。当烟熏完成时，鱼在包装之前应迅速冷却至环境温度或更低，否则鱼肉会松弛、潮湿、发酸或发霉，冷却过慢可能会促进有害微生物的生长。包装过后，烟熏鱼制品应立即冷藏并一直保持在约 0℃或更低的温度下，直到销售给消费者。熏鱼尤其是冷熏产品的潜在危害之一是被能产生有毒化合物的肉毒梭菌污染。适当的 NaCl 和低温足以确保在真空包装的产品保存期限内消除这种生物的生长（Huss，1980；Dufresne 等，2000）。在 4℃或 8℃，盐浓度为 1.7%（质量分数）的条件下贮藏 4 周的冷熏鳟鱼中未检测到有毒化合物（Dufresne 等，2000），且 Cann 和 Taylor（1979）在温度为 10℃，2.5%～3.5%（质量分数）NaCl 条件下贮藏的热熏鳟鱼中也没有检测到毒素。另外，真空包装是抑制肉毒梭菌生长的有效方法之一。Heinitz 和 Johnson（1998）在用 201 真空包装的熏鱼和贝类产品中未检测到肉毒梭菌的芽孢，在冷熏鲑鱼中发现 1.7%的阳性样本，其含量低于 1 个芽孢/kg（Nielsen 和 Pedersen，1967），在 64 个冷熏虹鳟鱼样本中有 3%是阳性，芽孢水平在 40～290 个芽孢/kg（Hyytia 等，1998）。

在贮藏过程中，熏鱼的微生物指标和物化品质的变化取决于干燥和烟熏的程度、包装方法以及随后贮藏的温度。与真空包装相比，气调包装可降低烟熏鲻鱼在冷藏过程中总挥发性盐基氮（TVB-N）、三甲胺（TMA）和脂质氧化产物的浓度（Ibrahim 等，2008）。在 Bilgin 等（2008）对冷热熏制的金头海鲷以及 Yanar（2007）对热熏制的鲶鱼的研究中报道了相同的结果，鱼肉的 TVB-N、TMA 和脂质氧化产物在 4℃贮藏期间显著增加。与在环境温度下贮藏相比，铝箔包装的热熏长嘴硬鳞鱼在 4℃冷藏条件下的保质期更长（Koral 等，2009）。

参考文献

Ackman，R. G.（1990）. Seafood lipids and fatty acids. *Food Review International*，6（4），617-646.

Akse，L.，Gundersen，B.，Lauritzen，K.，Ofstad，R. and Solberg，T.（1993）. *Salt fish*. Report No.

1/1993 by the Norwegian Institute of Fisheries and Aquaculture, Tromsø, Norway.

Alcicek, Z. and Atar, H. H. (2010). The effects of salting on chemical quality of vacuum packed liquid smoked and traditional smoked rainbow trout (*Oncorhyncus mykiss*) fillets during chilled storage. *Journal of Animal and Veterinary Advances*, 9, 2778-2783.

Andersen, H. J., Bertelsen, G. and Skibsted, L. H. (1990). Colour and colour stability of hot processed frozen minced beef. Results from chemical model experiments tested under storage conditions. *Meat Science*, 28, 87-97.

Andres, A., Rodriguez-Barona, S. and Barat, J. M. (2005a). Analysis of some cod-desalting process variables. *Journal of Food Engineering*, 70, 67-72.

Andres, A., Rodríguez-Barona, S., Barat, J. M. and Fito, P. (2002). Mass transfer kinetics during cod salting operation. *Food Science and Technology International*, 8 (5), 309-314.

Andres, A., Rodríguez-Barona, S., Barat, J. M. and Fito, P. (2005b). Salted cod manufacturing: influence of salting procedure on process yield and product characteristics. *Journal of Food Engineering*, 69, 467-471.

Asghar, A., Samejima, K. and Yasui, T. (1985). Functionality of muscle proteins in gelation mechanisms of structured meat-products. *Critical Reviews in Food Science and Nutrition*, 22, 27-106.

Bakowski, M., Riewe, J., Borys, A. and Straszewski, T. (1970). Effect of brine volume on salt content of bacon sides and bacon cuts. *Gospodarka Miesna*, 22 (8/9), 16-19.

Bannerman, A. and Horne, J. (2001). Recommendations for the production of smoked salmon. Torry Research Station, Torry Advisory Note 5. Aberdeen, UK, Ministry of Agriculture, Fisheries and Food.

Barat, J. M., Gallart-Jornet, L., Andres, A. *et al.* (2006). Influence of cod freshness on the salting, drying and desalting stages. *Journal of Food Engineering*, 73, 9-19.

Barat, J. M., Rodríguez-Barona, S., Andrés, A. and Fito, P. (2002). Influence of increasing brine concentration in the cod-salting process. *Journal of Food Science*, 67 (5), 1922-1925.

Barat, J. M., Rodriguez-Barona, S., Andres, A. and Fito, P. (2003). Cod salting manufacturing analysis. *Food Research International*, 36, 447-453.

Barat, J. M., Rodriguez-Barona, S., Andres, A. and Ibanez, J. B. (2004a). Modelling of the cod desalting operation. *Journal of Food Science*, 69 (4), 183-189.

Barat, J. M., Rodriguez-Barona, S., Andres, A. and Visquert, M. (2004b). Mass transfer analysis during the cod desalting process. *Food Research International*, 37, 203-208.

Barat, J. M., Rodriguez-Barona, S., Castello, M., Andres, A. and Fito, P. (2004c). Cod desalting process as affected by water management. *Journal of Food Engineering*, 61, 353-357.

Baygar, T., Alparslan, Y., Güler, M. and Okumuş, M. (2010). Effects of pickling solution on maturing and storage time of marinated sea bass fillets. *Asian Journal of Animal and Veterinary Advances*, 5, 575-583.

Beraquet, N. J., Iaderoza, M., Jardim, D. C. P. and Lindo, M. K. K. (1983). Salting of mackerel (*Scomber japonicas*) II. Comparison between brining and mixed salting in relation to quality and salt uptake. *Coletaneado Instituto de Technologia de Alimentos*, 13, 175-198.

Bilgin, S., Unlusayin, M., Izci, L. and Gunlu, A. (2008). The determination of the shelf life and some nutritional components of gilthead seabream (*Sparus aurata* L., 1758) after cold and hot smoking. *Turkish Journal of Veterinary and Animal Sciences*, 32, 49-56.

Birkeland, S., Akse, L., Joensen, S., Tobiassen, T. and Skara, T. (2007). Injection-salting of pre rigor fillets of Atlantic salmon (*Salmo salar*). *Journal of Food Science*, 72, 29-35.

Birkeland, S., Haarstad, I. and Bjerkeng, B. (2004a). Effects of salt - curing procedure and smoking temperature on astaxanthin stability in smoked salmon. *Journal of Food Science*, 69, 198-203.

Birkeland, S., Røra, A. M. B., Skåra, T. and Bjerkeng, B. (2004b). Effects of cold smoking procedures and raw material characteristics on product yield and quality parameters of cold smoked Atlantic salmon (*Salmo salar* L.) fillets. *Food Research International*, 37, 273-286.

Birkeland, S. and Skara, T. (2008). Cold smoking of Atlantic salmon (*Salmo salar*) fillets with smoke condensate-an alternative processing technology for the production of smoked salmon. *Journal of Food Science*, 73, 326-332.

Birkeland, S., Skara, T., Bjerkeng, B. and Rørå, A. M. B. (2003). Product yield and gaping in cold smoked Atlantic salmon (*Salmo salar*) fillets as influenced by different injection-salting techniques. *Journal of Food Science*, 68, 1743-1748.

Bjarnason, J. (1987). *A Manual of Fish Processing*. I. Curing of salted fish (Fisheries and Quatic Sciences No. 5323), Ottawa, Canada Institute for Scientific and Technical Information, National Research Council.

Bjørkevoll, I., Olsen, J. V. and Olsen, R. L. (2004). Rehydration of salt-cured cod using injection and tumbling technologies. *Food Research International*, 37, 925-931.

Boles, J. and Swan, E. (1997). Effects of brine ingredients and temperature on cook yields and tenderness of pre-rigor processed roast beef. *Meat Science*, 45 (1), 87-97.

Bondet, V., Cuvelier, M. E. and Berset, C. (2000). Behaviour of phenolic antioxidants in a partitioned medium: Focus on linoleic acid peroxidation induced by iron/ascorbic acid system. *Journal of the American Oil Chemists' Society*, 77, 813-818.

Botta, J. R., Bonnell, G. and Squires, B. E. (1987). Effect of method of catching and time of season on sensory quality of fresh raw Atlantic cod (*Gadus morhua*). *Journal of Food Science*, 52 (4), 928-931.

Bower, C. K., Hietala, K. A., Oliveira, A. C. M. and Wu, T. H. (2009). Stabilizing oils from smoked pink salmon (*Oncorhynchus gorbuscha*). *Journal of Food Science*, 74, 248-257.

Boyd, J. W. and Southcott, B. A. (1965). Effects of phosphates and other salts on drip loss and oxidative rancidity of frozen fish. *Journal of the Fisheries Research Board of Canada*, 22, 53.

Cadun, A. S., Cakli, D. and Kisla, D. (2005). A study of marination of deep water pink shrimp (*Parapenaeus longirostris*, Lucas, 1846) and its shelf life. *Food Chemistry*, 90, 53-59.

Caflisch, A. and Karplus, M. (1994). Molecular dynamics simulation of protein denaturation: solvation of the hydrophobic cores and secondary structure of barnase. *Proceedings of the National Academy of Sciences of the USA*, 91, 1746-1750.

Calligaris, S. and Nicoli, M. C. (2006). Effect of selected ions from lyotropic series on lipid oxidation. *Food Chemistry*, 94, 130-134.

Cann, D. C. and Taylor, L. Y. (1979). The control of the botulism hazard in hot - smoked trout and mackerel. *Journal of Food Technology*, 14, 123-129.

Capaccioni, M. E., Casales, M. R. and Yeannes, M. I. (2011). Acid and salt uptake during marinating process of *Engraulis anchoita* fillets influence of the solution : fish ratio and *aggigation. Ciência e Tecnologia de Alimentos*, 31, 884-890.

Cardinal, M., Knockaert, C., Torrissen, O. *et al.* (2001). Relation of smoking parameters to yield, colour and sensory quality of smoked Atlantic salmon (*Salmo salar*). *Food Research International*, 34, 537-550.

Chaijan, M. (2011). Physicochemical changes in tilapia (*Oreochromis niloticus*) muscle during salting. *Food Chemistry*, 129, 1201-1210.

Chen, B. H. and Lin, Y. S. (1997). Formation of polycyclic aromatic hydrocarbons during processing of duck meat. *Journal of Agricultural and Food Chemistry*, 45, 1394-1403.

Chiralt, A., Fito, P., Barat, J. M. *et al.* (2001). Use of vacuum impregnation in food salting process. *Journal of Food Engineering*, 49, 141-151.

Clifford, M. N., Tang, S. L. and Eyo, A. A. (1980). Smoking of food. *Process Biochemistry*, (June/July), 8-11.

Codex Stan 150 (1985). *Codex Standard for Food Grade Salt*, Food Agriculture Organization (FAO), Rome, Italy.

Conde, F. J., Afonso, A. M., González, V. and Ayala, J. H. (2006). Optimization of an analytical methodology for the determination of alkyl-and methoxy-phenolic compounds by HS-SPME in biomass smoke. *Analytical and Bioanalytical Chemistry*, 385, 1162-1171.

Curtis, R. A. and Lue, L. (2006). A molecular approach to bioseparations: protein-protein and protein-salt interactions. *Chemical Engineering Science*, 61, 907-923.

Daun, H. (1972). Sensory properties of phenolic compounds isolated from curing smoke as influenced by its generation parameters. *Lebensmittel-Wissenschaft und-Techologies*, 5, 102-105.

Daya, S., Walker, R. B. and Anoopkumar-Dukie, S. (2000). Cyanide-induced free radical production and lipid peroxidation in rat brain homogenate is reduced by aspirin. *Metabolic Brain Disease*, 15, 203-210.

Dillon, R. and Patel, T. (1993). Effect of cold smoking and storage temperatures on *Listeria monocytogenes* in inoculated cod fillets (*Gadus morhua*). *Food Research International*, 26, 97-101.

Doe, P. E., Hashmi, R., Poulter, R. G. and Olley, J. (1982). Isohalic sorption isotherms. I. Determination for dried salted cod (*Gadus morhua*). *Journal of Food Technology*, 17, 125-134.

Doe, P., Sikorski, Z., Haard, N. F., Olley, J. and Pan, B. S. (1998). Basic principles, in *Fish drying and smoking: Production and quality* (ed. P. Doe), Technomic Publishing Company Inc., Lancaster, Pennsylvania, USA, pp. 13-45.

Dore, I. (1993). *The Smoked and Cured Seafood Guide* (Chapter 1), Urner Barry Publications, Inc., New Jersey.

Dufresne, I., Smith, J. P., Liu, J. N. *et al.* (2000). Effect of films of different oxygen transmission rate on toxin production by *Clostridium botulinum* type E in vacuum packaged cold and hot smoked trout fillets. *Journal of Food Safety*, 20, 251-268.

Duyar, H. and Eke, E. (2009). Production and quality determination of marinade from different fish species. *Journal of Animal and Veterinary Advances*, 8, 270-275.

Efiuvwevwere, B. J. and Ajiboye, M. O. (1996). Control of microbiological quality and shelf-life of catfish (*Clarias gariepinus*) by chemical preservatives and smoking. *Journal of Applied Bacteriology*, 80, 465-470.

Emborg, J. and Dalgaard, P. (2006). Formation of histamine and biogenic amines in cold-smoked tuna: An investigation of psychrotolerant bacteria from samples implicated in cases of histamine fish poisoning. *Journal of Food Protection*, 69, 897-906.

Erikson, U., Veliyulin, E., Singstad, T. E. and Aursand, M. (2004). Salting and desalting of fresh and frozen-thawed cod (*Gadus morhua*) fillets: a comparative study using ^{23}Na NMR, ^{23}Na MRI, low-fisld ^{1}H NMR, and physicochemical analytical methods. *Journal of Food Science*, 69, 107-114.

Ernawati, E., Purnomo, H. and Estiasih, T. (2012). Antioxidant effect of liquid smoke on oxidation stability of catfish (*Clarias gariepinus*) smoke sausage during storage. *Journal Teknologi Pertanian*, 13, 119-124.

Espe, M., Nortvedt, R., Lie, Ø. and Hafsteinsson, H. (2002). Atlantic salmon (*Salmo salar*) as raw material for the smoking industry. II: Effect of different smoking methods on losses of nutrients and on the oxidation of lipids. *Food Chemistry*, 77, 41-46.

FAO (1992) *Small - Scale Food Processing - A Guide for Appropriate Equipment*. London: Intermediate Technology.

FAO (1983). Cured fish: market patterns and prospects. *Fisheries Technical Papers* 233, 1-10.

FAO (2001). *Torry Advisory Note No.* 56. *Marinades*, Food and Agriculture Organization, Rome, Italy.

FAO (2010). *Yearbook-Fishery and Aquaculture Statistics*, Food and Agriculture Organization, Rome, Italy, pp. 37-52.

FAO (2012). *The State of the World Fisheries and Aquaculture*, Food and Agriculture Organization, Rome, Italy, pp. 14-64. http://www.fao.org/docrep/016/i2727e/i2727e00.htm [accessed 30 May 2013].

FDA (2001). Chapter 13: *Clostridium botulinum* toxin formation, in *Fish and Fisheries Products Hazards and Control Guide*, 3rd edn, Office of Seafood, Food and Drug Administration, Department of Health and Human Services, US Government Printing Office, Washington, DC.

Fennema, O. R. (1990). Comparative water holding properties of various muscle foods. A critical review relating to definitions, methods of measurement, governing factors, comparative data and mechanistic matters. *Journal of Muscle Foods*, 1, 363-381.

Fretheim, K., Granum, P. E. and Vold, E. (1980). Influence of generation temperature on the chemical composition, antioxidative and antimicrobial effects of wood smoke. *Journal of Food Science*, 45, 999-1002.

Fuentes, A., Fermandez-Segovia, I., Serra, J. A. and Barat, J. M. (2007). Influence of the presence of skin on the salting kinetics of European sea bass. *Food Science and Technology International*, 13, 199-205.

Gallart-Jornet, L., Barat, J. M., Rustad, T. *et al.* (2007a). A comparative study of brine salting of Atlantic cod (*Gadus morhua*) and Atlantic salmon (*Salmo salar*). *Journal of Food Engineering*, 79 (1), 261-270.

Gallart-Jornet, L., Barat, J. M., Rustad, T. *et al.* (2007b). Influence of brine concentration on Atlantic salmon fillet salting. *Journal of Food Engineering*, 80 (1), 267-275.

Gallart-Jornet, L. and Lindkvist, K. B. (2007). The Spanish salt fish market-a challenge to the Norwegian salt fish industry. Proceedings of the Torskefiskkonferanse [Groundfish Conference], Tromsø, 7 November 2007.

Gill, T. A., Chan, J. K., Phonchreon, K. F. and Paulson, A. T. (1992). Effect of salt concentration and temperature on heat-induced aggregation and gelation of fish myosin. *Food Research International*, 25, 333-341.

Hanne, L., Jensen, K. N., Hylding, G., Nielsen, H. H. and Nielsen, J. (2007). Changes in liquid-holding capacity, water distribution and microstructure during chilled storage of smoked salmon. *Journal of the Science of Food and Agriculture*, 87, 2684-2691.

Hassan, I. M. (1988). Processing of smoked common carp fish and its relation to some chemical, physical and organoleptic properties. *Food Chemistry*, 27, 95-106.

Heinitz, M. L. and Johnson, J. M. (1998). The incidence of *Listeria* spp., *Salmonella* spp., and *Clostridium botulinum* in smoked fish and shellfish. *Journal of Food Protection*, 61, 318-323.

Howgate, P. (1979). Fish, in *Food Microscopy* (ed. J. G. Vaughan), Academic Press, London, pp. 343-389.

Hultmann, L., Røra, A. M. B., Steinsland, I., Skara, T. and Rustad, T. (2004). Proteolytic activity and properties of proteins in smoked salmon (*Salmo salar*) -effect of smoking temperature. *Food Chemistry*,

85, 377-387.

Huss, H. H. (1980). Distribution of *Clostridium botulinum*. *Applied and Environmental Micro-biology*, 39, 764-769.

Hyytia, E., Hielm, S. and Korkeala, H. (1998). Prevalence of *Clostridium botulinum* type E in Finnish fish and fishery products. *Epidemiology and Infection*, 120, 245-250.

Ibrahim, S. M., Nassar, A. G. and El-Badry, N. (2008). Effect of modified atmosphere packaging and vacuum packaging method on some quality aspects of smoked mullet (*Mugil cephalus*). *Global Veternaria*, 2, 296-300.

Jarvis, N. D. (1988). Curing and Canning of Fishery Products: A History. *Marine Fisheries Review*, 50, 180-185.

Jittinandana, S., Kenney, P. B., Slider, S. D. and Kiser, R. A. (2002). Effect of brine concentration and brining time on quality of smoked rainbow trout fillets. *Journal of Food Science*, 67 (6), 2095-2099.

Kanner, J., German, J. B., Kinsella, J. E. and Hultin, H. O. (1987). Initiation of lipid peroxidation in biological system. *Critical Reviews in Food Science*, 25, 317-364.

Kanner, J., Harel, S. and Jaffe, R. (1991). Lipid oxidation of muscle food as affected by sodium chloride. *Journal of Agricultural and Food Chemistry*, 39, 1017-1021.

Kanner, J., Hazan, B. and Doll, L. (1988). Catalytic 'free' iron ions in muscle foods. *Journal of Agricultural and Food Chemistry*, 36, 412-415.

Kjallstrand, J. and Petersson, G. (2001). Phenolic antioxidants in alder smoked during industrial meat curing. *Food Chemistry*, 74, 85-89.

Koral, S., Kose, S. and Tufan, B. (2009). Investigating the quality changes of raw and hot smoked garfish (*Blone blone*, Gunther, 1866) at ambient and refrigerated temperatures. *Turkish Journal of Fisheries and Aquatic Sciences*, 9, 53-58.

Lauritzsen, K. (2004). Quality of salted cod (*Gadus morhua* L.) as influenced by raw material and salt composition. PhD dissertation, Norwegian College of Fishery Science, University of Tromsø.

Lauritzsen, K., Akse, L., Gundersen, B. and Olsen, R. L. (2004a). Effects of calcium, magnesium and pH during salting of cod (*Gadus morhua* L.). *Journal of the Science of Food and Agriculture*, 84, 683-692.

Lauritzsen, K., Martinsen, G. and Olsen, R. L. (1999). Copper induced lipid oxidation during salting of cod (*Gadus morhua* L.). *Journal of Food Lipids*, 6, 299-315.

Lauritzsen, K., Olsen, R. L., Akse, L. *et al.* (2004b). Physical and quality attributes of salted cod (*Gadus morhua* L.) as affected by the state of rigor and freezing prior to salting. *Food Research International*, 37, 677-688.

Leroi, F. and Joffraud, J. J. (2000). Salt and smoke simultaneously affect chemical and sensory quality of cold-smoked salmon during 5℃ storage predicted using factorial design. *Journal of Food Protection*, 63, 1222-1227.

Lindkvist, K. B., Gallart-Jornet, L. and Stabell, M. C. (2008). The restructuring of the Spanish salted fish market. *The Canadian Geographer/Le Géographe canadien*, 52 (1), 105-120.

Love, R. M. and Mackay, E. M. (1962). Protein denaturation in frozen fish. V. Development of the cell fragility method for measuring cold-storage changes in muscle. *Journal of the Science of Food and Agriculture*, 13, 200-212.

Lund, K. E. and Nielsen, H. H. (2001). Proteolysis in salmon (*Salmo salar*) during cold storage; effect of storage time and smoking process. *Journal of Food Biochemistry*, 25, 379-385.

Lyhs, U. , Bjorkroth, J. , Hyytia, E. and Korkeala, H. (1998). The spoilage flora of vacuum-packaged, sodium nitrite or potassium nitrate treated, cold-smoked rainbow trout stored at 4℃ or 8℃. *International Journal of Food Microbiology*, 45, 135-142.

Maga, J. A. (1988). *Smoke in Food Processing*. CRC Press, Inc. , Boca Raton, Florida.

Mahon, J. H. and Schneider, C. G. (1964). Minimizing freezing damage and thawing drip in fish fillets. *Food Technology*, 18, 117-118.

Martinez, O. , Salmeron, J. , Guillen, M. D. and Casas, C. (2007). Textural and physicochemical changes in salmon (*Salmo salar*) treated with commercial liquid smoke flavourings. *Food Chemistry*, 100, 498-503.

Martinez, O. , Salmeron, J. , Guillen, M. D. and Casas, C. (2011). Characteristics of dry-and brined-salted salmon later treated with liquid smoke flavouring. *Agricultural and Food Science*, 20, 217-227.

Martinez-Alvarez, O. and Gomez-Guillen, M. C. (2005). The effect of brine composition and pH on yield and nature of water-soluble proteins extractable from brined muscle of cod (*Gadus morhua*). *Food Chemistry*, 92, 71-77.

Martínez-Alvarez, O. and Gómez-Guillén, M. C. (2006). Effect of brine salting at different pHs on the functional properties of cod muscle proteins after subsequent dry salting. *Food Chemistry*, 94, 123-129.

Masniyom, P. , Benjakul, S. and Visessanguan, W. (2005). Combination effect of phosphate and modified atmosphere on quality and shelf-life of refrigerated seabass slices. *LWT-Food Science and Technology*, 38, 745-756.

Matsumoto, J. J. (1979). Denaturation of fish muscle proteins during frozen storage, in *Proteins at low temperature* (ed. O. Fennema), ACS publications, Washington, DC, pp. 205-224.

McCann, A. M. (1988). The Roman Port of Cosa. *Scientific American*, 258, 84-91.

Muratore, G. , Mazzaglia, A. , Lanza, C. M. and Licciardello, F. (2007). Effect of process variables on the quality of swordfish fillets flavoured with smoke condensate. *Journal of Food Processing and Preservation*, 31, 167-177.

Murray, J. and Burt, J. R. (1969). The composition of fish. Torry Advisory Note No. 38. Torry Research Station, Aberdeen.

Nguyen, M. V. , Arason, S. , Thorarinsdottir, K. A. , Thorkelsson, G. and Gudmundsdottir, A. (2010). Influence of salt concentration on the salting kinetics of cod loin (*Gadus morhua*) during brine salting. *Journal of Food Engineering*, 100, 225-231.

Nguyen, M. V. , Thorarinsdottir, K. A. , Gudmundsdottir, A. , Thorkelsson, G. and Arason, S. (2011). The effects of salt concentration on conformational changes in cod (*Gadus morhua*) proteins during brine salting. *Food Chemistry*, 125, 1013-1019.

Nguyen, M. V. , Thorarinsdottir, K. A. , Thorkelsson, G. , Gudmundsdottir, A. and Arason, S. (2012). Influences of potassium ferrocyanide on lipid oxidation of salted cod (*Gadus morhua*) during processing, storage and rehydration. *Food Chemistry*, 131, 1322-1331.

Nickelson, R. I. , McCarthy, S. and Finne, G. (2001). Fish, crustaceans, and precooked seafoods, in *Compendium of Methods for the Microbiological Examination of Foods* (eds F. P. Downes and K. Ito), American Public Health Association, Washington, DC, pp. 497-505.

Nielsen, S. F. and Pedersen, H. O. (1967). Studies of the occurrence and germination of *Cl. botulinum* in smoked salmon, in *Botulism 1966* (eds M. Ingram and T. A. Robers), Chapman and Hall, UK, pp. 66-72.

Offer, G. and Knight, P. (1988). The structural basis of water-holding in meat. Part 1: General principles and water uptake in meat processing, in *Developments in Meat Science* (ed. R. Lawrie), Elsevier Applied

Science, London, pp. 63-171.

Offer, G. and Trinick, J. (1983). On the mechanism of water holding in meat: the swelling and shrinking of myofibrils. *Meat Science*, 8, 245-281.

Osinchak, J. E., Hultin, H. O., Zajicek, O. T., Kelleher, S. D. and Huang, C. H. (1992). Effect of NaCl on catalysis of lipid oxidation by the soluble fraction of fish muscle. *Free Radical Biology and Medicine*, 12, 35-41.

Pedro S., A. M., Nunes, M. L. and Bernado, M. F. (2004). Pathogenic bacteria and indicators in salted cod (*Gadus morhua*) and desalted products at low and high temperatures. *Journal of Aquatic Food Product Technology*, 13 (3), 39-48.

Raoult-Wack, A. L. (1994). Recent advances in the osmotic dehydration of foods. *Trends in Food Science and Technology*, 5, 255-260.

Rhee, K. S. and Ziprin, Y. A. (2001). Pro-oxidative effects of NaCl in microbial growth-controlled and uncontrolled beef and chicken. *Meat Science*, 57, 105-112.

Rodrigues, M. J., Ho, P., Lopez-Caballero, M. E., Vaz-Pires, P. and Nunes, M. L. (2003). Characterization and identification of microflora from soaked cod and respective salted raw materials. *Food Microbiology*, 20 (4), 471-481.

Rørå, A. M. B., Kvåle, A., Mørkøre, T. *et al.* (1998). Process yield, colour and sensory quality of smoked Atlantic salmon (*Salmo salar*) in relation to raw material characteristics. *Food Research International*, 31, 601-609.

Ross, D. A. and Love, R. M. (1979). Decrease in the cold store flavour developed by fillets of starved cod (*Gadus morhua* L.). *Journal of Food Technology*, 14, 115-122.

Sannaveerappa, T., Ammu, K. and Joseph, J. (2004). Protein-related changes during salting of milkfish (*Chanos chanos*). *Journal of the Science of Food and Agriculture*, 84, 863-869.

Schmidt, F. C., Carciofi, B. A. M. and Laurindo, J. B. (2008). Salting operational diagrams for chicken breast cuts: Hydration-dehydration. *Journal of Food Engineering*, 88, 36-44.

Serot, T. and Lafficher, C. (2003). Optimisation of solid-phase microextraction coupled to gas chromatography for determination of phenolic compounds in smoked herring. *Food Chemistry*, 82, 513-519.

Shearer, D. K. (1994). Factors affecting the proximate composition of cultured fishes with emphasis on salmonids. *Aquaculture*, 119, 63-88.

Shomer, L., Weinberg, Z. G. and Vasilever, R. (1987). Structural binding properties of silver carp (*Hypophthalmichthys molitrix*) muscle affected by NaCl and $CaCl_2$ treatments. *Food Microstructure*, 6, 199-207.

Sigurgisladottir, S., Sigurdardottir, M. S., Ingvarsdottir, H., Torrissen, O. J. and Hafsteinsson, H. (2001). Microstructure and texture of fresh and smoked Atlantic salmon, *Salmo salar* L., fillets from fish reared and slaughtered under different conditions. *Aquaculture Research*, 32, 1-10.

Sigurgisladottir, S., Sigurdardottir, M. S., Torrasen, O., Vallet, J. L. and Hafsteinsson, H. (2000). Effects of different salting and smoking processes on the microstructure, the texture, and yield of Atlantic salmon (*Salmo salar*) fillets. *Food Research International*, 33, 847-855.

Simon, R., de la Calle, B., Palme, S., Meier, D. and Anklam, E. (2005). Composition and analysis of liquid smoke flavouring primary products. *Journal of Separation Science*, 28, 871-882.

Skjerdal, O. T., Pedro, S. and Serra, J. A. (2002). Improved quality and shelf life of desalted cod, an easy-to-use product of salted cod. Final Report to the European Commission. FAIR Project CT98-4179.

Sotelo, C. G., Piñeiro, C. and Pérez-Martín, R. I. (1995). Denaturation of fish protein during frozen storage: role of formaldehyde. *Zeitschrift fuer Lebensmittel Untersuchung und-Forschung*, 200, 14-23.

Stefansson, G. and Hultin, H. O. (1994). On the solubility of cod muscle proteins in water. *Journal of Agricultural and Food Chemistry*, 42, 2656-2664.

Stewart, K. M. (1994). Early hominid utilization of fish resources and implications for seasonality and behaviour. *Journal of Human Evolution*, 27, 229-245.

Suñen, E., Aristimuno, C. and Fernandez-Galian, B. (2003). Activity of smoke wood condensates against *Aeromonas hydrophila* and *Listeria monocytogenes* in vacuum-packed, cold-smoked rainbow trout stored at 4℃. *Food Research International*, 36, 111-116.

Szymczak, M. (2011). Comparison of physicochemical and sensory changes in fresh and frozen herring (*Clupea harrengus*) during marinating. *Journal of the Science of Food and Agriculture*, 91, 68-74.

Thorarinsdottir, K. A. (2010). The influence of salting procudures on the characteristics of heavy salted cod. PhD dissertation. Lund University, Sweden.

Thorarinsdottir, K. A., Arason, S., Bogason, S. G. and Kristbergsson, K. (2001). Effects of phosphate on yield, quality, and water-holding capacity in the processing of salted cod (*Gadus morhua*). *Journal of Food Science*, 66, 821-826.

Thorarinsdottir, K. A., Arason, S., Bogason, S. G. and Kristbergsson, K. (2004). The effects of various salt concentrations during brine curing of cod (*Gadus morhua*). *International Journal of Food Science and Technology*, 39, 79-89.

Thorarinsdottir, K. A., Arason, S., Geirsdottir, M., Bogason, S. G. and Kristbergsson, K. (2002). Changes in myofibrillar proteins during processing of salted cod (*Gadus morhua*) as determined by electrophoresis and differential scanning calorimetry. *Food Chemistry*, 77 (3), 377-385.

Thorarinsdottir, K. A., Arason, S., Sigurgisladottir, S. *et al.* (2011a). The effects of salt-curing and salting procedures in the microstructure of cod (*Gadus morhua*) muscle. *Food Chemistry*, 126, 109-115.

Thorarinsdottir, K. A., Arason, S., Sigurgisladottir, S., Valsdottir, T. and Tornberg, E. (2011b). Effects of different pre-salting methods on protein aggregation during heavy salting of cod fillets. *Food Chemistry*, 124, 7-14.

Thorarinsdottir, K. A., Arason, S., Thorkelsson, G., Sigurgisladottir, S. and Tornberg, E. (2010a). The effects of pre-salting methods from injection to pickling on the yields of heavily salted cod (*Gadus morhua*). *Journal of Food Science*, 75 (8), 7-14.

Thorarinsdottir, K. A., Bjørkevoll, I. and Arason, S. (2010b). Production of salted fish in Nordic countries. Variation in quality and characteristics of the salted fish products. Report no. 46-10 by the Matis-Icelandic Food Research and Biotech RandD, Reykjavik, Iceland.

Tokur, B. and Korkmaz, K. (2007). The effects of an iron-catalyzed oxidation system on lipids and proteins of dark muscle fish. *Food Chemistry*, 104, 754-760.

Toth, L. and Potthast, K. (1984). Chemical aspects of the smoking of meat and meat products. *Advances in Food Research*, 29, 87-158.

Toussaint-Samat, M. (2009). *A History of Food*, 2nd edn, Blackwell Publishers Ltd., Massachusetts, USA.

Troller, J. A. and Christian, J. H. B. (1978). *Water Activity and Food*, Academic Press, New York.

van Klaveren, F. W. and Legrende, R. (1965). Salted cod. In *Fish as Food*, vol. Ⅲ (ed. G. Borgstrom), Academic Press, New York, pp. 133-160.

Varlet, V., Knockaert, C., Prost, C. and Serot, T. (2006). Comparison of odour - active volatile compounds of fresh and smoked salmon. *Journal of Agricultural and Food Chemistry*, 54, 3391-3401.

Varlet, V., Prost, C. and Serot, T. (2007a). Volatile aldehydes in smoked fish: analysis methods, occurrence and mechanisms of formation. *Food Chemistry*, 105, 1536-1556.

Varlet, V., Serot, T., Knockaert, C. *et al.* (2007b). Organoleptic characterization and PAH content of salmon (*Salmo salar*) fillets smoked according to four industrial smoking techniques. *Journal of the Science of Food and Agriculture*, 87, 847-854.

Wang, D., Tang, J. and Correia, L. R. (2000). Salt diffusivities and salt diffusion in farmed Atlantic salmon muscle as influenced by rigor mortis. *Journal of Food Engineering*, 43, 115-123.

Ward, A. R. (1995). Fish smoking in the tropics: a review. *Tropical Science*, 35, 103-112.

Wheaton, F. W. and Lawson, T. B. (1985). *Processing Aquatic Food Products*. John Wiley & Sons Canada Ltd, Toronto, Canada.

Yanar, Y. (2007). Quality changes of hot smoked catfish (*Clarias gariepinus*) during refrigerated storage. *Journal of Muscle Foods*, 18, 391-400.

Yao, Z. and Le Maguer, M. (1996). Osmotic dehydration: an analysis of fluxes and shrinkage in cellular structure. *Transactions of the ASAE*, 39, 2211-2216.

Yashoda, K. P., Rao, R. J., Mahendrakar N. S. and Rao, D. N. (2005). Marination of sheep muscles under effect on meat texture quality. *Journal of Muscle Foods*, 16, 184-191.

Yeannes, M. I. (1991). HACCP in anchovy salting and marinating. Expert Consultation on Quality Assurance in the Fish Industry Conference, Lyngby, Denmark.

Zhang, Q., Xiong, S., Liu, R., Xu, J. and Zhao, S. (2011). Diffusion kinetics of sodium chloride in Grass carp muscle and its diffusion anisotropy. *Journal of Food Engineering*, 107, 311-318.

7 鱼类干燥

Minh Van Nguyen,[1,2] Sigurjon Arason[2,3], Trygve Magne Eikevik[4]
[1]*Faculty of Food Technology, Nha Trang University, Nha Trang, Vietnam*
[2]*Matís-Icelandic Food and Biotech R & D, Reykjavík, Iceland*
[3]*Faculty of Food Science and Nutrition, University of Iceland, Reykjavik, Iceland*
[4]*Norwegian University of Science and Technology-NTNU, Department of Energy and Process Engineering, Trondheim, Norway*

7.1 引言

干燥是许多食品企业中常用的一种热处理方法，干燥食品的需求量也呈现出迅速上升的趋势（Senadeera 等，2005），其过程大致可分为热干燥、渗透脱水、机械脱水和化学脱水。干燥是将水分含量降低到安全水平的过程，从而抑制酶、细菌、酵母和霉菌的作用（Janjai 和 Bala，2012）。在食物干燥时，加热对微生物和酶活性也有重要影响（Rahman，2006）。对食品行业干燥过程的研究有三个目的：经济利益、环境问题及产品质量问题（Okos 等，1992）。在许多农业国家，为了提高保质期、降低包装成本、减小运输重量、改善外观、封装原始风味以及保持营养价值，企业会对大量的食品进行干燥（Sokhansanj 和 Jayas 1987；Chou 和 Chua 2001）。大多数工业化国家用于干燥的能源占工业总能源的 7%~15%，而热效率通常较低，在 25%~50%（Sokhansanj 和 Jayas 1987；Chou 和 Chua 2001），在一些高度工业化的国家，超过三分之一的一次能源被用于干燥操作（Dirk 和 Markus，2004）。

7.2 干燥原理

7.2.1 干燥过程中的质量和热量传递

干燥是一个复杂的过程，会同时发生耦合的瞬态热量、质量和动量传输，在这个过程中热量渗透进鱼肌肉中，导致水分被去除（Haghi 和 Amanifard，2008）。干燥过程中水分的去除包括表层水蒸气的蒸发和内部水分到表层的转移。表层水蒸气的干燥速率取决于干燥温度、空气湿度、空气流速，还取决于暴露的表面和大气压力（Mujumdar，2006）。水分从内部到表层的转移是鱼肌肉的物理化学性质和温度共同作用的结果。在鱼肌肉内水分和蒸汽的转移过程中，扩散是最重要的传质机制。扩散是由鱼肌肉内外层之间的肌肉收缩和蛋白质变性/聚集所引起的浓度和压力的差异造成的，毛细力也有助于鱼肌肉内的水分迁移。此外，由于热量和质量传递过程的热力学耦合引起的温度梯度（热梯度效应），水分在鱼肌肉内部发生转移（Gavrila 等，2008）。鱼肌肉表层的水分蒸发速率应与水从内层向表层迁移的速率保持平衡。如果鱼肌肉表面的水分蒸发过快，就会形成一层边界层，从而影响干燥过程，延长干燥时间。在干燥过程中，热量可以通过对流、传导、辐射或这些方式的共同作用从周围环境转移到鱼肌肉中，也可以通过电阻的热效应在鱼肌肉内部产生（Sahin 等，2002）。传热速率取决于空气湿度、温度、质量，还取决于传热系数与鱼肌肉内部水分和温度分布的相互作用（Gavrila 等，2008）。

7.2.2 干燥动力学

在干燥过程中，水分从鱼肌肉中被去除，导致含水率（MR）下降。含水率计算公式：

$$MR = (W - W_e)/(W_o - W_e) \tag{7.1}$$

式中 MR——含水率；

W——干燥时的含水量；

W_e——样品在干物质中的平衡含水量；

W_o——初始含水量。

干燥速率计算公式：

$$\text{干燥速率} = (W_{t+\mathrm{d}t} - W_t)/\mathrm{d}t \tag{7.2}$$

式中 $W_{t+\mathrm{d}t}$——（t+dt）时刻的水分含量；

W_t——（t）时刻的水分含量。

费克第二定律用于计算干燥过程中的有效水分扩散系数（D_{eff}），其公式为：

$$\mathrm{MR} = \frac{W - W_e}{W_o - W_e} = \frac{6}{\pi^2}\sum_{n=1}^{\infty}\frac{1}{n^2}\exp^{\left(\frac{-n^2\pi^2 D_{\mathrm{eff}}}{L^2}t\right)} \tag{7.3}$$

式中 D_{eff}——有效水分扩散系数；

L——鱼片的厚度；

n——变量（n=1，2，3……）。

当干燥时间比较长的时候 n 取 1，此时，有效水分扩散系数可以由公式得出：

$$\ln(MR) = \ln\left(\frac{W - W}{W_o - W_e}\right) = \ln\left(\frac{6}{\pi^2}\right) - \left(\frac{\pi^2 D_{\mathrm{eff}}}{L^2}t\right) \tag{7.4}$$

7.2.3 水分活度

水分活度（A_w）是指食物肌肉中水分的蒸气压（p）与该温度下纯水的饱和蒸气压（p_o）的比值。在干燥过程初期（恒速干燥阶段），由于接近食品表面的空气处于饱和状态，水分活度值接近于 1（Doe 等，1998）。在干燥过程后期（干燥速率下降阶段），水分活度下降。

水分活度对食物的保藏具有重要意义。它可以用来评估微生物生长、脂质氧化、非酶活性和酶活性，以及食品质地（Rahman 和 Labuza，2007；Belessiotis 和 Delyannis，2011）。已有研究表明，水分活度与微生物生长导致的食品品质下降有关（Scott，1957）。Rahman 和 Labuza（2007）指出，当水分活度低至 0.85~0.86 时，致病菌无法生长，而酵母菌和霉菌对水分活度降低的耐受能力较强，当水分活度为 0.62 时，它们才无法生长。干燥过程中的美拉德反应受到鱼肌肉中水分活度的强烈影响，在高温 80～130℃，水分活度为 0.65～0.70 时影响最大（Labuza 和 Saltmarch，1981）。根据产品类型和干燥方法的不同，对鱼类干制品的水分活度提出了不同要求。然而，为了避免微生物的生长，鱼类干制品的水分活度应保持在 0.60 的临界值以下（Perera 和 Rahman，1997）。

7.3 干燥方法

7.3.1 晒干

露天晒干是渔民手工制作鱼类干制品最常用的方法（Kituu 等，2010）。自古以来，自然晒干就被用于农产品加工。晒干是保存鱼类和鱼类制品最方便、最经济的加工技术（Jain 和 Pathare，2007；Immaculate 等，2012），特别是在热带和亚热带国家，那里太阳光照充足，取之不尽，用之不竭，并且利于环保（Szulmayer，1971）。然而，露天晒干的一个主要问题是灰尘以及鸟类和动物的排泄物污染造成的质量损失（Kituu 等，2010，Immaculate 等，2012）。此外，露天环境中，由于天气的不确定性，干燥过程和干燥参数难以控制，占用的干燥面积也较大（Jain 和 Pathare，2007）。

在露天晒干期间，热量通过周围空气的对流和鱼类制品表面的直接吸收和扩散辐射来转移。转移的热量部分传入到组织内，导致鱼和鱼类制品温度升高，部分用于水和蒸汽从内部到表层的转移，剩余的能量用于表面水分的蒸发或通过对流和辐射转移到周围环境中。在风力支持下，自然对流带走了鱼和鱼类制品周围空气中蒸发的水分。

7.3.2 太阳能干燥

太阳能干燥机通常用于干燥鱼和鱼类制品。太阳能干燥是晒干的一个细化延伸，并已被证明是一个高效节能系统（Zaman 和 Bala，1989；Bala，1998）。太阳能干燥不仅节能，而且非常节省时间，占用的干燥面积更小，提高了最终产品的质量，使过程更有效率，并且不会对环境造成影响（VijayaVenkataRaman 等，2012）。不同于露天晒干，太阳能干燥机是一个封闭结构，能够捕捉热量并有效地利用能量（Immaculate 等，2012）。与晒干相比，太阳能干燥的主要优点是：①在干燥过程中质量和热量的传递效率更高，从而缩短了干燥时间；②环境更为可控并且使用了最佳干燥参数，从而提高了最终产品的质量；③减少了加工过程中的损耗。

在热带和亚热带国家的不同地区，已经设计、开发和测试了各种用于干燥鱼类的太阳能干燥机（Ratti 和 Mujumdar，1997；Bala 和 Debnath，2012），其中主要有自然对流干燥机（被动干燥）和强制对流干燥机（主动干燥）两大类。在被动干燥机中，气流是由浮力推动的，而在主动干燥机中，由电力、太阳能电池板或化石燃料驱动的风扇来提供气流。由于主动干燥机中风速较高，其干燥时间比被动干燥机更短。然而，与强制对流太阳能干燥机相比，自然对流太阳能干燥机的成本更低，操作和维护也更简单（Soponronnarit，1995）。

7.3.3 热泵干燥

20世纪70年代以来，热泵干燥机已被广泛应用于商业领域，特别是在农业和食品干燥行业。相比于传统干燥，热泵干燥可以在较低的温度下更有效地运作（Filho 和 Strømmen，1996）。在热泵干燥中，显热和潜热都可以从干燥机排出的潮湿空气中回收，从而提高了整体的热力性能。热泵干燥可以在很大的温度范围内进行，为热敏材料的干燥提供了良好的条件（Hawlader 等，2006）。由于热泵干燥能耗低、性能高、效率高，因此是一种高效、环保的节能技术（Strømmen 等，2000；Braun 等，2002；Dirk 和 Markus，2004）。此外，热泵干燥不受环境天气条件的影响，并且非常环保（Perera 和 Rahman，1997）。

热泵干燥可以提高鱼类制品的品质，因为它干燥温度低，不受室外空气影响。近年来，将热泵干燥技术应用于食品和生物材料以提高最终产品质量的研究越来越多（Chou 和 Chua，2001）。通常，干制品的香味挥发性物质含量低，热不稳定性维生素损失严重，而且色泽暗化的几率很高（Perera 和 Rahman，1997）。

热泵干燥机系统由两个子系统组成：热泵和干燥机（图7.1）。在热泵系统中，工作液（制冷剂）在低压下通过接受来自干燥机的热量在蒸发器中蒸发，排出潮湿空气。压缩机提高热泵工作液的焓，并在高压下以超高温蒸汽的形式排放。在冷凝器中，热量从工作液释放到干燥的空气中，然后将工作液节流到低压管道（通过膨胀阀），并进入蒸发器完成循环。在干燥系统中，热空气和干燥空气从冷凝器中导出，通过干燥室时向湿物料释放热量，并从中带走水分，然后通过对流传递到空气中，离开干燥室的潮湿空气通过蒸发器，当空气温度低于露点时，空气中的湿气将凝结成水，经过蒸发器后的空气，再经过冷凝器重新加热，重新加热的空气再次进入干燥室。

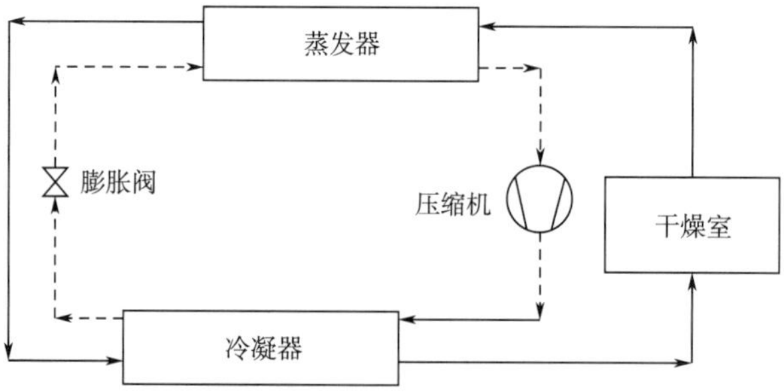

图7.1 热泵干燥系统的原理图解

7.3.4 冷冻干燥

自19世纪末以来，冷冻干燥（冻干）被广泛应用于食品干燥（Babic 等，2009），这是一种区别于传统的依靠毛细运动和液态水蒸发干燥的新型干燥工艺，它以冰的升华为主要干燥机制。在冷冻干燥过程中，产品中的水分在低于水三相点的温度和压力下通过升华被去除。首先，产品中的水分在预冻阶段被冻结成冰，然后在初级干燥阶段通过冰的升华而被去除。初级干燥阶段后的剩余水分通过二级干燥阶段的解吸作用继续减少（Nam 和 Song，2007）。与其他方法干燥的产品相比，冷冻干燥得到的产品具有多孔结构，收缩变化小到可被忽略，风味和香气保持良好，复水能力也得到了提高（Ratti，2001；Aguilera 等，2003）。它是保存溶液中不稳定物质的最佳方法，也是高质量产品和热敏性产品脱水的最佳方法，如高品质的食品、药品和生物医学产品（Ratti，2001）。此外，由于多达 98% 的水分被去除，冷冻干燥的食物具有非常轻的重量，降低了运输和贮藏的成本。然而，冷冻干燥的缺点是其资金成本和运行成本较高，并且加工时间较长（Hammami 等，1999）。这些成本通常会转嫁到消费者身上，这使得冻干食品的价格高于通过罐装或冷冻等其他方法保存的食品。尽管如此，因为它具有优良的品质，冷冻干燥仍被用于各种产品，从食品配料、即食食品到生物制品和医药制品。在食品加工领域，冷冻干燥已被应用于水果（Karathanos 等，1996）、鳞茎类蔬菜（Sablani 等，2007）、金枪鱼（Rahman 等，2002）、大西洋鲭鱼、马鲛鱼（Sarkardei 和 Howell，2007）和鳕鱼（Eikevik 等，2005）等许多产品。

7.3.5 渗透脱水

渗透脱水是加工脱水食品最有效的一种辅助处理方式和食品贮藏技术（Alakali 等，2006；Khan，2012），是盐渍、烟熏和腌制等传统工艺中常用的步骤（Collignan 等，2001），也可作为调味步骤与其他干燥方法相结合，以生产调味鱼类干制品（Wang 等，2011；Uribe 等，2011）。渗透脱水的优点是：①减少热量对风味和色泽的损害；②抑制酶促褐变；③降低能源成本；④延长最终产品的保质期，保质期的延长主要是由于渗透液中化学物质的作用（Petrotos 和 Lazarides，2001；Alakali 等，2006）。渗透脱水是将鱼浸泡在盐（如盐渍鱼）、糖、酸（如腌渍鱼）等浓缩渗透液中进行的脱水处理。在渗透脱水过程中，水分透过组织膜的流出与溶质的反向流入同时发生，导致鱼肌肉脱水，从而提高了鱼肌肉中的溶质浓度。溶质向鱼肌肉的扩散以及鱼肌肉的脱水导致其物理化学性质的变化，从而提高了最终产品的质量（Raoult-Wack，1994）。扩散是渗透脱水过程中最重要的传质机制（Fito，1994；Barat 等，2002），是由鱼肌肉和渗透液之间的浓度差和渗透压差（Fito，1994；Raoult-Wack，1994）以及鱼肌肉内的浓度梯度差异（Erikson 等，2004）所造成的。水和溶质的扩散速率取决于多种因素，如渗透液的温度和浓度、原料的大小和几何形状、溶液与原料的质量比以及溶液的搅拌程度（Arvanitoyannis 等，2012）。目前，为了缩短处理时间，在渗透脱水系统中普遍采用真空脉冲。真空脉冲可通过流体力学机制促进组分的快速变化，从而提高传质速率（Fito 和 Pastor，1994；Chiralt 等，1999）。

7.4 鱼肌肉在干燥过程中的变化

7.4.1 鱼肌肉化学性质的变化

7.4.1.1 鱼肌肉蛋白

干燥过程对产品的最终特性有很大影响，主要表现为蛋白质的变性，但蛋白氮依然存在（Wu 和 Mao，2008）。干燥导致不同分子间和分子内键的形成。由于蛋白质变性，蛋白质的链展开，游离羧基和氨基暴露出来，暴露的巯基会氧化形成二硫键（Sen，2005）。此外，在干燥过程中蛋白质会形成稳定的共价键和/或发生美拉德反应（Eichner 和 Wolf，1983；Opstvedt 等，1984），其结构的改变导致溶解度和消化率下降（Wu 和 Mao，2008）。蛋白质在干燥过程中的变性取决于干燥方法和温度、风速等干燥参数。Raghunath 等（1995）观察到，当鱼在较高温度下干燥时，蛋白质溶解度降低的更快，巯基在干燥过程中有规律地急剧减少。经热风干燥和微波干燥后，草鱼鱼片中的蛋白质溶解度明显降低。然而，热风干燥鱼片的蛋白质溶解度低于微波干燥鱼片，主要是由于热风干燥过程中蛋白质变性水平较高，形成稳定的共价键和/或发生美拉德反应（Wu 和 Mao，2008）。

7.4.1.2 鱼肌肉脂质

脂质是决定鱼类干制品功能和感官特性的重要成分。干燥过程中的脂质变化会导致产品的质量下降，如鱼肌肉中的脂质分解和脂质氧化。此外，酶（如脂肪酶和磷脂酶）引起的脂解反应会导致游离脂肪酸增加，游离脂肪酸进一步氧化生成低分子量化合物，从而导致酸败味的产生以及色泽和质地的恶化（Toyomizu 等，1981；Selmi 等，2010），并且脂质氧化产物会对人体产生危害。在干燥过程中，水分活度和氧含量对脂质氧化具有重要作用。低水分活度会加速脂质氧化（Sun 等，2002），当水分活度在 0.3 左右时，抗氧化能力最强（Rahman，2008）。氧对脂质氧化的影响与产物的孔隙率有关。冻干食品有较高的孔隙率，因此，与其他干燥产品相比，冻干产品在贮藏过程中更容易氧化（Rahman 等，2002）。过氧化值（PV）和硫代巴比妥酸反应产物（TBARS）是主要的脂质氧化指标。这些数值随干燥方法和干燥参数的不同而有显著差异。经过热风干燥和太阳能干燥后，*Atherina lagunae*（一种鱼的品种）的 PV 和 TBARS 明显增加，多不饱和脂肪酸（PUFAs）均显著降低，但在太阳能干燥过程中降低得更多（Selmi 等，2010）。Shah 等（2009）也发现，在干燥鲱鱼片的过程中，鱼片中脂类物质的 PV 值、羰基值和酸值均显著升高。

7.4.2 鱼肌肉物理特性的变化

7.4.2.1 鱼肌肉的质地

质地是鱼类干制品最重要的感官属性之一（Telis 和 Telis-Romero，2005；Vega-Galvez 等，2011），是食品微观和宏观结构特征的外部反映（Aguilera 和 Stanley，1999）。干燥过程中的水分流失和鱼肌肉中蛋白质及脂质的变化都会导致质地的变化。鱼肌肉的质地变化取决于原料、干燥方法以及干燥室内空气的温度、风速、相对湿度（RH）等干燥参数。另外，质地与动物种类、脂肪成分、pH、蛋白质分解能力、性别及繁殖条件均有关。Vega-Galvez 等（2011）指出，经渗透处理的巨型鱿鱼的硬度随风干温度的升高而增大，这可能与食物中蛋白质基质的变化有关。根据 Potter 和 Hotchkiss（1998）的研究，当采用高干燥速率进行干燥时，最终干燥产品具有较大的体积和表面硬皮，而低干燥速率会使产品更加均匀密集（Brennan，1994）。采用两级干燥处理（先用过热蒸汽干燥，后用热泵干燥）得到的干虾，其质地比单级过热蒸汽干燥得到的样品更加柔软（Namsanguan 等，2004）。Tapaneyasin 等（2005）发现，相比于 70℃和 120℃干燥，使用 100℃恒定进气温度获得的干虾最大剪切力较低。

7.4.2.2 鱼肌肉的色泽

物理变化和感官品质是鱼类干制品销售环节中的重要影响因素。外观是吸引消费者购买产品的最重要因素之一。在干燥时鱼的色泽会发生显著变化（Louka 等，2004），这种变化主要是由褐变反应所造成的，褐变反应可分为酶促褐变和非酶褐变。据研究，美拉德反应和焦糖化反应是造成鱼类干制品变为黄褐色的主要原因（Louka 等，2004；Rahman，2006）。此外，脂质氧化、L-甲基-组氨酸和肌红蛋白的降解也是导致最终产品变色的重要因素（Pokorny，1981；Louka 等，2004；Guizani 等，2008）。变色的速度取决于干燥温度、干燥方法、水分含量和鱼肌肉的组成成分。与极低和极高含水量相比，中等含水量的褐变率更高（Rahman，2006）。Vega-Galvez 等（2011）发现，经渗透处理过的巨型鱿鱼在高温干燥条件下的变色更加明显，这主要是非酶褐变与蛋白质变性/聚集共同作用的结果。与真空干燥和风干的样品相比，冷冻干燥的金枪鱼的白度最高，暗度最低（Rahman 等，2002）。在真空脉冲渗透脱水的过程中，沙丁鱼片的色泽变化速率取决于温度。在整个脱水过程中，红度和黄度减小，而亮度和总色差增加（Corzo 等，2006）。用微波辅助热风脱水处理对鱼进行干燥，可以使鱼的色泽变亮，并向红色和黄色转变（Taib 和 Ng，2011）。Nguyen 等（2011）指出，在用热泵干燥机进行干燥时，腌鳕鱼的亮度增加，这可能是由于鱼肌肉的脱水以及盐晶体的形成。此外，腌鳕鱼的红色和黄色强度增加可能是由于鱼肌肉中的色素被氧气氧化。

7.4.2.3 鱼肌肉的体积

干燥的食物会因收缩或孔隙的形成而发生体积变化（Namsanguan 等，2004）。食品原料的收缩降低了干制品的质量，并给消费者留下不好的印象。鱼肌肉的收缩主要由于脱水或玻璃化转变。孔隙的形成和收缩取决于水分输送机制、外界压力、干燥方式和干燥温度。在30~38℃条件下，沙丁鱼片在渗透脱水过程中的收缩率与含水率，体积收缩与失水体积呈线性关系（Corzo 和 Bracho，2004）。如果在低于玻璃化转变温度下干燥，食物肌肉中的收缩（孔隙增多）几乎可以忽略不计。相反，如果在较高的玻璃化转变温度下进行干燥，食物肌肉会变得更加密集和干瘪（Rahman，2001）。因此，真空干燥和冷冻干燥的食品与热风干燥的食品相比，具有更高的孔隙率（Krokida 等，1998；Baysal 等，2003）。Namsanguan 等（2004）发现，与只使用过热蒸汽干燥机相比，先使用过热蒸汽干燥机再使用热泵干燥机，能使干虾的收缩率降低。另外，与在70℃及120℃中干燥的虾相比，在100℃中干燥的虾的收缩率更低（Tapaneyasin 等，2005）。干燥罗非鱼片的收缩率随微波功率和空气温度的升高而增大（Duan 等，2011），这可能是由于微波瞬间加热引起快速去水，进而导致收缩率提高（Duan 等，2005）。

7.4.3 干燥对鱼的营养特性的影响

干燥对食品的营养特性有负面影响。鱼肌肉中蛋白质和脂肪的变化会降低其营养价值。在干燥过程中发生的蛋白质变性/聚集会导致氨基酸组成、蛋白质溶解度及蛋白质消化率的变化。同样地，脂质氧化会引起脂肪酸的降解，特别是多不饱和脂肪酸［如二十碳五烯酸（EPA）和二十二碳六烯酸（DHA）］的降解。此外，脂质氧化产物还会对人体健康产生负面影响。脂质氧化产物与蛋白质成分（即氨基酸、多肽）之间的相互作用会导致蛋白质发生显著变化，并影响蛋白质的溶解度和营养价值（Surono，1991）。在干燥过程中，鱼肌肉的维生素也会减少。在传统的烟窑干燥和电炉干燥过程中，罗非鱼肌肉中不同的营养成分在高温条件下会发生不同的变化。与烟窑干燥的罗非鱼相比，电炉干燥的罗非鱼具有较高的蛋白质质量以及较低的脂质含量（Chukwu，2009）。

7.5 鱼类干制品的包装和贮藏

鱼类干制品的含水量和水分活度较低，所以在处理和贮藏过程中的主要问题是因产品表面与周围环境接触而导致的吸水和虫害侵扰（Tapaneyasin 等，2005）。吸水率取决于相对湿度、周围环境温度以及产品的含水量和水分活度。吸水使干制品的水分活度和含水量增加，促进酶的活性以及微生物的生长。为了防止水的吸附，鱼类干制品应使用气体和水蒸气渗透性低的材料进行包装。包装材料也应足够坚固，以保护产品免受损害和虫害（Davies 等，2009）。近年来，聚酯层压聚乙烯袋已普遍用于消费包装（Antony，1993）。贮藏间的温度和相对湿度对防止水的吸附以及防止产品质量的下降也具有重要作用。保持鱼类干制品的水分活度（A_w）与储存干制鱼类的空气相对湿度之间的平衡是很重要的。贮藏期间鱼类干制品质量的变化取决于贮藏条件（即温度和相对湿度）、包装方法以及包装材料。用 0.0254mm 低密度聚乙烯（LDPE）覆盖的高密度聚乙烯（HDPE）编织角袋可用于鱼类干制品的包装，因为高密度聚乙烯不受微生物和虫害的影响（Gopal 和 Shankar，2011）。用低密度聚乙烯包装的、储存在温度为 27~30℃ 和相对湿度为 80%~90% 条件下的干小银鱼的保存期限制在 12 周。然而在相同的储存条件下，用普通聚酯聚乙烯层压板的保存期限可延长至 32 周（Gopal 等，1994）。真空包装和气调包装是目前被消费者所接受的比较流行且有效的包装方法。请注意，鱼类干制品在包装前需要冷却，以防止水蒸气在食品和包装材料表面凝结（Sveinsdottir，1998）。

参考文献

Aguilera, J. M. and Stanley, D. W. (1999). *Microstructural principles of food processing and engineering*, 2nd edn, Aspen Publishers, Gaithersburg.

Aguilera, L. M., Chiralt, A. and Fito, P. (2003). Food dehydration and structure. *Trends in Food Science and Technology*, 14, 432-437.

Akpinar, E. K., Bicer, Y. and Midilli, A. (2003). Modelling and experimental study on drying of apple slices in a convective cyclone dryer. *Journal of Food Engineering*, 26, 515-521.

Alakali, J. S., Ariahu, C. C. and Nkpa, N. N. (2006). Kinetics of osmotic dehydration of mango. *Journal of Food Processing and Preservation*, 30, 597-607.

Antony, K. P. (1993). Packaging of dried fish and dried fish products for export and internal markets, in *Fish packaging technology-Materials and methods* (ed. K. Gopakumar), Concept Publishing Company, India, pp. 201-207.

Arvanitoyannis, I. S., Veikou, A. and Panagiotaki, P. (2012). Osmotic dehydration: theory, methodologies, and applications in fish, seafood, and meat products, in *Progress in Food Preservation* (eds R. Bhat, A. K. Alias and G. Paliyath), Wiley-Blackwell, John Wiley & Sons, Ltd., Chichester, pp. 161-189.

Ayuba, V. O. and Omeji, N. O. (2006). Effect of insect infestation on the shelf life of smoked dried fish. *Proceedings of the 21st Annual Conference of the Fisheries Society of Nigeria (FISON)*, 357–359.

Babic, J., Cantalejo, M. J. and Arroqui, C. (2009). The effect of freeze-drying process parameters on broiler chicken breast meat. *LWT–Food Science and Technology*, 42, 1325–1334.

Bala, B. K. (1998). *Solar Drying System: Simulation and Optimization.* Agrotech Academy, India.

Bala, B. K. and Debnath, N. (2012). Solar drying technology: potentials and developments. *Journal of Fundamentals of Renewable Energy and Applications*, 2, 1–5.

Barat, J. M., Rodríguez-Barona, S., Andrés, A. and Fito, P. (2002). Influence of increasing brine concentration in the cod-salting process. *Journal of Food Science*, 67 (5), 1922–1925.

Baysal, T., Icier, F., Ersus, S. and Yıldız, H. (2003). Effects of microwave and infrared drying on the quality of carrot and garlic. *European Food Research and Technology*, 218, 68–73.

Belessiotis, V. and Delyannis, E. (2011). Solar drying. *Solar Energy*, 85, 1665–1691.

Braun, J. E., Bansal, P. K. and Groll, E. A. (2002). Energy efficiency analysis of air cycle heat pump dryers. *International Journal of Refrigeration*, 25, 954–965.

Brennan, J. G. (1994). *Food Dehydration: A Dictionary and Guide.* Butterworth-Heinemann Ltd, Oxford.

Chiralt, A., Fito, P., Andres, A. *et al.* (1999). Vacuum impregnation: a tool in minimally processing of foods, in *Processing of Foods: Quality Optimization and Process Assessment* (eds F. A. R. Oliveira and J. C. Oliveira), CRC Press, Boca Raton, FL, pp. 314–356.

Chou, S. K. and Chua, K. J. (2001). New hybrid drying technologies for heat sensitive foodstuffs. *Trends in Food Science and Technology*, 10, 359–369.

Chua, K. J., Mujumdar, A. S., Hawlader, M. N. A., Chou, S. K. and Ho, J. C. (2001). Batch drying of banana pieces-effect of stepwise change in drying air temperature on drying kinetics and product colour. *Food Research International*, 34, 721–731.

Chukwu, O. (2009). Influences of drying methods on nutritional properties of tilapia fish (*Oreochromis nilotieus*). *World Journal of Agricultural Sciences*, 5, 256–258.

Collignan, A., Bohion, P., Deumier, F. and Poligne, I. (2001). Osmotic treatment of fish and meat products. *Journal of Food Engineering*, 49, 153–162.

Corzo, O. and Bracho, N. (2004). Shrinkage of osmotically dehydrated sardine sheets at changes moisture content. *Journal of Food Engineering*, 65, 333–339.

Corzo, O., Bracho, N. and Marval, J. (2006). Effects of brine concentration and temperature on colour of vacuum pulse osmotically dehydrated sardine sheets. *LWT–Food Science and Technology*, 39, 665–670.

Crank, J. (1975). *The Mathematics of Diffusion*, 2nd edn, Clarendon Press, Oxford.

Davies, R. M., Davies, O. A. and Abowei, J. F. N. (2009). The status of fish storage technologies in Niger delta Nigeria. *American Journal of Scientific Research*, 1, 55–63.

Dincer, I. (1998). Moisture transfer analysis during of slab woods. *Heat Mass Transfer*, 34, 17–20.

Dirk, B. and Markus, S. (2004). Heat pump drying (HPD) – how refrigeration technology provides an alternative for common drying challenges. *Ki-luft-und Kaltetechnik*, 40, 140–144.

Doe, P., Sikorski, Z., Haard, N., Olley, J. and Pan, B. S. (1998). Basic principles, in *Fish drying and Smoking: Production and Quality* (ed. P. E. Doe), Technomic Publishing Company, Inc., Pennsylvania, USA, pp. 13–45.

Duan, Z. H., Jiang, L. N., Wang, J. L., Yu, X. Y. and Wang, T. (2011). Drying and quality characteristics of tilapia fish fillets dried with hot air-microwave heating. *Food and Bioproducts Processing*, 89,

472-476.

Duan, Z. H., Zhang, M. and Hu, Q. G. (2005). Characteristics of microwave drying of bighead carp. *Drying Technology*, 23, 637-643.

Eichner, K. and Wolf, W. (1983). Maillard reaction products as indicator compounds for optimizing drying and storage condition, in *The Maillard Reaction in Foods and Nutrition* (eds G. R. Waller and M. S. Feather), ACS Publication, Washington, DC, pp. 317-333.

Eikevik, T. M., Strømmen, I., Alves-Filho, O. and Hemmingsen, A. K. T. (2005). Effect of operating conditions on atmospheric freeze dried cod fish. Paper XIII-3. Proceedings of IADC 2005-3rd Inter-American Drying Conference, 21-23 August 2005.

Erikson, U., Veliyulin, E., Singstad, T. E. and Aursand, M. (2004). Salting and desalting of fresh and frozen-thawed cod (*Gadus morhua*) fillets: a comparative study using ^{23}Na NMR, ^{23}Na MRI, low-field ^{1}H NMR, and physicochemical analytical methods. *Journal of Food Science*, 69, 107-114.

Filho, O. A. and Strømmen, I. (1996). The application of heat pump in drying of biomaterials. *Drying Technology*, 14, 2061-2090.

Fito, P. (1994). Modeling of vacuum osmotic dehydration of food. *Journal of Food Engineering*, 22, 313-328.

Fito, P. and Pastor, R. (1994). On some non-diffusional mechanism occurring during vacuum osmotic dehydration. *Journal of Food Engineering*, 21, 513-519.

Gavrila, C., Ghiaus, A. G. and Gruia, I. (2008). Heat and mass transfer in convective drying processes. Proceedings of the 2nd COMSOL Conference, 4-6 November, Hannover.

Gopal, T. K. S., Nair, P. G. V., Kandoran, M. K., Prabhu, P. V. and Gopakumar, K. (1994). Shelf life of dried anchoviella in flexible packaging materials. *Food Control*, 9, 205-209.

Gopal, T. K. S. and Shankar, C. N. R. (2011). Quality and safety of packaging materials for aquatic products, in *Handbook of Seafood Quality, Safety and Health Applications* (eds C. Alasalvar, F. Shahidi, K. Miyashita and U. Wanasundara), Blackwell Publishing Ltd., Oxford, UK, pp. 139-154.

Guizani, N., Obaid Al-Shoukri, A., Mothershaw, A. and Rahman, M. S. (2008). Effects of salting and drying on shark (*Carcharhinus sorrah*) meat quality characteristics. *Drying Technology*, 26, 705-713.

Haghi, A. K. and Amanifard, N. (2008). Analysis of heat and mass transfer during microwave drying of food products. *Brazilian Journal of Chemical Engineering*, 25, 491-501.

Hammami, C., René, F. and Marin, M. (1999). Process-quality optimization of the vacuum freeze drying of apple slices by the response surface method. *International Journal of Food Science and Technology*, 34, 145-160.

Hawlader, M. N. A., Perera, C. O. and Titan, M. (2006). Properties of modified atmosphere heat pump dried foods. *Journal of Food Engineering*, 74, 392-401.

Immaculate, J., Sinduja, P. and Jamila, P. (2012). Biochemical and microbial qualities of *Sardinella fimbriata* sun dried in different methods. *International Food Research Journal*, 19, 1699-1703.

Jain, D. and Pathare, P. B. (2007). Study the drying kinetics of open sun drying of fish. *Journal of Food Engineering*, 78, 1315-1319.

Janjai, S. and Bala, B. K. (2012). Solar drying technology. *Food Engineering Reviews*, 4, 16-54.

Karathanos, V. T., Anglea, S. A. and Karel, M. (1996). Structure collapse of plant materials during freeze drying. *Journal of Thermal Analysis*, 46, 1541-1551.

Khan, M. R. (2012). Osmotic dehydration technique for fruits preservation-a review. *Pakistan Journal of Food*

Sciences, 22, 71-85.

Kituu, G. M., Shitanda, D., Kanali, C. L. *et al.* (2010). Thin layer drying model for simulating the drying of tilapia fish (*Oreochromis niloticus*) in a solar tunnel dryer. *Journal of Food Engineering*, 98, 325-331.

Krokida, M. K., Maroulis, Z. B. and Marinos-Kouris, D. (1998). Effect of drying method on physical properties of dehydrated products. Proceedings of the 11th International Drying Symposium (IDS'98), 19-22 August, Halkidiki, Greece, pp. 809-816.

Labuza, T. and Saltmarch, M. (1981). The non-enzymatic browning reaction as affected by water in foods, in *Water Activity: Influence on Food Quality* (eds L. B. Rockland and G. F. Stewart), Academic Press, New York, USA, pp. 605-647.

Louka, N., Juhel, F., Fazilleau, V. and Loonis, P. (2004). A novel colorimetry analysis used to compare different drying fish processes. *Food Control*, 14, 327-334.

Mccabe, W. L., Smith, J. C. and Harriott, P. (1993). *Unit Operations of Chemical Engineering*, McGraw-Hill, Inc., New York, USA.

Mujumdar, A. S. (2006). Principles, classification, and selection of dryers, in *Handbook of Industrial Drying* (ed. A. S. Mujumdar), CRC Press, Boca Raton, FL, pp. 4-31.

Nam, J. H. and Song, C. S. (2007). Numerical simulation of conjugate heat and mass transfer during multi-dimensional freeze drying of slab-shaped food products. *International Journal of Heat and Mass Transfer*, 50, 4891-4900.

Namsanguan, Y., Tia, W., Devahastin, S. and Soponronnarit, S. (2004). Drying kinetics and quality of shrimp undergoing different two-stage drying processes. *Drying Technology: An International Journal*, 22, 759-778.

Nguyen, M. V., Jonsson, A., Gudjonsdottir, M. and Arason, S. (2011). Drying kinetics of salted cod in a heat pump dryer as influenced by different salting procedures. *Asian Journal of Food and Agro-Industry*, 4, 22-30.

Okos, M. R., Narsimhan, G., Singh, R. K. and Weitnauer, A. C. (1992). Food dehydration, in *Handbook of Food Engineering* (eds D. R. Heldman and D. B. Lund), Marcel Dekker, New York, USA.

Opstvedt, J., Miller, R., Hardy, R. W. and Spinelli, J. (1984). Heat induced changes in sulfhydryl groups and disulphide bonds in fish protein and their effect on protein and amino acid digestibility in rainbow trout (*Salmo gairdneri*). *Journal of Agricultural and Food Chemistry*, 32, 929-935.

Perera, C. O. and Rahman, M. S. (1997). Heat pump dehumidifier drying of food. *Trends in Food Science and Technology*, 8, 75-79.

Petrotos, K. B. and Lazarides, H. N. (2001). Osmotic concentration of liquid foods. *Journal of Food Engineering*, 49, 201-206.

Pokorny, J. (1981). Browning from lipid-protein interactions. *Progress in Food Nutrition Science*, 5, 421-428.

Potter, N. N. and Hotchkiss, J. H. (1998). *Food Science*, 5th edn, Chapter 10, Aspen Publishers Inc., Maryland.

Raghunath, M., Sankar, T. V., Ammu, K. and Devadasan, K. (1995). Biochemical and nutritional changes in fish proteins during drying. *Journal of the Science of Food and Agriculture*, 67, 197-204.

Rahman, M. S. (2001). Toward prediction of porosity in foods during drying: a brief review. *Drying Technology: An International Journal*, 19, 1-13.

Rahman, M. S. (2006). Drying of fish and seafood, in *Handbook of Industrial Drying* (ed. A. S. Mujumdar),

CRC Press, Boca Raton, FL, pp. 547–559.

Rahman, M. S. (2008). Post-drying aspects for meat and horticultural products, in *Drying Technology in Food Processing* (eds X. D. Chen and A. S. Mujumdar). Blackwell Publishing Ltd, West Sussex, UK, pp. 252–265.

Rahman, M. S., Al-Amri, O. S. and Al-Bulushi, I. M. (2002). Pores and physiochemical charac teristics of dried tuna produced by different methods of drying. *Journal of Food Engineering*, 52, 301–313.

Rahman, M. S. and Labuza, T. P. (2007). Water activity and food preservation, in *Handbook of Food Preservation* (ed. M. S. Rahman), CRC Press, Boca Raton, FL, pp. 447–476.

Raoult-Wack, A. L. (1994). Recent advances in the osmotic dehydration of food. *Trends in Food Science and Technology*, 5, 255–260.

Ratti, C. (2001). Hot air and freeze-drying of high-value foods: a review. *Journal of Food Engineering*, 49, 311–319.

Ratti, C. and Mujumdar, A. (1997). Solar drying of food: modelling and numerical simulation. *Solar Energy*, 60, 151–157.

Sablani, S. S., Rahman, M. S., Al-Kuseibi, M. K. *et al.* (2007). Influence of shelf temperature on pore formation in garlic during freeze-drying. *Journal of Food Engineering*, 80, 68–79.

Sacilik, K., Keskin, R. and Elicin, A. K. (2006). Mathematical modelling of solar tunnel drying of thin layer organic tomato. *Journal of Food Engineering*, 43, 231–238.

Sahin A. Z., Dincer I., Yilbas, B. S. and Hussain M. M. (2002). Determination of drying times for regular multi-dimensional objects, *International Journal of Heat and Mass Transfer*, 45, 1757–1766.

Sarkardei, A. and Howell, N. K. (2007). The effects of freeze-drying and storage on the FT-Raman spectra of Atlantic mackerel (*Scomber scombrus*) and horse mackerel (*Trachurus trachurus*). *Food Chemistry*, 103, 62–70.

Scott, W. J. (1957). Water relation of food spoilage microorganisms. *Advances in Food Research*, 72, 83–127.

Selmi, S., Bouriga, N., Cherif, M., Toujani, M. and Trabelsi, M. (2010). Effects of drying process on biochemical and microbiological quality of silverside (fish) *Atherina lagunae*. *International Journal of Food Science and Technology*, 45, 1161–1168.

Sen, D. P. (2005). *Advances in Fish Processing Technology*, Chapter 7. Allied Publishers Pvt. Ltd, New Delhi, India.

Senadeera, W., Bhandari, B. R., Young, G. and Wijesinghe, B. (2005). Modelling dimension shrinkage of shaped foods in fluidised bed drying. *Journal of Food Processing and Preservation*, 29, 109–119.

Shah, A. K. M. A., Tokunaga, C., Kurihara, H. and Takahashi, K. (2009). Changes in lipids and their contribution to the taste of *migaki-nishin* (dried herring fillets) during drying. *Food Chemistry*, 115, 1011–1018.

Sokhansanj, S. and Jayas, D. S. (1987). Drying of foodstuffs, in *Handbook of Industrial Drying* (ed. A. S. Mujumdar), Marcel Dekker, New York, USA, pp. 517–554.

Soponronnarit, S. (1995). Solar drying in Thailand. *Energy for Sustainable Development*, 2, 19–25.

Strømmen, I., Bredesen, A. M., Eikevik, T. *et al.* (2000). Refrigeration, air conditioning and heat pump systems for the 21st century. *Bulletin of the International Institute of Refrigeration*, 2, 2–18.

Sun, Q., Senecal, A., Chinachoti, P. and Faustman, C. (2002). Effect of water activity on lipid oxidation and protein solubility in freeze-dried during storage. *Journal of Food Science*, 67, 2512–2516.

Surono (1991). Nutritional quality changes in salted-dried mackerel (*Scomber scombrus*) and cod (*Gadus morhua*) during processing and storage. Master thesis. Department of Chemical Engineering, Loughborough University, United Kingdom.

Sveinsdottir, K. (1998). The process of fish smoking and quality evaluation. Master thesis. University of Denmark.

Szulmayer, W. (1971). From sun drying to solar dehydration I. Methods and equipment. *Food Technology in Australia*, 23, 440-443.

Taib, M. R. and Ng, P. S. (2011). Microwave assisted hot air convective dehydration of fish slice: Drying characteristics, energy aspects and colour assessment. *International Journal on Advanced Science, Engineering and Information Technology*, 1, 42-45.

Tapaneyasin, R., Devahastin, S. and Tansakul, A. (2005). Drying methods and quality of shrimp dried in a jet-spouted bed dryer. *Journal of Food Process Engineering*, 28, 35-52.

Telis, V. and Telis-Romero, J. (2005). Solids rheology for dehydrated food and biological materials. *Drying Technology*, 23, 759-780.

Toyomizu, M., Hanaoka, K. and Yamaguchi, K. (1981). Effect of release of free fatty acids by enzymatic hydrolysis of phospholipids on lipid oxidation during storage of fish muscle at 5℃. *Bulletin of the Japanese Society of Scientific Fisheries*, 47, 605-610.

Uribe, E., Miranda, M., Vega - Gálvez, A. *et al.* (2011). Mass transfer modelling during osmotic dehydration of jumbo squid (*Dosidicus gigas*): influence of temperature on diffusion coeffi cients and kinetic parameters. *Food and Bioprocess Technology*, 4, 320-326.

Vega-Galvez, A., Miranda, M., Claveria, R. *et al.* (2011). Effect of air temperature on drying kinetics and quality characteristics of osmo - treated jumbo squid (*Dosidicus gigas*). *LWT - Food Science and Technology*, 44, 16-23.

VijayaVenkataRaman, S., Iniyan, S. and Goic, R. (2012). A review of solar drying technologies. *Renewable and Sustainable Energy Reviews*, 16, 2652-2670.

Wang, Y., Zhang, M. and Mujumdar, A. S. (2011). Trends in processing technologies for dried aquatic products. *Drying Technology*, 29, 382-394.

Wu, T. and Mao, L. (2008). Influences of hot air drying and microwave drying on nutritional and odorous properties of grass carp (*Ctenopharyngodon idellus*) fillets. *Food Chemistry*, 110, 647-653.

Zaman, M. A. and Bala, B. K. (1989). Thin layer solar drying of rough rice. *Solar Energy*, 42, 167-171.

8 发酵鱼制品

Somboon Tanasupawat[1], Wonnop Visessanguan[2]
[1]*Department of Biochemistry and Microbiology, Faculty of Pharmaceutical Sciences, Chulalongkorn University, Bangkok, Thailand*
[2]*Food Biotechnology Research Unit, National Center for Genetic Engineering and Biotechnology (BIOTEC), Klong Luang, Pathum Thani, Thailand*

8.1 食品技术中关于发酵的定义

发酵是一个影响世界人类食品供应的自然过程。“发酵”一词来源于拉丁语动词“ferver”，译为“沸腾”，意指酵母将水果或发芽谷物提取物转化为酒精饮料这一发酵过程中的冒泡现象。对微生物学家来说，这个词的意思是所有通过大规模培养微生物生产产品的过程。然而对于生物化学家来说，这个词的意思是指在产能的过程中，有机化合物既作为电子供体又作为电子受体的无氧过程，在此过程中能量的产生不需要氧或其他无机电子受体的参与（Stanbury 等，1995）。

发酵食品是指原料在微生物或酶的作用下发生了有益的生化变化和显著的改变而形成的食品（Campbell-Platt，1987）。食品发酵是生物技术最传统的用途之一，这种传统的生物技术是从“天然”过程发展而来的，同时还通过使用发酵剂、改良菌种，以及利用近代的基因技术、微生物根据可以利用的营养成分和环境条件而适者生存（Campbell-Platt，1994）。

发酵技术在食品技术中占有重要地位。发酵食品产生于人类与微生物的交互环境，并在世界范围内被广泛接受。酸乳、啤酒、葡萄酒及面包等发酵食品是人们的常用食物。发酵食品（如啤酒、干酪、面包、酸乳或其他食品）中的微生物生态系统构成了全球各地人类家庭的微生物生态系统。生产发酵食品不需要了解发酵过程的生物媒介性质，因为进行发酵的生物群分布在世界各地。无论人们是否利用发酵微生物，它们都存在于环境中。食品体系中的微生物关系可以看作是一种微生物生态系统，这个系统既包括销售中的商品，也包括世界各地的家庭制作食物。发酵生态系统的主要组成部分包括：微生物（酵母菌、霉菌及细菌）、可发酵的有机物质、进行发酵的溶液、带有控制装置的容器和监测发酵过程的各种仪器。发酵食品的保藏保鲜工作由食品贮藏容器内的微生物完成（Scott 和 Sullivan，2008）。人类使用微生物发酵食物已有几千年的历史，世界各地的各种发酵食品和发酵饮料都对人类饮食有着重要贡献。

与新鲜食品相比，由于发酵剂微生物的竞争活性和代谢产物，许多发酵食品不太可能引起食品感染或中毒。然而，发酵食品仍有一定风险，如原材料受污染、巴氏杀菌不彻底、自然发酵过程控制不到位、发酵剂质量不佳、贮藏或发酵条件不合适，导致病原体存活、生长或产生毒素；或在食用前没有充分加热，这些因素都会造成风险（Nout，1994）。

8.2 世界上的发酵食品

发酵是家庭、小型食品工业及大型企业中最古老、应用最广泛的食品保鲜方法之一。虽然本土食物发酵是最古老的生物技术形式之一，但是相关微生物的发酵潜能仍有待深入研究。食品发酵微生物大多是高度驯化的，尽管很少有研究评估发酵微生物遗传基因的资源范围，或评估哪些发酵菌株值得保存下来。很多细菌和真菌发酵食品都是利用固体基质进行发酵，相关模型系统的基础研究可以为今后的研究提供必要的参考信息，有利于更有效地开发固体基质的现代生物技术。无论是使用传统技术还是采用分子技术进行基因操作，在生物技术中都有可能使用传统发酵微生物（Cook，1994）。

发酵食品是人类膳食的重要组成部分，在商业化发酵生产中最主要的原料有牛乳、肉类、大豆、鱼类和植物产品。欧洲、北美洲和非洲是发酵食品产量最高的地区。南美洲的大部分饮料和乳制品都是发酵食品，中东地区的发酵乳制品占据重要地位，印度次大陆有大量以谷物和豆科植物为原料的发酵食品，东亚和东南亚地区的最主要发酵食品是鱼类和豆类，这些发酵食品为人类提供了主要的蛋白质来源。在这些地区，谷物产品可以和豆科植物共同发酵，如在味噌生产中使用大米或大麦、大豆，在酱油生产中使用小麦与大豆。虽然很多发酵食品都是自产自销，但是世界贸易中发酵食品数量不断增长，如葡萄酒、啤酒、烈性酒、干酪、酱油及味噌（Campbell-Platt，1994）。

在西非地区，当地的发酵食品和饮料多在尼日利亚生产（Achi，2005），如发酵淀粉食品 gari，发酵谷类 ogi，发酵酒精饮料 pito、burukutu 及 obiolor，发酵豆科和油籽产品 dawadawa、iru、ogiri 及 okpiye，发酵动物蛋白产品 nono 及 yoghurt（酸乳）等。在北非，人们分离到多种乳酸菌（LAB），并将其应用在不同地区的传统摩洛哥软白干酪制作过程中（Ouadghiri 等，2005）。苏丹有很多发酵牛乳产品，如 rob（发酵牛乳）、zabadi（酸乳）、gariss（发酵骆驼乳）、gibna bayda（白干酪）、gibna mudafra（白泡菜干酪）和 mish（含香料的发酵乳制品）等（Mohammed Salih 等，2011）。

在东亚地区，大多数发酵食品是非乳制品，多是采用谷物、大豆、水果、蔬菜以及鱼类和其他海产品等原料（Rhee 等，2011）。传统的澄清酒精饮料在中国称为黄酒，在韩国称为 cheongju（清酒），而日本称为 sake（清酒），其酒精含量约为 15%，都可称为 rice-wine（米酒）；而混浊酒精饮料，如韩国的 takju（或称 maggolli）和菲律宾的 tapuy，其酒精含量都低于 8%且含有不溶性的悬浮固体和活酵母，称为 rice-beer（米制啤酒）。韩国人会制作发酵蔬菜如 kimchi，使用大蒜、红辣椒、葱、姜和盐等原料腌制蔬菜来保持其新鲜、酥脆的质地（Rhee 等，2011）。在亚洲南部和东南部地区，以碳水化合物为原料制作包括米酒、发酵棕榈酒及名为 tapai（泰贝）的发酵食品。类似的产品还有孟加拉国的 bangla mad、cholai 和 tari，不丹的 ara；印度的 arrack（亚力酒）、desi sharab、tari、tharra、toddy 及 fenny；印度尼西亚的 palm wine（棕榈酒）；尼泊尔的 raksi、tadi 及 chayang tomb；斯里兰卡的 toddy 及 arrack（亚力酒）；泰国的 oou、sato 及 krachae；马来西亚的 tuak（椰花酒）、tapai Sabah、arrack（亚力酒）及 samsu（三蒸酒）；以及菲律宾的 tapuy 及 ruou nep than。（Blandino 等，

2003；WHO，2004；Aidoo 等，2006；Chiang 等，2006；Law 等，2011）。

8.3 乳酸发酵

乳酸菌是革兰阳性菌，无孢子，呈棒状或球菌，不接触血红素时呈过氧化氢酶阴性，通常无法移动，部分菌株具有硝酸盐还原能力。乳酸菌利用葡萄糖发酵，可以进行同型乳酸发酵，产生 85% 以上的乳酸，或者异型乳酸发酵，产生乳酸、二氧化碳、乙醇和/或等摩尔的乙酸（Dworkin 等，2006）。同型乳酸发酵菌株通过糖酵解途径（Embden-Meyerhof-Parnas，EMP）进行发酵，每摩尔葡萄糖产生 2mol 的乳酸，产生的能量大约是异型发酵菌株的两倍。所制备的乳酸光学异构体可以只有 L（+）或 D（-），或不同比例的 L（+）和 D（-）的混合物。L（+）和 D（-）这两种同分异构体均可被肠道吸收，L（+）作为呼吸的能量来源，D 型乳酸不能被人类代谢，婴幼儿不宜摄入（Nakazawa 和 Hosono，1992；Caplice 和 Fitzgerald，1999）。属于 *Lactobacillus*（乳杆菌属）、*Enterococcus*（肠球菌属）、*Lactococcus*（乳球菌属）、*Tetragenococcus*（四叠球菌属）、*Aerococcus*（空气球菌属）、*Vagococcus*（葡萄球菌）、*Pisciglobus*（雌蕊球藻）及 *Carnobacterium*（肉芽肿杆菌属）的菌株生产 L-乳酸；*Leuconostoc*（明串珠菌属）及部分 *Lactobacillus*（乳杆菌属）的菌株生产 D-乳酸；而 *Pediococcus*（片球菌属）、部分 *Lactobacillus*（乳杆菌属）及 *Weissella* 则生产 DL-乳酸（Axelsson，2004；Tanasupawat 等，2011b）。

大多数发酵食品，如西方常见的产品及许多其他来源的发酵特征不明显的产品，都是使用乳酸菌进行发酵的。这些细菌分解代谢碳水化合物的最终产物不仅有助于产品的保存，而且有助于改善味道、香气和组织状态。由于乳酸菌具有独特的代谢特性，它可参与许多牛乳、肉类、谷物及蔬菜的发酵。在制作干酪、酸乳、面包、gari（木薯粉团）、idli（印度蒸米糕）、mahewu（发酵玉米粥）、ogi、酱油、nan（巴基斯坦发酵面包）、sausages（香肠）、kimchi（泡菜）、酸菜及泡菜的过程中起到重要作用，乳酸菌对于不同国家的发酵食品都很重要。尽管许多传统发酵依赖于前一批产品的接种，但发酵剂也成为一种商业产品，如干酪制造过程使用发酵剂，从而确保发酵过程和产品质量的一致性（Caplice 和 Fitzgerald，1999）。盐腌过程常伴有乳酸发酵和酒精发酵，不仅利于保存，还可杀死致病菌和寄生虫（Steinkraus，1993）。此外，在食品生物保存中还可利用乳酸菌生成过氧化氢、二氧化碳、双乙酰广谱抗菌剂（如罗氏菌素）及细菌素等机制（de Vuyst 和 Vandamme，1994；Pakdeeto 等，2003）。

乳酸发酵作为一种提高食物品质、安全性及保质期的低成本方法，在热带国家具有广泛应用，植物和动物原料可以经发酵制成各种各样的食物（Nout 和 Sarkar，1999）。低盐食品发酵过程中应用最广泛的微生物即为乳酸菌，它们将大部分碳水化合物转化为乳酸和少量乙酸，导致体系内 pH 较低（Campbell-Platt，1987）。同型乳酸发酵菌株如戊糖乳杆菌（*Lactobacillus pentosus*）、植物乳杆菌（*Lb. plantarum*）、清酒乳杆菌（*Lb. sakei*）、香肠乳杆菌（*Lb. farciminis*）、酸鱼乳杆菌（*Lb. acidipiscis*），以及其他乳杆菌、戊酸片球菌（*Pediococcus pentosaceus*）、嗜酸单胞菌（*P. acidilactici*）、嗜盐四联球菌（*Tetragenococcus halophilus*）和嗜酸杆菌（*T. muriaticus*）存在于各种发酵食品中，它们将乳酸作为主要发酵产品

(Tanasupawat 和 Komagata，2001)。此外，还发现了牛痘小芽孢杆菌（*Lb. vaccinostercus*）、发酵小芽孢杆菌（*Lb. fermentum*）、短链小芽孢杆菌（*Lb. brevis*）、其他乳杆菌、融合魏斯菌（*Weissella confusa*）、泰国魏斯菌（*W. thailandensis*）和肠膜明串珠菌（*Leuconostoc* sp.）等异型发酵菌株，它们能产生少量乳酸。发酵食品中产生 DL-乳酸的戊糖乳杆菌（*Lb. pentosus*）和植物乳杆菌（*Lb. plantarum*）菌株是主要的杆状乳酸菌。虽然戊糖片球菌（*P. pentosaceus*）菌株是主要的球菌，但是嗜盐链球菌菌株也出现在了含有高浓度的盐的产品中。近年来，产 L-乳酸的香肠乳杆菌（*Lb. farciminis*）、酸鱼乳杆菌（*Lb. acidipiscis*）、嗜盐杆菌（*T. halophilus*）和盐水四联球菌（*T. muriaticus*）以及产生 D-乳酸的泰国魏斯菌（*W. thailandensis*）均能在盐发酵鱼和酱油醪中被发现（表 8.1）（Tanasupawat 等，1998，2002）。

8.4 传统的盐/鱼发酵

“发酵鱼制品”一词是用来描述淡水鱼和海洋的鳍类、贝类和甲壳类动物的产品，这些产品是由鱼内源酶和发酵微生物酶与盐共同发酵而成，可以防止腐败（Saisithi，1994；Ruddle 和 Ishige，2010）。当有细菌参与鱼发酵过程中香气和风味物质的形成时，酶会引起组织状态的改变，从而有助于风味物质的产生（Beddows，1998）。在鱼类季节性丰富的地区需要进行鱼类保藏，当地水文系统中自然生长的淡水鱼类通常都进行发酵处理。发酵这一过程最初出现于多盐地区的农民。鱼类发酵最初发展于东亚和东南亚大陆的主要产鱼区（Ruddle 和 Ishige，2010）。东亚出产的发酵鱼种类繁多，因此按产品类型的严格分类必须限于个别国家或语言群体。

表 8.1 分离自发酵鱼和酱油醪中的乳酸菌所生产的乳酸类型

菌种	菌株	异构体比例/%		异构体类型	发酵产品
		D	L		
T. halophilus	S21-3	10.1	89.1	L	酱油醪
T. halophilus	S25-1	15.8	84.2	L	酱油醪
T. halophilus	IS20-3	0.3	99.7	L	鱼露
T. halophilus	KS11-1	0.4	99.6	L	鱼露
T. muriaticus	KS87-14	0.6	99.4	L	鱼露
Lb. acidipiscis	SR3-1	4.3	95.7	L	酱油醪
Lb. farciminis	SR18-1	13.5	86.5	L	酱油醪
Lb. pentosus	SR4-1	42.5	57.5	DL	酱油醪
Lb. plantarum	SR62-1	45.6	54.4	DL	酱油醪
Lb. acidipiscis	FS60-1	4.5	95.5	L	pla-ra
Lb. acidipiscis	FS56-1	4.1	95.9	L	pla-ra
Lb. acidipiscis	FS111	4.3	95.7	L	pla-chom

续表

菌种	菌株	异构体比例/%		异构体类型	发酵产品
		D	L		
Lb. farciminis	FS73-1	6.7	93.7	L	pla-ra
Lb. farciminis	FS47-3	11.8	88.2	L	pla-chom
Lb. pentosus	FS42-1	59.2	40.8	DL	kung-chom
Lb. farciminis	FS67-1	13.5	86.5	L	kung-chom
W. thailandensis	FS61-1	93.8	6.2	D	pla-ra
W. thailandensis	FS45-1	93.4	6.6	D	pla-ra

有些使用鱼和盐发酵制成的产品，保存了原始鱼类原料的形状，如日本的盐辛鱿鱼（shiokara）、柬埔寨咸鱼（prahok）、中国的鱼酱、印度尼西亚的 bakasam、韩国的 jeot、老挝的 pa daek、缅甸的 ngabi-gaung、菲律宾的 bagoong、泰国的 pla-ra 和越南的 ca mam。如果不添加植物成分，盐鱼混合物会产生鱼露，这是一种用作纯调味品的液体。如果将煮熟的植物成分（碳水化合物，通常只是大米）添加到鱼和盐的混合物，它就变成了日本的 narezushi（Ruddle 和 Ishige，2010），这种食物只出现在东南亚和东北亚，如泰国的 pla-som 和 pla-ra，柬埔寨的 phaak，洛阿斯的 som paa，缅甸的 nga ngapi，越南的 mam chau，菲律宾的 burong isda，马来西亚的 pekasam，印度尼西亚的 wadi、bakasem、ikan masim 和韩国的 shikhe。在孟加拉国、缅甸、印度尼西亚和菲律宾等地，发酵虾制品（如虾酱）是无盐生产的，而有些产品含盐量非常低或非常高，如泰国的 ka-pi（Phithakpol 等，1995）。常采用发酵法和晒干法这两种技术保存虾。晒干是最简单的，但它不能克服甲壳质地粗糙的问题，因此需要碾碎。然而，盐腌这种酱既可以提高口感，又可以延长保质期（Ruddle 和 Ishige，2010）。

8.4.1 发酵鱼的分类

8.4.1.1 含有大量盐的发酵鱼

几个世纪以来，盐一直被用来延长食品的保质期，以及破坏食品腐败微生物和病原体的生存环境（Stringer 和 Pin，2005）。

此外，使用盐可以允许降低防腐剂（如二氧化硫、苯甲酸）的添加量，降低酸度或使用较温和的处理方法（如加热），对产品的营养或感官品质有积极的影响。东南亚国家的渔业产品，特别是泰国的产品，可以根据主要的加工工艺和成分进行分类（Phithakpol 等，1995）。Nam-pla（鱼酱汁、鱼和盐）、ka-pi（虾酱、小虾和鱼）和 bu-du（鱼和盐）都是用鱼和高盐（19.4%~40.1%，质量分数）水解制作而成的。Tai-pla（发酵鱼内脏）和海东（发酵贻贝肉）也是由盐制成的，但盐含量［11.4%~13.5%（质量分数）］低于前面提到的产品。大多数产品是由沿海省份，特别是泰国东海岸的海鱼制成的（Phithakpol 等，1995）。

8.4.1.2 含盐和碳水化合物的发酵鱼

泰国发酵鱼有很多种，含盐［2.3%~11.0%（质量分数）］与碳水化合物，如 pla-ra（鱼、盐和烘焙米粉）、pla-som（全鱼、盐、米饭和大蒜）、pla-chao（鱼、盐和 khao-mak)、soma-fak（鱼糜、盐、米饭和大蒜）和 pla-chom（鱼、盐、大蒜和烘焙米粉），主要原料是淡水鱼和淡水虾（Phithakpol 等，1995）。然而，添加碳水化合物的目的是不同的（Saisithi，1994）。大米是微生物发酵的碳源，微生物主要是乳酸菌，赋予产品独特的风味。烘焙米饭呈棕色，不仅有香味，还能吸收多余的水分从而防止产品粘在一起（Saisithi，1994）。使用的发酵米有两种，一种是 khao-mak，即霉菌和酵母发酵；另一种是用紫红曲霉发酵而成的 ang-kak 米（Phithakpol 等，1995）。

8.4.2 世界各地发酵鱼制品

8.4.2.1 欧洲的发酵鱼制品

在欧洲的发酵鱼中，传统的腌鱼制品，如挪威的刺角鱼（rakeorret）、荷兰的 maatjes 以及斯堪的纳维亚和苏格兰的腌鲑鱼（gravad fish）使用的盐含量较低，而瑞典的鲱鱼罐头（surströmming）含盐量中等，还有包括来自斯堪的纳维亚半岛、加拿大和俄罗斯的高盐腌鲱鱼，以及来自斯堪的纳维亚半岛和芬兰的糖腌鲱鱼产品（Knochel，1993；Köse，2012）。刺角鱼的工艺流程为：把除去内脏的鱼放在容器中，覆盖上 150g/L 的盐水（或 50g/L 的糖）或 50g/L 的干盐，然后在 8~10℃ 下腌制 2~3 个月。Maatijes-herring 的工艺流程为：用 5%~10%（质量分数）盐腌制鲱鱼，在 5℃ 条件下发酵一周（Knochel，1993）。腌鲑鱼，也被称为 gravadlax 和 kryddersild，是由鲑鱼、鳟鱼或格陵兰大比目鱼（包括鲭鱼和鲱鱼）（Knochel，1993；Köse，2012）制成的，它是将含有糖和胡椒粉的鱼片叠在一起，在 5℃ 下经过 1~4d 的轻压而制成，最终产品的液相含盐量为 20~90g/L。

在真空包装的样品中，乳酸菌和热死环丝菌（*Brochotrix thermosphacta*）占主导地位（Knochel，1993）。鲱鱼罐头（surströmming）是由整条鲱鱼腌制而成：用浓盐水预腌 1~2d，用 170g/L 的盐水在 15~18℃ 发酵 2~3 周（最终液相含盐量 110~120g/L）。产品未经热处理即罐装，以便进一步分销，但应保持低温。糖渍鲱鱼是由多脂的鲱鱼［17%~25%（质量分数）脂肪］制成，将 90~100kg 鱼加上 16kg NaCl、6kg 蔗糖和香料混合后装入桶中。鱼充分吸收盐水后，用饱和盐水封住桶顶部，密封并在 4~8℃ 发酵 0.5~2.0 年。嗜盐革兰氏阴性菌、片球菌、微球菌和酵母菌均参与发酵（Knochel，1993）。经酸化处理的产品，如斯堪的纳维亚和德国的腌鲱鱼，还有英格兰的 gaffelbitar 或 tidbits，也是先将鱼片放入盐水中，加入 4%~5%（体积分数）乙酸和 12%~15%（质量分数）NaCl，浸泡 2 周后制成的（Knochel，1993），出厂前在零售包装中用淡盐水、糖和香料混合物浸泡 6 个月（Hall，2002）。发酵鱼常用的乳酸菌包括片球菌，乳杆菌和明串珠菌，均可形成组胺（Leisner 等，1994；Hall，2002）。Gracedlax 的组胺含量为 23.1~529.3mg/kg，鲱鱼罐头（surströmming）为 9.3~79.8mg/kg，香料盐渍鲱（kryddersild）为 6.2~9.0mg/kg，而其他生物胺如色胺、苯乙胺、腐胺、尸胺、酪胺、亚精胺和精胺的浓度在 1.4~969.4mg/kg（Köse 等，2012）。

8.4.2.2 非洲的发酵鱼制品

非洲的发酵鱼产品通常是整条或成块发酵，如多哥的 lanhouin 和 benin；加纳的 momone、koobi、kako 和 ewule；冈比亚的 guedj；塞内加尔的 tambadiang、yet 和 guedj；马里的 djege 和 jalan；苏丹的 fessiekh、kejeick、terkeen 和 mindeshi；乌干达的 dagaa；科特迪瓦的 gyagawere、adjonfa 和 adjuevan；乍得的 salanga（Anihouvi 等，2012）。Lanhouin、momone 和

guedj 的工艺流程：新鲜鱼经去鳞、去内脏及去鳃，使用海水或井水冲洗，放置于容器中或埋于地下熟化过夜（10~15h），然后用 20%~35%（质量分数）盐腌制鱼肉，再用 15%~25%的盐进行第二次盐腌，然后发酵 3~8d。发酵后轻轻地洗去鱼肉上残留的盐分，通常在水里加入一些油滴以在干燥过程中驱赶苍蝇，最后日晒干燥 2d 或 4d 以降低其含水量（Anihouvi 等，2012）。Momone 和 guedj 与 lanhouin 的工艺是相同的，只是发酵时间以及用盐比例不同（Anihouvi 等，2012）。在 lanhouin 中，某些芽孢杆菌属和葡萄球菌属的菌株是优势菌；芽孢杆菌、乳酸菌、片球菌、假单胞菌、克雷伯菌、德巴利酵母属、汉逊酵母属和曲霉菌均存在于 momone 中；在 guedj 中发现有变形杆菌属、希瓦菌属和芽孢杆菌属的某些菌株（Anihouvi 等，2012）。

8.4.2.3 亚洲的发酵鱼制品

鱼是发展中国家最重要的动物蛋白来源。鲜鱼通常用盐腌、熏制和晒干来保存（Saisithi，1994）。发酵的鱼和鱼制品是非常受欢迎的亚洲传统食品，尤其是鱼露，在亚洲一些地区和社会阶层中很受欢迎。

（1）南亚的发酵鱼　印度东北部是多样化饮食文化的中心，有发酵和非发酵的民族食品和酒精饮料（Tamang 等，2012）。发酵和熏制的鱼产品——ngari、hentak、dongtap、gnuchi、suka komaacha、sidra、sukuti、karati、bordia 和 lashim——由这个地区的美泰人、卡西人、莱普查人、廓尔喀人和阿萨姆人生产和消费。Ngari 是一种发酵鱼（*Puntius sophore* Hamilton），其做法是用盐摩擦鱼体，晾晒 3~4d，洗净后铺在竹席上并压紧装在陶罐中，在往陶罐装鱼之前在陶罐的内壁涂上一层芥菜油。罐密封不透气，然后鱼在室温下发酵 4~6 个月。Hentak 是一种发酵的鱼酱，用晒干的鱼粉（*Esomus danricus* Hamilton）和叶柄的混合物菊科植物（*Alocasia macrorhiza*）制得。将像厚浆糊一样的混合物做成一个球，保存在陶罐中，密封，发酵 7~9d。Tungtap 是一种发酵的鱼酱，由晒干的鱼（*Danio* spp.）和盐混合，保存在密封的陶罐发酵 4~7d 制得。

Gnuchi 是一种熏鱼（裂腹鱼，*Channa* sp.）：由脱壳鱼与盐和姜黄粉混合制成。挑选较大的鱼倒置摊在“沙坑”上，放在厨房的烤箱上面，将小鱼沿着竹条悬挂在烤箱上方 10~14d。Gnuchi 在室温下可保存 2~3 个月。Suka ko maacha 是一种烟熏鱼产品，由山河鱼类［dothay asala（*Schizothorax richardsoni* Gray）］和 chuchay asala（*Schizothorax progastus* Mcclelland）制成，收集在竹篮中，除去内脏并洗净，然后与盐和姜黄粉混合。脱去内脏的鱼被钩在竹绳上，挂在厨房的陶制烤箱上 7~10d。该方法制备的鱼产品可以保存 4~6 个月。

Sidra 是一种晒干的鱼（*Puntius sarana* Hamilton），将鱼洗净，晾晒 4~7d，室温保存 3~4 个月。Sukuti 是一种晒干的鱼（*Harpodon nehereus* Hamilton），由鱼制成，收集，洗净，用盐摩擦，阳光下晒 4~7d，保存 3~4 个月。Karati、bordia 和 lashim 都是晒干和腌制的咸鱼制品，洗净，用盐摩擦，阳光下晒 4~7d。晒干的鱼制品于室温下保存 3~4 个月后食用。Karati、bordia 和 lashim 用的鱼分别是 *Gudusia chapra* Hamilton、*Psedeutropius atherinoides* 和 *Cirrhinus reba* Hamilton。在这些鱼类产品中发现的微生物菌群包括乳酸乳球菌（*Lactococcus lactis* subsp. *cremoris*）、植物乳球菌（*Lc. plantarum*）、屎肠球菌（*Enterococcus faecium*）、粪肠球菌（*E. faecalis*）、戊糖片球菌（*P. pentosaceus*）、果糖乳杆菌（*Lb. fructosus*、*Lb. amylophilus*、*Lb. corynifomis*）、植物乳杆菌（*Lb. plantarum*）、肠膜明串珠菌（*Leuconostoc mesenteroides*）、融合魏斯菌（*Weissella confusa*）、枯草芽孢杆菌（*Bacillus subtilis*、*B. pumilus*）和微球菌

(*Micrococcus*)，以及假丝酵母（*Candida* spp.）和酿酒酵母（*Saccharomycopsis* spp.）。

在斯里兰卡，jaadi是一种高盐发酵的鱼产品，由部分水解的鱼和鱼块与成熟的藤黄豆荚（*Garcinia gamboges*）一起浸泡在鱼腌制液中发酵而成。这种产品是利用罗非鱼开发的（Lakshmi等，2010）。发酵虾膏，在孟加拉国称为nappi，发酵原料用的是一种非浮游生物，如印度对虾的幼体（*Metapenaeus monoceros*）、偏对虾和*Perapaeniopsis stylifera*。虾粉碎加盐，晒1d，然后润湿，粉碎，揉碎，再晒干（1d），有时搅拌使其颜色均匀，然后包装（Ruddle，1990）。Chepa shutki，一种半发酵鱼类产品，是使用小鱼（印度小鲤鱼/鲦鱼、Puntius stigma和P. ticto）生产的（Nayeem等，2010）。Lona ilish是一种加盐发酵鱼，由印度鲱鱼发酵制成（*Tenualosa ilisha*，Hambuch，1822）。这种产品在印度东北部和孟加拉国很受欢迎（Majumdar和Basu，2010）。

在缅甸，发酵鱼（nga-pi）是通过捣碎或研磨鱼或虾加盐，取部分混合物在太阳下晒3~4d。将混合物紧紧地压入陶罐或混凝土大桶贮藏3~6个月。有两种由不同原料制成的nga-pi：nga nga-pi由鱼制成，seinsa nga-pi或hmyin nga-pi是一种由虾制成的粉色到红色的糊状物。nga nga-pi有三种类型：nga-pi gaung由相当大的整条鱼制成；yegyo nga-pi由中、小鱼制成；还有damin nga-pi，一种用各种小鱼发酵而成的鱼肉酱。Ngan-pya-ye鱼露是用yegyo nga-pi发酵4~6个月获得的一种红褐色液体（Tyn，1993）。已从中分离到芽孢杆菌和微球菌（Tyn，2004）。此外，发酵产品由煮熟的米饭和鱼发酵制成，所用的鱼如锡箔鲃（ngachin）、斑点虾（pazunchin）、罗湖（ngagyan-chin）和羽背鱼（ngaphae-chin），pH为3.8~4.8和含有38~86g/L食盐和0.2~193.4mg/100g γ-氨基丁酸（GABA）。从中分离到植物乳杆菌（*Lb. plantarum*）、戊糖乳杆菌（*Lb. pentosus*）和香肠乳杆菌（*Lb. farciminis*），这些菌株都产GABA（Thwe等，2011）。

（2）东亚的发酵鱼　在日本，秋田县的鱼露用的原料鱼是沙鱼、沙丁鱼、鳀鱼、马鲛鱼、太平洋鲭鱼和糖虾。鱼和盐按3∶1或7∶2的比例混合，添放在瓦器里或木器里发酵或水泥罐存放12~18个月。混合物搅拌均匀，发酵过程中分次添加盐。然后，提取液体部分并煮沸，使用海沙过滤。放置几个月后，将上清液倒出并添加焦糖、酱油或植物蛋白质水解液调味品等提升其品质。香川县的ikanago（一种鱼露），是由两份黄鳝和一份酱油混合而成发酵超过100d而成的产品。在北海道地区生产的ika-shoyu和石川县Noto生产的ishiru与ika-shiokara（鱼酱）是一样的，但后者会将鱼肉进一步分解成液体（Itoh等，1993）。

在韩国，鱼和贝类酱料是由鱼和贝类制成的，如鳀鱼、大眼鲱鱼、许多小鱼以及牡蛎、蓝贻贝、虾等。其由鱼或贝类加入超过20%（质量分数）盐混合后发酵6~12个月（Park等，2005）制成。韩国发酵鱼采用以盐为固化剂的云海（yunhae）发酵法和用于微细化制备的冷却（sikhae）法。Jeot-kal是高盐发酵鱼制品，含有部分鱼水解的液体。Jeot-kal的具体名称是基于发酵所使用的原料而定，如sae-jeo是用小虾发酵而得，myeolchi-jeot用鳀鱼发酵而得。Sikhae是一种结合谷物的低盐发酵并经乳酸菌发酵而得。从jeot-kals分离到无色杆菌、芽孢杆菌、棒状杆菌、短杆菌、黄杆菌、盐杆菌、明串珠菌、微球菌、片球菌、假单胞菌等菌株（Lee等，1993）。在中国台湾，相较加工过的海产品，人们更喜欢新鲜的鱼或贝类产品，但是鱼酱、鱼露（液体上清）、海鲜酱（由鲜鱼或鲜虾加30%盐发酵而成）、蚝肉或生蚝及虾露也进入人们视野（Lee等，1993）。在中国南部和东部，有一种传统的发酵鱼鱼露，由鳀鱼（或小海鱼）和盐（鱼∶盐=3∶1）混合而成。从其中分离出耐盐、嗜盐微生物，产品中谷氨酸、赖氨酸、亮氨酸和缬氨酸含量很高（Jiang 等，2007）。

（3）东南亚的发酵鱼　在菲律宾，传统的发酵鱼包括发酵熟饭和虾（balao-balao），发酵熟饭和鱼（burong isda），发酵鱼酱（bagoong），发酵鱼露（patis），发酵小虾（alamang）和维沙扬群岛（Visayan）发酵鱼（tinabat）（Sanchez，1999）。

Balao-balao 是由虾［印度对虾（*Penaeus indicus*）或大臂虾（*Macrobrachium* spp.）］和盐（20%）制成。混合物排干前放置 2h。然后把煮熟的凉饭与虾拌在一起，比例为 1.0：4.8（无盐虾的质量：大米的质量）。在将混合物装入大口玻璃瓶之前，加入盐（3%）并充分混合。混合物在 28℃发酵 7～10d。在 28℃发酵过程中酸度的变化结果表明，pH 从 0d 的 7.52 降至 10d 时的 3.80，可滴定酸度（以乳酸计）从 0.12%增加到 2.0%，挥发性酸（如乙酸）从 0.03%到 0.1%（Sanchez，1999）。类似的产品在泰国被称为 kung-chao 或者 kung-som。在植物油中与大蒜和洋葱一起炒过之后，它可以作为酱汁或主菜食用。从中分离到肠膜明串珠菌（*Leuconostoc mesenteroides*）、啤酒片球菌（*Pediococcus cerevisiae*）和植物乳杆菌（*Lactobacillus plantarum*）菌株。Burong isda 是由不同种类的新鲜鱼类，如条纹鱼（burong dalag）、罗非鱼、海草鱼（burong bangus），加或不加紫红曲霉（*Monascus purpureus*）而制成的。鱼经去鳞，除去鳃和鳍，再从一侧劈开呈蝴蝶片状，然后洗净，再用加入 2.5%～20%的含盐米饭混合包装（含盐煮熟的米饭和鱼的比例为 35：65），28～30℃发酵 7d。布隆亿思达（Burong isda）在吕宋岛中部，特别是在潘潘加、布拉干、卡维特和埃奇亚是一种很受欢迎的传统食品。它是作为一种调味料或用植物油加大蒜和洋葱炒熟后作为一道主菜消费。在其他东南亚国家，类似产品有柬埔寨的 phaak 或 manchao，泰国的 pla-ra，马来西亚的 pekasam 和 cencalok，韩国的 sihhae 以及日本的 narezushi，在其发酵过程中分离出枯草芽孢杆菌、蜡样芽孢杆菌、短链杆菌、粪链球菌、肠膜明串珠菌、酿酒酵母、发酵乳杆菌和植物乳杆菌。

Bagoong 和 patis 的制备方法大致相似，不同之处仅在于后者是发酵直到鱼肉分解成液态。在发酵混合物中，固态为 bagoong，液相为 patis。Bogoong 是一种略带干酪味的红褐色咸酱，由 dilis（*Stolephorous* spp.）、tamban（*Sardinella fimbriate*）和 galonggong（*Decapterus* spp.）鱼制成。鱼被彻底洗净，沥干水分，根据鱼的大小按不同的比例与盐混合 1：3 到 2：7（盐：鱼）。混合物放在一个温暖的地方（40℃）发酵几个月或更长时间，直到它形成特有的味道和香气的产品。通常情况下，patis 的制作要比 bagoong 的制作时间长。分析发酵 6 个月的 patis 的化学成分表明，它的 pH 为 5.85，氯化钠含量为 26.10%，总氮含量为 2.26%，甲醛态氮含量为 1.31%，氨基氮含量为 0.31%，氨基酸态氮含量为 1.0%，乳酸含量为 0.84%。patis 含有 15 种氨基酸但没有胱氨酸和脯氨酸。主要氨基酸为赖氨酸、组氨酸和谷氨酸（sanchez，1999）。

类似的产品有印度尼西亚的 terasi、马来西亚的 belachan、泰国的 kapi、缅甸的 ngapi 和越南的 nam-ca。patis 是澄清的稻草黄色到琥珀色，具体颜色与使用鱼的种类有关。该产品是通过缓慢消化或腌鱼发酵，以及随后从水解液的液体部分分离出固体而制成的。由枯草芽孢杆菌和凝结芽孢杆菌的内源酶及鱼肠道中的酶参与鱼体蛋白质水解。细菌酶主要是负责氨基酸的脱氨和脱羧，形成较低的脂肪酸和酰胺，形成产品特有的风味。短小芽孢杆菌（*B. pumilus*）是整个发酵过程中的优势种。其他参与前期发酵的菌种有凝结芽孢杆菌（B. coagulans）、巨大芽孢杆菌（*B. megaterium*）和枯草芽孢杆菌（*B. subtilis*），后期发酵的菌种主要有地衣芽孢杆菌（*B. licheniformis*）、生皱微球菌（*Micrococcus colpogenes*）、玫瑰色微球菌（*M. roseus*），易变微球菌（*M. varians*）和葡萄球菌属的某些菌株。

印度尼西亚的发酵鱼是盐腌发酵鱼虾（pakasam、peda、pindang、terasi 和 wadi）。Pakasam 由 gabus 鱼（纹鳍乌鳢，*Ophiocephalus striatus*）或者 sepat siam（蛇皮马甲，*Trichogaster pectoralis*）与盐混合（10%～20%），然后与磨碎的烘焙米在密封容器中发酵 3～7d 制成。已从这种发酵鱼中分离出戊糖乳杆菌（*Lb. plantarum－pentosus*）、植物乳杆菌（*Lb. plantarum*）、嗜酸乳杆菌（*Lb. acidophilus*），发酵乳杆菌（*Lb. fermentum*）、嗜热链球菌（*Streptococcus thermophilus*）、魏斯菌（*Weissella*）等菌株（Rahayu，2003）。

Peda 由 kembung（*Rastreliger ectus*）与盐（20%～30%）混合制成，在密封容器中发酵 3d，清洗，然后进行第二次发酵（1～3 周）后与盐拌匀，以形成风味和口感。从中分离到植物乳杆菌（*Lb. plantarum*）、弯曲乳杆菌（*Lb. curvatus*）、鼠乳杆菌（*Lactobacillus murinus*）和嗜热链球菌（Rahayu，2003）。

Paidang 是将鱼修剪，洗净，并放在盐水中煮沸 1～2h。从中分离出了植物乳杆菌、嗜酸乳杆菌、发酵乳杆菌、乳杆菌、嗜酸杆菌、嗜热链球菌和粪肠球菌等菌株（Rahayu，2003）。

Terasi 由虾或小鱼与盐（2%～5%）混合，晒干 1～3d 制成。在该产品中发现有盐水四联球菌（*T. muriaticus*）菌株，曾有文献报道在日本和泰国发酵鱼中该菌株产生组胺（Kobayashi 等，2000，2003）。Wadi 是由贝托克/巴布亚鱼（*Anabas testudineus*）与盐（10%～20%）和发酵 3～7d。

在马来西亚，budu、pekasam、belacam 和 cincaluk 是很受欢迎的发酵渔业产品。Budu 是由小鳀鱼（*Anchoviella commerson* 和 *A. indica*）制成的。将鱼和盐混合物（2∶1 或 3∶1 的比例）放置在大混凝土桶或釉面陶制容器中，在室温下发酵 3～12 个月。成熟的 Budu 是一种含有磨碎鱼渣的深褐色液体提取物，该产品富含盐和可溶性氮化合物，具有独特的气味和风味。Kicanikan 是一种用鳀鱼以外的鱼类制成的鱼露，生产工艺类似于 budu。Pekasam 由淡水鱼或海鱼与烘焙米饭、罗望子和盐混合，发酵 2～4 周而制成的。虾酱（belacam）是由小虾（acetes 和 mysid）与 10%～15%（质量分数）的盐制成，盐虾混合物铺在草席上晒 5～8h，然后捣碎成糊状放到木桶里，发酵一周；将糊状物打成小饼状，然后再次晒干 5～8h；然后第二次切碎，再把糊状物紧紧地塞进一个球形或者其他形状的容器，发酵约一个月。Cincaluk 是由小虾（一种虾纲动物，被称为 udang geragau、udang bubok、udang bari）加盐和熟米饭发酵 20～30d 而制成的，本品呈淡粉红色，风味浓郁，有咸味。它可以和米饭一起吃，可以蘸着吃，也可以用来调味（Ismail 和 Karim，1993）。在越南，鱼露（nuoc－mam）是由鱼类（*Stolephorus* spp.、*Ristrellinger* spp.、*Engraulis* spp.、*Decapterus* spp.、*Dorosoma* spp.）与盐（3∶1 至 3∶2）一起发酵 4～12 个月制成的（Beddows，1998）。从鱼露中分离到耐盐细菌越南芽孢杆菌（Noguchi 等，2004）。

8.4.2.4 泰国的发酵鱼制品

发酵鱼制品与泰国人饮食和生活息息相关。鱼露（nam－pla）、bu－du、虾酱（ka－pi）、盐发酵鱼（pla－ra）及其他发酵鱼（pla－som、somo－fak、plachom 和 kung－chom）都是泰国人餐桌上常见的食物。发酵过程有的简单，有的复杂，但有些产品所用的材料、加工方法甚至产品成分与其他亚洲国家的相似（Phithakpol 等，1995）。

（1）Pla－som　Pla－som 是由淡水鱼［*Puntius gonionotus*（ta－pian）］加盐和米粉发酵

5~7d 而成（图 8.1a）。本产品可单独食用，也可与生菜、生姜和青葱等蔬菜一起食用。产品包含水分 62.1%~69.6%，蛋白质 16.0%~19.8%，脂肪 1.9%~8.8%，膳食纤维 0%~0.6%，灰分 4.3%~12.4%，NaCl 4.0%~10.7%，总糖（mg）痕量到 4.5%，乳酸 0.8%~2.7%，pH 4.0~5.8（Phithakpol 等，1995）。发现的微生物有戊糖乳杆菌（*Lb. pentosus*）、发酵乳杆菌（*Lb. fermentum*）、戊糖片球菌（*P. pentosaceus*）、消化乳杆菌（*Lb. alimentarius*）、香肠乳杆菌（*Lb. arciminis*）、融合魏斯菌（*W. confusa*）、植物乳杆菌（*Lb. plantarum*）、格氏乳球菌（加氏乳球菌，*Lc. garviae*）、海氏肠球菌（*Enterococcus hirae*）和克鲁斯假丝酵母（*Candida krusei*）（Suzuki 等，1987；Tanasupawat 和 Komagata，2001；Paludan-Mül 等，2002）。

（a）（b）（c）（d）

图 8.1 发酵鱼制品

注：（a）pla-som（整条鱼）；som-fak（鱼饼）；（b）pla-chom；（c）kung-chom；（d）pla-ra。

（2）Som-fak　Som-fak 是由淡水鱼［小盾鳢（*Channa micropeltes*，cha-do）、七星刀鱼（*Notopterus chitala*，kraai）、飞刀鱼（*Notopterus notopterus*，sa-laad）］的肉糜与米饭、大蒜混合后发酵 3~5d 制成的（图 8.1a）。它可以与生菜、姜、葱、辣椒和烤花生混合食用。产品含水分 62.4%~76.3%，蛋白质 15.9%~18.5%，脂肪含量为痕量~4.8%，膳食纤维 0.1%~1.0%，灰分 4.4%~4.7%，NaCl 3.6%~3.9%，乳酸 1.2%~1.5%，pH 4.1~5.2（Phithakpol 等，1995）。发现的乳酸菌有戊糖乳杆菌（*Lb. pentosus*）、植物乳杆菌（*Lb. plantarum*）、清酒乳杆菌（*Lb. sakei*）、短乳杆菌（*Lb. brevis*）、戊糖片球菌（*P. pentosaceus*）和粪肠球菌（*E. faecalis*）（Komagata，2001）。

（3）Pla-chom　Pla-chom 是由新鲜鳀鱼［*Danio* sp.、*Rasbora* sp.（siu）］、磨碎的烘焙米、盐和大蒜发酵 3~5d 而成（图 8.1b）。Pla-chom 可与米饭伴食，或者和香茅、葱头、辣椒混合食用。产品含水分 63.2%~66.7%，蛋白质 9.0%~29.0%，脂肪 2.9%~14.0%，膳食纤维 0.2%~1.0%，灰分 4.9%~13.2%，NaCl 2.6%~10.2%，乳酸 2.0%~7.8%，pH 4.4~

6.1（Phithakpol 等，1995）。它含有嗜盐四联球菌（*Tetragenococcus halophilus*）、酸鱼乳杆菌（*Lb. acidipiscis*）、戊糖乳杆菌（*Lb. pentosus*）、香肠乳杆菌（*Lb. farciminis*）、海氏肠球菌（*Enterococcus hirae*）、盐杆菌属（*Halobacillus* spp.）、肉葡萄球菌（*Staphylococcus carnosus*）等菌株（Tanasupawat 等，1998，2000；Tanasupawat 和 Komagata，2001；Taprig 等 2013），以及酿酒酵母菌株（Suzuki 等，1987）。

（4）Kung-chom　Kung-chom 是由小虾、磨碎的炒米、盐和大蒜一起发酵 3~5d 而成（图 8.1c）。它和米饭一起食用，也可以配以香茅、切碎的青葱和辣椒食用，还可作为蘸菜的调味品。产品含水分 60.7%~73.2%，蛋白质 6.8%~14.2%，脂肪 0.9%~2.8%，膳食纤维微量~1.8%，灰分 5.1%~12.2%，NaCl 3.2%~9.4%，乳酸 1.1%~3.8%，pH 3.9~4.3（Phithakpol 等，1995）。它含有乳酸菌如嗜盐四联球菌（*T. halophilus*）、戊糖乳杆菌（*Lb. pentosus*）、植物乳杆菌（*Lb. plantarum*）和香肠乳杆菌（*Lb. farciminis*），以及鱼发酵葡萄球菌（*S. piscifermentans*）菌株和酵母菌如酿酒酵母（*S. cerevisiae*）等菌株（Suzuki 等，1987；Tanasupawat 等，1998，2000；Tanasupawat 和 Komagata，2001）。

（5）Pla-ra　Pla-ra 由淡水鱼｛光唇鱼［*Cros ssocheilus* sp.（soi）］、类纹月鳢［*Channa striatus*（chorn）、圆唇鱼［*Cyclocheilichthys* sp.（takok）］、细唇长背鲃［*Labiobarbus leptocheilus*（soi）］、银无须鲀［*Puntius gonionotus*（soi）］、印尼须鲃（ta-pian）、丝足鱼［*Trichogaster*（kra-dee）］｝、盐和炒饭或未焙炒米糠发酵 6~10 个月而成（图 8.1d）。产品含水分 28.9%~68.3%，蛋白质 7.9%~20.3%，脂肪 6.3%，膳食纤维 5.6%，灰分 12.5%~28.0%，NaCl 11.5%~23.9%，总糖含量为痕量~7.3%，乳酸 0.5%~2.0%，pH 4.1~6.9（Phithakpol 等，1995）。发现的乳杆菌是嗜盐四联球菌（*T. halophilus*）、酸鱼乳杆菌（*Lb. acidipiscis*）、香肠乳杆菌（*Lb. farciminis*）、粪肠球菌（*E. faecalis*）和泰国魏斯菌（*W. thailandensis*）（Tanasupawat 等，1998，2000；Tanasupawat 和 Komagata，2001）。从中分离到的嗜盐细菌有越南芽孢杆菌（*B. vietnamnensi*）、盐鱼盐古杆菌（*Halobacterium piscisalsi*）、嗜盐四联球菌（*T. halophilus*）、盐弧菌（*Salinivibrio siamensis*）、咸鱼芽孢杆菌（*Piscibacillus salipiscarius*）、泰国纤细芽孢杆菌（*Gracilibacillus thailandensis*）、伊平屋桥大洋芽孢杆菌（*Oceanobacillus iheyensis*）、独岛枝芽孢杆菌（*Virgibacillus dokdonensis*）、盐反硝化枝芽孢杆菌（*V. halodenitrificans*）、死海枝芽孢杆菌（*V. marismortui*）、暹罗芽孢杆菌（*V. siamensis*）、嗜盐芽孢杆菌（*Halobacillus* spp.）、需盐色盐杆菌（*Chromohalobacter salexigens*）和皮脂葡萄球菌（*S. piscifermentans*）（Tanasupawat 和 Komagata，2001；Tanasupawat 等，2007b，2010；Chamroensaksri 等，2008，2009，2010；亚采等，2008；Taprig 等，2013）。

（6）虾酱　发酵虾酱（ka-pi-koong）是由浮游生物和半咸水浮游生物或半咸水凡纳滨对虾［*Acetes erythraeus*（koei-dtaa-daeng）］、毛虾［*Acetes* sp.（koei-malet-khao-saan-som-oh）、糠虾（*Mesopodopsis orientalis*（koei-dtaa-dam）］，加盐发酵 4~6 个月而成，产品为粉紫色或深紫色（图 8.2a），可在各种辛辣的汤或调味菜中作为调味品（称为 nam-prik）使用，也可与炒饭或椰乳一起煮制，做成蔬菜蘸酱（Phithakpol 等，1995）。本品含水分 26.6%~55.0%，蛋白质 7.7%~27.0%，脂肪 0.1%~3.9%，膳食纤维含量为微量~1.9%，灰分 17.5%~48.7%，NaCl 14.0%~40.1%，酸度为痕量~1.8%，pH 4.0~8.2（Phithakpol 等，1995）。

发酵鱼酱是由鱼［*Kowala coval*（ka-tak）］或臭鱼［*Stolephorus indicus*（ma-li，gluay）］加盐发酵 3~4 个月而成。鱼酱含有水分 35.6%~57.3%，蛋白质 16.8%~29.9%，脂肪 1.6%~5.3%，膳食纤维 0.1%~0.5%，灰分 12.3%~25.2%，NaCl 10.9%~19.8%，酸度 0.1%~0.5%，pH 6.2~6.6（Phithakpol 等，1995）。

分离到的嗜盐细菌有嗜盐四联球菌（*T. halophilus*）、盐水四联球菌（*T. muriaticus*、*Lentibacillus kapialis*、*Ln. kapialis*、*Salinicoccus siamensis*、*Alkalibacterium kapii*、*Virgibacillus halodenitrficans*）、独岛枝芽孢杆菌（*V. dokdonensis*）、卡氏海洋杆菌（*Oceanobacillus kapialis*）和嗜盐细菌等（Pakdeeto 等，2007a，2007b；石川等，2009；Namwong 等，2009；Tanasupawat 等，2011a；Taprig 等，2013），以及汉斯德巴酵母菌（*Debaryomyces hansenii* strain，Suzuki 等，1987）。

（a）

（b）

图 8.2 虾酱（a， ka-pi）；穆斯林酱（b， bu-du）

（7）Budu 穆斯林酱 Budu 是由海水或咸水鱼｛印度小公鱼［*Stolephorus indicus*（sai-ton）］、似鲱属［*Clupeoides* sp.（ka-tak）］、沙丁鱼［*Sardinella* sp.（lang-khieo）］｝加大量食盐发酵 3~6 个月而成。该产品是一种黏稠的棕色液体，里面有从鱼骨上脱离下来呈灰色胶状的鱼肉悬浮其中，有咸味（图 8.2b）。它可以直接食用，也可以在烹饪过程中添加，也可以用来做蘸酱。产品含水分 45.0%~60.2%，蛋白质 121~132g/L，脂肪 1.3%~1.8%，膳食纤维 0.2%~0.4%，灰分 21.6%~23.2%，NaCl 19.4%~20.6%，总转化糖（mg）痕量~0.2%，4~9g/L 乳酸，pH 5.4~6.5（Phithakpol 等，1995）。从本品中分离到嗜盐四角球菌（*T. halophilus*）、皮脂葡萄球菌（*S. piscifermentans*）、枯草芽孢杆菌（*Bacillus subtilis*）、地衣芽孢杆菌（*B. lichenformis*）（Choorit 和 Prasertsan，1992；Tanasupawat 和 Komagata，1995）。

（8）鱼露 鱼露是一种传统液体产品，由咸淡水、海水、淡水鱼或者其他种类鱼加入大量食盐在罐中发酵 5~18 个月制成的。在泰国湾及南海沿岸水域鱼供应充足。一般来说，清洗后的鱼与盐按比例为 2∶1 或 3∶1（鱼∶盐）（质量比）混合，具体比例视生产面积情况而定（图 8.3）。本品为透明、黄色或棕黄色、咸味及有鱼腥味。12~18 个月后，当液体变成透明的红褐色并有芳香气味时，将液体部分从罐子里取出来，取液体时最好是通过坛子底部的插销流出，使液体部分能穿过鱼的残骸层。用干净的布把沉淀物过滤掉。将过滤好的鱼露装进干净的罐子里，在阳光下晾晒几周去腥，然后准备装瓶。成品是 100% 优质正宗鱼露，一级的纯正鱼露。二级鱼露和三级鱼露是通过加入盐水来浸渍鱼残渣 2~3 个月，然后过滤装瓶。最后，剩下的残渣加入盐水煮沸，生产出最低级别的鱼露。随着发酵次数的增多，产品味道会大大降低，因此上等品的鱼露经常添加到下等品中来改善其味道。事实上，许多生产商并不销售一级鱼露，通常会将100%的鱼露与二、三级鱼露混合，以生产出更多鱼露，这些鱼露仍然可以算是真正的鱼露（Saisithi，1994；Phithakpol 等，1995；Lopetcharat 等，2001）。

（a）

（b）

图 8.3 鱼露发酵池

鱼露通常被用作烹饪、海鲜和东方食物的调味料。它在东南亚很受欢迎，也受到在西方国家的亚洲人的欢迎。这种水解鱼调味品在不同的国家有不同的名称，如 nam-pla（泰国，Loas），ketjap-ikan 或 bakasang（印度尼西亚），鱼露（中国）、patis（菲律宾）、ngan bya yay（缅甸）、nuoc-mam（越南）、teuk trei（柬埔寨）、shotshuru（日本）、colmbo-cure（印度和巴基斯坦）、jeot-kal 或 aekjeot（韩国）以及 budu（马来西亚）（Wood，1998；Park 等，2001）。

在泰国，鱼露是一种带有咸味的液体产品，被用作食物调味料。泰国卫生部（2001）将其分为三类（Lopetcharat 等，2001）：①真正的鱼露：通过发酵鱼或上次发酵剩余的鱼残渣而获得的真正的鱼露；②由其他动物制成的鱼露：是通过发酵或消化除鱼以外的其他动物或其残渣，经鱼露的生产工艺而制成的，包括用其他动物制备的鱼露和真鱼露混合制成的鱼露；③混合鱼露：即①、②中规定的鱼露，其中添加了其他无害成分，用于稀释或调味。鱼露应具备以下品质或标准：它的颜色、气味和味道与该类型鱼露特有味道一致；澄清无沉积物，天然沉积物不应超过 0.1g/L，鱼露氯化钠不应少于 200g/L。当氯化钾已单独或与氯化钠混合使用，单独或两种盐的总用量不应少于 200g，氮含量不应少于 9g/L，氨基酸中的氮应占总氮的 40%～60%，谷氨酸/总氮应在 0.4%～0.6%，颜色上只能添加红糖或焦糖。

人工甜味剂的使用应遵循 FAO/WHO 联合制定的食品标准，可单独使用或与糖混合使用。影响鱼露品质的因素有①鱼的种类；②盐的种类；③鱼与盐的比例；④添加辅料；⑤发酵条件。鱼类也影响作为微生物营养素和酶底物的蛋白质类型，这些酶能将蛋白质水解成小肽、游离氨基酸、氨和三甲胺（TMA），构成了鱼露特殊的气味和滋味。添加盐后，原料鱼的 pH 也从 7.0～7.2 下降到 6.6～6.8。蛋白质释放的游离氨基酸和大量的多肽使商业鱼露的最终 pH 在 4.8～6.7（Thongsanit，1999；Lopetcharat 和 Park，2002）。鱼露含有必需氨基酸（组氨酸、异亮氨酸、亮氨酸、赖氨酸、甲硫氨酸、苯丙氨酸、色氨酸、缬氨酸、精氨酸、半胱氨酸、甘氨酸、脯氨酸和酪氨酸）和非必需氨基酸（丙氨酸、天冬氨酸、谷氨酸和丝氨酸）。以鳀鱼（*Stolephorus* spp.）为原料，经过 10 个月分批发酵获得的鱼露，赖氨酸含量为

13.19g/L。(Lopetcharat 等，2001；Lopetcharat 和 Park，2002；Thongthai 和 Gildberg，2005)。此外，每条鱼所含的脂肪酸都略有不同，这些脂肪酸被水解成低分子质量挥发性脂肪酸，特别是乙酸和正丁酸，它们是鱼露中干酪味的来源。泰国海盐的 NaCl 含量与其他国家海盐不同，影响了其在鱼体中的扩散。盐的化学成分也会影响发酵过程微生物菌群结构，进而影响鱼露的质量（Lopetcharat 等，2001）。

鱼盐比影响鱼露的品质。细菌和酶的活性受盐浓度影响较大，导致发酵产品有不同的风味和消化产物。鱼露中 NaCl 含量为 222~299g/L（Phithakpol 等，1995；Lopetcharat 等，2001）。鱼中的其他矿物质如钾（K）、磷（P）、硫（S）、钠（Na）、镁（Mg）、钙（Ca）、铁（Fe）和维生素（硫胺素、核黄素、烟酸、维生素 B_6 和 B_{12}），它们有助于鱼露的营养价值，对健康饮食至关重要。在鱼露分批发酵过程中，料液表面氧含量相当高，在液面以下氧含量较低，而在底部非常低。因此，鱼露发酵是在部分有氧和厌氧条件下完成的（Lopetcharat 等，2001；Park 等，2001）。

在初始发酵期（1~6 个月），分离出了嗜盐四联球菌（*Tetragenococus halophilus*）、盐水四联球菌（*Tetragenococcus muriaticus*）、盐沼盐杆菌（*Halobacterium salinarum*）、泰国盐球菌（*Halococcus thailandensis*）、解糖盐球菌（*Hc. saccharolyticus*）、极端嗜盐古生菌（*Natrinema gari*）、慢生芽孢杆菌属（*Lentibacillus jurispiscarius*、*Ln. halophilus*、*Pisciglobus halotolerans*）、需盐色盐杆菌（*Chromohalobacter salexigens*）、嗜盐芽孢杆菌（*Halobacillus* sp.）、枝芽孢杆菌属（*Virgibacillus* sp.）、线芽孢杆菌属（*Filobacillus* sp.）和海球菌属 *Marinococcus* sp.）（表 8.2）（Thongthai 等，1992；S. Tanasupawat，朱拉隆功大学，1999，未发表数据；Thong sanit 等，2002；Hiraga 等，2005；Namwang 等，2005，2006，2007；Tanasupawat 等，2006，2009，2011b；Sinsuwan 等，2007，2010；Tapingkae 等，2008；Phrommao 等，2010）。此外，还发现了盐盒菌属细菌（*Haloarcula salaria* 和 *Haloarcula tradensis*）（Namwong 等，2011）。在日本鱼露中，葡萄球菌在发酵的第一个月占主导地位，而嗜盐菌和极端嗜盐菌则在 4~6 周内增多。嗜盐链球菌与乳酸的产生有关（Fukui 等，2012）。

嗜盐菌在鱼类发酵中的作用

(1) 嗜盐菌蛋白酶　发酵鱼和鱼露基本上就是蛋白质水解产物，是鱼和盐在罐中室温下自然发酵 12~18 个月而得（Saisithi，1994）。蛋白质水解是在鱼肌肉和消化道中的内源性蛋白酶以及嗜盐细菌所产生的蛋白酶的作用下完成的（Saisithi，1994；Gildberg 和 Thongthai，2001）。

鱼露菌株泰国盐杆菌（*Halobacillus thailandensis*）fs-1 产生蛋白酶，分子质量为 100、42、17ku（Chaiyanan 等，1999）；枝芽孢杆菌（*Virgibacillus* sp.）SK37，蛋白酶分子质量 18~81ku（Sinsuwan 等，2007；Phrommao 等，2010）；枝芽孢杆菌 SK33，细胞相关蛋白酶分子质量有 17、32、65ku（Sinsuwan 等，2010，2011）；线芽孢杆菌属（*Filobacillus* sp.），RF2-5，蛋白酶分子质量 49ku（Hiraga 等，2005）；以及盐杆菌 SR5-3，蛋白酶分子质量 43ku（Namwong 等，2006）。这些酶的独特之处在于，当加入 10%~25% 的盐时，酶活力提高 2.0~2.5 倍（Hiraga 等，2005；Namwong 等，2006；Sinsuwan 等，2011）。地衣芽孢杆菌（*Bacillus licheniformis*）RKK-04 中的一种类似枯草碱的碱性丝氨酸蛋白酶，和从来自鱼露的（*V. halodenitrificans*）SK1-3-7 中分离得到的纤溶酶在高盐下具有高酶活的特性（Toyokawa 等，2010；Montriwong 等，2012）。来自 pla-ra 的 *V. marismortui* NB2-1 产生了大量的胞外蛋

白水解酶，在极端条件下仍具有活性。使用酪蛋白作为底物，50g/L NaCl 的存在时该蛋白酶在 pH 10 和 50℃时表现出最大的活性（Chamroensaksri 等，2008）。据报道，从虾酱中分离出的 *V. halodenitrificans* TKNR13-3 能产生胞外蛋白酶（Tanasupawat 等，2011a），如之前从鱼露中分离出来的其他中等嗜盐菌株一样的特点。

表 8.2　泰国鱼露发酵过程嗜盐菌的分布情况

发酵天数/d 或月（m）	分离号	菌株	发酵天数/d 或月（m）	分离号	菌株
初始	10-1	*Ln. jurispiscarius*	3m	HDB5-2	*Hc. thailandensis*
	PM0-8	*T. halophilus*		DB5-1B	*Ln. halophilus*
	PW0-15	*T. muriaticus*		K5-51	*T. halophilus*
	C0-1，C0-2	*P. halotolerans*		P5-1，P5-2	*T. muriaticus*
	CB0-1	*L. halophilus*	6m	HDS6-6	*Hc. thailandensis*
				HDS6-1A，HDS6-2	*Ln. halophilus*
10d	HIS10-2	*Hc. thailandensis*		DS6-1	*Ln. halophilus*
	HIS10-4	*Hb. salinarum*		HRF6	*Hc. saccharolyticus*
	IS10-5	*Ln. jurispiscarius*		K6-32，K6-35	*T. halophilus*
20d	HIB20-2	*Hb. salinarum*		P6-1，P6-3	*T. muriaticus*
1m	HDB1-4	*Hc. thailandensis*	7m	HDS7-4	*Hc. thailandensis*
	HDB1-1，HDS1-1，	*Hb. salinarum*		DS7-5，PB7-3	*Ln. halophilus*
	HDB1-11，HDB1-31			P7-18，P7-37	*T. muriaticus*
	DB1-1，DS1-3B				*Ln. halophilus*
			8m	DB8-4	*Ln. salicampi*
	KF1-1	*Ln. halophilus*		HDB8-2，HDB8-5	*Hc. thailandensis*
	K1-10，K1-31	*T. muriaticus*		DB8-6	*Ln. halophilus*
30d	PB30-1，PB30-3	*T. halophilus*		K8-1，K8-5	*T. muriaticus*
	HIS30-1	*Hb. salinarum*	9m	PS9-2	*Ln. jurispiscarius*
35d	KS35-3	*Hb. salinarum*		DB9-1	*Ln. halophilus*
	HKS35-3	*Hc. thailandensis*		K9-1，K9-2	*T. muriaticus*
40d	IS40-2，IS40-3	*Ln. jurispiscarius*	10m	HDB10-5，HIS10-4	*Hb. salinarum*
	HIS40-3	*N. gari*		HDB10-5，HDS10-5	*Hc. thailandensis*
	HIS50-2（1）	*Hb. salinarum*		DS10-3B	*Ln. halophilus*

续表

发酵天数/d或月（m）	分离号	菌株	发酵天数/d或月（m）	分离号	菌株
2m	HDS2-5	*Hb. salinarum*	333d	KS333-3B	*Ln. salicampi*
	RF2-5	*Filobacillus* sp.		HKS333-2	*Hc. thailandensis*
60d	PS60-2，PB60-2	*T. halophilus*	11m	KS11-1	*C. salexigens*
	HIB60-1	*Hb. salinarum*		PS11-2	*Ln. halophilus*
2m	K2-9，K2-17，C2-1	*T. muriaticus*	12m	PB12	*C. salexigens*
87d	HKS87-3	*Hc. thailandensis*	鱼露	BN2-2	*Ln. halophilus*
	KS87-5	*C. salexigens*			
3m	P3-1，P3-5	*T. halophilus*			
	K3-6，K3-26	*T. muriaticus*			
	HDS3-1	*N. gari*			
4m	HDS4-1	*Hc. thailandensis*			
	DB4-2，DS4-2	*Ln. halophilus*			
	K4-2，K4-16	*T. halophilus*			
	P4-3，P4-5	*T. muriaticus*			

此外，极端嗜盐菌 *Halobacterium salinarum* 和 *Hc. saccharolyticus* 在高盐浓度下仍表现出高蛋白水解活性，因而能在鱼露发酵中发挥作用（Tanasupawat，1999；Kanlayakrit 等，2004；Thongthai 和 Gildberg，2005）。盐沼盐杆菌（*Halobacterium* sp.）SP1（1）已被用于加速鱼露发酵（Akolkar 等，2010）。

嗜盐性乳酸菌（*T. halophilus*）利用鱼蛋白和寡肽作为氮源，并且一些菌株增加了寡肽的含量，说明其对鱼蛋白具有水解活性。这些菌株表现出较高的胞内氨肽酶活性，对丙氨酸的活性为 2. 85~3. 67U/mL，对亮氨酸的活性为 1. 90~2. 37U/mL。有的菌株对丙氨酸的氨基肽酶活性较高，还有的菌株对甲硫氨酸或谷氨酸的活性较高（Udomsil 等，2010）。

（2）生物胺的形成　生物胺是一种基本的含氮化合物，存在于肉类和鱼类产品中，主要是由某些微生物的氨基酸脱羧酶作用而产生的（Arnold 和 Brown，1978）。东南亚的鱼露、鱼酱、虾酱和台湾超市出售的产品各项参数为：pH 4. 8~6. 5，盐 162~453g/L，总挥发性盐基氮 51~275mg/100g，三甲胺 5. 4~53. 9mg/100g，菌落总数 1. 0~4. 2log CFU/g。所有样品中八种不同生物胺（除组胺外）的平均含量都低于 90mg/kg，但鱼露、鱼酱、虾酱中组胺的平均含量分别为 394、263、382mg/kg。大多数被测发酵鱼产品的组胺含量高于 FDA 50mg/kg 的指导值，其中有 7 个样品（占 25. 9%）的组胺含量超过 500mg/kg，7. 4% 的被测样品组胺含量超过 1000mg/kg。食用这些产品可能会导致消费者鲭亚目鱼组胺中毒（Tsai 等，2006）。马来西亚吉兰丹（Kelantan）的未加工的 budu 样品中含有高达 248. 8g/L 的蛋白质，据报道，58% 的被测样本组胺含量超过 50mg/100g（22. 21~106. 40mg/100g 样品），高浓度的组胺表明这些鱼产品的处理和加工过程存在不当之处，使产品受到一定程度的污染（Rosma 等，2009）。在鱼露中，含量最高的生物胺是组胺（1220mg/kg）、腐胺（1257mg/kg）和尸胺（1429mg/kg），而酪胺的含量较低（1178mg/kg）。其他生物胺，如色胺、苯乙胺、精胺和亚精胺属于微量胺（Zaman 等，2009）。这些化合物通常与血管活性有关，可引起血压变化、严重头痛、高血压、肾中毒、脑出血，最终导致死亡。FDA 将生物胺对人体有害的限量标准定为 500mg/kg（FDA，2011）。然而，如果每人每天食用的鱼露少于 23.5g，高组胺浓度则可能不会导致严重疾病（Lopetcharat 等，2001；Yongsawatdigul，2004）。

嗜盐乳酸菌（*T. muriaticus*）生产的主要生物胺是组胺（Kimura 等，2001；等，2002）。然而，在改良的葡萄糖酵母蛋白胨（mGYP）肉汤中，嗜盐链球菌在 5% NaCl 中形成组胺的量是 6.62～22.55mg/100mL，而在 25% NaCl 中，产生生物胺的量是 13.14～20.39mg/100mL；除此之外，还检测到少量酪胺（10～50mg/L mGYP）（Udomsil 等，2010）。根据 Yongsawatdigul 等（2004）报道，组胺、尸胺、腐胺和酪胺是在 35℃ 下发酵 16h 得到的印度鳀鱼产品及其鱼露中的主要生物胺。鱼露发酵过程中生物胺的变化很小，这表明生物胺的主要来源是原料而不是发酵过程。原料温度的升高并不能加快发酵过程。生物胺应该和总氮含量一样作为鱼露质量的一项监测指标（Yongsawatdigul 等，2004）。

（3）组胺降解　许多细菌已被证明可以通过氧化脱氨反应将生物胺转化为可以被微生物利用的碳源（和/或能量来源）和氮源，或者两者兼而有之。（Hacisalihoglu 等，1997；Levering 等，1981）。胺脱氢酶（ADH）和胺氧化酶（AO）通常与这种氧化作用有关。ADHs 催化生物胺氧化脱氨生成相应的乙醛和氨，但 AOs 除了可催化生成乙醛和氨外，还会生成过氧化氢（H_2O_2）（图 8.4）。有组胺氧化酶和组胺脱氢酶活性的微生物在食品发酵中的作用是抑制组胺在食物中的积累。这些发现对于利用微生物降解生物胺具有一定的参考价值。（Ienistea，1971；Murooka 等，1979；Umezu 等，1979a，1979b；Leuschner 等，1998；Dapkevicius 等，2000；Siddiqui 等，2000；Bozkurt 和 Erkmen，2002；Gardini 等，2002）。目前已进行了许多关于从发酵食品中分离出的不同种类微生物的组胺降解活性的研究，如乳杆菌（*Lactobacillus*）、微球菌（*Micrococcus*）和葡萄球菌（*Staphylococcus*）（Ienistea，1971；Voigt 和 Eitenmiller，1977；Murooka 等，1979；Umezu 等，1979a，1979b；Yamashita 等，1993；Leuschner 等，1998）。然而，由于体外环境条件更为恶劣，尤其是较低的氧气浓度、pH 和温度，在体外模拟微生物对组胺的体内降解是非常难的。

已有报道表明，在各种微生物和高等生物体内都有组胺降解酶（组胺氧化酶或组胺脱氢酶）的存在（Pionetti，1974；Isobe 等，1980；Rinaldi 等，1983；Ienistea，1971；Yamashita 等，1993；Siddiqui 等，2000；Bakke 等，2005）。因此，这些微生物和/或酶的应用可能受到不利于酶发挥活性的条件所限制，如在高盐浓度下酶的稳定性较差。由于这些已研究过的微生物都缺乏耐盐性，因此它们可能不适合用来生产含盐发酵食品。在盐发酵食品中，用发酵微生物降解组胺的应用仍然是受限的。因此，嗜盐古菌应被认为是一种可能的酶的来源，有望在高盐发酵食品降解组胺和其他生物胺。

Tapingkae 等（2008，2010b，2010a）发现从泰国鳀鱼鱼露（nam－pla）中分离到的 *Natrinema gari* BCC 24369 产的组胺脱氢酶可催化组胺氧化脱氨生成咪唑乙醛和氨。该酶具有在高盐条件下降解组胺的潜力，具有较高的催化活性和较窄的底物特异性。基于组胺分析，*N. gari* BCC 24369 组胺降解活性部位位于胞内，需要电子载体 1－甲氧基－5－甲基苯并噻吩

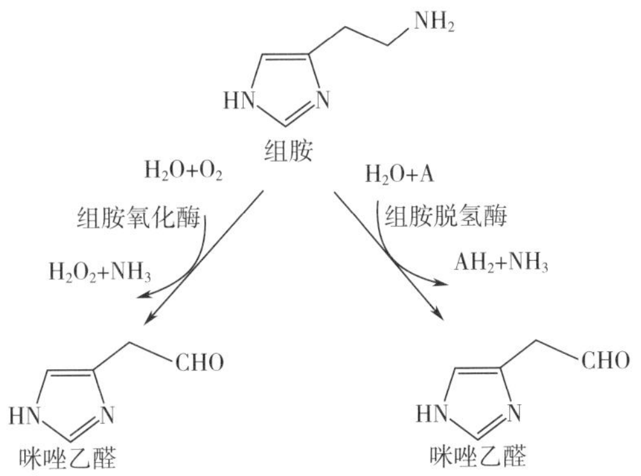

图 8.4 组胺的降解途径

注：A 和 AH_2 分别是一个双电子受体（或 2mol 单电子受体）及其还原形式。例如，烟酰胺腺嘌呤二核苷酸 NAD（P）、铁氧体、黄嘌呤二核苷酸（FAD）、黄嘌呤单核苷酸（FMN）、细胞色素 c、氯化硝基四氮唑蓝（NBT）和 1-5 甲基苯甲酸甲酯（1-甲基亚硫酸甲基）。

甲基硫酸盐（PMS）的存在，以选择性催化组胺作为底物。在 pH 为 6.5~8，NaCl 浓度为 3.5~5mol/L 且温度为 40~55℃时，组胺降解活性最高。该酶在 pH 6.5~9、NaCl 浓度高于 2.5mol/L 且温度低于 50℃时较为稳定。这些结果表明，*N. gari* BCC 24369 组胺降解活性与耐盐性和嗜热性组胺脱氢酶的存在有关。用 Superose 12 10/300 凝胶过滤法测定纯化酶的分子质量为 127.5ku，该酶由三聚亚基组成，分子质量分别为 69.1、29.3、27.7ku。该酶对组胺具有很高的亲和力，V_{max}、K_m 和 k_{cat} 值分别为 2.5μmol/min、57.1μmol/L 和 5.3/s。这种酶独特的分子特性与之前报道的其他微生物产的组胺脱氢酶明显不同（Siddiqui 等，2000；Fujieda 等，2004；Bakke 等，2005；Sato 等，2005）。

（4）挥发性化合物的形成　各种挥发性化合物，包括酸、羰基、含氮化合物和含硫化合物在发酵过程中形成，被认为是鱼露产生独特香味的原因（Peralta 等，1996；Shimoda 等，1996；Fukami 等，2002）。研究者从鱼露中检测到了乙酸、丙酸、2-甲基丙酸、丁酸和 3-甲基丁酸，其中乙酸是含量最高的酸，而 3-甲基丁酸是鱼露中一种特有的挥发性脂肪酸，与腐臭味道的形成有关。挥发性脂肪酸与干酪味的形成也有一定关系，其相对较低的阈值 [（45~7.10）$\times10^{-9}$] 表明这些酸的气味很容易被识别（Peralta 等，1996）。接种葡萄球菌（*Staphylococcus* sp.）SK1-1-5 发酵液中的挥发性脂肪酸含量似乎比其他发酵液的高，尤其是丁酸和 3-甲基丁酸（Yongsawatdigul 等，2007），这一菌株具有脂肪酶活性，在发酵过程中可促进脂质降解，这些由脂肪分解产生的多不饱和脂肪酸会经氧化形成挥发性脂肪酸，同时，发酵剂的氨基酸代谢也能够形成这种挥发性脂肪酸。

在长达 4 个月的鳀鱼发酵过程中，添加枝芽孢菌属（*Virgibacillus* sp.）和葡萄球菌（*Stapyloccoccus* sp.）发酵剂到鳀鱼水解液中可提高其水解度。接种 *Virgibacillus* sp. SK33 和 *Virgibacillus* sp. SK37 发酵 4 个月的鱼露，其氨基酸总量与传统样品发酵 12 个月的量相当。在鱼露发酵过程中，*Virgibacillus* sp. SK33 还表现出降低组胺含量的潜力。从接种发酵剂的样品中检出的挥发性化合物的量与传统发酵法发酵 12 个月的样品相当。接种葡萄球菌 *Staphylococcus* sp. SK1-1-5 的样品的感官特性可与商业鱼露相媲美，可能会在不影响感官的前提下加速鱼露发酵（Yongsawatdigul 等，2007）。

嗜盐乳酸菌在鱼露发酵过程中产生了较多的异丙醇，这有助于在含 25% NaCl 的鱼汤中的酒精的积累。被测样品中主要的醛类物质为 2-甲基丙醛和苯甲醛。带有支链的醛，如 2-甲基丙醛、2-甲基丁醛和 3-甲基丁醛，是在鱼露（日本鱼露）、金枪鱼酱和干酪等发酵食品中特有的香味物质。接种了嗜盐乳酸菌的样品中苯甲醛含量最高，2-甲基丙醛较高，而乙酸乙酯含量较低，丙酮、2-丁酮、2，3-丁二酮和环己酮的含量各不相同。在接种嗜盐乳酸菌的样品中未检出形成鱼露臭味的含硫化合物（如二甲基硫醚和二甲基二硫醚）。嗜盐四联球菌（*T. halophilus*）可能与鱼露滋味/气味的形成有关，此外，其挥发性化合物的形成似乎与物种有关（Udomsil 等，2010）。嗜盐四联球菌用于鱼露发酵能改善鱼露的氨基酸组成、促进挥发性化合物的形成，并且还可抑制生物胺的形成（Udomsil 等，2011）。

8.5 展望

传统的发酵鱼制品在饮食中具有重要作用，可以作为主菜食用，也可以作为调味品辅食。部分产品的加工过程虽然相似，但因原料不同而产生了成品的外观、气味、滋味以及感官属性的差异。本章多次提到了世界各地的发酵鱼产品，因所用原料、环境条件、微生物区系、盐含量和饮食传统等的不同而各有特色。

虽然传统的发酵鱼产品在全球范围内的生产由来已久，但在提高鱼类加工业可持续性这个方面还没有充分发挥作用。未来的可持续性饮食可能是低耗能地加工生产更高产量、更安全健康产品，培养更安全、更健康的饮食习惯（如低盐）。由于缺乏相应的科学技术知识，发酵鱼制品一般是根据其感官特征（如气味和滋味）进行评价的，导致其质量良莠不齐。因此，为了保证产品的质量和安全性，生物技术的开发和应用越来越受到重视。近年来，在鱼类发酵领域所进行的质量改进和工艺创新得到了广泛认可。致病菌污染和化学污染物、危险物含量超标的发酵鱼制品给国家和地区带来了严重的经济负担，使消费者面临了巨大的健康风险。目前，对于许多国家，尤其是以农业为基础的发展中国家来说，食品安全仍是一个非常紧迫的问题。进口国拒绝接受污染物超标的食品，导致出口国的外汇和声誉蒙受巨大损失。由于大多发酵产品在食用前都未经烹饪，因此它们是化学及生物有害物（病毒、寄生虫和细菌）的主要来源。

腌制鱼发酵的首要问题是尽可能地控制含盐量。从传统的家庭生产层面扩大生产规模的过程中，增加盐分不仅可以抑制有害微生物的生长，还可以抑制长期发酵过程中的产品变质。然而，高盐浓缩通常会降低产品的感官质量，对健康也有不良影响。摄入过量的盐会诱发高血压，从而诱发心血管疾病。除此之外，摄入过量的盐还可能会导致胃癌和骨质疏松症。乳酸发酵鱼制品同样也需要降低含盐量。乳酸发酵鱼产品的保质期主要取决于盐的浓度、贮藏温度、碳水化合物的种类、用量以及防腐剂的使用。许多研究者已经研究了氯化钾部分代替氯化钠的效果，并且一部分产品已经进入市场。许多食盐替代品最大缺点就是其本身带有的苦味（金属味）。除了盐以外，还应考虑使用其他含钠添加剂来降低钠含量，从而最大限度地提高食品安全和质量。

由于自然发酵方法难以控制，且微生物群可能会导致产品变质从而产生风险，因此发酵剂在发酵食品生产中的使用愈发重要，功能发酵剂的开发对于安全、质量稳定的发酵食品控制体系也是必不可少的。由于微生物对传统抗生素抗药性的增强，现在已有大量的研究致力于寻找可用于发酵产品的天然防腐剂，特别是乳酸菌产生的新型细菌素，其有益于食品生产和人体健康，已引起人们的广泛关注。

此外，长期以来人们一直认为食用发酵食品有利于身体健康，但很少有研究支持这些说法。一般认为，不同种类的细菌和其他各种微生物都有其最适生长条件。引发发酵的微生物能正常生长繁殖，直到它自身的副产物抑制其继续生长和活性。在发酵初期，微生物处于细胞增殖阶段，当条件变得对以前优势的微生物不利的时候，其他能够适应该环境的微生物继续生长繁殖。在发酵期间，微生物产生很多有活性的化合物和代谢产物，其中不乏一些对人体健康有益的物质。在发酵过程中，微生物产生了一系列生物活性化合物和代谢物，有一些可能有利于身体健康，其中最重要的是相关酶、代谢物以及从食物蛋白质中释放的生物活性肽。然而，发酵食品对健康是否有益还需要通过体内外的科学数据来证实。

若能准确反映发酵食品在体内的有益作用，将促进经临床证明含有有益代谢物或微生物的新一代发酵功能食品的开发。随着我们对发酵微生物及其代谢物与人类宿主的积极相互作用的了解，发酵食品的发展前景会继续扩大。除了较强的科技基础外，产品还应满足消费者的需求，重点关注其质量、安全性和健康效益。

由于国内外市场对发酵产品需求的不断增加，目前已建立了相应的产品标准以保证其真实性和质量。同时，不断扩大的全球市场也导致对出口商品的严格管制，因此产品的规格和质量也应符合各国规定。为了提高生产率并确保产品质量的一致性，需要开发方便包装等工艺和技术。此外，为了实现国内和国际市场的扩张，产品的营养价值和安全性需要标准化。经过这些新的发展，发酵鱼制品的消费量将会获得进一步的提高。

参考文献

Achi, O. K. (2005). The potential for upgrading traditional fermented foods through biotechnology. *African Journal of Biotechnology*, 4, 375-380.

Aidoo, K. E., Nout, M. J. R. and Sarkar, P. K. (2006). Occurrence and function of yeasts in Asian indigenous fermented foods. *FEMS Yeast Research*, 6, 30-39.

Akolkar, A. V., Durai, D. and Desai, A. J. (2010). *Halobacterium* sp. SP1 (1) as a starter culture for accelerating fish sauce fermentation. *Journal of Applied Microbiology*, 109 (1), 44-53.

Anihouvi, V. B., Kindossi, J. M. and Hounhouigan, J. D. (2012). Processing and quality characteristics of some major fermented fish products from Africa: a critical review. *International Research Journal of Biological Sciences*, 7, 72-84.

Arnold, S. H. and Brown, W. D. (1978). Histamine toxicity from fish products. *Advances in Food Research*, 24, 113-154.

Axelsson, L. (2004). Lactic acid bacteria: classification and physiology, in *Lactic Acid Bacteria, Microbiology and Functional Aspects* (eds S. Salminen, A. von Wright and A. Ouwehand), Marcel Dekker, Inc., New York, pp. 1-66.

Bakke, M., Sato, T., Ichikawa, K. and Nishimura, I. (2005). Histamine dehydrogenase from *Rhizobium* sp.: gene cloning, expression in *Escherichia coli*, characterization and application to histamine determination.

Journal of Biotechnology, 119, 260-271.

Beddows, C. G. (1998). Fermented fish and fish products, in *Microbiology of Fermented Food*, vol. 2. (ed. B. J. B. Wood), Elsevier Applied Science Publishers, London, pp. 416-440.

Blandino, A., Al-Aseeri, M. E., Pandiella, S. S., Cantero, D. and Webb, C. (2003). Cereal-based fermented foods and beverages. *Food Research International* 36, 527-543.

Bozkurt, H. and Erkmen, O. (2002). Effects of starter cultures and additives on the quality of Turkish style sausage sucuk. *Meat Science*, 61, 149-156.

Campbell-Platt, G. (Ed.) (1987). *Fermented Foods of the World, a Dictionary and Guide*. Butterworths, London.

Campbell- Platt, G. (1994). Fermented foods - a world perspective, *Food Research International*, 27, 253-257.

Chaiyanan, S., Chaiyanan., S., Maugel, T. *et al.* (1999). Polyphasic taxonomy of a novel *Halobacillus*, *Halobacillus thailandensis* sp. nov. isolated from fish sauce. *Systematic and Applied Microbiology*, 22, 360-365.

Chamroensaksri, N., Akaracharunya, A., Visessanguan, W. and Tanasupawat, S. (2008). Char - acterization of halophilic bacterium NB2 - 1 from *pla - ra* and its protease production. *Journal of Food Biochemistry*, 32, 536-555.

Chamroensaksri, N., Tanasupawat, S., Akaracharunya, A. *et al.* (2009). *Salinivibrio siamensis* sp. nov., from fermented fish (*pla-ra*) in Thailand. *International Journal of Systematic and Evolutionary Microbiology*, 59, 880-885.

Chamroensaksri, N., Tanasupawat, S., Akaracharanya, A. *et al.* (2010). *Gracilibacillus thailan - densis* sp. nov., from fermented fish (*pla - ra*) in Thailand. *International Journal of Systematic and Evolutionary Microbiology*, 60, 944-948.

Caplice, E. and Fitzgerald, G. F. (1999). Food fermentations: role of microorganisms in food production and preservation. *International Journal of Food Microbiology*, 50, 131-149.

Chiang, Y. W., Chye, F. Y. and Ismail, A. M. (2006). Microbial diversity and proximate pomposition of *Tapai*, A Sabah's fermented beverage. *Malaysian Journal of Microbiology*, 2 (1), 1-6.

Choorit, W. and Prasertsan, P. (1992). Characterization of proteases produced by newly isolated and identified proteolytic microorganisms from fermented fish (*Budu*). *World Journal of Microbiology and Biotechnology*, 8, 284-286.

Cook, P. E. (1994). Fermented foods as biotechnological resources *Food Research International*, 27, 309-316.

Dapkevicius, M. L. N. E., Nout, M. J. R., Rombouts, F. M., Houbon, J. H. and Wymenga, W. (2000). Biogenic amine formation and degradation by potential fish silage starter microorganisms. *International Journal of Food Microbiology*, 57, 107-114.

Desmond, E. (2006). Reducing salt: a challenge for the meat industry. *Meat Science*, 74, 188-196.

De Vuyst, L. and Vandamme, J. E. (1994). *Bacteriocins of Lactic Acid Bacteria*, *Microbiology*, *Genetics and Applications*. Blackie Academic and Professional, London.

Dworkin, M., Falkow, S., Rosenberg, E., Schleifer, K. - H. and Stackebrandt, E. (Eds.) (2006). *The Prokaryotes: A Handbook on the Biology of Bacteria*, vol. 4, 3rd edn, Springer, New York.

FDA (2011) Chapter 7: Scombrotoxin (histamine) formation, in *Fish and Fishery Products Hazards and Controls Guidance*, 4th edn, Department of Health and Human Services Public Health Service Food and Drug

Administration Center for Food Safety and Applied Nutrition Office of Food Safety, p. 113.

Fujieda, N., Satoh, A., Tsuse, N., Kano, K. and Ikeda, T. (2004). 6 - S - Crysteinyl flavin mononucleotide - containing histamine dehydrogenase from *Nocardiodides simplex*: molec - ular cloning, sequencing, overexpression and characterization of redox centers of enzyme. *Biochemistry*, 43, 10800 - 10804.

Fukami, K., Ishiyama, S., Yaguramaki, H. *et al.* (2002). Identification of distinctive volatile compounds in fish sauce. *Journal of Agricultural and Food Chemistry*, 50, 5412–5416.

Fukui, Y., Yoshida, M., Shozen, K. - I. *et al.* (2012). Bacterial communities in fish sauce mash using culture–dependent and–independent methods. *Journal of General and Applied Microbiology*, 58, 273–281.

Gardini, F., Martuscelli, M., Crudele, M. A., Paparella, A. and Suzzi, G. (2002). Use of *Staphylococcus xylosus* as a starter culture in dried sausages: effect on the biogenic amine content. *Meat Science*, 61, 275–283.

Gildberg, A. and Thongthai, C. (2001). The effect of reduced salt content and addition of halophilic lactic acid bacteria on quality and composition of fish sauce made from sprat. *Journal of Aquatic Food Product Technology*, 10, 77–88.

Hacisalihoglu, A., Jongejan, J. A. and Duine, J. A. (1997). Distribution of amine oxidases and amine dehydrogenases in bacteria grown on primary amines and characterization of the amine oxidase from *Klebsiella oxytoca*. *Microbiology*, 143, 505–512.

Hall, G. M. (2002). Safety and quality issues in fish processing, in *Lactic Acid Bacteria in Fish Preservation* (ed. H. A. Bremner), CRC Press, New York, pp. 330–349.

Hiraga, K., Nishikata, Y., Namwong, S. *et al.* (2005). Purification and characterization of serine proteinase from a halophilic bacterium, *Filobacillus* sp. RF2 - 5. *Bioscience Biotechnology and Biochemistry*, 69, 38–44.

Ishikawa, M., Tanasupawat, S., Nakajima, K. *et al.* (2009). *Alkalibacterium thalassium* sp. nov., *Alkalibacterium pelagium* sp. nov., *Alkalibacterium putridalgicola* sp. nov. and *Alkalibac–terium kapii* sp. nov., slightly halophilic and alkaliphilic marine lactic acid bacteria isolated from marine organisms and salted foods collected in Japan and Thailand. *International Journal of Systematic and Evolutionary Microbiology*, 59, 1215–1226.

Ienistea, C. (1971). Bacterial production and destruction of histamine in foods and food poisoning caused by histamine. *Nahrung*, 15, 109–113.

Ismail, M. and Karim, A. (1993). Feremented fish products in Malaysia, in *Fish Fermenta–tion Technology* (eds C. H. Lee, K. H. Steinkraus, and P. J. A. Reilly), UNU Press, Tokyo, pp. 95–106.

Isobe, Y., Ohara, K., Kosaka, M. and Aoki, K. (1980). Relationships between hypothalamic catecholamines, blood pressure and body temperature in spontaneously hypertensive rats. *Japanese Journal of Physiology*, 30, 805–810.

Itoh, H., Tachi, H. and Kikuchi, S. (1993) Fish fermentation technology in Japan, in *Fish Fermentation Technology* (eds C. H. Lee, K. H. Steinkraus, and P. J. A. Reilly), UNU Press, Tokyo, pp. 177–186.

Jiang J. J., Zeng Q. X., Zhu Z. W. and Zhang L. Y. (2007) Chemical and sensory changes associated yu–lu fermentation process–a traditional Chinese fish sauce. *Food Chemistry*, 104, 1629–1634.

Kanlayakrit, W., Bovornreungroj, P., Oka, K. and Goto, M. (2004) Production and characteri–zation of protease from an extremely halophilic *Halobacterium* sp. PB407. *Kasetsart Journal: Natural Science*, 38, 15–20.

Köse, S., Koral, S., Tufan, B. *et al.* (2012). Biogenic amine contents of commercially processed traditional fish products originating from European countries and Turkey. *European Food Research Technology*, 235, 669–683.

Kimura, B., Konagaya, Y. and Fujii, T. (2001) Histamine formation by *Tetragenococcus muriaticus*, a halophilic lactic acid bacterium isolated from fish sauce. *International Journal of Food Microbiology*, 70, 71–77.

Knochel, S. (1993) Processing and properties of North European pickled fish products, in *Fish Fermentation Technology* (eds C. H. Lee, K. H. Steinkraus, and P. J. A. Reilly), UNU Press, Tokyo, pp. 213–230.

Kobayashi, T., Kajiwara, M., Wahyuni, M. *et al.* (2003). Isolation and characterization of halophilic lactic acid bacteria isolated from '*terasi*' shrimp paste: a traditional fermented seafood product in Indonesia. *Journal of Geneneral and Applied Microbiology*, 49, 279–286.

Kobayashi, T., Kimura, B. and Fujii, T. (2000). Differentiation of *Tetragenococcus* populations occurring in products and manufacturing processes of puffer fish ovaries fermented with rice bran. *International Journal of Food Microbiology*, 56, 211–218.

Lakshmi, W. G. I., Prassanna, P. H. P. and Edirisinghe, U. (2010). Production of *Jaadi* using tilapia (*Oreochromis niloticus*) and determination of its physcio – chemical and sensory properties. *Sabaramuwa University Journal*, 9, 57–63.

Law, S. V., Abu Bakar, F., Mat Hashim, D. and Abdul Hamid, A. (2011). Popular fermented foods and beverages in Southeast Asia. *International Food Research Journal*, 18, 475–484.

Lee, C. H., Steinkraus, K. H. and Reilly, P. J. A. (eds.) (1993). *Fish Fermentation Technology*, UNU Press, Tokyo.

Leisner, J. J., Millan, J. C., Huss, H. H. and Larsen, L. M. (1994). Production of histamine and tyramine by lactic acid bacteria isolated from vacuum – packed sugar – salted fish. *Journal of Applied Bacteriology*, 76, 417–423.

Lopetcharat, K., Choi, Y. J., Park, J. W. and Daeschel, M. A. (2001). Fish sauce products and manufacturing: a review. *Food Reviews International*, 17, 68–88.

Lopetcharat, K. and Park, J. W. (2002). Characteristics of fish sauce made from pacific whit ing and surimi by–products during fermentation storage. *Journal of Food Science*, 67, 511–516.

Leuschner, R. G., Heidel, M. and Hammes, W. P. (1998). Histamine and tyramine degradation by food fermenting microorganisms. *International Journal of Food Microbiology*, 39, 1–10.

Levering, P. R., van Dijken, J. P., Veenhius, M. and Harder, W. (1981). *Arthrobacter* P1, a fast growing versatile methylotroph with amine oxidase as a key enzyme in the metabolism of methylated amines. *Archives of Microbiology*, 129, 72–80.

Majumdar, R. K. and Basu, S. (2010). Characterization of the traditional fermented fish product *Lona ilish* of Northeast India. *Indian Journal Traditional Knowledge*, 9, 453–458.

Mohammed Salih, A. M., El Sanousi, S. M. and El Zubeir, I. E. M. (2011). A review on the Sudanese traditional dairy products and technology. *International Journal of Dairy Science*, 6, 227–245.

Montriwong, A., Kaewphuak, S., Rodtong, S., Roytrakul, S. and Yongsawatdigul, J. (2012). Novel fibrinolytic enzymes from *Virgibacillus halodenitrificans* SK1–3–7 isolated from fish sauce fermentation. *Process Biochemistry*, 47, 2379–2387.

Murooka, Y., Doi, N. and Harada, T. (1979). Distribution of membrane bound monoamine oxidase in bacteria. *Applied and Environment Microbiology*, 38, 565–569.

Nakazawa, Y. and Hosono, A. (eds) (1992). *Functions of Fermented Milk: Challenges for the Health Sciences*, Elsevier Science Publishers LTD, New York.

Namwong, S., Tanasupawat, S., Smitinont, T. *et al.* (2005). Isolation of *Lentibacillus salicampi* strains and *Lentibacillus juripiscarius* sp. nov. from fish sauce in Thailand. *International Journal of Systematic and Evolutionary Microbiology*, 55, 315–320.

Namwong, S., Hiraga, K., Takada, K. *et al.* (2006). A halophilic serine proteinase from *Halobacillus* sp. SR5 – 3 isolated from fish sauce: purification and characterization. *Bioscience Biotechnology and Biochemistry*, 70, 1395–1401.

Namwong, S., Tanasupawat, S., Visessanguan, W., Kudo, T. and Itoh, T. (2007). *Halococcus thailandensis* sp. nov., from fish sauce in Thailand. *International Journal of Systematic and Evolutionary Microbiology*, 57, 2199–2203.

Namwong, S., Tanasupawat, S., Lee, K. C. and Lee, J. –S. (2009). *Oceanobacillus kapialis* sp. nov., from fermented shrimp paste in Thailand. *International Journal of Systematic and Evolutionary Microbiology*, 59, 2254–2259.

Namwong, S., Tanasupawat, S., Kudo, T. and Itoh, T. (2011), *Haloarcula salaria* sp. nov. and *Haloarcula tradensis* sp. nov. from salt in Thai fish sauce. *International Journal of Systematic and Evolutionary Microbiology*, 61, 231–236.

Nayeem, M. A., Pervin, K., Reza, M. S. *et al.* (2010). Quality assessment of traditional semifermented fishery product (*cheap shutki*) of Bangladesh collected from the value chain. *Bangladesh Research Publications Journal*, 4, 41–46.

Noguchi, H., Uchino, M., Shida, O. *et al.* (2004). *Bacillus vietnamensis* sp. nov., a moderately halotolerant, aerobic, endospore–forming bacterium isolated from Vietnamese fish sauce. *International Journal of Systematic and Evolutionary Microbiology*, 54, 2117–2120.

Nout, M. J. R. (1994). Fermented foods and food safety. *Food Research International*, 21, 291–298.

Nout, M. J. R. and Sarkar, P. K. (1999). Lactic acid food fermentation in tropical climates. *Antonie van Loeuwenhoek*, 76, 395–401.

Ouadghiri, M., Amar, M., Vancanneyt, M. and Swings, J. (2005). Biodiversity of lactic acid bacteria in Moroccan soft white cheese (Jben). *FEMS Microbiology Letters*, 251, 267–271.

Pakdeeto, A., Naranong, N. and Tanasupawat, S. (2003). Diacetyl of lactic acid acid bacteria from milk and fermented foods in Thailand. *Journal of General and Applied Microbiology*, 49, 301–307.

Pakdeeto, A., Tanasupawat, S., Thawai, C. *et al.* (2007a). *Lentibacillus kapialis* sp. nov., from fermented shrimp paste in Thailand. *International Journal of Systematic and Evolutionary Microbiology*, 57, 364–369.

Pakdeeto, A., Tanasupawat, S., Thawai, C. *et al.* (2007b). *Salinicoccus siamensis* sp. nov., isolated from fermented shrimp paste in Thailand. *International Journal of Systematic and Evolutionary Microbiology*, 57, 2004–2008.

Paludan– Müller, C., Madsen, M., Sophanodora, P., Gram, L. and Møller, P. L. (2002). Fermen – tation and microflora of *plaa–som*, a Thai fermented fish product prepared with different salt concentrations. *International Journal of Food Microbiology*, 73, 61–70.

Park, J. –N., Fukumoto, Y., Eriko Fujita, E. *et al.* (2001). Chemical composition of fish sauces produced in southeast and east asian countries. *Journal of Food Composition Analysis*, 14, 113–125.

Park, P. –J., Je, J. –Y. and Kim, S. –K. (2005). Amino acid changes in the Korean traditional fermention process for blue mussel, *Mytilus edulis*. *Journal of Food Biochemistry*, 29, 108–116.

Peralta, R. R., Shimoda, M. and Osajima, Y. (1996). Further identification of volatile compounds in ficsh sauce. *Journal of Agricultural and Food Chemistry*, 44, 3606–3610.

Phithakpol, B., Varanyanond, W., Reungmaneepaitoon, S. and Wood, H. (eds) (1995). *The Tra-ditional Fermented Foods of Thailand*, Institute of Food Research and Product Development, Kasetsart University, Bangkok, 157 pp.

Phrommao, E., Rodtong, S. and Yongsawatdigul, J. (2010). Identification of novel halotolerant bacillopeptidase F-like proteinases from a moderately halophilic bacterium, *Virgibacillus* sp. SK37. *Journal of Applied Microbiology*, 110, 191–201.

Pionetti J. M. (1974). Analytical – band centrifugation of the active form of pig kidney diamine oxidase. *Biochemical and Biophysical Research Communications*, 58, 495–498.

Paludan-Müller, C., Madsen, M., Sophanodora, P., Gram, L. and Møller, P. L. (2002b). Fermen-tation and microf lora of *plaa-som*, a Thai fermented fish product prepared with different salt concentrations. *International Journal of Food Microbiology*, 73, 61–70.

Rahayu, E. S. (2003). *Lactic acid* bacteria in fermented foods of Indonesian origin. *Agritech*, 23, 75–84.

Rhee, S. J., Lee, J. –E. and Lee, C. –H. (2011). Importance of lactic acid bacteria in Asian fermented foods. *Microbial Cell Factories*, 10 (Suppl 1): S5. Available from: http://www.microbialcellfactories.com/content/10/S1/S5 [accessed 2 June 2013].

Rinaldi, A., Floris, G., Sabatini, S., Finazzi – Agr, A., Giartosio, A. and Rotilio, G. (1983). Reaction of beef plasma and lentil seedlings Cu – amine oxidase with phenylhydrazine. *Biochemical and Biophysical Research Communications*, 115, 841–848.

Rosma, A., Afiza, T. S., Wan Nadiah, W. A., Liong, M. T. and Gulam, R. R. A. (2009). Micro-biological, histamine and 3-MCPD contents of Malaysian unprocessed 'budu'. *International Food Research Journal*, 16, 589–594.

Ruddle, K. (1990). Fish processing technologies for entrepreneurial development in Bangladesh, in *Transfer of Technology for Entrepreneurial Development in Bangladesh* (eds Anon.), UN Economic and Social Commission for Asia and the Pacific, Bangkok.

Ruddle, K. and Ishige, N. (2010). On the origins, diffusion and cultural context of fermented fish products in Southeast Asia, in *Globalization, Food and Social Identities in the Asia Pacific Region* (ed. J. Farrer), Sophia University Institute of Comparative Culture, Tokyo. http://icc.fla.sophia.ac.jp/global%20food%20papers/ [accessed 2 June 2013]

Saisithi, P. (1994). Traditional fermented fish: fish sauce production. Ch. 5, in *Fisheries Processing: Biotechnological Applications* (ed. A. M. Martin), Chapman and Hall, London, pp. 111–129.

Sanchez, P. C. (1999). Microorganisms and technology of Philippine fermented foods. *Japanese Journal of Lactic Acid Bacteria*, 10, 19–28.

Sato, T., Horiuchi, T. and Nishimura, I. (2005). Simple and rapid determination of histamine in food using a new histamine dehydrogenase from *Rhizobium* sp. *Analytical Biochemistry*, 346, 320–326.

Scott, R. and Sullivan W. C. (2008). Ecology of fermented foods. *Human Ecology Review*, 15, 25–31.

Shimoda, M., Peralta, R. R. and Osajima, Y. (1996). Headspace gas analysis of fish sauce. *Journal of Agricultural and Food Chemistry*, 44, 3601–3605.

Siddiqui, J. A., Shoeb, S. M., Takayama, S., Shimizu, E. and Yorifuji, T. (2000). Purification and characterization of histamine dehydrogenase from *Nocardioides simplex* IFO 12069. *FEMS Microbiology Letters*,

15, 183-187.

Sinsuwan, S., Rodtong, S. and Yongsawatdigul, J. (2007). NaCl-activated extracellular proteinase from *Virgibacillus* sp. SK37 isolated from fish sauce fermentation. *Journal of Food Science*, 72, 264-269.

Sinsuwan, S., Rodtong, S. and Yongsawatdigul, J. (2010). A NaCl-stable serine proteinase from *Virgibacillus* sp. SK33 isolated from Thai fish sauce. *Food Chemistry*, 119, 573-579.

Sinsuwan, S., Rodtong, S. and Yongsawatdigul, J. (2011). Evidence of cell-associated proteinases from *Virgibacillus* sp. SK33 isolated from fish sauce fermentation. *Journal of Food Science*, 76, C413-C419.

Stanbury, P.., Whitaker, A. and Hall, S. J. (eds) (1995). *Principles of Fermentation Technology*, 2nd Edn, Pergamon Press, Oxford.

Steinkraus, K. H. (1993). Comparison of fermented food of East and West, In *Fish Fermentation Technology* (eds C. H. Lee, K. H. Steinkraus, and P. J. A. Reilly), UNU Press, Tokyo, pp. 1-12.

Stringer S. C. and Pin C. (2005). Microbial risks associated with salt reduction in certain foods and alternative options for preservation. Technical report, April 2005. Institute of Food research, Norwich, UK, 50 pp. http://www.food.gov.uk/multimedia/pdfs/acm740a.pdf [accessed 2 June 2013].

Suzuki, M., Nakase, T., Daengsubha, W., Chaosangket, M., Suyanadana, P. and Komagata,
K. (1987). Identification of yeasts isolated from fermented foods and related materials in Thailand. *Journal of General and Applied Microbiology*, 33, 205-220.

Tamang, J. P., Tamang, N., Thapa, S. *et al.* (2012). Microorganisms and nutritional value of ethnic fermented foods and alcoholic beverages of North East India. *Indian Journal of Traditional Knowledge*, 11, 7-25.

Tanasupawat, S., Chamroensaksri, N., Kudo, T. and Itoh, T. (2010). Identification of moderately halophilic bacteria from Thai fermented fish (*pla-ra*) and proposal of *Virgibacillus siamensis* sp. nov. *Journal of General and Applied Microbiology*, 56, 369-379.

Tanasupawat, S. and Komagata, K. (1995). Lactic acid bacteria in fermented foods in Thailand. *World Journal of Microbiology and Biotechnology*, 11, 253-256.

Tanasupawat, S. and Komagata, K. (2001). Lactic acid bacteria in fermented foods in Southeast Asia, in *Microbial Diversity in Asia: Technology and Prospects* (eds B. H. Nga, H. M. Tan, and K. Suzuki), World Scientific Publishing Co. Pte. Ltd, Singapore, pp. 43-59.

Tanasupawat, S., Namwong, S., Kudo, T. and Itoh, T. (2007b). *Piscibacillus salipiscarius* gen. nov., sp. nov., a moderately halophilic bacterium from fermented fish (*pla-ra*) in Thailand. *International Journal of Systematic and Evolutionary Microbiology*, 57, 1413-1417.

Tanasupawat, S., Namwong, S., Kudo, T. and Itoh, T. (2009). Identification of halophilic bacteria from fish sauce (*nam-pla*) in Thailand. *Journal of Culture Collections*, 6, 69-75.

Tanasupawat, S., Okada, S. and Komagata, K. (1998). Lactic acid bacteria found in fermented fish in Thailand. *Journal of General and Applied Microbiology*, 44, 193-200.

Tanasupawat, S., Pakdeeto, A., Namwong, S. *et al.* (2006). *Lentibacillus halophilus* sp. nov., from fish sauce in Thailand. *International Journal of Systematic and Evolutionary Microbiology*, 56, 1859-1863.

Tanasupawat, S., Shida, S., Okada, S. and Komagata, K. (2000). *Lactobacillus acidipiscis* sp. nov. and *Weissella thailandensis* sp. nov. isolated from fermented fish in Thailand. *International Journal of Systematic and Evolutionary Microbiology*, 50, 1479-1485.

Tanasupawat, S., Taprig, T., Akaracharanya, A. and Visessanguan, W. (2011b). Characterization of *Virgibacillus* strain TKNR13-3 from fermented shrimp paste (*ka-pi*) and its protease production. *African*

Journal of Microbiological Research, 5, 4714-4721.

Tanasupawat, S., Thongsanit, J., Okada, S. and Komagata, K. (2002). Lactic acid bacteria isolated from soy sauce mash in Thailand. *Journal of General and Applied Microbiology*, 48, 201-209.

Tanasupawat, S., Thongsanit, J., Thawai, C., Lee, K. C. and Lee, J. - S. (2011a). *Pisciglobus halotolerans* gen. nov., sp. nov., isolated from fish sauce in Thailand. *International Journal of Systematic and Evolutionary Microbiology*, 61, 1688-1692.

Tapingkae, W., Parkin, K. L., Tanasupawat, S. *et al.* (2010b). Whole cell immobilisation of *Natrinema gari* BCC 24369 for histamine degradation. *Food Chemistry*, 120, 842-849.

Tapingkae, W., Tanasupawat, S., Itoh, T. *et al.* (2008). *Natrinema gari* sp. nov., a halophilic archaeon isolated from fish sauce in Thailand. *International Journal of Systematic and Evolutionary Microbiology*, 58, 2378-2383.

Tapingkae, W., Tanasupawat, S., Parkin, K. L., Benjakul, S. and Visessanguan, W. (2010a). Degradation of histamine by extremely halophilic archaea isolated from high salt - fermented fishery products. *Enzyme and Microbial Technology*, 46, 92-99.

Taprig, T., Akaracharanya, A., Sitdhipol, J., Visessanguan, W. and Tanasupawat, S. (2013). Screening and characterization of protease - producing *Virgibacillus*, *Halobacillus* and *Oceanobacillus* strains from Thai fermented fish. *Journal of Applied Pharmaceutical Science*, 3, 025-030.

Thai Ministry of Public Health (2001). The Notifiation of fish sauce (No. 203), in the *Government Gazette* vol. 118, special part 6 Ngor.

Thongsanit, J. (1999). DNA-DNA hybridization in the identification of *Tetragenococcus* species isolated from fish sauce fermentation, Master Thesis. Department of Microbiology, Faculty of Science, Chulalongkorn University.

Thongsanit, J., Tanasupawat, S., Keeratipibul, S. and Jatikavanich, S. (2002). Characterization and identification of *Tetragenococcus halophilus* and *Tetragenococcus muriaticus* strains from fish sauce (nam - pla). *Japanese Journal of Lactic Acid Bacteria*, 13, 46-52.

Thongthai, C. and Gildberg, A. (2005). Asian fish sauce as a source of nutrition, in *Asian Functional Foods* (eds J. Shi, C-T., Ho and F. Shahidi), Marcel Dekker/CRC Press, New York, pp. 215-265.

Thongthai, C., McGenity, T. J., Suntinanalert, P. and Grant, W. D. (1992). Isolation and charac - terization of an extremely halophilic archaeobacterium from traditional fermented Thai fish sauce (*nam - pla*). *Letters in Applied Microbiology*, 14, 111-114.

Thwe, S., Kobayashi, T., Luan, T. *et al.* (2011). Isolation, characterization and utilization of γ - aminobutyric acid (GABA) - producing lactic acid bacteria from Myanmar fishery products fermented with boiled rice. *Fisheries Science*, 77, 279-288.

Toyokawa, Y., Takahara, H., Reungsang, A. *et al.* (2010). Purification and characterization of a halotolerant serine proteinase from thermotolerant *Bacillus licheniformis* RKK - 04 isolated from Thai fish sauce. *Applied Microbiology and Biotechnology*, 86 (6), 1867-1875.

Tsai, Y. H., Lin, C. Y., Chien, L. T. *et al.* (2006). Histamine content of fermented fish products in Taiwan and isolation of histamine-forming bacteria. *Food Chemistry*, 98, 64-70.

Tyn, M. T. (1993). Trends of fermented fish technology in Burma, in *Fish Fermentation Tech-nology* (eds C. H. Lee, K. H. Steinkraus and P. J. A. Reilly), UNU Press, Tokyo, pp. 129-153.

Tyn, M. T. (2004). Industrialization of Myanmar fish paste and sauce fermentation, in *Industrialization of Indigenous Fermented Foods*, 2nd edn, revised and expanded. Marcel Dekker, New York, USA, pp. 737–759.

Udomsil, N., Rodtong, S., Tanasupawat, S. and Yongsawatdigul, J. (2010). Proteinase – producing halophilic lactic acid bacteria isolated from fish sauce fermentation and their ability to produce volatile compounds. *International Journal of Food Microbiology*, 141, 186–194.

Udomsil, N., Rodtong, S., Choi, Y. J., Hua, Y. and Yongsawatdigul, J. (2011). Use of *Tetrageno–coccus halophilus* as a starter culture for flavour improvement in fish sauce fermentation. *Journal of Agricultural and Food Chemistry*, 59, 8401–8408.

Umezu, M., Shibata, A. and Umegaki, M. (1979a). Oxidation of amines by nitratereducing bacteria and lactobacilli in Saké brewing. *Journal of Fermentation Technology*, 57, 56–60.

Umezu, M., Shibata, A. and Umegaki, M. (1979b). Production and oxidation of amines by hiochi bacteria. *Journal of Fermentation Technology*, 57, 505–511.

Voigt, M. N. and Eitenmiller, R. R. (1977). Production of tyrosine and histidine decarboxylase in dairy–related bacteria. *Journal of Food Protection*, 40, 241–245.

Wood, B. J. B. (1998). *Microbiology of Fermented Foods*, vol. 1, Blackie Academic and Professional, London.

WHO (2004). *Global status report on alcohol*, 2004. Geneva, World Health Organization. http://www.who.int/substance_abuse/publications/global_status_report_2004_overview.pdf [accessed 2 June 2013].

Yachai, M., Tanasupawat, S., Itoh, T. *et al.* (2008). *Halobacterium piscisalsi* sp. nov., from fermented fish (*pla – ra*) in Thailand. *International Journal of Systematic and Evolutionary Microbiology*, 58, 2136–2140.

Yamashita, M., Sakaue, M., Iwata, N., Sugino, H. and Murooka, Y. (1993). Purification and characterization of monoamine oxidase from *Klebsiella aerogenes*. *Journal of Fermentation and Bioengineering*, 76, 289–295.

Yongsawatdigul, J., Choi, Y. S. and Udomporn, S. (2004). Biogenic amines formation in fish sauce prepared from fresh and temperature–abused Indian anchovy (*Stolephorus indicus*). *Journal of Food Science*, 69 (4), FCT312–FCT319.

Yongsawatdigul, J., Rodtong, S. and Raksakulthai, N. (2007). Acceleration of Thai fish saucefermentation using proteinases and bacterial starter cultures. *Journal of Food Science*, 72 (9), M382–M390.

Zaman, M. Z., Abdulamir, A. S., Bakar, F. A., Selamat, J. and Bakar, J. (2009). A Review: microbiological, physicochemical and health impact of high level of biogenic amines in fish sauce. *American Journal of Applied Sciences*, 6, 1199–1211.

9 冷冻鱼糜和鱼糜制品

Emiko Okazaki[1], Ikuo Kimura[2]
[1]*Tokyo University of Marine Science and Technology, Department of Food Science and Technology, Tokyo, Japan*
[2]*Laboratory of Food Engineering, Faculty of Fisheries, Kagoshima University, Shimoarata, Kagoshima, Japan*

9.1 冷冻鱼糜原料

冷冻鱼糜是一种无味的鱼肉蛋白质浓缩物，可保持肌原纤维蛋白的凝胶形成能力，并作为中间原料进一步加工成鱼糜制品，如鱼糕（kamaboko）和蟹肉棒。

20 世纪 60 年代，日本开发了“冷冻鱼糜”加工技术。当时，用作生产冷冻鱼糜的原料只有阿拉斯加狭鳕。然而，在随后的几十年中，除阿拉斯加狭鳕以外的鱼类，如太平洋鳕鱼、蓝鳕鱼、鲱鱼、鲭鱼、无须鳕、南蓝鳕、长尾鳕、黄花鱼、金线鱼和海鳗等也被用来制作冷冻鱼糜（图 9.1）。2012 年，全球冷冻鱼糜年产量约为 60 万~70 万 t，带动鱼糜制品年产量达到 150 万 t（Pascal，2012）。因此，冷冻鱼糜已成为世界食品生产的重要中间原料。

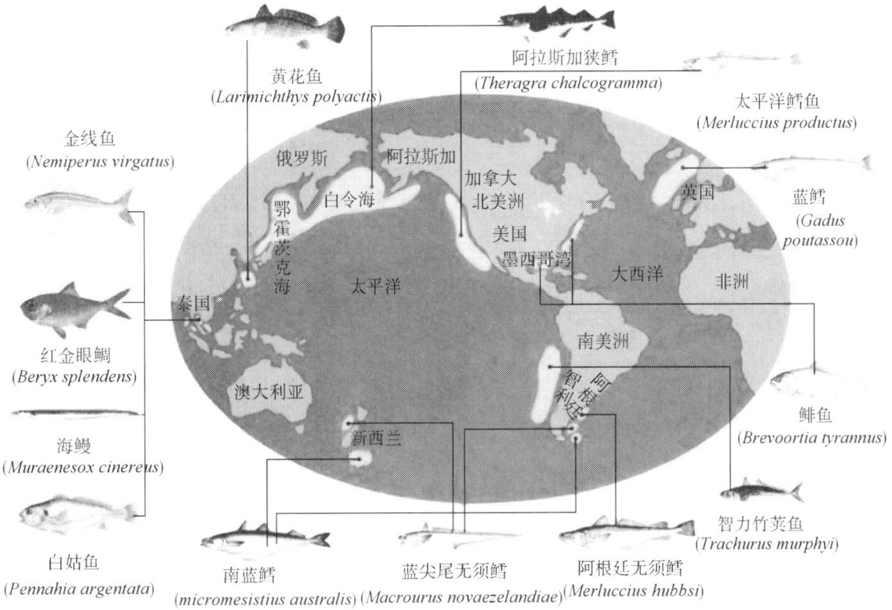

图 9.1 世界各地冷冻鱼糜原料①

① 本书插图系原文插图。——译者注

9.2 冷冻鱼糜生产的原则和过程

冷冻鱼糜生产需要使用大型设备来加工日产量巨大的原料鱼，这是因为洄游鱼类通常用于鱼糜生产，因此必须处理大量的季节性捕获的原料鱼。由于大规模加工，工厂还需有效利用副产物（如鱼粉和鱼油），使原料被充分利用而不浪费。冷冻鱼糜的一般生产过程如图 9.2 所示。

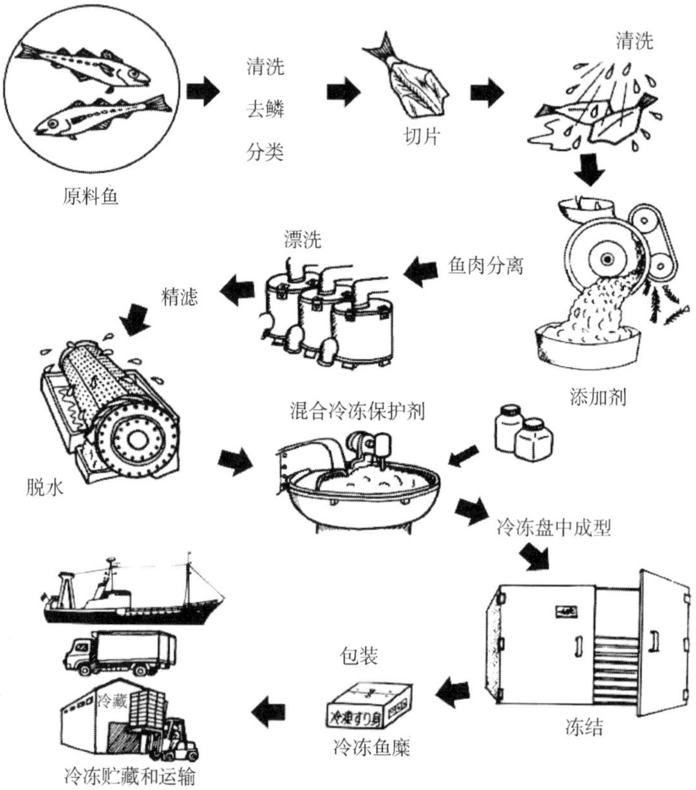

图 9.2 冷冻鱼糜加工过程

9.2.1 原料鱼

冷冻鱼糜的品质和特性受原料鱼种类、捕捞季节和鱼新鲜度等多种因素的影响。不同鱼类间的生长环境温度、肌肉蛋白的盐溶解性和热稳定性、蛋白酶和谷氨酰胺转氨酶活性的差异对冷冻鱼糜的品质有显著影响，特别是在其凝胶形成能力方面。

所用原料鱼的新鲜度对冷冻鱼糜的制造工艺和质量有显著影响。有效的冷却和低温保护对于保持原料鱼新鲜度非常重要。新鲜度会影响鱼糜凝胶强度。表 9.1 显示了鱼糜凝胶强度对阿拉斯加狭鳕新鲜度的依赖性（Uno 和 Nakamura，1958）。无论使用哪种鱼类，新鲜度都是鱼糜原料的最重要要求。控制原料鱼的新鲜度可以最大程度地减少鱼糜的质量变化。

表 9.1 鱼类新鲜度（阿拉斯加狭鳕）对鱼糜凝胶强度的影响

鱼糜	原料鱼状态（5℃贮藏天数）			
	非常新鲜（0d）	比较新鲜（2d）	一般新鲜（4d）	不新鲜（6d）
	凝胶强度/（g·cm）			
未漂洗鱼糜	1100	600	350	150
漂洗鱼糜	1200	850	650	400

资料来源：Uno 和 Nakamura，1958。

鱼糜的质量也受季节和所用原料鱼大小的影响。来自摄食季节鱼类的鱼糜质量通常较低。

9.2.2 原料鱼的清洗和去鳞

为了获得良好的鱼糜质量，在加工之前去除原料鱼表面的鳞片、黏液和污垢非常重要。去除鳞片的难易程度受鱼新鲜度的影响。鱼体在捕捞后很难立即去除鳞片，但随着鱼鲜度降低，去除鳞片也相对容易。

9.2.3 原料鱼分类

原料鱼根据规格大小进行分类，特别是在使用切片机切片的过程中，以方便原料鱼加工并提高鱼片产量。可以使用滚筒或履带式设备进行自动分类。

9.2.4 原料鱼切片

这一步骤会影响后续去骨过程获得的鱼肉的质量和数量。切片可以手动或使用切片机自动进行。原料鱼需手动或使用自动定位设备以头对尾和背对腹方向传送到切片机。

9.2.5 原料鱼机械分离

去骨过程将鱼肉从残留的鱼骨、鱼鳍或鱼皮中分离出来。所使用的鱼肉分离机一般为带式滚筒，压带轮将皮带紧贴于滚筒，原料鱼在皮带和网状滚筒之间通过，相对较软的鱼肉由于挤压从滚筒中的网孔进入滚筒内部，附着在滚筒外表面的鱼骨、鱼皮和鱼肉被刮掉。滚筒孔径的选择对后续漂洗和脱水过程以及鱼糜的产量和质量有显著影响。通常，孔径范围为 4~7mm，并需要根据鱼的大小和新鲜度来选择。

9.2.6 漂洗

漂洗是一个重要的过程，不仅去除脂肪、血液、色素和臭味物质等不良成分，而且去除阻碍鱼糜制品（如鱼糕和蟹肉棒）形成凝胶的水溶性蛋白质（WSPs；肌浆蛋白）来提高其凝胶形成能力。在此过程中，鱼肉中的水溶性成分（如 WSP、矿物质、可提取的呈味物质和有机酸）被去除。

漂洗在连续系统上进行，系统将漂洗槽与为鱼糜加工而设计的旋转筛网结合在一起。漂洗槽配备有桨叶，当池中的水位达到预定水平时，桨叶会自动激活。在下一个洗涤周期之前，将漂洗鱼肉通过旋转筛进行中间脱水。根据所需的洗涤次数重复此步骤。

鱼肉的漂洗液不仅含有水溶性成分，而且含有脂肪和鱼肉碎，如果处理不当，会造成环境污染。因此，必须对废水进行处理，使其达到当地标准。尽管废水处理后浮渣基本上都被废弃，但从节约食物资源的角度来看，可以对其进行有效利用。收集和利用前面提到的供动物或人类食用的脂肪、鱼肉碎和可溶性蛋白的方法也已经被研究（Okazaki，1944）。

9.2.6.1 肌原纤维蛋白浓缩和水溶性成分的去除

漂洗后鱼肉凝胶形成能力的变化如表 9.2 所示。水溶性成分、矿物质和脂肪通过漂洗从鱼肉中去除，相应地使凝胶从脆性向弹性状态转变（Okada，1981）。漂洗是提高原料凝胶形成能力的有效方法。从漂洗前后阿拉斯加狭鳕肉中水溶性蛋白和肌原纤维蛋白的含量来看，前者从总蛋白质含量的 20% 降至 2%～4%，后者从总蛋白含量的 80% 提高至 96%～98%（Kimura，2003）。

表 9.2 漂洗鱼肉的凝胶形成能力变化

项目		漂洗时间		
		0min	2min	10min
漂洗鱼肉成分/%	水分	76.3	82.7	85.5
	矿物质	1.02	0.26	0.19
	脂肪	6.9	3.5	0.7
	蛋白质	15.8	13.4	13.6
	水溶性氮组分	0.64	0.12	0.02
凝胶	凝胶性质	脆性	弹性	弹性极好

资料来源：Okada，1981。

通过漂洗提高凝胶形成能力的首要原因是肌原纤维蛋白的浓缩，其主要由肌球蛋白组成，肌原纤维蛋白是使鱼肉形成凝胶的主要蛋白。通常，WSP 的相对分子质量比肌球蛋白低（MW，480000），并且由于难以形成网络结构而形成凝胶能力低。在加热肌原纤维蛋白溶胶时，加入漂洗鱼肉后分离的 WSP 组分肌原纤维蛋白的凝胶形成能力显著降低，另一方面，在加入热凝聚的 WSP 组分或加入除热凝聚 WSP 以外的可提取成分后，肌原纤维蛋白的凝胶形成能力在加热时不受影响（Shimizu 和 Nishioka，1974）。因此，凝胶形成能力的降低可能是由于热处理过程中变性的 WSP 与变性的肌球蛋白聚集，阻止了肌球蛋白分子形成精细的网络结构。

9.2.6.2 鱼糜中的活性“凝胶化”酶

凝胶化是影响鱼糜制品流变性的一个非常重要的过程。如果将盐腌的鱼肉糜在低于 40℃的恒定温度下保持数十分钟至数小时，然后再在 80～90℃加热，其流变特性会从溶胶变为凝胶，产生高弹性和高持水性的鱼糕凝胶，这种现象称为凝胶化。

所有鱼糜制品在生产过程中或多或少都会受到凝胶化的影响。因此，凝胶化过程的控制对于鱼糜质量非常重要。在冷冻鱼糜中，WSP 含量占总蛋白质的很小一部分。表 9.3 显示了由蓝鳕鱼制备的鱼糜经过几次漂洗后凝胶形成能力的变化，以及提取 WSP 对添加了 WSP 和 Ca^{2+}的漂洗鱼糜凝胶化性质的影响。彻底漂洗的鱼糜制成的凝胶，其凝胶强度非常低（Kimura 等，1991）。

表 9.3 WSP 和钙离子对漂洗鱼糜凝胶化的影响

编号	$CaCl_2$/（mmol/L）	WSP/mg	Gel	JS/（g · cm）	MHC/（MHC/A）
1	—	—	C	250	0.81
2	—	—	S	214	0.77
3	5	—	C	275	0.81
4	5	—	S	793	0.27
5	5	200	C	237	0.96
6	5	200	S	1289	0.06

注：C—90℃加热 40min；S—30℃水浴 1h，然后 90℃加热 40min；JS—凝胶强度。

编号：1、2—只经漂洗的鱼糜；3、4—漂洗鱼糜和 5mmol/L $CaCl_2$；5、6—漂洗鱼糜、5mmol/L $CaCl_2$ 和 WSP。

MHC（肌球蛋白重链）和肌动蛋白，通过鱼糕凝胶的 SDS-PAGE 测量。

资料来源：Kimura 等，1991。

即使添加钙离子，鱼糜凝胶的凝胶强度也无法恢复。含有与实际鱼糜相同浓度 WSP 的漂洗鱼糜制备的鱼糜凝胶的凝胶强度与由原始鱼糜制备的鱼糜凝胶几乎相同。因此，表明可以通过调节鱼糜中的 WSP 比例来控制鱼糜的凝胶化过程。由于凝胶化过程取决于钙离子，并且在鱼糜凝胶中发生 ε-（γ-谷氨酰基）-赖氨酸异构肽的交联，因此可直接证明转谷氨酰胺酶（TGase）参与鱼糜的凝胶化过程（Kimura 等，1991）。

由于漂洗能去除 WSP，其大部分抑制鱼糜的凝胶化，同时保留 TGase，因此漂洗条件对鱼糜的生产很重要。同时，彻底漂洗鱼肉会削弱凝胶化。图 9.3 显示了在不同加工条件下，由阿拉斯加狭鳕、金线鱼、白姑鱼和南蓝鳕制备的鱼糜的 TGase 和 Ca-ATPase 活性之间的关系。由于不同处理下阿拉斯加狭鳕鱼糜中 TGase 活性相差约三倍，表明漂洗条件会影响 TGase 活性（Seki 和 Nozawa，2001）。

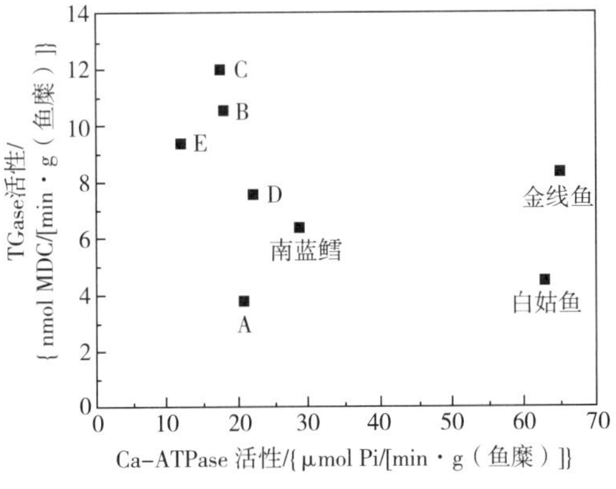

图 9.3 鱼糜的 TGase 活性和 Ca-ATPase 活性之间的关系

注：A~E—阿拉斯加狭鳕鱼糜。

资料来源：Seki 和 Nozawa，2001。

9.2.6.3 漂洗去除可提取成分

在漂洗过程中，游离氨基酸等呈味物质被去除（表9.4）（Kimura，2003）。这些呈味物质的含量减少到20%以下。在可提取成分中，参与渗透压调节的氧化三甲胺（TMAO）在冻藏过程中分解，从而生成二甲胺（DMA）和甲醛（FA）。但是，分解TMAO的TMAO酶在冻藏条件下不发挥作用。因此，TMAO通过非酶催化反应进行分解。表9.5（Tokunaga，1964）显示了冻藏期间阿拉斯加狭鳕肉中的TMAO分解。结果表明，每100g阿拉斯加狭鳕肉中约含有85mg TMAO以及生成的甲醛，这表明冻藏过程中蛋白质变性。这些成分可通过漂洗除去（Tokunaga，1965）。冻藏过程中从漂洗鱼肉中产生的DMA也受冷冻温度影响。尽管漂洗鱼肉中残留的少量TMAO在冻藏时生成了DMA，但在低于-20℃的冻藏期间，TMAO分解和DMA的产生会被抑制。

表9.4 阿拉斯加鳕鱼的基本成分和游离氨基酸组成

成分	新鲜鱼	鱼糜
水分/%	80.3	73.4
脂肪/%	1.0	0.9
蛋白质/%	17.4	16.8
矿物质/%	1.3	0.6
游离氨基酸/（g/100g）	0.3190	0.0408
磷酸丝氨酸	0.0011	—
牛磺酸	0.1511	0.0179
天冬氨酸	0.0037	—
苏氨酸	0.0057	0.0008
丝氨酸	0.0072	0.0009
谷氨酸	0.0120	0.0012
甘氨酸	0.0254	0.0057
丙氨酸	0.0230	0.0033
瓜氨酸	0.0011	—
缬氨酸	0.0035	—
甲硫氨酸	0.0030	0.0014
胱硫醚	0.0012	—
异亮氨酸	0.0027	0.001
亮氨酸	0.0043	0.0011
酪氨酸	0.0023	—
苯丙氨酸	0.0012	—
β-丙氨酸	0.0129	—

续表

成分	新鲜鱼	鱼糜
鸟氨酸	0.0014	0.0004
赖氨酸	0.0122	0.0025
L-甲基组氨酸	0.0227	0.0018
组氨酸	0.0014	—
精氨酸	0.0037	0.0008
脯氨酸	0.0058	—

资料来源：Kimura，2003。

表 9.5 与冷冻相关的二甲胺和甲醛生成

种类	贮藏时间/d	TMAO-N/(mg/100g)	DMA-N/(mg/100g)	FA/(mg/100g)
阿拉斯加狭鳕	0	85.2	0.1	0.2
	7		1.1	2.5
	28		3.7	5.3
	90		11.0	12.7
	180		24.5	20.7
北部鲥鱼	180	100.7	(±)	(-)
远东多线鱼	0	81.3	0.15	(±)
	45		0.16	(±)
鲆鱼	0	78.4	0	(-)
	120		0	(-)

资料来源：Tokunaga，1964。

无机物也可以通过漂洗来去除。研究表明，尽管铁、钙和镁很难完全去除，但约有 60% 的无机物可以去除。此外，无机物的洗脱水平取决于所用漂洗液的成分（Kimura，2003）。

9.2.6.4 漂洗液离子强度的影响

各种水溶性成分可通过漂洗去除，从而导致肌肉蛋白质膨胀。漂洗会降低离子强度，从而影响持水性。当离子强度在 0.05~0.1 范围内，持水性最小；当低于 0.05 或高于 0.1 时，持水性会增加（Okada，1981）。随着反复漂洗，洗净的鱼肉离子强度降低，鱼肉因吸水而溶胀，这使得洗净的鱼肉难以脱水。为了有效地漂洗，需要巧妙设计漂洗条件和漂洗液质量。pH 是影响肌原纤维蛋白水化的另一个重要因素。在接近肌原纤维蛋白等电点的 pH 时，持水力最小。肌原纤维蛋白的等电点接近 pH 5.5；因此，在此 pH 下水合速率最低，而在低于或高于 pH 5.5 时吸水率较高（图 9.4）（Okada，1981）。

如图 9.5 所示，肌原纤维蛋白的最高稳定性出现在 pH 约为 7.2 的情况下。肌原纤维蛋白在高于或低于 pH 7.2 时容易变性（Hashimoto 和 Arai，1978）。漂洗条件和漂洗液质量是影响冷冻鱼糜凝胶形成能力、残留水溶性成分、色泽和冻藏期间保藏性的重要因素。

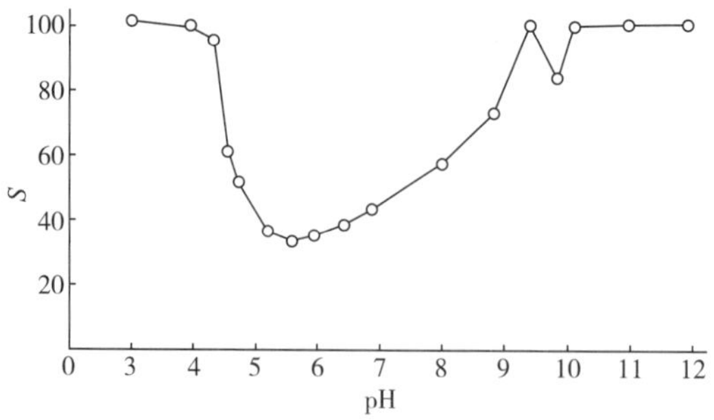

图 9.4 pH 对竹荚鱼肉持水力的影响

注："*S*"是离心后样品的沉淀体积（鱼肉：水=1：3）。

资料来源：Okada，1981。

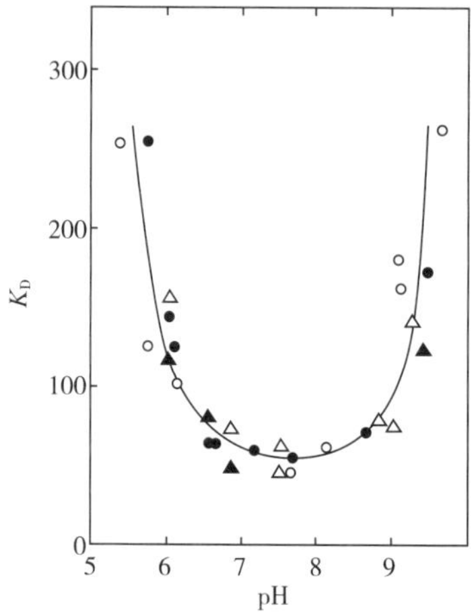

图 9.5 pH 对各种鱼类的肌原纤维变性的影响

注：K_D—肌原纤维 Ca-ATPase 失活的一级速率常数。

多线鱼（○）的肌原纤维放置温度为 30℃，鳐鱼（△）、鲐鱼（●）和秋刀鱼（▲）的放置温度为 35℃。

资料来源：Hashimoto 和 Arai，1978。

9.2.6.5 碱性盐水漂洗（另见 9.3.1）

多脂红肉鱼，如沙丁鱼和鲭鱼也被用作原料。这些种类鱼肉的漂洗过程不同于白肉鱼，鱼肉的 pH 通过碱性盐水漂洗从酸性调节至中性，可以有效去除水溶性成分。

9.2.7 精滤

漂洗后，部分脱水的鱼肉被精炼以去除结缔组织、鱼皮、鱼鳞或其他不需要的内含物。此阶段的温度控制非常重要，因为脱水鱼肉糜在这一过程中的温度升高常常导致蛋白质变性和蛋白质功能丧失。结缔组织对鱼糜质量影响的研究很少。然而，已经确定的是，结缔组织通常从漂洗鱼肉糜中去除，因为它们会导致鱼糜凝胶变脆，其主要蛋白质是热可逆胶原蛋白（Mizuta，2001）。

9.2.8 脱水

精滤肉使用螺旋压榨机进行机械脱水，将鱼肉的水分含量降低至 80%～84%。脱水效率受所用螺旋压榨机的类型以及脱水步骤之前加工条件的影响。为了保证鱼糜质量，控制鱼糜水分含量非常重要，因此需要适用于工厂操作的在线水分测量系统。

为了实现这一目标，研究人员使用近红外光谱法对水分进行了非破坏性测定，结果表明鱼糜的蛋白质和水分含量可以被准确测量（Uddin 和 Okazaki，2008），预计将来会在实际生产中应用该技术。

9.2.9 混合冷冻保护剂

将冷冻保护剂［如糖类、山梨糖醇（8%～9%）和多聚磷酸盐（0.2%～0.3%）］添加到脱水鱼肉中并混合，以稳定鱼蛋白，使其在冻藏过程中不易变性。由于混合过程中鱼肉的温度趋于升高，会影响最终产品的质量，因此通常使用配有冷却装置的静音切割机。重要的是要尽可能保持低的温度，以防止加工过程中鱼肉蛋白质变性。

9.2.10 冻结

将含有冷冻保护剂的混合鱼糜用聚乙烯袋进行包装，然后将其置于冷冻盘中，并在高压下通过接触式冷冻机进行迅速冷冻。为抑制鱼糜在冷冻条件下变性，必须尽可能减小鱼糜中冰晶的尺寸。完全冷冻后，将两块鱼糜包装在一个盒子中，盒子上印有以下信息：原料鱼种类、使用的添加剂类型、生产日期、制造商名称和鱼糜质量规格。

9.2.11 冻藏和运输

冻藏过程中的温度和温度波动严重影响冷冻鱼糜的贮藏稳定性。温度反复波动会导致冷冻变性，并伴随着鱼糜中冰晶的生长。Okada 报道，贮藏温度与冷冻鱼糜质量之间的关系如图 9.6 所示。尽管冷冻鱼糜的质量在-20℃时相当稳定，但最好将鱼糜贮藏在低于-25℃的温度下（Toyoda 和 Fujita，1991）。冷冻保存过程中鱼糜质量的变化也已通过测量肌球蛋白 ATPase 的活性得到证实（Kimura 等，1977）。

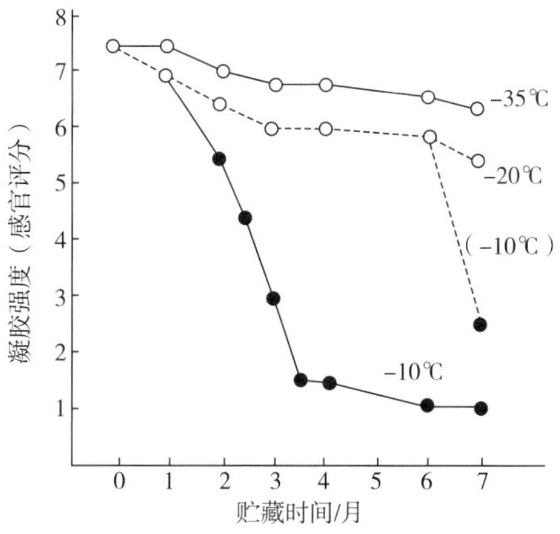

图 9.6 冷冻贮藏温度对阿拉斯加狭鳕鱼糜凝胶形成能力的影响

资料来源：Kimura，2003。原始数据由 Okada 提供。

9.3 鱼原料特性与鱼糜加工技术

在上一节中，介绍了主要使用阿拉斯加狭鳕生产冷冻鱼糜的方法以及与鱼糜质量有关的基本原理。本节将描述原料鱼的特征和鱼糜的制造过程。

9.3.1 多脂红肉鱼制成的鱼糜

尽管从多脂红肉鱼类得到的冷冻鱼糜，其基本生产工艺与白肉鱼类几乎相同，但已开发出应对这些鱼类特定特征的方法。红肉鱼的特征如下：①脂肪含量高，季节性变化大（图9.7）；②红肉与普通肌肉的比例很高（表9.6）；③普通肌肉中的肌红蛋白含量高，呈深红色；④死后鱼肉pH迅速下降；⑤与白肉鱼相比，体形通常较小。

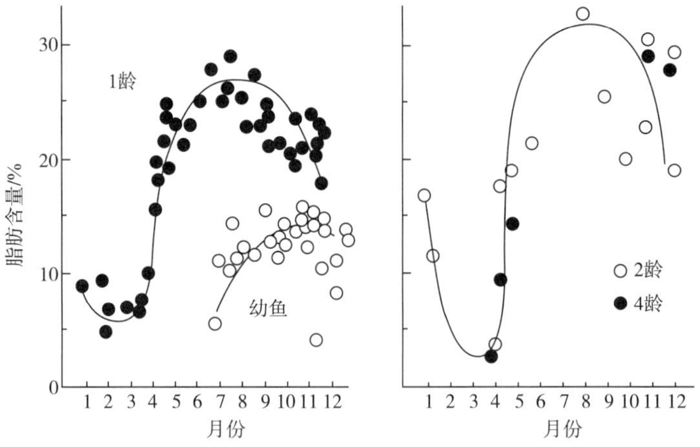

图9.7 沙丁鱼肉脂肪含量的季节变化

资料来源：Hasegawa，1977。

表9.6 各种鱼类的红肉比例

种类	红肉比例/%	种类	红肉比例/%
沙丁鱼	20.7	石鲈鱼	5.4
秋刀鱼	18.6	日本梭鱼	5.2
扁舵鲣	14.5	鲻鱼	4.7
圆腹鲱	13.9	深海胡瓜鱼	3.8
鲹鱼	13.6	绯鲵鲣	2.9
鲭鱼	12.0	红衫鱼	2.8
竹荚鱼	8.6	黄鲷鱼	2.2
虎鱼	6.0	鳕鱼	1.6

资料来源：Obatake和Heya，1985。

9.3.1.1 鱼肌肉蛋白的死后变化和鱼糜生产方法

红肉鱼的死后变化通常伴随着死亡后 pH 的显著下降。如图 9.5 所示，尽管随着 pH 向酸性的转变，肌原纤维 Ca-ATP 酶（Ca-ATPase）的变性速率常数很快呈现不稳定状态，但肌原纤维 Ca-ATP 酶（Ca-ATPase）在 pH=7.2 左右时最稳定（Hashimoto 和 Arai，1978）。精确控制 pH 非常重要，因为即使将其贮藏在较低温度下，也无法充分防止低 pH 鱼肉的蛋白质变性（Arai，1981）（图 9.8）。

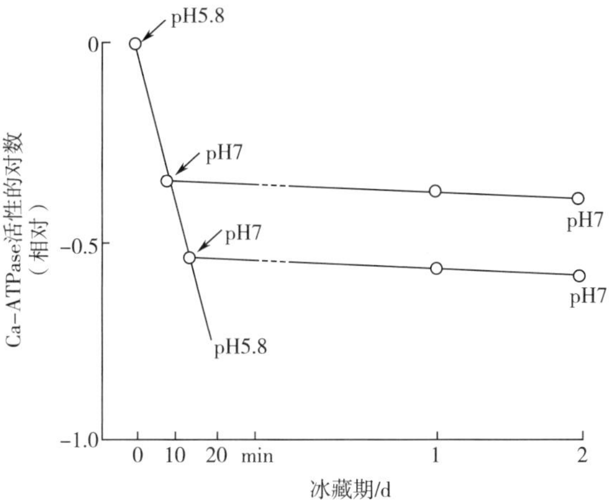

图 9.8 pH 中和稳定沙丁鱼肌原纤维蛋白

资料来源：Arai，1981。

鱼肉的新鲜度与鱼糜的凝胶形成能力之间的关系如图 9.9 所示。结果表明，原料新鲜度的降低，会极大影响鱼糜的品质。对于暗色多脂红肉鱼，其新鲜度对鱼糜质量的影响远大于白肉鱼。图 9.10 显示了碱性盐水浸出对鱼糜凝胶形成能力的促进作用。在用红肉鱼生产鱼糜时，必须在捕捞后立即冷却鱼肉原料，快速进行鱼糜加工，并通过用碳酸氢钠和（或）磷酸盐溶液进行碱盐水浸提处理，漂洗至中性 pH。

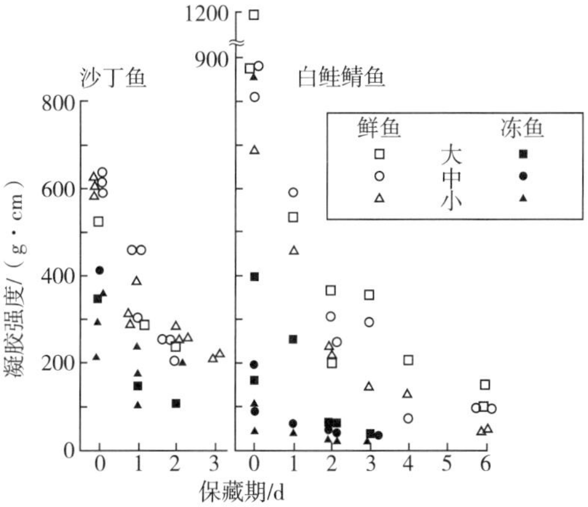

图 9.9 用新鲜度不同的新鲜鱼和冷冻鱼制备的鱼糕的凝胶强度

资料来源：Fujii，1981。

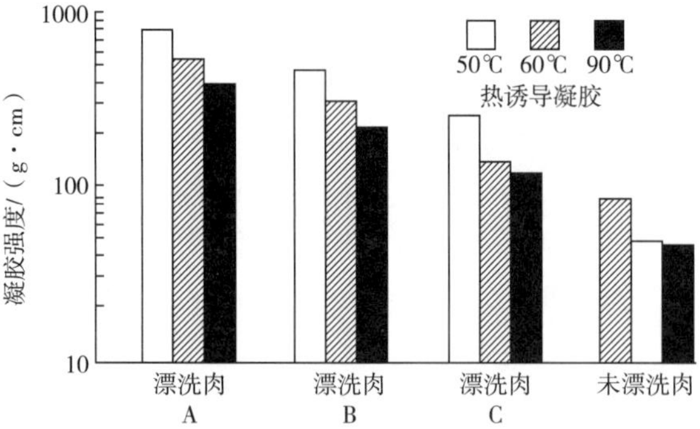

图 9.10 通过碱性盐水漂洗提高鲭鱼肉的凝胶形成能力

注：漂洗肉 A—用 0.025mol/L $NaHCO_3$ 和 0.025mol/L NaCl 碱性盐水；B—漂洗液调节至 pH 7.0；C—pH 未调节漂洗液。

资料来源：Kimura，2003。原始数据由 Shimizu 提供。

9.3.1.2 多脂红肉鱼的脂肪去除

漂洗多脂红肉鱼的鱼肉，其目的不仅在于调节 pH，还在于去除肌肉中的色素成分（血红蛋白）和脂肪。在漂洗过程中，肌肉中的脂质成分被提取到漂洗液中。理想情况是尽可能去除肌肉中的脂质，因为鱼糜中残留的脂质不仅会降低冷冻鱼糜凝胶形成能力，还会在冷冻储存过程中引起脂质氧化，从而影响最终产品的风味（Kochi，1981）。

已开发一种连续离心脱水系统，在漂洗液中将鱼肉磨成细粒，然后用脱水机进行脱水，以有效去除鱼肉中的脂肪（图 9.11）。

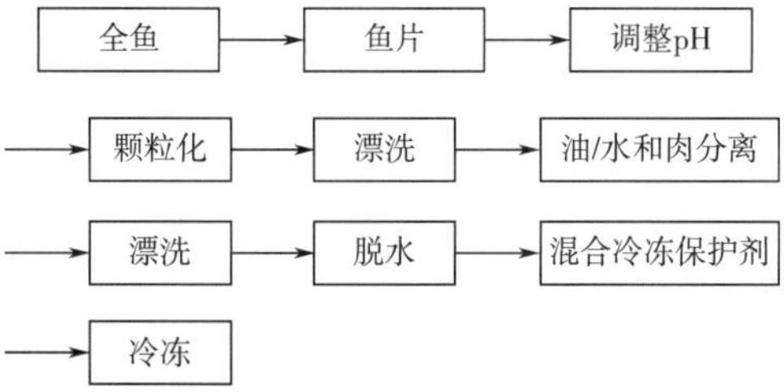

图 9.11 冷冻鱼糜的制造工艺，采用研磨成细颗粒的方法，并用倾析器脱水

另一方面，主要由甘油三酯组成的鱼油通过乳化提高了鱼糜的凝胶形成能力。改善程度随乳化油颗粒尺寸的减小而增加（Okazaki 等，2002）（图 9.12）。此外，乳化油具有很高的抗氧化稳定性（Azuma 等，2009）。乳化鱼糜也证实了这一特征（Okazaki 等，2002）。已经确定海洋资源中的二十二碳六烯酸和二十碳五烯酸具有很高的功能性。因此，比如以原始 DHA 和 EPA 含量乳化的鱼糜等中间加工材料，有望在将来用作功能材料。

9.3.2 利用肌肉中蛋白酶活性高的鱼类生产的鱼糜

黏孢子虫（黏孢子虫属）作为寄生虫经常在一种从加拿大迁徙到美国西海岸的白肉鳕鱼的肌肉中出现。当缓慢加热时，带有黏孢子虫的鱼肉会变成糊状，甚至在极端情况下会溶解（Okada 等，1981）。

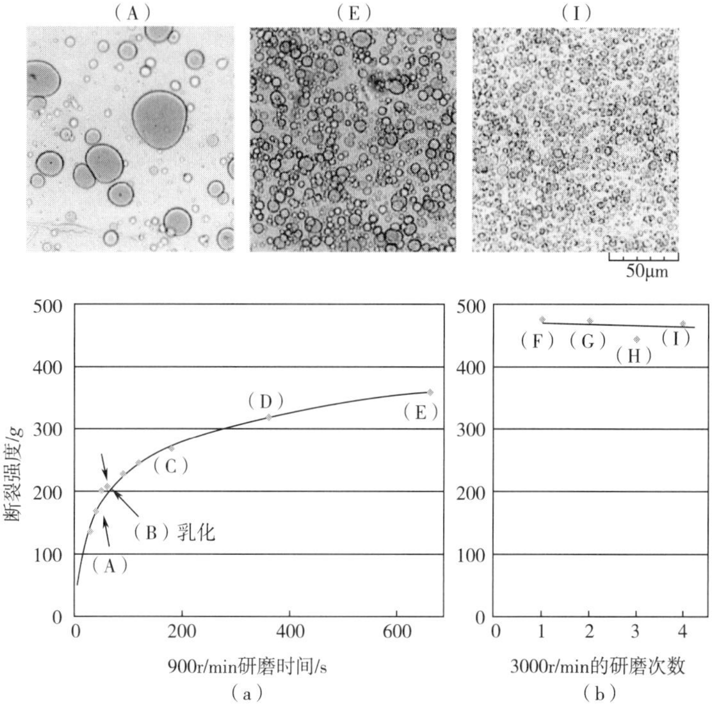

图 9.12 鱼油乳化改善鱼糜凝胶形成能力

注：（A）~（I）：通过温和和剧烈搅拌条件获得的乳化鱼糜中鱼油滴的微观观察。通过（a）温和（900r/min）和（b）剧烈（3000r/min）搅拌条件获得的乳化鱼糜热诱导凝胶形成能力的变化。

资料来源：Okzazki 等，2002。

加热过程中太平洋无须鳕鱼糜 SDS-PAGE 模式的变化如图 9.13 所示。随着肌动蛋白的降解，肌球蛋白重链几乎完全降解。这表明在鱼糜中有一种很强的蛋白酶。该蛋白酶被鉴定为组织蛋白酶 L 型酶（Toyohara 等，1993）。蛋清主要被用作蛋白酶抑制剂（Shigeoka，1981）。

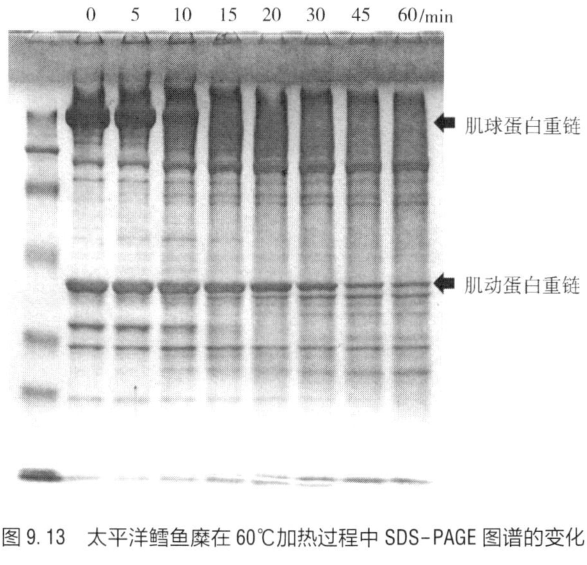

图 9.13 太平洋鳕鱼糜在 60℃加热过程中 SDS-PAGE 图谱的变化

资料来源：Kimura，2003。

9.4 鱼蛋白的冷冻变性及其预防

有许多因素会影响冷冻过程中鱼糜蛋白的变性：鱼蛋白本身的稳定性，如蛋白质周围的盐浓度等环境条件、肌肉中促进变性的成分的浓度、起抗变性抑制剂功能的糖和多磷酸盐的浓度、冷冻速率和贮藏条件。

9.4.1 鱼类蛋白的稳定性

肌球蛋白对鱼糜的凝胶形成能力起主要作用，是一种独特的蛋白质，具有高分子质量和多种特性，例如在高盐浓度下具有溶解性，具有 ATPase 的酶促反应，低盐浓度下聚合细丝的成胶能力，与肌动蛋白的耦合作用。因此，在讨论鱼蛋白的稳定性时，考虑使用这些特性作为指标往往是有效的。冷冻保存过程中肌原纤维蛋白的变性率可以用 Ca-ATPase 的变性率常数 K_D 表示。一项研究表明，在不同温度下冷冻存储的几种鱼，其变性程度因物种而异，并且变性程度很大程度上受到冻藏温度的影响（Fukuda，1986）（图 9.14）。此外，已经表明，冷冻储存过程中鱼肉的蛋白质变性会受到贮藏温度和 pH 的极大影响（图 9.15）。

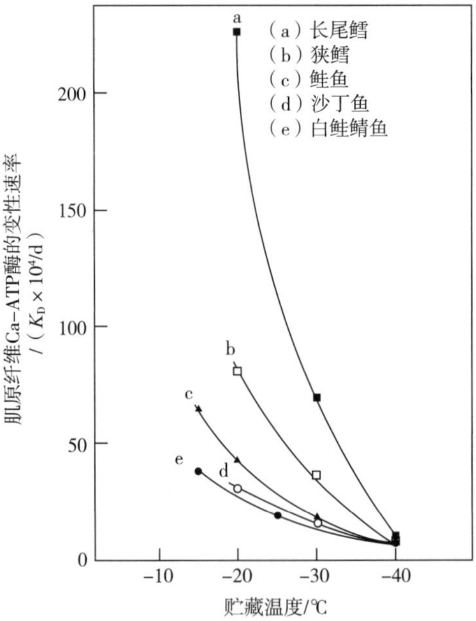

图 9.14 五种鱼在冻藏过程中肌原纤维 Ca-ATPase 的变化

资料来源：Fukuda，1986。

考虑以不同鱼类作为原料生产鱼糜的条件，并研究添加剂对其影响，对于理解每种鱼的原料特性非常重要。

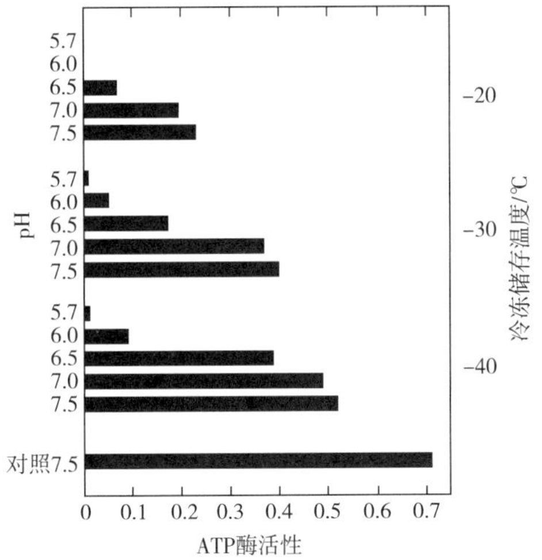

图 9.15 pH 和冻藏温度对鱼蛋白质变性的影响

资料来源：Okazaki，2009。原始数据由 Fukuda 提供。

9.4.2 促进冻藏过程中蛋白质变性的物质

鱼肉在冻藏过程中，促进蛋白质变性的成分包括酸性成分，如有机酸（降低鱼肉的 pH）、各种类型的盐、甲醛（氧化三甲胺的降解产物）和脂质氧化产物。有时使用氯化钙来提高沥滤鱼肉的脱水效率（图 9.16）（Saeki 等，1985）。据报道，低于 15mmol/L 的氯化钙不能促进肌原纤维蛋白的 Ca-ATP 酶活性的变性（Saeki 等，1985）。但是，在制备鱼糕凝胶时，高盐浓度的钙会强烈诱导肌原纤维蛋白的变性。

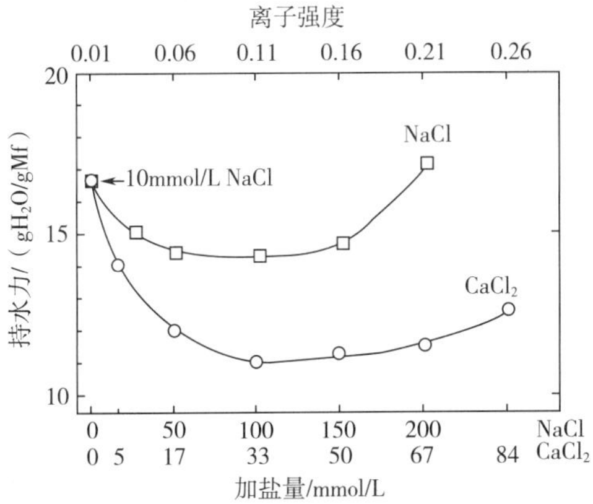

图 9.16 氯化钙对鲤鱼肌原纤维蛋白持水力的影响

注：Mf 为肌原纤维蛋白。

资料来源：Saeki 等，1985。

9.4.3 冷冻保护剂及其作用机制

通常，冷冻鱼糜主要由居住在冷水地区的白肉鱼制成，如阿拉斯加狭鳕、南蓝鳕和蓝尖尾无须鳕。这些鱼类的肌原纤维蛋白具有不稳定的结构，会随着冷冻和贮藏而迅速变性。

已经研究了许多物质作为冷冻保护剂，如糖、糖醇和多磷酸盐，可防止冷冻诱导的肌原纤维蛋白变性（表 9.7）。为了讨论添加剂对冷冻诱导的肌原纤维蛋白变性的抑制作用，有必要定量分析变性程度。

表 9.7 不同物质对冷藏过程中蛋白质变性的预防作用

分组	强效	有效	低效或无效
糖类	木糖醇、山梨糖醇、葡萄糖、半乳糖、果糖、乳糖、蔗糖、麦芽糖	甘油	丙烯、醇、淀粉
氨基酸	天冬氨酸、谷氨酸、半胱氨酸	赖氨酸、组氨酸、丝氨酸	甘氨酸、亮氨酸、异亮氨酸、缬氨酸、苯丙氨酸、色氨酸、苏氨酸、谷氨酰胺、鸟氨酸
羧酸	丙二酸、甲基丙二酸、马来酸、戊二酸、乳酸、L-苹果酸、酒石酸、葡萄糖酸、柠檬酸、γ-氨基丁酸	D，L-苹果酸、己二酸	富马酸、琥珀酸、草酸、庚二酸、辛二酸
其他	乙二胺四乙酸	三磷酸、焦磷酸	乙二胺、肌酐

资料来源：Noguchi 和 Matsumoto，1971；1975；1976。

发现添加剂的摩尔浓度（mol/L）与 K_D 的对数正相关（Ooizumi 等，1981）。

糖和糖醇对肌原纤维蛋白热变性的抑制作用如图 9.17 所示。带有大量羟基残基的多糖往往具有高度的抑制作用（Ooizumi 等，1981）。抑制鱼糜冷冻变性所需的多糖浓度约为抑制热变性的多糖浓度的 8%（质量分数）。

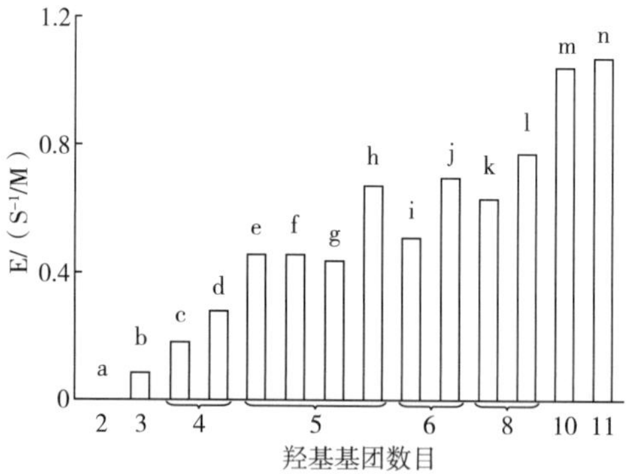

图 9.17 不同糖对鲭鱼肌肉 Ca-ATPase 变性的抑制作用与羟基残留量之间的关系

注：E—对变性的抑制作用；a—山梨糖醇酐；b—甘油；c—山梨聚糖；d—木糖；e—木糖醇；f—果糖；g—甘露糖；h—葡萄糖；i—甘露醇；j—山梨醇；k—麦芽糖；l—蔗糖；m—乳糖醇；n—麦芽三糖。

资料来源：Ooizumi 等，1991。

为了评估添加剂的抑制效果，有必要了解其在低温下的溶解度。另外，在鱼糕生产中，对冷冻诱导的变性具有保护作用的糖类，在预热（凝胶化）期间也显示抑制作用。通过向阿拉斯加狭鳕鱼糜中添加各种浓度的糖，先预热至 30℃，再加热至 90℃，所得凝胶的凝胶强度的变化如图 9.18 所示（Kimura，2003）。通过增加糖浓度抑制了凝胶化率。冷冻保护剂还会在鱼糜类产品加工过程中影响蛋白质变性和凝胶形成速率。

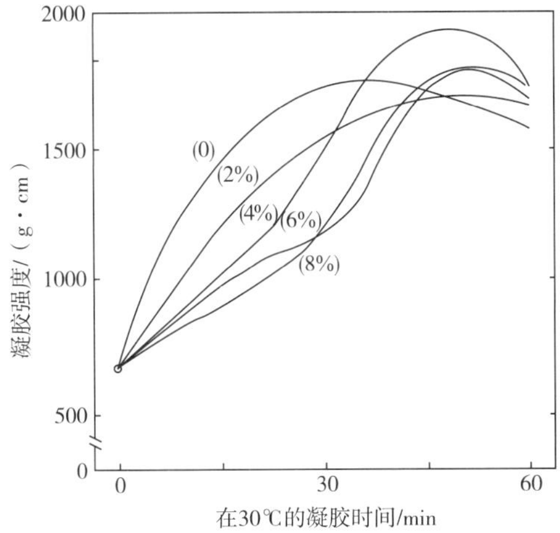

图 9.18 糖浓度对凝胶化速率的影响

注：括号内数值表示糖的质量分数。

资料来源：Kimura，2003。

9.4.4 多聚磷酸盐的影响

鱼糜生产中常用的多聚磷酸盐是焦磷酸钠或三聚磷酸钠和焦磷酸钠的混合物。虽然多聚磷酸盐的添加量取决于鱼糜的类型，但通常在鱼糜中多聚磷酸盐的添加量为 0.2% ~0.3%（质量分数）。多聚磷酸盐的作用如下：①调节（增加）pH；②增加离子强度；③螯合钙离子和镁离子；④分离肌球蛋白和肌动蛋白。在盐斩拌过程中，多聚磷酸盐对鱼糜的影响明显，可提高鱼糜制品的凝胶强度（图 9.19）。在不利的鱼糜保存条件下，可以观察到多聚磷酸盐的降解。

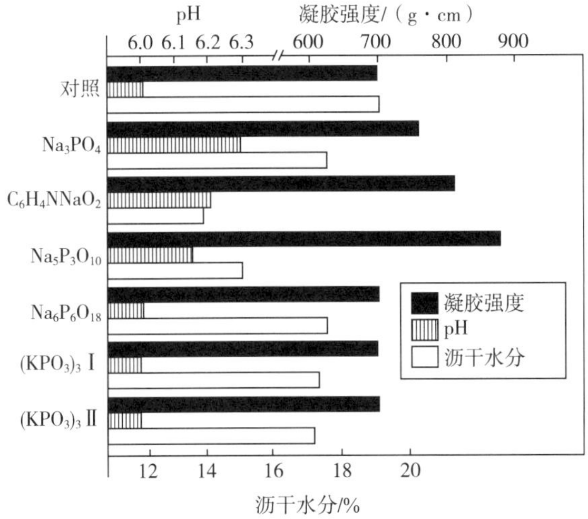

图 9.19 磷酸盐对鱼糜类产品凝胶强度的增强作用

资料来源：Okada，1981。

9.5 鱼糜质量评价

冷冻鱼糜一般不直接食用，而是经过进一步的加工之后再食用。这意味着冷冻鱼糜的品质是由它的组成特性和以鱼糜为基础原料产品的功能特性来衡量的。因此，强烈建议检测以下功能属性，如下面这些不同于其他渔业产品的质量属性。评估以下这几个首要属性的测量值是最重要的：水分含量、生鱼糜的 pH 和不良物质、凝胶强度、可变形性和熟鱼糜凝胶的颜色。其他次要属性可以根据需要进行测量（框图 9.1）

框图 9.1 《食品法典》标准中规定的冷冻鱼糜质量评价项目

• 生鱼糜实验	• 熟鱼糜凝胶实验
1. 主要质量属性	1. 主要质量属性
含水量	凝胶强度和可变形性
pH	(穿刺实验或者扭转实验)
不良物质	颜色
2. 次要质量属性	2. 次要质量属性
不良物质（鱼鳞）	制备试样
粗蛋白含量	加水鱼糜凝胶
糖含量	加淀粉鱼糜凝胶
粗脂肪含量	定型处理的鱼糜凝胶
颜色和白度	测试方法
压出水分	白度
	可榨出水
	折叠实验
	感官（咬）实验

《冷冻鱼糜质量评价的国际标准》来自国际《食品法典》标准（《鱼类和渔业产品工作守则》，http://www.codexalimentarius.net/input/download/standards/10273/CXP_052e.pdf）。

已经有两种方法用于检测熟鱼糜凝胶的凝胶强度和可变形性以及其他次要质量属性，这将由买方和卖方共同决定。

穿刺实验是最常用于测量冷冻鱼糜凝胶强度的一种方法（框图 9.2）。

框图 9.2 煮熟鱼糜的凝胶测试程序——穿刺实验

·制备试样

将 2~10kg 冷冻鱼糜放入聚乙烯袋中，密封袋子，然后在室温（20℃）或更低温度下使鱼糜的温度升至大约-5℃。不要软化测试样品的表面。

·鱼糜凝胶的制备：不添加淀粉的鱼糜凝胶

A. 斩拌：制备所需鱼糜糊的样品量取决于所使用的混合仪器的容量。使用 1.5kg 及以上的用量才可代表 10kg 样品的品质。考虑到需要足够量的鱼糜来保持试验的一致性，必须在实验室中安装可以混合 1.5kg 或更多的鱼糜的大容量设备。尺寸较大的设备还要求有足够量的鱼糜，根据设备来保证足够的鱼糜糊的质地。用静音切割器斩拌 1.5kg 或更多的测试样品，然后加入 3% 的盐，并进一步斩拌 10min 或更长时间，直至形成均匀的鱼浆。要保证待测物质的温度不超过 10℃。

添加盐的理想时机是在-1.5℃。

待测物料的理想温度为 5~8℃。

B. 填料：用直径 18mm 的填充器将鱼浆塞进一根 48mm 宽（直径 30mm）的聚乙烯氯化物管中，填满，大约 150g（使其大约 20cm 长），然后将管的两端绑紧。

C. 加热：在 84~90℃ 的热水中加热待测物料 30min。在待测物料放入的过程中，降温不应该超过 3℃。

D. 冷却：热处理结束后，立即将待测物料放入冷水中充分冷却，然后在室温下放置 3h 或更长时间。

·测试方法

在蒸煮后的 24~48h，对制备好的与室温平衡的鱼糜凝胶进行以下测量，并记录测量时样品的温度。

用挤压应力测试仪（流变仪）测定鱼糜凝胶的凝胶强度和可变形性。使用直径 5mm 的球形（柱塞），设置速率为 60mm/min。

去除鱼糜凝胶样品上的薄膜，将其切成 25mm 长的测试样品，然后将测试样品放在测试仪的样品台上，以使测试样品的中心恰好位于柱塞下方。向柱塞施加载荷，并测量断裂时的破断力（单位：*g*）和变形（单位：mm）。

用整数记录以 *g* 表示的破断和变形值。将获得的变形值（以 mm 为单位）记录到小数点后第一位。

从鱼糜凝胶的同一检验样品中制备 6 个或更多试样，并对其一一进行测试。记录由此获得的平均值。

9.6 鱼糜制品

9.6.1 世界范围内生产的鱼糜制品

鱼糜类产品的全球产量估计约为150万t（2010年）（Pascal，2012）。最大的生产国（或地区）是日本（37.5%），其次是中国（22.4%）、韩国（9.8%）、东南亚（10.5%）和欧盟（7.2%）等。日本的鱼糜类产品主要是传统产品，如鱼糕、竹轮、炸鱼糕以及鱼肠和蟹肉棒。在东南亚国家，鱼丸非常受欢迎。1975年在日本开发了类似海鲜的产品，例如蟹肉棒，此后在世界范围内变得非常流行。

9.6.2 鱼糜制品的一般加工工艺

鱼糜类产品通常通过以下步骤进行加工：将鱼糜解冻，加入2%～3%的盐和其他成分斩拌，定型和加热（蒸制、烘烤、油炸、煮、欧姆加热等）。鱼糜类产品的主要特征是其弹性质地。形成这种质地的基本要素是来自鱼糜中肌原纤维的肌动球蛋白。需要加盐斩拌鱼糜才能形成热诱导的凝胶。在这里，盐不是用作调味料，而是用于增加鱼肉的离子强度，从而将肌动球蛋白从鱼糜中溶解成溶胶态。将肌动球蛋白溶胶加热至一定温度，将形成具有弹性质地的网络结构。鱼糜类产品生产的一般过程如图9.20所示。

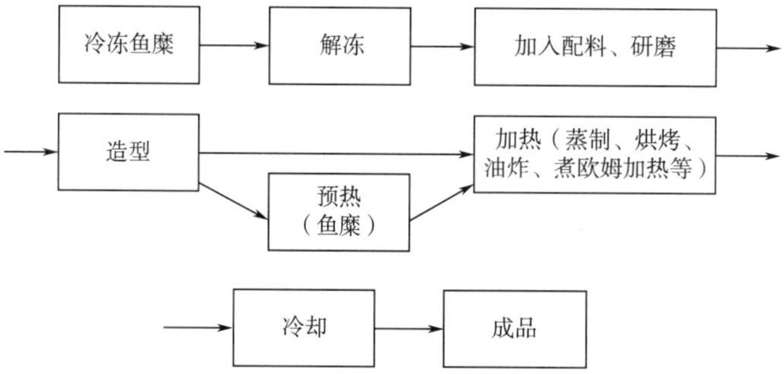

图9.20 鱼糜制品的一般加工程序

9.6.3 鱼糜类产品近来生产中的技术变化

9.6.3.1 欧姆加热和挤压蒸煮

通过电流直接流过食品而产生的欧姆加热法在鱼糜类食品生产行业中变得越来越流行。可以在短时间内以较高的能源效率对鱼酱进行热处理。另外，鱼酱不分大小都可以被均匀地蒸煮。由于凝胶网络结构在60~70℃下降解，因此可以通过欧姆加热而不是常规加热方法生产具有高凝胶强度的鱼糜类产品（Shiba，1992）。欧姆加热还用作鱼糜类产品（如炸鱼糕和蟹肉棒）的预煮或处理。

通过使用双螺杆挤压蒸煮，已经研制出具有独特纹理的模拟水产品等新产品。

9.6.3.2 新成分

凝胶化过程对于赋予产品弹性质地很重要。最近，随着来源于微生物的转谷氨酰胺酶制剂在市场上的出现，许多制造商正在使用该酶来增强凝胶强度。蛋白酶抑制剂，如蛋清，可用于被黏孢子虫感染的太平洋鳕鱼等低级鱼糜，以防止在加热过程中鱼糜凝胶发生酶促降解。

9.6.3.3 鱼糜产品的最新趋势

许多制造商一直在尝试通过降低生产成本和开发符合消费者趋势的新产品来扩大其市场。通常，消费者，尤其是年轻人，更喜欢对健康有益的较软质感的食品。具有二十二碳六烯酸、钙和低盐等功能性成分的产品正在变得越来越流行。

9.7 展望

冷冻鱼糜将日本和东南亚国家的传统鱼浆海产食品发展成了现代食品工业，冷冻鱼糜有以下优点：①任何种类和任何大小的鱼都可以作为原料；②针对需要大量季节性捕捞的洄游鱼类物种可以进行大规模生产；③加工鱼糜类产品可以尽量减少废水处理或废物处理；④可能实现原材料的标准化等。由于这些优点，鱼糜的生产在世界范围内都有强烈的需求。

在未来，需要从以下着眼点出发采取措施：①根据不同种类鱼的不同特征开发生产鱼糜；②为使生产过程合理化而进行的开发（例如，将鱼肉漂洗液和添加剂减至最少的方法等）。

另一方面，鱼糜类产品具有很大的优点，例如：①制造商全年可以很容易地获得鱼糜作为原料，并且其质量稳定，从而使产品的质量容易控制；②可以根据消费者的喜好随意混合任何种类的食品原料，如调味料和功能成分；③它可以塑造成任何形式；④产品无须烹饪即可食用等。

由于这些优点，现在许多国家生产鱼糜类的产品，尤其是蟹肉棒。将来，有望生产出非常实用且能满足不同人群口味的新型鱼糜类产品。

参考文献

Arai, K. (1981). Characteristics of ordinary muscle, in *More Efficient Utilization of Sardine and Mackerel* (in Japanese), The Japanese Society of Fisheries Science, Koseisya Koseikaku Publishing Co., Tokyo, pp. 20-32.

Azuma, G., Kimura, N., Hosokawa, M. and Miyashita, K. (2009). Effect of droplet size on the oxidative stability of soybean oil TAG and fish oil TAG in oil-in-water emulsion. *Journal of Oleo Science*, 58, 329-338.

Fujii, Y. (1981). Processing of jelly products, in *More Efficient Utilization of Sardine and Mackerel* (in Japanese), The Japanese Society of Fisheries Science, Koseisya Koseikaku Publishing Co., Tokyo, pp. 76-88.

Fukuda, Y. (1986). Effect of freezing condition on quality of frozen fish meat. *The Refrigeration* (in Japanese), 61, 18-29.

Hasegawa, K. (1977). A materials study of sardine. *Bulletin of Ibaraki Prefectural Institute of Fisheries* (In Japanese), 37, 1-5.

Hashimoto, A. and Arai, K. (1978). The effect of pH and temperature on the stability of myofiblillar Ca-ATPase from some fish species. *Nippon Suisan Gakkaishi* (in Japanese), 44, 1389-1393.

Kimura, I. (2003). Chapter 2. Frozen surimi, in *Kamaboko* (in Japanese) (eds Y. Fukuda, N. Seki and M. Yamazawa), Koseisya Koseikaku Publishing Co., Tokyo), pp. 107-147.

Kimura, I., Murozuka, T. and Arai, K. (1977). Comparative studies on biochemical properties of myosin from frozen muscle of marine fishes. *Bulletin of Japanese Society of Fisheries Science*, 43, 315-321.

Kimura, I., Sugimoto, M., Toyoda, K. and Fujita, T. (1991). A study on the cross-linking reaction of myosin in kamaboko 'suwari' gels. *Nippon Suisan Gakkaishi*, 57, 1389-1396.

Kochi, M. (1981). Lipids, in *More Efficient Utilization of Sardine and Mackerel* (in Japanese), The Japanese Society of Fisheries Science, Koseisya Koseikaku Publishing Co., pp. 45-59.

Mizuta, S. (2001). Collagen, in *Roles of Muscle Proteins Other than Myosin Ashi Formation of Kamaboko-Contribution of Myosin, Other Muscle Proteins and Enzymes* (in Japanese) (eds N. Seki and Y. Itoh), Koseisha Koseikaku Publishing Co., Tokyo, pp. 86-96.

Noguchi, S. and Matsumoto, J. J. (1971). Studies on the control of the denaturation of the fish muscle proteins during frozen storage-II. Preventive effect of amino acids and related compounds. *Nippon Suisan Gakkaishi*, 37, 1115-1122.

Noguchi, S. and Matsumoto, J. J. (1975). Studies on the control of the denaturation of the fish muscle proteins during frozen storage-Ⅲ. Preventive effect of some amino acids, peptides, acetylamino acids and sulfur compounds. *Nippon Suisan Gakkaishi*, 41, 243-249.

Noguchi, S. and Matsumoto, J. J. (1976). Studies on the control of the denaturation of the fish muscle proteins during frozen storage-IV. Preventive effect of carbohydrates. *Nippon Suisan Gakkaishi*, 42, 77-82.

Obatake, A. and Heya, H. (1985). A rapid method to measure dark muscle content in fish. *Nippon Suisan Gakkaishi* (in Japanese), 51, 1001-1004.

Okada, M., Nicanor, A. T. and Edward, Y. Y. (1981). Myxosporidian infestation of peruvian hake. *Nippon Suisan Gakkaishi*, 47, 229-238.

Okada, M. (1981). The theory of manufacture and current situation, in *Shinpan Gyoniku Neriseihin* (in Japanese) (eds M. Okada, T. Kinumaki and M. Yokoseki), Koseisya Koseikaku Publishing Co., Tokyo, pp. 169-224.

Okazaki, E. (2009). Freezing of seafood, in Refrigeration and Freezing Technology of Food (in Japanese), Japan Society of Refrigerating and Air Conditioning Engineers, pp. 82.

Okazaki, E. (1994). A study on the recovery and utilization of sarcoplasmic protein of fish meat discharged during the leaching process of surimi processing. *Bulletin of the National Research Institute of Fisheries Science* (in Japanese), 6, 79-160.

Okazaki, E., Yamashita, Y. and Omura, Y. (2002). Emulsification of fish oil in surimi by high-speed mixing and improvement of gel-forming ability. *Nippon Suisan Gakkaishi* (in Japanese), 68, 547-553.

Ooizumi, T., Hashimoto, K., Ogura, J. and Arai, K. (1981). Quantitative aspect for protective effect of sugar and sugar alcohol against denaturation of fish myofibrils. *Nippon Suisan Gakkaishi* (in Japanese), 47, 901-908.

Pascal, G. (2012). Surimi Market update 2012. The 12th Surimi Industry Forum, pp. 40-42, Oregon State University.

Saeki, H., Ozaki, H., Nonaka, M. *et al.* (1985). Effect of $CaCl_2$ on water-holding capacity of carp myofibrils and on their thermal stability. *Nippon Suisan Gakkaishi* (in Japanese), 51, 1311-1317.

Seki, N. and Nozawa, H. (2001). Transglutaminase, in *Roles of Muscle Proteins Other than Myosin Ashi Formation of Kamaboko-Contribution of Myosin, Other Muscle Proteins and Enzymes* (in Japanese) (eds N. Seki and Y. Itoh), Koseisya Koseikaku Publishing Co., Tokyo, pp. 98-107.

Shiba, M. (1992). Properties of kamaboko gels prepared by using a new heating apparatus. *Nippon Suisan Gakkaishi* (in Japanese), 58, 903-907.

Shigeoka, R. (1981). Development of surimi processing with protease inhibitor. United States Patent 4282653.

Shimizu, Y. (1981). The theory of manufacture and current situation, in *Shinpan Gyoniku Neriseihin* (in Japanese) (eds M. Okada, T. Kinumaki and M. Yokoseki), Koseisya Koseikaku Publishing Co., Tokyo, pp. 220.

Shimizu, Y. and Nishioka, F. (1974). Interactions between horse mackerel actomyosin and sarcoplasmic proteins during heat coagulation. *Nippon Suisan Gakkaishi* (in Japanese), 40, 231-234.

Tokunaga, T. (1964). Studies on the development of dimethylamine and formaldehyde in Alaska pollack muscle during frozen storage. *Bulletin of the Hokkaido Regional Fisheries Research Laboratory* (in Japanese), 29, 108-122.

Tokunaga, T. (1965). Studies on the development of dimethylamine and formaldehyde in Alaska pollack muscle during frozen storage-II-factors affecting the formation of dimethylamine and formaldehyde. *Bulletin of the Hokkaido Regional Fisheries Research Laboratory* (in Japanese), 30, 90-97.

Toyoda, K. and Fujita, T. (1991). Modification in frozen surimi, in *Denaturation of fish muscular protein by processing and its control.* (in Japanese) (ed. K. Arai), Koseisya Koseikaku Publishing Co., Tokyo, pp. 64-72.

Toyohara, H., Kinoshita, M., Kimura, I., Satake, M. and Sakaguchi, M. (1993). Cathepsin-L-like protease in pacific hake muscle infected by myxosporidian parasites. *Nippon Suisan Gakkaishi*, 59, 1101.

Uddin, M. and Okazaki, E. (2008). Fish and related products, in *Infrared Spectroscopy for Food Quality Analysis and Control* (ed. D. Sun), Academic Press, Netherlands, pp. 215-240.

Uno, T. and Nakamura, M. (1958). Studies on the characteristic qualities of fish meat-I. on 'kamaboko' - (steamed fish cake) forming ability. *Hokkaido Regionals Fisheries Reasearch Laboratory Bulletin* (in Japanese), 18, 45-53.

10 鱼类和水产品包装

Bert Noseda,[1] An Vermeulen,[1,2] Peter Ragaert[1,2], Frank Devlieghere[1,2]
[1]*Laboratory of Food Microbiology and Food Preservation*, *Member of Food2know*,
Department of Food Safety and Food Quality, *Ghent University*, *Ghent*, *Belgium*
[2]*Pack4Food*, *Department of Food Safety and Food Quality*,
Ghent University, *Ghent*, *Belgium*

10.1 引言

包装的最初功能是用于物品的密封。最近几年随着不同包装材料的使用，其功能变得越来越广泛。包装作为气体、水和香料的屏障，为消费者提供便利的同时也在产品与消费者之间起着媒介作用。将各种各样的塑料包装材料与金属（如铝）、玻璃、纸或纸板结合使用，产生了多组分复合包装，在当今社会的可持续性发展方面发挥着越来越大的作用。水产品是高度易腐败的食品，因此必须使用适当的保存技术使产品在整个储存过程中保持较好的质量和较高的安全性。

由于减少了添加剂的使用，采用了较温和的加工技术（如巴氏杀菌），包装作为海产品分销和储存前的最后屏障，其保鲜功能变得更加重要。因此，越来越多的企业使用真空包装和气调包装（MAP）来延长海鲜的保质期，但这两种包装技术（将在下一节中详细说明）都需要阻气和密封性能良好的包装材料。

包装的另一个重要特性是方便，如局部包装、微波包装、易开启包装和可重封包装。通常，这些额外的性能须与适当的阻水和阻气性能相结合，应用于 MAP。最后，包装作为产品与消费者之间的沟通媒介，可通过精美的外观和颜色来吸引消费者购买产品。本章的最后一节会阐述与这些主题相关的食品包装的发展前景。

10.2 气调包装（MAP）的原理及其对鲜鱼包装的重要性

水产品极易腐败，即使在冷藏过程中储存鲜鱼，其品质也会迅速下降，从而缩短产品的保质期。产品的降解是物理化学过程、自溶和微生物作用的结果。一般来说，微生物是导致产品腐败的原因。MAP 是一种常用于延长易腐食品保质期的技术。MAP 可定义为被包装食品的“外壳”，通过改变包装内的气体组成（%CO_2、%CO、%O_2、%N_2），来提供一个最佳的气体环境，从而减缓食品中微生物的生长以及伴随的微生物变质和化学反应过程（Young 等，1988）。在渔业中，目前有两种包装技术被广泛应用：真空包装和在顶隙中使用改性气体成分包装。

10.2.1 气调包装（MAP）的原理

10.2.1.1 真空包装

真空包装可以看作是MAP的一种特殊形式。在密封之前，真空包装除去包装内的气体，降低包装内的氧气浓度，使微生物的有氧生长和有氧代谢受到抑制，从而延长产品的保质期。这种包装形式可能适用于淡水鱼产品，但由于厌氧条件对三甲胺的形成具有增强作用，不建议使用真空包装的方法包装海水鱼产品（参见10.4.2）。真空包装一般应用于腌制（特别是熏制）鱼制品，还可用于冷冻鱼制品，以避免产品氧化产生的腐殖质和风味物质，防止冷冻过程中产品脱水。真空包装的优点除了延长保质期外，还包括：①使包装产品的体积最小化，从而减少物流成本；②可通过简单的目视检查包装的密闭性，初步判断产品品质。

10.2.1.2 气体包装

气体包装是通过调整包装内气体组分的比例（$\%CO_2$，$\%CO$，$\%O_2$，$\%N_2$）来获得不同的混合气体。21世纪初，这种形式的MAP在渔业中得到了广泛的应用，本章着重介绍了其中气体组分在渔业中的基本作用。

（1）二氧化碳（CO_2） CO_2是鱼类产品气调包装中最重要的气体。根据下式（Sivertsvik等，2002），CO_2的溶解可以使渔类产品水相中溶解的CO_2浓度（$[CO_2]_{diss}$）达到一定的平衡：

$$CO_{2(g)}+H_2O_{(l)} \rightleftharpoons CO_{2(l)}+H_2O_{(l)}$$

$$CO_{2(l)}+H_2O_{(l)} \rightleftharpoons H_2CO_{3(l)} \rightleftharpoons HCO_3^-+H^+_{(l)}$$

$$\rightleftharpoons CO_3^{2-}+2H^+_{(l)}$$

CO_2的溶解度取决于产品中水和脂肪的含量，其溶解度随着温度的降低而显著增加。Devlieghere等（1998a，1998b）已证明，在改良的气体中，腐败微生物生长的抑制程度取决于产品中溶解的CO_2浓度。因此，在包装顶隙使用足量的CO_2和适当的气体/产品比（G/P）可以达到较好的抑菌效果。表10.1中给出了不同气体组分和气体/产品比（G/P）在鳕鱼和熟虾气调包装中应用的$[CO_2]_{diss}$示例。

表10.1 7℃下，两种气调包装产品的水相中溶解CO_2浓度示例

水产品	含水量/(g/100g)	MA /($\%CO_2/\%O_2/\%N_2$)	$[CO_2]_{diss}$/(mg/L)	
			气体：产品=1：1	气体：产品=2：1
熟虾	83.6	35/0/65	310±11	561±6
鳕鱼	81.1	50/30/20	417±16	623±45

资料来源：Devlieghere和Debevere，2000。

Devlieghere和Debevere（2000）证明了，7℃下，$[CO_2]_{diss}$对典型的革兰阴性菌［荧光假单胞菌（*Pseudomonas fluorescens*）、磷发光杆菌（*Photobacterium phosphoreum*）、腐败希瓦菌（*Shewanella putrefaciens*）、嗜水气单胞菌（*Aeromonas hydrophila*）］和革兰阳性菌［清酒乳杆菌（*Lactobacillus sake*）、热杀索丝菌（*Brochothrix thermosphacta*）、环状芽孢杆菌（*Bacillus circulans*）］等腐败菌均具有抑制作用，并建立了$[CO_2]_{diss}$与最大比生长速率μ_{max}和$1/\lambda$

（滞后期的倒数）之间的线性关系（图 10.1a、图 10.1b）。

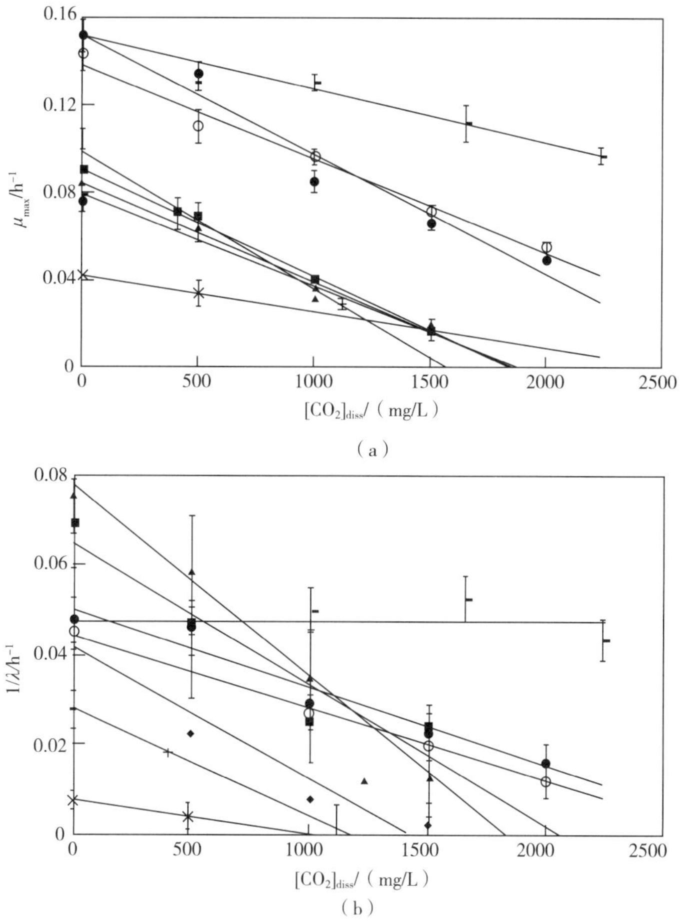

图 10.1（a） 7℃时 $[CO_2]_{diss}$ 对不同腐败生物最大比生长速率 μ_{max}（h^{-1}）的影响；（b）7℃时 $[CO_2]_{diss}$ 对不同腐败生物延迟期倒数 1/λ（h^{-1}）的影响

注：◆荧光假单胞菌（*P. fluorescens*），■磷发光杆菌（*P. phosphoreum*），▲腐败希瓦菌（*S. putrefaciens*），+嗜水气单胞菌（*A. Hydrofila*），×环状芽孢杆菌（*B. circulans*），●好氧热杀索丝菌［*B. thermosphacta*（*aerobic*）］，○厌氧热杀索丝菌［*B. thermosphacta*（*anaerobic*）］，—清酒乳杆菌（*L. sake*）。

由图 10.1 可知，与革兰阳性菌的生长参数相比，$[CO_2]_{diss}$ 对革兰阴性菌的生长参数（λ 和 μ_{max}）影响更大。CO_2 的溶解度对 MAP 包装的鱼类产品表面 pH 有影响，影响程度取决于鱼类产品的缓冲能力。CO_2 溶解可形成酸性环境，酸性条件对微生物生长有抑制作用，但 pH 的降低不是 CO_2 抑菌作用的唯一原因。Daniels 等（1985）和 Sivertsvik 等（2002）描述了 CO_2 抑制微生物生长的机制：CO_2 可以穿透细菌的细胞膜，导致细胞内胞质 pH 降低；抑制胞质酶等酶类的产生；改变细胞膜对营养物质的摄取和吸收等功能。Devlieghere 和 Debevere（2000）的研究证明并非所有鱼类产品中的腐败微生物都对 CO_2 敏感，如一些乳酸菌对 CO_2 并不敏感（Debevere 和 Boskou，1996；Dalgaard 等，1997）。

（2）氧气（O_2） MAP 产品中的氧浓度通常保持在尽可能低的水平，主要目的是抑制好氧腐败菌的生长，避免产品氧化酸败。但有研究表明，MAP 包装产品在贮藏过程中 O_2 促进氧化酸败的实验结果并不总是显著的（Chen 等，1984；Sivertsvik 等，2002）。尽管如此，O_2 还可以改善产品的品质特性，因此，在某些特定情况下可以使用 O_2 包装：

①MAP 包装鲜活贝类产品可以提高包装内物种的存活率，从而延长产品的保质期（Pastoriza 等，2004；Goncalves 等，2009）。

②高浓度 O_2 可用于提高产品的感官质量（颜色和气味）（参见 10.3.1）。

③高浓度 O_2 结合 CO_2 用于包装瘦肉型海洋鱼类产品，O_2 直接抑制氧化三甲胺（TMAO）还原为三甲胺（TMA）的过程（Boskou 和 Debevere，1997），从而延长产品的感官保质期（参见 10.4.2）。

④高浓度 O_2 与 CO_2 一起使用时，高浓度 O_2 对某些嗜冷腐败菌有抑制作用（如莫拉菌科-不动杆菌属、乳酸菌、磷发光杆菌）（Dalgaard 等，1997；Amanatidou 等，1999；Jacxsens 等，2001）。在包装中添加高浓度的 O_2 会导致细胞内产生活性氧（ROS），如 O_2^-、H_2O_2、OH·，它们会影响细胞的重要成分并降低细胞活力（Halliwell 和 Gutteridge，1984；Fridovich，1986；Amanatidou 等，1999）。上述微生物可以通过诱导 O_2^- 分解酶（过氧化氢酶、过氧化物酶、超氧化物歧化酶）或自由基清除剂（如谷胱甘肽）来避免致命的氧损伤。目前已证明氧气对某些细菌的生长有抑制作用（Condon，1987；Fu 和 Mathews，1999）。

（3）一氧化碳（CO）　由于 CO 与肌红蛋白可以稳定地结合形成羧基肌红蛋白，低浓度的 CO 可加入 MAP 中，用于包装红肉鱼产品（如金枪鱼鱼片），使鱼片呈现稳定的鲜红色。但欧盟不允许在食品包装中使用 CO。对于水产品，特别是对于富含组氨酸的鱼类（如金枪鱼），使用 CO 会增加组胺的形成（Droghetti 等，2011）。自 2002 年以来，FDA 已接受将 CO 列入一般认为安全（GRAS）的气体范畴。在混合气体中，CO 的最高可添加量为 0.4%，其他补充气体是 CO_2 和 N_2。Schubring（2008）报道了在混合气体中应用少量的 CO（0.2%～1.0%）可以避免鲑鱼鳃变色。另外，CO 也可用于熏制鱼产品。

（4）氮气（N_2）　N_2 是一种无味的惰性气体，主要用作填充气体，以补充消耗的 CO_2 和 O_2。N_2 在水和脂肪中的溶解度较低，可以防止包装的“紧贴”现象。N_2 没有抗菌活性，对产品可能发生的化学或生化反应没有直接影响。

10.2.2 气调包装（MAP）的重要性

MAP 的工业化应用使零售包装的鳕鱼和黑线鳕鱼片的保质期延长了 28%～52%（Sivertsvik 等，2002）。保质期的延长对该行业的整个市场产生了积极影响。近年来，欧洲零售业的水产品营销状况发生了变化，冰上供应的新鲜水产品逐渐被预包装的水产品所替代。后者通过结合改良气体，延长产品的保质期，为消费者带来便利，从而提供了更大的市场和更广泛的产品。在欧洲，MAP 鱼类产品在 1986 年和 1990 年分别占市场的 8% 和 12%（Lopez-Galvez 等，1995），这一细分市场在 20 世纪末和 21 世纪初继续增长。2008—2011 年的数据可以看出，在比利时，MAP 水产品在比利时的零售市场中所占比例为新鲜市场的 62%～68%；以鲜活鱼为最终产品计算，除了零售和特殊贸易，MAP 水产品的占比仍高达 40%～44%。在荷兰，MAP 鱼类产品在零售中的总份额超过了市场份额的 80%。而在法国，其比例仅为 18%～19%，这是因为许多大型零售商仍使用冷藏柜提供水产品。预计在未来十年内，欧洲越来越多的消费者将会寻找优质、无骨、去皮的新鲜鱼类和水产品（FAO，2010）。

这些产品多数是新鲜的、经初级加工的食品或即食食品，是省时、安全、健康、营养的产品。尽管这种产品的花费很高，但欧洲消费者显然越来越愿意为这种便利支付额外费用。在上述两组产品中，MAP 在满足较长保质期方面发挥着重要作用。因此，MAP 水产品这一细分市场可能会继续扩增。

10.3 气调包装的非微生物效应

10.3.1 对感官品质的影响

气调包装的气体成分可能会影响水产品的颜色。其中，CO_2 可能会漂白水产品，像含有类胡萝卜素的鱼类（如鲑鱼）在含高浓度 CO_2 的混合气体中长期贮藏会被漂白（Han，2005）。正如前面所提到的，O_2 也会影响包装鱼肉的颜色。例如，金枪鱼、黄尾鱼的鱼肉呈红色，新鲜金枪鱼鱼片由于血红蛋白氧化而高度易腐，导致鱼片的颜色由鲜红色变为不受消费者欢迎的颜色。通常在超大气压 O_2 浓度下包装金枪鱼鱼片，这样可以减缓上述颜色的变化（Torrieri 等，2011）。CO 与肌红蛋白（Mb）形成一种非常稳定的红色复合物，比氧肌红蛋白更耐氧化，所以包装中也常加入 CO 来使产品获得怡人的颜色，从而吸引消费者。

使用 MAP 时，产品的口感和渗出液的损失也可能受到影响。增加 MAP 中的 CO_2 浓度可以通过酸化鱼肌肉增强渗出，从而降低鱼蛋白的持水力（Pastoriza 等，1998）；反过来，这也会对产品的口感产生影响（Sivertsvik 等，2002）。为了减少这种情况的发生，可以将水产品浸泡在 NaCl 溶液中（Pastoriza 等，1998）。

MAP 中的气体成分也可能对水产品的气味和风味产生影响。有研究者做出假设，包装内 O_2 浓度高于 50% 会为包装的产品提供新鲜气味（Hotchkiss，1988；Dixon 和 Kell，1989）。

10.3.2 对氧化酸败的影响

一般来说，MAP 鲜鱼产品中，少脂鱼和多脂鱼氧化酸败的发生是有区别的。在包装脂肪鱼（如鲑鱼、鳟鱼）时，为了抑制氧化酸败，一般应在包装之前除去 O_2。然而，根据 Haard（1992）的研究，在气调包装多脂鱼产品中添加 O_2，并不会因氧化酸败而产生腐臭味。Gimenez 等（2002）发现，在（1±1）℃贮藏条件下，MAP 中 O_2 浓度对虹鳟鱼鱼片（脂肪鱼种）的氧化程度也有一定的影响。在保质期结束时，真空包装鱼片和 10% O_2 包装鱼片之间的硫代巴比妥酸（TBA）值存在显著差异；10% O_2 和 20%、30% O_2 混合气体包装的样品之间也存在显著差异。硫代巴比妥酸活性物质（TBARS）值随混合气体中 O_2 浓度的增加而增大；由于真空包装中无氧气，所以真空包装的 TBARS 值最低。但 O_2 浓度较高的样品在感官分析中得分更高，表明这些氧化产物不会导致产品被消费者排斥（Gimenez 等，2002）。对于少脂鱼，根据上文的讨论，可以在 MAP 中使用 O_2（参见 10.2）。Pastoriza 等（1998）研究了在（2±1）℃条件下，O_2 对气调包装贮藏河豚鱼片（瘦肉鱼种）的影响，与用 10% O_2 包装的产品相比，含有 30% O_2 包装的产品的 TBA 值更高；同样，这不会产生异味，产品不会被消费者拒绝。以上情况说明不能将氧化产物（如 TBARS）作为良好保存期的指标。

10.4 气调包装对鱼类腐败的影响

文献中有很多关于冰温贮藏鱼类产品的资料。然而，大气和贮藏温度从0℃（冰温）到4~7℃ MAP的变化意味着水产品中微生物腐败的变化。

10.4.1 气调包装对腐败菌群的影响

特定腐败菌（SSO）概念的建立，对理解海鲜腐败有着重要贡献（Gram 和 Huss，1996）。SSO存在数量极低，在新加工的海鲜中只占很小一部分（Gram 和 Dalgaard，2002）。这些特定腐败菌的生长与产品腐败有关，一旦SSO达到10^7~10^8CFU/g，冰中贮藏的鱼开始变质（Dalgaard 等，2002）。人们不能假定腐败只是由一种特定菌种造成的，Jørgensen 等（2000）引入了“代谢性腐败联盟”一词，以描述两种或两种以上微生物通过交换营养物质或代谢物而导致腐败的情况。SSO概念同时包括要注意微生物联盟相互作用会破坏产品的情况（Gram 等，2002）。MAP所使用的不同混合气体组分会导致主要微生物群发生变化，从而延长保质期。

10.4.1.1 气调包装对海洋鱼类腐败菌群的影响

无论鱼的来源如何，腐败希瓦菌（*Shewanella putrefaciens*）和假单胞菌（*Pseudomonas* spp.）被认为是海洋鱼类的主要特定腐败菌（Gram 和 Huss，1996）。当鱼在空气中贮藏时，这些腐败菌能够在和其他微生物群或微生物的竞争中胜出。在有氧贮藏的变质鱼类中也发现了磷发光杆菌（*Photobacterium phosphoreum*），但此时其他微生物的主导地位使其不可能成为腐败的主要原因（Dalgaard 等，1997）。表10.2给出了在不同气体组分条件下，海洋鱼类中已确定的SSO。MAP中CO_2的应用抑制了假单胞菌和腐败希瓦菌的生长，但它有利于革兰阳性细菌（如乳酸菌、热杀索丝菌）或耐CO_2磷发光杆菌的生长（Gram 和 Huss，1996）；当CO_2被应用于温带海洋鱼类的包装时，磷发光杆菌被认为是普通的SSO；当鱼类产品内的磷发光杆菌数量达到10^7CFU/g，产品开始腐败（Dalgaard，1995a，1995b）。

尽管MAP混合气体中的O_2抑制了磷发光杆菌的生长速率，但它仍然是含氧混合气体包装鳕鱼片的主要腐败菌群（Dalgaard，1995a，1995b）。此外，包装水产品顶隙内的O_2可以抑制氧化三甲胺（TMAO）还原为三甲胺（TMA）（Boskou 和 Debevere，1997），这可能在一定程度上解释了磷发光杆菌在含高浓度O_2的气调包装中的竞争力，如表10.2所示。由于磷发光杆菌对温度敏感，在表10.2的研究中低估了磷发光杆菌的数量也是合理的；使用含1% NaCl的培养基，通过平板划线法在15~20℃下培养，可以确定磷发光杆菌的数量。对高温的敏感性也解释了为什么磷发光杆菌是来自寒冷和温带水域海鱼的典型SSO，而不是热带水域鱼类的特定腐败菌（Dalgaard 等，1997）。

除了磷发光杆菌之外，MAP也有利于鲜鱼中乳酸菌（LAB）的生长。大量关于MAP包装多脂鱼和少脂鱼的研究表明，乳酸菌的数量与气调包装鱼的种类有关：Banks 等（1980）和 Lannelongue 等（1982）对海鲈鱼的研究，Oberlender 等（1983）对剑鱼的研究，Stenström（1985）对鳕鱼的研究，Ordonez 等（2000）对鳕鱼类的研究，Rudi 等（2004）对鲑鱼的研究，Lalitha 等（2005）对珠丽鱼和 Leroi（2010）对鲱鱼鱼片的研究表明，在含 100% CO_2 条件下贮藏鱼类产品时，乳酸菌为优势菌种；而在空气中保存的产品中，希瓦菌和假单胞菌为常见菌种（Molin 等，1983，Molin 和 Stenstrom，1984）。然而，由于碳酸风味的形成，高浓度 CO_2 会使产品的感官质量变差（Leroi，2010）。某些情况下气调包装似乎并没有显著地增加乳酸菌的数量（Debevere 和 Boskou，1996）。Leroi（2010）的研究表明，一些乳酸菌菌属的生长在很长一段时间内会被忽视，特别是卡诺杆菌。由于 MRS 培养基中存在乙酸，会抑制卡诺杆菌生长，该培养基通常用来测定食品中乳酸菌的数量；但如果使用亚硝基活性酮多黏菌素琼脂或 Elliker 琼脂等选择性较低的培养基，加工水产品中乳酸菌的数量会显著增加。除此之外，乳酸菌在 MPA 解冻海鱼和腌制鱼（如熏鲑鱼）中也发挥着重要作用。Emborg 等（2002）研究表明，在 MPA（60% CO_2，40% N_2）新鲜鲑鱼鱼片中磷发光杆菌是优势菌；当鱼片在-20℃冷冻 4 周并在 MPA 解冻时，磷发光杆菌作为一种对冷敏感的菌种被消灭，此时卡诺杆菌成为优势菌（Emborg 等，2002；Leroi，2010）。

热杀索丝菌与富含 CO_2 和 CO_2-O_2 的气体中的优势微生物菌群有关，并在气调包装肉类和鱼类产品的腐败中发挥重要作用，该菌种与 MPA 热带水域（>18℃）海鱼的优势微生物菌群更为相关（Pin 等，2002；Mejlholm 等，2005）。

表 10.2 不同大气条件和温度下海洋鱼类 SSO 的研究进展

气体	产品	温度/℃	MAP/%（$CO_2/O_2/N_2$）	已确定 SSO	参考文献
空气	比目鱼，鳕鱼	0		腐败链球菌	Karl and Meyer，2007
	黑线鳕	0~15		腐败链球菌，假单胞菌属，磷发光杆菌	Olafsdottir 等，2006a
	鳕鱼	0.5		磷发光杆菌，腐败链球菌，假单胞菌属	Olafsdottir 等，2006b
	珠丽鱼	0		希瓦氏菌属，假单胞菌属，气单胞菌属	Lalitha 等，2005
	黑鲈鱼	0		腐败链球菌，假单胞菌属	Poli 等，2006
（0~50% CO_2），无 O_2	鳕鱼	0~5	0/0/100	磷发光杆菌	Dalgaard，1995b
	小金枪鱼	0	50/0/50	磷发光杆菌	Dalgaard 等，1997
	鲷鱼	0	50/0/50	磷发光杆菌	Dalgaard 等，1997
（51%~100% CO_2），无 O_2	鳕鱼	0~5	100/0/0	磷发光杆菌	Dalgaard，1995b

续表

气体	产品	温度/℃	MAP /% ($CO_2/O_2/N_2$)	已确定 SSO	参考文献
	鳕鱼，黑鳕，鲑鱼	0	60/0/40	磷发光杆菌	Dalgaard 等，1997
	黑鲈	0	60/0/40	乳酸菌	Poli 等，2006
(0~50% CO_2)，有 O_2	珠丽鱼	0	40/60/0 50/50/0	热杀索丝菌，腐败链球菌	Lalitha 等，2005
	无须鳕	2	40/12/48	热杀索丝菌，乳酸菌	Ordonez 等，2000
	鲻鱼	4	20/10/70 40/10/50	腐败链球菌，乳酸菌	Pournis 等，2005
	鳕鱼	0	45/5/50	肠杆菌科，磷发光杆菌	Dalgaard 等，1997
(51%~100% CO_2)，有 O_2	珠丽鱼	0	60/40/0	热杀索丝菌，腐败链球菌	Lalitha 等，2005
	鲻鱼	4	60/10/30	腐败链球菌，乳酸菌	Pournis 等，2005
	鳕鱼	0	60/40/0	肠杆菌科，磷发光杆菌	Dalgaard 等，1997
真空	鳕鱼	0~4		腐败链球菌，磷发光杆菌	Gram 和 Huss，1996
	鳕鱼	5		腐败链球菌，磷发光杆菌	Venugopal，2006

10.4.1.2 气调包装对淡水鱼腐败菌群的影响

假单胞菌属、嗜水气单胞菌属和一些肠杆菌科微生物是冰藏和有氧贮藏热带淡水鱼的常见腐败菌（Gram 等，1990；Gram 和 Huss，1996）。希瓦菌已经在热带淡水鱼中分离出来，但它在腐败过程中并未起到重要作用，这可能是由于其存在的数量极少无法与大量的拮抗假单胞菌竞争（Gram 和 Huss，1996；Gram 等，2002）。在淡水鱼类包装中使用 CO_2 和真空包装会使革兰阳性菌（主要是乳酸菌）的微生物群落占据主导地位（Gram 和 Huss，1996；ICMSF，2005）。乳酸菌和热杀索丝菌被鉴定为 MPA 淡水鱼的 SSO（Ahvenainen，2003；Leroi，2010）。Noseda 等（2012）研究了 MPA 在 4℃下对巴沙鱼片解冻过程中微生物生长和代谢的影响。结果显示，对于空气贮藏和含 50% CO_2 混合气体贮藏的鱼片，优势菌群从沙雷菌属和假单胞菌属变为乳酸菌和热杀索丝菌，其中乳酸菌来自鱼的胃肠道（Ringo 和 Gatesoupe，1998）。目前 MPA 对鱼类腐败微生物群和腐败过程的影响研究主要集中在海洋鱼类上，淡水鱼方面有待进一步研究。

10.4.2 气调包装对腐败机制的影响

当鱼类产品中微生物的种群代谢导致鱼类产品质量下降时，产品会发生细菌性腐败，是气味或风味从中性或非特定性到异味和不受欢迎的一种变化。已有文献描述了腐败反应的机制。能够产生挥发性物质的基质多种多样：氧化三甲胺（TMAO），碳水化合物（如乳酸），氨基酸，核苷酸和其他非蛋白质氮（NPN）分子（Gram 和 Huss，1996）。NPN 包括水溶性、低分子质量、非蛋白质性质的含氮化合物，主要成分是碱基，如氨和 TMAO、肌酸、游离氨基酸、核苷酸、嘌呤碱，对于软骨鱼而言，尿素也是一种 NPN（Huss，1995）。鱼类产生的异味取决于鱼类的组成及来源（Gram 和 Huss，1996），不同鱼类的化学成分（如 NPN 组分）不同。例如，TMAO 在海洋鱼类中具有渗透调节功能，鱼类肌肉组织中 TMAO 的数量取决于物种、季节和海洋环境；浓度取决于鱼的生存深度，深度越大，肌肉组织中的 TMAO 浓度越高（Kelly 和 Yancey，1999）。一些鳕科鱼类能够在二甲胺（DMA）和甲醛的自溶途径中减少 TMAO（Castell 等，1973；Lundstrom 等，1982）。软骨鱼，如鲨鱼和鳐鱼，其肌肉中的 TMAO 浓度通常高于硬骨鱼，但同时也在软骨骨骼中储存了高浓度的尿素（Huss，1995）。

海洋温带水域鱼类的细菌腐败通过分解蛋白质生成挥发性碱和硫化物而产生异味，这种感官印象明显不同于某些热带鱼和淡水鱼，在热带鱼和淡水鱼中，甜味、果味、硫化物的异味等风味更为典型（Gram 和 Huss，1996）。三甲胺（TMA）是海产品中一种特别重要的腐败成分。在空气中，好氧微生物将碳水化合物和乳酸作为生长原料产生 CO_2 和 H_2O，这种初始代谢过程逐渐降低了鱼表面的氧化还原电位，导致氧气不易被表面细菌利用，有利于兼性厌氧菌的生长；兼性厌氧菌，如腐败链球菌、磷发光杆菌、嗜水气单胞菌属、弧菌属和肠杆菌科，能够利用 TMAO 代替 O_2 作为代谢途径中的最终电子受体。这些细菌的 TMAO 还原酶催化 TMAO 还原成 TMA，产生乙酸，这与鱼腥味的产生有关。Debevere 等（2001）提出了该反应机制：

$$\underset{\text{乳酸}}{CH_3CHOH\ COOH} + \underset{\textbf{TMAO}}{\mathbf{(CH_3)_3NO}} \rightleftharpoons \underset{\text{丙酮酸}}{CH_3CO\ COOH} + \underset{\textbf{TMA}}{\mathbf{(CH_3)_3N}} + H_2O$$

$$\underset{\text{丙酮酸}}{CH_3CO\ COOH} + \underset{\textbf{TMAO}}{\mathbf{(CH_3)_3NO}} + H_2O \rightleftharpoons \underset{\text{乙酸}}{CH_3COOH} + \underset{\textbf{TMA}}{\mathbf{(CH_3)_3N}} + CO_2 + H_2O$$

MPA 中使用的气体不仅会影响腐败菌群的分布，还会影响上述腐败反应机制。TMAO 还原酶对 pH 敏感，在包装内使用 CO_2 可以间接抑制 TMA 的产生。据 Easter 等（1982）报道，在 pH 6.8 时希瓦菌 TMAO 还原酶活性最强；根据 Boskou 和 Debevere（1997）的研究，包装中含 30% 的 CO_2（混合气体体积：鱼的质量 = 4：1，7℃）可显著抑制希瓦菌 TMA 的产生，而包装海鱼产品中含有低浓度 O_2 或不含 O_2 可增强这种代谢。

其他典型的腐臭气味是由蛋白质和氨基酸的降解产物引起的（Herbert 和 Shewan，1975；Gram 和 Huss，1996；Boskou，1998）。当少量碳源耗尽，蛋白质和氨基酸就会被利用（Dainty，1996）；蛋白质水解通常是细菌群落协同作用的结果。蛋白质无法通过细菌细胞膜迁移，它们会被细菌蛋白酶水解为游离的氨基酸，游离的氨基酸通过氧化脱胺［1］、还原脱胺［2］或脱羧反应［3］进一步分解：

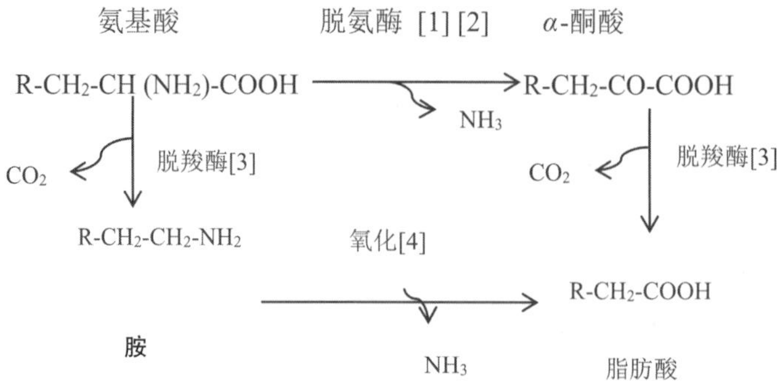

这些氨基酸是形成氨的重要底物（Gram 和 Huss，1996；Boskou，1998）。板鳃类鱼种可以将尿素转化为氨，但目前还不清楚是否与微生物有关（Mugica 等，2008；Broekaert，2012）。生物胺（组胺、腐胺、尸胺等）的产生源于氨基酸的脱羧，这种脱羧反应可能会在腐败过程中发生并与细菌的应激反应（如酸应激）有关。在鱼类中鉴定为特定 SSO 的大多数细菌都能利用 L-半胱氨酸或甲硫氨酸产生一种或几种挥发性硫化物（Herbert 和 Shewan，1975；Whitfield，1998）。

由于鱼类产品的化学成分、主要微生物及其代谢等不同参数之间存在着相互作用，MPA 中气体对微生物种群氨基酸分解代谢的影响尚不清楚。Whitfield（1998）描述了与鱼类产品中产生挥发性硫化物有关的微生物。有趣的是，假单胞菌和磷发光杆菌在冷藏过程中都不会产生显著浓度的硫化氢。据悉，硫化氢是好氧冷冻鱼的一种腐败特性，但在二氧化碳包装的腐败鳕鱼中未检测到（Dalgaard 等，1993；Gram 和 Huss，1996；Whitfield，1998）。与有氧贮藏相比，MPA 鱼类产品的氨产生量比较低，现已有一些关于 MPA 中气体对生物胺生成影响的报道。MPA 中高浓度的 CO_2 可以抑制生物胺的产生，Santos（1996）报道指出，包装中含有 80% CO_2 可以抑制组氨酸脱羧酶的活性。O_2 的存在对生物胺的合成也有显著的影响，体外研究表明，阴沟肠杆菌在厌氧条件下产生的腐胺仅为有氧条件下的一半；而肺炎杆菌在厌氧条件下合成的尸胺显著减少，但随后能够产生腐胺。另外，据 Halasz 等（1994）报道，降低氧化还原电位可刺激组胺的产生，组氨酸脱羧酶活性似乎在有氧的情况下被灭活或破坏。

正如前文所述，MPA 的气体环境不仅对微生物生长有影响，而且对微生物区系的腐败代谢也有影响。Pin 等（2002）的研究结果可以在一定程度上说明气体环境对腐败代谢的影响。他们研究了 MPA 对热杀索丝菌代谢的影响，在给定的 CO_2 浓度下，当 O_2 浓度高于方程 [$\% O_2 = 10.17 + 0.6717 \times \% CO_2$] 的解时，热杀索丝菌的代谢是需氧的；当 O_2 浓度低于该方程的解时，它的代谢主要是厌氧的。厌氧条件下，热杀索丝菌消耗葡萄糖产生的主要代谢产物是乳酸和乙醇，未检测到乙酰丙酮，仅检测到少量或几乎没有短链脂肪酸；在好氧条件下，热杀索丝菌产生丙酮、乙酸、异丁酸、2-甲基丁酸和异戊酸以及 3-甲基-1-丁醇。

10.5 气调包装对鱼产品微生物安全性的影响

致病性微生物的来源可分为以下三种：①自然存在于鱼类中（E、B 和 F 型肉毒梭菌、弧菌属、嗜水气单胞菌、志贺菌属），②来源于环境（单核细胞增生李斯特菌、A 和 B 型肉毒梭菌、产气荚膜梭菌、芽孢杆菌），③来源于动物/人类污染（沙门菌、志贺菌、大肠杆菌及金黄色葡萄球菌）（Sivertsvik 等，2002）。对于上述大多数的病原体，在空气包装或气调包装的鱼类产品中没有观察到存活率的差异。Kimura 和 Murakami（1993）证明，在冷冻条件下，气调包装（40% CO_2/60% N_2）或 100% N_2 下贮藏产品，大肠杆菌、金黄色葡萄球菌、副溶血弧菌和产气荚膜杆菌造成的危险最小。对于沙门菌，甚至在冷冻温度下也发现了 CO_2 依赖性的抑菌作用，这种抑制效果主要依赖于 CO_2 在产品中的溶解（Slade 和 Davies，1997）。因此，肉毒梭菌和单核细胞增生李斯特菌是人们关注的主要微生物，我们将对此进行详细讨论。

10.5.1　单核细胞增生李斯特菌

单核细胞增生李斯特菌是一种人畜共患病的致病菌。代谢活跃的单核细胞增生李斯特菌需要被消灭以避免引起疾病。因此，要对未经热处理或经少量加工就可以食用的产品。（如冷熏鲑鱼、寿司、煮熟的贝类）和在食用前经过充分热处理（$P_{70}=2\text{min}$）以灭活病原体的产品（如大多数鲜鱼）加以区分。未经加热处理或经少量加工的产品中单核细胞增生李斯特菌的生长需要重点控制。

在保鲜度较低的鱼类产品中，单核细胞增生李斯特菌的患病率是高度可变的，且相对较高。产品污染的部分原因是它们在原材料中就已经存在，但食品的加工过程才是其污染的主要原因（Leroi，2010）。病原体的潜在生长比初始污染对产品的影响更为严重，初始污染的病原体数量往往低于 1CFU/g。所以，需要应采用更好的策略来延缓或避免病原体的生长，如产品可以在冷藏温度下贮藏或使用 MAP。由于单核细胞增生李斯特菌在有氧和厌氧条件下均可生长，因此采用真空包装和升高 CO_2 浓度对其抑制作用是有限的。即使在 100% CO_2 下包装产品，也不能完全抑制单核细胞增生李斯特菌的生长，但与空气包装相比，可以减缓其生长速度；同样，高浓度 CO_2 与吸氧剂的结合也不能完全抑制单核细胞增生李斯特菌的生长（Lyver 等，1998c）。众所周知，MAP 的有效性随着包装产品储存温度的降低而提高，所以严格控制 MAP 海鲜产品的温度变得至关重要（Rutherford 等，2007）。但如果在运输、零售和贮藏过程中难以控制温度（<3℃），则需要其他方法来阻碍微生物的生长（如使用化学或天然防腐剂）（Mejlholm 等，2005）。

真空包装或含高浓度 CO_2 的气调保鲜包装可以延缓单核细胞增生李斯特菌的生长，但不能完全控制它的生长。根据欧盟（EU）2073/2005 号法规（EU，2005），只要食品经营者（FBO）能够证明单核细胞增生李斯特菌在产品保质期内的细胞计数不会超过 2log CFU/g，单核细胞增生李斯特菌的生长可以被忽略。因此，减缓单核细胞增生李斯特菌生长的方法与该技术对变质现象的影响有关（参照前面所述），单核细胞增生李斯特菌在未受污染产品中不得超过 2log CFU/g 的限值，也不得在未受污染产品中达到传染剂量。

10.5.2　肉毒梭菌

非蛋白水解肉毒梭菌是一种严格的厌氧菌，它能在 3℃ 的低温下生长并产生毒素（Graham 等，1997）。肉毒梭菌广泛分布在淡水、河口和海洋环境中，所以在这些地区捕捞的水产品中会发现肉毒梭菌。使用气调包装水产品不仅可以抑制一般的细菌菌群，也可以使非蛋白水解肉毒梭菌在冷藏时生长并产生毒素，这意味着产品可能会变得有毒；但它们的气味和外观未发生可见的变化，消费者仍然可以接受（Sivertsvik 等，2002）。Dodds 和 Austin（1997）证明，在低温下毒素的产生通常需要几周的时间。肉毒梭菌对水产品的挑战性测试结果不一致：对于 MAP 包装的产品，一些研究表明产品在腐败之前检测到毒素的存在，其他研究表明产品在腐败之后或开始腐败时产生毒素（Sivertsvik 等，2002）。为了抑制厌氧性肉毒梭菌的生长，可以尝试将 O_2 加入到混合气体包装中，但结果却不理想。烟熏鲱鱼接种 E 型芽孢，在空气中或 100% O_2 中包装，15℃下贮藏 6~9d 后，检测显示产品存在毒素。Dufresne 等（2000）表明，在包装顶隙中加入 O_2 或使用具有高氧传输率（OTR）的包装材料都不能抑制或延迟肉毒梭菌的生长；Post 等（1985）对鳕鱼，牙鳕和比目鱼鱼片中肉毒梭菌的研究也证明了这一点。以上结果表明气调包装中 O_2 的存在并不能提高鱼类产品的安全性，可能会产生误导，甚至在这些条件下，根据耗氧微生物的污染程度，鱼的表面也可能出现缺氧或厌氧情况。Gibson 等（2000）证明 100% 的 CO_2 可以抑制肉毒梭菌在冷藏温度下的生长；但在含 100% CO_2 包装的比目鱼鱼片中，毒素会在产品腐败之前产生，这可能会危及食品安全。有研究表明，O_2 和 CO_2 等比例的混合气体可以应用于减少毒素的产生（Sivertsvik 等，2002）；40% CO_2 和 60% O_2 的混合气体对冷藏金枪鱼最为有效，这种气体组成可以在提高颜色稳定性的同时延缓微生物的生长（Lopez-Galvez 等，1995）。

MAP 技术可与其他方法结合来抑制肉毒梭菌生长如降低 pH、增加盐浓度、添加竞争菌群（如芽孢杆菌物种）、添加防腐剂（如乳酸链球菌素）和臭氧处理（Taylor 等，1990；Lyver 等，1998a，1998b；Gibson 等，2000；Bono 和 Badalucco，2012）。

另外，鱼的种类，特别是脂肪含量，会影响 MAP 包装产品的安全性。相较于多脂鱼，低脂鱼（如鳕鱼、罗非鱼）感官指标下降和毒素产生之间的时间间隔较长。

10.6 气调包装在鱼类和水产品中的应用

寻找一种合适的气体成分来优化水产品的保质期往往要经过一些反复实验。因为对某种气体成分的选择取决于一些内在和外在因素，如鱼的种类、来源（热带/温带/冷水、海洋/微咸水/淡水）、化学成分和微生物菌群等内在因素都会影响 MAP 包装产品的保质期；除此之外，产品的保质期还受温度和 G：P 比等外部因素的影响。MAP 包装鱼的贮藏温度在 0~7℃，G：P 比在 0.5~3 之间，理论上可以有更高的比值，但在实践中由于后勤的原因，该比值具有偶然性。有了这些知识，就可以对初始气体成分进行更好的选择，对特定产品的 MAP 条件进行优化，将产品的保质期在低温下延长 30%~50%。

10.6.1 鲜鱼

因为 O_2 可以抑制 TMA 的形成，利用 O_2 包装瘦肉型海洋鱼类可以延长鱼类产品的保质期。现已有报道使用 40%~60% CO_2 和 10%~50% O_2，添加 N_2 来包装鱼类产品；但需要考虑 O_2 对某些腐败微生物生长的潜在作用。Debevere 和 Boskou（1996）指出，由 60/30/10（%CO_2、%O_2、%N_2）组成的混合气体抑制了鳕鱼鱼片储存过程中 TMA 的产生，但代价是牺

牲 CO_2 及其抑菌活性。Stenström（1985）建议将 50% CO_2/50% O_2 作为鳕鱼零售包装的混合气体组分。Lopez~Caballero 等（2002）报道了气调包装贮藏鳕鱼过程中，使用含有 CO_2 和 20%~60% O_2 的气体混合物时，微生物的生长和一些生化指标受到抑制。

在非海洋瘦肉鱼类中，因为 TMAO 含量很低导致 TMA 的形成是次要的，主要通过添加 40%~60% 的 CO_2 来延长保质期。然而，Noseda 等（2012）发现，超大气压浓度的 50% O_2 对乳酸菌具有额外的抗菌作用；同时，在 MAP 中使用高浓度 CO_2（50% CO_2）对贮藏在 4℃ 下的脱脂条鳍鱼鱼片也有影响。Reddy 等（1995）评估了富含 75/0/25、50/0/50 和 25/0/75（% CO_2、% O_2、% N_2）的 CO_2 在 4℃ 下对罗非鱼鱼片保质期的影响，发现 75/0/25 包装罗非鱼鱼片的保质期与在空气中贮藏相比增加了 25d，并且在保质期内感官特性仍可被接受。

高脂肪含量的鱼产品应包装在无氧环境中，以避免氧化酸败，如大西洋鲑鱼，建议 CO_2 分压在 0.4~0.6 之间（Hansen 等，2009；Schirmer 等，2009；Pettersen 等，2011；Mace 等，2012）。

通过前面章节的描述，O_2 对金枪鱼肉的红色形成很重要。当新鲜的金枪鱼被切开后，鱼肉表面暴露在 O_2 中，O_2 与肌红蛋白反应形成鲜红色（氧肌红蛋白）；持续暴露在 O_2 中，氧合肌红蛋白（Fe^{2+}）被氧化为高铁血红蛋白（Fe^{3+}），从而使红色在贮藏过程中逐渐变成褐色（Tajima 和 Shikama，1987）。Torrieri 等（2011）的最近一项研究发现，在空气包装或超大气条件下（60% O_2 和 40% CO_2），金枪鱼鱼片氧化过程中 O_2 的浓度显著降低 15% 左右；即使由于增溶而导致包装破裂，其 CO_2 的浓度也几乎保持不变（38% CO_2）。结果表明高浓度 O_2 对肌红蛋白氧化的保护作用不一致。Lopez-Galvez 等（1995）报道了含氧包装对冷藏金枪鱼鱼块的保护作用；而 Torrieri 等（2011）证明了含高浓度 O_2 包装的金枪鱼鱼片和空气包装的金枪鱼鱼片之间没有区别。

10.6.2 新鲜甲壳类产品

甲壳类动物的脂肪含量一般较低，因此先前对少脂鱼提出的建议也适用于新鲜的甲壳类产品。Lopez-Caballero 等（2002）研究了气体组成为 40/30/30 和 45/5/50（% CO_2、% O_2、% N_2）的 MAP 包装对（1.6±0.4）℃ 下贮藏深水桃红对虾（长尾对虾）的影响。研究结果表明使用气调包装延迟了微生物的生长，抑制了 TMA 和总挥发性盐基氮（TVB-N）的产生。作者认为在气调包装的作用下，磷发光杆菌参与了虾在空气中的腐败变质。

许多甲壳类产品在 MAP 包装冷藏前已经剥皮煮熟，Mejlholm 等（2005）在气体组分为 50/20/30（% CO_2、% O_2、% N_2），贮藏温度分别为 2、5、8℃ 的条件下对未去皮煮熟的北极虾和直接去皮的北极虾进行了贮藏实验，发现热杀索丝菌和肉毒杆菌是导致两种虾腐败的原因。Chen 和 Xiong（2008）的研究表明气体组分为 80/10/10（% CO_2、% O_2、% N_2）的气调包装可以延长煮熟和去皮澳洲龙虾的保质期。在研究中，卡诺杆菌属是腐败微生物。Jaffres 等（2009，2011）重点介绍了在气体组分为 50/0/50 和 100/0/0（% CO_2，% O_2，% N_2）条件下，导致气调包装热带熟虾和去皮虾腐烂的细菌属主要是以卡诺杆菌、球菌属和肠球菌为代表的乳酸菌，其次是热杀索丝菌和液化链球菌。Noseda 等（2012）研究了不同的 O_2-CO_2 气体对 MAP 包装煮熟和去皮褐虾中微生物生长和挥发性代谢产物生成的影响。研究表明 50% CO_2-50% O_2 的是最佳的气体组分；此包装条件下，微生物的生长明显受到抑制。研究还发现其对代谢产物的减少也有影响，特别是胺和硫化合物，它们是导致恶臭的最大因素。

10.6.3 鲜贝类产品

MAP 包装的另一个作用是保持软体贝类的存活率，延长其市场周期。研究者对新鲜贻贝在 4℃贮藏期间的包装条件进行了研究，发现使用超大气压 O_2 浓度可以保持贻贝的存活并延长其保质期（图 10.2）。贻贝分别在三种气体条件下进行包装：空气，0/0/100 和 0/90/10（$\%CO_2$,$\%O_2$,$\%N_2$），在三种条件下，与贻贝生存有关的品质差异比较明显（图 10.2）。一种可能的解释是，与其他条件相比，90% O_2 的气体组分（$\%CO_2$、$\%O_2$、$\%N_2$）更适合贻贝呼吸。Bernardez 和 Pastoriza（2011）的研究也取得了类似的结果：他们研究了高浓度 O_2 对 2℃贮藏条件下包装活地中海贻贝生存品质的影响。研究发现，在含氧浓度较高（75%～85%）的气体环境中包装可以降低贻贝的死亡率，减少代谢产物的产生。

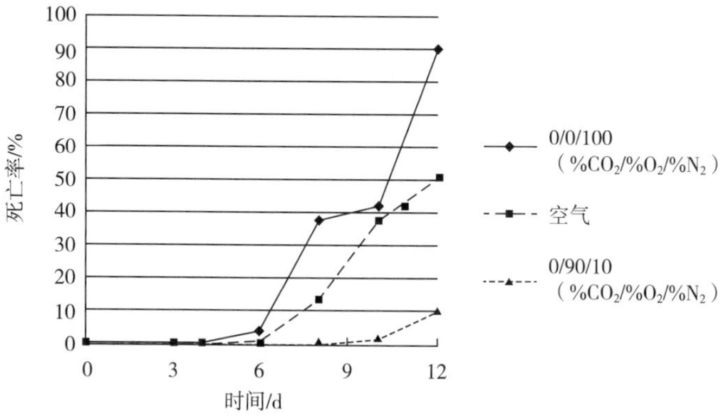

图 10.2 在 4℃贮藏期间，包装内的气体对贻贝死亡率（%）的影响

10.6.4 烟熏水产品

烟熏水产品通常在真空包装或 MAP 下包装，这样可以限制包装中的 O_2 含量。此时厌氧微生物种群（如乳酸菌）占主导地位，但肠杆菌科、热杀索丝菌、酵母菌和磷发光杆菌等其他生物也会生长（Gonzalez-Rodriguez 等，2002）。真空包装或气调包装都可以用来延长烟熏水产品的保质期。

10.7 展望

在前面已经清楚地解释了气调包装（MAP）对水产品的应用价值，但要成功应用 MAP 来延长水产品的保质期还需要满足几个条件：首先，要选择合适比例的 O_2、CO_2 和 N_2 组合；其次，是选择合适的包装材料以及灌装设备。

包装材料需要有良好的气水阻隔性和良好的密封性能，通常使用多层包装材料（主要由不同的聚合物结构组成）来实现材料的阻隔性能和密封性。例如：PP/EVOH/PP，PA/PE/EVOH/PE，PE/EVOH/PE，其中聚烯烃类聚合物［聚乙烯（PE），聚丙烯（PP）］具有良好的阻水性，乙烯-乙烯醇共聚物（EVOH）具有良好的阻气性。MAP 所需的阻隔程度取决于几个因素，包括水产品对 O_2 的敏感性和所期望的保质期。以具有金属箔托盘组成的包装为例，单层托盘足以在相当短的保质期内将所需气体组分保持在顶部空间，此时托盘的厚度可以提供足够的气水阻隔性。

在 MAP 应用中，随着包装材料的发展趋势，更薄和更轻便的阻隔材料变得越来越重要。如果托盘涂有一层薄的屏障膜，在 MAP 应用中使用 EPS 作为泡沫结构托盘。

在以下内容中，将具体介绍水产品包装，重点介绍 MAP 所用包装材料的发展趋势。

10.7.1 阻隔材料

在水产品包装中，聚酰胺（PA）和聚对苯二甲酸乙二醇酯（PET）是中等气体阻隔材料，EVOH 是良好的气体阻隔材料，常用于不同类型的水产品包装。PA 和 EVOH 的阻气性与相对湿度有关，相对湿度越大，阻气性能越差。相比之下，聚偏二氯乙烯（PVdC）具有良好的阻气和阻水性能，可以用作包装材料的涂层。铝是另一种涂层材料，通常使用真空镀膜的金属化工艺将其应用于聚合物上。除了金属化材料（如 MPET），铝层也可以用作多层包装材料中的层压板；除了具有良好的阻气和阻水性能，当铝层足够厚时，还可为包装材料提供良好的防紫外线及可见光的功能（Robertson，2006）。除了这些聚合物和金属，混合在包装材料中的组分也可以改善包装材料的阻隔性能。该领域的许多研究集中在纳米颗粒的使用上，纳米颗粒均匀地分散在包装材料中，在材料内部造成曲折路径减缓气体的渗透，从而改善材料的阻隔性能（Brody 等，2008）。

10.7.2 自动智能包装

如前文所述，水产品极易受到微生物污染的影响，且脂肪的氧化反应也会影响某些水产品的质量。当包装氧敏感的水产品时，可以考虑在包装中使用氧气清除剂。这些清除剂可以去除密封后残余的氧和渗透到包装材料中的氧气。氧气清除剂属于活性包装的一类，因为在密封后包装产品的条件发生了变化（Ozdemir 和 Floros，2004）。吸水剂也是如此，吸水剂通常用于托盘底部，用来吸收鱼类产生的渗出液。人们更倾向于将这两种功能性试剂整合到包装材料中，而不是将它们单独用于包装袋中（Restuccia 等，2010）。

MAP 在水产品中的应用增加了人们对在不打开包装的情况下监测产品质量的兴趣，且这种包装还提供了包装产品的质量信息，称为智能包装（Restuccia 等，2010）。一般来说，与 MAP 包装的海鲜产品相关的智能包装概念可以分成以下三组。

（1）时间温度指示器　通常作为标签贴在包装外部，根据包装所处的时间—温度条件改变颜色（Mendoza 等，2004）。

（2）泄漏指示器　存在于包装内部，根据是否存在某些气体成分（如进入包装的 O_2）而改变颜色（Mills 等，2008）。

（3）质量指示器　与前两项指标不同，这些指标通过监测包装顶部空间中的特定挥发性成分来直接衡量包装产品的质量。

关于这些指标的大多数研究和少数商业应用都侧重于利用一些挥发性成分所引起的颜色变化，但这会使附着在包装内部指示剂的 pH 发生变化（Pacquit 等，2006）。微电子和光学传感器等其他检测系统也在包装中引起越来越多的关注（Alimelli 等，2007；Puligundla

等，2012)。

10.7.3 包装材料新资源

人们对可持续性包装材料越来越感兴趣，这些材料可以重复利用、回收或来源于可再生的生物资源（Brody 等，2008；Siracusa 等，2008），后者生产的包装材料属于生物塑料类，如生物聚乙烯、聚乳酸（PLA）、纤维素、淀粉和聚羟基丁酸酯（PHB），将不同的生物塑料材料组合成多层结构，也可以在一定的保质期内获得阻气和阻水性能。

参考文献

Ahvenainen, R. (2003). *Novel food packaging techniques*. Woodhead Publishing Limited, Cambridge.

Alimelli, A., Pennazza, G., Santonico, M. *et al.* (2007). Fish freshness detection by a computer screen photoassisted based gas sensor array. *Analytica Chimica Acta*, 582, 320-328.

Amanatidou, A., Smid, E. J. and Gorris, L. G. M. (1999). Effect of elevated oxygen and carbon dioxide on the surface growth of vegetable-associated microorganisms. *Journal of Applied Microbiology*, 86, 429-438.

Banks, H., Nickelson, R. and Finne, G. (1980). Shelf-life studies on carbon-dioxide packaged finfish from the Gulf of Mexico. *Journal of Food Science*, 45, 157-162.

Bernardez, M. and Pastoriza, L. (2011). Quality of live packaged mussels during storage as a function of size and oxygen concentration. *Food Control*, 22, 257-265.

Bono, G. and Badalucco, C. (2012). Combining ozone and modified atmosphere packaging (MAP) to maximize shelf-life and quality of striped red mullet (*Mullus surmuletus*). *Lwt-Food Science and Technology*, 47, 500-504.

Boskou, G. (1998). Reduction of bacterial spoilage associated with the trimethylamineoxide-dependent respiration in fish fillets packed under modified atmosphere. PhD dissertation. Faculty of Applied Biological Sciences, Ghent University, Ghent.

Boskou, G. and Debevere, J. (1997). Reduction of trimethylamine oxide by *Shewanella* spp. under modified atmospheres *in vitro*. *Food Microbiology*, 14, 543-553.

Brody, A. L., Bugusu, B., Han, J. H., Sand, C. K. and Mchugh, T. H. (2008). Innovative food packaging solutions. *Journal of Food Science*, 73, R107-R116.

Broekaert, K. (2012). Molecular identification of the dominant microbiota and their spoilage potential of Crangon crangon and Raja sp. PhD dissertation. Faculty of Applied Biological Sciences, Ghent University, Ghent.

Castell, C. H., Neal, W. E. and Dale, J. (1973). Comparison of changes in trimethylamine, dimethylamine, and extractable protein in iced and frozen gadoid fillets. *Journal of the Fisheries Research Board of Canada*, 30, 1246-1248.

Chen, G. and Xiong, Y. L. (2008). Shelf-stability enhancement of precooked red claw crayfish (*Cherax quadricarinatus*) tails by modified CO_2/O-2/N-2 gas packaging. *Lwt-Food Science and Technology*, 41, 1431-1436.

Chen, H. M., Meyers, S. P., Hardy, R. W. and Biede, S. L. (1984). Colour stability of astaxanthin pigmented rainbow-trout under various packaging conditions. *Journal of Food Science*, 49, 1337-1340.

Condon, S. (1987). Responses of lactic-acid bacteria to oxygen. *FEMS Microbiology Reviews*, 46, 269-280.

Dainty, R. H. (1996). Chemical/biochemical detection of spoilage. *International Journal of Food Microbiology*, 33, 19-33.

Dalgaard, P. (1995a). Modeling of microbial activity and prediction of shelf-life for packed fresh fish. *International Journal of Food Microbiology*, 26, 305-317.

Dalgaard, P. (1995b). Qualitative and quantitative characterization of spoilage bacteria from packed fish. *International Journal of Food Microbiology*, 26, 319-333.

Dalgaard, P., Buch, P. and Silberg, S. (2002). Seafood spoilage predictor-development and distribution of a product specific application software. *International Journal of Food Microbiology*, 73, 343-349.

Dalgaard, P., Gram, L. and Huss, H. H. (1993). Spoilage and shelf-life of cod fillets packed in vacuum or modified atmospheres. *International Journal of Food Microbiology*, 19, 283-294.

Dalgaard, P., Mejholm, O., Christiansen, T. J. and Huss, H. H. (1997). Importance of *Photobacterium phosphoreum* in relation to spoilage of modified atmosphere-packed fish products. *Letters in Applied Microbiology*, 24, 373-378.

Daniels, J. A., Krishnamurthi, R. and Rizvi, S. S. H. (1985). A review of effects of carbon-dioxide on microbial-growth and food quality. *Journal of Food Protection*, 48, 532-537.

Debevere, J. and Boskou, G. (1996). Effect of modified atmosphere packaging on the TVB/TMA-producing microflora of cod fillets. *International Journal of Food Microbiology*, 31, 221-229.

Debevere, J., Devlieghere, F., van Sprundel, P. and De Meulenaer, B. (2001). Influence of acetate and CO_2 on the TMAO-reduction reaction by *Shewanella baltica International Journal of Food Microbiology*, 68, 115-123.

Devlieghere, F. and Debevere, J. (2000). Influence of dissolved carbon dioxide on the growth of spoilage bacteria. *Lebensmittel-Wissenschaft Und-Technologie-Food Science and Technology*, 33, 531-537.

Devlieghere, F., Debevere, J. and van Impe, J. (1998a). Concentration of carbon dioxide in the water-phase as a parameter to model the effect of a modified atmosphere on microorganisms. *International Journal of Food Microbiology*, 43, 105-113.

Devlieghere, F., Debevere, J. and van Impe, J. (1998b). Effect of dissolved carbon dioxide and temperature on the growth of *Lactobacillus sake* in modified atmospheres. *International Journal of Food Microbiology*, 41, 231-238.

Dixon, N. M. and Kell, D. B. (1989). The inhibition by CO_2 of the growth and metabolism of microorganisms. *Journal of Applied Bacteriology*, 67, 109-136.

Dodds, K. L. and Austin, J. W. (1997). Clostridium botulinum, in *Food Microbiology-Fundamentals and Frontiers* (eds M. E. Doyle, L. R. Beuchat, and T. J. Montville), ASM Press, Washington, pp. 288-304.

Droghetti, E., Bartolucci, G. L., Focardi, C. *et al.* (2011). Development and validation of a quantitative spectrophotometric method to detect the amount of carbon monoxide in treated tuna fish. *Food Chemistry*, 128, 1143-1151.

Dufresne, I., Smith, J. P., Liu, J. N. *et al.* (2000). Effect of headspace oxygen and films of different oxygen transmission rate on toxin production by *Clostridium botulinum* type E in rainbow trout fillets stored under modified atmospheres. *Journal of Food Safety*, 20, 157-175.

Easter, M. C., Gibson, D. M. and Ward, F. B. (1982). A conductance method for the assay and study of bacterial trimethylamine oxide reduction. *Journal of Applied Bacteriology*, 52, 357-365.

Emborg, J., Laursen, B. G., Rathjen, T. and Dalgaard, P. (2002). Microbial spoilage and formation of biogenic amines in fresh and thawed modified atmosphere - packed salmon (*Salmo salar*) at 2 degrees C. *Journal of Applied Microbiology*, 92, 790-799.

EU (2005). Commission regulation (EC) N° 2073/2005 of 15 November 2005 on microbiological criteria for foodstuff.

FAO (2010) *The State of World Fisheries and Aquaculture*, Fisheries and Aquaculture Department, Rome.

Fridovich, I. (1986). Biological effects of the superoxide radical. *Archives of Biochemistry and Biophysics*, 247, 1-11.

Fu, W. G. and Mathews, A. P. (1999). Lactic acid production from lactose by *Lactobacillus plantarum*: kinetic model and effects of pH, substrate, and oxygen. *Biochemical Engineering Journal*, 3, 163-170.

Gibson, A. M., Ellis-Brownlee, R. C. L., Cahill, M. E. *et al.* (2000). The effect of 100% CO_2 on the growth of nonproteolytic *Clostridium botulinum* at chill temperatures. *International Journal of Food Microbiology*, 54, 39-48.

Giménez, B., Roncales, P. and Beltran, J. A. (2002). Modified atmosphere packaging of filleted rainbow trout. *Journal of the Science of Food and Agriculture*, 82, 1154-1159.

Goncalves, A., Pedro, S., Duarte, A. and Nunes, M. L. (2009). Effect of enriched oxygen atmosphere storage on the quality of live clams (*Ruditapes decussatus*). *International Journal of Food Science and Technology*, 44, 2598-2605.

Gonzalez - Rodriguez, M. N., Sanz, J. J., Santos, J. A., Otero, A. and Garcia - Lopez, M. L. (2002). Numbers and types of microorganisms in vacuum-packed cold-smoked freshwater fish at the retail level. *International Journal of Food Microbiology*, 77, 161-168.

Graham, A. F., Mason, D. R., Maxwell, F. J. and Peck, M. W. (1997). Effect of pH and NaCl on growth from spores of non-proteolytic *Clostridium botulinum* at chill temperature. *Letters in Applied Microbiology*, 24, 95-100.

Gram, L. and Dalgaard, P. (2002). Fish spoilage bacteria - problems and solutions. *Current Opinion in Biotechnology*, 13, 262-266.

Gram, L. and Huss, H. H. (1996). Microbiological spoilage of fish and fish products. *International Journal of Food Microbiology*, 33, 121-137.

Gram, L., Ravn, L., Rasch, M. *et al.* (2002). Food spoilage - interactions between food spoilage bacteria. *International Journal of Food Microbiology*, 78, 79-97.

Gram, L., Wedellneergaard, C. and Huss, H. H. (1990). The bacteriology of fresh and spoiling lake Victorian Nile perch (*Lates-niloticus*). *International Journal of Food Microbiology*, 10, 303-316.

Haard, N. F. (1992). Technological aspects of extending prime quality of seafood: a review. *Journal of Aquatic Food Product Technology*, 1, 9-27.

Halasz, A., Barath, A., Simonsarkadi, L. and Holzapfel, W. (1994). Biogenic - amines and their production by microorganisms in food. *Trends in Food Science and Technology*, 5, 42-49.

Halliwell, B. and Gutteridge, J. M. C. (1984). Lipid - peroxidation, oxygen radicals, cell - damage, and antioxidant therapy. *Lancet*, 1, 1396-1397.

Han, J. J. (2005). *Innovations in Food Packaging*, Elsevier Academic Press, London.

Hansen, A. A., Morkore, T., Rudi, K. *et al.* (2009). Quality changes of prerigor filleted Atlantic salmon (*Salmo salar* L.) packaged in modified atmosphere using CO_2 emitter, traditional MAP, and vacuum. *Journal of Food Science*, 74, M242-M249.

Herbert, R. A. and Shewan, J. M. (1975). Precursors of volatile sulfides in spoiling North-Sea cod (*Gadus morhua*). *Journal of the Science of Food and Agriculture*, 26, 1195–1202.

Hotchkiss, J. H. (1988). Experimental approaches to determining the safety of food packaged in modifid atmospheres. *Food Technology*, 42, 55.

Huss, H. H. (1995) Quality and changes in fresh fish. FAO Fisheries Technical Paper, 348. Food and Agriculture Organization of the United Nations.

ICMSF (2005). *Microorganisms in Food 6: Microbiological Ecology of Food Commodities*, Kluwer Academic/Plenum Publishers, New York, USA.

Jacxsens, L., Devlieghere, F., Van der Steen, C. and Debevere, J. (2001). Effect of high oxygen modified atmosphere packaging on microbial growth and sensorial qualities of fresh-cut produce. *International Journal of Food Microbiology*, 71, 197–210.

Jaffres, E., Lalanne, V., Mace, S. *et al.* (2011). Sensory characteristics of spoilage and volatile compounds associated with bacteria isolated from cooked and peeled tropical shrimps using SPME-GC-MS analysis. *International Journal of Food Microbiology*, 147, 195–202.

Jaffrés, E., Sohier, D., Leroi, F. *et al.* (2009). Study of the bacterial ecosystem in tropical cooked and peeled shrimps using a polyphasic approach. *International Journal of Food Microbiology*, 131, 20–29.

Jorgensen, L. V., Huss, H. H. and Dalgaard, P. (2000). The effect of biogenic amine production by single bacterial cultures and metabiosis on cold-smoked salmon. *Journal of Applied Microbiology*, 89, 920–934.

Karl, H. and Meyer, C. (2007). Effect of early gutting on shelf life of saithe (*Pollachius virens*), haddock (*Melanogrammus aeglefinus*) and plaice (*Pleuronectes platessa*) stored in ice. *Journal fur Verbraucherschutz und Lebensmittelsicherheit-Journal of Consumer Protection and Food Safety*, 2, 130–137.

Kelly, R. H. and Yancey, P. H. (1999). High contents of trimethylamine oxide correlating with depth in deep-sea teleost fishes, skates, and decapod crustaceans. *Biological Bulletin*, 196, 18–25.

Kimura, B. and Murakami, M. (1993). Fate of food pathogens in gas-packaged jack mackerel fillets. *Nippon Suisan Gakkaishi*, 59, 1163–1169.

Lalitha, K. V., Sonaji, E. R., Manju, S. *et al.* (2005). Microbiological and biochemical changes in pearl spot (*Etroplus suratensis* Bloch) stored under modified atmospheres. *Journal of Applied Microbiology*, 99, 1222–1228.

Lannelongue, M., Hanna, M. O., Finne, G., Nickelson, R. and Vanderzant, C. (1982). Storage characteristics of finfish fillets (*Archosargus probatocephalus*) packaged in modified gas atmospheres containing carbon-dioxide. *Journal of Food Protection*, 45, 440–444.

Leroi, F. (2010). Occurrence and role of lactic acid bacteria in seafood products. *Food Microbiology*, 27, 698–709.

Lopez-Caballero, M. E., Goncalves, A. and Nunes, M. L. (2002). Effect of CO_2/O_2-containing deepwater pink shrimp modified atmospheres on packed (*Parapenaeus longirostris*). *Euro-pean Food Research and Technology*, 214, 192–197.

Lopez-Galvez, D., Delahoz, L. and Ordonez, J. A. (1995). Effect of carbondioxide and oxygen-enriched atmospheres on microbiological changes and chemical changes in refrigerated Tuna (*Thunnus Alalunga*) steaks. *Journal of Agricultural and Food Chemistry*, 43, 483–490.

Lundstrom, R. C., Correia, F. F. and Wilhelm, K. A. (1982). Enzymatic dimethylamine and formaldehyde production in minced american plaice and blackback flounder mixed with a red hake TMAO-ase active fraction. *Journal of Food Science*, 47, 1305–1310.

Lyver, A., Smith, J. P., Austin, J. and Blanchfield, B. (1998a). Competitive inhibition of *Clostridium botulinum* type E by *Bacillus* species in a value - added seafood product packaged under a modifid atmosphere. *Food Research International*, 31, 311-319.

Lyver, A., Smith, J. P., Nattress, F. M., Austin, J. W. and Blanchfield, B. (1998b). Challenge studies with*Clostridium botulinum* type E in a value-added surimi product stored under a modified atmosphere. *Journal of Food Safety*, 18, 1-23.

Lyver, A., Smith, J. P., Tarte, I., Farber, J. M. and Nattress, F. M. (1998c). Challenge studies with Listeria monocytogenes in a value - added seafood product stored under modified atmospheres. *Food Microbiology*, 15, 379-389.

Mace, S., Cornet, J., Chevalier, F., Cardinal, M., Pilet, M. F., Dousset, X. and Joffraud, J. J. (2012). Characterisation of the spoilage microbiota in raw salmon (*Salmo salar*) steaks stored under vacuum or modified atmosphere packaging combining conventional methods and PCR-TTGE. *Food Microbiology*, 30, 164-172.

Mejlholm, O., Boknaes, N. and Dalgaard, P. (2005). Shelf life and safety aspects of chilled cooked and peeled shrimps (*Pandalus borealis*) in modified atmosphere packaging. *Journal of Applied Microbiology*, 99, 66-76.

Mendoza, T. F., Welt, B. A., Otwell, S. *et al.* (2004). Kinetic parameter estimation of time-temperature integrators intended for use with packaged fresh seafood. *Journal of Food Science*, 69, M90-M96.

Mills, A., Tommons, C., Bailey, R. T., Tedford, M. C. and Crilly, P. J. (2008). UV - activated luminescence/colourimetric O_2 indicator. *International Journal of Photoenergy*, article ID 547301.

Molin, G. and Stenstrom, I. M. (1984). Effect of temperature on the microbial flora of herring fillets stored in air or carbon dioxide. *Journal of Applied Bacteriology*, 56, 275-282.

Molin, G., Stenstrom, I. M. and Ternstrom, A. (1983). The microbial flora of herring fillets after storage in carbon dioxide, nitrogen or air at 2 degrees C. *Journal of Applied Bacteriology*, 55, 49-56.

Mugica, B., Barros-Velazquez, J., Miranda, J. M. and Aubourg, S. P. (2008). Evaluation of a slurry ice system for the commercialization of ray (*Raja clavata*): Effects on spoilage mechanisms directly affecting quality loss and shelf-life. *Lwt-Food Science and Technology*, 41, 974-981.

Noseda, B., Goethals, J., De Smedt, L. *et al.* (2012). Effect of O_2 - CO_2 enriched atmospheres on microbiological growth and volatile metabolite production in packaged cooked peeled gray shrimp (*Crangon crangon*). *International Journal of Food Microbiology*, 160, 65-75.

Oberlender, V., Hanna, M. O., Miget, R., Vanderzant, C. and Finne, G. (1983). Storage characteristics of fresh swordfish steaks stored in carbon dioxide enriched controlled (flow - through) atmospheres. *Journal of Food Protection*, 46, 434-440.

Olafsdottir, G., Lauzon, H. L., Martinsdottir, E. and Kristbergsson, K. (2006a). Inflence of storage temperature on microbial spoilage characteristics of haddock fillets (*Melanogram-mus aeglefinus*) evaluated by multivariate quality prediction. *International Journal of Food Microbiology*, 111, 112-125.

Olafsdottir, G., Lauzon, H. L., Martinsdottir, E., Oehlenschlager, J. and Kristbergsson, K. (2006b). Evaluation of shelf life of superchilled cod (*Gadus morhua*) fillets and the influence of temperature flctuations during storage on microbial and chemical quality indicators. *Journal of Food Science*, 71, S97-S109.

Ordonez, J. A., Lopez-Galvez, D. E., Fernandez, M., Hierro, E. and de la Hoz, L. (2000). Microbial and physicochemical modifiations of hake (*Merluccius merluccius*) steaks stored under carbon dioxide enriched atmospheres. *Journal of the Science of Food and Agriculture*, 80, 1831-1840.

Ozdemir, M. and Floros, J. D. (2004). Active food packaging technologies. *Critical Reviews in Food Science and Nutrition*, 44, 185-193.

Pacquit, A., Lau, K. T., McLaughlin, H. *et al.* (2006). Development of a volatile amine sensor for the monitoring of fish spoilage. *Talanta*, 69, 515-520.

Pastoriza, L., Bernaardez, M., Sampedro, G., Cabo, M. L. and Herrera, J. J. R. (2004). Elevated concentrations of oxygen on the stability of live refrigerated mussel stored refrigerated. *European Food Research and Technology*, 218, 415-419.

Pastoriza, L., Sampedro, G., Herrera, J. J. and Cabo, M. L. (1998). Inflence of sodium chloride and modifid atmosphere packaging on microbiological, chemical and sensorial properties in ice storage of slices of hake (*Merluccius merluccius*). *Food Chemistry*, 61, 23-28.

Pettersen, M. K., Bardet, S., Nilsen, J. and Fredriksen, S. B. (2011). Evaluation and suitability of biomaterials for modified atmosphere packaging of fresh salmon fillets. *Packaging Technology and Science*, 24, 237-248.

Pin, C., De Fernando, G. D. G. and Ordonez, J. A. (2002). Effect of modified atmosphere composition on the metabolism of glucose by *Brochothrix thermosphacta*. *Applied and Environmental Microbiology*, 68, 4441-4447.

Poli, B. M., Messini, A., Parisi, G. *et al.* (2006). Sensory, physical, chemical and microbiological changes in European sea bass (*Dicentrarchus labrax*) fillets packed under modifild atmo-sphere/air or prepared from whole fish stored in ice. *International Journal of Food Science and Technology*, 41, 444-454.

Post, L. S., Lee, D. A., Solberg, M. *et al.* (1985). Development of botulinal toxin and sensory deterioration during storage of vacuum and modified atmosphere packaged fish fillets. *Journal of Food Science*, 50, 990-996.

Pournis, N., Papavergou, A., Badeka, A., Kontominas, M. G. and Savvaidis, I. N. (2005). Shelf-life extension of refrigerated Mediterranean mullet (*Mullus surmuletus*) using modified atmosphere packaging. *Journal of Food Protection*, 68, 2201-2207.

Puligundla, P., Jung, J. and Ko, S. (2012). Carbon dioxide sensors for intelligent food packaging applications. *Food Control*, 25, 328-333.

Reddy, N. R., Solomon, H. M. and Rhodehamel, E. J. (1999). Comparison of margin of safety between sensory spoilage and onset of *Clostridium botulinum* toxin development during storage of modified atmosphere (MA) -packaged fresh marine cod fillets with MA-packaged aquacultured fish fillets. *Journal of Food Safety*, 19, 171-183.

Reddy, N. R., Villanueva, M. and Kautter, D. A. (1995). Shelf-Life of modified atmosphere packaged fresh Tilapia fillets stored under refrigeration and temperature abuse conditions. *Journal of Food Protection*, 58, 908-914.

Restuccia, D., Spizzirri, U. G., Parisi, O. I. *et al.* (2010). New EU regulation aspects and global market of active and intelligent packaging for food industry applications. *Food Control*, 21, 1425-1435.

Ringo, E. and Gatesoupe, F. J. (1998). Lactic acid bacteria in fish: a review. *Aquaculture*, 160, 177-203.

Robertson, G. L. (2006). *Food Packaging. Principles and Practice*, 2nd edn, Taylor and Francis, Boca Raton, FL, USA.

Rudi, K., Maugesten, T., Hannevik, S. E. and Nissen, H. (2004). Explorative multivariate analyses of 16S rRNA gene data from microbial communities in modified-atmosphere-packed salmon and coalfish. *Applied and Environmental Microbiology*, 70, 5010-5018.

Rutherford, T. J., Marshall, D. L., Andrews, L. S. *et al.* (2007). Combined effect of packaging atmosphere and storage temperature on growth of *Listeria monocytogenes* on ready-to-eat shrimp. *Food Microbiology*, 24, 703-710.

Santos, M. H. S. (1996). Biogenic amines: their importance in foods. *International Journal of Food Microbiology*, 29, 213-231.

Schirmer, B. C., Heiberg, R., Eie, T. *et al.* (2009). A novel packaging method with a dissolving CO_2 headspace combined with organic acids prolongs the shelf life of fresh salmon. *International Journal of Food Microbiology*, 133, 154-160.

Schubring, R. (2008) Use of 'filtered smoke' and carbon monoxide with fish. *Journal fur Verbraucherschutz und Lebensmittelsicherheit-Journal of Consumer Protection and Food Safety*, 3, 31-44.

Siracusa, V., Rocculi, P., Romani, S. and Dalla Rosa, M. (2008). Biodegradable polymers for food packaging: a review. *Trends in Food Science and Technology*, 19, 634-643.

Sivertsvik, M., Jeksrud, W. K. and Rosnes, J. T. (2002). A review of modified atmosphere packaging of fish and fishery products - significance of microbial growth, activities and safety. *International Journal of Food Science and Technology*, 37, 107-127.

Slade, A. and Davies, A. R. (1997). Fate of foodborne pathogens on modified atmosphere packaged (MAP) cod and trout, in *Seafood from Producer to Consumer, Integrated Approach to Quality* (eds J. B. Luten, T. Borresen and J. Oehlenschläger), Elsevier, Amsterdam, pp. 455-461.

Stenstrom, I. M. (1985). Microbial-flora of cod fillets (*Gadus morhua*) stored at 2-degrees-C in different mixtures of carbon dioxide and nitrogen oxygen. *Journal of Food Protection*, 48, 585-589.

Tajima, G. and Shikama, K. (1987). Autoxidation of oxymyoglobin - an overall stoichiometry including subsequent side reactions. *Journal of Biological Chemistry*, 262, 12603-12606.

Taylor, L. Y., Cann, D. D. and Welch, B. J. (1990). Antibotulinal properties of nisin in fresh fish packaged in an atmosphere of carbon-dioxide. *Journal of Food Protection*, 53, 953-957.

Torrieri, E., Carlino, P. A., Cavella, S. *et al.* (2011). Effect of modified atmosphere and active packaging on the shelf-life of fresh bluefin tuna fillets. *Journal of Food Engineering*, 105, 429-435.

Venugopal, V. (2006). *Seafood Processing: Adding Value through Quick Freezing, Retortable Packaging and Cook Chilling*, CRC Press, Boca Raton.

Whitfield, F. B. (1998). Microbiology of food taints. *International Journal of Food Science and Technology*, 33, 31-51.

Young, L. L., Reviere, R. D. and Cole, A. B. (1988). Fresh red meats - a place to apply modified atmospheres. *Food Technology*, 42, 65-69.

11　鱼废料管理

Ioannis S. Arvanitoyannis, Persefoni Tserkezou

Laboratory of Food Technology, Department of Agriculture,

Ichthyology and Aquatic Environment, University of Thessaly, Volos, Greece

11.1　引言

在过去的二十年中，全球鱼虾产量稳步增长。在 2000 年，全世界鱼的产量为 1.31 亿 t，其中将近 74%（9700 万 t）用于人类消费，其余（约 26%）用于生产主要包括粉和油的不可食用产品。2000 年，全世界生产的鱼类中超过 60% 都要经过某种形式的加工（FAO，2002）。在水产养殖的概念中，包括大量的水产品种、养殖技术和饲养方法。广义上的水产养殖是指在“自然”栖息地、不添加额外食物、对环境影响最小的条件下养殖有鳍鱼或贝类（Midlen 和 Redding，1998；OAERRE，2001）。鱼类加工会产生大量的固体和液体废料（图 11.1）。此外，加工过程中超过一半质量的原材料未被有效利用，例如，圆虾中仅有约 15% 能用于生产成罐装虾产品（El-Beltagy 等，2005）。

渔业通常会产生一些对环境可能构成重大危险的废料。废料处理技术（或者前处理技术），如一些可利用有机材料的高效回收，是减轻污染的必要方法（Quitain 等，2001）。养鱼场的废料不仅影响渔场附近地区，而且还会通过减少底栖生物种类、浮游生物和自游生物的生物量、密度和多样性，以及调节天然食物网影响更广阔的沿海地区（Gowen，1991；Pillay，1991）。

生命周期评估（LCA）是使用少量的指标，将产品生命周期中的污染排放和资源使用联系起来（Payraudeau 和 van der werf，2005）（表 11.1）。

在过去的 30 年中，欧盟通过制定适当的环境质量目标（EQOs）和环境质量标准（EQSs），实施了许多有关管理水产养殖环境影响的国家法令。在水产养殖框架内，制定了三个层次的环境保护措施：①一般政策；②具体措施；③适应当地特定条件的法规（Eleftheriou 和 Eleftheriou，2001）。欧盟委员会（EC）有关管理环境影响最相关的指示如下：关于危险物质的第 76/464/EEC 号指令，关于贝类生长水域质量的第 79/923/EEC 指令，关于贝类的第 91/492/EEC 号指令，关于环境影响评估的第 85/337/EEC 号和第 97/11/EEC 号指令，关于战略环境评估的第 2001/42/EC 号指令，关于物种和栖息地的第 92/43/EEC 号指令，关于野生鸟类的第 79/409/EEC 号指令和关于水质的第 2000/60/EC 号指令（Read 和 Fernades，2003）。

本章旨在通过内容丰富的流程图、表格以及各种鱼类加工过程的投入和产出核算（能源消耗、废水、固体废料），总结当前和潜在的鱼类废料及其处理方法。

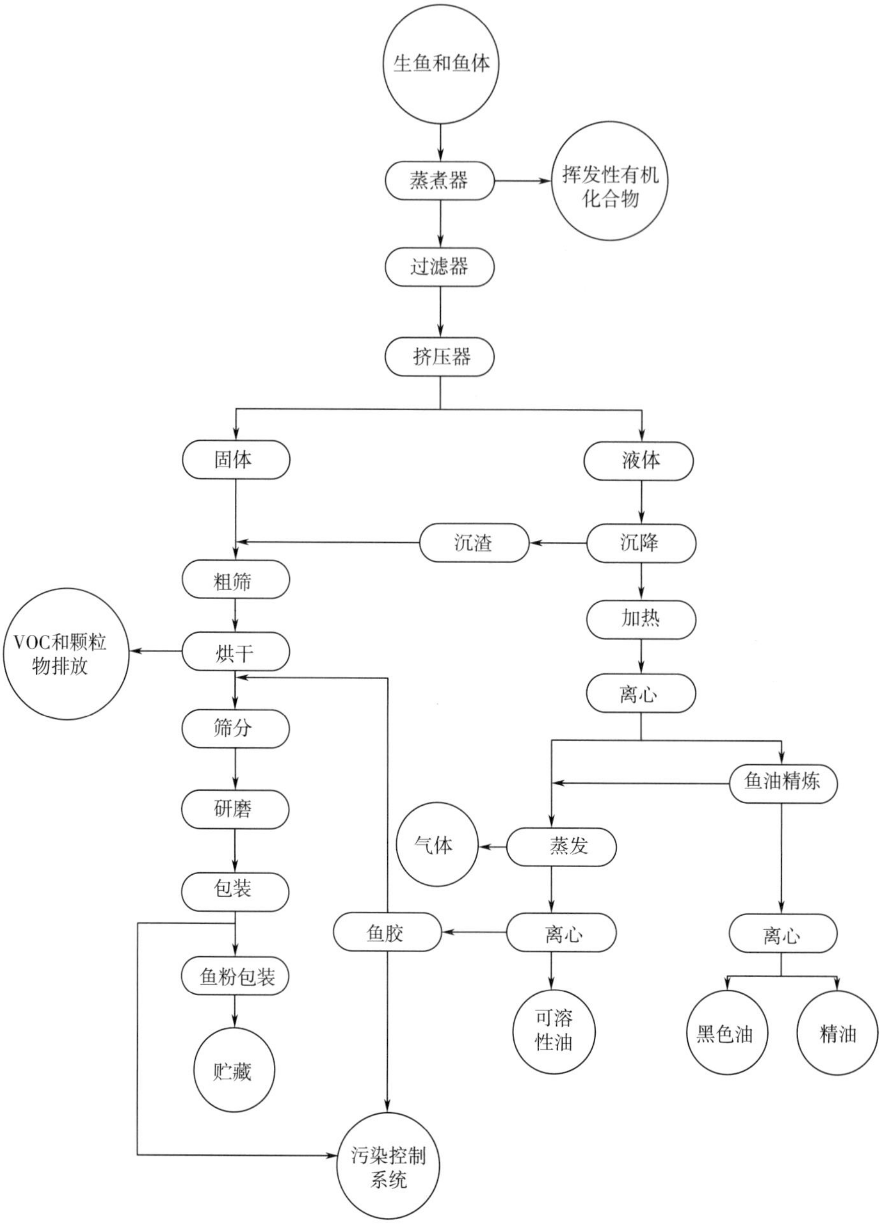

图 11.1 鱼粉和鱼油生产流程图

资料来源：美国环境保护署（EPA）。

表 11.1 金枪鱼罐头行业各工序的热能和电能要求

处理	热能/MJ	电能/J
鱼原料验收	—	2.4×10^6
鱼解冻	111	—
分割	—	8.5×10^7
烹饪	1385	8.7×10^7

续表

处理	热能/MJ	电能/J
手动清洁	—	3.5×10^{7}
液体剂量和罐装	—	1.7×10^{8}
消毒	2083	1.6×10^{8}
质量控制与包装	—	1.2×10^{8}
辅助活动(废水处理、包装用镀锡板生产)	—	2.3×10^{8}

资料来源：Hospido 等，2006。经 Elsevier 许可复制。

11.2 处理方法

用于处理鱼类废料的方法有水解法、生物修复法、厌氧处理法、过滤法、筛选法和其他多种/多功能方法。

11.2.1 水解法

在 20 世纪 60 年代，学者开展了大多数鱼蛋白水解的初步研究，重点将鱼类浓缩蛋白作为发展中国家廉价的营养蛋白质来源（Kristinsson 和 Rasco，2000）。鱼蛋白的酶解技术被用作将部分加工鱼生物量转化为可食用蛋白质产品的替代技术（Suzuki，1981；Diniz 和 Martin，1996）。

在亚临界反应器（10^{-3}kg 鱼肉，3.36×10^{-6}cm^3 超纯水）和超临界反应器（10^{-3}kg 鱼肉，3.06×10^{-6}（280℃，30MPa）cm^3 超纯水或 1.76×10^{-6}（400℃，30MPa）cm^3 超纯水），在 200~400℃条件下，通过水解将鱼肉（马鲭鱼）粉碎（Yoshida 等，1999，2003）。在 200℃、3.35MPa 反应 5min，可形成乳酸（0.03kg/kg 干肉）、磷酸（0.12kg/kg 干肉）和组氨酸（0.01kg/kg 干肉）。在 280℃、6.42MPa 反应 30min，可生成焦谷氨酸（0.095kg/kg 干肉）。而在 270℃和 5.51MPa 条件下，则会获得氨基酸（胱氨酸、丙氨酸、甘氨酸和亮氨酸）。从水不溶相中使用正己烷可提取富含脂肪酸的油，如二十碳五烯酸（EPA）和二十二碳六烯酸（DHA）（Yoshida 等，1999）。根据 Yoshida 等（2003）的研究，200~400℃反应 5min，在亚临界条件下形成了油、氨基酸（胱氨酸、丙氨酸和甘氨酸）和有机酸（焦谷氨酸）。

Gao 等（2006）应用两种不同的酸水解方法从鱼头和骨组织中提取乳酸。过程 A，将切碎的原料与水混合（1∶1）（初始 pH 为 1）在 121℃下水解 20min，以 2706×g 离心 20min，取上清液作为乳酸生产的营养来源。在过程 B 中，将切碎的鱼渣在无酸条件下，121℃预处理 20min。并根据方法 A 将所得的残余物和上清液混合物离心（图 11.2），当使用未水解的鱼废料用作发酵底物时，乳酸的产生受到抑制；而将水解的鱼废料用作营养源时，葡萄糖转化为乳酸。乳酸的产生随着水解时间的增加而增加，特别是水解时间为 40min 时达到最高值。通过方法 B 生产的鱼废料水解物富含营养成分，可以有效地用作酵母提取物的替代品。

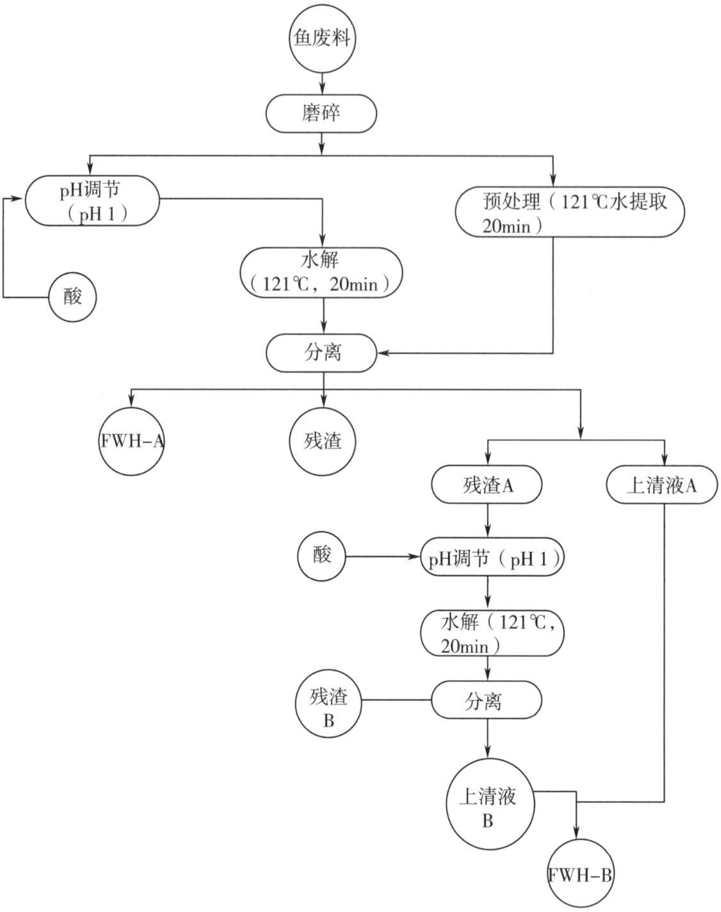

图 11.2 鱼废料水解产物（FWH）的生产流程图

资料来源：Gao 等，2006。经 Elsevier 许可转载。

Quitain 等（2001）研究了使用高温高压（45MPa）水对虾壳进行热处理生产氨基酸和氨基葡萄糖的潜在可行性。虾壳和去离子水（质量比 = 1 ∶ 125，以干重计）在不同温度（90~400℃）和反应时间（5~60min）的亚临界和超临界条件下放入间歇反应器设备中。结果显示，在 250℃下反应 60min，氨基酸产量最大（70mg/g 干虾），比 90℃下获得的总氨基酸高约 2.5 倍；甘氨酸（Gly）和丙氨酸（Ala）的产量随温度增加而增加，而温度高于 250℃时则减少。

11.2.2 生物修复

生物修复包括所有用于生物转化修复被污染物改变的环境，使其恢复初始状态的过程和行动（Thassitou 和 Arvanitoyannis，2001）。

Marinho-Soriano 等（2011）进行了一项实验研究，测试大型藻类龙须菜（*Gracilaria caudata*）和小甲壳动物法国卤虫（*Artemia franciscana*）去除水产养殖废水中营养物质的功效。实验包括三种处理方法：①大型藻类；②大型藻类和卤虫；③卤虫。结果表明，处理②是处理含氮营养物质最有效的方法。最大还原值为：NH_4 = 29.8%，NO_2 = 100%，NO_3 = 72.4%，DIN =

44.5%。作为对照，在处理③结束时，营养物浓度比其他处理显著升高。特别是在处理②和处理③中，PO_4 含量在实验期间显著增加。结果表明，龙须菜和法国卤虫对氮素的吸收效果较好。因此，利用这些生物作为生物滤池可能是一种生态正确的做法，并有助于改善海岸的水质。

将无菌麦麸（700g）、泡盛曲霉孢子（0.7g）与切碎并灭菌的沙丁鱼（2638g）混合，在40℃的通风培养箱中放置发酵5d。将发酵产物与玉米-大豆混合物按照0.1%、1.0%、5.0%和10.0%的比例混合，测定粗蛋白（CP）和干物质（DM）的消化率。发现发酵后，粗蛋白、粗脂肪和无氮提取物分别减少到2.6%、22.2%和25.7%。同时，观察到粗纤维含量增加到16.1%，表明泡盛曲霉可合成粗纤维。此外，在发酵过程中产生了各种酶，如葡萄糖淀粉酶（9.71U），α-葡萄糖苷酶（0.21U）、α-淀粉酶（21.69U）和酸性蛋白酶（17778U）。发酵鱼粉对粗蛋白消化率没有影响，然而干物质消化率在鱼粉含量较高的水平仍有增加，在5%和10%比例时变化显著（Yamamoto等，2005）。

Shih等（2003）进行了为期5个月的发酵实验，用鲣鱼的不同部位（肉、头、鳍和内脏）添加或不添加酶来生产鱼露，如大豆曲霉（*Aspergilus oryzae*）、红曲霉（*Monacus purpureus*）或内脏（进行8组实验：处理①：将混合灭菌的鲣鱼废料与内脏按质量比1：2与20%的盐溶液混合；处理②：将混合灭菌的鲣鱼全鱼与内脏按质量比1：2与20%盐溶液混合；处理③：将混合鲣鱼废料与20%盐溶液混合；处理④：将混合的鲣鱼全鱼与20%的盐溶液混合；处理⑤：将混合灭菌的鲣鱼废料与38%的大豆曲霉混合，室温贮藏2d，同时加入20%的盐溶液；处理⑥：将混合灭菌的鲣鱼全鱼与38%的大豆曲霉混合，室温贮藏2d，同时加入20%的盐溶液；处理⑦：将混合灭菌的鲣鱼废料与38%红曲霉混合，在室温下贮藏2d，同时加入20%盐溶液；处理⑧：将混合灭菌的鲣鱼全鱼与38%红曲霉混合，室温贮藏2d，同时加入20%盐溶液）。结果表明，用大豆曲霉和红曲霉处理的鲣鱼（全鱼和废料）总糖含量和淀粉酶活力分别为10.8~17.4mg/L和5.0~100U/mL。作为对照，在不添加酶的情况下处理鲣鱼，总糖的含量是3.6~5.9mg/L，而没有检出淀粉酶活力。此外，全鱼处理后的蛋白质和氨基酸值略高于处理鱼废料组。两项衡量鱼腥味的指标，挥发性盐基氮（VBN）和三甲基胺（TMA）分别超过阈值6mg/100g和50mg/100g。认为红曲霉处理全鱼可以获得高质量的鱼酱。

Martin（1999）研究了用草皮堆肥处理渔业废料来提高鱼类废料中有价值生物量的潜力。鱼废料和草皮（填充剂）的混合物在被动通风堆肥系统中进行堆肥。堆肥提取物灭菌后用作耐酸真菌 *Scytalidium acidophilum* ATCC 26774的底物，以5%（体积分数）接种［（150r/min，25.0℃，pH 2.0±0.1，8~10d）］。堆肥酸提取物的营养成分（脂类、碳水化合物和蛋白质）含量高于堆肥。并且，堆肥提取物可以用作耐酸真菌 *S. acidophilum* 的生长基质、液气废水的生物过滤基质以及蘑菇的生长基质。

将鱼加工废料和填充剂（锯屑和刨花的混合物按1：1的体积比）的混合物（3：1湿重比）在不同天气条件下（冬季和夏季），在静态通风桩（容器内）中堆肥150d。将温度保持在45℃以上持续60d，在55℃保持9d，随后数次达到峰值，然后在25℃保持120~150d。观察到电导率（EC）、铵态氮（NH_4^+-N）和水溶性碳（WSC）明显降低，而在80d后，挥发性脂肪酸（VFA），除了乙酸值外，降低到不可检测的水平。水溶性碳WSC：TN（总氮）比值，即堆肥成熟度指数表明，夏季堆肥在150d内成熟（WSC：TN=0.7），而冬季堆肥需要更多天数才能成熟（WSC：TN=1.2）（Laos 等，2002）。

Paniagua-Michel 和 Garcia（2003）利用土著微生物群为半大型对虾［凡纳滨对虾（*Litopenaeus vannamei*）］的生物修复创造了微生物垫。在此过程中，虾孵化厂的污水被装入三个玻璃反应器中，反应条件为24~27℃、pH 7.8~8.0、氧气浓度8mg/L、水力阻力时间5d。反应器由顶部用于水处理的保留室、三个覆盖垫子的台面和底部具有几个小孔的洒水过滤器组成。根据生物反应器的设计，废水流过包含垫子的第一张床的表面，然后洒到第二和第三床。经过20d的处理，发现97%的氨氮和95%的硝态氮被去除。此外，在实验期结束时，减少了80%的BOD_5（图11.3）

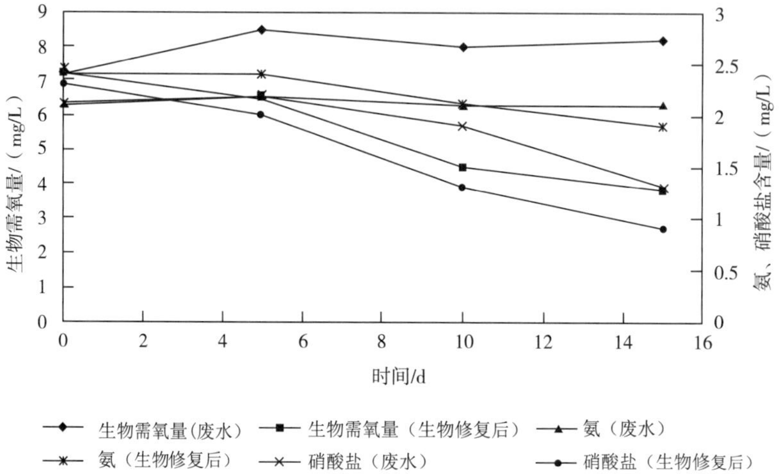

图11.3 BOD_5（为期5d的分解过程中废水的生物需氧量）、氨、硝酸盐在污水中的浓度及用微生物垫进行生物修复后的浓度

资料来源：Paniagua-Michel 和 Garcia，2003。

11.2.3 厌氧处理

废水的厌氧处理过程中，有机污染物负荷降解为气态产物（主要是甲烷和二氧化碳），构成了大部分反应产物和生物量。厌氧消化处理可能是一种可行的废水处理方法，它以沼气的形式将废料利用和能源生产结合起来。

鱼罐头工业的制造过程中产生的大量固体废料可被厌氧消化。Eiroa 等（2012）研究了不同固体鱼类废料的生物化学甲烷潜能值。对金枪鱼、沙丁鱼和针状鱼废料，在含有1%总固体（TS）的分批实验中，获得了约0.47g COD-CH_4/g $COD_{添加}$；而对鲭鱼废料而言，甲烷的产率达到0.59g COD-CH_4/g $COD_{添加}$。废料：接种量之比从1.1~1.3g到2.8~3.3g挥发性固体（VS）$_{废料}$/g $VS_{接种}$的增加，导致了由于挥发性脂肪酸和长链脂肪酸的积累引起的过载。之后，进行了鱼废料与荆豆的共消化试验，但甲烷的生化潜力没有得到改善。

Mshandete 等（2004）研究了剑麻浆和鱼废料的厌氧分批消化以及两种底物的共消化。剑麻浆及鱼废料（内脏、鳞片、鳃）和洗涤水，分别在体积分数为5%~60%的湿生物量下，在30批生物反应器中处理25d和29d。在共消化实验中，鱼废料和不同比例的剑麻浆的混合物在（27±1）℃条件下用15台生物反应器消化24d。在5%的TS（总固体）含量下，分别消化25和29d后，剑麻浆的甲烷产量最高为0.32$m^3 CH_4$/kg VS，鱼废料最高产生了0.39$m^3 CH_4$/kg VS。用33%的鱼粪和67%剑麻浆共消化，在TS（总固体）含量为16.6%和C∶N比为16的条件下，甲烷产率最高，为0.62$m^3 CH_4$/kg VS，与5% TS条件剑麻浆和鱼废料消化物相比，甲烷产率提高了59%~94%。鱼废料和剑麻浆厌氧共消化回收的沼气中甲烷含量为60%~65%。

Nges等（2012）使用原鱼废料的厌氧消化以及酶预处理后的鱼泥来提取鱼油，评价鱼蛋白水解物的甲烷生产潜力。结果表明，鱼泥和鱼废料都具有较高的生物可降解性，比甲烷产率分别为742、828m^3 CH_4/t VS。然而化学分析表明，较高浓度的轻金属加上高含量的脂肪和蛋白质，可能抑制产甲烷细菌。因此，探究了将鱼泥与作物生产中的碳水化合物残渣共消化的可行性，并简述了一种将有臭味的鱼废料转化为有用产品的全过程。

Vidotti等（2003）研究了由酸消化（20mL/kg甲酸和20mL/kg硫酸）和不同来源的原料，如咸水鱼（SW）、淡水鱼（FW）和罗非鱼（TR）的厌氧发酵（50g/kg植物乳杆菌、150g/kg甘蔗糖蜜）产生鱼类青贮饲料的氨基酸组成。将原料分别与15%甘蔗糖蜜、5%植物乳杆菌培养基和0.25%（质量分数）的山梨酸混合，发酵制得青贮饲料。20g/L的甲酸和20g/L的硫酸加上这种混合物，产生了酸性青贮饲料（图11.4）。结果表明，酸性青贮饲料的蛋白质含量［分别为69.91%（SW）、44.38%（FW）和39.59%（TR）］比发酵青贮饲料的蛋白质含量［59.61%（SW）、42.09%（FW）和35.84%（TR）］更高。组氨酸、苏氨酸和丝氨酸水平升高，而所有产品中的缬草碱、异亮氨酸和亮氨酸水平下降。由于它们的营养价值，所有产品均可用于均衡鱼类饮食。

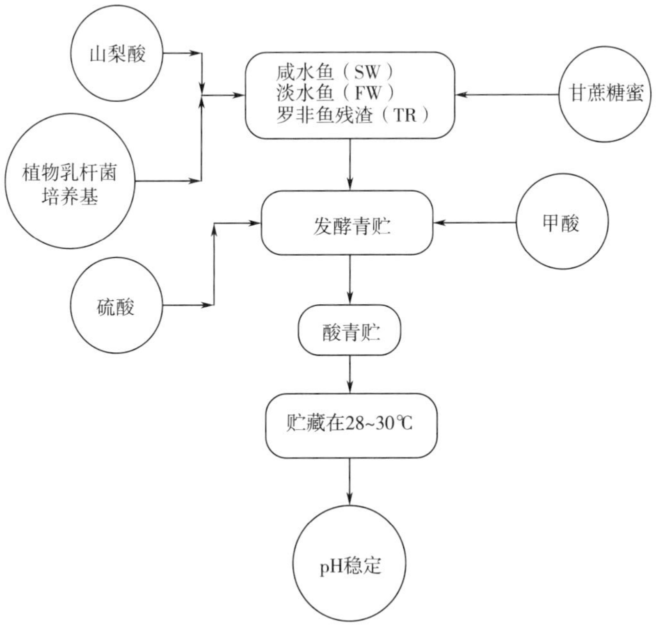

图11.4 三种不同原料的青贮饲料生产流程图

资料来源：Vidotti等，2003；Arvanitoyannis和Kassaveti，2008。

11.2.4 过滤/筛选

在同一个小节下进行过滤和筛选简介，因为它们具有一个共同的特征：颗粒（小室）的分离取决于颗粒尺寸与开口（筛子）或孔（过滤介质）的尺寸之间的差异。问题在于，滤网或过滤介质会在滤饼形成之前被堵塞（United Nations Environment Programme，2005）。

Cattaneo-Vietti 等（2003）使用小型水下设备进行废水处理。在海上海底管道的城市污水出口上方，设置称为 MUDS（海洋水下净化系统）的系统，使总悬浮物（TSM）、BOD_5 和大肠杆菌的浓度下降了 90%。过滤器的多孔结构导致原生动物和微底栖动物群落的生长繁殖，消耗了大量的有机物质。此外，捕食者（如碎屑食肉无脊椎动物、底栖鱼类和远洋鱼类）被吸引到系统的过滤器中，引起有机物的再循环。该系统有利于鱼类生长繁殖、鱼类种群的聚集以及能够选择支持水盐度和温度变化的海洋生物（细菌、真菌、原生动物）。

Guerdat 等（2011）在实际的循环水产养殖生产条件下，大规模评估了有机碳对三种不同的在售生物过滤器的影响。这项研究是在北卡罗来纳州立大学鱼谷仓进行的，这是一个由生物和农业工程部门运营的具有商业规模的研究和示范循环水产养殖基地。该研究基于 $60m^3$ 罗非鱼系统，平均日饲料量为 45kg，使用饲料的蛋白质含量为 40%，平均生物量为 6750kg。向系统中加入蔗糖（$C_{12}H_{22}O_{11}$）以增加系统中可生物降解的有机碳的浓度。根据生物滤池的容量，评价了有机碳浓度升高对总氨氮（TAN）去除率的影响。三种滤光器的体积滤光率（VTR）变化显著增加。与正常生产条件相比，所有这三种过滤器体积滤光率（VTR）均减少了约 50%。实验结果表明了在循环水产养殖系统中控制生物可利用有机碳浓度的重要性。

Ali 等（2005）研究了超低压膜在水产养殖废水处理中的潜在用途。沙石过滤后的鱼废水样品采用干/湿相转化技术制备的聚醚砜（PES）膜过滤。结果表明在 0.4~0.8MPa 的压力下，总铵和磷的去除率分别达到 85.70% 和 96.49%。

Buryniuk 等（2006）在大西洋鲑鱼养殖场进行了 21d 的固体废弃物降解率实验。他们还进行了鱼饲料废料清除率实验。将冷冻的固体废料样品（-10℃）放入装有盐水（盐度为 25%~30%）和蒸馏水的罐中，在 8℃ 和氧气浓度高于 80% 的黑暗条件下贮藏。21d 后，C/N 和无氮提取物（NFE）分别从 11 降低至 8.5，干重从 48.6% 降低至 36.5%。鱼饲料的化学需氧量（COD）从 2.9×10^5 降低到 1.2×10^6mg/（L·g 干重），而鱼的固体 COD 没有显著变化［从 9.6×10^6mg/（L·g 干重）降低到 7.7×10^6mg/（L·g 干重）］。文中报道了实验过程中氨气浓度的增加、气泡和泡沫的形成以及废水的脱色。此外，约 50% 的废料在冷水和盐水中放置 30~40d 后被清除。

11.2.5 其他/多功能方法

Lupatsch 等（2003）研究了使用灰鲻鱼修复鱼类养殖场污水的潜力。在没有底部的网箱围栏内放有底部喂食的灰鲻鱼（*Mugil cephalus*），它们进入笼子中，可以接触到封闭的有机富集沉积物和从笼子上方掉落的颗粒物（PM）。用已知组成的饲料（303g/kg 粗蛋白和 16MJ/kg 总能量）喂养鱼以估算鱼的潜在生长率以及对能量和蛋白质需求。在实验过程中，围栏中的鱼消耗了沉积物中所有可用的食物，每条鱼体重增加 0.78g/d。维持生长所需能量和蛋白质的喂养实验表明，每平方米的鱼每天在 1kg 有机富集的沉积物中消耗了 4.2g 有机碳，0.70g 氮和 7.5mg 磷。总之，在商业养鱼场有机物富集的海底饲养灰鲻鱼可有效清除沉积物。

冷冻鲱鱼（*Clupea harengus*）的副产品被用于生产粗鱼油（Aidos 等，2001）。鲱鱼切碎的副产品被泵送到通过蒸汽间接加热的绝缘刮板式换热器中。然后将加热的悬浮液在三相倾析器中分离为半固相（蛋白质相）、水相（黏性水）和脂质相（油）（图 11.5），生产产品。产生的油富含高价值的 n-3 多不饱和脂肪酸，如 EPA 和 DHA；相较于铁的含量（0.8mg/kg 油），鲱鱼油的铜含量（<0.1mg/kg 油）非常低。Maatjes① 鲱鱼片的铜含量比副产品高 32%，而副产品的铁含量比鱼片高 3 倍。此外，在不同的贮藏条件下（室温下保持光照，室温下保持黑暗，50℃下保持黑暗），α-生育酚和游离脂肪酸（FFA）的浓度不随时间的变化而变化。

对于源自 maatjes 及冷冻和新鲜副产物中得到的原油，其铜含量（<0.1mg/kg 油）远低于达到 0.8、0.1、0.03mg/kg 油的铁含量。Maatjes 和新鲜油的游离脂肪酸（FFA）含量低，几乎保持稳定，而冷冻油的游离脂肪酸（FFA）产量却增加了。其次在新鲜油中检测到氧化产物，同时在 maatjes 和冷冻副产物油中检测到了三级氧化产物。在贮藏过程中，maatjes 和冷冻油具有强烈的气味，最终与鲸油、酸性、海洋和鱼腥味的感官属性呈正相关。当新鲜的和无盐的鲱鱼副产品用于初级油的提取时，能生产出最佳的油脂（Aidos 等，2003）。

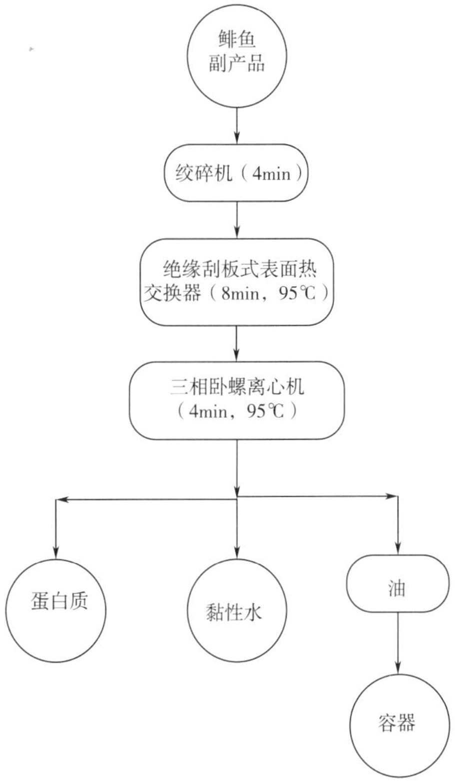

图 11.5 鲱鱼副产品生产粗鱼油的示意图

资料来源：Aidos 等，2001。经 Elsevier 许可转载。

将鲢鱼的去皮废料中的冷冻糊状物与微生物转谷氨酰胺酶（3g/kg）、乳清蛋白［如乳清

① “maatjes”为专业术语，是指在 5~7 月首次产卵前捕获的小鲱鱼，其特征是皮下脂肪含量为 16%~20%。

蛋白和酪蛋白酸钠（10g/kg）］和 NaCl（0、10、20g/kg）在 15℃放置 2min。将样品放入不锈钢管中，并喷洒市售常规植物油。将试管浸入 40℃的水中 1h，浸入 90℃的水中 20min。然后将混合物置于 4~5℃水浴中冷却 30min，获得具有不同盐含量（0%、1%和 2%）的重组鱼制品。当含有乳蛋白的样品的盐含量增加或不变时，鱼胶的机械性能会提高。否则，只有用乳蛋白（酪蛋白酸钠）处理鱼片废料时，盐含量为 0%和 1%的鱼胶的机械性能才会提高（Uresti 等，2001）。

使用 $FeCl_3$（0.4g Fe/L）（处理①），$Al_2(SO_4)_3$（1.2g Al/L）（处理②），$Ca(OH)_2$（0.5g Ca/L）（处理③），$FeCl_3$ 和 $Ca(OH)_2$（0.4g Fe/L+0.2g Ca/L）（处理④），$Al_2(SO_4)_3$ 和 $Ca(OH)_2$（1.2g Al/L+0.3g Ca/L）（处理⑤）对鱼罐头废水的五种化学混凝/絮凝处理进行了测试。结果显示，BOD_5、COD、总悬浮固体（TSS）和总溶解固体（TDS）显著降低，分别达到 80%~88%、75%~85%、94%~95%和 31%~53%。在实验组 3、4 和 5 中，总硬度增加了 61%、319%和 419%；在实验组 1、2、3 和 4 中，氨含量分别减少了 90%、56%、100%和 100%。在实验组 2 和 3 中磷酸盐减少了 90%；而在实验组 1、2 和 3 中无法检测到磷酸盐的存在。油脂和总蛋白含量明显减少，二者分别减少了 73%~89%和 70%~92%。此外，实验组 1、2 和 4 中油脂含量下降幅度最大，而实验组 3 和 4 蛋白质含量下降幅度最大。因此，处理鱼罐头废水的最佳方法是使用 0.4g/L 铁和 0.2g/L 钙（实验组 4），所得干燥沉淀物含有 40%（按质量计）的回收蛋白质和 20%的回收脂肪（Fahim 等，2001）。

虹鳟（*Oncorhynchus mykiss*）的流出废水可以用建造的挡板式沉淀池处理。进入流域的鳟鱼出水系统由两个连续的部分（第一和第二部分）组成，并且在第一部分内安装了四个线性部分的生物过滤介质。在正常情况下，总悬浮固体（TSS）去除的范围为 71%到 79%；在清洁/收获条件下，总悬浮固体（TSS）的去除范围为 79%到 92%。另一方面，将水盆体积和表面积增加一倍，则可去除高达 50%的总悬浮固体（TSS）。在盆地的第一部分，TSS 去除率最高（分别为正常和清洁/收获条件下的 84%和 94%）。此外，除正磷酸盐（OP）外，还观察到了去除溶解的营养物质，如 TAN，硝酸盐和亚硝酸盐。与理论值相比，第一部分记录的保留时间缩短了 32%~37%，整个盆地减少了 17%~27%。最后，据报道水力效率随着 $L:W$（长度：宽度）比的增加而增加（Stewart 等，2006）。

将鱼（鳕鱼）围栏中的有机废料与脂质生物标记物结合在一起，使用沉积物收集器收集这些沉积物。沉积物捕集器被放置在距海床 1.5m 处，与海湾外一条样带中的网箱相距 5、10、30、100m。将从捕集阱和饲料（整个鲱鱼）中获取的样品冷冻，运输到实验室在-20℃的氯仿和氮气下保存，直至分析。用氯仿-甲醇的混合物从样品中萃取血脂，检测到的主要脂质类别为：磷脂（21%~10%）、丙酮移动极性脂质（17%~42%）、FFA（8%~41%），以及少量的三酰基甘油（4%~9%）、固醇（5%~10%）、蜡酯和固醇酯（0%~11%）、醇（0%~5%）和碳氢化合物（3%~5%）。检测到的主要脂肪酸为：14：0（6%~9%）、16：0（17%~22%）、16：1ω_7（12%~21%）、18：1ω_7（6%~7%）、18：1ω_9（5%~10%）、20：5ω_3（7%~11%）和 20：3a（0%~9%）。实验发现三种长链单不饱和脂肪酸 20：1ω_9、22：1ω_9 和 22：1ω_{11} 的比例低于 3%，而在靠近笼子的位置处含量相对较高，并随着与笼子的距离的增加而减少。饲料中富含的脂肪酸 20：1ω_9 和 22：1ω_{11} 无法被鳕鱼和其他鱼类消化，因此它们被用作生物标记物用于分散养鱼场的有机废料（Van Biesen 和 Parrish，2005）。

表 11.2 概述了最重要的处理方法的参数、质量控制和结果，各种鱼类废弃物处理方法的优缺点见表 11.3。

表 11.2　废弃物处理方法（参数、质量控制和结果）

废弃物类别	处理方式	参数	方法	质量控制方法	结果	参考文献
鱼肉	亚临界和超临界条件下鱼肉的水解	有机酸、氨基酸、总有机碳量（TOC）、碳、氮、氢	在亚临界（10^{-3}kg 鱼肉、3.36 ×$10^{-6}cm^3$ Milli-Q 水）和超临界（10^{-3}kg 鱼肉、3.06 ×$10^{-6}cm^3$ Milli-Q 水）条件下，鱼肉在反应器中通过液化的方式水解（280℃、30MPa）	（1）有机酸、氨基酸　高效液相色谱（HPLC）。 （2）总有机碳量（TOC）　TOC 分析仪。 （3）碳、氮、氢　碳氢氮元素分析仪	（1）乳酸（0.03kg/kg 干肉）、磷酸（0.12kg/kg 干肉）和组氨酸（0.01kg/kg 干肉）的形成（200℃，3.35MPa，5min）。 （2）焦谷氨酸的产生（0.095kg/kg 干肉）（280℃，6.42MPa，30min）。 （3）氨基酸的产生（胱氨酸、丙氨酸、甘氨酸和亮氨酸）（270℃、5.51MPa）。 （4）油提取物［富含二十碳五烯酸（EPA）和二十二碳六烯酸（DHA）］。 （5）氨基酸（胱氨酸、丙氨酸和甘氨酸）和有机酸（焦谷氨酸）的形成（200~400℃，5min）	Yoshida 等，1999，2003

续表

废弃物类别	处理方式	参数	方法	质量控制方法	结果	参考文献
碎的三文鱼肉	酶促水解	蛋白质、水分含量、总矿物质含量、脂质含量、氮回收率、乳化性、乳化稳定性、脂肪吸收/持油能力	用四种碱性蛋白酶（脂肪酶 2.4L、风味蛋白酶 1000L、脂肪酶 PN－L 和脂肪酶 7089）中的一种或内源性消化蛋白酶（pH 7.5，40℃，7.5%蛋白质）对碎的三文鱼肉进行均质	（1）蛋白质　根据方法 4.2.03（AOAC，1990）使用改良的 $CuSO_4/TiO_2$ 混合催化剂凯氏定氮法。 （2）水分含量　无对流烘箱法 24.003（AOAC，1990）。 （3）总矿物质含量　直接灰分法 14.006（AOAC，1990）。 （4）脂质含量　改良酸水解法 948.15（AOAC，1990）。 （5）氮回收率　以目前水解物中蛋白质含量（%N×6.25）占最初混合反应体系中蛋白质含量的多少来计算。 （6）乳化性　类似于对 Webb 等（1970）的油滴定法进行了一些修改。 （7）乳化稳定性　将由 Miller 和 Groninger（1976）改进的 Yatsusumatsu 等（1972）的方法又进行额外的改进。 （8）脂肪吸收/持油能力：改进了的 Shahidi 等（1995）的方法	（1）蛋白质含量在 71.7%～88.4%。 （2）脂质含量低。 （3）氮回收率在 40.6%～79.9%。 （4）pH 高（pH 7）时，水解物溶解度高。 （5）水解物溶解范围为 92.4%～99.7%。 （6）鱼蛋白乳化能力是每 200mg 蛋白质可以乳化 75～299mL 油。 （7）鱼蛋白乳化稳定性是 50%～70%。 （8）5%和 10% DH 鱼蛋白水解物（3.22～5.90mL 油/g 蛋白质）比 15%水解物具有更高的油脂吸收率	Kristinsson 和 Rasco，2000

鱼废料（头和骨部分）	酸水解	葡萄糖、乳酸、总氮、胞内氮、干重	• 工序 A： 切碎的废料与水混合［1：1（体积比），pH 1］在 121℃水解 20min，然后 2706g 离心 20min。 • 工序 B： 工序 A 产物加鱼废料的预处理（121℃用水萃取 20min）	（1）葡萄糖和乳酸　带有折光率检测器（用于葡萄糖）和 210nm 紫外/可见光检测器（用于乳酸）的高效液相色谱（HPLC）。 （2）总氮　元素分析仪。 （3）细胞密度　分光光度计在 600nm 处检测。 （4）干重　烘箱中 104℃干燥	（1）两种工序均生产乳酸。 （2）工序 B 将乳酸生产率提高了 22%。 （3）鱼废料的水解物（由工序 B 产生）可作为酵母浸出物的替代品	Gao 等，2006
虾壳	水热处理	氨基酸、乙酸、有机酸	虾壳在间歇反应器中以高温（90～400℃）、高水压（45MPa）和不同反应时间（5～60min）进行处理	（1）氨基酸　氨基酸分析仪。 （2）乙酸　有机酸分析仪。 （3）有机酸　由离子排斥柱和电导检测器组成的系统	（1）250℃反应 60min 时氨基酸产量最大（70mg/g 干虾壳）。 （2）甘氨酸和丙氨酸的产量会随着温度升高而增加，但温度超过 250℃后，产量会减少	Quitain 等，2001
鱼废料	利用泡盛曲霉的发酵工艺	干物质（DM）、粗蛋白（CP）、脂质、灰分、纤维含量、葡糖淀粉酶、酸性蛋白酶活性、酪氨酸释放	将麦麸（700g）、切碎的新鲜沙丁鱼（2638g）和泡盛曲霉的孢子（0.7g）混合，并在通风的培养箱中 40℃下培养 5d	（1）干物质（DM）、粗蛋白（CP）、脂质、灰分和纤维含量：近似化学分析（AOAC，1984）。 （2）葡萄糖淀粉酶　使用试剂盒。 （3）酸性蛋白酶活性　以酪蛋白为底物。 （4）酪氨酸释放　660nm 波长处	（1）粗蛋白、脂质和无氮提取物含量分别减少到 2.6%、22.2% 和 25.7%。 （2）粗纤维增加 16.1%。 （3）葡糖淀粉酶（9.71U）、α－葡糖苷酶（0.21U）、α－淀粉酶（21.69U）和酸性蛋白酶（17778U）的产量。 （4）CP 含量保持稳定	Yamamoto 等，2005

续表

废弃物类别	处理方式	参数	方法	质量控制方法	结果	参考文献
鲣鱼的废料（肉、头、鳍和内脏）	发酵	pH、蛋白质、还原糖、总糖、三甲胺（TMA）、挥发性基态氮（VBN）、游离氨基酸、色素、挥发性化合物	用不同的鱼体部分，添加或不添加酶（内脏、大豆曲霉或中国红曲霉）接种到瓷瓶中进行发酵	（1）pH 和蛋白质　标准方法（AOAC，1984）。 （2）还原糖和总糖　分别采用 Miller 法（Miller，1959）和苯酚–硫酸法（Dubois 等，1956）。 （3）三甲胺（TMA）和挥发性基态氮（VBN）　分别采用 Castell 等的方法（Castell 等，1959）和 Cobb 等的方法（Cobb 等，1956）。 （4）游离氨基酸　氨基酸分析仪。 （5）色素　色素检测系统。 （6）挥发性化合物　气相色谱法（GC）	（1）大豆曲霉和中国红曲霉处理的鲣鱼总糖含量（10.8～17.4mg/L）和淀粉酶活力（5.0～100U/mL）较高。 （2）不添加酶处理鲣鱼时，总糖含量较低（3.6～5.9mg/L）且无法检测出淀粉酶活性。 （3）挥发性基态氮（VBN）和三甲胺（TMA）超过阈值 6mg/100g 和 50mg/100g（处理 1 和处理 3 除外）	Shih 等，2003
渔业加工废料		发酵	泥炭堆肥在被动曝气堆肥系统中。堆肥提取物用作嗜酸乳脂菌 ATCC 26774（*Scytalidium acidophilum* ATCC 26774）的底物（搅拌速度 150r/min，温度 25.0℃，pH 2.0 ± 0.1，培养时间 8～10d）	（1）灰分　在 600℃马弗炉中燃烧。 （2）碳水化合物　Morris（1948）提出的蒽酮试剂方法。 （3）脂质　Folch 等（1957）描述的方法。 （4）蛋白质　氮含量乘系数 6.25，通过 AOAC 凯氏定氮法 47.021（Anon，1980）发现。 （5）生物质浓度　Martin 等（1990）的程序	（1）堆肥的酸提取物比堆肥具有更高的营养素含量（脂质，碳水化合物和蛋白质）。 （2）鱼粪–泥炭堆肥　用于发酵过程廉价的营养来源 （3）耐酸真菌生长的底物嗜酸链球菌（*S. acidophilum*）。 （4）用于液体和气体流出物的生物过滤以及蘑菇的生长	Martin，1999

鱼类加工废料（内脏）	使用静态曝气堆法，加入锯末和刨花处理鱼废料混合物	pH、电导率（EC）、铵态氮（NH_4^+-N）、水溶性碳（WSC）、总有机碳（TOC）、总氮（TN）和挥发性脂肪酸（VFA）	鱼内脏和填充剂混合：［锯末和刨花的混合比 1∶1（体积比），湿重比 3∶1］。将混合物放入反应器中，并在 20d 后重新混合，重新装入反应器中（温度高于 45℃，持续时间 150d；该实验在冬季和夏季进行）	（1）电导率，pH，$NH4^+$-N 和 WSC　加入蒸馏水［1∶10（体积比）］机械方式摇晃样品 2h，然后通过 Whatman N°1 滤纸过滤。 （2）铵　吲哚酚蓝法。 （3）WSC［化学需氧量（COD）］　湿酸消解，然后采用分光光度法测定（APHA，1992）。 （4）总氮　半微量凯氏定氮法。 （5）TOC　在 550℃时点火（Navarro 等，1990）。 （6）VFA　配备氢火焰检测器的气相色谱仪	（1）EC，NH_4^+-N，WSC 下降 （2）80d 后，VFA 乙酸除外降至不可检出水平 （3）WSC/TN = 0.7（夏季）　堆肥在 150d 内成熟 （4）WSC/TN = 1.2（冬季）　堆肥达到成熟需要额外的天数	Laos 等，2002
鱼废料（内脏、鱼鳞、鱼鳃、废水）	剑麻浆和鱼渣厌氧分批共消化	部分碱度（PA）、总碱度（TA）、pH、总固体（TS）、挥发性固体（VS）、总氮、总脂质、有机碳	将剑麻浆和鱼渣分别单独在（27 ±1）℃生物反应器中消化 25d 和 29d，或将二者按不同比例混合后在反应器中消化 24d	（1）部分碱度（PA），总碱度（TA），pH　使用有 ABU 901 自动滴管的 TIM 滴定器（Bjornsson 等，2000）。 （2）TS，VS　APHA 标准方法（APHA，1995）。 （3）总氮　凯氏定氮法。 （4）总脂质　使用石油醚溶剂萃取的索氏提取法（APHA，1995）。 （5）有机碳　重铬酸盐氧化法（Nelson and Sommers，1996）	（1）将剑麻浆和鱼废料单独消化分别为 0.32m^3 和 0.39m^3 甲烷/kg VS。 （2）最高甲烷产量（33% 的鱼废料和 67% 的剑麻浆）　0.62m^3 甲烷/kg VS。 （3）共同消化的剑麻纸浆和鱼废料沼气生产（甲烷含量 60%～65%）	Mshandete 等，2004

续表

废弃物类别	处理方式	参数	方法	质量控制方法	结果	参考文献
海鱼废料、商业淡水鱼废料和罗非鱼排废渣	酸消化（甲酸和硫酸）组成和厌氧发酵（植物乳杆菌，甘蔗糖蜜）	粗蛋白质、氨基酸组成	将盐水（SW）、商业淡水鱼废料（FW）和罗非鱼排渣（TR）与15%的甘蔗糖蜜混合，加入5%的植物乳杆菌和0.25%（质量分数）的山梨酸（发酵青贮），20g/L的甲酸和20g/L的硫酸（酸性的青贮）混合物	（1）粗蛋白　根据显微凯氏定氮法AOAC-code 981.10（1990）。 （2）氨基酸组成　液相色谱法，使用阳离子交换树脂柱，在自动分析仪中使用茚三碱柱后衍生	（1）酸性青贮饲料　蛋白质含量比发酵青贮饲料分别高59.61%（SW）、42.09%（FW）、35.84%（TR），分别为69.91%（SW）、44.38%（FW）和39.59%（TR） （2）采用两种方法以及全部三种原料，组氨酸、苏氨酸和丝氨酸含量增加。 （3）所有产品中缬氨酸，异亮氨酸和亮氨酸均减少。 （4）所有产品均可用于平衡鱼饮食-营养价值	Vidotti等，2003
鱼废水	水下过滤	总悬浮物（TSM）、BOD_5、大肠菌群	由渗透过滤器组成的海洋水下净化系统（MUDS）放在海上，位于海底管道的城市污水出口上方		（1）TMS、BOD_5和大肠菌群的浓度减少90%。 （2）原生动物和微底栖动物群落的发展，提高了系统的净化效率和有机物的消耗。 （3）捕食者（如碎屑饲养无脊椎动物和深海鱼类和远洋鱼类）的吸引力，导致有机物的再循环。 （4）鱼的发育，鱼种的聚集。 （5）选择导致盐度和温度变化的海洋生物（细菌，真菌，原生动物）	Cattaneo-Vietti等，2004

水产养殖废水	用聚醚砜（PES）膜过滤	总铵、总磷	经聚醚砜（PES）膜过滤砂滤处理后获得的水产养殖废水，是通过采用干/湿相转化技术制备的	总铵和总磷：使用分光光度计分别在 880nm 和 640nm 下采用标准方法和消解技术进行测定	在压力下 0.4～0.8MPa 条件下，去除总铵和总磷分别高达 85.70%和 96.49%	Ali 等，2005
固体废料和鱼饲料	降解率实验	干物质、灰分、总碳、氮、硫含量、化学需氧量、碳水化合物、脂质、蛋白质	将冷冻样品（-10℃）放入装有盐水和蒸馏水的水箱中（盐度为 25%～30%），保持黑暗，温度为 8℃，氧气浓度>80%	（1）干物质和灰分　水和废水检查的标准方法（美国公共卫生协会，1998）。 （2）总碳，氮和硫含量　通过 UBC 地球和海洋科学实验室的 Carlo Erba N2A-1500 分析仪测定。 （3）COD　预包装无汞标准范围消化套件。 （4）碳水化合物和脂质　假定为无氮提取物(NFE)(样品减去灰分和蛋白质)。 （5）蛋白质含量　用总氮含量乘 6.25 计算得出	（1）C/N 从 11 降至 8.5，无氮提取物（NFE）从 48.6%降低至 36.5%。 （2）鱼饲料 COD 从 9×10^5 降至 1.2×10^6 mg/t。 （3）鱼的固体 COD 保持稳定［9.6×10^6～7.7×10^6mg（L·g 干重）］ （4）50%的废料在冷水和盐水中 30～40d 后降解。 （5）氨浓度增加，气泡和泡沫形成，废水脱色	Buryniuk 等，2006

续表

废弃物类别	处理方式	参数	方法	质量控制方法	结果	参考文献
渔场废水	灰鲻鱼对养渔场废水去除效果的研究	氮、干物质、灰分、蛋白质、总磷、总碳水化合物、总能量、有机碳	使用底栖饲养的灰鲻鱼（头栖灰鲻鱼）作为减少底栖网箱养鱼场影响的一种手段	（1）氮　凯氏定氮技术。 （2）干物质　105℃，24h 后重量减轻。 （3）灰分　在马弗炉中 550℃ 加热 24h 重量减轻。 （4）蛋白质　%N×6.25。 （5）总磷　样品灰化，使用钼酸盐法。 （6）总碳水化合物　按差额计算。 （7）总能量　以苯甲酸为标准，在热量计中燃烧。 （8）有机碳　蛋白质含量（520g C，23.6MJ），脂质含量 766g C，35.0MJ），碳水化合物含量（400g C，17.50MJ）	（1）每天从有机富集沉积物中去除 4.2g 有机碳、0.70g 氮和 7.5mg 磷/kg·鲻鱼·m^2。 （2）集约化网箱养鱼场底质的改善	Lupatsch 等，2003

鱼油提取	脂肪酸成分、脂类分布、游离脂肪酸（FFA）、过氧化值（PV）、茴香胺值（AV）、荧光产物（FP）、α-生育酚、脂质含量、水分、蛋白质、盐、铜、铁	将切碎的鲱鱼副产物泵入绝缘的刮板式换热器，由蒸汽间接加热，在三相卧螺离心机中分离为高固相、水相和脂相（油）	（1）脂肪酸组成　气相色谱-火焰离子化检测器（FID）。 （2）脂质类分布　固相萃取法（SPE）进行重量分析（Kaluzny 等，1985）。 （3）游离脂肪酸（FFA）　AOCS 国际规定的滴定法。 （4）过氧化值（PV）　AOCS 国际方法 Cd-8b-90。 （5）茴香胺值（AV）　AOCS 国际方法 cd18-90。 （6）荧光产物（FP）　最大激发（ex）值在 367nm，最大发射（em）值在 420nm。 （7）α-生育酚　反相高效液相色谱法。 （8）油脂含量　萃取后称重。 （9）水分　根据卡尔费休法测定。 （10）蛋白质　凯氏定氮法。 （11）盐　根据沃哈德法的滴定法（Kolthoff 和 Sandell，1952） （12）铜　制备 Perkin-Elmer 5100 石墨炉原子吸收光谱仪（AAS）。 （13）铁　配有火焰原子吸收光谱仪	（1）油　富含 n-3 多不饱和脂肪酸（EPA 和 DHA）。 （2）鲱鱼油　低铜含量（<0.1mg/kg 油），（铁浓度 0.8mg/kg 油）。 （3）鲱鱼片　铜含量比副产品高 32%，而副产品的铁含量比鱼片高 3 倍。 （4）α-生育酚和 FFA 的浓度　在不同的储存条件下保持稳定（室温为亮，室温为暗，50℃为暗）。 （5）在黑暗、缺氧和室温下　低油氧化	Aidos 等，2001

续表

废弃物类别	处理方式	参数	方法	质量控制方法	结果	参考文献
鲱鱼副产物（maatjes，冷冻的和新鲜的副产物）	鱼油抽提	游离脂肪酸（FFA）、过氧化值（PV）、茴香胺值（AV）、R-生育酚、总脂溶性荧光脂质氧化产物（FP）、脂肪酸组成、铜、铁	将绞碎的鲱鱼副产物泵送一个绝缘的刮板式换热器，该换热器由蒸汽间接加热，在三相卧螺离心机中分离为高固相、水相和脂相（油）	（1）游离脂肪酸（FFA） 根据AOCS官方方法Ca 5a-40滴定。 （2）过氧化值（PV） AOCS官方方法Cd-8b-90。 （3）茴香胺值（AV） AOCS官方方法cd18-90。 （4）α-生育酚：略，修正法（Lie等，1994）。 （5）总脂溶性荧光脂质氧化产物（FP） 在367nm处有最大激发（ex）值，在420nm处有最大发射（em）值。 （6）脂肪酸组成 AOCS官方方法Ce 1b-89。 （7）铜 使用Perkin-Elmer 5100石墨炉原子吸收光谱仪（AAS）。 （8）铁 用石墨炉原子吸收光谱仪	（1）原油 铜含量极低（<0.1mg/kg），制Maatjes酱、速冻及新鲜副产物中铁含量分别为0.03、0.1、0.8mg/kg。 （2）Maaties鲱鱼油 α-生育酚的含量减少。 （3）Maatjes和新鲜油 FFA含量低，但保持不变。 （4）冷冻副产物油 贮存过程中游离脂肪酸不断增加。 （5）对次级氧化后的油产品进行了测定，对maatjes酒和冷冻副产物油产品进行了三级氧化产品的测定。 （6）Maatjes酒和冷冻油：强烈的气味，与火车油、酸性、海味和鱼腥味的感官特性存在正相关	Aidos等，2003
银鲤切片过程中产生的废弃物	用乳制品蛋白和微生物转谷氨酰胺酶处理	机械性能（结构剖面分析、冲压试验和扭转试验分析以及自由水）	将微生物转谷氨酰胺酶（3g/kg）、乳清蛋白和酪蛋白酸钠（10g/kg）、NaCl（0、10、20g/kg）和糊状物混合。混合物是市售常规植物油喷雾，40℃浸泡1h，90℃浸泡20min。然后放入水浴中冷却	机械性能质构仪	（1）盐含量增加，力学性能增加。 （2）使用乳制品蛋白增加无盐和低盐产品的机械性能。 （3）微生物转氨酶增加了自由水	Uresti等，2004

凝固/絮凝处理	BOD、COD、总悬浮固体、总溶解固体、油、油脂、钾、磷酸氨、硫酸盐、钠、总硬度、硫化物、硝酸盐、氯化物、总蛋白	采用 $FeCl_3$（0.4g Fe/L）、$Al_2(SO)_3$（1.2g Al/L）、$Ca(OH)_2$（0.5g Ca/L）、$FeCl_3$、$Ca(OH)_2$、（0.4g Fe/L+0.2g Ca/L）$AL_2(SO_4)_3$ 和 $Ca(OH)_2$（1.2g Al/L+0.3g/L）对 5 个化学混凝/絮凝处理进行了试验	（1）BOD　膜电极法。 （2）COD　开放式回流法。 （3）总悬浮物　干残渣重量法。 （4）总溶解固体　干残渣重量法。 （5）油类　隔板重量法。 （6）钾　火焰光度法。 （7）氨　苯酚比色法。 （8）磷酸盐　氯化亚锡比色法。 （9）硫酸盐　氯化钡干燥残留量重量法。 （10）钠、总硬度、硫化物、硝酸盐和氯化物　离子选择电极法。 （11）总蛋白　双缩脲反应比色法	（1）80%~88% BOD，75%~85% COD，94%~95%总悬浮固体（TDS），总溶解固体（TDS）减少 31%~53%。 （2）处理 3、4、5 的总硬度分别提高了 61%、319%、419%。 （3）在处理 1、2、3 和 4 中，氨含量分别下降了 90%、56%、100%和 100%。 （4）在处理 2 和 3 中，磷酸盐降低了 90%。 （5）油脂含量下降 73%~89%，总蛋白含量下降 70%~92%。 （6）最好的方法是使用 $FeCl_3$ 和 $Ca(OH)_2$（分别 0.4g Fe/L 和 0.2g Ca/L）（处理 4）。 （7）干燥的沉淀平均 50g/L 含有 40%的重量回收蛋白质和 20%的脂肪。 （8）固体处理后是理想的动物饲料。 （9）可在沙漠地区的一些灌溉中应用，或在林业项目中使用，可控制最终流出物安全	Fahim 等，2000

续表

废弃物类别	处理方式	参数	方法	质量控制方法	结果	参考文献
虹鳟鱼管道污水	减少淤积（用或者不用人造基质）	温度、pH、悬浮固体总量（TSS）、总有机碳（TOC）、总氨氮（TAN）、亚硝酸盐（NO_2-N）、硝酸盐（NO_3-N）、正磷酸盐（OP，PO_4-P）、总磷（TP，PO_4-P）、溶氧（DO）	鳟鱼污水流入到包含两个连续部分（第一和第二部分）的区域中，并且在第一部分安装四个线性部分的生物过滤介质。在正常的清洁/收获操作下确定处理效率	（1）温度　溶氧/温度计。 （2）pH　带电水合 pH 探针。 （3）总悬浮固体（TSS）　标准方法（APHA，1998）。 （4）总有机碳（TOC）　过硫酸盐-紫外线氧化法，TOC 分析仪。 （5）总氨氮（TAN）　水杨酸盐法。 （6）亚硝酸盐（NO_2-N）　二聚体方法。 （7）硝酸盐（NO_3-N）　镉还原法。 （8）正磷酸盐 OP（PO_4-P）　抗坏血酸法。 （9）总磷 TP（PO_4-P）　酸性过硫酸盐溶解，抗坏血酸检测。 （10）溶氧（DO）　溶氧/温度计。	（1）正常和 79% ~ 92% 的清洁和收获条件下，TSS 去除率为 71% ~ 79%。 （2）区域第一部分中大部分 TSS 被去除（正常和清洁/收获条件下，TSS 去除分别为 84% 和 94%）。 （3）溶解的营养物质（TAN，硝酸盐和亚硝酸盐）被去除，OP 除外。 （4）第一部分和整个区域的保留时间比理论值短（分别为 32% ~ 37% 和 17% ~ 27%）。 （5）液压效率随着 $L:W$（长：宽）的增加而增加	Stewart 等，2006

表 11.3 各种鱼废料处理方法的优缺点比较

处理	优点	缺点	参考文献
水解	（1）通过减少水力溶解时间（HRT）或增加溶解来改善溶解过程。 （2）通过增加溶解来增加气体产量。 （3）溶解槽升级的低成本方案	（1）操作成本高。 （2）对经营良好的工厂不一定有利。 （3）需要进行试点工作才能确定收益	Harlan，2006
生物修复	（1）自然过程-公众可接受。 （2）有害化合物降解。 （3）比其他技术成本低。 （4）原位/异位	（1）不够快速。 （2）在有利条件下污染物才会降解。 （3）仅适用于可生物降解的化合物。 （4）需要持续监控以确保有效性	Vidali，2001；Sasikumar 和 Papinazath，2003
厌氧处理	（1）低能耗。 （2）可产生沼气。 （3）减少废料污泥的产生。 （4）投资成本低	（1）气味问题。 （2）维护和电力成本高。 （3）这是一种预处理方法；因此需要一种用于废料消毒的后处理方法	Lenntech，2012
过滤	（1）小颗粒去除（1~60 μm）。 （2）低流量下的低成本方法。 （3）没有化学和动力要求。 （4）安装，操作，维护简单	（1）大流量时价格昂贵。 （2）过滤器易堵塞。 （3）可能需要预处理步骤。 （4）是适用于低污染废水的单一方法	Miller 和 Semmens，2002；Nations Environment Programme，2005
筛选	（1）操作简单。 （2）成本低。 （3）易安装。 （4）可清除大固体（0.7mm 或更大）	筛孔易堵塞	http://www.fao.org/DOCREP/003/V9922E/V9922E05.htm；United Nations Environment Programme，2005
干燥	（1）已经过检验的技术。 （2）易安装。 （3）应用广泛	（1）能量要求高。 （2）需多级逆流冲洗。 （3）需将产物倒回。 （4）可能需要其他处理以控制杂质	EPA，1992

续表

处理	优点	缺点	参考文献
混凝絮凝	（1）可去除很细的颗粒。 （2）增加污泥的农事价值。 （3）低维护。 （4）优化试剂消耗。 （5）可大规模运行	（1）加工成本高。 （2）可能产生有毒污泥。 （3）需额外管理大量被清除的污泥。 （4）需小心控制试剂的添加量，防止达到处理废水中不可接受的浓度。 （5）随着排放标准的严格，可能需要进一步处理	Medrzycka 和 Tomczak-Wandzel，2005

11.3 鱼类废弃物的利用

食品工业废料是环境污染的重要来源。一些研究已经寻找将这些废料转化为有用产品的方法。捕捞的鱼类中有 50% 以上的剩余材料不能用于食品，产生近 3200 万 t 的废料（Perea 等，1993；Kristinsson 和 Rasco，2000；Larsen 等，2000；Guerard 等，2001；Goello 等，2002；Laufenberg 等，2003）。

11.3.1 动物饲料

如今，使用食物残渣作为动物饲料将使环境和公众从中受益，并降低了动物生产成本，已引起人们的关注（Myer 等，1999；Samuels 等，1991；Westendorf 等，1998；Westendorf，2000）。

Kotzamanis 等（2001）研究了鳟鱼内脏作为银头鲷［*Sparus aurata*（L.）］饲料中一种成分的潜在应用。将鳟鱼内脏（头部、骨骼、尾巴和肠）切碎，均质并与其他成分充分混合，制成用于实验的饲料颗粒［饲料 A（对照）：410g/kg 鱼粉和 58g/kg 鱼油；饲料 B：鱼粉 338g/kg，鳟鱼头，骨和尾巴；饲料 C：类似于饲料 A，但鱼油被鳟鱼肠代替］。鳟鱼内脏的微生物负荷很低（10^4CFU/g），而脂肪酸（FA）中共有 3 种高含量的不饱和脂肪酸（HUFA）和花生四烯酸（AA）20∶4n-6 表明它是良好的脂质来源。但是，鳟鱼肠中 18∶2n-6 脂肪酸的含量很高，且不是鲷鱼脂质的天然成分，这是其主要缺点。肝糖原含量的差异比饮食中碳水化合物的差异更明显。据报道，随着饲料（如 B）的增加，血细胞比容值升高，从而促进更快的生长（Barnhart，1969）。使用鳟鱼内脏作为鲷鱼饲料，是一种鱼类工业副产品备选的无污染的利用方式。

鱼类废料可作为矿物质、蛋白质（DM 含量为 58%）和脂肪（DM 含量为 19%）的重要来源。鱼类废料中含有大量脂肪酸（单不饱和酸、棕榈酸和油酸）；且高灰分含量（22% DM）表明鱼粉中矿物质的百分比很高。而在鱼类废料中检测到的有毒物质浓度很低（如 As、Pb、Hg 和 Cd）。废料的溶解率随温度的升高而增加，因此，不应在 105℃ 以上的温度下进行处理，以避免水分流失并确保微生物质量。鱼类废料可以用作猪饲料，替代常见的蛋白质来源（即豆粕和商业鱼粉），满足部分蛋白质需求（Esteban 等，2007）。

Coward-Kelly 等（2006）用石灰在不同温度（75、100、125℃）下，以不同的石灰：虾（0、0.05、0.1、0.2g $Ca(OH)_2$：1g 干虾）比例处理虾头废料（*Penaeus indicus*），来确定再现性、温度效应和石灰添加量对虾头废料中可溶性蛋白的影响。虾头在 15min 内被水解，而不需要其他强处理条件（低温、低石灰负荷和短时间）。虾头废料中含有 20% 的灰分，10.3% 的凯氏氮（TKN），相当于 64% 的粗蛋白和几丁质，18% 的脂质和其他化合物，且很少发生氨基酸降解。富含蛋白质的物质可用作单胃动物饲料的补充物，富含碳酸钙和甲壳质的残余固体物质可用于生产甲壳质和壳聚糖。后者具有多种用途，既可以单独食用，也可以作为混合饲料；既可以作为减肥食品，也可以作为可食用薄膜用于食品保鲜（Arvanitoyannis 等，1997，1998）。

11.3.2 生物柴油/沼气

沼气是鱼油或鱼废料本身的衍生物，通常通过厌氧消化产生。虹鳟鱼加工厂的废水处理系统包括一个消化池，一个与之连接的带有好氧过滤器的沉降柱，并最后使用沸石柱进行抛光。蒸煮器减少了总的、可溶的、悬浮的和挥发性的固体，而沸石塔减少了总氮和废水的污染物（Jayasinghe 和 Hawboldt，2012）。

Kato 等（2004）评估了用臭氧处理过的鱼废油作为运输柴油的可行性。鱼油是鱼粉加工中的副产物，经过过滤预处理后，将其与两种催化剂（氧化铁和磷酸氢钙）置于反应器中，并使用臭氧鼓泡（5g/h，$16g/m^3$）混合（室温下约 8000mg/kg）1h（一次臭氧处理），然后将样品过滤并在相同条件下（但不存在催化剂）用臭氧处理 30min（二次臭氧处理）。对鱼废料产生的油进行了密度、闪点、倾点、热值、蒸馏试验和硫含量的测试。经过过滤和一次、二次臭氧处理后，生产的燃料产率为 95%～96%。所获得的油具有匹配柴油发动机的性能。例如，产品油具有与商用柴油几乎相同的高热值（HHV）（44789kJ/kg）和密度（在 15℃，$0.87g/cm^3$ 时），较低的闪点和倾点（37℃和-16℃），并且具有不产生硫氧化物，减少或不排放烟灰、多芳烃或二氧化碳等优势。这些性质表明，所获得的油具有比甲基酯化植物油废料更好的性质，并且适用于柴油发动机（尤其是在低温区域）。

Gebauer 和 Eikebrokk（2006）在中温温度（35℃）和水力停留时间（HRT）55～60d 的连续搅拌釜反应器（CSTR）中对鲑鱼孵化场的污泥进行厌氧处理。用 1.5%～3.3% 的总（干）固体（TS）处理的污泥的主要成分是：32% 氮，8.5% 磷，低钾含量，除锌之外浓度可接受的重金属，以及可能会导致植物毒性的高含量挥发性脂肪酸（VFA）。经处理后的污泥为液态，可以在耕地和草地上用作液态肥料。此外，沼气中的甲烷含量稳定在 59.4%～60.5% vol，甲烷产量为 0.14～0.15L/g COD；氮矿化增加到 70%，去除了 44.8%～53.5% COD。作者还检查了污泥产生能源的潜力，沼气的净发电量为 1.5×10^{11}～1.7×10^{11}J/年，可以满足 2%～4% 的流水式孵化场能源需求，至少是再循环孵化场能源需求的两倍。

11.3.3 天然颜料

Sachindra 等（2006）在不同的萃取条件下（IPA 和己烷的溶剂混合物中己烷的百分比，溶剂与废料的比例以及萃取次数）以虾头、虾壳等虾类废弃物为原料，利用各种有机溶剂［甲醇、乙基甲基酮、异丙醇（IPA）、乙酸乙酯、乙醇、石油醚、己烷］和溶剂混合物（丙酮和己烷，IPA 和己烷），对其进行类胡萝卜素的提取。结果表明，当 IPA 与正己烷混合萃取类胡萝卜素时，类胡萝卜素产量最高（43.9μg/g 废弃物）其次是 IPA（40.8μg/g）和丙酮（40.6μg/g）；类胡萝卜产量最低的是石油醚（12.1μg/g）和正己烷（13.1μg/g）。从虾的废弃物中提取类胡萝卜素的最佳条件是，在 IPA 和正己烷的混合溶剂中加入 60% 的正己烷。每次萃取的溶剂与废料比为 5，总共提取三次。在水产养殖饲料配方中，回收的类胡萝卜素可以有效地代替的合成类胡萝卜素，提取后的残留物可用于制备甲壳质/壳聚糖（Sachindra 等，2006）。

11.3.4 食品工业/化妆品

桃红对虾（*Pandalus eous*）、施密特对虾（*Metapenaeus endeavouri*）和斑节对虾（*Penaeus monodon*）的整个虾头可用于分离虾头蛋白水解物（SHPH）。水解产物的制备根据 Iwamoto 等（1991）的方法稍作修改，例如，将虾头在 4℃ 下融化过夜，用 1mol/L NaOH 将 pH 调节至 8.0，并使用 100g/L HCl 将 pH 调节至 6.0。获得的 SHPH 可作为蛋白质（90%～91%）和氨基酸（71%～84%）的良好原料，但其脂肪含量低（0.01%～0.02%）。鱼类肌原纤维的制备是根据 Katoh 等（1997）的方法进行的，并由 Nozaki 等（1991）进行了一些修改。在 5℃ 下，将获得的 SHPH 或谷氨酸盐与 5% 肌原纤维（干重）混合，并将 pH 调节至 7.0，在 5℃ 下脱水，当水分含量达到 10% 时，进一步脱水。结果表明，SHPH 可以通过水合水稳定化抑制脱水诱导的肌原纤维蛋白变性，减少 Ca-ATP 酶的失活，并增加肌原纤维蛋白的单层吸附水和多层吸附水。因此，SHPH 可用作天然食品添加剂，以抑制肌原纤维蛋白的变性，并在中等水分的食品中起到保持水分的作用（Ruttanapornvareesakul 等，2005，2006）。

Aoki 等（2004）从北方长额虾中纯化部分蛋白酶，用于使牛肉嫩化。首先，提取虾头蛋白，并进行部分纯化；其后，将其溶于 PBS（pH 7.4）中，并稀释至最终浓度为 10μg/mL，然后再添加至生牛排中。将混合物在 10℃ 下孵育 1h，在 70℃ 下煮熟，冷却后在 4℃ 下保存 24h。虾蛋白酶可在食品工业中大规模应用，因为它们已被证明对牛肉嫩化有效，在温和的热处理后无活性且在低温下具有活性，因此可在室温下运行可以节省能耗。

Khan 等（2003）用 5 种海洋鱼类［白鳕鱼（*Agryrosomus argentatus*）、金枪鱼（*Tachurus japonicus*）、飞鱼（*Cypselurus heterurus*）、东海鲐鱼（*Scomber japonicus*）、沙丁鱼（*Sardinops melanostictus*）］制备了鱼蛋白水解物（FPH）。对 Iwamoto 等（1991）建议的处理鱼残（头、内脏、鳞、皮肤、尾鳍和骨头）的方法进行以下修改：用 1mol/L NaOH 将 pH 调节至 8.0，使用 DL-苹果酸将 pH 调节至 6.0，以及在超滤前用 1mol/L NaOH 将 pH 调节至 7.0。获得的 FPH 具有以下成分：82.3%～85.8% 的肽，0.2%～0.3% 的脂质，7.7%～9.4% 的灰分，3.3%～4.2% 的糖，微量的氯化钠和氨基酸（Glx、Arg、Lys、Ser、Ala、和 Leu）。将双斑狗母鱼的鱼糜切碎并与 5% FPH 混合，同时将水分含量调整为 82.0%，然后将样品在-25℃ 下保存 180d。此时，FPH 可用作冷冻保护剂，抑制双斑狗母鱼肉冻藏中肌肉蛋白质变性，因为它抑制了未冷冻水的损失，并保持了较高的凝胶形成能力和 Ca-ATP 酶活性。

对鱼皮、鱼骨和鱼鳍［鲣鱼（*Katsuwonus pelamis*）、日本鲈鱼（*Lateolabrax japonicus*）、香鱼（*Plecoglossus altivelis*）、黄海鲷鱼（*Dentex tumifrons*）、鲐鱼（*Scomber japonicus*）、虎鲨（*Heterodontus japonicus*）和金枪鱼（*Trachurus japonicus*）］胶原蛋白的潜在分离能力进行了检测。结果发现，胶原蛋白的回收率在 36%～54%，其中香鱼骨的回收率最高，而日本鲈鱼鱼鳍的回收率最低。其变性温度为：皮肤胶原蛋白（25.0±26.5）℃、骨胶原蛋白（29.5±

30.0)℃和鳍胶原蛋白（28.0±29.1)℃，均低于猪胶原蛋白（Nagai 和 Suzuki，2000)。

使用源自枯草芽孢杆菌的内切型蛋白酶，在60℃下水解四种鱿鱼2h［太平洋褶柔鱼（*Todarodes pacificus*)、大鳍礁鱿鱼（*Sepioteuthis lessaniaania*)、剑尖鱿鱼（*Loligo edulis*）和金墨鱼（*Sepia esculenta*）］，从中提取鱿鱼水解蛋白（SPH)。将温度升高至90℃保持30min来终止酶促活性，再将pH调节至6.0，样品由米曲霉衍生的外切型蛋白酶水解，并进行超滤分离。得到的SPH的成分为84%~88%的蛋白质，6%~7%的灰分，3%的糖，61%~64%的亲水性氨基酸，粗脂质和NaCl微量成分。从利用鱿鱼开发功能性食品方面开辟了低成本鱿鱼肉在食品加工和保存中的潜在用途（Hossain 等，2003)。

Morimura 等（2002）从黄尾鱼的鱼骨分离胶原蛋白。将预处理的鱼废料（从骨骼中去除80%的脂肪和90%的无机化合物）放入带有酶L的反应器中，并在60℃和pH8.0下以200rpm的转速搅拌60min，然后将混合物以8000g离心10min，并在105℃干燥24h后确定沉淀物的重量。结果表明，与酶K（69.2%）和其他酶（酶L和酶K均来自芽孢杆菌属）相比，酶L（85.5%）可回收高达53%的蛋白质，胶原降解效率高。预处理步骤中的脂肪和无机材料可分别用于生产食用油和磷灰石钙。水解产物是寡肽的复合物，由于其抗自由基（抗氧化剂）活性和可降低血压的功能，可以用作食品添加剂。最后，酶水解产生的固体物质可用作肥料（图11.6)。

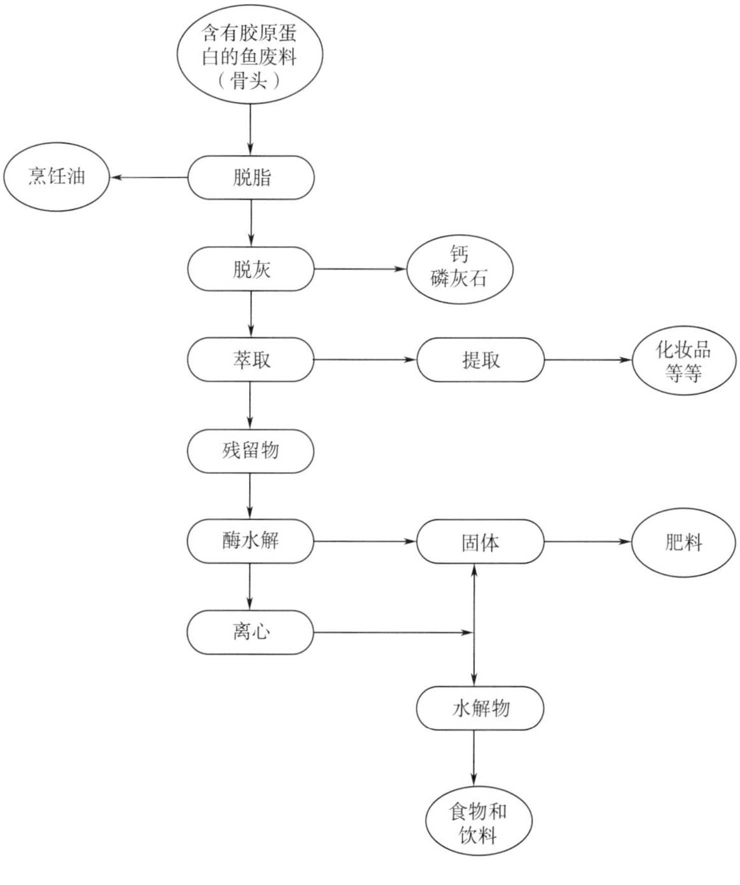

图11.6 通过酶水解从鱼骨中提取蛋白质和生产肽的整个过程流程图

资料来源：Morimura 等，2002。经 Elsevier 许可转载。

将无须鳕（*M. hubbsi*）鱼片切碎，与水混合，在60℃下能自动溶解。离心后，将上清液冷冻干燥以获得固体鱼蛋白水解物（FPH）。所生产的FPH包含80%的蛋白质和少量的游离氨基酸，且对细菌和古细菌的生长具有显著的营养价值。因此，FPH可以用作培养微生物（嗜盐杆菌、大肠杆菌、枯草芽孢杆菌和金黄色葡萄球菌）的替代底物（Martone等，2005）。

11.3.5 废料管理

将取自日本鲷鱼的鱼骨在600℃加热24h或在900℃加热12h，然后将生成的粉末添加到含有3×10^{-4}mol/L水性铬（Cr^{+3}）的硝酸盐溶液中进行去除测试。将混合物搅拌并浸泡2h，然后在不搅拌的情况下保持6d。通过电感耦合等离子体原子发射光谱仪测量溶液中的铬浓度。加热到600℃的鱼骨显示出更好的铬去除能力，而加热到900℃的生骨和骨粉的铬去除活性分别显示出较低和相似的水平。这是因为生鱼骨的结晶度低，将骨样品加热至600℃，羟基磷灰石结晶度良好，加热到900℃的样品，羟基磷灰石显示出高结晶度。结果证实了加热的（600℃或900℃）鱼骨可用于固定铬（Ozawa等，2003）。

Stepnowski等（2004）使用干燥的红鱼鳞片（*Sebastes marinus*）在10~70cm长的PE柱中进行吸附实验，该柱由一个装满虾工厂废水的水库支撑着，在室温下放置5h。结果表明，含量88%~95%虾青素能以酯化形式附着在鱼鳞上，在鱼鳞顶部25~35cm的悬浮液中负载量最大（362mg/kg干重）。此外，减慢鳞片废水的流出量，可使虾青素保留在鳞片上的比例提高90%~97%；但是，需要更长的处理时间。因此，鱼鳞可用作海鲜工业废水中类胡萝卜素色素（虾青素）的天然吸附剂。

11.3.6 杂项用途

安德森等（1999）研究了在1996年期间底栖龙须菜种群生长在靠近鱼类工厂废料排放场址（3.5km，控制点）附近（1.5km的废物地幔柱处）的可能性。在10月至11月，对照点的河豚死亡，而鱼废料场处的龙须菜增长为每天8%~10%。在11月至12月，对照点植物的生长速度略快于废料处理厂，而在2月则相反，在3月至6月，两个工厂的生长速度相似。据报道，即使在控制地点，红藻也大量吸收了鱼废氮。因此得出结论，鱼废料为海藻养殖提供了重要的氮源。

Casani等（2006）研究了在虾加工生产线中获得循环水的潜力。将冰虾（*Pandalus boalis*）贮藏至成熟，将其除冰，漂洗并蒸汽蒸煮，然后将煮熟的虾输送到去皮机中，将食用肉运送到洗涤器中，最后用盐水腌制并包装。对从去皮中回收的水进行筛选，预过滤并通过反渗透（RO）进行处理。结果表明，处理后的水的质量高于饮用水的质量。尽管循环水有的巨大优势，但处理设备的投资对于常规操作而言还是太高了。表11.4简要介绍了橄榄油废料处理方法，所施加的底物，理化特性和最终产品的应用/用途。

11.4 渔业投入和产出

公众和监管机构越来越需要将点-源水生动物生产设施中的污染物负荷的最小化和强制降低（MacMillan等，2003）。

养鱼场落入鱼笼下方海床的固体废料相对于天然沉积物而言，富含碳、氮和磷。因此，养鱼业可能会大幅改变该作业下方和附近沉积物的理化性质，但这通常仅限于笼子附近(50m)。碳沉降的增加导致生活在底层动物的氧气消耗增加。如果这种额外的氧气需求超过氧气供应，则沉积物将导致缺氧（即不含氧气），这时对底栖生物和鱼类养殖本身都可能造成严重后果（El-Fadel 等，1997）。

尽管烟雾和颗粒物可能是一个问题，但气味是鱼类加工厂最令人讨厌的排放物。鱼副产品中最大的气味来源是鱼粉烘干机。与鱼粉烘干机相比，还原炉产生的异味气体主要由硫化氢（H_2S）和三甲胺［$(CH_3)_3N$］组成，此阶段的排放量要小得多。罐装过程还会释放一些气味。鱼类罐头厂和鱼类副产品加工过程中的异味可以使用加力燃烧器，氯化器，洗涤器或冷凝器来控制（http：//www. epa. gov/ttn/chief/ap42/ch09/final/c9s13-1. pdf）。表 11. 5 总结了各种鱼类加工的投入和产出。

表 11. 4　鱼类废料处理方法和理化特性，要使用的底物和最终产品用途

使用的底物	处理方法	理化特性	最终产品/用途	参考
鳟鱼内脏（头部、骨骼、尾巴和肠）	切碎，均质，制备实验饮食的颗粒	低微生物负荷（104CFU/g），由于总 n-3 高不饱和脂肪酸（HUFA）和花生四烯酸 20∶4n-6（AA）的含量，脂质来源良好，主要缺点是鳟鱼肠中 18∶2n-6 脂肪酸的含量很高的	金头鲷的饮食成分黑鲷（L.）	Kotzamanis 等，2001
鱼废料（主要是头、骨头、皮肤、内脏、有时还包括整条鱼和香菜）	在 65、80、105 和 150℃热处理 12h，将水分含量降低至 10%～12%	多种矿物质，58% 的蛋白质，19% 的脂肪，无问题浓度的有毒物质（As、Pb、Hg 和 Cd）的检测，废料消化率随温度的降低而降低	猪日粮中的饲料替代蛋白质	Esteban 等，2007
虾头废弃物	不同温度下的石灰处理（75℃、100℃，125℃）和石灰/虾比例（0、0. 05、0. 1、0. 2g $Ca(OH)_2$/g 干虾）	20% 的灰分，10. 3% 的 TKN（对应于 64% 的粗蛋白和几丁质），18% 的脂质和其他化合物，氨基酸降解很少	（1）富含蛋白质的物料可用作单胃动物饲料的补充。 （2）残留固体富含碳酸钙和几丁质可用于生成几丁质和壳聚糖	Coward-Kelly 等，2006
生鱼油	在有或没有两种催化剂（氧化铁和磷酸钙一元）的存在下进行过滤预处理，并在室温下分别进行臭氧处理［5g/h，16g/m^3（约 8000 ×10^{-6}）］臭氧处理 1h 和 30min	与商用柴油相比，HHV（44789kJ/kg）几乎相同，闪点和倾点更低（分别为 37℃和 -16℃），不产生硫氧化物，降低或没有烟灰，多芳烃和二氧化碳排放	运输用生物柴油	Kato 等，2004

续表

使用的底物	处理方法	理化特性	最终产品/用途	参考
鲑鱼孵化产生的污泥	在35℃和55~60d的水力停留时间（HRT）下在连续搅拌釜反应器（CSTR）中进行中温厌氧处理	（1）处理过的污泥的特性 32%的氮，8.5%的磷，低钾含量，可接受的重金属浓度（锌除外），高水平的挥发性脂肪酸（VFA）可能引起植物毒性，1t处理过的污泥的施肥值氮3.2~6.4kg和磷1.2~2.4kg，化学需氧量减少44.8%~53.5%。 （2）甲烷的产量为0.14~0.15L/g COD，每年产生的沼气净能量为100万只小鲑鱼产生 1.5×10^{11}~1.7×10^{11}J/年	（1）处理后的污泥可能引起植物毒性-特殊施用方法的要求。 （2）沼气可以满足流通式孵化场的2%~4%的能源需求。	Gebauer和Eikebrokk，2006
虾废料（头和甲壳）	在不同的提取条件下，使用不同的有机溶剂和溶剂混合物提取类胡萝卜素	当用IPA和己烷的混合物提取类胡萝卜素，然后是IPA（40.8μg/g）和丙酮（40.6μg/g）提取类胡萝卜素时，获得最高的类胡萝卜素产量（43.9μg/g废料）。 用石油醚（12.1μg/g）和己烷（13.1μg/g）获得的最低类胡萝卜素产量	（1）从虾废料中回收的类胡萝卜素可代替水产养殖饲料配方中的合成类胡萝卜素。 （2）类胡萝卜素提取后的残留物可用于制备甲壳素/壳聚糖	Sachindra等，2006
鱼肌原纤维	虾头蛋白水解物（SHPH）的获得是参照Iwamoto等（1991）的方法稍作修改。鱼肌原纤维的制备是参照Nozaki等（1991）稍作修改Katoh等（1977）的方法	虾头蛋白水解物（SHPH）的特性：抑制脱水-通过水合水稳定作用引起的肌原纤维蛋白变性，降低钙ATP酶的钝化，并增加肌原纤维的单层吸附水、多层吸附水	用作食品添加剂来抑制肌原纤维蛋白变性并使中等水分食品保持水分	Ruttanapornvareesakul等，2005，2006
虾头	从虾废弃物中提取蛋白酶，纯化，溶于PBS（pH 7.4），加到生牛排中，10℃培养1h，在70℃下烹饪，冷却后在4℃下贮藏24h，然后进行剪切力分析	低温下高效过度降解肉类蛋白-能量最小化、温和热处理后的酶失活	满足工业需要——牛肉嫩化	Aoki等，2004

续表

使用的底物	处理方法	理化特性	最终产品/用途	参考
蜥蜴鱼糜	鱼废料(头、内脏、鳞、皮肤、尾鳍和骨头)根据 Iwamoto 等(1991)的方法稍作修改处理。将切碎的蜥蜴鱼肉与 5.0%(干重/湿重)鱼蛋白水解液(FPH)混合，水分调整为 82.0%，并在 -25℃ 下保持 180d	鱼蛋白水解液(FPH)的组成：肽(11.5% ~ 16.3%)和其他含氮化合物(82.3% ~ 85.8%)，高凝胶-成型能力、钙-ATP 酶活性、抑制未冻含水率的降低	作为冷冻保护剂来抑制蜥蜴鱼肌肉蛋白质在冷冻过程中的变性	Khan 等，2003
鱼皮、鱼骨和鳍	胶原蛋白分离	36% ~ 54% 的胶原蛋白回收率和鱼皮胶原蛋白的变性温度(25.0 ± 26.5)℃ 鱼骨胶原蛋白(29.5 ± 30.0)℃ 和鱼鳍胶原蛋白(28.0 ± 29.1)℃	用作哺乳动物胶原蛋白的替代品，化妆品和生物医学材料	Nagai 和 Suzuki，2000
鱼骨废料	预处理(脱除脂肪和灰分)，酶法处理，在 60℃ 和 pH 8.0 下于 200r/min 搅拌 60min，在 8000 ×g 下离心 10min，并在 105℃ 干燥 24h 后测量沉淀物的重量	胶原蛋白回收率达 50%，保水能力强，高抗自由基活性和氨基酸组成	(1)提取物　用作化妆品材料，能够修复粗糙的皮肤，没有任何异味，并且对皮肤没有有害影响。 (2)水解物　用作食品添加剂，具有降低高血压的潜力。 (3)预处理中的脂肪和无机材料　分别生产食用油和磷灰石钙。 (4)提取过程中产生的固体　用作肥料	Morimura 等，2002
鱼骨废料	对生鱼骨进行热处理，600℃ 处理 24h 或者 900℃ 处理 12h	更好的去除量和在 600℃ 时结晶良好的羟基磷灰石，生鱼骨有较低的活性和结晶度，在 900℃ 加热的骨样品显示出与生鱼骨相似的活性和更高度的羟基磷灰石结晶	铬固定化(在 600℃ 下处理)	Ozawa 等，2003

续表

使用的底物	处理方法	理化特性	最终产品/用途	参考
鱼鳞和废水	吸附实验使用干鱼鳞在无压力的情况下装在10~70cm长的聚乙烯柱中连接充满废水的储水池(室温下，5h)	虾青素与鱼鳞的结合率为88%~95%，在鱼鳞顶部25~35cm的悬浮液中具有最大负载能力(362mg/kg干重)，虾青素的滞留通过鱼鳞减缓流出达到90%~97%	海产业废水中的类胡萝卜素(虾青素)的天然吸附剂	Stepnowski等，2004
鱼厂废料	释放大量富氮鱼类废料	栽培海藻氮的重要来源(细基江蓠)	养鱼厂引进的脱氮技术	Anderson等，1999
虾	废水(虾加工过程中)通过反渗透膜回收	比饮用水质量更高	饮用水	Casani等，2006

资料来源：Arvanitoyannis 和 Kassaveti，2008。

表 11-5 各种鱼类加工的投入和产出

加工	投入		产出	
	鲜鱼或冷冻鱼/kg	能量/kwh	废水	固体废料/kg
白肉鱼片	1000	制冰：10~12 冻结：50~70 切片：5	5~11m^3 生物需氧量(BOD)35kg 化学需氧量(COD_5)50kg	鱼皮：40~50 鱼头：210~250 鱼骨：240~340
油质鱼片	1000	冰镇：10~12 冻结：50~70 切片：2~5	5~8m^3 生物需氧量(BOD)50kg 化学需氧量(COD_5)85kg 氮2.5kg 磷酸盐0.1~0.3kg	400~450
罐头	1000	150~190	15m^3 生物需氧量(BOD)52kg 化学需氧量(COD_5)116kg 氮3kg 磷酸盐0.1~0.4kg	鱼头/内脏：250 鱼骨：100~150
鱼粉和鱼油	1000	燃料：49L 电力：32	—	—
冻鱼解冻	1000	—	5m^3 化学需氧量(COD_5)1~7kg	—

续表

加工	投入		产出	
	鲜鱼或冷冻鱼/kg	能量/kwh	废水	固体废料/kg
除冰和清洗	1000	0.8~1.2	$5m^3$ 化学需氧量(COD_5)0.7~4.9kg	0~20
平整	1000	0.1~0.3	$0.3\sim0.4m^3$ 化学需氧量(COD_5)0.4~1.7kg	0~20
白肉鱼去鳞	1000	0.1~0.3	$10\sim15m^3$	鱼鳞：20~40
白肉鱼去头	1000	0.3~0.8	$1m^3$ 化学需氧量(COD_5)2~4kg	鱼头和碎渣：270~320
去头白肉鱼切片	1000	1.8	$1\sim3m^3$ 化学需氧量(COD_5)4~12kg	边角料：200~300
未去内脏油质鱼切片	1000	0.7~2.2	$1\sim2m^3$ 化学需氧量(COD_5)7~15kg	内脏、鱼尾、鱼头和边角料：400
白肉鱼去皮	1000	0.4~0.9	$0.2\sim0.6m^3$ 化学需氧量(COD_5)1.7~5.0kg	鱼皮：40
油质鱼去皮	1000	0.2~0.4	$0.2\sim0.9m^3$ 化学需氧量(COD_5)3.0~5.0kg	鱼皮：40
修整和切割白肉鱼	1000	0.3~3.0	$0.1m^3$	鱼骨和边角料：240~340
鱼片包装	1000	5.0~7.5	—	—
冻结和贮藏	1000	10.0~14.0	—	—
装罐鱼的卸货	1000	3.0	$2.0\sim5.0m^3$ 化学需氧量(COD_5)27.0~34.0kg	—
鱼的分选	1000	0.15	$0.2m^3$	0.30
装罐头	1000	0.4~1.5	$0.2\sim0.9m^3$ 化学需氧量(COD_5)7.0~15.0kg	鱼头和内脏：150 鱼骨和鱼肉：100~150
装罐鱼的预煮	1000	0.3~1.1	$0.07\sim0.27m^3$	不可食用部分：150
预煮鱼的装罐	1000	0.3	$0.1\sim0.2m^3$ 化学需氧量(COD_5)3.0~10.0kg	—
灌注调味料	1000	—	—	调味料和油的溢出：各异
密封罐头	1000	5.0~6.0	—	—
冲洗罐头	1000	7.0	$0.04m^3$	—
罐头灭菌	1000	230	$3.0\sim7.0m^3$	—

续表

加工	投入		产出	
	鲜鱼或冷冻鱼/kg	能量/kwh	废水	固体废料/kg
鱼的处理和贮藏	1000	10.0~12.0	化学需氧量（COD_5）130.0~140.0kg	—
鱼的卸货	1000	3.0	化学需氧量（COD_5）27.0~34.0kg	—
鱼的烹制	1000	90.0	—	—
压榨熟鱼	1000	—	750kg 水 150kg 油	滤饼：100kg 干物质
干燥滤饼	1000	340.0	—	—
鱼油精炼	1000	热水	0.05~0.1m^3 化学需氧量（COD_5）5kg	—
鱼胶蒸发	1000	475.0	—	浓缩鱼胶：250 干物质：50

资料来源：Arvanitoyannis 和 Kassaveti，2008。

参考文献

Aidos，I.，Van der Padt，A.，Boom，R. M. and Luten，J. B.（2001）. Upgrading of maatjes herring byproducts：production of crude fish oil. *Food Chemistry*，49，3697–3704.

Aidos，I.，Vis–Smit，R. S.，Veldman，M. *et al.*（2003）. Chemical and sensory evaluation of crude oil extracted from herring by–products from different processing operations. *Food Chemistry*，51，1897–1903.

Ali，N.，Mohammad，A. W.，Jusoh，A. *et al.*（2005）. Treatment of aquaculture wastewater using ultra–low pressure asymmetric polyethersulfone（PES）membrane. *Desalination*，185，317–326.

Anderson，R. J.，Smit，A. J. and Levitt，G. J.（1999）. Upwelling and fish–factory waste as nitrogen sources for suspended cultivation of *Gracilaria gracilis* in Saldanha Bay，South Africa. *Hydrobiologia*，398/399，455–462.

Aoki，H.，Ahsan，Md. N.，Matsuo，K.，Hagiwara，T. and Watabe，S.（2004）. Partial purification of proteases that are generated by processing of the Northern shrimp *Pandalus borealis* and which can tenderize beef. *International Journal of Food Science and Technology*，39，471–480.

Arvanitoyannis，I.，Kolokuris，I.，Nakayama，A.，Yamamoto，N. and Aiba，S.（1997）. Physico–chemical studies of chitosan–poly（vinyl alcohol）blends plasticized with sorbitol and sucrose. *Carbohydrate Polymers*，34（1/2），9–19.

Arvanitoyannis，I.，Nakayama，A. and Aiba，S.（1998）. Chitosan and gelatin based edible films：state diagrams，mechanical and permeation properties. *Carbohydrate Polymers*，37，371–382.

Arvanitoyannis，I. S. and Kassaveti，A.（2008）. Treated waste fish：environmental treatment，current and potential uses. *International Journal of Food Science and Technology*，43，726–745.

Barnhart, R. A. (1969). Effects of certain variables on hematological characteristics of rainbow trout. *Transactions of the American Fisheries Society*, 98, 411-418.

Buryniuk, M., Petrell, R. J., Baldwin, S. and Lo, K. V. (2006). Accumulation and natural disin-tegration of solid wastes caught on a screen suspended below a fish farm cage. *Aquacultural Engineering*, 35 (1), 18-90.

Casani, S., Leth, T. and Knochel, S. (2006). Water reuse in a shrimp processing line: safety considerations using a HACCP approach. *Food Control*, 17, 540-550.

Cattaneo-Vietti, R., Benatti, U., Cerrano, C. *et al.* (2003). A marine biological underwater depuration system (MUDS) to process waste waters. *Biomolecular Engineering*, 20, 291-298.

Coello, N., Montiel, E., Concepcion, M. and Christen, P. (2002). Optimisation of a culture medium containing fish silage for L-lysine production by *Corynebacterium glutamicum*. *Bioresource Technology*, 85, 207-211.

Coward-Kelly, G., Agbogbo, F. K. and Holtzapple, M. T. (2006). Lime treatment of shrimp head waste for the generation of highly digestible animal feed. *Bioresource Technology*, 97, 1515-1520.

Diniz, F. M. and Martin A. M. (1996). Use of response surface methodology to describe the combined effects of pH, temperature and E/S ratio on the hydrolysis of dogfish (*Squalus acanthias*) muscle. *International Journal of Food Science and Technology*, 31, 419-426.

Eiroa, M., Costa, J. C., Alves, M. M., Kennes, C. and Veiga, M. C. (2012). Evaluation of the biomethane potential of solid fish waste. *Waste Management*, 32, 1347-1352.

El-Beltagy, A. E., El-Adawy, T. A., Rahma, E. H. and El-Bedawey, A. A. (2005). Purification and characterisation of an alkaline protease from the viscera of bolti fish (*Tilapia nilotica*). *Journal of Food Biochemistry*, 29, 445-458.

El-Fadel, M., Findikakis A. N. and Leckie, J. O. (1997). Environmental Impacts of Solid Waste Landfilling. *Journal of Environmental Management*, 50, 1-25

Eleftheriou, A. and Eleftheriou, M. (2001). Legal and regulatory background to best environ-mental practice, in *The Implications of Directives, Conventions and Codes of Practice on the Monitoring and Regulation of MarineAquaculture in Europe* (eds P. A. Read, T. F. Fernandes, K. L. Miller, *et al.*), Proceedings of the Second MARAQUA Workshop, 20-22 March 2000, Institute of Marine Biology, Crete, Scottish Executive, Aberdeen, UK, pp. 75-83.

EPA (1992). *Guides to Pollution Prevention: The Metal Finishing Industry*, Office of Research and Development, Washington, DC.

Esteban, M. B., Garcia, A. J., Ramos, P. and Marquez, M. C. (2007). Evaluation of fruit-vegetable and fish wastes as alternative feedstuffs in pig diets. *Waste Management*, 27 (2), 193-200.

Fahim, F. A., Fleita, D. H., Ibrahim, A. M. and El-Dars, F. M. S (2001). Evaluation of some methods for fish canning wastewater treatment. *Water, Air, and Soil Pollution*, 127, 205-226.

FAO (2002). *FAO Fisheries Statistical Yearbook* 2002, Food and Agricultural Organization of the United Nations, Rome.

Gao, M.-T., Hirata, M., Toorisaka, E. and Hano, T. (2006). Acid-hydrolysis of fish wastes for lactic acid fermentation. *Bioresource Technology*, 97 (18), 2414-2420.

Gebauer, R. and Eikebrokk, B. (2006). Mesophilic anaerobic treatment of sludge from salmon smolt hatching. *Bioresource Technology*, 97 (18), 2389-2401.

Gowen, R. J. (1991). Aquaculture and the environment, in *Aquaculture and the Environment* (eds N. DePauw and J. Joyce), European Aquaculture Society Special Publications No. 16, Ghent, Belgium, pp. 30-38.

Guerard, F., Dufosse, L., De La Broise, D. and Binet, A. (2001). Enzymatic hydrolysis of proteins from yellow fin tuna (*Thunnus albacares*) wastes using Alcalase. *Journal of Molecular Catalysis B: Enzymatic*, 11, 1051-1059.

Guerdat, T. C., Losordo, T. M., Classen, J. J., Osborne, J. A. and DeLong, D. (2011). Evaluating the effects of organic carbon on biological filtration performance in a large scale recirculating aquaculture system. *Aquaculture Engineering*, 44, 10-18.

Harlan, K. G. (2006). Emerging processes in biosolids treatment, 2005. *Journal of Environmental Engineering and Science*, 5 (3).

Hospido, A., Vazquez, M. E., Cuevas, A., Feijoo, G. and Moreira, M. T. (2006). Environmental assessment of canned tuna manufacture with a life-cycle perspective. *Resources, Conservation and Recycling*, 47, 56-72.

Hossain, Md. A., Ishihara, T., Hara, K., Osatomi, K., Khan, MD. A. A. and Nozaki, Y. (2003). Effect of proteolytic squid protein hydrolysate on the state of water and dehydration-induced denaturation of lizard fish myofibrillar protein. *Journal of Agricultural and Food Chemistry*, 51, 4769-4774.

Iwamoto, M., Fujiwara, R. and Yokoyama, M. (1991). Immunological effects of BM-2, an enzymatic digestive extract of chub markerel. *Journal of Japan Society for Cancer Therapy*, 26, 936-947.

Jayasinghe, P. and Hawboldt, K. (2012). A review of bio-oils from waste biomass: focus on fish processing waste. *Renewable and Sustainable Energy Reviews*, 16 (1), 798-821.

Kato, S., Kunisawa, N., Kojima, T., and Murakami, S. (2004). Evaluation of ozone treated fish waste oil as a fuel for transportation. *Journal of Chemical Engineering of Japan*, 37 (7), 863-870.

Katoh, N., Uchiyama, H., Tsukamoto, S. and Arai, K. (1977). A biochemical study on fish myofibrillar ATPase. *Nippon Suisan Gakkaishi*, 43, 857-867.

Khan, M. A. A., Hossain, M. A. A., Hara, K. *et al.* (2003). Effect of enzymatic fish-scrap protein hydrolysate on gel-forming ability and denaturation of lizard fish *Saurida wanieso* surimi during frozen storage. *Fisheries Science*, 69, 1271-1280.

Kotzamanis, Y. P., Alexis, M. N., Andriopoulou, A., Castritsi-Cathariou, I. and Fotis, G. (2001). Utilisation of waste material resulting from trout processing in gilthead bream (*Sparus aurata* L.) diets. *Aquaculture Research*, 32 (Suppl. 1), 288-295.

Kristinsson, H. G. and Rasco, B. A. (2000). Fish protein hydrolysates: production, biochemical and functional properties. *CRC Critical Reviews in Food Science and Nutrition*, 40 (1), 43-81.

Laos, F., Mazzarino, M. J., Walker, I. *et al.* (2002). Composting of fish offal and biosolids in northwestern Patagonia. *Bioresource Technology*, 81, 179-186.

Larsen, T., Thilsted, S. H., Kongsback K. and Hanse, M. (2000). Whole small fish as a rich calcium source. *British Journal of Nutrition*, 83, 191-196.

Laufenberg, G., Kunz, B. and Nystroem, M. (2003). Transformation of vegetable waste into value added products. *Bioresource Technology*, 87, 167-198.

LENNTECH (2012). Water treatment solutions. http://www.lenntech.com/Pre-fermer.htm [accessed 3 June 2013].

Lupatsch, I., Katz, T., and Angel, D. L. (2003). Assessment of the removal efficiency of fish farm effluents by grey mullets: a nutritional approach. *Aquaculture Research*, 34, 1367-1377.

MacMillan, J. R., Huddleston, T., Woolley, M. and Fothergill, K. (2003). Best management practice development to minimize environmental impact from large flow-through trout farms. *Aquaculture*, 226, 91-99.

Marinho-Soriano, E., Azevedo, C. A. A., Trigueiro, T. G. *et al.* (2011). Bioremediation of aquaculture wastewater using macroalgae and *Artemia*. *International Biodeterioration and Biodegradation*, 65 (1), 253-257.

Martin, A. M. (1999). A low-energy process for the conversion of fisheries waste biomass. *Renewable Energy*, 16, 1102-1105.

Martone, C. B., Perez Borla, O. and Sanchez, J. J. (2005). Fishery by-product as a nutrient source for bacteria and archaea growth media. *Bioresource Technology*, 96, 383-387.

Medrzycka, K. and Tomczak-Wandzel, R. (2005). The utilization of sludge generated in coagulation of fish processing wastewater for liquid feed production. *Environmental Science Research*, 59, 215-221.

Midlen, A., and Redding, T. (1998). *Environmental Management for Aquaculture*. Chapman and Hall, London, 223 pp.

Miller, D. and Semmens, K. (2002). Waste management in aquaculture. *Aquaculture Infor-mation Series*, AQ02-1.

Morimura, S., Nagata, H., Uemura, Y. *et al.* (2002). Development of an effective process for utilisation of collagen from livestock and fish waste. *Process Biochemistry*, 37, 1403-1412.

Mshandete, A., Kivaisi, A., Rubindamayugi, M. and Mattiasson, B. (2004). Anaerobic batch co-digestion of sisal pulp and fish wastes. *Bioresource Technology*, 95, 19-24.

Myer, R. O., Brendemuhl, J. H. and Johnson, D. D. (1999). Evaluation of dehydrated restaurant food waste products as feedstuffs for finishing pigs. *Journal of Animal Science*, 77, 685-692.

Nagai, T. and Suzuki, N. (2000). Isolation of collagen from fish waste material-skin, bone and fin. *Food Chemistry*, 68, 277-281.

Nges, I. A., Mbatia, B. and Björnsson, L. (2012). Improved utilization of fish waste by anaerobic digestion following omega-3 fatty acids extraction. *Journal of Environmental Management*, 110, 159-165.

Nozaki, Y., Ichikawa, H. and Tabata, Y. (1991). Effect of amino acid on the state of water and ATPase activity accompanying dehydration of fish myofibrils. *Nippon Suisan Gakkaishi*, 57, 1531-1537.

OAERRE (2001). Oceanographic Applications to Eutrophication in Regions of Restricted Exchange [On-line]. http://www.wise-rtd.info/en/info/oceanographic-applications-eutrophication-regions-restricted-exchange-0 [accessed 3 June 2013].

Ozawa, M., Satake, K. and Suzuki, R. (2003). Removal of aqueous chromium by fish bone waste originated hydroxyapatite. *Journal of Materials Science Letters*, 22, 513-514.

Paniagua-Michel, J. and Garcia, O. (2003). Ex-situ bioremediation of shrimp culture effluent using constructed microbial mats. *Aquacultural Engineering*, 28, 131-139.

Payraudeau, S. and Van der Werf, H. M. G. (2005). Environmental impact assessment for a farming region: a review of methods. *Agriculture, Ecosystems and Environment*, 107, 1-19.

Perea, A., Ugalde, U., Rodriguez, I. and Serra, J. L. (1993). Preparation and characterisation of whey protein hydrolysates: application in industrial whey bioconversion processes. *Enzyme Microbial Technology*, 15, 418-423.

Pillay, T. V. R. (1991). *Aquaculture and the Environment*, Blackwell Scientific, London, pp. 26-45.

Quitain, A. T., Sato, N., Daimon, H. and Fujie, K. (2001). Production of valuable materials by hydrothermal treatment of shrimp shells. *Industrial and Engineering Chemistry Research*, 40, 5885-5888.

Read, P. and Fernandes, T. (2003). Management of environmental impacts of marine aquacul-ture in

Europe. *Aquaculture*, 226, 139-163.

Ruttanapornvareesakul, Y., Ikeda, M., Hara, K. *et al.* (2005). Effect of shrimp head protein hydrolysates on the state of water and denaturation of fish myofibrils during dehydration. *Fisheries Science*, 71, 220-228.

Ruttanapornvareesakul, Y., Ikeda, M., Hara, K. *et al.* (2006). Concentration-dependent suppressive effect of shrimp head protein hydrolysate on dehydration-induced denaturation of lizardfish myofibrils. *Bioresource Technology*, 97, 762-769.

Sachindra, N. M., Bhaskar, N. and Mahendrakar, N. S. (2006). Recovery of carotenoids from shrimp waste in organic solvents. *Waste Management*, 26 (10), 1092-1098.

Samuels, W. A., Fontenot, J. P., Allen, V. G. and Abazinge, M. D. (1991). Seafood processing wastes ensiled with straw: utilisation and intake by sheep. *Journal of Animal Science*, 69, 4983-4992.

Sasikumar, C. S. and Papinazath, T. (2003). Environmental Management: - Bioremediation of Polluted Environment, in (eds J. Martin, V. Bunch, M. Suresh and T. Vasantha Kumaran), Proceedings of the Third International Conference on Environment and Health, Chennai, India, 15 - 17 December 2003. Department of Geography, University of Madras, Chennai and Faculty of Environmental Studies, York University, p. 465-469. http://www.yorku.ca/bunchmj/ICEH/proceedings/Sasikumar_CS_ICEH_papers_465to469.pdf search=%22bioremediation%20%20disadvantages%22 [accessed 15 June 2013].

Shih, I.-L., Chenb, L.-G., Yu, T.-S., Changb, W.-T. and Wang, S.-L. (2003). Microbial reclamation of fish processing wastes for the production of fish sauce. *Enzyme and Microbial Technology*, 33, 154-162.

Stepnowski, P., Olafsson, G., Helgason, H. and Jastor, B. (2004). Recovery of astaxanthin from seafood wastewater utilizing fish scales waste. *Chemosphere*, 54, 413-417.

Stewart, N. T, . Boardman, G. D. and Helfrich, L. A. (2006). Treatment of rainbow trout (*Oncorhynchus mykiss*) raceway effluent using baffled sedimentation and artificial substrates. *Aquacultural Engineering*, 35 (2), 166-178.

Suzuki, T. (1981). *Fish and Krill Protein: Processing Technology*, Applied Science, London.

Thassitou, P. K. and Arvanitoyannis, I. S. (2001). Bioremediation: a novel approach to food waste management. *Trends in Food Science and Technology*, 12, 185-196.

United Nations Environment Programme (2005). Solid waste management. http://www.unep.org/ietc/InformationResources/Publications/SolidWasteManagementPublication/tabid/79356/Default.aspx [accessed 3 June 2013].

Uresti, R. M., Tellez-Luis, S. J., Ramirez, J. A. and Vazquez, M. (2001). Use of dairy proteins and microbial transglutaminase to obtain low-salt. sh products from filleting waste from silver carp (*Hypophthalmichthys molitrix*). *Process Biochemistry*, 36, 809-812.

van Biesen, G. and Parrish, C. C. (2005). Long-chain monounsaturated fatty acids as biomarkers for the dispersal of organic waste from a fish enclosure. *Marine Environmental Research*, 60, 375-388.

Vidali, M. (2001). Bioremedation. An overview. *Pure Appli. Chem.*, 73 (7), 1163 - 1172 http://www.iupac.org/publications/pac/2001/pdf/7307x1163.pdf search=%22bioremediation %20advantages%22 [accessed 15 June 2013].

Vidotti, R. M., Viegas, E. M. M., Dalton, V. and Carneiro, D. J. (2003). Amino acid composition of processed fish silage using different raw materials. *Animal Feed Science and Technology*, 105, 199-204.

Westendorf, M. L. (2000). Food waste as animal feed: an introduction, in: *Food Waste to Animal Feed*, (ed. M. L. Westendorf), Iowa State University Press, Ames, pp. 3-16, 69-90.

Westendorf, M. L., Dong, Z. C. and Schoknecht, P. A. (1998). Recycled cafeteria food waste as a feed for swine: nutrient content digestibility, growth, and meat quality. *Journal of Animal Science*, 76, 2976-2983.

Yamamoto, M., Saleh, F., Ohtsuka, A. and Hayashi, K. (2005). New fermentation technique to process fish waste. *Animal Science Journal*, 76, 245-248.

Yoshida, H., Takahashi, Y. and Terashima, M. (2003). A simplified reaction model for production of oil, amino acids, and organic acids from fish meat by hydrolysis under sub - critical and supercritical conditions. *Journal of Chemical Engineering of Japan*, 4, 441-448.

Yoshida, H., Terashima, M. and Takahashi, Y. (1999). Production of organic acids and amino acids from fish meat by sub-critical water hydrolysis. *Department of Chemical Engineering*, 15, 1090-1094.

电子资源

http://www.fao.org/DOCREP/003/V9922E/V9922E05.htm (accessed 2012, 12 December)

http://www.epa.gov/ttn/chief/ap42/ch09/fial/c9s13-1.pdf (accessed 2012, 12 December)

12 鱼类加工设施——可持续运营

George M. Hall[1]，Sevim Köse

[1]*University of Central Lancashire*，*Centre for Sustainable Development*，

Preston，*Lancashire*，*UK*

[2]*Department of Fisheries Technology Engineering*，*Faculty of Marine Sciences*，

Karadeniz Technical University，*Trabzon*，*Turkey*

12.1 引言

所有主要的鱼类加工技术在前面的章节已进行了介绍，因此，本章将集中讨论该行业的可持续性问题。在可持续发展的背景下，对这些技术进行了限定说明。通过交叉引用各个单独的章节将使读者对此处讨论的每个过程和可持续性参数有更深入的了解。

12.1.1 定义可持续性

当前使用的可持续性概念可以追溯到1972年的联合国人类环境会议（“斯德哥尔摩会议”），该会议认识到诸如温室气体排放和臭氧层消耗等环境问题。随后，联合国成立了布伦特兰委员会，以研究全球不平等和资源再分配问题（世界环境与发展委员会，1987）。《我们共同的未来》报告建议，经济增长应与社会平等和环境保护挂钩，并将世界人口的可持续水平作为实现这些目标需要解决的问题。可持续发展的定义是：既能满足当代人的需要，又不对后代人满足其需要的资源构成危害的发展。

报告指出，夸大早先提出的三项原则之一将无法实现可持续性。这些相互竞争要素之间的平衡被认为是“三重底线”（TBL），尽管关于它的诚意和实用性存在许多争议，但是，在“企业社会责任”（CSR）的精神下，企业将“三重底线”作为使其活动合法化的一种手段。1992年，联合国在里约热内卢举行了“联合国环境与发展会议”（“里约热内卢峰会”），报告了针对气候变化，以及由发达国家提出的环境保护与发展中国家对社会和经济进步的愿望之间的紧张关系等新威胁的发展与应对。会议提出了一项宣言，“发展的权利必须得到保障，以便公平地满足今世后代的发展和环境需要”。

在此不可能详细讨论更广泛的可持续性问题，但是在鱼类加工中定义一些具体的可持续性标准是必要的。

12.1.2 可持续性标准

鱼类加工技术主要涉及以下四个共同的可持续发展主题。

（1）能源消耗　用于驱动机械、制冰、制冷、冷冻、制汽、罐装、熏制、烘干/脱水。减少能源消耗将节约矿物燃料以及减少温室气体排放，将废物转化为能源将取代传统能源。

此处不包括运输消耗的能源，由于这已涉及对运输问题的一般性争议。

（2）耗水量 工厂周围鱼的运输，解冻、清洗、清洁原料与产品，清洗工厂和设备都需要消耗水。在适当和安全的情况下，用海水代替淡水，计量和控制使用，以及废水的再利用，都可减少这一过程中的“水足迹”。

（3）废水控制 排放物是大量稀释的含有如油和蛋白质的污染有机物溶液或悬浮固体。有效地收集废水将减少污染以及回收副产物的需求。

（4）副产品开发 鱼的可食用部分占捕获重量的45%左右，因此可以将剩余的原材料生产为增值副产品，如鱼粉和鱼油。废水（或内脏）中的油脂和蛋白质分别具有作为生物柴油和酶的潜力。开发供人类直接食用的鱼类产品永远是第一位的，但开发副产品的潜力也必须加以发掘。

本章在讨论主要的鱼类加工过程时，将对这四个领域予以强调。

12.1.3 气候变化

气候变化将对渔业产生有害和有益的影响。目前用于解决鱼类管理问题的科学监测系统非常适合跟踪气候变化对渔业的影响，如“厄尔尼诺”事件（FAO，2009）。应该对这种专业知识进行调整，以应对气候变化及其对渔业的影响带来的不确定性。气候变化的影响可能包括：

- 暖水物种向两极移动。
- 随着低纬度地区（热带/亚热带水域）生产力降低和高纬度地区生产力提高，栖息地规模和生产力发生变化。
- 鱼类生理和季节性的变化可能影响其生殖周期、迁徙运动模式、身体组成以及疾病的传播和对疾病的抵抗力。
- 洪水、干旱、风暴和“厄尔尼诺”等极端事件将会增多。
- 海平面上升、冰川融化、海洋酸化以及降雨模式变化等物理变化，将影响珊瑚礁、河口和湖泊等各种水生栖息地。

受影响的主要是依赖于特定水况（如珊瑚礁或上游）的渔业，河口渔业则会受到海平面上升和盐分入侵的影响，且大多数低洼的沿海和岛屿地区都容易受到极端事件的影响。水产养殖集中在亚洲，那里的水产系统将受到水温上升和洪水或干旱的影响，而非洲和拉丁美洲水产养殖增加的前景将取决于其对新趋势的适应。

气候变化将带来新的机遇，比如可以获得在更高的水温和盐度下生长旺盛的新鱼种，或者为缓冲新的降雨模式而修建的像水坝一样的“新”水域［世界银行（Word Bank），2009］。鱼类加工需要解决燃料、能源和加工效率问题，以减少其对气候变化的负面影响。

12.2 评估工具

12.2.1 碳足迹

碳足迹（CF）检测贯穿产品制造的原材料采购、加工、包装、配送和废弃物处理等过程中相关温室气体的排放。与主要过程或活动相关的温室气体排放是“直接排放”，与其上、下游活动相关的温室气体排放是“间接排放”。温室气体一词可定义为二氧化碳或其他气体的二氧化碳当量。有时很难将一项活动或过程转换为温室气体单位，而且转换因素并不统一。Wiedmann 和 Minx（2007）提出了几个 CF 的定义，如下：

CF 是由一项活动直接或间接导致的，或在产品的生命周期中累积的全部二氧化碳排放量的排他性指标。

CF 可以根据包含核心活动和外围活动的多少而变化，例如供应商对主要制造商的活动，甚至是与消费者旅行购买商品相关的温室气体排放。这是一个有争议的问题，因为 CF 的计算很复杂，有足够的空间误导不知情的公众。

渔业部门对原材料供应、加工方法和运输/贮藏的排放量进行了估计，但各部分（捕捞或水产养殖）和加工方法之间存在显著差异（FAO，2009）。在捕捞渔业中，燃料效率与温室气体排放、使用的燃料和捕捞的重量有关。而对于水产养殖，能源消耗必须包括生产饲料所需的能源，且养殖虾和食肉鱼类的能源消耗高于杂食动物、软体动物、双壳类和藻类。据估计，这些群体的食用蛋白能量输出与工业能量输入的比值分别为 1.4% 至 100% 不等。鱼品贸易的国际性还对空运产生了影响，因为在捕捞点 400km 之内每空运 1kg 鱼类，可能排放 8.5kg 二氧化碳，这是海运的 3.5 倍和陆地运输的 90 倍（FAO，2009）。减少温室气体排放的措施可以带来新产品和新的当地市场，或推动更加可持续的原材料供应、加工、运输和储存选择。

碳标签（CL）是可使消费者从包装中判断产品的绿色认证。CL 的形式及其确定方法可以有不同的解释，目前还没有国际编码或审查依据。生态标签制度根据 FAO 的准则应用于渔业部门，旨在通过基于消费者对环保产品的市场需求，驱动渔业做法改进（FAO，2005）。生态标签适用于具有较低环境影响的产品（如“按照海豚安全标准捕捞的金枪鱼”，从可持续渔业中或使用选择性渔具或有机水产养殖中捕捞的鱼）。这些标签包括生产者的自我认证，生产者贸易组织或独立计划的认证。后者包括英国的海洋管理委员会（MSC）和美国的海洋水族馆理事会（MAC）[国际贸易与可持续发展中心（ICTSD）2006]。尽管生态标签的有效性尚未得到证实，但是发达经济体已经开始推动生态标签，且企业将其作为产品的营销工具（ICTSD，2006）。Iles（2007）认为，海鲜生产者对于只认识产品知名零售商的消费者来说是无形的。因此，消费者对生产者的压力要比生产链的压力小。现在，对符合道德标准的鱼产品的需求也包括加工所使用的方法，这些方法在环境和社会影响方面应该同样合乎道德标准（FAO，2009 年）。Thrane 等（2009）讨论了野生海产品使用生态标签的问题，并提出了生命周期评估（LCA）。研究表明，对环境产生重大影响的原因是着陆后的操作过程，如加工、运输、冷却和包装。LCA 中应包括反映这些着陆后操作的标准，并着重强调能源/水消耗，以及材料和废物处理的标准。

12.2.2 生命周期评估

生命周期评估（LCA）是对给定产品、过程或服务的所有环境影响的调查和评估（图 12.1）。LCA 的早期定义是：

评估产品在其整个生命周期内对环境影响的过程，包括：提取和加工；制造；运输和分销；使用、再利用及维护；回收及最终处理。

[联合国环境规划署（UNEP），1996]

一个 LCA 过程可以是宽泛的或狭窄的，一个完整的 LCA 是“从摇篮到坟墓”，包括从原材料到处理的所有活动，并且可以适用于特定元素，如能源、水、包装和原材料。基于国际标准组织的 14040 系列（ISO，2006），LCA 过程可分为四项活动（图 12.2）。

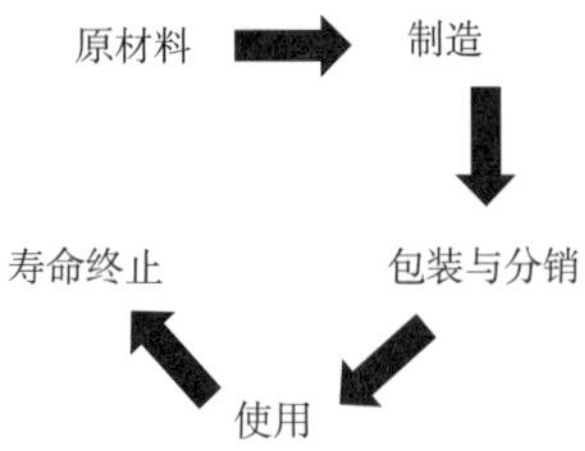

图 12.1 生命周期评估：从摇篮到坟墓

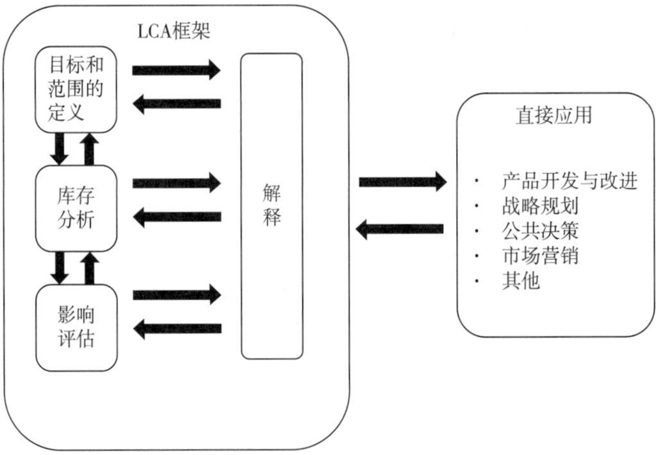

图 12.2 LCA 中的阶段（ISO， 2006 之后）

资料来源：Hall，2010。经 John Wiley & Sons 许可转载。

第 1 阶段——目标和范围：确定 LCA 的目的以及包括哪些方面（范围）。范围定义将系统边界概括为四个阶段：

①预制造；②制造；③包装和分销；④使用和寿命终止。所有阶段都是“从摇篮到坟墓”的一部分，而“从摇篮到工厂大门”只包括前两个阶段。环境影响对可持续性很重要，能源和水的使用以及废水的处理也很重要。

如果加工厂生产的产品不止一种，则必须通过以下方式对影响进行分配：根据产品的质量或经济价值进行系统分配，或（通过 ISO 14040 系列优选）系统扩展，将其中的副产品视为其他产品的替代品，并且在计算对主要流程的影响时会考虑这种替代作用。两种方法可能给出不同的结果。

第 2 阶段——库存分析：耗时的数据收集阶段，包括所有被选择用于评估的输入（如能源、水和原料）、输出（产品）和排放（空气、水、土壤和固体）。准确、相关的信息是必不可少的，且这些信息必须能够直接获得或从诸如水费、煤气费和电费等二级数据中得出。生产体系分为单位过程、批生产或年生产处理，从而以最有意义的数字很好地定义体系——功能单元。

第3阶段——生命周期影响分析：库存分析信息被处理并将其分配给具有适当单位的环境影响类别，这些单位应该符合诸如ISO 14000系列之类的标准或特定过程的标准。六种常见的环境影响类别为：

- 全球变暖主要是燃烧矿物燃料，以二氧化碳当量表示。
- 主要由燃烧发电、取暖和运输造成的酸化会影响水域、森林，有时还会对建筑造成影响，以二氧化硫当量表示。
- 化肥氮的流失导致的富营养化会导致藻类大量繁殖、缺氧和鱼类死亡，以硝酸盐当量表示。
- 由合成卤代烃、氯氟烃和氢氯氟烃（CFCs、HCFCs）引起的臭氧损耗。
- 产品生产中的土地使用，以 hm^2/年或 hm^2/m^2 计。
- 由未燃烧的汽油、柴油和有机溶剂产生的挥发性有机化合物（VOC）产生的光化学烟雾，会引起呼吸系统问题并降低农业产量，以乙烷当量表示。

这些类别并非排他性的，对于某些应用来说，能源、水和废水类别可以简化，也可以制定工艺规范。分类后，应使用等效系数将排放量转换为该类别的参考单位。对于CF，清单项目等同于温室气体排放量与其他气体（如甲烷）的二氧化碳当量。敏感性的检查将确定库存数据的准确性，而标准化过程将把相关数据与参考系统（如现有流程）进行比较。最后，库存数据可以根据最重要的环境影响进行加权。加权标准同样是有争议性的。加权标准的建立应以专家小组的判断、财务考虑和公司或政府设定的目标作为基础。

第4阶段——生命周期解释：将影响分析的结果与最初的目标和范围进行比较。这种分析可以持续进行，以确保生命周期评价确实实现了目标，且范围正确。这种解释数据的迭代方法可以在必要时逐步改进和/或更改目标和范围。最终解释应表明数据的完整性、分析的适当性并得出结论，从而为改进过程提出建议。生命周期评价的这四个核心元素可在提供了通用类别和转换因子的软件包中找到，而影响评估模型和国际合作已经引起更大程度的统一和方法的整合（Finkbeiner等，2006）。长期以来，可持续性对渔业的重要性已得到公认，这也是早期使用生命周期评价来调查问题的原因（Ziegler，2003）。近年来，社会生命周期评价（S-LCA）的概念已经发展到考虑一个系统对人们生活的影响——这是原始环境生命周期评价（E-LCA）的显著扩展（Benoit等，2010）。

图12.3描述了一种“从门（加工厂）到成品”的方法，而忽略了原材料供应和加工厂外的产品，是一个简化的生命周期评价（Graedel，1998）。该图虽然有局限性，但确实集中在鱼类加工厂本身，可分为三个要素：

- 由边界定义的位于系统之前和系统之后的其他系统。个体加工作业位于系统边界内，而鱼类捕捞和水产养殖则位于其前，分销、零售和处置和/或回收利用位于其后。
- 元素流代表进出系统的材料，如能量、水等。仅就鱼类加工的可持续性评估而言，这些元素流在与其他系统相关时会停留在系统边界处，例如，用于捕捞鱼类的燃料能源不包括在系统内。
- 绘制了系统边界，边界内包括了预处理操作、过程本身（如罐装、冷冻）和生产废料。在前面章节中描述的所有过程都可以纳入系统边界。生产废料可在其他鱼类产品或副产品中循环利用，或直接通过厌氧消化和生物柴油技术产生能源用于生产过程或运输。

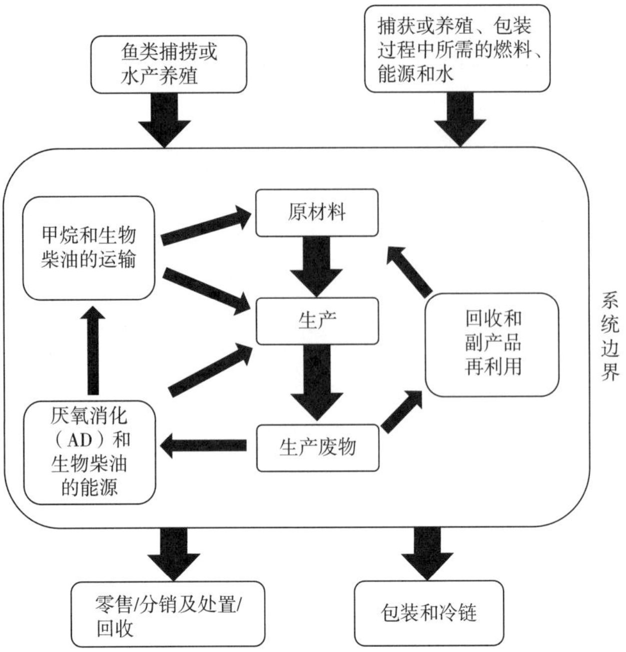

图 12.3 鱼类加工作业的系统边界

资料来源：Hall，2010。经 John Wiley&Sons 许可转载。

学者已经研究了产品生命周期分析对海鲜生产系统的影响类别（Pelletier 等，2007），系统研究了已发表的海鲜生产产品生命周期分析和转移到海鲜生产中的农业生产的产品生命周期分析。已经确定的影响类别经常被使用，同时使用了特定于渔业和海鲜加工的影响因素。对社会经济的影响没有被考虑，对鱼类加工本身的影响也很小，但是讨论了对能源的影响。鉴于冰岛、挪威、瑞典和丹麦渔业部门的重要性、发达的渔业研究以及政府对改善环境问题的支持，这些国家在发展低成本渔业方面处于领先地位。开放的存取数据库 LCAFood（www.LCAFood.dk）涵盖了一系列产品和流程（Mogensen 等，2009），以及基于供应链和功能单元的不同节点的引用值。产品生命周期分析在英国渔业方面用来调查捕捉、水产养殖、运输和加工处理对环境的影响，并且对缓解措施和良好的实践方案提出建议（Cappell 等，2007）。尽管他们表示，英国渔业部门几乎没有与渔业相关的产品生命周期分析。数据库和产品生命周期分析方案的数量正在增加，使数据的输入和分析迅速可靠。有了这些信息，鱼类（野生或养殖的）和陆生牲畜生产之间的现实比较成为可能（Ellingsen 和 Aanondsen，2006）。最近有研究对鱼类加工作业的产品生命周期分析进行了描述（Hall，2010）。

关于发展中国家鱼类加工的资料很少，熏制和腌制过程的信息极为稀少。但是在这个行业进行产品生命周期分析和供应链分析，以确定能源投入、可能的节约方法和收获后损失的来源，可能会为行业带来巨大的好处。

12.2.3 供应链

大公司利用对供应链的干预，可通过提高效率和生产力水平、产品开发和减少浪费来精简业务和获得商业利益。同样的方法也可以促进可持续性发展，但是当考虑到温室气体排放、产品生命周期分析或者成本和运费时，当前供应链上的操作需要进行改进才能对环境产生积极的影响。减少成本和运费的行为，如减少能源或水的使用，不仅能带来明显的经济效益的提升，还能促进良好的公共关系（企业社会责任和团队学习）。供应链方法必须在应用时顾全大局，而不是链上的每个公司只看自己对该项目的贡献。这种协调要求在供应链上的各种公司围绕中心业务展开协作，并为整个产品的确定节约成本。为消费者加工初级产品的食品工业是供应链方法的一个主要例子。与供应食物相关的排放可分为家庭能源消耗的直接排放（23%）、供应链的间接排放（69%）和交通运输的间接排放（8%）（Carbon Trust，2006）。因此，食品行业有一个庞大的供应链组成部分，这可能会产生巨大的可持续影响。鱼类加工强调贸易，特别是发展中国家对发达国家的贸易，可以成为有益的供应链干预的一个主要例子。Iles（2007）认为可以通过供应链方法使海鲜生产商更加负责，并提出了实现这一目标的方法：

- 识别和跟踪公司，消除它们的不可见性。
- 开展产品链活动，使企业相互影响。
- 建立机制以比较公司，来改善行业惯例。
- 制定跟踪消费、生产和管理变化的方法。
- 开发交互式的消费者工具，以便于消费者获得有关其购买习惯的反馈，这些反馈也可以反馈给生产者。

Thrane 等（2009）强调了供应链方法对生态标签的重要性，特别是鱼类加工对环境的影响。

12.3 操作流程

12.3.1 介绍

本节将描述主要的鱼类加工运营及其可持续性问题。如前所述，本节应与各个章节结合阅读，以全面理解可持续性问题。

12.3.2 预处理

预处理操作包括：原料卸料、解冻；洗涤和分级；剥皮、刮鳞、去头、去内脏、去鱼骨。这些操作存在严重的可持续性问题，因为它们涉及最复杂和最耗时的鱼类处理、部位分离和预煮过程。此过程包括驱动泵的能量、机械的能量以及热灌装和蒸汽产生的热量。运输物料、清洁设备和工厂以及盐水生产的用水量很高，并且存在由于污染而成为废水的问题。此外，需要从大量的稀溶液中实现副产物的回收，而认识到这些副产品的价值将有助于制定适当的副产品回收战略。这些操作对可持续性的影响适用于常见的鱼类加工过程。并且有一种观点认为，就可持续性而言，预处理本身几乎可以被单独称为“加工”。表 12.1 描述了预处理操作、特征和可持续性发展问题。

表 12.1 鱼类加工的预处理操作

工艺操作	特征	可持续性发展问题
卸载和解冻	从船舶到工厂 海水湿法输送 血液和黏液污染 解冻需要大量的水	计量水及截止阀 水的处理与雨利用 用干法转移 用温暖潮湿的空气解冻
清洗和分级	血液和黏液污染 游动鱼用水	计量水和截止阀 利用重力来运动
去皮和剥落	手动的或机械的 皮肤、鳞片和油脂污染	计量水和截止阀 机械系统锋利，设置正确 水再利用
去头	手动或机械 洗涤水污染负荷显著	计量水和干转移系统
切片	手动或机械 白鱼和富含脂肪的鱼不同 去除被污染的内脏水	计量水 机械系统锋利，设置正确 手动切片更准确灵活吗?

12.3.3 罐装

预处理之后，罐装涉及装罐/密封和蒸煮两个阶段（图 12.4）。装填罐头的过程取决于鱼的种类，特别是鱼的大小。盐渍等操作可赋予罐头风味，使其在蒸煮过程中保留质地，并且能够减少水的损失和污染的可能性。可持续性问题可通过校准酱油/盐水填充物，使用回收水冲洗掉溢出物来减少用水量。如果进行预煮，由于能量的损耗和内容物的溢出，会对可持续发展产生重大影响，引起污染负担和有价值产品的损失。排气和密封是蒸煮之前的最后操作。有三种方法可以实现良好的顶空真空：热装罐/密封、真空密封和蒸汽密封。这些操作的可持续性影响集中在热量或产生真空的能源需求以及所产生的污染负荷上。对这些自动化过程悉心管理可以减少能源使用和泄漏，同样对水的使用量也要严格管理。

蒸煮是罐头生产的核心工序。使用的设备和操作方式将对整体能源/水的使用产生深远的影响。反应罐应反映正在加工鱼类的性质、操作规模和管理工厂的专业知识。根据批次大小，在水平或垂直轴上操作的间歇蒸煮，能源和水的效率都很低，因为每个批次的操作都必须加热和冷却。连续式杀菌釜具有更高的产量/更少的停机时间，而静水式杀菌釜可以在具有高处理量、良好的重现性以及高效的能源和水利用的情况下实现罐体垂直上下移动。

用于灭菌过程的蒸汽来自一个专用的或带有相关管道和阀门的中央工厂锅炉。绝缘不良的管道和漏水的阀会造成一些环境问题。更令人担忧的是不完全燃烧造成的问题，当空气与燃料比不正确时，燃料会浪费，且不完全燃烧的产物会造成大气污染等影响。燃料油的排放物包括二氧化碳、氮氧化物、多芳香烃和二氧化硫（造成酸雨）。选择低硫燃料和控制燃烧条件将减少这些影响。蒸汽凝结水可返回锅炉或在工厂的其他地方重复使用，以减少总能量和水的浪费。

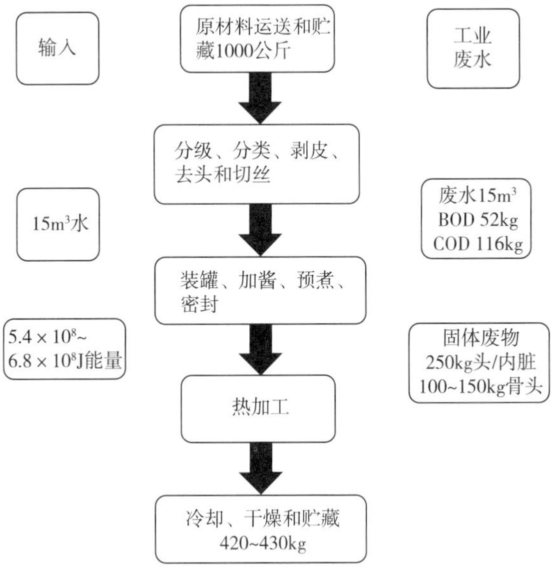

图 12.4 罐头生产过程中的能源和水的使用及废水的产生（UNEP， 2000 年以后）
资料来源：Hall，2010。经 Jahn Wiley & Sons 许可转载。

后处理操作是在贮藏和散装前用氯化水冷却和干燥。主要问题是使用了大量的水，可以通过冷却过程中良好的传热性能降低用水量。水在冷却后的再利用，取决于是否存在因漏罐造成的污染，可用于恢复热量或在工艺的其他部分替代洁净的水，冷却用水也可以通过回收工厂其他部分的水来降低用量，但这取决于工艺的清洁度。通过对再利用的水进行适当的氯化处理，可以减少罐头内容物受污染的可能性——大约 85% 的水可以重复使用（UNEP，2000）。

用水量取决于罐装的种类（特别是预处理操作）和所采用的热处理方式。罐装沙丁鱼的典型用水量为 $9m^3/t$，金枪鱼为 $22m^3/t$（联合国工业发展组织，1986）。在预处理过程中会产生大量的水和生物需氧量（BOD）或化学需氧量（COD）。Fahim 等（2001）描述了加工鲭鱼和沙丁鱼罐头中废水处理可能性，使用氯化铁和氢氧化钙显著降低了 BOD、COD 和总悬浮固体的量。

BOD 和 COD 是水质的指标（Sawyer 等，2003），其值反映了预处理过程中洗涤水中可溶性物质的积累。它们表明了潜在的环境污染，以及蛋白质和油脂回收的潜力。比起从大体积中回收可溶性固体和悬浮固体，采用以下替代策略可行性更高：

- 通过控制流速、间歇喷洒和循环利用，减少总的用水量。
- 使用物理方法剥皮、去内脏、剔鱼骨——刀、刮刀和真空法去除内脏。
- 为了保持循环水的洁净度，减少水中的可溶物/悬浮固物，以便日后回收，可将内脏中的水快速分离出来，通过重力作用来收集内脏，使用穿孔传送带将其转运并做后续处理。

应用这些理念，可以将用水量减少 50%，将 BOD/COD 值降低四倍（UNEP，2000）；能源、水和废水的示例图见图 12.4。

能源主要用于蒸汽发电。预处理操作中能源的使用取决于预处理、热灌装和蒸汽密封的需求，但仍是相对较小的能源使用。节能可以通过有效的装罐、良好的绝缘以及对蒸馏器和蒸汽锅炉使用精确的控制系统来实现。

从可持续性的观点来看，需考虑的其他因素包括：

- 使用清洁燃料发电。
- 当设备不使用时，关闭设备。
- 收集低级热量，以供再利用。
- 利用废物产能的能源技术，如利用厌氧消化生产甲烷，以取代天然气供应——“资源替代”。

12.3.4 烟熏

（1）冷烟熏　该过程在30℃以下进行，烟雾的沉积使鱼肉变干，便于贮藏。冷熏鱼的例子有鲱鱼、烟熏三文鱼和黑线鳕。现代化系统是水平的（便于接近），用风扇驱动烟雾穿过鱼架，自动湿度控制，升压加热器和控制气流，以实现良好的过程控制。这些控制很有必要，因为空气/烟雾的混合物随着其在鱼身上的移动会发生变化，雾由于沉积作用从鱼身上吸收水分后也会变得潮湿，温度降低、烟雾变少。

（2）热烟熏　该过程在70~80℃，甚至在100℃进行，鱼肉无须进一步加热，可以直接食用，可卧式烧窑可提供持续的高温，通常用于热烟熏制。

现代烟熏系统：大多数系统是为烟熏三文鱼设计的，其特点包括可提供统一质量的产品；节能；计算机控制温度、烟密度和湿度管理；防火；在卫生操作中进行自我清洁。欧洲和北美的一些熏鱼者使用传统的熏鱼炉和熏鱼技术，专门销售带有浓烈熏鱼味道的优质产品。然而，大部分熏鱼是在发展中国家生产的，这些国家面临着严重的可持续发展问题。

传统烟熏系统：设计简单，不能控制木材燃烧温度，热烟循环效率低下。只有长时间地翻动鱼肉，才有可能实现产品的一致性，但是这会生产出组织缺损和易碎的产品。在鱼类迁徙的旺季，这种低容量、耗时的烟熏方法跟不上鱼的捕捞速度，这会导致鱼肉变质和利用不足。烟熏过程因鱼种而异。湿热烟熏需要1~2h，产品（40%~55%水分含量）的保质期有限（1~3d）。干热熏制在潮湿的条件下可能需要10~18h甚至几天的时间，才能使干燥的产品（含水量低于15%）具有较长的保质期，实现海岸运输。

传统上，熏制烤箱是圆形的，由泥浆和支撑鱼肉的木棍网格组成。这些烤箱的使用寿命有限，约两年后必须重建。类似大小的烤箱由200L的钢油桶制成，重量轻，便于携带，但容易生锈，可能含有有毒残留物，且在熏制过程中金属会变热，可能导致鱼和加工者烧伤。这两种类型的烤炉都会泄漏烟雾，对操作者的眼睛和肺部有害。用泥浆或金属制成的矩形或方形烤箱已经出现，但与圆形烤箱相比没有什么优势。传统吸烟炉的改进工作始于20世纪50年代（表12.2）。

表12.2　非洲传统熏鱼炉及其特点

烘箱类型	来源	创新	缺点
Adjetey	加纳(1962)	独立的烟箱和烟室烟囱，多盘鱼	成本，运营和最终产品质量
Altona	加纳(1970s)	砖砌烟箱，金属烟室，烟囱	成本，鱼串在杆子上的做法不正常
Ivory Coast	科特迪瓦	用油桶作烟箱、铝制烟室、烟囱、鱼盘	成本，烟熏不均、产品质量参差不齐

续表

烘箱类型	来源	创新	缺点
Nyegezi	坦桑尼亚	独立的烟箱/室内烟囱	为坦桑尼亚的特殊情况而开发，因此不可转让
Chorkor	加纳(1970s)	采用传统材料，吸烟条件好，操作方便(托盘)省油，操作更健康	

传统熏鱼的一个主要问题是薪柴的可获性，而薪柴在其他方面的需求使得靠近熏鱼地点的薪柴供应正在减少，收集变得非常耗时，成本也在增加。熏鱼业的长期可持续性与森林保护和捕鱼业有关，这也表明可持续性问题的复杂性。尽管薪柴供应很重要，但相关研究很少。Fernandes 等（1995）描述了坦桑尼亚、莫桑比克和安哥拉鱼类加工厂面临的情况，这是撒哈拉以南非洲地区的典型情况。Abbot 和 Homewood（1999）描述了马拉维因家庭用途和商业性熏鱼而丧失百万林地的情况，并提出目前的林业管理办法仅针对家庭用途薪柴，也应解决熏鱼用木材的问题。Olokor（2003）描述了尼日利亚熏鱼用薪柴的消耗情况。平均而言，熏鱼者平均每天使用 16.45kg 薪柴处理 7.88kg 的鱼，即每年处理 18.9t 鱼类需要 396250kg 的薪柴。

最近的一项研究探究了熏鱼对喀麦隆红树林生态系统的影响（Feka 和 Manzano，2008）。红树林是一种非常特殊的、多产的生态系统，只存在于世界上的热带和亚热带陆地-海洋汇合处地区（Barbier 等，1997）。红树林的耗竭主要是由人类活动引起的，据估计，从 1980 到 2005 年，红树林的损失为 30%（UNEP，2007）。在尼日利亚，替代原始薪柴的尝试包括使用锯屑（Akande 等，2005）。锯木屑价格便宜，但有一定的运输成本，而薪柴可在熏鱼加工地获得。要取代薪柴，必须在当地有可靠的供应，否则必须考虑到运输能源与产品能源之间的可持续性问题。

另一种方法是用可再生能源技术替代其他领域的熏鱼薪柴。Karekezi（2002）描述了非洲可再生能源的潜力，尤其在熏鱼用薪柴的替代方面。可再生能源利用的一个问题是，女性在为家庭烹饪和熏鱼提供能源方面所起的作用，这几乎是女性独有的职业。因此，应该具有最广义的能源性别观（Cecelski，2000）。

收获后的损失：传统熏鱼产品的损失被认为是手工渔业和传统加工的一个问题。考虑到熏鱼的重要性，这些损失令人非常关注。防止收获后损失的第一步是改进传统的烤炉，以便迅速保存渔获和处理大量的季节性渔获。在分配期间，由于虫害、鱼被动物吃掉以及供过于求而没有市场的鱼被偷窃和丢弃，可能会造成物质损失。其他损失因素包括恶劣的天气、糟糕的道路和不可靠的交通运输。

可持续发展问题：固化工艺的古老历史证明了其简易性和广泛的适用性。现代技术的引进提高了产品的质量和一致性，但依赖于电力能源。人们认为回归旧工艺将是迈向可持续鱼类加工的一步。然而，坚持传统工艺将导致较差的产品质量，在燃料采购方面也有自身的可持续性问题。另一个因素是现在的消费者更喜欢低盐产品，低致癌性的防腐剂和清淡的口味。这些因素不利于重新引进在传统以鱼为主食的社会或老一辈中留存下来的重盐重味的烟熏产品。尽管如此，在目前的传统工艺中，试图提高产品质量将对增加蛋白质摄入量极为有利。在这种情况下，应用一种完整的生命周期评价和供应链方法可以产生很大的收益。

12.3.5 冷冻和冷却

冷冻系统可以通过热量提取方法（机械或低温）或冷冻速率（冰锋通过产品的移动）来分类。提取热量的方法与冻结速度之间存在相关性。冷冻系统将由产品决定。根据冻结率进行分级，冷冻系统如下：

- 慢（快）冰柜（0.2cm/h）。
- 速冻机（0.5~3cm/h）。
- 速冻机（5~10cm/h）。
- 超高速冰箱（10~100cm/h）。

表12.3按这两项标准列出了常用的冻结系统。

表12.3 冷冻系统分类

系统	冷冻速率	工作温度/℃	评论
冷却空气			
柜部	慢	-40~-20	整条鱼，块状，散装贮藏，200~1500kg/h，简单并且品种繁多，分批或连续、多道工序，反复多次除霜
强气流	快速	-40~-30	
传送带（螺旋形）	快速	-40~-30	3000kg/h 垂直层，节省空间
液化层	急速	-35~-25	10000kg/h 小虾，大虾
平板冷冻柜	快速	~-40	水平的规则形状，接触良好 垂直的便于快速装卸
冷却液			
浸泡	快速	-15~6	盐水、氯化钙、乙二醇和丙二醇在较高温度下的良好传热性能
低温	超快速	-25~-18	45~1350kg/h（升华法） 液氮或二氧化碳价格昂贵，高价值产品小虾和大虾

（1）冷气冷冻机 是一种简单的系统，用于各种不同尺寸/形状的产品和涂层产品。其性能的主要标准是产品上空气分布的均匀度（Kolbe和Kramer，2007）。

（2）浸没式冷冻柜 由于冷冻介质可以完全包裹产品，因此这些系统可以在更高的冷冻温度下工作。例如，在-17℃时与鼓风系统的-40℃相比较，其速度相当，而且能效更高（Kolbe等，2004）。

（3）低温冷冻机 通过排除氧气和减少产品脱水来提高质量，但来自极低温度的热冲击可能会导致产品结构变化。

液氮（LN）系统：可持续性问题是：由于LN与周围环境之间的巨大温差，LN在储罐和管道中的储存和移动会导致热泄漏（Kolbe和Kramer，2007）。

液态二氧化碳：通常储存在16000~54000L的储罐中，温度为-18℃，压力为2068kPa，在这些较高的贮藏温度下，热泄漏可以有效地减小至接近零（Kolbe和Kramer，2007）。

冷冻操作是工厂主要的能源使用者。尽管在预处理操作中会有冷冻需求（UNEP，2000），大部分冷冻鱼产品都是经过大量加工的，包括切割、成型、包埋、包衣和包装，而整条鱼在冷冻时可能已经被掏空了。能源节约可以从最后阶段追溯进行，当然在初始设计阶段并结合良好的管理规范完成更好（Gameiro，2002）。冷冻过程能量消耗可以通过以下方法减少：

①缩短冷冻时间。

②减少由不良的绝缘以及冷藏室的门和窗帘带来的热量损失——良好的冷库管理。

③通过包装和良好的工厂管理缩短除霜周期——平衡冻结速度与除霜速度。

④控制空气循环风扇的使用。

⑤照明控制装置可以通过节能灯泡和照明条进行控制。

⑥回收冷冻过程中的余热，用于预热锅炉和纯净水。

通过将冷冻过程与特定的产品类型、产量和设备尺寸相匹配，可以进一步节约能源。需要考虑的要素包括：最大限度地提高制冷剂蒸发温度（较高温度）；减少制冷剂冷凝器尺寸；选择合适的压缩机以实现最佳效率；通过精确感测变化的条件以实现自动控制；最小化管道长度以降低压力（Kolbe和Kramer，2007）。

冷冻后，鱼类产品必须通过冷链进行贮藏和运输。对于特定产品、时间、温度和质量之间的关系已经发展成时间-温度-公差（TTT）的关系。根据这种关系，可通过产品的温度变化历程来预测其品质的变化。Kolbe等（2006年）提供了几种太平洋鱼类和贝类物种的数据，这些数据揭示了基于物种、贮藏温度和包装的复杂性。

人们对卤化碳（被称为氟利昂，常用作制冷剂）的使用非常关注，因为它们会损坏臭氧层。在1987年出台了《蒙特利尔议定书》之后，无氯材料（氨和二氧化碳）逐步用来替代并淘汰氟利昂，其广泛接受和执行被誉为国际合作的典范。在《蒙特利尔议定书》的执行过程中也出现了一些问题，这些问题将影响国际范围内所有的环境保护政策（Rowlands，1993年），这些政策的核心是替代品的供应、所有使用国引进替代品的能力和免税的必要性。

在LCA的应用过程中，Koatji等已经充分认识到建筑物对环境产生的影响（Koatji等，2003），以及建筑材料生产过程中的“嵌入式能源”是一个影响环境的因素（Sartori和Hestnes，2007）。在建筑物的实用生活中，能源的使用是非常重要的，相关人士已经制定好了节约能源的策略，并且建筑设施工程师在处理可持续性问题上已经受过相关培训（Shah等，2007；Xiao和Wang，2009）。在冷冻库和冷藏库的建设中，需要考虑的问题包括库容量大小、建造的简易性、如何维持温度和防止水分迁移（绝缘）。仓库及其建筑材料对环境的影响似乎被忽视了，因此，为这些方面制定一套完整的LCA是有必要的。

目前也有一些关于冷冻鱼类产品的LCA和供应链的研究。开放存取数据库LCAFood中列出了特定的系统边界（如港口、加工厂和零售店）内鱼类产品对环境的影响清单（LCAFood，2009）。对于新鲜产品，就所评估的影响类别而言，从港口到零售业几乎都没有影响。对于冷冻产品，所有类别的影响都大幅度增加；在大多数情况下，从港口出口到工厂出口，实际增长了一倍，且在某些情况下，增长了两倍。冷冻产品的出厂前和零售前影响类别之间的差异表明，全球变暖的影响类别增加了。此处以供应链方法的重要性为例，整个“冷链”中对冷冻食品的能源需求影响显而易见，并且在任何环节为能源节约作出的努力都可以通过全球变暖的累计值来确定。供应链方法也会暴露出供应链运作的影响，无论是否有益。

发展中国家冷冻产品 LCA 的例子很少，但最近的一份报告确实对不同捕鱼作业的性质提供了深入的理解。Ziegler 等（2009）研究了不同的捕捞方法和加工手段下塞内加尔南部粉红虾（*Penaeus notialis*）渔业对环境的影响。LCA 指出了可以减少环境影响的地方，但一定指出了减少环境影响的方法。该研究确定了可持续性问题、其规模和可达到的处理这些问题的水平（地方、区域或国家），以及供应链方法可能在何处加速实施可持续加工过程。

12.3.6 鱼糜生产

图 12.5 显示了现代鱼糜加工流程的单元操作以及与每个操作相关的废物产量。其中关键因素是能源消耗、用水量、废水控制和副产物开发。Morrissey 等（2005）对鱼糜生产过程中的废物和副产物问题进行了全面的分析。

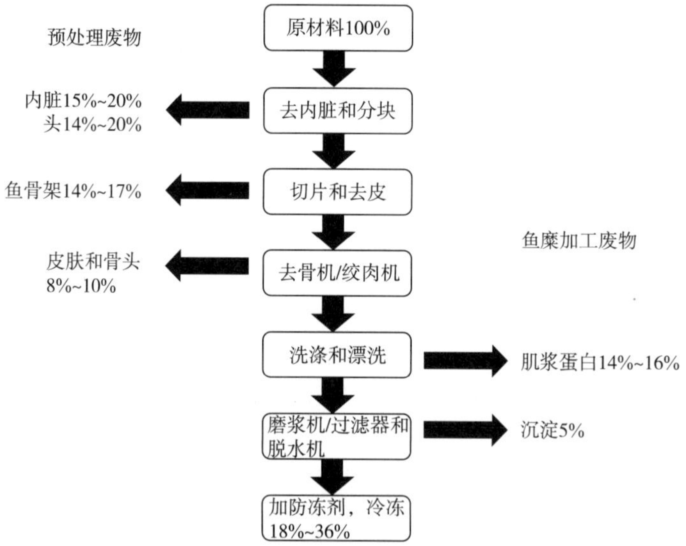

图 12.5 含废渣和产品收率的鱼糜工艺

（1）能源消耗 粗略一看，鱼糜生产过程中的能耗似乎并不高。我们需要通过前处理以及骨肉分离器将原材料制成鱼糜。如图 12.5 中所示的流程，在去骨器/绞肉机这步操作之前，我们可以在去皮/切片或去头/去内脏这两种工艺中进行优化。前者更倾向于通过较少的清洗以及无精炼操作来生产出产量低而质量好的鱼糜，此时大部分的工作就已在去骨机/绞肉机这一步之前完成。在去头、去内脏工艺中，产生更多的原料在经过污染后提供给去骨机/绞肉机，从而获得产量高而质量差的鱼肉。工艺的选择取决于原料、可用的清洗用水量和最终产品。为了实现可持续性，我们必须根据 LCA，通过比较能源和水的使用情况，优先选择出其中的一条适当流程。

分离器由一个可调节的传动带和具有穿孔的滚筒组成，其工作原理是通过两者向相反的方向旋转，挤压两者之间的鱼肉制成鱼糜，这步操作决定了产品的产量以及质量。分离器的能量利用率是由传动带和滚筒的转速、滚筒上穿孔的数量和大小以及施加在传动带上的张力决定的。工厂的节能运作可能会导致产品质量下降，这一点是无法令人接受的。

鱼糜加工过程的核心是洗涤循环，这一过程中需要能量的步骤是搅拌以及水的冷却这两点。提取的循环次数、接触时间以及水与肉末的比例都会影响到能量的用量，通常是在提取蛋白质中被优化的因素。水温（5~10℃，为了防止蛋白质变性）取决于物种。热带物种的蛋白质在较高温度下可以保持稳定，这对于节能来说是一个有利因素。清洗和精炼需要依靠旋转滚筒将水从肉糜中分离出来。这里可能还包括一个使用螺旋压力机的额外步骤，而这些步骤，可以通过在之前的步骤中精心地生产与处理肉糜，从而省略掉。后一种单元操作的能量需求与加工设备（旋转或挤压）有关，当通过在先前的步骤中仔细处理肉糜以避免这些能量需求时，节能和产品质量将会是相关的。

在对鱼糜加工过程进行 LCA 评估时，我们必须确定评估中所包括的单元操作。虽然集中注意力于核心操作、忽略预处理和冻结作业可减少占地面积，但这会导致我们忽视这些工序所发挥的重要作用，并失去估算节约能源与水资源的机会。这是链接产品 LCA 所有环节的供应链方法的内在要求，而且对于将通过蒸煮、油炸和烧烤进一步加工成传统产品的鱼糜来说尤为重要，而完整的 LCA 应当包括这些高能量过程。

（2）耗水量　耗水量与预处理步骤、清洗和冲洗循环相关，是鱼糜生产过程中最引人关注的操作。大量的低浓度废水是一种不便于处理的污染物。可持续性鱼糜加工是建立在适当地点的水资源再循环利用，以及可溶性和悬浮成分的回收的基础上。Lin 和 Park（1997）通过改善水与肉糜的比例，以及使用更多的循环清洗次数与更长的清洗接触时间来处理水资源的使用问题。在预处理过程中，过滤器很容易将水从废物中分离出来，而当我们使用干燥的方法进行收集和运输时，用水量便可得以减少。Morrissey 等（2005）指出，约有三分之一的鱼糜加工工艺废水是在预处理阶段产生的，尽管这些废水中有些物质是可回收利用的。约 25%的废水是由清洗和冲洗循环产生的，这些废水的再循环利用可以回收蛋白质，以此提高产量。清洁和卫生用水约占废水总量的 44%，其中一些废水可以被回收利用，且良好的管理措施可以减少此部分的废水量。通过絮凝、气浮、膜超滤等方法可实现可溶性蛋白的回收。Bourtoom 等（2009）报道称，通过改变 pH 和添加有机溶剂，我们可以从鱼糜的洗涤水中回收蛋白质。

在 pH 3.5 时可得到最大的蛋白质沉淀量，并且升高温度和提高溶剂浓度能够增加蛋白质沉淀量，从而影响蛋白质的回收率。

可溶性和悬浮固体的回收表明副产物的开发（Hultin 等，2005）在经济和环境方面对该工艺流程而言是有利的。传统的固体废物一般为鱼粉和鱼蛋白水解物。如果使用油性物种，则脂质的回收将会是有必要的。由于其高脂质及暗色肉含量，此类物种目前不受消费者欢迎。有人建议将鱼糜工艺应用于多种物种（Guennegues 和 Morrissey，2005）。鱼糜加工中使用的条件，即冷水及（或）稀盐溶液，与分离蛋白质的预处理条件相同。在分离生物活性蛋白时，对鱼糜蛋白的保护同样非常重要，这表明从鱼糜材料中开发副产物是一个明显的潜力方向。

12.3.7 鱼粉和鱼油

鱼粉（和鱼油）的生产是特定渔业和鱼类加工副产品的一个主要工艺流程。这里我们将举例详细讨论其中一些可持续性问题。

标准的湿压法将原料的成分（水、油和脱脂固体）分离成鱼粉和油。工厂设备的规模取决于可用鱼类的体积、鱼类的加工特性和采油的油脂含量［不包括脂肪含量低于3%（质量分数）的鱼类］。工艺操作采用传统加工工程设备，通过热、物理分离和浓缩实现回收。高度自动化、计算机控制和实时调整的加工流程的实现，可以使工厂达到最佳生产和能源效率。图12.6给出了鱼粉加工操作的主要流程，每一环节的特性如表12.4所示。文献中对鱼粉和鱼油生产有着很好的总结（Windsor和Barlow，1981；FAO，1986；Fosbol，1988）。

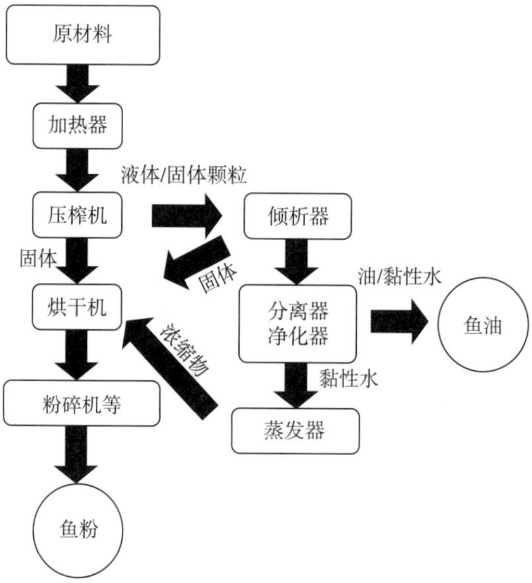

图12.6 鱼粉和鱼油的加工过程

表12.4 鱼粉加工

过程操作	目的	特性
卸货 加热器	船运送到加工厂 分离、灭菌(卫生)	水和污染物在蒸汽加热螺旋传输带中于90～100°C间接加热20min，预计造成16～600t/d的能源负担 **耗能**
压榨机	液体(压榨液70%)和固体(压榨饼30%)的分离	单/双螺杆系统。或许可以用离心分离操作代替 **能源**
倾析机	从压榨液中分离剩余固体	95～95℃卧式倾析离心机 **能源**

续表

过程操作	目的	特性
分离器和净化器	鱼油与含水组分（黏性水）的分离，鱼油的纯化	串联立式圆盘离心机。500~25000L/h **能源、热水、污染**
蒸发器	从黏性水（总产量的 20%）中浓缩和回收低固体（6%）	热效率高的多效蒸发器（取决于蒸发量）减少了对蛋白质和维生素的热损伤 **高耗能**
干燥	用压滤饼、黏性水和倾析出的工业矿泥（grax）生产稳定的产品	温度<90℃，以防止热损害 直接和间接加热旋转干燥机。 **高耗能**
后期制作	冷却、碾磨、包装和“固化”	鱼粉易氧化和燃烧，超过 3~4 周的固化可降低风险； 此步骤添加抗氧化剂 **能源**

注：黑体字为清洁生产热点。

（1）原料卸载　是“预处理”阶段，通常由泵和带海水的重力水槽进行操作。在水分（血液）被放出前，我们对其进行处理。为了保持新鲜度，在船上，可以将鱼进行冷藏；在陆地上，可以将鱼贮藏在冰水或冷却的海水中。进料斗可减缓原料进入加热器，并通过传送带或泵以控制原料的添加速度，因此该阶段是第一个可以使供应与处理能力相匹配的阶段。

（2）加热器　使原料在随后的分离过程中能够轻易地将油和水从固体中释放。这里的难点是对温度和传热的控制，使整个鱼体获得均匀的加热。而加热器的设计对于其他寻求具有良好工艺特性的高产量操作来说是一个模版。虽然可以直接向鱼体中注入蒸汽，但这并不是一个好方法，因为必须在加热结束后移除蒸汽。经过精心设计的加热器，应具有较大的传热表面积，并且经过涂层处理的表面可以防止热变性蛋白的积累，因为热变性蛋白具有传热屏障性，影响均匀加热。适当的加热方式和良好的清洗措施可以强化这些设计。加热器内物料的质量可由螺杆转速、调平装置和释放速度控制。预过滤是在压榨之前从固体中分离出油和水的简单、有效方法。

（3）压榨机　从固体（压榨饼）中挤出液体（压榨液）。该设备通过叶片使物料沿着锥形轴移动，从而使压力逐渐增大，进而将液体挤出，并从紧密安装的带孔套筒排出。不同的轴轮廓，叶片数量和螺距的组合可产生一系列适合不同原材料的压缩比。并且，在压榨过程中，适当升温可以降低油的黏度，有助于油固分离。

高温降低了油的黏度，有助于鱼油的分离。此外，压榨机可以用离心分离机代替，离心分离机分离技术是一种在较低的温度下运行的更知名、更快、更简单的工艺，所得固体的含水量也会更高。

（4）倾析器（连续倾析离心机）　通过特定的重力差将压榨液与剩余固体分离，并可通过升温至 90~95℃ 来辅助分离。此过程将固体颗粒（称为 grax）送至干燥机，并将液体分离为鱼油和黏性水。

(5) 分离器和净化器　将鱼油和黏性水分离开来。黏性水（60~90g/L）被收集在蒸发器中，蒸发浓缩成鱼肉泥被送往压饼干燥机。鱼油可由圆盘式离心分离机在更小的体积下用热水进行净化，以去除杂质。

(6) 蒸发器　收集低固体黏性水。料液中含有65%（质量分数）的原料，所以回收是必不可少的。当今社会对节能的关注度一直很高，使用蒸发器蒸发大量水明显会对能源造成负担。使用热回收技术来收集来自工厂的所有能源，可使得蒸发器的热效率随着级数的增加而增加。一般来说，双效蒸发器适用于30~150t物料的蒸发，三效蒸发器适用于200~400t，四效蒸发器可承受500t/24h以上物料的蒸发。浓缩的黏性水则以300~500g/L的固体浓度被送入压饼干燥机。

(7) 烘干机　将压饼、黏性水、grax混合，制成含水量<12%（质量分数）的稳定产品。在湿锤式磨机运转过程中，压饼粒度减小，此过程必须要在适当的时间加入黏性水，以免结块。直接燃烧系统具有良好的传热传质性能，但由于燃料的不完全燃烧（硫和氮含量较低），可能会对蛋白质造成破坏并污染产品。尽管回收废气余热和减少空气污染相对困难，但是直接燃烧系统可以设置进口温度为500~600℃。

进口温度500~600℃是可以接受的，虽然回收烟气热量和空气污染的减少是困难的。间接蒸汽干燥器将物料沿着旋转装置移动，旋转装置由带有逆流气体的蒸汽间接加热。该系统的热效率较低，但造成的产品损害和空气污染较少，可用于高质量鱼肉制品的生产。此外，间接热空气干燥器可利用工厂产生的余热，且无废气污染。

(8) 生产后操作　冷却至室温后的生产后操作是将产品研磨至均匀、特定粒径，以及进行包装。

可持续性问题

鱼粉和鱼油的生产是一个多变量、多种产品形态和多副产品的复杂过程。相关知识多来源于反复试验和对原材料和工艺设备的理解。在产品质量、能源和水的使用效率以及污染控制方面，有一个高产量的驱动力——所有这些都是可持续性问题。

(1) 能源　整个加工过程需要大量的热能。因为高温有利于加工过程中大部分的分离操作，最终的干燥过程也需要热能。通过高传热特性、材料与受热表面的紧密接触以及工厂周边热量的循环利用，许多设计和加工工作已将过程中的能源需求降至最低。如果使用间接加热，仅需要燃料来产生蒸汽，燃油消耗量会更低。根据最佳可行技术（BAT）建议，每1000kg原料的燃油消耗量可以从49L降低到35L（UNEP，2000）。

(2) 水　由于该过程实质上是减少水的用量，因此水的添加量应被最小化，并且使用海水以减轻负担。再者，后续BAT可将废水污染量从每1000kg卸载原料的30kg COD减少到22kg，从每1000kg加工原料的12kg COD减少到9kg（UNEP，2000）。水的其他用途是：

- 作为锅炉的原料（淡水）。
- 污泥分离器（淡水）。
- 清洁设备（淡水）。
- 清洁地板和鱼仓（海水）。
- 用于浓缩冷凝器（海水）。
- 冷却和除臭（海水）。

不管鱼粉厂的规模大小，用水量最大的操作是冷却/除臭，其次是冷凝/浓缩，然后是其他操作过程。

（3）废水　鱼粉加工的一个特点是废水会对大气产生影响，主要是蒸发器释放的水蒸气会被排入大气。这些蒸汽带有刺激性气味，因此标准的做法是除去它们。避免蒸汽的最佳方法包括使用新鲜鱼肉，集中排气，使用间接干燥而不是直接干燥来减少废气中气溶胶的形成，选择适当的工厂位置，以及了解当前天气的状况。减少废气气味的处理方法包括洗涤、高温燃烧、化学灭活、催化燃烧和活性炭吸附（FAO，1986）。

（4）副产品　鱼粉加工过程中使用的鱼不适合直摸用于人类消费（DHC）。应将其总量减少，以避免副产品的产生。分离鱼油是该工艺的直接目的，该油可用作水产养殖饲料，也可用于制造人造黄油或保健品的 DHC，这些也被视为副产品。

12.3.8　发酵产品

虽然传统的发酵鱼类产品在世界范围内的工业中占有重要地位，但它们在可持续鱼类加工中的作用还没有得到发展。这并不是因为应用微生物学家和生物化学家对这一过程缺乏兴趣。发酵产品相关的强烈风味和香气在西方社会不受欢迎，且在其产地，发酵产品已被西式食品所取代。未来的可持续饮食可能会减少对热处理产品的需求，从而带来更强的风味，而发酵的鱼类产品将适应这些情况。可持续加工（低能耗）和健康饮食（如低盐）的需求，与从以肉类为基础的饮食到以鱼类蛋白质和蔬菜为基础的饮食的转变之间存在分裂。这里的可持续性概念不仅限于对加工方法的分析，还涉及那些在全球范围内反映我们饮食和食物摄入量的方法。发酵的鱼类产品遍布世界各地，反映了各个地区的原料、环境条件、微生物、盐分和饮食传统的特点。毫无疑问，发酵产品可以促进可持续的鱼类加工，但这取决于人类对这些产品的认知是否发生巨大变化。

12.4　生产效率

12.4.1　简介

上文中提到了主要鱼类加工中主要的可持续性标准以及可用于评估其状况和影响的工具，还强调了三重底线（TBL）的重要性及其在企业社会责任（CSR）中的应用。但是，为了使可持续发展受到应有的重视，必须严谨地运用管理实践。这里给出了一些实现可持续性的方法。

12.4.2　清洁生产

可持续发展可以概括为“清洁生产”的概念，该概念旨在减少浪费，生产新产品并减少渔业能源和水的消耗（Ayer 等，2009）。学者已认识到可持续发展对渔业中供应有限和过度开发的可再生资源的重要性。

清洁生产（CP）可以定义为“将综合、预防性的环境策略持续应用于过程、产品和服务中，以提高整体效率并降低对人类和环境的风险”（UNEP，2000）。

CP 可以通过供应链的方法显著影响环境措施，并遵循一系列类似生命周期评价（LCA）的阶段，以便将从一个阶段收集的信息用于另一个阶段。CP 在鱼类加工方面的应用被分为三种不同的操作：白鱼切片、油鱼切片和罐头加工。每个过程的投入和产出的测量（UNEP，2000）被认为是平均技术水平和通过使用 BAT 可能节省的指标。各工艺的废水污染特性存在明显差异。罐头生产的废水量大，污染能力强，而油鱼切片加工过程产生的污染比白鱼切片多。BAT 的应用有可能使这三个过程保持一致。罐装的能量输入也大大高于灌装，尽管灌装过程包括用于冰的能量输入和用于中央生产中冷冻的能量输入。

Thrane 等（2009）以腌鲱鱼和罐装鲭鱼生产为例，描述了 CP 自 20 世纪 80 年代以来在丹麦鱼类加工中的应用，并提出了一个重要观点：即鱼类加工不是一个确切的术语，而是取决于渔业的许多操作。加工深海鱼（鳕鱼）、远洋鱼（鲱鱼）和贝类是有区别的。处理深海鱼比较简单，它们可以在海上被处理成简单的产品；而远洋鱼类上岸后则被转化为各种产品。如果将系统边界定义为“从门到成品”，而不是“从摇篮到坟墓”，尽管供应链方法可以做到这一点，但在海上进行处理将会从 LCA 过程中移除这个可持续性方面。表 12.4 列出鱼粉加工的细目，并指出了可应用 CP 的“热点”。鱼粉生产过程中的 CP 机会主要集中在节能、节水和减排方面（Roeckel 等，1996；Marti 等，1994）。

12.4.3 管理方法

工业采用可持续做法的障碍是财政、技术和管理问题的综合问题。财务方面的考虑包括新技术的高初始资本成本，这可由较低的运营成本（例如，更便宜的能源）以及这两个因素之间的平衡来抵消。可持续性原则的应用将涉及对操作流程和整个供应链的详细调查和了解。这些本质上是会计问题，如果要给新技术一个公平的机会，可能需要一个新的管理视野。在一个过程中采用全面的 LCA 和协同过滤算法（CF）来计算碳（以及排放）的全部成本可能就是这样一种设想。尽管可持续技术已得到很好的开发和验证，但在某些方面仍然存在不确定性，可以通过采用验证和认证计划以及发展支持该技术的服务和维修部门来改善这种不确定性。最后，需要新一代的可持续性发展部门的专业人员来管理技术，诸如规划和合同关系之类的监管问题。

此外，任何新技术的应用都会受到政治、宏观经济和社会因素的影响，这些因素可能会起到刺激或阻碍作用，如欧盟向出售给中心电力网络的可再生能源颁发了可再生能源义务证书（ROCs），就是一种财政激励。相反，低填埋税将鼓励使用比垃圾处理技术更便宜的方法。欧盟的做法是稳步提高垃圾填埋税，总有一天，这将使替代方案更具吸引力。

12.5 船上加工

12.5.1 介绍

大多数在船上操作的加工程序与陆地工厂的加工程序非常相似。前面章节的陆上鱼类加工厂部分介绍了设计可持续运作并限制其对环境的影响的鱼类加工厂。在本节中，将突出介绍在相同方面的船上加工的差异。

12.5.2 优点和缺点

船上加工主要包括冷冻、预处理（如去头去内脏）、鱼糜加工、蛋类加工、鱼粉和鱼油生产等。Köse（2010）描述了以可持续方式进行船上鱼类加工的优点和缺点，并概述了在海面船上加工的三种类型：

①将渔获物冷冻保存，然后运往较大的陆上加工厂进行进一步加工，如罐装或熏制；去头、去内脏和切片都是在海上完成的。

②对渔获物进行充分加工，如生产鱼糜。

③作为收集和加工渔业产品的母船对其他渔船的渔获物进行诸如冷冻、去头和去内脏之类预处理或全加工。

用于海上鱼类加工的三种不同类型的船舶分类（Johnson 和 Byers，2003；Köse，2010）：

- 捕鱼船（捕捞）。
- 加工船只（如母船）。
- 捕捞-加工船。

设计可持续性的鱼类加工厂取决于鱼类的种类、大小以及所采用的加工方法。

可持续问题将包括高效能源利用、消除因产品质量差而造成的浪费以及加工过程中回收的鱼类副产物和液体废物。

12.5.2.1 空间限制

不同大小的加工船，包括 45.7m LOA（总长度）至 193.89m LOA 的母船，4.9m 至约 48.8m LOA 的捕捞船（Köse，2010）。船舶的大小将影响工厂所需人员或工人的数量。虽然大型船可以使足够多的工人在捕鱼旺季有效地加工鱼类，但能源消耗也会更高（特别是捕捞-加工船）。此外，在船上工厂运营期间，捕鱼季节并不均匀，有时持续 1~3 周每天 24h 作业，有时几天或几周没有足够的原料进行生产。工厂老板通常以工作时间为计量支付工人的工资（不包括生活成本）来解决这种情况。

由于工人和加工设备的生活空间和操作空间有限，加工厂的有限空间限制了工人数量。这种情况不仅会导致产量低下，而且会在捕捞高峰期延长处理超载原材料的时间，从而导致质量下降。根据各个组织或国家/地区制定的环境法规，如果不将大型鱼加工成小块，无法将其倒入海中。在这种情况下，变质的劣质产品将被处理并倒入海中，造成环境污染和经济损失。如我们早先的出版物（Köse，2010）中详细解释的那样，加工厂的良好管理可以降低经济损失。

12.5.2.2 管理

船上加工的主要优点之一是，通过进行有效的管理，可在加工之前获得最新鲜的原材料，从而确保卓越的产品质量。这些将使最终产品的经济价值更高，以及由于鱼的腐败而导致的低排放对环境的影响更小。如果产品由于原材料处理中的管理失误以及在接收和加工过程中的时间/温度变化而发生变质，则对于空间限制会出现相反的情况。

在接收阶段对原材料的数量和质量进行管理以适应工厂的储存和加工能力，对于渔业资源的可持续利用和减少环境影响是重要的。此外，转移正确数量的原材料到生产线，在卫生方面以及其他质量和安全问题的有效监控方面，将有助于获得质量和数量较高且对环境影响较小的终产品。如前所述，选择船上加工的主要原因之一是为了获得质量更高的产品。在尽可能短的时间内提供加工所需的原材料，可以获得高质量的产品。在将鱼运送到加工厂之前，原材料管理和加工线的速度直接影响了这一方面。

12.5.3 可持续性方面

与陆地工厂相比，船上加工需要额外的能源消耗，具体取决于处理船的处理方式和类型。这些差异如下：

- 水产加工船使用石油来获取原材料。在这些情况下，可以用最便宜的原材料抵消石油成本。一些加工船通过附属船提供原材料，这些附属船运送从捕捞船上被捕获的鱼。这些加工船则是母舰或驳船。在这种情况下，并不总是像陆上工厂那样获得新鲜的原料。这些附属船还为渔民带来了燃料、饮用水和其他渔民供应商（Johnson 和 Byers，2003）。
- 船上的工厂没有淡水，因此必须从陆地以较高成本供应淡水，或者必须从海水中提取淡水。淡水不仅用于船上的生活活动，而且也会在生产加工（如鱼糜生产的洗涤步骤）时大量使用。许多工厂船加工不同种类的鱼类，并利用其副产品生产鱼粉和鱼油。据报道，其在加工过程中提取的鱼油可被用作主要燃料生产蒸汽，从而来制造淡水（超过 4.5×10^5L）和鱼粉（Köse，2010）。如果驳船位于离海岸不远的地方，有时它们能够从陆源获得淡水。

一些法规在与环境保护有关的某些问题上更为灵活。大多数陆上加工排放都有严格的规定，但对开放水域的限制较少（Köse，2010）。据 Morrissey 和 Tan（2000）报道，在美国，经环境监管机构许可，某些地区允许将鱼糜废水直接排入当地河流和海湾，但排放数量有限。另一方面，鱼糜废水可以直接排放到大洋中。各国政府环境保护部门可以因地制宜地制定相应的规章制度。

如前所述，船上的处理器通常缺乏淡水。因此，淡水要么由陆地资源供应，要么由加工船以高能源成本制造。另一方面，船上处理活动的优势是有免费的海水供应，此过程唯一的费用是泵送和氯化。这些优势可能因处理的类型而异。例如，海水可以很容易地用于鱼头、排骨和清洗等预处理活动，而淡水则用于鱼糜的生产。此外，从设备规范中可以发现，设备的类型对用水量有很大的影响。供水也会受到工厂人员数量的影响。通过考虑影响水和能源消耗供应的所有变量，应对每一种工艺和船型的船上耗水量、成本或环境影响分别进行估算。

Park 和 Lin（2005）指出了利用蒸汽蒸馏产生淡水的优势。他们认为，在鱼糜加工过程中，使用钙、镁、铁、锰离子等矿物质含量低的软水进行洗涤，比使用硬水要好。因为硬水会导致鱼肉质地的变化和变质，影响鱼肉冷冻过程中的颜色质量。因此，船上的处理器，例如产生冲洗水的拖网渔船，在获得高质量鱼糜的同时，还具有保鲜鱼类的优势（Köse，2010）。使用回收的鱼油作为能源在海上产生淡水可能是降低成本的可持续解决方案之一。但是，对于这种替代方案必须使用油性鱼废料（Köse，2010）。

12.5.4 工厂设计

与设计陆地上的工厂相比，设计船上的装卸、储存和加工设施面临各种挑战。造成这些问题的原因主要是①空间限制；②包括平衡问题在内的安全问题；③淡水消耗；④日常的生活活动。

尽管各种工厂设计之间有必要的相似性，但适用于不同船型和不同类型加工活动的工厂设计可能会有所不同。海上最常见的加工活动是冷冻。因此，先前关于这方面的文献通常集中在这种加工活动上，在这种工厂船中冷冻整鱼或鱼片的不同布局分布也有所描述（McDonald，1982；Kolbe 和 Kramer，2007；Köse，2010）。冷冻室和冷藏室通常根据船舶的大小以及处理机的类型进行设计（即区分出是母船，捕捞机还是驳船）。在进行工厂船上的设备布局选择时，不同鱼类的影响也很重要。McDonald（1982）指出，由于小中上层鱼类和一些白色鱼类在冷冻之前通常不会被去掉内脏。因此，在处理白色小鱼时，应检查所有输送机，必要时进行修改（McDonald，1982）。在小船或加工船上的冷冻机类型分别为鼓风冷冻机、接触式冷冻机和氯化钠盐水冷冻机。与陆上的冷冻和冷藏一样，需要可持续性发展与减少能源使用，减少热量损失和所需要的设备尺寸有关（Köse，2010）。

Kolbe 和 Kramer（2007）讨论了在设计海上设备布局之前应考虑的各个方面。其中一些方面是：

①选择适合于不同物种和不同季节的冷冻技术的类型。

②贮藏冷冻产品的预期保质期。

③潜在消费者可接受的冷冻产品形式。

④准备、冷冻和贮藏产品所需额外的车载处理（劳动力）。

⑤日捕捞率，这是影响冷冻系统规模的重要因素。

⑥易于维护。

⑦其他相关费用，如购买、安装和运行费用。

空间限制给小型船带来了许多作业困难，如鱼类保存或回收加工废物。Kolbe 和 Kramer（2007）重点介绍了一些冷冻应用的建议。有限的空间问题在高加工时长的季节显得尤为重要，因为大批量的处理和加工也很容易导致人身安全问题，产品质量可能下降并产生食品安全问题。良好的管理应用流程可以克服在 Köse（2010）的早期出版物中描述的一些问题。Nicklason 等设计了一种移动式小型鱼粉和油厂，用于回收加工如鱼头、内脏和去骨切片之类的废料（2010），适用于各种鱼类（鲑鱼、鲱鱼、沙丁鱼、白鲑、鳕鱼、鱿鱼、比目鱼）。此“Montlake 过程”可用于在船上回收加工过程中的废物，以实现鱼类的可持续加工。如图 12.7 所示，在淡季加工之前，该处理系统还可以使用 0.8% 的甲酸将废料稳定时间延长达 20d。

有关船舶平衡的安全法规和要求，尤其是对于捕捉处理器的要求可能会限制车间的有效布局。在装载、卸载和移动工厂冷冻室和贮藏室中的重物时，首席工程师、船长和工厂经理之间必须协作以维持船舶平衡。忽略轻微的不平衡是非常危险的，并会限制未来的加工、装载，还会导致经济损失和产品质量下降。对于此类平衡和安全问题，国际海事组织（IMO）或原籍国可能会出台相关规定（Köse，2010）。由于空间有限和平衡问题，在最终产品被回收之前，母船通常将它们存放在与之相连的单独驳船上。但是，对于捕捉处理器而言，这是不可能的，因为捕捞装置会定期移动。因此，他们把产品交付至港口还需要消耗额外的燃料。McDonald（1982）描述了冷冻拖网渔船的其他安全问题，例如在潮湿地区的电

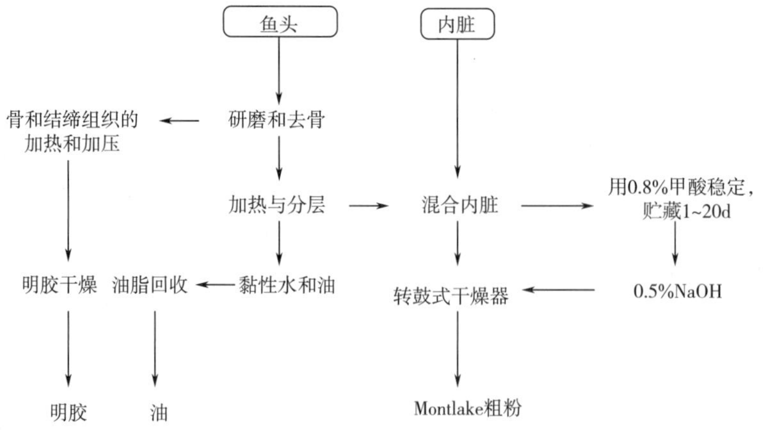

图 12.7 Montlake 法处理三文鱼罐头生产废弃物流程图

资料来源：Niklason 等（2010）。经美国阿拉斯加大学许可，由 Sevim Köse 转载。

气设备和火灾风险，这与大多数机载处理器相似。McDonald（1982）报道，现代冷冻拖网渔船上安装的大多数机械设备足够可靠、坚固，足以抵抗海上环境。但是，必须妥善维护相关机械设备，以免造成不必要的故障和产生昂贵的维修费用。

Toyoda 等（1992）建议必须仔细规划工厂的平面布置图，使其具有连续的生产线，并可根据不同的交付量进行调整，以实现产量最大化。这一限制既适用于漂浮处理器（母船），也适用于捕捉处理器。后者对此要求更高，因为后者在成品形式方面不如岸上工厂灵活。此外，海上加工商的初始资本支出和固定成本比同类岸厂高得多。但是，用于海上加工的鱼的新鲜度实际上保证了鱼糜等产品的优良品质和市场销路。

12.6 结语

鱼类加工业可持续的目标只能通过应用适当的措施（例如清洁生产）来实现，这些措施可以进行测量和记录（生命周期评估，碳足迹），应用于整个生产周期（供应链），并作为一个概念必须对消费者可见（生态标签）。LCA 的使用将使可持续性“热点”得以确定和解决，并使行业具有透明度。能源、废物和水的减少措施不仅为传统的金融底线带来了节约，而且为 TBL 带来了相应的企业社会责任的优点。这些考虑可能需要一种新的管理风格，这种风格承认并重视 TBL，就像重视金融底线一样。通用的预处理操作会产生大量的废物（或用于副产品回收的原材料），并且使用大量的水，从而产生较大的处理量。应认识到这些操作在整个过程中的重要性，并将预处理本身视为一个“过程”。

LCA 和相关方法也应应用于传统的鱼类加工过程，如熏制、腌制和盐腌，并贯穿其供应链，作为减少收获损失和提供更好的人类营养的一种手段。最后，评估鱼类加工供应链中利益相关者关系的社会-生命周期评估的出现，是一个令人兴奋的新维度，如果与各方真正的企业社会责任精神相结合，将对减贫产生深远影响。

参考文献

Abbot, J. I. O. and Homewood, K. (1999). A history of change: causes of miombo woodland decline in a protected area in Malawi. *Journal of Applied Ecology*, 36 (3), 422-433.

Akande, G. R., Ajayi, A. A., Ogunweno, C. and Ash, M. T. (2005). Comparative proximate composition, physical and sensory evaluation of fish smoked with sawdust and firewood using improved Chorkor oven. In: *Issue 712 of Report and papers presented at the Seventh FAO Expert Consultation on Fish Technology in Africa, Saly-Mbour, Republic of Senegal. 10-13 December*, 2001, pp. 73-76.

Ayer, N., Cote, R. P., Tyedmers, P. H. and Martin Willson, J. H. (2009). Sustainability of seafood production and consumption: an introduction to this special issue. *Journal of Cleaner Production*, 17 (3), 321-324.

Barbier, E. B., Acreman, M. and Knowler, D. (1997). *Economic Valuation of Wetlands: A Guide for Policy Makers and Planners*. RAMSAR Convention Bureau, Gland, Switzerland.

Benoit, C., Norris, G. A., Valvidia, S. *et al.* (2010). The guidelines for social life cycle assessment of products: just in time! *International Journal of Life Cycle Assessment*, 15, 156-163.

Bourtoom, T., Chinnan, M. S., Jantawat, P. and Sanguandeekul, R. (2009). Recovery and char-acterisation of proteins precipitated from surimi wash-water. *Food Science and Technology*, 42 (2), 599-605.

Cappell, R., Wright, S. and Nimmo, F. (2007). Sustainable Production and Consumption of Fish and Shellfish: Environmental Impact Analysis. Final Report, Defra Project No 9S6182, Edinburgh.

Carbon Trust (2006). Food and Drink Processing-Introducing Energy Saving Opportunities to Business. CTV004 Sector Overview, HMSO, London.

Cecelski, E. (2000). The Role of Women in Sustainable Energy Development. NREL/SR-550-26889, National Renewable Energy Laboratory, USA.

Ellingsen, H. and Aanondsen, S. A. (2006). Environmental impacts of wild caught cod and farmed salmon. *International Journal of LCA*, 1, 60-65.

Fahim, F. A., Fleita, D. H., Ibrahim, A. M. and El-Dars, F. M. S. (2001) Evaluation of some methods for fish canning wastewater treatment. *Water, Air and Soil Pollution*, 127, 205-226.

FAO (1986). *The Production of Fish Meal and Oil*. FAO Fisheries Technical Paper T142, Food and Agriculture Organization of the United Nations, Rome, Italy.

FAO (2005). *Guidelines for the eco-labelling of fish and fishery products from marine capture fisheries*, United Nations Food and Agriculture Organisation, Rome, Italy.

FAO (2009). *The State of the World's Fisheries and Aquaculture*, 2008, Food and Agriculture Organization of the United Nations, Rome, Italy.

Feka, N. Z. and Manzano, M. G. (2008). The implications of wood exploitation for fish smoking on mangrove ecosystem conservation in the South West Province, Cameroon. *Journal of Tropical Conservation Science*, 1 (3), 222-241.

Fernandes, Y., Salvador, N. and O'Keefe, P. (1995). Biomass energy efficiency in informal industry. *Energy for Sustainable Development*, 1 (5), 48-50.

Finkbeiner, M., Inaba, A., Tan, R. B. H., Christianson, K. and Kluppel, H. J. (2006). The new international standards for life cycle assessment: ISO 14040 and ISO 14044. *International Journal of Life Cycle Assessment*, 11, 2, 80–85.

Fosbol, P. (1988). Production of fish meal and fish oil. *INFOFISH International*, 5/88, 28–32.

Gameiro, W. (2002). Energy costs are changing refrigeration design. Technical Paper No 6, Proceedings of the 2002 IIAR Ammonia Refrigeration Conference, Kansas City, Missouri, pp. 207–233.

Graedel, T. E. (1998). *Streamlined Life–Cycle Assessment.* Prentice–Hall.

Guennegues, P. and Morrissey, M. T. (2005). Surimi resources, in *Surimi and Surimi Seafood*, 2nd edn (ed. J. W. Park), CRC Press, Boca Raton, Florida, pp. 3–32.

Hall, G. M. (2010). Sustainability impacts of fish–processing operations, in *Fish Processing Sustainability and New Opportunities* (ed. G. M. Hall), John Wiley & Sons, Ltd, Chichester, pp. 112–137. ISBN 978–1–4051–9047–3.

Hultin, H. O., Kristinsson, H. G., Lanier, T. C. and Park, J. W. (2005). Process for recovery of functional protein by pH shifts, in *Surimi and Surimi Seafood* (ed. J. W. Park), 2nd edn. CRC Press, Boca Raton, Florida, pp. 107–140.

ICTSD (2006). *Fisheries, International Trade and Sustainable Development: Policy Discussion Paper.* ICTSD Natural Resources, International Trade and Sustainable Development Series, International Centre for Trade and Sustainable Development, Geneva.

Iles, A. (2007). Making the seafood industry more sustainable: creating production chain transparency and accountability. *Journal of Cleaner Production*, 15, 577–589.

ISO (2006). *Environmental Management–Life Cycle Assessment–Principles and Framework, ISO* 14040: 2006 (*E*) *Series*, International Standards organisation, Geneva.

Johnson, T. and Byers, K. (2003). *Ocean Treasure. Commercial Fishing in Alaska.* Sea Grant, Alaska, USA. 187pp.

Karekezi, S. (2002). Renewables in Africa–meeting the energy needs of the poor. *Energy Policy*, 30, 1059–1069.

Kolbe, E., Ling, Q. and Wheeler, G. (2004). Conserving energy in blast freezers using variable frequency drives. Proceedings of the 26th National Industrial Energy Technology Conference. Houston, pp. 47–55.

Kolbe, E., Kramer, D. and Junker, J. (2006). The process of quality loss, in *Planning Seafood Cold Storage*, 3rd edn, Alaska Sea Grant, University of Alaska, Fairbanks, p. 47.

Kolbe, E. and Kramer, D. (2007). *Planning for Seafood Freezing.* Alaska Sea Grant, University of Alaska, Fairbanks.

Koatji, S., Schuurmans, A. and Edwards, S. (2003). Life–Cycle Assessment in Building and Construction: A State–of–the–art Report of SETAC Europe, SETAC Foundation.

Köse, S. (2010). Onboard fish processing, in *Fish Processing Sustainability and New Opportunities* (ed. G. M. Hall), John Wiley & Sons, Ltd, Chichester, pp. 167–206. ISBN 9781–4051–9047–3.

LCAFood (2009). *Wild fish* (*Vilde fisk*). http: //www. lcafood. dk/products/fish/wildfish. htm [accessed 3 June 2013].

Lin, T. M. and Park, J. W. (1997). Effective washing conditions reduce water usage for surimi processing. *Journal of Aquatic Food Product Technology*, 6 (2), 65–79.

Marti, M. C., Roeckel, M., Aspe, E. and Novoa, M. (1994). Fat removal from process waters of the fish meal industry. A study of three flotation methods. *Environmental Technology*, 15, 29–39.

McDonald, I. (1982). Freezing at sea, In: Aitken A, Mackie, U M, Merritt J H, and Windsor ML, (Eds), *Fish Handling and Processing*, pp. 79-87, 2nd Edition, Ministry of Agriculture, Fisheries and Food, Torry Research Station. Edinburgh, Her Majesty's Stationary Office.

Mogensen, L., Hermansen, J. E., Halberg, N. and Dalgaard, R. (2009). Life Cycle Assessment across the food supply chain. In: Baldwin, C. J. (Ed), *Sustainability in the Food Chain*, pp. 115-144, John Wiley & Sons, Ltd.

Morrissey, M. T., Lin, J. and Ismond, A. (2005). Waste management and by-product utilisation, in *Surimi and Surimi Seafood*, 2nd edn (ed. J. W. Park), CRC Press, Boca Raton, Florida, pp. 279-323.

Morrissey, M. T. and Tan, S-M. (2000). World resources for surimi, in *Surimi and Surimi Seafood* (ed. J. W. Park), Marcel Dekker Inc., CRC Press, New York, Basel, pp. 1-22.

Nicklason, P., Stitzel, P., Barnett, H., Johnson, R. and Rust, M. (2010). Montlake Process for utilization of salmon waste in Alaska, in *A Sustainable Future: Fish Processing By-products* (eds P. J. Bechtel, and S. Smiley), Alaska Sea Grant, University of Alaska, Fairbanks, USA, pp. 221-234. DOI: 10.4027/sffpb.2010.18.

Olokor, J. O. (2003). Cost of fuelwood for fish smoking around Kainji Lake and economic prospects of the kainji solar tent fish dryer. Proceedings of the 18th Annual Conference of the Fisheries Society of Nigeria, 8-12 December, Owerri, Nigeria, pp. 105-109.

Park, J. W. and Lin, T. M. J. (2005). Surimi: manufacturing and evaluation, in *Surimi and Surimi Seafood* (ed. J. W. Park), Marcel Dekker Inc., CRC press, New York, Basel, pp. 33-106.

Pelletier, N., Ayer, N. W., Tyedmers, P. H. *et al.* (2007). Impact categories for life cycle assessment research of seafood production systems: review and prospectus. *International Journal of Life Cycle Assessment*, 12 (6), 414-421.

Roeckel, M., Aspe, E. and Marti, M. C. (1996). Achieving clean technology in the fishmeal industry by addition of a new process step. *Journal of Chemical Technology and Biotechnology*, 67, 96-104.

Rowlands, I. H. (1993). The Fourth Meeting of the Parties to the Montreal Protocol: Report and reflection. *Environment*, 35 (6), 25-34.

Sartori, I. and Hestnes, A. G., (2007). Energy use in the life cycle of conventional and low-energy buildings: a review article. *Energy and Buildings*, 39, 249-257.

Sawyer, C. N., McCarty, P. L. and Parkin, G. F. (2003), *Chemistry for Environmental Engineering and Science*, 5th edn, McGraw-Hill, New York

Shah, V. P., Debella, D. C. and Ries, R. J. (2007). Life cycle assessment of residential heating and cooling systems in four regions in the United States. *Energy and Buildings*, 40, 503-513.

Thrane, M., Ziegler, F. and Sonesson, U. (2009). Eco-labelling of wild-caught seafood products. *Journal of Cleaner Production*, 17, 416-423.

Toyoda, K., Kimura, I., Fujita, T., Noguchi, F. S. and Lee, C. M. (1992). The surimi manufacturing process, in *Surimi Technology* (eds T. C. Lanier and C. M. Lee), Marcel and Dekker, New York, pp. 79-112.

UNEP (1996). *Life Cycle Assessment: What It Is and How to Do It.* United Nations Environmental Programme (UNEP), New York.

UNEP (2000). *Cleaner Production Assessment in Fish Processing*, United Nations Environmen tal Programme (UNEP), Division of Technology, Industry and Economics, New York.

UNEP (2007). *Mangroves of Western and Central Africa*, UNEP-regional Seas Programme/UNEP-WCMC.

UNIDO (1986). *Environmental Assessment of the Fish Processing Industry.* United Nations Industrial Development Organisation (UNIDO) Sector Studies Series 28.

Wiedmann, T. and Minx, J. (2007). *ISA^{UK} Research Report* 07-01, *A Definition of 'Carbon Footprint'*, Integrated Sustainability Analysis, UK.

Windsor, M. and Barlow, S. (1981). *Introduction to Fishery By-products*, Fishing News Books Ltd, Farnham, UK.

World Bank (2009). *World Development Report* 2010–*Development and Climate Change*, The International Bank for Reconstruction and Development/The World Bank, Washington, DC, pp. 27–30.

World Commission on Environment and Development (1987). *Our Common Future*, Oxford University Press, p. 43.

Xiao, F. and Wang, S. W. (2009). Progress and methodologies of life cycle commissioning of HVAC systems to enhance building sustainability. *Renewable and Sustainable Energy Reviews*, 13 (5), 1144–1149.

Ziegler, F. (2003). Environmental impact assessment of seafood products, in (eds B. Mattsson and U. Sonesson), *Environmentally Friendly Food Processing*, Woodhead Publishing, Cambridge, pp. 70–92.

Ziegler, F., Eichelsheim, J. L., Emanuelsson, A. *et al.* (2009). Life Cycle Assessment of Southern pink shrimp products from Senegal: An environmental comparison between artisanal fisheries in the Casamance region and a trawl base in Dakar. FAO Fisheries and Aquaculture Circular No 1044, Food and Agriculture Organization of the United Nations, Rome, pp. 29.

13 高附加值海产品

Michael Morrissey[1], Christina DeWitt[2]
[1]*Oregon State University Food Innovation Center, Portland, OR, USA*
[2]*Oregon State University Seafood Research and Education Center, Astoria, OR, USA*

13.1 引言

半个多世纪以来，高附加值海产品一直是国内外贸易的重要组成部分。尽管鲜活和冷藏鲜鱼贝类仍是市场上的主要产品形式（6020 万 t，占世界渔业生产与贸易量的 40.5%），但冷冻、腌熏、罐头等加工产品已经成为当前市场的主流，总产量达 6810 万 t，占世界渔业生产与贸易量的 45.9%（FAO，2012）。随着水产品产量的增加，人类消费的水产品比例稳步增加，先前主要用作鱼粉生产原料的小型远洋鱼类也逐渐转向人类消费市场。上述现象的出现有多种原因，包括发展中国家对海产品需求量的持续增加，人们对海产品高营养价值的认可，冷冻、包装及运输技术革新对海产品品质、经济价值和保质期的保障（FAO，2012）。

虽然捕捞渔业仍将是高附加值海产品的重要来源之一，但由于捕捞资源有限，水产养殖将是未来高附加值海产品加工产业的主要驱动力。到 2010 年，鱼贝类的水产养殖量约占整个渔业产量的 38%，占人类食用海产品总量的 45%。预计到 2020 年，水产养殖产量将超过捕捞产量（Delgado 等，2003；FAO，2012）。尽管水产养殖业的增长仍受到生产、疾病和育种等关键因素的制约，但其受季节因素的影响小，未来人们对优质产品需求的持续增长将驱动水产养殖业成为高附加值产品的主要生产原料来源。

生产高附加值产品对海产品产业的各个环节都有益处。高附加值产品可以：

- 提高食用安全性。
- 延长保质期。
- 有助于保持高品质。
- 开拓新的市场机会。
- 为供应过剩问题提供解决方案。
- 有利于新技术的推广。

通常，高附加值鱼贝类产品需要经过一系列的加工过程，细菌和病原体在加工过程中被灭活，进而延长产品的保质期，为产品提供新的市场机会。鱼贝类的品质劣化主要归因于内源酶或微生物对原料中关键组分的降解。热加工和冷加工是全球通用的两种主要食品加工方式，二者对灭活内源酶和微生物均有显著作用。然而，加工处理也是一把双刃剑，因为食品可能经历蛋白质变性等的变化，从而影响最终产品的品质和可接受度。冷冻技术是一个很好的例子，它已经有 100 多年的历史，直到最近才被明确应用于保持新鲜鱼贝类的质量和自然属性。30 年前的传统的观点是，只有在临近保质期时，人们才将新鲜水产品冷冻处理，并打折出售；近20年来，海产品产业开始关注利用冷冻技术来保持海产品的品质，延长产品保质期，从而增加销售机会。快速冷冻技术已被应用于捕捞或养殖鱼贝类的保鲜，为渔民和养殖户提供了开拓新高端市场的机会。Sloan（2011）在对食品十大发展趋势的评论中，将包括海鲜主菜在内的冷冻海鲜列入最受欢迎的消费品类别。

高压加工、电子束辐射、射频加热等创新技术为众多海产品的食用安全性提供了额外保障。有趣的是，这些技术的出发点是为了提高食品安全性，但最近人们开始利用这些技术开发新产品，使一系列创新产品相继诞生。

过去10年[①]，“高附加值”这一概念的前提也发生了变化。虽然我们大多数人都熟悉经典的海产品加工方式（罐装、熏制、腌制等），但在讨论高附加值海产品时，还有一些其他概念需要注意。了解新产品的驱动力以及新技术和新理念如何满足新需求是非常重要的。消费者开始关注整个食品链条，而不仅仅是在零售场所购买最终产品，这极大地改变了食品行业的经营方式和向消费者提供产品的方式。本章将从几方面对高附加值海产品展开讨论，首先简要概述现在食品工业中可应用于生产高附加值海产品的方法体系，其次介绍高附加值海产品的驱动因素，如新资源、价值观、营养与新技术等，最后对高附加值海产品的未来发展方向进行讨论。

13.2 高附加值产品开发

高附加值产品开发（VAPD）的主要目标之一是为可能在市场中表现出停滞增长的行业创造新的市场（Fuller，2011；Cooper，2001）。当前的消费趋势可能会提供以前不曾有过的机会，并使高附加值产品开发（VAPD）能够在国内和国外占领新的、不断扩展的市场（Cagan 和 Vogel，2002）。例如，家禽业在满足消费者需求方面做得非常好，令人震惊的是，消费者可以参观零售企业，并亲眼目睹来自少数品种的各种家禽产品。尽管消费者需求不断发展并变得越来越复杂，但通常成功的新产品需要符合五个基本原则：优质、安全、便利、味美和可购性。通常，单一高附加值产品不可能同时符合上述五个原则，但最成功的产品企业通常符合其中的大部分原则。目前，已经建立了门径管理系统和烹饪学等多种辅助VAPD的体系，在海产品业务方面取得了不同程度的成功（Grobe 等，2002；Cooper 和 Edgett，2005）。从烹饪角度来看，原料品种的多样性被认为是一种优势，但品种多样性却给产业系统化高附加值产品开发（VAPD）方法的建立带来了不确定性。例如，牡蛎加工中的安全和质量控制与罗非鱼加工中的质控点有很大区别。此外，消费者对于两类产品的选择标准也可能存在不同：对消费者来说，牡蛎产品最重要的选择原则是安全性，而罗非鱼最主要的选择原则可能是方便性和价格。VAPD还必须考虑行业需求，了解供应问题、竞争情况、法规和行业水平对开拓新市场至关重要。随着新市场的发展，这些可能会反映在行业关注或单个公司的需求中。通常，能否成功进入这些市场取决于行业感知并解决这些需求的能力。20世纪90年代中期，智利在美国市场推广去骨三文鱼片的成功案例充分说明在消费者和行业需求一致的情况下，产品成功的速度有多快。在过去十年中，消费者的需求发生了变化，消费

---

① 原版书于2014年出版。——译者注

者对鱼贝类可持续来源的需求与对海产品品质的需求同样重要。此外，人们普遍认识到，海产品不仅是一种食品，而且是一种高营养价值食品，这一点对消费者来说也变得越来越重要。我们需要寻找既能满足不断增长人口的需求又能生产高附加值海产品的资源。技术创新为高质量、安全、具有吸引力的海产品开发创造了新机会。非热加工技术逐渐成为主流，为创新、安全海产品的开发提供了良好机会。最后，过去的十年中，新条例对 VAPD 的发展产生了重大影响。消费者的需求是安全、健康食品，因此，安全性已成为海产品批发和零售层面的关键因素。新技术也为已经成功进入市场的高附加值产品提供了新的发展机会，下文中将介绍市场需求、价值观、营养、资源、新技术等驱动因素对高附加值海产品发展的影响。

13.3 市场驱动

当消费者需求和行业需求融合时，高附加值海产品领域展现出了巨大的成功机会，例如 20 世纪 90 年代中期的养殖三文鱼产业。20 世纪 90 年代中期，挪威和智利的人工养殖三文鱼产量每年以超过 10% 的速度增长，而阿拉斯加的野生三文鱼产量也创下了纪录。供应过剩导致野生三文鱼和养殖三文鱼的市场批发价格大幅下降，行业面临巨大压力，迫使他们改变向公众销售三文鱼的传统方式。几十年前，三文鱼被认为是一种高端产品，大部分消费者只在铺着白桌布的高级餐厅里食用三文鱼。三文鱼备餐时需要剔除一些细小鱼骨，在厨房中散发强烈的气味，三文鱼被认为是一种不易烹饪的食材。因此，消费者大多不愿在家中烹饪三文鱼。当然，通常消费者对如何在家中处理和烹饪三文鱼一无所知。当来自智利的去皮去骨三文鱼片进入美国市场时，这种观念发生了巨大的变化。似乎一夜之间，三文鱼变得易于烹饪且价格合理。更重要的是，在贮藏过程中这些优质鱼片的味道和质地基本不变。有了去骨三文鱼片，消费者开始用新的眼光看待海产品。烧烤是美国人最喜欢的消遣方式，他们发现，三文鱼和牛排、汉堡一样适合烧烤食用。三文鱼片的批发价从 1994 年的 4 美元/磅[①]持续下降到 1997 年的不到 3 美元/磅，且大型食品连锁店的零售价格通常为 4.99 美元/磅或更低（Johnson，2004）。这对海鲜爱好者而言相当划算，因为五年前，他们很难找到价格低于 10 美元/磅的（带骨的）三文鱼片。养殖三文鱼片的加工工艺和品质也远远优于消费者通常的体验。烹饪三文鱼的奥秘似乎随着烧烤这种简单的烹饪方式而消失了。这道菜备餐简单、无不良气味、给客人留下了深刻的印象，而且味道好。这是一场烹饪的时尚潮流，民众热情高涨，美国食用三文鱼的人数迅速增加。三文鱼的消费量从 1990 年的 0.32kg/年增加了一倍，1997 年达到 0.64kg/年，2002 年继续增加到 1.0kg/年。现在，几乎美国所有主要的杂货店和一系列餐馆都提供三文鱼产品。受养殖三文鱼降价销售的影响，野生三文鱼产业曾面临财务危机，但最终也受益于三文鱼消费的增长，而且他们也开始认识到满足消费者需求的重要性。20 世纪 90 年代中期的去骨三文鱼片是高附加值海产品的明星产品之一。虽然概念简单，但它体现了理解和满足消费者市场需求对行业发展带来的巨大变革。

最新的食品消费模式趋势囊括了对不同人群市场需求的了解。这可能包括满足“Y 代人”（17~34 岁）喜欢冒险的味蕾，他们有更强的探索欲望，乐于接受新想法，甚至接受新

① 1 磅 = 0.45kg。——译者注

物种，比如章鱼或玉黍螺，他们也对吃保持开放的心态。“婴儿潮一代”（65～84 岁）主要食用传统食品，更具有健康意识，把海产品视为提供健康和多样化饮食的一种产品形式。据估计，50 岁以上的美国人有 1 亿人，食品公司有必要为这个庞大的消费群体专门开发针对这一年龄段的产品（Food Channel，2012）。这个年龄段的人群有更高的可支配收入，愿意在包括海鲜在内的高端消费产品上花更多的钱。方便性一直是海产品开拓新市场的重要驱动力，最近，蟹肉饼、墨西哥鱼卷等小盘食品趋势化为市场驱动的海产品提供了新的商机。

新的市场需求也为传统渔业开辟了机会。在国内和全球范围内鲜活鱼贝类贸易的增加也是海产品增值的一种形式。这种市场是通过技术进步、物流改善以及可为最终产品支付高价的消费意愿的提升来满足的，如美国西海岸向中国出口珍宝蟹贸易量增加的案例。中国市场对珍宝蟹需求量的增长以及活蟹运输技术的提升使珍宝蟹的产值增加了四倍（Tobias，2011）。

13.4 价值观驱动

过去十年中，高附加值农业和渔业已经成为可持续发展、市场营销和销售中越来越重要的概念。食品的“高附加值”可以被定义为，使用其固有营养或食品特性以外的属性进行生产与销售。这些可能包括捕捞、生产和加工过程中的环境影响，劳动力的社会性观点，包括规章制度在内的管理规范或其他属性（产地等）（Allen，2006）。可持续发展是“高附加值”领域的关键因素，也是全球海产品营销的重要驱动力。目前已有几个强调可持续发展的项目，包括海洋管理委员会（MSC）、FAO、负责渔业管理和阿拉斯加海产市场协会（ASMI）认证项目等，这些项目侧重于渔业资源的可持续性和环境保护。许多私营企业都有自己的可持续发展项目，涵盖了从捕获到加工和分销的诸多环节，且通常具有第三方认证。海洋管理委员会（MSC）水产品认证项目（www. msc. org）是最悠久的可持续发展项目之一，并被广泛接受（Constance 和 Bonnano，2000）。该项目制订了可持续捕捞和可追溯海产品的标准，与主要渔业组织密切合作进行渔场和管理规范认证。20 世纪 90 年代，MSC 由世界野生动物基金会和联合利华公司合作成立，目前已发展到 180 多个渔场，另有 104 个渔场在评估中。截至 2009 年，MSC 认证的渔业产品数目增至 2366 个，较去年同比增加 66%。目前，23% 的消费者认可 MSC 标签。更重要的是，大型零售商只认可和销售可持续和经过认证的渔业资源。可持续产品需求这一显著转变对水产养殖行业也至关重要，目前有几个水产养殖管理认证正在运行中，包括第三方认证项目——最佳水产养殖规范（BAP，www. ulturecertification. org）和水产养殖管理委员会（ASC，www. asc－aqua. org），后者与 MSC 项目类似。

虽然渔业管理是可持续发展的主要焦点，但最近其他的“高附加值”概念也在市场上兴起。这些概念往往始于农业领域，并随着时间的推移逐渐影响消费者对海产品的看法及其市场，如最近出现了“购买本地产品”和直销的理念。农贸市场的稳步增长为鱼类的直效行销创造了机会，零售、餐馆和专卖店购买当地海鲜成为流行。尽管渔获的季节性直接影响市场供应，海产品在开发替代市场方面取得了进步。最近的调查显示，消费者购买本地产品以支持地区渔业和渔民家庭的兴趣有所增加。从各种网站和促销活动中可以看到，本地购买也给人以“更高质量”和“更环保营销”的观念。促进本地海鲜营销的另一种途径是通过“社区支持渔业（CSF）”推广，这一活动是由“社区支持农业（CSA）”发展而来。这些活动支持当地小型农业农场，参与的社区成员每年以固定的费用购买收成份额，当地农场每周向社区成员配送农产品。人们愿意支持这些活动，因为这些活动的价值不仅限于食品，还包括社区意识、对区域食品系统及其持续成功的关注（Brown，2012）。中小型企业尝试根据环境和社会属性进行海产品商品化推广，农业中出现的“价值链”理念被引入渔业及海产品产业。价值链是企业为了在市场上获得更有利位置而成立的纵向合作联盟，这个理念对“高附加值”海产品至关重要，因为分销通常是这些产品成功营销的主要瓶颈。

海产品是最早采用“可追溯性”概念的行业之一，它是美国第一类受《原产国标签法》（COOL）（www. surefish. com/COOL. htm）监管的商品。由于这需要一定程度的可追溯性，许多海产品公司启动了他们自己的可追溯方案（Thompson 等，2005）。可追溯性被视为是防止消费者欺诈和确保海产品供应完整性的监管方案，但一些公司在可追溯性中增加了营销元素，以推广海产品并突出其产品的“高附加值”属性。海湾野生计划就是其中的一个例子，它允许客户验证鱼类种类，查看渔船名称与船长的背景，明确渔获上岸的城市，还能提供精准至 25.9km^2 的渔获地信息（http：//mygulfwild. com/track-your-fish）。这类信息可以成为一种强有力的营销工具，向消费者保证他们的鱼或海产品来自可持续捕捞方式，并为当地渔业提供支持。此外，其他一些可追溯方案已存在或正在制定中。加拿大海产品溯源这篇文献综述了海产品可追溯性的研究现状（Magera 和 Beaton，2009）。

13.5 健康驱动

长期以来，海产品一直被视为健康食品。最初，海产品被认为是低脂蛋白质来源，而忽略其中的活性脂质组分（Anderson 和 Wiener，1995）。然而，研究发现，格陵兰岛因纽特人的鱼类摄入与其冠心病死亡率降低之间存在关联（Bang 和 Dyerberg，1980）。据 Kromhout 等（1985）研究报道，与不摄入鱼的男性相比，每周摄入 1~2 份（100~200g）鱼可以将男性的冠心病死亡率降低 44%。后续几十年的研究都支持鱼类摄入与冠心病发病和死亡率相关的观点。二十碳五烯酸（EPA）和二十二碳六烯酸（DHA）是主要存在于海洋生物中的两种长链 $\omega-3$ 脂肪酸，在海产品降低冠心病发病和死亡率方面发挥了重要的作用（Simopoulos，1991；Mozaffarian，2008）。人体不能大量合成 EPA 和 DHA，必须通过饮食获取，其主要饮食来源就是海产品特别是富脂鱼类。研究表明，EPA 和 DHA 能够降低心血管疾病的风险，在猝死（Mozaffarian 和 Rimm，2006）和脑卒中，延长妊娠期以及改善视觉和认知发展（FAO/WHO，2010）中发挥积极作用。海产品还含有大量的维生素（如维生素 A、维生素 B 和维生素 D）以及矿物质（如硒、碘、铁和锌），这些都与健康有关（Nesheim 和 Yaktine，2007）。

基于对海产品和 EPA/DHA 摄入健康益处的研究，各卫生组织制定了许多膳食指南与营养建议。来自美国医学研究院（IOM）、FAO 和 WHO 等组织的科学委员会都肯定了海产品在饮食中的重要性。最近，美国农业部（USDA）膳食指南咨询委员会和美国卫生部建议每周至少食用两种海产品（USDA，2012）。虽然人们也认识到食用海产品可能存在一些风险，但普遍认为其益处远远大于这些风险，大众需要增加鱼贝类的消费（Hellberg 等，2012）。

海产品行业已经意识到海产品中独特的长链 ω-3 脂肪酸所带来的营销优势。过去十年间开发的许多传统产品和新的高附加值产品都附有营养价值标签，如高 ω-3 脂肪酸含量或美国心脏协会的心脏健康标志。发达国家和发展中国家的消费者都越发意识到健康和食品的作用（Kearney，2010）。Sloan（2011）报告说，健康食品正在成为一种趋势，越来越多的消费者正在寻找具有特定营养作用的天然食品。海产品和高附加值产品很好地迎合了这个市场，开发关注营养品质及食用质量的海产品将大有可为。有时，长链 ω-3 脂肪酸也被添加回海产品中，比如营养强化的鱼糜制品。目前，Shining Ocean 公司正在生产一种标签为“Crab-Smart Natural”的产品（http：//www. kanimi. com/prod_crabsmartnatural. php），是一种添加了 400mg 长链 ω-3 脂肪酸的鱼糜制品。其他传统的鱼糜制品公司也正在基于海产品的健康特性开发产品线。TransOcean 公司以阿拉斯加鳕鱼为原料生产了一种鱼糜产品（http：//www. trans-ocean. com/omega3. html），该产品添加了鱼油以提高长链 ω-3 脂肪酸含量。此过程中，人们担心的主要是这些脂肪酸是高度不饱和的，会发生脂质氧化并产生异味。目前已有利用鱼油强化海产品同时尽量降低产品感官特征劣化的研究（Pérez-Mateos 等，2004；Pietrowski 等，2011）。

虽然所有的海产品都含有一定含量的长链 ω-3 脂肪酸，但根据海产品种类的不同，油脂含量具有很大差异。某些种类的三文鱼，如大鳞大麻哈鱼，每克鱼肉中含有总量超过 1000mg 的 EPA 和 DHA，而罗非鱼等淡水鱼类中的 EPA 和 DHA 总估量不到 100mg/g。一些未被充分利用的物种也含有大量的 EPA 和 DHA，如小型远洋鱼类（沙丁鱼、凤尾鱼等），但通常用于非食品用途。虽然这些鱼种可以用传统方式制成罐头，为普通消费者提供价格低廉、营养丰富的产品，但企业和厨师也可将其做成高附加值的菜肴与产品，在高端市场开拓新机遇。

13.6 资源驱动

人们普遍认为，捕捞渔业已经到了极限，这个行业几乎没有继续增长的机会。捕捞渔业在 1996 年达到峰值，为 8640 万 t，之后略有下降，稳定在约 8000 万 t。FAO（2012）表示，59% 的捕捞资源已被充分开发，未充分或中度开发的渔业储量仅占渔业总储量的 3% 和 20%。因此，野生捕捞几乎没有资源扩张的空间，未来将主要依赖水产养殖来满足日益增长的渔获量和世界需求。世界水产养殖产量继续以每年约 5% 的速度增长，而野生捕捞量已趋于稳定或略有下降。海洋水产养殖的增长速度（7.2%）比内陆水产养殖的增长速度（2.1%）快，伴随着新技术和新品种对这一领域的促进，在未来十年，海洋水产养殖仍将继续保持这一增长水平。在大多数发展中国家，水产养殖通常有两个目的：满足国内市场和消费者需求，以及通过国际市场和创收来获得外国投资与经济利益（Delgado 等，2003）。水产养殖产量的急剧增长是一把双刃剑，人们越来越担心养殖对发展中国家的环境破坏及其他影响。对美国市场而言，大多数养殖水产品都是以虾、鲑鱼和罗非鱼为主的进口产品，但也有一些品种是国内生产的，比如鲶鱼。值得注意的是，与中国和东南亚国内消费的鲤鱼和贝类的水产养殖量相比，上述这些品种的养殖量仍较低。虽然养殖三文鱼和虾的产量明显低于鲤鱼，但它们是国际贸易的主要品种。最近，罗非鱼的产量显著增加，对美国和欧洲的白鱼销售产生了影响。罗非鱼产量从1999年的80万t增加到160万t，到2008年增加到350万t，其中大部分来自亚洲（Josupeit，2012）。罗非鱼现在是美国第五大食用海产品，它的产品形式多样，从鱼片到高附加值产品。罗非鱼硬度中等、肉色白皙、口味适中、成本较低，是开发高附加值产品尤其是美国和其他市场上冷冻主菜的理想选择。虽然单体速冻鱼片（IQF）是目前最受欢迎的，但将罗非鱼和不同酱料结合在一起作为主菜的新产品越来越常见。罗非鱼的产量将继续增长，并可能在未来十年翻一番。其他来自水产养殖的潜在资源包括作为可持续渔业资源的尖吻鲈，以及各种鲶鱼和巨鲶鱼。虽然海洋水产养殖业正在扩大，但以其生产水平要在高附加值领域产生重大影响仍需要数年时间。对于野生捕捞渔业，将小型中上层鱼开发为供人类食用的产品是提高资源利用率的一个机遇。

13.7 技术驱动

VAPD可由新技术驱动。新技术可为产品带来安全性、质量和生产效率等方面的突破。超高压灭菌、射频加热、软包装等新兴技术的出现，不仅刺激了相关技术研究，还有望提高海产品安全和质量。新颖的包装技术为高附加值产品开发的创新发展创造了条件，并为许多传统产品创造了新的市场机遇。牡蛎产业就是一个很好的例子。令人惊讶的是，在过去的一个世纪里，牡蛎的加工过程几乎没有什么变化。牡蛎加工新技术的实施侧重于安全和质量参数的独特组合，这已经彻底改变了该行业并创造了一些新的商业产品。降低创伤弧菌（*Vibrio vulnificus*）和副溶血弧菌（*Vibrio parahaemolyticus*）等病原菌致病概率的需求，带动了相关科学研究的急剧增加。研究人员和产业界同行不仅利用新技术提高了产品的安全性，还为消费者开发了几种新产品。联邦机构和消费者团体对安全问题的关注促使这些新技术在行业内被快速推广实施。第一个新技术是通过冷热交替处理来使创伤弧菌（*V. vulnificus*）“休克”和大量致死，这种技术被称之为“Ameripure”过程，通过50℃水浴和冷水先后处理，可以将病原菌降低至安全水平（Andrews等，2003）。另一项被提升到新水平的技术是快速冷冻牡蛎。美国佛罗里达大学的研究表明，快速冷冻牡蛎可以显著降低创伤弧菌（*V. vulnificus*）的数量，并保留牡蛎大部分的原有特征（Seminario等，2011）。在冷冻过程中使用液氮不仅保留了产品的风味和质地特点，而且大大延长了产品的保质期。现在有几家公司正在进行冷冻贝类产品开发，从而为消费者提供了一系列可供选择的安全产品。

超高压灭菌技术（HPP）是一项新兴技术，已经在美国的牡蛎养殖企业中应用，这项技术是为了回应FDA对生蚝可能造成危害的关注。路易斯安那州的Motivatit公司最先开始使用HPP，研究人员发现这项技术可以灭活弧菌（*Vibrio*）病原体（Calik等，2002）。这个过程依赖于一个传输体系，将90.9L的贝壳原料浸泡在装水的容器中，密封容器，对内容物施加310MPa的压力，高压使内收肌与牡蛎壳分离，得到去壳牡蛎（He等，2002）。利用机械控制面板降低压力，将牡蛎被放置于另一个传送带上，完成壳肉分离过程。研究表明，剥壳过程所需的最佳超高压力对减少副溶血弧菌（*V. parahaemolyticus*）也有效（Shiu，1999；

Calik 等，2002）。行业还利用 HPP 开发了一种新的流行零售方便食品（Novak，2003），该产品是一种软包装的即食去壳牡蛎，开袋即食。HPP 为维持和加强牡蛎产业的经济影响提供了一个重要机遇，这是 100 多年来首次取代传统牡蛎加工工艺的新技术。目前这项技术也被应用于控制冷冻生鲜肉制品中的病原微生物（Fernández 等，2007；Realini 等，2011；Vaudagna 等，2012）。高压处理冷冻食品的优势可能是对产品品质的改良。众所周知，HPP 处理过程会导致未烹饪的冷藏食品发生褐变（氧合肌红蛋白转化为高铁肌红蛋白），引起蛋白质变性从而降低产品的持水能力。HPP 处理不会导致冷冻未烹饪食品变色，同时会降低食品中微生物的检出量（Fernández 等，2007）。

pH-偏移处理是上世纪 90 年代后期以来一直在开发的另一项技术（Undeland 等，2002），这项技术是基于肌原纤维蛋白在极端 pH、低离子强度条件下的可溶解性。通常，肌原纤维蛋白被归类为盐溶性蛋白而非水溶性蛋白。然而，Hultin 和 Kelleher（1999，2000）证明，当溶液的离子强度足够低（稀释）时，肌原纤维蛋白可以在水中溶解。然后，他们进一步研究了低离子强度溶液中肌原纤维蛋白在不同 pH 条件下的溶解性。结果表明，肌原纤维蛋白在低于 pH 4 和高于 pH 10 的溶液中可以完全溶解。他们还证明，即使经过 $10000\times g$ 离心后，上述溶解的肌原纤维蛋白仍能稳定地悬浮在溶液中。这是一个非常重要的发现，因为在上述离心力条件下，极易氧化的磷脂会沉淀下来。正是这一发现产生了多项与肌肉蛋白的酸溶性和碱溶性相关的专利（Hultin 和 Kelleher，1999，2000；Kelleher，2006；Hultin 和 Riley，2011）。通过沉降法可以把肌原纤维溶液中的胶原蛋白和骨骼等其他组分分离。除去杂质后，首先通过等电点沉淀法回收肌原纤维蛋白，进而通过过滤或低速离心（$3000\times g$）回收肌原纤维蛋白。pH-偏移处理最初被提出作为从小型、难加工鱼类中回收蛋白质或鱼骨、鱼皮等加工下脚料中回收肌原纤维蛋白质的方法。然而，随后的研究表明，采用 pH-偏移处理回收的蛋白质具有在不加盐的条件下形成凝胶的能力。目前的理论是，蛋白质的酸性或碱性溶解作用类似于盐的溶解作用，使蛋白质结构展开并暴露潜在的结合位点，从而促进凝胶化（James 和 Mireles Dewitt，2004；Kim 和 Park，2008；Raghavan 和 Kristinsson，2008；Ingadottr 和 Kristinsson，2010；Davenport 和 Kristinsson，2011）。因此，pH-偏移处理的潜在应用还包括低盐鱼肉重组制品或鱼糜的生产，以及将溶解的蛋白质直接注射添加到肌肉类食品中。综上所述，目前 pH-偏移处理主要应用于从难加工的低值鱼类中回收蛋白质，或用于改变蛋白质的功能以重新添加到海产品中。后者的目的是改良海产品的肉质或提高鱼肉在加工、贮藏和烹饪过程中的持水性。

盐水注射技术也见证了海产品加工的复兴。盐渍是熏制或干制海产品加工过程中一项历史悠久的传统工艺。盐渍也已经被用于虾壳的脱除和减缓扇贝的水分流失。自动化盐水注射机可以将盐水（盐）快速注入产品中，提高加工效率。在传统的盐渍和盐干加工过程中，需要考虑多种因素：合适的盐浓度、盐水成分和温度、产品脂肪含量、产品厚度、新鲜或冷冻产品。此外，对于高盐卤水，产品中水的渗出会导致高盐卤水的稀释，从食品安全角度来说可以防止大量盐分的摄入。所有以上因素都会影响最终海产品中的盐分含量。将盐水直接注入到产品中，可以去除许多处理过程中的这些变量。多年来，盐水注射技术一直被用于罐装食品、热熏食品和冷熏食品加工。然而，不同于提味或食品安全目的，盐水注射技术的一个新用途是保水。通过添加盐和/或磷酸盐来充分改变蛋白质的结构（肌原纤维蛋白的溶解作用），增强产品的持水力（Bendall，1954；Hamm，1961，1970；Offer 和 Trinick，1983），从而防止产品在加工和贮藏过程中的水分流失。此外，这种形式的盐水注射技术可以用于改良产品风味。通过添加营养成分（如 ω-3 脂肪酸）、抗氧化剂、抑菌剂等来改善产品营养组成，防止有效营养成分降解，延长产品的保质期（Vogel 等，2006；Mireles Dewitt CA 等，2007；Vann 等，2007；Cerruto-Noya 等，2009；Parsons 等，2011）。尽管低盐注射技术具有诸多有益的应用，但它也存在一个严重的缺点，这种技术也可以应用于经济欺诈。由于产品中盐含量不高，无法通过腌制风味进行分辨，所以加工商可能会试图利用这个过程向产品中注水。当向产品中注入盐水时，生产标签应明确注明盐水的成分和注水量。

目前正在使用或开发中的代表性技术还包括：气调保鲜包装（MAP）、软罐头包装、熏烟过滤和天然腌制技术。海产品的 MAP 被提议应用于海产品已有多年历史，大量研究表明，它可以抑制食品腐败和病原微生物。Sivertsvik 等（2002）最近发表的综述中讲到这种包装是利用控制气体（二氧化碳、氮气和氧气）比例的方式来达到贮藏保鲜的目的。在厌氧条件下包装海产品时，主要关注的致病微生物是 E 型肉毒杆菌（*Clostridium botulinum*）和非蛋白质水解的 B 型肉毒杆菌；应注意温度低于 10℃ 时，单核增生李斯特菌（*Listeria monocytogenes*）可以在厌氧、冷藏条件下生长。Sivertsvik 等（2002）报道，英国食品微生物安全咨询委员会得出的结论是产品在温度低于 10℃ 的条件下贮藏 10d 后，肉毒中毒的风险非常低，因此选择 10℃ 作为极限温度。如果保存期较长，他们建议建立 pH（≤5）、水分活度（≤0.97）和盐（>3.5%）等复合保鲜条件，以防止嗜冷肉毒梭菌（*C. botulinum*）的生长。二氧化碳填充包装通常是通过抽走空气，然后将混合气体充入包装中来实现。然而，这种方法会增大产品的空间，增加包装、运输和储存成本。Sivertsik 等（2002）还描述了其他的充气方式，包括真空包装中的干冰升华方式、利用碳酸钠和柠檬酸的反应或是在高压低温条件下将二氧化碳溶解到待包装产品中。

作为易拉罐的替代品，软包装越来越受欢迎（Khurana 等，2004）。软包装的材料成本比易拉罐包装成本便宜 4/5，而且轻薄的外包装可以节约 6/7 的运输空间。此外，软包装的热穿透效率高，可以有效降低热加工时间，从而提高产品品质。最后，软包装的外表面积大，方便产品标签的印刷。软包装工艺的技术创新包括可以直立放置的包装、顶部易开封且可微波加热的包装以及开袋即食的包装（www.kapak.com）。此外，Pyramid 软包装公司推出了一种自封软包装。这种软包装最高可耐受 135℃ 的高温。

向熏制金枪鱼、三文鱼、黑鳕鱼和鲱鱼中添加亚硝酸钠，不仅可以起到固色作用，而且可以增强盐对 E 型肉毒梭菌（*C. botulinum*）芽孢的抑制作用（Flick 和 Kuhn，2012）。然而，在过去的 10 年里，天然腌制技术取得了进展（Sebranek 等，2012）。这些产品中有许多标明“未腌制”或“未添加硝酸盐或亚硝酸盐”，然而，这并不意味着它们不含硝酸盐或亚硝酸盐。“天然腌制”一词没有被 USDA 定义和/或认可。其原理是利用具有硝酸盐还原作用微生物将天然来源的硝酸盐转化为亚硝酸盐，这一过程模仿了使用天然来源硝酸盐和具有硝酸盐还原作用天然微生物的古代肉类腌制过程。不同的是，天然腌制采用含有 3%（质量分数）硝酸盐的浓缩芹菜提取物和纯化的具有硝酸盐还原作用的微生物发酵产生亚硝酸盐，在 38~40℃ 的条件下持续发酵一段时间来保证将硝酸盐还原成亚硝酸盐，发酵完成之后再进行熏蒸处理。这个发酵时间可以通过“预转化”过程来缩短，即将浓缩芹菜提取物和微生物预发酵后再添加到产品中。最近，喷雾干燥的瑞士甜菜粉被用作芹菜粉的无过敏原替代品。过去十年中，这些“天然腌制”领域的技术创新已经被应用于加工肉制品中。然而，海产品行业是否正在利用这些已经商业化的硝酸盐或亚硝酸盐的“天然来源”尚不清楚，目前还没有关于使用天然腌制制作熏制海产品的研究报道。

采用熏烟过滤技术对新鲜金枪鱼、鲯鳅、枪鱼、剑鱼和罗非鱼进行保鲜和固色是美国海产品行业新进的技术创新。经过滤去除熏烟中的味道、气味和微粒，过滤熏烟中的一氧化碳可与血红素分子结合，使不稳定的红氧肌红蛋白分子转化成稳定的红羰肌红蛋白色素。与一氧化碳相比，过滤熏烟的一个优势在于其中含有酚类等其他化合物，有助于抑制产品中的微生物生长（Pivarnik 等，2011）。

13.8 结语

高附加值的概念在过去十年中不断演变，关注消费者需求和行业需求将是高附加值产品开发及其在市场上取得成功的关键。虽然罐装、烟熏和冷冻食品等传统产品将继续在海产品市场占据重要地位，但消费者对可持续性、本地支持和可追溯性等“价值”属性的新需求正在改变买卖双方之间的互动。海产品的营养健康功能将成为新产品开发的驱动力与产品卖点。全球对海产品需求的增加将主要通过水产养殖的增加来满足，水产养殖将持续增长且主要在发展中国家进行。高附加值产品与海产品安全之间仍然有着很强的相互作用，品质保持与安全保障新技术将强化这种相互作用。高附加值海产品的生产为企业家们和老字号公司提供了新的机遇，以应对未来在地方、区域和国际层面的市场挑战。

参考文献

Allen, J. H. (2006). Assessing the market dynamics of value - added agriculture and food busi - nesses in Oregon: Challenges and opportunities. Center for Sustainable Processes and Practices, Portland State University.

Anderson, P. D. and Wiener, J. B. (1995). Eating fish. *Risk versus Risk: Tradeoffs in Protecting Health and the Environment* (eds J. D. Graham and J. B. Wiener). Cambridge, MA: Harvard University Press, pp. 104, 123.

Andrews, L. S., DeBlanc, S., Veal, C. D. and Park, D. L. (2003). Response of *Vibrio para-haemolyticus* 03: K6 to a hot water/cold shock pasteurization process. *Food Additives and Contaminants*, 20 (4), 331-334.

Bang, H. O. and Dyerberg, J. (1980). Lipid metabolism and ischemic heart disease in Greenland Eskimos. *Advances in Lipid Research* 3, 1-22.

Bendall, J. R. (1954). The swelling effect of polyphosphates on lean meat. *Journal of the Science of Food and Agriculture*, 5 (10), 468-475.

Brown, P. L. (2012). For Local Fisheries a Line of Hope. NewYork Times (1 October). http://www.nytimes.com/2012/10/03/dining/a-growing-movement-for-community-supported-fisheries.html?pagewanted=all&_r=1& [accessed 3 June 2013].

Calik, H., Morrissey, M. T., Reno, P. W. and An, H. (2002). Effect of high - pressure processing on

Vibrio parahaemolyticus strains in pure culture and pacific oysters. *Journal of Food Science*, 67 (4), 1506-1510.

Cagan, J. and Vogel, C. M. (2002). *Creating Breakthrough Products*, Prentice Hall, Upper Saddle River, NJ.

Cerruto-Noya, C. A., VanOverbeke, D. L. and DeWitt, C. A. (2009). Evaluation of 0.1% ammo-nium hydroxide to replace sodium tripolyphosphate in fresh meat injection brines. *Journal of Food Science*, 74 (7), C519-C525.

Constance, D. H. and Bonanno, A. (2000). Regulating the global fisheries: the World Wildlife Fund, Unilever, and the Marine Stewardship Council. *Agriculture and Human Values*, 17 (2), 125-139.

Cooper, R. G. and Edgett, S. J. (2005). *Lean, Rapid, and Profitable New Product Development*, Product Development Institute, Ancaster, Ontario.

Cooper, R. G. (2001). *Winning at New Products: Accelerating the Process from Idea to Launch*, Basic Books.

Cousminer, J. (1999). *Practicing Culinology*, Food Product Design.

Davenport, M. P. and Kristinsson, H. G. (2011). Channel catfish (*Ictalurus punctatus*) muscle protein isolate performance processed under different acid and alkali pH values. *Journal of Food Science*, 76 (3), E240-E247.

Delgado, C. L., Wada, N., Rosegrant, M. W., Meijer, S. and Ahmed, M. (2003). *Fish to* 2020, World Fish Centre and International Food Policy Research Institute, Penang, Malaysia.

FAO (2012). *The State of the World Fisheries and Aquaculture*, Food and Agriculture Orga-nization, Rome, Italy. http://www.fao.org/docrep/016/i2727e/i2727e00.htm [accessed 3 June 21013].

FAO/WHO (2010). Joint FAO/WHO Expert Consultation on the Risks and Benefits of Seafood Consumption. FAO Fisheries and Aquaculture Report No. 978, Rome. http://www.fao.org/docrep/014/ba0136e/ba0136e00.pdf

Fernández, P. P., Sanz, P. D., Molina-García, A. D. *et al.* (2007). Conventional freezing plus high pressure-low temperature treatment: physical properties, microbial quality and storage stability of beef meat. *Meat Science*, 77 (4), 616-625.

Flick Jr,, G. J. and Kuhn, D. D. (2012). Smoked, cured, and dried fih. *The Seafood Industry*, 404-426.

Food Channel (2012). Top 10 trends in seafood. www.foodchannel.com/articles/article/top-10-trends-in-seafood [accessed 3 June 2013].

Fuller, G. W. (2011). *New Food Product Development: from Concept to Marketplace.* CRC Press.

Grobe, D., Sylvia, G. and Morrissey, M. T. (2002). Designing a culinology-based research and development framework for seafood products. *Journal of Aquatic Food Product Technology*, 11 (2), 61-71.

Hamm, R. (1961). Biochemistry of meat hydration. *Advances in Food Research*, 10, 355-463.

Hamm, R. (1970). Interactions between phosphates and meat proteins. Symposium: Phosphates in Food Processing, Avi Publishing, Westport, CT, p. 65.

He, H., Adams, R. M., Farkas, D. F. and Morrissey, M. T. (2002). Use of high-pressure processing for oyster shucking and shelf-life extension. *Journal of Food Science*, 67 (2), 640-645.

Hellberg, R. S., DeWitt, C. A. M. and Morrissey, M. T. (2012). Risk-benefit analysis of seafood consumption: a review. *Comprehensive Reviews in Food Science and Food Safety*, 11 (5), 490-517.

Hultin, H. O. and Kelleher, S. D. (1999). US Patent No. 6, 005, 073. US Patent and Trademark Offie, Washington, DC.

Hultin, H. and Kelleher, S.. (2000). US Patent No. 6, 136, 959. US Patent and Trademark Offie,

Washington, DC.

Hultin, H. O. and Riley, C. (2011). US Patent No. 8, 021, 709. US Patent and Trademark Offie, Washington, DC.

Ingadottir, B. and Kristinsson, H. G. (2010). Gelation of protein isolates extracted from tilapia light muscle by pH shift processing. *Food Chemistry*, 118 (3), 789-798.

James, J. M. and DeWitt, C. A. (2004). Gel attributes of beef heart when treated by acid solubilization isoelectric precipitation. *Journal of Food Science*, 69 (6), C473-C479.

Johnson, H. (2004). 2005 Annual Report on the United States Seafood industry.

Josupeit, H. (2012). World supply and demand of tilapia. http: //www. globefih. org/world-supply-and-demand-of-tilapia. html [accessed 3 June 2013].

Kearney, J. and Kearney, J. (2010). Food consumption trends and drivers. *Philosophical Transactions of the Royal Society B: Biological Sciences*, 365 (1554), 2793-2807.

Kelleher, S. D. (2006). *US Patent No.* 7, 033, 636. Washington, DC: US Patent and Trademark Offie.

Khurana, A., Awuah, G. and Charbonneau, J. (2004). Thermal processing considerations for retortable pouches: draft literature review. National Food Processors Association, Washington, DC.

Kim, Y. S. and Park, J. W. (2008). Negative roles of salt in gelation properties of fish protein isolate. *Journal of food science*, 73 (8), C585-C588.

Kromhout, D., Bosschieter, E. B. and De Lezenne, C. C. (1985). The inverse relation between fish consumption and 20-year mortality from coronary heart disease. *The New England Journal of Medicine*, 312 (19), 1205.

Magera, A. and Beaton, S. (2009). Seafood Traceability in Canada. http: //www. seachoice. org/wp-content/uploads/2011/09/Seafood_Traceability_in_Canada. pdf [accessed 3 June 2013].

Mireles DeWitt, C. A., Nabors, R. L. and Kleinholz, C. W. (2007). Pilot plant scale production of protein from catfih treated by acid solubilization/isoelectric precipitation. *Journal of food science*, 72 (6), E351-E355.

Mozaffarian, D. (2008). Fish and*n*-3 fatty acids for the prevention of fatal coronary heart disease and sudden cardiac death. *The American Journal of Clinical Nutrition*, 87 (6), 1991S-1996S.

Mozaffarian, D. and Rimm, E. B. (2006). Fish intake, contaminants, and human health. *JAMA: Journal of the American Medical Association*, 296 (15), 1885-1899.

Nesheim, M. C. and Yaktine, A. L. (2007). *Seafood Choices: Balancing Benefis and Risks*. National Academy Press.

Novak, T. (2003). Pressed for success. *Oregon's Agricultural Progress Magazine*, 58 (1): 30-35.

Offer, G. and Trinick, J. (1983). On the mechanism of water holding in meat: the swelling and shrinking of myofirils. *Meat Science*, 8 (4), 245-281.

Parsons, A. N., VanOverbeke, D. L., Goad, C. L. and Mireles DeWitt, C. A. (2011). Retail display evaluation of steaks from select beef strip loins injected with a brine containing 1% ammonium hydroxide. Part 1: Fluid loss, oxidation, color, and microbial plate counts. *Journal of Food Science*, 76 (1), S63-S71.

Pérez-Mateos, M., Boyd, L. and Lanier, T. (2004). Stability of omega-3 fatty acids in fortifid surimi seafoods during chilled storage. *Journal of agricultural and food chemistry*, 52 (26), 7944-7949.

Pietrowski, B. N., Tahergorabi, R., Matak, K. E., Tou, J. C. and Jaczynski, J. (2011). Chemical properties of surimi seafood nutrifid withω-3 rich oils. *Food Chemistry*, 129 (3), 912-919.

Pivarnik, L. F., Faustman, C., Rossi, S. *et al.* (2011). Quality assessment of filtered smoked yellowfin tuna (*Thunnus albacares*) steaks. *Journal of food science*, 76 (6), S369-S379.

Raghavan, S. and Kristinsson, H. G. (2008). Conformational and rheological changes in catfish myosin during alkali-induced unfolding and refolding. *Food Chemistry*, 107 (1), 385-398.

Realini, C. E., Guàrdia, M. D., Garriga, M., Pérez-Juan, M. and Arnau, J. (2011). High pressure and freezing temperature effect on quality and microbial inactivation of cured pork carpaccio. *Meat Science*, 88 (3), 542-547.

Sebranek, J. G., Jackson - Davis, A. L., Myers, K. L. and Lavieri, N. A. (2012). Beyond celery and starter culture: advances in natural/organic curing processes in the United States. *Meat Science*, 92 (3), 267.

Seminario, D. M., Balaban, M. O. and Rodrick, G. (2011). Inactivation kinetics of *Vibrio vulnificus* in phosphate-buffered saline at different freezing and storage temperatures and times. *Journal of Food Science*, 76 (2), E232-E239.

Shiu, S. E. (1999). Effect of high hydrostatic pressure (HHP) on the bacterial count and quality of shucked oysters. MS Thesis, Corvallis, OR.

Simopoulos, A. P. (1991). Omega-3 fatty acids in health and disease and in growth and development. *The American journal of clinical nutrition*, 54 (3), 438-463.

Sivertsvik, M., Jeksrud, W. K. and Rosnes, J. T. (2002). A review of modified atmosphere packaging of fish and fishery products - significance of microbial growth, activities and safety. *International Journal of Food Science and Technology*, 37 (2), 107-127.

Sloan, E. (2011). Top ten food trends. *Food Technology*, 65 (4): 24-41.

Thompson, M., Sylvia, G. and Morrissey, M. T. (2005). Seafood traceability in the United States: current trends, system design, and potential applications. *Comprehensive Reviews in Food Science and Food Safety*, 4 (1), 1-7.

Tobias, L. (2011). Oregon's Dungeness crab learn to fly to China for a whole new mar ket. http://www. oregonlive. com/business/index. ssf/2011/03/oregons_dungeness_crab_learn_t. html [accessed 3 June 2013].

Undeland, I., Kelleher, S. D. and Hultin, H. O. (2002). Recovery of functional proteins from herring (*Clupea harengus*) light muscle by an acid or alkaline solubilization process. *Journal of agricultural and food chemistry*, 50 (25), 7371-7379.

USDA (2012). *Dietary Guidelines for Americans*. http://www. cnpp. usda. gov/dietaryguidelines. htm [accessed 3 June 2013].

Vann, D. G. and Mireles DeWitt, C. A. (2007). Evaluation of solubilized proteins as an alternative to phosphates for meat enhancement. *Journal of Food Science*, 72 (1), C072-C077.

Vaudagna, S. R., Gonzalez, C. B., Guignon, B., Aparicio, C., Otero, L. and Sanz, P. D. (2012). The effects of high hydrostatic pressure at subzero temperature on the quality of ready-to-eat cured beef *Carpaccio*. *Meat Science*, 92, 575-581.

Vogel, B. F., Yin Ng, Y., Hyldig, G., Mohr, M. and Gram, L. (2006). Potassium lactate combined with sodium diacetate can inhibit growth of *Listeria monocytogenes* in vacuum-packed cold-smoked salmon and has no adverse sensory effects. *Journal of Food Protection*, 69 (9), 2134-2142.

第二部分　质量与安全

14 海产品质量评价

Jörg Oehlenschläger
Seafood Consultant, *Buchholz*, *Germany*

14.1 水生动物的质量评价为何繁琐而复杂?

鱼类和其他海产品的质量评估受到物种之间巨大差异和每个物种样本之间巨大差异的影响（Love, 1988），其重量和长度因年龄、成熟状态、捕鱼面积、季节和营养状况而变化。这意味着每个鱼类样本都是独特的，因此在分析鱼类之前，必须仔细考虑这种变化对结果和从中得出的结论是否至关重要，或者笼统的阐述是否是充分的（集合样本）。

大西洋鲭鱼（*Scomber scombrus*）就是这种差异的极端例子。鱼片的脂肪含量在产卵前为35%，产卵后仅为5%。当在产卵季节进行捕捞时，可以采集到脂肪含量在5%～35%的标本。这会导致严重的结果偏差，因为在不同样本间脂肪含量存在差异的同时，其他成分如水含量和亲脂有机污染物的浓度也可能不同。

在鱼体内，不同部位的基本成分如水、脂肪、蛋白质之间存在一定程度的差异，这些成分并不均匀地分布在可食用部分中，如在鱼的头、尾、背、腹等部位都有所不同。

评估水生动物所面临的挑战在于其被捕获或收获后，首先通过代谢（自溶），随后在微生物的作用下达到最终的腐败状态。根据腐败的不同状态，不同的分析方法（化学、物理、微生物和感官）可用于确定其变质程度。对于鱼来说，腐败的状态通常与在冰中保存天数有关。

此外，还可能存在各种特殊问题。水生动物可能含有寄生虫（如线虫、绦虫、吸虫），当这些寄生虫被人体进食时会影响人类健康（如茴香症）。此外，还可能导致过敏反应（Buendia, 1997）。处于海洋食物链顶端的具有较长寿命的食肉鱼类在其生命周期中可能积累超过限定标准的汞。在头足类和贻贝等软体动物的消化腺（肝胰脏）中会累积大量的镉（Oehlenschlaäger, 2002）。源于双鞭毛藻类的毒素可在双壳类软体动物中富集，人体摄入后可能引起多种疾病，如腹泻性贝类中毒（DSP）、麻痹性贝类中毒（PSP）、神经性贝类中毒（NSP）和遗忘性贝类中毒（ASP），而在鱼类中的毒素则可导致鱼肉毒中毒。

未经充分热处理并作为即食产品（如冷熏产品、渍鲑鱼片产品）食用的海产品存在固有的微生物风险。

来源于被人类活动所污染区域（如河流、近岸水域、河口以及与全球大洋不存在或存在有限水域交换的海域，如波罗的海、地中海、里海或黑海）的鱼类和其他水生动物可能会携带有机污染物（如二噁英、多氯联苯）。

来自世界某些地区的活水生动物可能携带对人类健康有害的病毒和微生物（如弧菌属），在销售由它们制成的产品之前，必须合理处理以清除这些病毒和微生物。

2001年，欧洲渔业部门对消费者对于监测质量的看法进行了一项研究，统计来自12个欧洲国家的453名参与者的调查结果得出结论，渔业部门亟须快速的方法来检测鱼类和鱼类产品的质量。这项研究的另一个结果是，测试工具，如测量颜色、质地或气味等的仪器并不能发挥全部作用。新鲜度和质量被认为是一个复杂的概念，不能用单一的属性来量化。感官评定的重要性已得到普遍认可，各种感官评价对质量控制非常重要。目前，在渔业部门，现有的感官测定方法和仪器工具已满足需求。此外，该研究强调了用于质量测定的小型手持式快检测试仪的需要（Jørgensen 等，2003）。

迄今为止，仅出版了几本关于海产品质量评估的图书和综述（如 Connell，1990；Sørensen，1992；Huss 等，1992；Botta，1995；Luten 等，1997、2003；Olafsdottir 等，1997a、1997b、2004；Rehbein 和 Oehlenschläger，2009；Ozogul，2010；Nollet 和 Toldra，2010）。

14.2 鱼类组成

14.2.1 简介

目前已知的鱼类品种超过30000种（FishBase 2012：32400种，299200个名称），是动物界最大的群体。然而，只有约700种鱼类和约200种甲壳类动物和软体动物被商业捕捞或养殖，用于食品生产。世界上海产品产量为1亿4000万t，其中大约40%为养殖产品。全世界捕捞和养殖的海产品数量由FAO每两年公布一次。

14.2.2 鱼类种类

鱼类可以分为不同的种类，例如根据栖息地分为海水鱼或淡水鱼（Oehlenschlager 和 Rehbein，2009）。一些物种，如欧洲鳗鱼和大多数鲑鱼物种可以在这两种环境中生存。其中淡水鱼的典型代表为：鲤鱼（*Cyprinus carpio*）、狗鱼（*Esox lucius*）、鲈鱼（*Perca fluviatilis*）、梭鲈（*Stizostedion lucioperca*）、丁鲅（*Tinca tinca*）；海水鱼的典型代表为：大西洋鳕（*Gadus morhua*）、狭鳕（*Theragra chalcogramma*）、平鲉（*Sebastes* sp.）、鲭鱼（*Scomber scombrus*）和鲱鱼（*Clupea harengus*）。根据它们的解剖形状可分为：圆形鱼类（横截面呈圆形），如绿青鳕（*Pollachius virens*）、鳕鱼和无须鳕（*Merluccius merluccius*）；横截面呈椭圆形的鱼类［金枪鱼、鲱鱼、鲑鱼（*Salmo* sp. 或 *Oncorhynchus* sp.）］；扁平鱼类，如鲽鱼（*Pleuronectes platessa*）、庸鲽（*Hippoglossus hippoglossus*）和川鲽（*Platychthys flesus*）；蛇形鱼类，如鳗鲡（*Anguilla* sp.）、七鳃鳗（*Lampetra* sp.）或海鳗（*Mureana* sp.）。

底栖鱼和中远洋鱼类是鱼类工业中经常使用的种类，其分类反映了它们主要的栖息地。底栖鱼类大多生活在靠近海底的地方（鳕鱼、扁鱼等），远洋鱼类一般在远洋中成群存在，如小肥种鲱鱼、鲱鱼（*Sprattus Sprattus*）和沙丁鱼（*Sardina pilchardus*）。

大多数商业物种属于硬骨鱼（*Osteichthyes*），其具有完全发育的骨骼。而部分鱼类骨骼不是附着在脊骨上，而是由肌肉中游离的硬化结缔组织形成的。鲨鱼和鳐鱼是软骨鱼类（软骨鱼类）的代表，它们没有骨头，而是具有软骨组织。

鱼类也可以根据其营养特性来分类，例如，根据它们在可食用部分（肌肉、鱼片）中的脂肪含量可分为四类：少脂鱼类、低脂鱼类、中脂鱼类和多脂鱼类。在某些鱼类中，它们的脂肪含量在不同的成熟度和营养状态可达 1%～30%。一些常见鱼类的总脂肪含量见表 14.1。与鱼类相比，所有种类的甲壳类和软体动物贝类只含有少量的脂类（1%～3%）。

表 14.1 不同种类海水和淡水鱼类肌肉组织总脂肪含量

脂肪类型	总脂肪含量/%（按湿重计）	商品名或通用名
少脂鱼类	<1	海水鱼：大西洋鳕、绿青鳕、黑线鳕、牙鳕、新西兰鳕、蓝令鱼、单鳍鳕、榴弹鱼、青牙鳕、安康鱼、柠檬鳎、阿拉斯加狭鳕； 淡水鱼：狗鱼、鲈鱼、梭鲈
低脂鱼类	1～5	海水鱼：白比目鱼、狼鱼、鲽鱼、无须鳕、黄盖鲽、灰鲻鱼、红鲻鱼、红鱼、灰鲽、鳎、大菱鲆、鲽； 淡水鱼：鳟鱼、鲈鱼、鲤鱼
中脂鱼类	5～10	海水鱼：红鱼、沙丁鱼、旗鱼、海鲷、鲶鱼、长鳍金枪鱼、角鲨、金枪鱼、海鳗、鲑鱼； 淡水鱼：鲷鱼
多脂鱼类	>10	海水鱼：南沙鳕、黑比目鱼、鲭鱼、鲱鱼、鳗鱼； 淡水鱼：鳗鲡

14.2.3 鱼肉

从头到尾伸展的鱼类肌肉群通常被称为鱼片。这种肌肉构成了鱼可食用部分的主体。鱼肉占总体重的 25%～60%，这取决于鱼片的加工方法（手工或机械加工）、鱼种、形状、年龄和鱼的生理和营养状况。

鱼肉由浅色和深色肌肉组成。浅色肌群用于快速、应激运动，其能量主要来自无氧糖酵解；深色肌群供血充足，富含肌红蛋白，由有氧代谢提供能量，用于连续游泳。因此，深色肌肉在快速游泳的远洋物种（鲱鱼、鲭鱼和金枪鱼）中发育良好。

14.2.4 营养成分

鱼肉蛋白含有丰富的必需氨基酸，具有很高的生物学价值。且结缔组织含量低，易于消化，与结缔组织含量为 10%～13% 的温血动物相比，鱼肉中结缔组织含量低了 1%～2%。

鱼肉中非蛋白氮（NPN）含量较高。主要成分是肌酸（200～700mg/100g）、氧化三甲胺（TMAO）（100～1000mg/100g）、腺苷核苷酸（200～400mg/100g）、游离氨基酸和二肽。软骨鱼中还含有大量的尿素，其 NPN 组分含量大于 400mg/100g 鱼组织，占鱼组织总氮量的 15%。

鱼类蛋白质含量几乎是恒定的，但在脂质数量和脂肪酸组成上有很大的差异。在脂肪含量低或中等的鱼类中，脂质主要分布在肝脏中储存用于供能；在高脂肪鱼类中，脂质以皮下层的形式沉积在肌肉组织中或者堆积于肠道中。

海洋鱼类脂质与陆地动物和植物的脂类不同，其主要原因在于它们含有 $n-3$ 系列的长链高度不饱和脂肪酸，即二十碳五烯酸［20：5（$n-3$）］和二十二碳六烯酸［22：6（$n-3$）］，以及具有很高营养价值的多不饱和脂肪酸（PUFA）。高脂肪含量鱼类中的多不饱和脂肪酸含量很高：鲱鱼、鲑鱼和金枪鱼中含量>2g/100g，鲭鱼中含量>4g/100g。鱼肉的胆固醇含量一般较低（35mg/100g）（Souci 等，2008）。而虾和对虾（-200mg/100g）、头足类（>200mg/100g）和鱼类性腺（>500mg/100g）及其制品（如鱼子酱）的胆固醇含量较高（Oehlenschlaäger，2006）。

14.2.4.1 维生素

鱼体内的维生素含量在同一物种内随着年龄、大小、性别、季节、饮食、健康状况和地理位置的不同而存在较大差异。而在养殖鱼类中，鱼体内的维生素含量反映了鱼类饲料中相应成分的组成。

鱼肝富含脂溶性维生素（维生素 A、维生素 D、维生素 E 和维生素 K）。深色肌群比浅色肌群含有更多的脂溶性维生素。鱼和鱼制品通常被认为是维生素 D 最重要的天然食物来源：鱼肉中脂肪含量越高，维生素 D 含量越高。鱼肉中维生素 E 的含量不高，只是维生素 E 的低至中等的天然食物来源。

鱼的深色肌肉中的水溶性维生素含量高于浅色肌肉。鱼肉是核黄素（维生素 B_2）中等含量的天然食物来源。只有几种鱼类的深色肌肉、鱼卵和肝脏含有较高浓度的核黄素。

少脂鱼类的烟酸含量比鲭鱼、鲑鱼和金枪鱼等高脂肪鱼低。高脂肪鱼的肝脏、鱼卵和精子中存在大量烟酸。

鱼和贝类是维生素 B_6 的很好来源。鲭鱼、鲱鱼、金枪鱼、沙丁鱼和三文鱼都富含该维生素，且鱼肝中含量较高。海洋食品是维生素 B_{12} 的重要食物来源，在其肝脏和心脏中含量较高。深色肌肉比例高的鱼，如鲱鱼和鲭鱼，相比鳕鱼和扁鱼含有更多的维生素 B_{12}。（Ostermeyer，1999；Ostermeyer 和 Schmidt，2006；Kim，2010）。

14.2.4.2 矿物质

两种存在于海洋鱼类中的最重要的元素是必需元素硒和碘（Oehlenschlager，2010a，2010b）。鱼类是该元素唯一的主要天然来源。欧洲人的饮食中这些必需矿物质供应不足，因此通过定期饮食摄入鱼类补充这些元素是非常重要的。海水鱼还含有其他一些微量元素如锌、铬、钒、钼和锰。牡蛎和章鱼也是含锌最丰富的食物来源（高达 100mg/kg）（Carvalho 等，2005）。

14.3 鱼类新鲜度

14.3.1 什么是鱼类新鲜度，如何定义？

与鱼有关的“新鲜度”一词一直广受关注（《洛杉矶时报》，1990）。相关的书籍（Botta，1995；Olafsdottir，2007b）和许多论文已经出版。《韦氏词典》（*Merriam Webster*，

2012）中“新鲜”被定义为“新事物的品质或吸引力”，同义词是新的、独创的，反义词是过时的、陈旧的。

作为三年共同行动的结果，Oehlenschlager 和 Sorensen（1997）指出，鱼类的新鲜度意味着，鱼类的全部属性与其在生存状态下的特性差异不大，或者说自捕捞或收获以后只经过了很短的一段时间。

鱼被捕获后，其特有的味道和气味化合物在冰中贮藏的最初几天就消失了，鱼肉暂时变得几乎没有味道和气味。从捕获/屠宰到鱼失去最初的新鲜特性（如甜味）的时间被定义为“新鲜期”。“保质期”是指食品适合人类食用的时间。由于估计的不确定性，应谨慎使用保质期和新鲜期这两个术语。各种因素都会影响鱼肉的保质期和新鲜期，如鱼的种类和处理方式（Matís，2012）。

Bremner（1997）指出，新鲜度更多的是一个概念，而不是一个可以直接测量的对象。因此，使用这一概念和使用这个词本身需要根据其使用的上下文仔细界定。这些定义可以是广义的，也可以是狭义的，需要根据具体情况精心构建。

后来，Bremner 和 Sakaguchi（2000）发表了两种不同的方法来定义新鲜度这一复杂现象，他们指出，在哲学上有两种不同的方法用来考虑“新鲜度”：

（1）“新鲜度”被认为是鱼所拥有的一些不可言喻的特性。

（2）“新鲜度”是鱼具有的各种确定特性的结果。

第一种方法是有效的，但它只能引导一个方向，即“新鲜度”必须通过心理测量来评估。因此，感官评价方法是强制性的，可以使用感官评价小组来直接评估新鲜度。第二种方法认为鱼具有多种特性，可以通过各种方法进行评估，这种方法更实用，不会造成类似的困难。出于实用的目的，虽然这些属性不是“新鲜度”，但可以作为“新鲜度”的指标（可测量参数）。尽管这是一个技术解决方案，但考虑到上述因素，如果定义明确，术语一致，这是一个非常实用的解决方案。“使用新鲜度时，必须仔细定义，使其范围考虑到濒死环境。这意味着，在特定情况下，新鲜度必须由用户或研究人员定义。”

14.3.2 新鲜度与质量的关系

新鲜度对鱼和水产品的质量有很大的影响。对于各种产品，加工原料的新鲜度对最终产品的整体质量至关重要。用新鲜度差的原料加工出高质量的产品是不可能的。可能有人认为，对于一些成熟的渔业产品，更倾向于使用不是完全新鲜的鱼类以获得所需的特性。然而，仔细观察这些产品可以发现，用于可控变质（成熟）加工过程的原料必须处于良好的新鲜状态。对于加工某些特定的产品，精心设计的老化和精准控制的熟化也强烈依赖于初始原料的完美新鲜度，以保持整个过程处于受控状态。

然而，“新鲜度”并不一定意味着质量。例如，鲜鱼（甚至活鱼）可能因为一些特性而影响或限制其直接作为人类消费或高品质产品的原料：如寄生虫、营养价值不高、含水量过高、腐败、污染物、毒素、重金属和机械损伤等。因此，虽然新鲜度是质量控制的关键，但它本身并不是质量因素的必要条件。

新鲜度和所有有助于控制质量的其他指标必须很好地平衡，以形成一个整体质量令人满意的产品。

除新鲜度外，许多其他参数也有助于提高海鲜类产品的质量，如感官特性（味道、气味、质地、外观）；长期可用性/可处置性；安全性；便利性；吸引人的包装、颜色和图片；诱人的价格；与标准和立法的一致性、统一性和协调性；营养特性；伦理特征（致晕和屠宰）；种族（清真、犹太）限制。

14.3.3 鱼类新鲜度测定的一些指标

根据 Bremner 和 Sakaguchi（2000）的第二个定义，可以定义和制定一套新鲜度指标。以冰中湿鱼（新鲜、未加工、未冷冻）在被视为完全新鲜时所具有的特性来定义以下指标（Oehlenschlager 和 Sorensen，1997；Olafsdottir，2007a）：

（1）死后僵直　被视为新鲜的鱼应该是处于死后僵直前期、死后僵直期或刚过死后僵直期的；它必须是“新的”，这意味着从收获或捕获到销售（拍卖）和消费或加工成最终产品（包括冷冻）之间经过的时间应该尽可能短。

（2）感官　如果根据欧盟（EU）质量分级方案进行分级，则最好是额外的“E”级或更高的“A”级质量。食用部分烹调样品的感官评估应具有所有属性的高分，如外观、风味、气味、滋味、颜色和质地等指标。每种鱼类都有其特有的风味、外观、气味和质地的感官属性；这些属性在收获后随时间和温度的变化而变化；感官方法的选择取决于感官评估的目的以及是否用于进料控制、产品开发、质量控制，消费者研究。

（3）挥发性物质　三甲胺（TMA）、二甲基胺（DMA）或总挥发性盐基氮（TVB-N）等基本挥发物的含量较低，氧化三甲胺（TMAO）的含量较高。新鲜气味（植物、黄瓜和蘑菇的特征）浓度很高，而腐败气味（胺）很低；无典型的鱼腥味。

（4）物理指标　pH 明显低于 7.0，测得的阻抗较高，显微结构完整；新鲜鱼的机械性能一般在僵硬后测得；弹性降低，肉质软化；外观：肉质半透明，后期不透明。

（5）微生物　只有少量微生物存在于皮肤和鳃上，肌肉是无菌的；微生物菌群中特定腐败菌的比例和活性决定了剩余的保质期（新鲜度）。

（6）ATP 和 ATP 分解产物　*K* 值较低；*K* 值随死后时间增加——然而，该参数对于每个物种和条件都必须检测；没有明显的分解或腐败迹象（自溶或微生物）。

（7）蛋白质　蛋白质水解率低。

（8）脂质　脂质中抗氧化剂与促氧化剂的比值高，肌肉处于脂质氧化受到抑制的状态。

不存在可感受的或可测量的明显分解或腐败（自溶或微生物）迹象；蛋白质、脂类和非蛋白氮（NPN）化合物完好无损；降解产物仅存处于痕量剂量。

14.4 感官方法

质量感官评估可应用于海产品研究、保质期测定、渔业质量控制、产品开发、监管目的和消费者研究。所有用于食物的感官测试均适用于海鲜和海鲜产品的感官评价。客观感官评定可分为两类：区别性测验和描述性测验。区别性测试用于确定样本之间是否存在差异（如三角形测试、排序测试）。描述性测试用于确定差异的类型和强度（如剖面分析和质量测试）。主观测试是一种基于消费者偏好或喜好的情感测试（享乐测试）。一些感官评定方法，如欧盟质量分级方案、托里（Tory）方案和质量指标法（QIM）是专门为鱼类产品开发的方法（Martinsdottir 等，2009a，2009b）：

14.4.1 欧盟质量分级方案

通过全鱼外检对鱼进行质量分级可使不同质量的原材料可用于不同的用途和产品。然而，与可测量属性的关联是困难或不可能的。这里列举了欧盟质量分级中鲜鱼分级的一个方案，该方案在 1996 年 11 月 26 日的欧盟理事会第 2406/96 号条例（Anonymous，1996）中规定，该条例规定了某些渔业产品的共同销售标准。这一规定必须在第一个销售点（如拍卖场）实施。鱼被分为三种新鲜度类别（E、A 和 B）；不符合标准的鱼不被允许食用。

本法规中的新鲜度等级适用于以下产品或产品组，具体参考每种产品或产品组的评估标准：

- **白鱼**（黑线鳕、鳕鱼、绿青鳕、狭鳕、平鲉、牙鳕、新西兰鳕鱼、无须鳕、乌鲂、鮟鱇鱼、条鳕、泥鳅、棒鲈、康吉鳗、红娘鱼、鲻鱼、鲽鱼、鳞鲆、鳎、黄盖鲽、小头油鲽、褐牙鲆、带鱼）。
- **青鱼**（长鳍金枪鱼、蓝鳍金枪鱼、大眼金枪鱼、蓝牙鳕、鲱鱼、沙丁鱼、鲭鱼、马鲭鱼、鳀鱼）。
- **鲨类**（狗鲨，鳐）。
- **头足类**（乌贼）。
- **甲壳类动物**（虾类、挪威龙虾）。

在白鱼的分级方案中，评估了白鱼的皮肤、皮肤黏液、眼睛、鳃、腹膜（在有内脏的鱼中）、鳃的气味和肉的质地，从而根据这一复杂的评估结果给出一个分数。

主要的争议在于欧盟的计划没有考虑到个别物种的具体腐败模式，也没有对检查员进行强制性培训。此外，三个新鲜度等级太粗糙，不能与冰藏的时间关联起来。1992 年，欧盟评分制度出版了 12 种欧洲语言的多语种词汇表（Howgate 等，1992 年）。尽管这项计划广受批评，但目前这项计划仍在使用中。表 14.2 中摘录了针对白鱼感官评价的欧盟评分制度。

表 14.2 针对白鱼的欧盟评分制度（覆盖 24 个种类）

部位	标准			
	新鲜等级			不能使用
	特级	A 级	B 级	
皮肤	色泽明亮有光泽（红鱼除外）或乳白色；无变色	色泽明亮但无光泽	变色或褪色；浑浊	浑浊
皮肤黏液	透明的	略带云雾状	乳白色	黄绿色、黏液不透明
眼	凸出；黑亮的瞳孔；透明的角膜	凸出，稍凹陷；黑暗瞳孔；稍乳白色角膜	扁平；乳白色角膜；不透明的瞳孔	中间凹陷；灰色瞳孔；乳白色角膜
鳃	颜色鲜艳；无黏液	颜色较浅；黏液透明	棕色/灰色；黏稠、不透明黏液	淡黄色；乳状黏液

资料来源：© European Union，http://new.eur-lex.europa.eu/。

14.4.2 熟鱼片的托里（Torry）方案

鱼片的感官评价，一般使用不加盐和香料的方法烹调鱼片以评价鱼片的气味、味道和质地。第一个详细的鳕鱼新鲜度评价方案是托里量表，它是评价熟鱼新鲜度最常用的工业量表。托里量表是一种描述性的 10 分量表，已被用于少脂鱼、中脂鱼和多脂鱼的描述评价。评分从 10 分（味道和气味都很新鲜）到 3 分（变质）。一般认为，对于 3 分以下的描述评价是多余的，因为 3 分以下的鱼不再适合食用。当感官小组检测到明显的变质特征时，平均得分为 5.5，被用作可食性的限量。

14.4.3 质量指标法

质量指标法（QIM）是海产品新鲜度分级系统，源自塔斯马尼亚食品研究部门最初制定的方案（Bremner，1985）。在研究中，QIM 被广泛用作一种参考方法，但是，用这种方法代替欧盟分级的方案却很少，在渔业部门也较少实施。

与其他感官评价方法相比，QIM 具有快速、低廉、无损、客观等优点。由于该方法包括指导和规程而易于使用，是一种指导缺乏经验的人评估鱼类以及培训和监测小组成员表现的方便方法。由于质量指数（QI）设计为随贮藏时间（冰中天数）线性增加，因此该信息可用于生产管理（Hyldig 等，2010b）。

QIM 以海产品在冰中贮藏时发生的特征变化为基础，将外观变化（如眼睛、皮肤和鳃）、气味和质地变化得分从 0~3 分分布。此外，对去内脏鱼的血液和鱼片（切面）的颜色进行了评估。对于一些未去内脏的鱼类，可以评估肠道的分解。在 QIM 方案中，每个参数的每个得分都使用简明、简单和简短的关键字进行描述。QIM 方案中的每个参数都由每个小组成员分别独立评估。得分为零的描述应是捕捞/收获当天参数的特征，而在贮藏后期给出的更高分数反映该参数的变化。

例如，鱼类的眼睛形状参数用三个分数来描述，这三个分数反映了在冰中贮藏期间眼睛形状的变化。在贮藏的最开始，眼睛是凸面的（得分 = 0），然后变平（得分 = 1），最后是凹陷或凹陷的（得分 = 2）。

通常，一个 QIM 方案中的参数数量约为 10 个，每个参数有 2~4 个评分类别。否则，评估员的评估难度增大，并可能需要太多的评估时间。当方案中所有参数的评分结束后，对所有特征的分数进行汇总，得到一个整体的感觉评价分数，称为质量指数（QI）。应科学开发各个物种的 QIM 方案，使质量指数与冰存时间成线性增长。

目前，文献提供了关于大西洋鳕（*Gadus morhua*），鲱鱼（*Clupea harengus*），大西洋鲭鱼（*Scomber scombrus*），竹荚鱼（*Trachurus trachurus*），欧洲沙丁鱼（*Sardina pilchardus*），解冻的整条鳕鱼、解冻的鳕鱼片、解冻的熟鳕鱼片（*Gadus morhua*），平鲉（*Sebastes mentella/marinus*），深水虾、峡湾虾和去皮虾（*Pandalus Buriales*），鲽鱼（*Pleuronectes platessa*），菱鲆（*Rhombus laevis*），黄盖鲽（*Limanda limanda*），黑线鳕（*Melanogrammus aeglfinus*），绿青鳕（*Pollachius virens*），鳎（*Solea vulgaris*），大菱鲆（*Scophthalmus maximus*），金头鲷（*Sparus aurata*），养殖大西洋鲑鱼（*Salmo Salar*），冷冻鳕鱼（*M. capensis* 和 *M. Para-doxus*），无须鳕（*Merluccius merluccius*），章鱼（*Octopus vulgaris*），鳕鱼片（*Gadus morhua*），牙鲆

(*Paralichthys patagonicus*)，气调和 MA 包装的大西洋鲱鱼（*Clupea harengus*），欧洲鳀（*Engraulis encrasicholus*），乌贼（*Sepia officinalis*），宽尾短鳍鱿鱼（*Illex coindettii*），养殖庸鲽（*Hippoglossus hippoglossus*）的评价标准。在 QIM EuroFISH（QIM EuroFISH，2012）的主页上可以找到许多 QIM 方案和有关 QIM 方案开发的参考方案和相关文献。Hydig 等最近也发表了两篇关于鱼类的感官质量和 QIM 的论文（2012a）和 Hydig（2012b）。

14.5 化学方法

14.5.1 挥发性盐基氮（TVB-N）、氧化三甲胺（TMAO）、三甲胺（TMA）、二甲胺（DMA）等传统方法

14.5.1.1 总挥发性盐基氮（TVB-N）

是海洋鱼类在经过最初的新鲜阶段后产生鱼腥味的特征物质。大多数消费者认为这种胺类气味通常是鱼类的典型气味，而消费者对“喜欢”或“不喜欢”的决定很大程度上取决于这些胺类在水产品中的浓度。然而，除了氨和不易挥发的 TMAO 外，新捕获的海鱼中的胺类物质是非常低的，仅在贮藏后期根据鱼种、温度、时间、卫生制度、微生物作用和其他因素而增加。与腐败最相关的胺类物质包括氨、二甲胺（DMA）、三甲胺（TMA）、氧化三甲胺（TMAO，是 DMA 和 TMA 的主要来源）以及挥发性盐基氮（TVB-N 或 TVN）；其中，挥发性盐基氮被认为是不同比例的氨态氮、DMA-N 和 TMA-N 的总和。目前已经有大量文献报道了挥发性盐基氮的形成和检测，包括 TMAO 的形成过程（Howgate，2019，2010a，2010b）；Oehlenschlä ger1997a，1997b）。

当腐败微生物进入肌肉组织时，胺（尤其是 TMA）的含量增加，微生物开始降解小分子物质和蛋白质。根据鱼类种类和贮藏温度的不同，大约 10d 以后微生物对肌肉组织的作用导致胺的增加。从这一点上讲，胺的形成遵循指数函数，可以用作衡量腐败程度的指标。因为在冰中贮藏的前 10d，胺（除了 TMAO，TMAO 也被自溶过程降解）的浓度几乎保持不变，不能作为新鲜度指标。胺类的测定已被证明对许多物种和产品有效，并可以用于立法。

TVB-N 仍然是鱼类行业最常用的质量评估方法。它经常被用作对来料进行粗略的质量检查。在整鱼的冷藏试验中，TVB-N 的含量在冷藏第一周通常保持在刚捕获时的水平，甚至会由于其成分之一——氨被冰水溶出而略有降低。随后，TVB-N 含量逐渐增加并达到 30~50mg/100g（适合人类消费的临界值）。TVB-N 的检测，在小型高脂远洋物种中只可以有限地使用。在这些物种中，有时似乎识别不到 TVB-N 的形成（显然所有形成的化合物都被析出），因为只能检测到极少量的 TVB-N。对于 TVB-N 来说，可以做出与 TMA-N 相同的表述：它是一个很好的腐败指标（比 TMA-N 稍差），但不能用作新鲜度指标。当用作腐败指标时，应始终通过感官评估来检查得出的结论。

在欧盟（Anonymous，2005）有一项法规规定了某些渔业产品的 TVB-N 限值和所使用的分析方法。根据规定，如果感官评价怀疑鲜度有问题，且化学检测发现 TVB-N 含量已超过下列限量，未经加工的水产品视作不适合人类食用：

a 类：平鲉属（*Sebastes* spp.）、黑腹无鳔鲉（*Helicolenus dactylopterus*）、菖鲉（*Sebastichthys capensis*）——肌肉中 TVB-N 不超过 25mg/100g。

b 类：鲽科（Pleuronectidae）［不含庸鲽属（*Hippoglossus* spp.）］——肌肉中 TVB-N 不超过 30mg/100g。

c 类：鲑（*Salmo salar*）、无须鳕亚属、鳕亚属——肌肉中 TVB-N 不超过 35mg/100g。

可用于检查 TVB-N 限值的常规方法是 Conway 和 Byrne（1933）提出的微量扩散法、Antonacopoulos 和 Vyncke（1989）提出的直接蒸馏法和三氯乙酸脱蛋白质蒸馏法。用于测定鱼和水产品中 TVB-N 浓度的参考方法涉及高氯酸脱蛋白质提取物的蒸馏。该程序适用于 TVB-N 浓度为 5~100mg/100g 的样品。蒸馏必须使用符合本法规图表的仪器进行。Vyncke（1995）用鳕鱼眼液代替鱼肉进行 TVB-N 的测定，发现该方法也适用于鳕鱼（*Gadus morhua*）。

14.5.1.2 氨

冰藏海鱼中的氨含量最初保持在与刚捕获的鱼相同的水平（10mg/100g）。在小鱼中，由于浸出的作用，氨含量在这一阶段下降。在第 7~12 天（取决于物种），可以观察到氨的增加。这种增长在整个剩余的贮藏时间内持续存在，但不同个体之间差别较大。氨是一种较差的新鲜度指标，不能作为一种有效的腐败指标。

14.5.1.3 DMA-N

含有氧化三甲胺脱甲基酶（TMAOase）和缺乏 TMAOase 的鱼中 DMA 的含量差异很大。在含有 TMAOase 的鱼（鳕科，如鳕鱼、黑线鳕、牙鳕）中，由于 TMAO 降解为 DMA 和甲醛，在冰藏的第一周，DMA-N 含量从 0.1mg/100g 稳定增加到 4~7mg/100g。通常可以观察到增长的突然停止，随后的贮藏阶段显示 DMA-N 含量维持在 6mg/100 克左右。DMA-N 在初始状态增长，在约 7d 左右，由于氧抑制了产生 DMA 的氧化三甲胺脱甲基酶，而停止增长。在贮藏的第一阶段，鱼的肌肉保持完整；但在后期，由于自溶过程和微生物作用的开始，鱼的肌肉变得多孔，使氧自由基有可能扩散到肌肉组织中。

在这些物种中，DMA-N 可作为贮藏第一阶段的优良新鲜度指标。在缺乏这种酶的鱼类中，在冰藏过程中不会形成 DMA-N。

14.5.1.4 TMA-N

与氨类似，TMA-N 含量在微生物尚未开始作用的前 10d 左右保持在初始水平，此时 TMA-N 主要由 TMAO 分解形成。从新鲜鱼贮藏的第 10 天起，TMA-N 持续增加，直到鱼完全变质。由于 TMA 在所有海洋鱼类中都具有普遍产生，因此它是一个很好的用来指示腐败开始和腐败不同阶段的指标。TMA-N 不能用作新鲜度指标，因为在冰藏中的第 0 天至第 10 天之间，它不能提供冰藏天数的信息。最近，一种用于检测 TMA 的微电导生物指示剂（电子鼻）的研制已经发表，TMA 是一种评价鱼类新鲜度的良好参数。生物传感器由两部分组成：微电导传感器和黄素单加氧酶 3（FMO3）的结构化酶膜，该酶对 TMA 具有敏感性和选择性（Fillit 等，2008）。

14.5.1.5 TMAO-N

TMAO-N 是唯一一种在冷藏过程中浓度降低的胺。在冰藏实验中发现，它的下降几乎是线性的。在 TMAO-N 浓度为零时，TMA-N 的产生仍在继续。很明显，鱼类中存在除 TMAO 以外的 TMA-N 来源。TMAO-N 含量可作为某些海洋物种的新鲜度和腐败程度的指标。然而，由于必须知道新鲜捕获鱼中 TMAO-N 的浓度，因此该指标仅限于一些知名的、描述良好的和生化特征被鉴定的物种。

海洋鱼类中存在的胺可以通过许多不同的方法测定，这些方法在文献中都有很好的记载。如果鱼类物种含有 TMAOase，只有 DMA-N 于贮藏的第一阶段可作为新鲜度的指标。因为在贮藏过程中，软骨鱼的氨是由尿素分解形成的，因此氨只能有限地用于软骨鱼外的鱼类品种。如果没有感官评估结果时，TMA-N 和 TVB-N 都是很好的腐败的指标。但是作为新鲜度指标时，因为它们在冷藏的前 8~14d 内保持不变，因而使用价值有限。除单独胺类物质外，一些数学变换值（TMA 指数）或 TMA-N 与 TVB-N 之间的商均可作为有效的质量标准。然而，经仔细研究这些替代方法并没有证明比传统方法更有优势。

14.5.2 生物胺

鱼类和贝类死后组织中特定氨基酸通过脱羧作用形成生物胺。鱼类的生物胺主要由与海产品有关的各种微生物释放的外源酶作用产生；此外，鱼类或贝类组织中自然产生的内源性脱羧酶也可能起作用。组胺、腐胺、尸胺、酪胺、色胺、β-苯乙胺、精胺和亚精胺是海产品中最主要的生物胺。

对沙丁鱼（*Sardina pilchardus*）、大西洋马鲛鱼（*Trachurus Trachurus*）、竹鲭鱼（*Scomber japonicus*）和大西洋鲭鱼（*Scomber scombrus*）在室温（20~23℃）和冰藏期间（2~3℃）使用生物胺（如组胺、尸胺、腐胺和胍丁胺）进行质量评价的可行性研究表明：不管贮藏温度如何，在所有物种中组胺、尸胺和腐胺的含量随着降解过程的进行逐渐增加，且在室温贮藏 24h 后达到适用于人类消费的最大限值。相比之下，在第 7 天之前，冷藏鱼中的胺产生数量较低；组胺浓度缓慢增加，之后虽然可观察到显著增加，但通常低于 100mg/kg。鱼类品质变化的评价表明，生物胺浓度与鱼类分解程度无相关性。因此，使用组胺或其他胺作为研究鱼类的新鲜度指数被认为是不准确的。因此，通过可见的分解信号保护消费者免受有害生物胺作用的提议似乎是值得怀疑的（Mendes，2009；Ruiz Capillas 和 Jimenez Colmenero，2010）。冷冻鱼可以显著减少细菌数量，但不会抑制冷冻前产生的脱羧酶的活性。目前测定食品（包括海鲜）中生物胺的分析方法在 Önal（2007）的综述中被详细展示。

14.5.3 *K* 值

ATP（腺苷三磷酸）和相关产物的分解程度用 *K* 值表示，被定义为肌苷和次黄嘌呤含量占 ATP 相关化合物总量的百分比（Saito 等，1959）：

$$K\text{值}(\%)=\frac{(Ino+Hx)}{(ATP+ADP+AMP+Ino+Hx)}\times 100$$

K 值是鱼类在低温贮藏期间与时间呈线性函数关系的一种指数，在日本被广泛用作估计鱼类新鲜度的商业指数。由于大多数鱼类死亡后 ATP 迅速降解为 IMP，且在贮藏过程中保持很低的含量，因此人们提出了不需要测定 ATP、ADP 或 AMP 的其他指标来评价鱼类的新鲜度。这些新鲜度指数的有效性取决于被检测的鱼种。

日本研究人员将 20% 的 *K* 值定义为生鱼（生鱼片级）的消费极限。据报道，几个物种在冰中达到这个值的时间范围为 1d［太平洋鳕鱼（*Gadus macrocephalus*）］至 14d［尖齿鳗鱼（*Mureneox cinereus*）和飞鱼（*Cypselurus opisthopus hiraii*）］。在养殖鱼中，不同批次鲈鱼的周期为 3~4d，海鲷的周期为 7~8d，塞内加尔比目鱼的周期为 8~10d。

基于 ATP 降解的 *K* 值或其他相关值被认为是评价冷冻温度以上鱼类新鲜度的最佳方法。在许多鱼类物种中，*K* 值的增加在极早期即可被检测，其最大值和增长率保持稳定，且与许多鱼类的感官评价密切相关（Tejada，2009）。

14.6 物理方法

14.6.1 pH

测量肌肉匀浆液中的 pH 或直接在肌肉组织中使用注射电极测量 pH 是评估海产品质量的最简单方法。捕鱼后，基于多种因素，如种类、压力和营养状况，鱼肌肉的 pH 在 5.8~6.5。在冰藏过程中，pH 逐渐升高，在 7.5~8 达到变质值。通常，当鱼肌肉中的 pH 达到或超过 7.0 时，即达到可食用的临界值。pH 并不是新鲜度和/或变质的好指标。不同样品之间的 pH 变化太大，因此无法从单个值计算相关性。然而，一篇关于冷藏过程中新鲜度和 pH 之间关系的综述论文声称 pH 是指示新鲜度的可靠工具，而不是其他固有许多不确定性的感官评价方法（Abbas 等，2008）。

14.6.2 眼液折射率

通常，鱼眼在鱼体被捕获后不久就会发生巨大的变化，因此通过鱼眼的外观判断新鲜度已经被消费者和贸易界广泛使用。失水和膜通透性增加会降低眼压，导致模糊和/或透光特性。由于可溶性成分浓度的增加，眼睛的变化会影响光线的折射特性。因此，可以用鱼眼的折射率来测定新鲜度。目前该方法的应用报导数量不多，最近有报道将该方法应用于沙丁鱼（Gokoglu 和 Yerlikaya，2004）和凤尾鱼（Yapara 和 Yetimb，1998）的检测。

14.7 仪器方法和自动化

理想情况下，测定海产品质量的首选仪器方法应成本低，便于无科学教育背景的人员操作，无损伤，能够测量从捕获（收获）到腐败的整个过程中新鲜度和腐败程度，且适用于所有种类和所有类型的海产品，但实际上满足上述所有需求的方法是不存在的。现有的仪器方法多是近似或接近理想仪器的方法。然而，结合不同仪器和不同原理的测量结果，并将其与 QIM 的外观、气味和质地等属性的感官评分进行校准，能够获得一种与 QIM 感官评分一样准确、精确的人工质量指数（AQI）。研究结果为确定鱼类质量的多重传感器装置的构建和工业开发提供了依据（Olafsdottir 等，2004）。Nilsen 等（2010）发表的综述介绍了一些用于测定海产品基本成分的快速方法（近红外光谱法、成像光谱法、核磁共振光谱法和 X 射线成像法）。

14.7.1 费斯特测试仪和托里米计

使用费斯特测试仪（Intellitron Fischtter Ⅵ）或托里米（Torrymeter）计［鱼类新鲜度测量仪（Distell fish Freshness Meter）］等仪器对鱼类进行电气测量的基础是：捕获后立即测量的新鲜鱼电阻约为2000Ω，而变质鱼只剩下50Ω。新鲜鱼的导电率约为500μS，而变质鱼的导电率约为20000μS（Oehlenschlager 和 Nesvadba，1997；Oehlenschlager，2003，2005；Kent 和 Oehlenschlager，2009）。

鱼肌肉组织中的细胞膜被自溶酶降解和随后的微生物作用逐渐破坏。细胞液漏入细胞间隙导致电阻和电容下降。这种现象通过在鱼的一侧或整鱼施加电极来记录电容量和电阻的仪器来测量。

在海水鱼的冰藏过程中，这些仪器的读数几乎随着线性函数的变化而减少。因此，在对物种进行适当校准后，电测量是监测新鲜度和/或腐败的理想工具。

对费斯特测试仪进行了深入的研究后发现它适合于新鲜鱼类的分级、冰中天数的测定和对少脂、中脂和多脂鱼类以及水产养殖鱼类的冰中贮藏剩余天数的预测。这些仪器还被用来区分新鲜鱼和冷冻/解冻鱼，以及用来检验捕捞方法对鱼质量的影响。

在融化的冰中储存鲜鱼期间，Fischtter 读数在整个贮藏期间呈线性下降。在一系列的实验中，将 Fischtter VI 的结果与 QIM 的结果进行了比较。其中一次实验的冰期天数与 QIM 评分以及其和 Fischtter 读数的相关系数分别为 0.9873 和 0.9901。Fischtter Ⅵ与 QIM 评分的相关系数为 0.9654。

由于 Fishtester 和 Torrymeter 的测量是基于完整细胞膜的存在，当细胞被破坏或破碎（损伤、瘀伤、冷冻/解冻的鱼）时，其数据会丧失有效性。

14.7.2 可见光/近红外光谱

可见光/近红外光谱（VIS/NIR）测量技术的工作原理是将光照射到样品上，然后测量不同波长下样品发出的光谱。其波长范围为400~2500nm，包括可见光（400~700nm）和近红外（700~2500nm）区域。

可见光/近红外光谱仪是指用宽谱可见光/近红外光照射样品并记录样品发出光谱的实验装置。当光通过样品时，可进行“透射”测量；当照明和检测器单元位于样品的同一侧时，测量被称为“反射”测量；样品的照明和测量在同一侧但不同位置的测试，被称为“透反射”测量，也称为“漫反射”。

在传统的可见光/近红外光谱中，样品的测量在可见光和近红外区域产生光谱。在过去的十几年里，一种被称为成像光谱学的新技术已经发展起来。除了光谱信息，这项技术还提供了样本的空间信息。换言之，即记录样品每个位置的全光谱。成像光谱学可用于透射、反射和漫反射测量（Nielsen 和 Heia，2009）。

光谱技术应用于鱼类或鱼类产品并不是一种直接的技术，因为需要进一步分析记录的光谱。常用的方法是多元分析，也称为化学计量学。这些技术模拟了记录的光谱信息和搜索的信息之间的关系。由于可见光/近红外光谱区域的复杂性，很少将单一波长用于定性或定量测定。通常，需要基于多波长的模型来从光谱数据中提取有用的信息。

近几年可见光/近红外光谱的应用表明，可见光谱法可用于预测长线捕获和刺网捕获鳕鱼的 QIM 得分，而且仅用一个模型就可以通过 VIS 光谱法预测两种捕获方式的 QIM 分值。结果表明，仅中可见光谱范围内相对较窄的波段就足以测量新鲜度。这个有趣发现使商业仪器的开发变得非常简单（Nilsen 和 Essaiassen，2005）。

化学成分的评价一直是可见光/近红外光谱技术和鱼肉品质测定的主要内容。在可见光/近红外光谱测量后，样品材料可以进一步加工以及用于其他用途，这使得该技术成为在线分析的可行工具。但到目前为止，在安全和鉴真方面应用的研究还很少。

可见光/近红外光谱技术最近被应用于鉴定新鲜和冷冻/解冻剑鱼（*Xiphias gladius* L.）的真实性（Fasolato 等，2012）。Sivertsen 等（2011）将可见光/近红外光谱技术用于鳕鱼（*Gadus morhua*）鱼片新鲜度的自动评估中。

14.7.3 电子鼻

Rock 等（2008）在一篇综述中讲述了电子鼻作为一种模仿哺乳动物嗅觉系统辨别气味装置的发展、现状和未来。气味分析，即对含有挥发性化合物气态样品的研究，是分析化学的一个典型课题，有多种方法可将混合物分离成单个化合物（如气相色谱法）。

为了在不分离气体混合物的情况下分析样品，可以使用一组选择性传感器。理想情况下，每个传感器只测量诸多分子物种中的一种。然而，化学传感器的选择性差被认为是限制其实际应用的主要问题之一。

自然界中已知的呈味化合物有 10000 多种，但只有少数几种呈味化合物在电子鼻的差异分析中是显著的。自 20 世纪 90 年代初以来，市场上推出了许多商业仪器来监测各种食品的新鲜度或质量，但也存在一些弊端。主要原因是仪器尚未得到充分的发展，提高气体传感器的选择性、灵敏度和重现性是关键问题。电子鼻已被建议用于与食品质量评估相关的各种应用，如监测食品的新鲜度和腐败或生物作用的开始。许多检测结果指出，挥发性化合物是因为真菌、霉菌或微生物的生长而产生的，或者由于食品内部发生氧化而发生变化。近年来，许多文献报道了利用电子鼻技术跟踪鱼类腐败过程的尝试。其中大部分研究是可行的，显示了电子鼻辨别不同变质程度或样品贮藏时间的能力。耦合不同传感器的仪器均有应用，例如金属氧化物化学电阻传感器、金属氧化物半导体场效应管（MOSFET）传感器、安培传感器、导电聚合物传感器和石英微天平传感器。

目前可用的电子鼻仍然基于简单的嗅觉模型，很少考虑到的自然嗅觉复杂性。具有更多生物学相似性的第二代电子鼻已经被设计出来了，例如，在类似鼻腔黏液功能的环境中进行样品分离，同时引入基于生物学模式的数据分析新方法。此外，消费类电子传感器的引入可以大大有助于将电子鼻的毛细管扩散过程嵌入计算机或手机中（Di Natale 和 Olafsdottir，2009；Di Natale，2010）。最近一项关于电子鼻的研究显示利用商业上可用的金属氧化物传感器来构建简单和可重复的电子鼻方法，以监测 15、10、5℃时带鱼的新鲜度（Tian 等，2012），尽管准确性较低，但是其与 TVB-N 的相关系数为 0.97。

14.7.4 颜色测量

颜色是光线与物体相互作用后检测出来的视觉感受。感知物体的颜色受三个因素的影响：物体的物理和化学成分、照亮物体的光源光谱组成和眼睛的光谱灵敏度。由于人类对食物的颜色很敏感，所以食欲的激发或抑制几乎与观察者对颜色的反应直接相关。消费者通常通过食品的颜色和外观来评估食品的初始质量：如金枪鱼罐头的颜色和/或亮度对于质量鉴别和分级很重要。然而，食物的颜色随着变质程度的增加而改变，所以并不稳定。新鲜捕获的鱼的外观和鲜艳的颜色使它成为一种不可抗拒的食物。仅仅几个小时后，吸引力与颜色同时消失了。

测定颜色的光电仪器可分为三色色度计和分光光度计两类。色度计是利用红、绿、蓝三色滤光片模拟人眼对光和颜色反应的三色源装置。更先进的三色源色度仪可与计算机相连，具有自动补偿功能，并提供更多的色彩空间。色度计使用光源照亮被测样品。在特定照明下，从物体表面反射的光通过玻璃滤光片，使用仪器来模拟标准观察者。然后，用每个滤光片之外的光电探测器检测透过滤光片的光量。这些信号随后显示为 X 值、Y 值和 Z 值。

颜色测量在水产养殖、鱼糜和鱼糜制品，评估加工对鱼和水产品颜色的影响，冷藏冷冻贮藏，以及热处理（加热和吸烟）和高压加工中得到了普遍和成功的应用。

颜色测量的一个优点是成本低廉，因此可以广泛应用。Schubring（2009，2010）通过两篇综述文章对包括鱼糜、鱼糜制品在内的鱼类和水产品的颜色测量和加工过程的颜色测定等进行了广泛的综述。

14.7.5　质构测量

用于质构测量的仪器方法有 Kramer 测试、Warner-Bratzler 剪切测试、穿刺、拉伸和压缩测试、组织轮廓分析，以及应力松弛、蠕变和振动测量等黏弹性测定方法。

仪器测量方法各有利弊，最大的不足是鱼肉的复杂结构和烹调过程中发生的变化妨碍了加工产品某些性能的正确测量。为了有效的测量，可能需要结合一些其他方法。便携式仪器快速检测技术的发展对鱼类质量评价提供了新的思路。应追求结合组织测量和其他方面的鱼类质量指标如颜色和气味（如 AQI 概念所示）对于鱼类质量进行综合评价（Olafsdottir 等，2004）。

质构被定义为“通过视觉、听觉、触觉和动觉来检测食物结构和机械特性的感官和性能表现”。鱼类的感官品质主要取决于其质构特征。从捕获/收获或屠宰到食用那一刻，会发生一些与僵直开始和消退相关的生化变化，从而影响鱼的质地。在僵直开始之前，肌肉是柔软且有弹性的。在鱼体僵硬的状态下，由于形成肌动球蛋白复合体的肌肉纤维收缩，肌肉变得坚硬；随着肌动球蛋白的分解，肌肉重新变得柔软，弹性降低。这些变化的程度及其对肌肉质地的影响取决于种类、屠宰前条件或捕获方法、宰后处理和加工、贮藏时间和温度等因素。

冷冻和冻藏是最常用的长期贮藏技术之一。在冻藏过程中，鱼肉可能会经历一系列的变化，如水分较少，导致产品坚硬和干燥等劣质质地变化。许多因素会影响冷冻贮藏期间的质地变化，包括宰前因素、预处理、粉碎程度或贮藏时间和温度（Careche 和 Barroso，2009）。

应用于鱼类的其他技术可能会以不同的方式影响其结构特性，导致生物化学、结构或微生物的变化，也可能会防止一些不利的变化。Saczesniak（1998）综述了食品质地参数的复杂性，以及质地的感知度、消费者对这种特性的态度（Saczesniak，2002）以及最完整的感官评价方法，感官纹理轮廓。Hyldig 和 Nielsen（2001）列举鱼类评价中的一些组织特性。

14.7.6 核磁共振（NMR）

海产品等食品分析中最常见的磁核是^{1}H、^{13}C和^{31}P，不同化学环境下的磁核共振频率略有不同。传统化学中的核磁共振仅限于分析液体样品或溶液。

基于核磁共振的方法有几个固有的优点。核磁共振仪通过射频范围内的电磁波与被测物相互作用实现检测。这使得大多数核磁共振技术对样品无损伤，快速，对操作者无害，对环境无污染。

在食品研究中的核磁共振方法可以根据所用设备的类型主要分为三种：磁共振成像（MRI）、低场核磁共振（LF-NMR）和高分辨核磁共振（HR-NMR）。它们可以在不同的水平上提供生物系统的化学组成和结构的多种信息。核磁共振成像是一种技术，它提供了一个独特的手段来产生完整全鱼的横截面图像。

由于磁共振成像不会破坏样品，所以它也是一个可以及时跟踪各种动态过程的强大工具。因此，磁共振成像可以作为鱼肉加工的研究工具，对鱼肉的干燥、冷冻、解冻、复水和盐渍等各种单元操作进行优化。在水产养殖中，磁共振成像可用于研究与饲料成分和肉品质有关的各种问题。

鱼类^{1}H磁共振成像已被用于确定脂肪和水的空间分布和定量分析，以及用于评估冻融后鱼类的质量变化；^{23}Na成像用于鱼类的盐分布和定量分析，^{23}Na磁共振直接成像技术是观察腌制海产品中盐分布的有效方法。

低场核磁共振（通常也称为时-域核磁共振）是一种快速而有效的方法，可用于肌肉类食品中不同组织或隔间中水分和脂肪流动性的无损检测。与其他核磁共振技术相比，LF-NMR方法具有成本低、体积小、无须维护（永磁体）、稳定性高、自动化程度高、操作简便等优点。LF-NMR可以在较恶劣的测试条件下工作。

由于不同环境中的质子表现出不同的T_1和T_2弛豫特性，因此鱼类不同的组织或肌肉结构，受到例如加工等因素的影响时，用^{1}H低场核磁共振可以间接研究肌肉的结构。弛豫数据可以用鱼类加工后发生的结构变化来解释。

高分辨率核磁共振已被证明特别适合于生物材料的分析，目前同样已成为分析包括鱼和鱼制品在内的食品的主流技术（Aursand 等，2009）。高分辨率核磁共振给出待测样品成分的“指纹”，并且可以识别并量化与质量和营养价值相关的代谢物。

近十年来，核磁共振已成为鱼类和鱼类产品质量评价的重要工具。由于纯萃取物可以进行非破坏性和非侵入性的分析，因此该技术在研究海洋脂质方面具有重要价值。以前已通过核磁共振对脂质提取物进行分析，以确定脂质类别，即甘油三酯、磷脂（包括单个磷脂，如磷脂酰胆碱、磷脂酰乙醇胺）、胆固醇和游离脂肪酸。此外，还确定了脂肪分子中脂肪酸的特定酯化脂肪酸及其各自的酰基位置（Falch 等，2006）。DHA 和n-3 脂肪酸含量也可以使用 MAS（通过魔角旋转，光谱的宽线变得更窄，提高了分辨率）技术直接从完整材料（如鱼组织）中量化（Aursand 等，2006）。利用核磁共振氢谱和多元数据分析在蟹泥营养成分调查和质量评价的过程中，发现基于核磁共振的代谢组学技术可以作为分析蟹泥复杂水相成分的有力工具，其主要成分是氨基酸、有机酸、核苷酸、胺和糖（Ye 等，2012）。核磁共振波谱与多元数据分析相结合的又一应用是对多组样品水相提取物的分子组成进行分析，包括腌制鲻鱼籽，其通过盐干工艺在意大利撒丁岛（Sardinia）生产，原料具有多种来源。

14.8 成像技术和机器视觉

Kroeger（2009）发表了一份关于图像分析的背景和原理的短文，并得出结论：可视检测系统能够在特定方面对于渔业产品质量进行评估。随后，Mathiassen 等（2011）回顾了成像技术在鱼类和鱼类产品检测中的应用趋势。尤其是可见光/近红外成像、可见光/近红外成像光谱、平面和计算机断层成像（CT）、X 射线成像和磁共振成像（MRI）的应用。另一篇关于这一主题的综述以“机器视觉在水产食品中的应用”为题（Gumus，2011）描述了水产品的成分确定、尺寸和体积的测量和评估、形状参数的测量、水产品外部或肉类颜色的检测以及对质量评估缺陷分析。最近的一篇综述（Dowlati 等，2012）强调了这一新兴技术的重要性。作者指出：“机器视觉可以评估鱼和鱼制品的质量，提供对选定对象的快速识别和测量，并根据形状、大小、颜色和其他视觉属性将样本分类。对鱼类产业来说，机器视觉的吸引力在于通过灵活多样和非破坏性的方式对各种未加工的或加工的水产品进行检查。”

14.9 结语

尽管在过去 20 年中，世界各地的海产品研究实验室开发了许多据称是专门定制的仪器分析方法，能够以高精度和良好的重复性测量鱼类的多种显著特征，但是目前还没有一种令人满意的单一可靠的方法用来衡量海产品的整体质量。虽然在确定和测量腐败参数和某些质量相关标准方面取得了进展，但迄今为止，新开发的方法几乎只局限于实验室研究或在小范围内用于工业生产，而没有一种方法可以作为常规方法广泛应用于工业界。世界上大多数海产品企业在日常生产中使用的方法仍是那些已经使用了几十年的方法（TVB-N、pH、感官检查）。所改变的仅仅是将设备从手动操作改进至自动操作。

将通过不同方法得到的结果结合起来，并将其与 QIM 的外观、气味和质地等属性的感官评分进行校准，可以得到一种与 QIM 感官评分一样准确和精确的 AQI 值（Olafsdottir 等，2004）。然而，目前对于消费者来说唯一信赖的鱼类质量或“新鲜度”这一概念，其测试方法仍是使用经过培训的感官评价小组对鱼类进行感官评估。Connell 和 Shewan（1980）多年前写的一本书中包含“关于鱼类的感官评估和非感官评估”一章，这在很大程度上仍是当今许多机构普遍的做法。

1991 年，Tom Gill（1992）在哥本哈根召开的一个会议上简介了关于海产品质量的生化和化学指标，他说：“哪一项新技术将获得最大的商业成功仍需拭目以待，但是，毋庸置疑的是，随着鱼类价格的上涨，客观的质量检测必将变为常规化”。直到今天，答案是：尽管鱼变得越来越贵，但仍没有哪一种新技术成为产业中的常规检测方法。

参考文献

Abbas, K. A, Mohamed, A., Jamilah, B. and Ebrahimian, M. (2008). A review on correlations between fish freshness and pH during cold storage. *American Journal of Biochemistry and Biotechnology*, 4, 416–421.

Antonacopoulos, N. and Vyncke, W. (1989). Determination of volatile basic nitrogen in fish: A third collaborative study by the West European Fish Technologists' Association (WEFTA). *Zeitschrift für Lebensmittel-Untersuchung und Forschung*, 189 (4), 309–316.

Anonymous (1996). Council regulation (EC) No. 2406/96 of 26 November laying down common marketing standards for certain fishery products. *Official Journal of European Communities* No. L334/1–14, 23 December 1996.

Anonymous (2005). Commission Regulation (EC) No 2074/2005 of 5 December 2005 laying down implementing measures for certain products under Regulation (EC) No 853/2004 of the European Parliament and of the Council and for the organisation of official controls under Regulation (EC) No 854/2004 of the European Parliament and of the Council and Regulation (EC) No 882/2004 of the European Parliament and of the Council, derogating from Regulation (EC) No 852/2004 of the European Parliament and of the Council and amending Regulations (EC) No 853/2004 and (EC) No 854/2004. *Official Journal of the European Union* L 338/27–59.

Aursand, M., Gribbestad, I. and Martinez, I. (2006). Omega-3 fatty acid content of intact muscle of farmed Atlantic salmon (*Salmo salar*) examined by ^{1}H MAS NMR spectroscopy, in *Handbook of Modern Magnetic Resonance* (ed. G. Webb), Kluwer/Plenum Publishers, London, UK.

Aursand, M., Veliyulin, E., Standal, I. B. *et al.* (2009). Nuclear magnetic resonance, in *Fishery Products-Quality, Safety and Authenticity* (eds H. Rehbein and J. Oehlenschläger), Wiley-Blackwell, Oxford, pp. 252–272.

Botta, J. R. (1995). *Evaluation of Seafood Freshness Quality*. VCH, New York, Weinheim, Cambridge.

Bremner, H. A. (1985). A convenient, easy-to-use system for estimating the quality of chilled seafood. *Fish Processing Bulletin*, 7, 59–70.

Bremner, A. (1997). If freshness is lost, where does it go? in *Methods to Determine the Freshness of Fish in Research and Industry* (eds G. Olafsdottir *et al.*), International Institute of Refrigeration, Paris, pp. 36–51.

Bremner, H. A. and Sakaguchi, M. (2000). A Critical Look at Whether 'Freshness' Can Be Determined, *Journal of Aquatic Food Product Technology*, 9, 5–25.

Buendia, E. (1997). Anisakis, anisakidosis, and allergy to Anisakis. *Allergy*, 52, 481–482.

Careche, M. and Barroso, M. (2009). Instrumental texture measurement, in *Fishery Products-Quality, Safety and Authenticity* (eds H. Rehbein and J. Oehlenschläger). Wiley-Blackwell, Oxford, pp. 214–239.

Carvalho, M. L., Santiago, S. and Nunes, M. L. (2005). Assessment of the essential element and heavy metal content in edible fish muscle. *Analytical and Bioanalytical Chemistry*, 328, 426.

Connell, J. J. (1990). *Control of Fish Quality*, 3rd edition, Fishing News Books, Oxford.

Connell, J. J. and Shewan, J. M. (1980). Sensory and non-sensory assessment of fish. In: Connell, J. J. (Ed.), *Advances in fish science and technology*, pp. 56–64, Fishing News Books, Farnham, Surrey.

Conway, E. J. and Byrne, A. (1933). An absorption apparatus for the micro-determination of certain volatile substances. I. The micro-determination of ammonia. *Biochemical Journal*, 27, 419-429.

Di Natale, C. and Olafsdottir, G. (2009). Electronic nose and electronic tongue, in *Fishery Products - Quality, Safety and Authenticity* (eds H. Rehbein and J. Oehlenschläger). Wiley - Blackwell, Oxford, pp. 105-126.

Di Natale, C. (2010). Chemical sensors, in *Handbook of Seafood and Seafood Products Analysis* (eds L. M. L. Nollet and F. Toldra), CRC Press, Boca Raton, pp. 3-10.

Dowlati, M., Mohtasebi, S. S. and de la Guardia, M. (2012). Application of machine-vision techniques to fish-quality assessment. *Trends in Analytical Chemistry*, 40, 168-180.

Falch, E., Størseth, T. R. and Aursand, M. (2006). Multi-component analysis of marine lipids in fish gonads with emphasis on phospholipids using high resolution NMR spectroscopy. *Chemistry and Physics of Lipids*, 144 (1), 4-16.

Fasolato, L., Balzan S., Riovanto R. *et al.* (2012). Comparison of visible and near-infrared reflectance spectroscopy to authenticate fresh and frozen-thawed swordfish (*Xiphias gladius* L). *Journal of Aquatic Food Product Technology*, 21, 493-507.

Fillit, C., Jaffrezic Renault, N., Bessueille, F. *et al.* (2008). Development of a microconductometric biosniffer for detection of trimethylamine. *Materials Science and Engineering* C, 28, 781-786.

FishBase (2012). http://www.fishbase.org/search.php [17 June 2013].

Gill, T. A. (1992). Biochemical and chemical indices of seafood quality, in *Quality Assurance in the Fish Industry* (eds H. H. Huss *et al.*), Elsevier, Amsterdam, pp. 377-387.

Gokoglu, N. and Yerlikaya, P. (2004). Use of eye fluid refractive index in sardine (*Sardina pilchardus*) as a freshness indicator. *European Food Research and Technology*, 218, 295-297.

Güsmüş, B. (2011). Machine vision applications to aquatic foods: a review. *Turkish Journal of Fisheries and Aquatic Sciences*, 11, 171-181.

Howgate, P. (2009). Traditional methods, in *Fishery Products - Quality, Safety and Authenticity* (eds H. Rehbein and J. Oehlenschläger), Wiley-Blackwell, Oxford, pp. 19-41.

Howgate, P. (2010a). A critical review of total volatile bases and trimethylamine as indices of freshness of fish. Part 1. Determination. *Electronic Journal of Environmental, Agricultural and Food Chemistry*, 9, 29-57.

Howgate, P. (2010b). A critical review of total volatile bases and trimethylamine as indices of freshness of fish. Part 2. Formation of the bases, and application in quality assurance. *Electronic Journal of Environmental, Agricultural and Food Chemistry*, 9, 58-88.

Howgate, P., Johnston, A. and Whittle, K. J. (1992). *Multilingual guide to EC freshness grades for fishery products*. Torry Research Station, Food Safety Directorate, Ministry of Agriculture, Fisheries, and Food, Aberdeen, Scotland.

Huss, H. H., Jakobsen, M. and Liston, J. (eds) (1992). *Quality Assurance in the Fish Industry*, Elsevier, Amsterdam.

Hyldig, G. and Nielsen, D. (2001). A review of sensory and instrumental methods used to evaluate the texture of fish muscle. *Journal of Texture Studies*, 32, 219-242.

Hyldig, G. (2010a). Sensory descriptors, in *Handbook of Seafood and Seafood Products Analysis* (eds L. M. L. Nollet and F. Toldra), CRC Press, Boca Raton, pp. 481-498.

Hyldig, G., Martinsdottir, E., Sveinsdottir, K., Schelvis, R. and Bremner, A. (2010). Quality index methods, in *Handbook of Seafood and Seafood Products Analysis* (eds L. M. L. Nollet and F. Toldra), CRC Press, Boca Raton, pp. 463-480.

Hyldig, G., Bremner, A., Martinsdottir, E. and Schelvis, R. (2012a). Quality Index Methods. In: Nollet, L. M. L. (Ed.), *Handbook of Meat, Poultry and Seafood Quality*. 2nd ed., pp. 437-458, WILEY-BLACKWELL, Oxford.

Hyldig, G. (2012b). Sensory quality of fish, in: *Handbook of Meat, Poultry and Seafood Quality*, 2nd edn (ed. L. M. L. Nollet), Wiley-Blackwell, Oxford, pp. 459-478.

Jørgensen, B. M., Oehlenschläger, J., Olafsdottir, G. *et al.* (2003). A study of the attitudes of the European fish sector towards quality monitoring and labeling, in *Quality of Fish from Catch to Consumer-Labelling, Monitoring and Traceability* (eds J. B. Luten *et al.*), Wageningen Academic Publishers, pp. 57-74.

Kent, M. and Oehlenschläger, J. (2009). Measuring electrical properties, in *Fishery Products - Quality, Safety and Authenticity* (eds H. Rehbein and J. Oehlenschläger). Wiley-Blackwell, Oxford, pp. 286-300.

Kim Y. -N. (2010). Vitamins, in *HANDBOOK of Seafood and Seafood Product Analysis* (eds L. M. L. Nollet and F. Toldra), CRC Press, Boca Raton, pp. 327-350.

Kroeger, M. (2009a). Quality and safety assessment by image processing, in *Fishery Products - Quality, Safety and Authenticity* (eds H. Rehbein and J. Oehlenschläger), Wiley-Blackwell, Oxford, pp. 240-251.

Locci, E, Piras, C., Mereu, S., Cesare Marincola, F. and Scano, P. (2011). ^{1}H NMR metabolite fingerprint and pattern recognition of mullet (*Mugil cephalus*) Bottarga. *Journal of Agriculture and Food Chemistry* 59, 9497-9505.

Love, R. M. (1988). *The Food Fishes their Intrinsic Variation and Practical Implications*, Farrand Press, London.

Los Angeles Times (1990). Sea of Confusion Over 'Fresh Fish' Definition: Food: Congress May Intervene with Bills to Protect the Seafood Buyer. http://articles.latimes.com/1990-05-09/business/fie308_1_fresh-seafood [4 June 2013].

Luten, J. B., Børresen, T. and Oehlenschläger, J. (eds) (1997). *Seafood from Producer to Consumer, Integrated Approach to Quality*, Elsevier, Amsterdam.

Luten, J. B., Oehlenschläger, J. and Olafsdottir, G. (Eds.) (2003). *Quality of Fish from Catch to Consumer-Labelling, Monitoring and Traceability*. Wageningen Academic Publishers.

Martinsdottir, E., Schelvis, R., Hyldig, G. and Sveinsdottir, K. (2009a). Sensory evaluation of seafood: general principles and guidelines, in *Fishery Products-Quality, Safety and Authenticity* (eds H. Rehbein and J. Oehlenschläger), Wiley-Blackwell, Oxford, pp. 411-424.

Martinsdottir, E., Schelvis, R., Hyldig, G. and Sveinsdottir, K. (2009b). Sensory evaluation of seafood: methods, in *Fishery Products - Quality, Safety and Authenticity* (eds H. Rehbein and J. Oehlenschläger), Wiley-Blackwell, Oxford, pp. 425-443.

Matís (2012). Shelf life and freshness. http://www.kaeligatt.is/english/shelf-life-and-freshness/ [4 June 2013].

Mathiassen, J. R, Misimi, E., Bondø, M., Veliyulin, E. and Ove Østvik, S. (2011). Trends in application of imaging technologies to inspection of fish and fish products. *Trends in Food Science and Technology*, 22, 257-275.

Mendes, R. (2009). Biogenic amines, in *Fishery Products-Quality, Safety and Authenticity* (eds H. Rehbein and J. Oehlenschläger), Wiley-Blackwell, Oxford, pp. 42-67.

Mirriam Webster (2012). *Collegiate Dictionary*. Available at: http://www.merriam-webster.com/thesaurus/freshness [4 June 2013].

Nilsen, H. and Esaiassen, M. (2005). Predicting sensory score of cod (*Gadus morhua*) from visible spectroscopy. *Lebensmittel-Wissenschaft und-Technologie*, 38, 95-99.

Nielsen, H. A. and Heia, K. (2009). VIS/NIR spectroscopy, in *Fishery Products - Quality, Safety and Authenticity* (eds H. Rehbein and J. Oehlenschläger), Wiley-Blackwell, Oxford, pp. 89-104.

Nilsen, H., Heia, K. and Esaiassen, M. (2010). Basic composition: rapid methodologies, in *Handbook of Seafood and Seafood Products Analysis* (eds L. M. L. Nollet and F. Toldra), CRC Press, Boca Raton, pp. 121-138.

Nollet, L. M. L. and Toldra, F. (2010). *Handbook of Seafood and Seafood Products Analysis.* CRC Press, Boca Raton.

Oehlenschläger, J. and Nesvadba, P. (1997). Methods for freshness measurement based on electrical properties of fish tissue, in *Methods to Determine the Freshness of Fish in Research and Industry* (eds G. Olafsdottir *et al.*), International Institute of Refrigeration, Paris, pp. 363-368.

Oehlenschläger, J. and Rehbein, H. (2009). Basic facts and figures, in *Fishery Products-Quality, Safety and Authenticity* (eds H. Rehbein and J. Oehlenschläger), Wiley-Blackwell, Oxford, pp 1-18.

Oehlenschläger, J. and Sörensen, N. -K, (1997). Criteria of seafood freshness and quality aspects, in *Methods to Determine the Freshness of Fish in Research and Industry* (eds G. Olafsdottir *et al.*), International Institute of Refrigeration, Paris, pp. 30-35.

Oehlenschläger, J. (1997a). Suitability of ammonia - N, dimethylamine - N, trimethylamine - N, trimethylamine oxygen-N and total volatile basic nitrogen as freshness indicators in seafood, in *Methods to Determine the Freshness of Fish in Research and Industry* (eds G. Olafsdottir *et al.*), International Institute of Refrigeration, Paris, pp. 92-99.

Oehlenschläger, J. (1997b). Volatile amines as freshness/spoilage indicators. A literature review, in *Seafood from Producer to Consumer, Integrated Approach to Quality* (eds J. B. Luten *et al.*), Elsevier, Amsterdam, pp. 571-588.

Oehlenschläger, J. (2002). Identifying heavy metals in fish, in Bremner, H. A. (Ed.), *Safety and Quality Issues in Fish Processing.* pp. 95-113, Woodhead Publishing Ltd, Cambridge.

Oehlenschläger, J. (2003). Measurement of freshness of fish based on electrical proper ties, in *Quality of Fish from Catch to Consumer: Labelling, Monitoring and Traceability* (eds J. B. Luten, J. Oehlenschläger and G. Olafsdottir), Wageningen Academic Publishers, pp. 237-249.

Oehlenschläger, J. (2005). The Intellectron Fischtester VI-an almost forgotten but powerful tool for freshness and spoilage determination of fish at the inspection level, in *Fifth World Fish Inspection and Quality Control Congress* (eds J. Ryder and L. Ababouch), FAO, Rome, pp. 116-122.

Oehlenschläger, J. (2006). Cholesterol content in seafood. Data from the last decade: a review, in *Seafood Research from Fish to Dish* (eds J. B. Luten *et al.*), Wageningen Academic Publishers, pp. 41-58.

Oehlenschläger, J. (2010a). Introduction-Importance of analysis in seafood and seafood products, variability and basic concepts, in *Handbook of Seafood and Seafood Products Analysis* (eds L. M. L. Nollet and F. Toldra), CRC Press, Boca Raton, pp. 3-10.

Oehlenschläger, J. (2010b). Minerals and trace elements, in *Handbook of Seafood and Seafood Products Analysis* (eds L. M. L. Nollet and F. Toldra), CRC Press, Boca Raton, pp. 352-376.

Önal, A. (2007). A review: Current analytical methods for the determination of biogenic amines in foods. *Food Chemistry* 103, 1475-1486.

Olafsdottir, G, Martinsdottir, E., Oehlenschläger, J. *et al.* (1997a). Methods to evaluate freshness in research and industry. *Trends in Food Science and Technolology*, 8, 258-265.

Olafsdottir, G., Luten, J., Dalgaard, P. *et al.* (eds) (1997b). *Methods to Determine the Freshness of Fish in Research and Industry*, International Institute of Refrigeration, Paris.

Olafsdottir, G., Nesvadba, P., Di Natale, C. *et al.* (2004). Multisensor for fish quality determina tion, *Trends in Food Science and Technology*, 15, 86-93.

Ostermeyer, U. and Schmidt, T. (2006). Vitamin D and provitamin D in fish-Determination by HPLC with electrochemical detection. *European Food Research Technology*, 222, 403-413.

Ostermeyer, U. (1999). Vitamine in Fischen. *Inf Fischwirtsch Fischereiforsch*, 46, 42-50.

Ozogul, Y. (2010). Methods for freshness quality and deterioration, in *Handbook of Seafood and Seafood Products Analysis* (eds L. M. L. Nollet and F. Toldra), CRC Press, Boca Raton, pp. 189-214.

QIM Eurofish (2012). http://www.qim-eurofish.com/default.asp? ZNT=S0T1O13 [4 June 2013].

Rehbein, H. and Oehlenschlager, J. (2009b). *Fishery Products-Quality, Safety and Authenticity*, Wiley-Blackwell, Oxford.

Röck, F., Barsan, N, and Weimar, U. (2008). Electronic nose: current status and future trends. *Chemical Reviews*, 108, 705-725.

Ruiz-Capillas, C. and Jimenez-Colmenero, F. (2010). Biogenic amines in seafood products. in *Handbook of Seafood and Seafood Products Analysis* (eds L. M. L. Nollet and F. Toldra), CRC Press, Boca Raton, pp. 833-850.

Saito, T., Arai, K. and Matsuyoshi (1959). A new method for estimating the freshness of fish. *Bulletin of the Japanese Society of Scientific Fisheries*, 24, 749-750.

Schubring, R. (2009). Colour measurement, in *Fishery Products-Quality, Safety and Authen ticity* (eds H. Rehbein and J. Oehlenschläger), Wiley-Blackwell, Oxford, pp. 127-172.

Schubring, R. (2010). Quality assessment of fish and fishery products by color measurement, in *Handbook of Seafood and Seafood Products Analysis* (eds L. M. L. Nollet and F. Toldra), CRC Press, Boca Raton, pp. 395-424.

Sivertsen, A. H., Kimiya T. and Heia K. (2011). Automatic freshness assessment of cod (*Gadus morhua*) fillets by Vis/NIR Spectroscopy. *Journal of Food Engineering*, 103, 317-323.

Sørensen, N. K. (1992). Physical and instrumental methods for assessing seafood quality, in *Quality Assurance in the Fish Industry* (eds H. H. Huss, M. Jakobsen, and J. Liston), Elsevier, Amsterdam, pp. 321-332.

Souci, S. W., Fachmann, W. and Kraut, H. (eds) (2008). *Food Composition and Nutrition Tables*, 7th edn, Medpharm Scientific Publishers, Stuttgart, pp. 475-616.

Szczesniak, A. S. (1998). Sensory texture profiling-historical and scientific perspectives. *Food Technology*, 52, 54-57.

Szczesniak, A. S. (2002). Texture is a sensory property. *Food Quality and Preference*, 13, 215-225.

Tejada, M. (2009), ATP-derived products and K-value determination, in *Fishery Products-Quality, Safety and Authenticity* (eds H. Rehbein and J. Oehlenschläger), Wiley-Blackwell, Oxford, pp. 68-88.

Tian, X.-Y., Cai Q. and Zhang Y.-M. (2012). Rapid classification of hairtail fish and pork freshness using an electronic nose based on the PCA method. *Sensors*, 12, 260-277.

Vyncke, W. (1995). The determination of the total volatile bases in eye fluid as a non-destructive spoilage assessment test for fish. *Archiv fuer Lebensmittelhygiene*, 46, 96-98.

Yapara, A. and Yetimb, H. (1998). Determination of anchovy freshness by refractive index of eye fluid. *Food*

Research International, 31, 693-695.

Ye, Y. F. (2012). Survey of nutrients and quality assessment of crab paste by ^{1}H NMR spectroscopy and multivariate data analysis. *Chinese Science Bulletin*, 57, 3353-3362.

15　水产品微生物检测

Ioannis S. Boziaris，Foteini F. Parlapani
Department of Ichthyology and Aquatic Environment，*School of Agricultural Sciences*，
University of Thessaly，*Volos*，*Greece*

15.1　引言

微生物增殖是引起鲜活水产品和轻度加工水产品腐败变质的主要原因。因此，为确保水产品安全性及其新鲜品质，在水产品流通全过程，包括捕捞、加工、分配、销售和消费各环节，进行微生物评估（microbiological quality assessment）是非常必要的（Ashie 等，1996；Gram 和 Huss，1996；Gram 和 Dalgaard，2002）。此外，食源性病菌会导致水产品污染并引起水产品中毒（Feldhusen，2000；Huss 等，2000）。因此，对这些食源性病菌的检测以及腐败微生物的识别和计数对食品工业和相关食品管理部门都非常重要。

目前微生物检测的标准方法仍是传统的微生物计数法，该方法测定需要经过微生物的富集、分离、鉴定和计数等过程，方法较为繁琐，而且耗费时间长，仅限于实验室使用。因此，在水产品加工行业，亟待发展微生物快速检测方法替代传统计数法。目前采用的微生物间接计数法，如测定微生物阻抗或基于免疫学或遗传学特征的方法，有望用于微生物的快速检查。

本章主要介绍水产品微生物特征及其常用的检测方法，包括传统的微生物计数法、间接检测方法和其他分子生物学快速检测方法等。

15.2　水产品中的微生物

15.2.1　内源微生物

水产品中的内源微生物（indigenous microbiota）主要由细菌组成，主要包括腐败微生物和部分病原微生物。通常情况下，内源微生物自然分布于水产品表皮、鳃和肠道内（Shewan，1962；Liston，1980；Gennari 等，1999）。一般来说，冷水鱼类（北大西洋、北海海域）、暖水鱼类（地中海海域）中革兰阴性菌占据绝对优势，而在一些热带鱼类中，革兰阳性菌则占有较大比重（Gram 等，1990；Gram 和 Huss，1996）。水产品初始菌相中，最常见的革兰阴性菌有假单胞菌（*Pseudomonas*）、希瓦菌（*Shewanella*）、嗜冷杆菌（*Psychrobacter*）、莫拉菌（*Moraxella*）、不动杆菌（*Acinetobacter*）、黄杆菌（*Flavobacterium*）、弧菌（*Vibrio*）、发光细菌（*Photobacterium*）和气单胞菌（*Aeromonas*）等，最常见的革兰阳性菌有微球菌（*Micrococcus*）、棒杆菌（*Corynebacterium*）、芽孢杆菌（*Bacillus*）和梭状芽孢杆菌（*Clostridium*）等（Gram 等，

1990；Gram 和 Huss，1996）。水产品中也经常检测到肠杆菌科细菌，但通常认为肠杆菌科细菌（*Enterobacteriaceae*）为人类活动影响的结果而非水产品自身内源微生物。

15.2.2 外源（污染）微生物

水产品在加工过程中可能会遭受环境、加工器具及操作人员等携带的外源微生物（exogenous microbiota）的污染而造成品质下降（Jay 等，2005）。众所周知，人类携带的许多细菌可能是食源性细菌，如金黄色葡萄球菌（*Staphylococcus aureus*）。肠杆菌科细菌（Enterobacteriaceae）更是分布广泛，在卫生条件较差的情况随时会发生肠杆菌科病原菌污染。单核细胞增生李斯特菌（*Listeria monocytogenes*）也可附着在加工器具表面形成生物膜、从而污染加工水产品（Truelstrup 和 Vogel，2011）。此外，在贮藏与流通环节，微生物的生长也会受到影响，不同贮藏与流通环境更是造成了水产品微生物组成的多样性。对于鲜活水产品或轻度加工水产品，温度与气体组成（如 CO_2 含量）对微生物生长影响最大；而对于加工水产品，如腌制水产品等，其内在特性（如 pH、*Aw* 等）将决定微生物菌相的变化（Gram，2009）。

15.2.3 腐败微生物

对于鲜活或轻度加工水产品种，腐败微生物（spoilage microorganisms）的生长和代谢活动是导致水产品腐败变质的主要原因。腐败微生物的各种代谢产物可造成水产品营养品质下降，并直接影响水产品感官特性（Ashie 等，1996；Dainty，1996；Gram 和 Huss，1996）。在这些细菌中，特定腐败菌（specific spoilage organisms，SSOs）是引起水产品变质腐败的最重要微生物，特定腐败菌的活动直接导致水产品风味变化和异味产生，并导致水产品整体可接受性下降。关于 SSO 的概念和作用我们可以在多篇文献中找到（Gram 和 Huss，1996；Huis in't Veld，1996；Dalgaard，2000），在此不再赘述。当微生物总数或 SSO 总数达到 10^7～10^9CFU/g 时，通常会发生微生物引起的腐败变质，从而引起腐败代谢产物的积累。水产品保质期与微生物或腐败微生物的种群数量成正相关（Dalgaard，1995a；Dalgaard 等，1997；Koutsoumanis 和 Nychas，1999，2000；Koutsoumanis，2001；Boziaris 等，2011）。因此，控制腐败微生物的数量对维持水产品的良好品质非常重要。目前，多种微生物已被认定为水产品的 SSO。

不同水产品的 SSO 主要由加工贮藏环境、地理起源（温带或热带）和生活水域（海洋或淡水）等条件决定（Liston，1980；Ashie 等，1996；Gram 和 Huss，1996）。冷藏条件下，假单胞菌（*Pseudomonas*）和希瓦菌（*Shewanella*）是水产品的主要腐败菌或 SSO（Gram 和 Huss，1996；Dalgaard，2000；Koutsoumanis 和 Nychas，1999、2000；Lopez - Caballero 等，2006；Boziaris 等，2011）。而冷藏淡水鱼主要的腐败菌是假单胞菌（*Pseudomonas*）（Gram 等，1990；Gram 和 Huss，1996）。在气调包装条件下（提高 CO_2 含量），发光杆菌属（*Photobacterium phosphoreum*）和乳酸菌属（lactic acid）通常占主导地位（Dalgaard，2000；Koutsoumanis 等，2000）。经过初步加工或前处理的水产品，其微生物种类受其 pH 和 *Aw* 影响较大，比如乳酸菌和酵母菌可能占据优势（Gram，2009；Boziarisetal，2013）。另外，在这类加工产品中，除微生物因素引起水产品品质劣变外，其他因素，如各种氧化作用也可能导致水产品品质下降（Ashie 等，1996）。

15.2.4 病原微生物

目前，几种病原微生物（pathogenic microorganisms）已被证实与水产品污染或水产品中毒有关。这些病原微生物可能来自水产品内源微生物群，也可能在水产品加工时被污染，抑或可能在水产品生长的水域中被污染。水生环境中自然存在有致病微生物，如霍乱弧菌（*Vibrio cholerae*）、副溶血弧菌（*V. parahaemolyticus*）、创伤弧菌（*V. vulnificus*）、嗜水气单胞菌（*Aeromonas hydrophilla*）和肉毒梭菌（*Clostridium botulinum*）（Huss 等，2000）。肠杆菌，如沙门菌（*Salmonella* spp.）、志贺菌（*Shigella* spp.）、致病性大肠杆菌，可能由于粪便对水的污染而存在。其他病原微生物，如单核细胞增生李斯特氏菌（*L. monocytogenes*）、金黄色葡萄球菌（*S. aureus*）、蜡状芽孢杆菌（*Bacillus cereus*）和粪便来源的其他病原微生物，在水产品加工过程中也会污染产品（Feldhusen，2000）。

肠病毒，如甲型肝炎病毒（hepatitis A virus，HAV）、诺沃克样病毒（Norwalk-like viruses）和星状病毒（Astrovirus），是重要的人类病原体，这些病毒也与水产品污染有关，特别是壳类水产品（shellfish）。牡蛎（oysters）、蛤蜊（cockles）、贻贝（mussels）等双壳贝类是滤食性生物，它们可以吸附许多病毒，如果生食或食用未充分烹制的贝类产品，可能会引起肝炎或肠胃炎（Koopmans 等，2002；Casas 等，2007）。

15.3 水产品微生物学特征分析

水产品微生物分析对于评估水产品质量和潜在保质期并确保水产品微生物安全至关重要。表 15.1 列举了主要指南和法规中规定的水产品重要微生物指标。

表 15.1 水产品微生物指标

海产品	微生物	抽样方案		检出限度		参考文献
		n	*c*	*m*	*M*	
熟的甲壳类、软壳鱼类	沙门菌①	5	0	25g 无检出		Commission Regulation (EC)(2007)
活的双壳软体动物	沙门菌①	5	0	25g 无检出		
棘皮动物、被膜动物、腹足动物	大肠杆菌①	1	0	230MPN/100g		
熟的脱壳产品	大肠杆菌②	5	2	1CFU/g	10CFU/g	
甲壳与软壳鱼类②	凝固酶阳性葡萄球菌②	5	2	100CFU/g	1000CFU/g	
即食食品（可生长李斯特菌）	李斯特菌① 李斯特菌③	5	0	100CFU/g		

续表

海产品	微生物	抽样方案		检出限度		参考文献
		n	c	m	M	
即食食品（不可生长李斯特菌）	李斯特菌③	5	0	25g 无检出		
新鲜和冷冻鱼；冷熏鱼	菌落总数	5	3	5×10^5CFU/g	10^7CFU/g	ICMSF(1986)
	大肠杆菌	5	3	11CFU/g	500CFU/g	
预煮面包鱼	菌落总数	5	2	5×10^5CFU/g	10^7CFU/g	
	大肠杆菌	5	2	11CFU/g	500CFU/g	
冷冻甲壳动物	菌落总数	5	3	5×10^6CFU/g	10^7CFU/g	
	大肠杆菌	5	3	11CFU/g	500CFU/g	
冻熟甲壳类	菌落总数	5	2	5×10^5CFU/g	10^7CFU/g	
	大肠杆菌	5	2	11CFU/g	500CFU/g	
	金黄色葡萄球菌	5	0	10③CFU/g	—	
熟冷冻蟹肉	菌落总数	5	2	10^5CFU/g	10^6CFU/g	
	大肠杆菌	5	1	11CFU/g	500CFU/g	
	金黄色葡萄球菌	5	0	10③CFU/g	—	
鲜、冻双壳类软体动物	菌落总数	5	0	5×10^5CFU/g	—	
	大肠杆菌	5	0	16CFU/g	—	
熟的或即食的	大肠杆菌	5	1	4CFU/g	40CFU/g	Canadian Food
生贝类	大肠杆菌	5	1	230MPN/100g	330MPN/100g	Inspection
其他产品	大肠杆菌	5	2	4CFU/g	40CFU/g	Agency(2011)

注：①在保质期内投放市场的产品。
②加工过程结束时。
③在食物离开食品加工机的直接控制之前。
④经过除净化之外其他处理的。

细菌总数作为评价水产品微生物常用的参数指标，可以表征水产品的卫生质量、新鲜度和潜在的保质期。新鲜度和保质期可以通过需氧平板菌落总数（total aerobic plate counts，APC）、嗜冷平板菌落总数（psychrotrophic plate count，PPC）或通过 SSO 总数进行评估。

一些国际标准规定，适合食用的新鲜鱼的 APC 含量不应超过 $10^6\sim10^7$CFU/g（ICMSF，1986）。一般认为，如果 APC 或 SSO 计数不超过 $10^8\sim10^9$CFU/g，则认为水产品未发生变质，（Gram 和 Huss，1996）。另一方面，在甲壳类动物，如挪威龙虾（Boziaris 等，2011）和螃蟹（Robson 等，2007）的保质期结束时，其细菌种群数量较低（$10^5\sim10^6$CFU/g）。

肠杆菌科的测定可作为一般卫生指标（Jay 等，2005）。更具体地说，通常需要测定大肠杆菌（*Escherichia coli*）总数，大肠杆菌总数可以作为水产品的卫生指标和/或用于控制其生产过程（表 15.1）。对于一些水产品，检测其他病原菌，如单核细胞增生李斯特菌（*L. monocytogenes*）、沙门氏菌（*Salmonella* spp.）和病原性弧菌（pathogenic *Vibrios*）也是必需的。

15.4 微生物计数法

微生物分析最经典、最标准的方法仍是基于培养基的微生物计数法，最常用的是基于琼脂培养基上的菌落计数法。菌落总数可通过在固体琼脂培养基（培养板）表面接种微生物稀释液或将测试混悬液与液化琼脂培养基混合（倒板）来确定细菌菌落。使用其他方法，如最大概率数法（MPN），又称稀释培养计数法，可用于测定肠杆菌科大肠菌群和大肠杆菌数量，尤其是产品中细菌总数较低时可采用此方法。用于检测细菌的常规培养方法包括将产物与通用的预富集培养基混合并均质，选择性富集到液体培养基中以增加目标微生物的种群，最后进行平板接种，在选择性琼脂培养基上培养，并通过表型测试确认目标微生物的分离菌落。

15.4.1 菌落计数法

可培养细菌总数的估算是用于指示食品微生物质量的最常见微生物特征参数之一。根据国际标准化组织（ISO，2003）和标准 ISO 4833：2003 规定，通过在 30℃有氧培养 72h 后，通过琼脂平板计数（PCA）测定，计数平板上的菌落数来计算食品中的微生物总数，也称菌落总数（APC）。但是，为了测定水产品中的 APC，通常使用较低的培养温度（20~25℃）和各种非选择性培养基。表 15.2 列出了文献报道的不同水产品微生物检测所使用的培养基和培养温度。在 20℃下培养 72h 的检测结果通常比在 35℃下培养的结果高 10 倍左右（Levin，2010）。Levin（2010）等报告表明，水产品在 3℃培养 6d 后菌落总数可达最大值，原因是此时嗜冷杆菌大量生长。研究者还尝试采用 4~10℃的不同温度培养水产品中的嗜冷杆菌，其结果如表 15.2 所示。对于不同食品包括冷藏鱼类中嗜冷杆菌总数（PPC）的检测，国际标准 ISO 建议的培养条件是 PCA 培养基，不额外添加盐或矿物质，6.5℃下有氧培养 10d（ISO 17410：2001，2001a）。

表 15.2 不同水产品腐败菌定量检测通用培养基及培养条件

微生物	培养条件	海产品	参考文献
菌落总数（APC）	PCA(20℃，4d)	珠丽鱼	Lalitha 等(2005)
	PCA(25℃，3~4d)	三文鱼	Hozbor 等(2006)
	PCA(30℃，2~3d)	烟熏虹鳟	Cakli 等(2006)
		贻贝	Caglak 等(2008)
		鲈鱼排	Torrieri 等(2006)
	PCA(32℃，2d)	鳕鱼鱼片	Corbo 等(2005)
	IA(20℃，3d)	挪威龙虾	Boziaris 等(2011)
		海鲷	Lougovois 等(2003)

续表

微生物	培养条件	海产品	参考文献
	IA(22℃，3d)	三文鱼	Sveinsdottir 等(2002)
	IA 添加 10g/L NaCl (15℃，3d)	虎虾	Lopez-Caballero 等 (2006)
	IA(20℃，3d)	大西洋鲑鱼片 即食斑点狼鱼	Sivertsvik 等(2003) Rosnes 等(2006)
	LH 添加 10g/L NaCl (15℃，7d)	鱼类 冻虾仁 新鲜解冻三文鱼	Dalgaard 等(1997) Mejlholm 等(2005) Emborg 等(2002)
	IA(5℃，14d)	尼罗河鲈鱼	Gram 等(1990)
	LH(10℃，7d)	地中海博克 海鲈鱼	Koutsoumanis 和 Nychas(1999) Koutsoumanis 等(2002)
	LH(10℃，7d)	鲻鱼	Pournis 等(2005)
	PCA(7℃，10d)	烟熏虹鳟 贻贝	Cakli 等(2006) Caglak 等(2008)
	PCA(10℃，7d)	黄鳍金枪鱼 虹鳟鱼片	Guizani 等(2005) Gimenez 等(2002)
	PCA(5℃，7d)	鳕鱼鱼片	Corbo 等(2005)
	PCA(5℃，14d)	三文鱼	Hozbor 等(2006)
	PCA 添加 10g/L NaCl (8℃，5~7d)	大西洋鲑鱼片	Sivertsvik 等(2003)
	PCA 添加 10g/L NaCl (8℃，7~10d)	斑点狼鱼	Rosnes 等(2006)
发光菌	IA(10℃，7d)	鳕鱼	Dalgaard(1995b)
	IA 添加 10g/L NaCl (15℃，5d)	无须鳕鱼	López-Caballero 等 (2002)
	LH 添加 10g/L NaCl (15℃，5d)	冷熏三文鱼	Stohr 等(2001)
假单胞菌属	CFC(20℃，2d)	挪威龙虾 地中海博克 海鲈鱼	Boziaris 等(2011) Koutsoumanis 和 Nychas(1999) Koutsoumanis 等(2002)
	CFC(25℃，2d)	红鲻鱼 虎虾	Pournis 等(2005) Lopez-Caballero 等 (2006)

续表

微生物	培养条件	海产品	参考文献
	气单孢菌选择性琼脂(1969；1971)(25℃，3~4d)	海鲑鱼	Hozbor 等(2006)
产硫化氢细菌	IA(20℃，4d)	鲈鱼	Koutsoumanis 和 Nychas(1999) Koutsoumanis 等(2002)
	IA(20℃，2~3d)	红鲻鱼	Pournis 等(2005)
	IA(20℃，5d)	珠丽鱼	Lalitha 等(2005)
	IA(20℃，3d h)	海鲷 挪威龙虾 大西洋鲑鱼片 斑点狼鱼	Lougovois 等(2003) Boziaris 等(2011) Sivertsvik 等(2003) Rosnes 等(2006)
	IA(22℃，3d)	大西洋鲑鱼	Sveinsdottir 等(2002)
	10g/L NaCl IA(15℃，3d)	虎虾	Lopez-Caballero 等(2006)
	IA(25℃，3d)	新鲜解冻三文鱼 冻虾仁	Emborg 等(2002) Mejlholm 等(2005)
酵母	RBC(29℃，5d)	珠丽鱼	Lalitha 等(2005)
	RBC(25℃，3d)	腌制海鲜	Boziaris 等(2012)
	土霉素酵母提取物琼脂(30℃，3~5d)	烟熏虹鳟	Cakli 等(2006)
	酵母提取物琼脂(30℃，3~5d)	贻贝	Caglak 等(2008)
乳酸菌	MRS(30℃，3~5d)	烟熏虹鳟 贻贝 虎虾	Cakli 等(2006) Caglak 等(2008) Lopez-Caballero 等(2006)
	MRS(25℃，5d)	腌制海鲜	Boziaris 等(2012)
		鲻鱼	Pournis 等(2005)
	MRS(30℃，厌氧培养 4d)	鳕鱼鱼片	Corbo 等(2005)
	硝酸活化多黏菌素琼脂(NAP)(25℃，3d)	新鲜和解冻三文鱼	Emborg 等(2002)
		冻虾仁	Mejlholm 等(2005)
	NAP(25℃，5d)	冷熏鱼	Tomé 等(2006)
	MRS 添加 10g/L 山梨酸(25℃，厌氧培养 5d)	珠丽鱼	Lalitha 等(2005)

PCA、铁琼脂（IA）以及 LH 琼脂（LH），添加或不加 NaCl 都可用作测定 APC 的基质（表 15.2）（Van Spreekens，1974）。根据 Gram（1992）的研究，在 25℃孵育 3～4d 后，IA 培养基的计数显著高于 PCA。在一些报道中，研究者采用添加或不添加 NaCl 的各种非选择性培养基进行了一些比较研究（Gram 等，1987；Lopez-Caballero 等，2006），在这些研究中含 10g/L NaCl 的铁琼脂经常被用于培养基计数。

Valle（1998）等研究发现，在胰蛋白大豆琼脂（tryptone soy agar，TSA）或 PCA 中添加 13.8g/L 的 NaCl 可以获得最高的 APC 计数。与添加或不添加 NaCl 的 PCA 或 IA 平板计数相比，在 TSA 平板上获得的冷藏鲷鱼的菌落总数显著提高（Kakasis 等，2011）。许多水产品细菌在普通的 PCA 培养基上无法生长，培养时需要添加 PCA 所缺乏的某些盐和矿物质（Atlas，1995）。Khan 等（2005）建议使用海洋琼脂（MA）培养基替代含有 10g/L NaCl 的 PCA 或 PCA 培养基。来评估双壳类动物中细菌总数。Gornik 等（2011）曾使用 MA 培养基测定挪威龙虾中的 APC 总数。

另外一些研究者认为，在 PCA 培养基测定的嗜冷杆菌总数 PPC 总数偏低，与含有氯化钠（NaCl）的生长培养基（如 LH 培养基）相比，其数值低了 1log CFU/g。基于上述原因，北欧食品分析委员会建议采用 NMKL 184 方法测定水产品中的嗜冷微生物。该方法使用含有 10g/L NaCl 的 LH 培养基，培养温度（15.0±1.0)℃，培养时间 5～7d（Nordic Committee of Food Analysis，2006）。

Broekaert 等（2011）使用分子生物学技术鉴定发现，与 PCA 和 IA 相比，LH 和 MA 培养基为水产品微生物提供了最佳的定量和定性分析条件。但某些细菌，如耐冷假单胞菌（*Pseudomonas fragi*）和不动杆菌属（*Acinetobacter* sp.）在这类培养基上无法生长。因此，到目前为止，还没有一种琼脂培养基能够支持水产品中所有细菌的培养与生长。

15.4.2 腐败微生物检测

15.4.2.1 腐败微生物鉴定

针对水产品中腐败微生物的检测尝试，最早是在 1960 年左右采用经典微生物学方法对鱼类腐败菌进行测定（Shewan 等，1960a，1960b）。其主要依据是细菌的表型反应，如革兰反应、氧化酶测试、Hugh 和 Leifson 实验（Hugh 和 Leifson，1953）、发酵葡萄糖产生的酸和气体、运动性、对蝶啶化合物的敏感性等。通过该方法分析，分别从水产品中鉴定出了假单胞菌（*Pseudomonas*）、弧菌（*Vibrio*）、气单胞菌（*Aeromonas*）、无色杆菌（*Achromobacter*）、黄杆菌（*Flavobacterium*）、棒状杆菌（*Coryneforms*）、微球菌（*Micrococcus*）等。Gram 等（1987）确定了大多数“黑色”菌落，它们具有将 TMAO 还原为 TMA 并产生 H_2S 的能力，这些菌落是在 IA 培养基上从冷藏腐败的鱼中分离得到的，即腐败交替单胞菌（*Alteromonas putrefaciens*）。Jorgensen 和 Huss（1989）从腐败变质的鳕鱼中采用 IA 培养基上也分离出了 H_2S 产生菌，经鉴定为腐烂希瓦菌（*S. putrefaciens*），其鉴定结果与 Gram 等（1987）的研究结果一致。Dalgaard 等（1993）和 Dalgaard（1995b）分别采用扩散法与平板法从腐败的鳕鱼中分离出了明亮发光杆菌（*P. phosphoum*）和腐败希瓦菌（*S. putrefaciens*）。从培养板中分离出的类玻璃样菌落鉴定为明亮发光杆菌（*P. phosphoum*），而 99% 以上的黑色菌落依据经验被鉴定为腐败希瓦菌（*S. putrefaciens*）。目前，一些嗜温性、耐盐性菌株被鉴定为海藻希瓦菌（*S. algae*）；一些嗜冷菌（*Psychrotrophic strains*）被鉴定为腐败希瓦菌（*S. putrefaciens*）或波罗的海希瓦菌（*S. baltica*）（Gram 和 Dalgaard，2002）。还有一些研究者采用经典分析方法或结合培养和非培养技术分析了从地中海捕捞的冰冻鱼类的腐败菌群，发现其优势腐败菌主要为假单胞菌（*Pseudomonas*）和希瓦菌（*Shewanella*）（Gennari 等，1999；Tryfinopoulou 等，2002，2007）。

15.4.2.2 腐败微生物计数

不同特定腐败菌 SSO 的分离培养条件见表 15.2。假单胞菌在 20~25℃下孵育 24~48h 后，可使用头孢氨笑啶琼脂（cetrimidefucidin-cephaloridine agar，CFC 琼脂）培养进行计数。Trifinopulou 等（2001）从 CFC 琼脂培养上生长的肠杆菌属和腐败希瓦氏菌属中分离出了部分气单胞菌。然而，与其他能够在 CFC 上生长的微生物相比，假单胞菌的数量需要高出 1~2log CFU/g 才能被检出。根据 Kielwein（1969，1971）的研究，假单胞菌-气单胞菌选择性琼脂（pseudomonas - aeromonas selective agar，GSP 琼脂）可用于同时测定假单胞菌（*Pseudomonas*）和气单胞菌（*Aeromonas*）。该培养基含有青霉素作为选择性抑制剂，淀粉可被气单胞菌降解并产生酸，但不被假单胞菌降解，从而引起酚红变黄，因此可通过变色反应进行两种菌的鉴定。Hozboret 等（2006）研究发现，气单胞菌（*Aeromonas*）是冰鲜海鲑鱼中腐败菌群的重要组成部分。

水产品中的乳酸菌通常可使用乳酸菌专用培养基（man-rogosa-sharp agar，MRS）或亚硝酸盐-放线菌酮-多黏菌素培养基（nitrite actidione polymyxin agar，NAP）进行培养计数（De Man 等，1960；Davidson 和 Cronin，1973），具体培养条件见表 15.2。具有较低 pH（如 pH 5.7）和添加酵母/霉菌抑制剂（如山梨酸）的 MRS 培养基也可用作乳酸菌的选择性培养基（Reuter，1985）（表 15.2）。

在 20℃孵育 3~4d 后，热死环丝菌（*Brochothrix thermosphacta*）可以在链霉素-乙酸五铊硫酸盐培养基（streptomycin sulfate thallous acetate agar，STAA）上进行计数检测（表 15.2）。对于热死环丝菌，STAA 是迄今为止报道的唯一可用的检测培养基。

酵母和霉菌（主要存在于腌制水产品中）可以使用含有氯霉素的培养基进行计数，如孟加拉红氯霉素培养基（rose bengal chloroamphenicol，RBC）和含有氯霉素的标准培养琼脂培养基（tryptose-glucose-yeast，TGY）或土霉素-葡萄糖-酵母培养基（oxytetracycline-glucose-yeast，OGY）。在 25~30℃下孵育 3~5d 后，即可以在平板上对酵母菌和霉菌进行计数检测（表 15.2）。

尽管可以使用不同的培养基对先前列举的 SSO 进行计数检测，但到目前为止，还没有单一的选择性培养基能够很好地将希瓦菌（*Shewanella*）和发光杆菌（*Photobacterium*）与其他细菌区分开。IA 培养基，通常用于计数产生 H_2S 的微生物（IA 上的黑色菌落），也经常用于总微生物种群的计数（表 15.2）。Dalgaard（1995b）发现 IA 上的黑色菌落中有 99% 是腐败希瓦菌，但其他不属于希瓦菌属的 H_2S 产生细菌，如肠杆菌科、气单胞菌和弧菌也可以在 IA 上生长（Tryfinopoulou 等，2007）。在 5℃下孵育 14d 或 15℃下孵育 5d 后，发光杆菌（*P. phosphoreum*）可以在含 10g/L NaCl 的 IA 或 LH 涂布平板上生长（Dalgaard 等，1993；Dalgaard，1995b；Dalgaard 等，1996；Lopez Caballero 等，2002）。在这些培养基上，发光杆菌以玻璃状菌落的形式存在（Dalgaard 等，1993；Dalgaard，1995b）。但在水产品腐败过程中，还必须进行生化和其他测试以进一步确认水产品中的发光杆菌总数（Dalgaard，1995b；

Lopez-Caballero 等，2002）。发光杆菌是一种嗜冷细菌，对高温（25~35℃）敏感，因此必须保持较低的温度（低于 10℃）才能保证该菌最大化生长。在发光杆菌总数分析过程中会使用到稀释剂、预倾倒的琼脂平板、移液器吸头等，整个分析过程需始终保持冷却状态（Dalgaard 等，1993；Levin，2010）。

15.4.3 微生物指标

肠杆菌科细菌是目前公认的食品生产、流通过程中的污染指示菌。因而，大肠杆菌的存在与否是评估水产品（尤其是贝类）卫生质量时通常要考虑的指标（表 15.2）。

对于肠杆菌科细菌计数，ISO 提出了两种方法，即采用稀释计数法（Most probable number，MPN）（ISO 21528-1：2004）和菌落计数法（ISO 21528-2：2004）（ISO，2004a，2004b）。当预计肠杆菌科细菌数为每毫升或每克测试样品中低至 1~100 时，建议使用 MPN 方法。MPN 方法分别使用蛋白胨缓冲液（BPW）和亮绿色胆汁葡萄糖肉汤（EE 肉汤）进行预富集和选择性富集，并使用紫红色胆汁葡萄糖琼脂（VRBGA）进行确认。根据 VRBGA 上形成的菌落计数法，对肠杆菌科进行计数，特征菌落呈粉红色或紫色，有或没有相同颜色的晕圈。如果进行继代培养，则需要在非选择性培养基上进行，并需要通过葡萄糖发酵和氧化酶测试确认。

大肠杆菌细菌总数可采用菌落计数（ISO 16649-2：2001）或 MPN（ISO 16649-3：2005）法进行（ISO，2001b，2005）。也可使用含有溴-4-氯 3-吲哚基-D-葡糖醛酸（BCIG）的胰蛋白-胆汁-葡萄糖苷酸琼脂培养基（TBX），在 44℃孵育 18~24h 后，计算每毫升或每克样品中 β-葡萄糖醛酸苷酶阳性大肠杆菌细胞的菌落数（CFU）来进一步确认，计算时仅计数蓝色或蓝绿色的菌落。用 MPN 方法对 β-葡萄糖醛酸苷酶阳性大肠杆菌进行计数，然后在 37℃进行 24h 的选择性肉汤（矿物修饰的谷氨酸）富集，随后从试管中取样，显示出产酸（黄色）。如果这种菌株无法在 44℃下生长，如大肠杆菌 O157，则这种方法就不合适了，尤其不能检测到 β-葡萄糖醛酸苷酶阴性的大肠杆菌。ISO 16654：2001（ISO，2001c）中描述了这种血清型菌株的特异性检测方法。

金黄色葡萄球菌也列在水产品微生物学指标中（表 15.1）。金黄色葡萄球菌的天然来源是人的皮肤、头发和表面黏膜等。金黄色葡萄球菌计数可根据 ISO 6888-1：1999 进行测定。测定时通过在 Baird-Parkers 蛋黄琼脂平板上涂布，然后在 37℃培养 24h，阳性培养物需要进一步通过检测凝固酶活性来确认（ISO，1999）。如果金黄色葡萄球菌数量过高，则表示水产品已被污染或存在毒素。

15.4.4 病原菌检测

传统培养方法仍然是用于病原体检测的最可靠、最准确的技术。食源性病原体的检测通常使用一个或两个富集步骤，然后在选择性琼脂培养基上进行平板接种，并通过形态学、生化、免疫学或分子生物学试验证实推测的病原菌菌落（图 15.1）。但传统培养方法仅限于实验室培养，并且耗时较长，一般需要 2~3d 才能获得推定结果，而结果确认则需要 5d 或更长时间。如果通过 PCR 确认，其检测步骤可以更短，结果也更为准确、可靠（图 15.1）。

为了大幅度降低分析时间，新的基于免疫的检测方法，如酶联免疫吸附测定

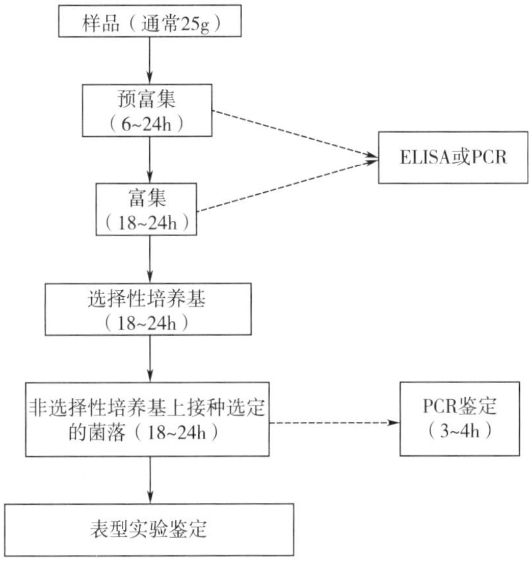

图 15.1　致病菌检测通用流程图

（ELISA）或基于 PCR 的技术（图 15.1）得到进一步发展。需要注意的是，ELISA 测试需要约 10^5 个细胞进行反应，因此在进行测试之前，必须将食物样品培养过夜来进行富集，以使目标生物体达到可检测水平。同样，对于基于 PCR 的检测，当病原微生物数量低于 1~100 个细胞时，也必须首先进行富集培养。这些方法检测的总时间应包括目标病原体的富集时间。关于 ELISA 和 PCR 方法的具体检测步骤将分别在 15.7 节和 15.8 节中详细讨论。

为了确保水产品的安全性，单核细胞增生李斯特菌、沙门菌和致病性弧菌等病原微生物的检测也是必须的（表 15.1）。针对这些菌的检测也制定了规范的标准程序。

15.4.4.1　致病性弧菌检测

致病性弧菌的微生物学分析涉及副溶血弧菌（*V. parahaemolyticus*）、霍乱弧菌（*V. cholerae*）和创伤弧菌（*V. vulnificus*）。这些病原微生物的致病性与食用未煮熟或生的水产品（如贝类）有关。ISO 标准 ISO/TS 218721：2007 和 ISO/TS 21872-2：2007 分别描述了用于检测副溶血弧菌和霍乱弧菌以及此两种菌以外的其他弧菌的具体检测方法（ISO，2007a，2007b）。根据该标准测定方法，在测定前，弧菌必须在碱性盐蛋白胨水（ASPW）中于 41.5℃进行 6h 的预富集和 41.5℃进行 18h 的二次富集。对于冷冻水产品，建议首先在 37℃富集培养 6h 然后测定。为了获得单菌落，建议接种在柠檬酸硫代硫酸盐胆汁和蔗糖（TCBS）琼脂上，并要求在另一种选择性培养上于 37℃下富集 24h。根据 ISO 标准要求，其选择性培养基可以是 ISO/TS 21872-1：2007 中的大豆蛋白胨三苯基氯化四唑琼脂培养基（soya peptone triphenyl tetrazolium chloride agar，TSAT）（ISO，2007a）或 ISO/TS 21872-2：2007 中的十二烷基硫酸钠多黏菌素蔗糖（SDSPS）琼脂、黏菌素多混合蛋白 β-纤维二糖琼脂（CPC）、十二烷基硫酸钠多混合蛋白 B 蔗糖琼脂（SDS）或改良的黏菌素多混合蛋白纤维二糖琼脂（mCPC）（ISO，2007b）。推断致病性弧菌的典型方法是在盐水营养琼脂（SNA）上继代培养，然后进行进一步生化鉴定确认。

15.4.4.2 沙门菌检测

根据ISO 6579：2002（ISO，2002），沙门菌的标准检测步骤包括预富集和选择性富集、在选择性培养基上涂布和确认目标菌落等。预富集一般使用蛋白胨缓冲液（BPW）培养基，条件是37℃培养18h。然后使用两种不同的大豆肉汤（RVS）和四硫代乙酸新生物素（MKTTn）肉汤培养基进行选择性富集，富集条件是37℃下培养24h。然后用木糖赖氨酸脱氧胆酸盐（XLD）琼脂和另一种选择性培养基（如亮绿琼脂）进行平板接种培养。对于沙门菌的测定，还需要在非选择性培养基（如NA）上继代培养后，进一步通过生化和血清学结果进行确认。

15.4.4.3 单核细胞增生李斯特菌检测

对于单核细胞增生李斯特菌的检测，ISO已制定了两种检测和计数方法，分别是ISO 11290-1：1996/Amd 1：2004和ISO 11290-2：1998/Amd 1：2004（ISO，1996，1998，2004c，2004d）。根据检测规程，首先要在Half Fraser和Fraser肉汤培养基中进行一次和二次富集，其富集条件分别是30℃下富集培养24h和37℃下富集培养48h。随后李斯特菌根据Ottaviani和Agosti（ALOA）和其他可选的选择性培养基（如牛津琼脂）上制备平板培养。单核细胞增生李斯特菌在非选择性培养基上进行继代培养后，再通过生化测试确定推测的菌落数。

15.5 微生物检测的间接方法

微生物“快速检测法”是指可以更加准确、更加快速地检测微生物数量的方法。它可以替代传统方法，以实现微生物的早期分离、表征、精准计数和快速检测。间接方法通过监测微生物的代谢活性而不是微生物种群本身来确定微生物数量。

15.5.1 检测微生物的ATP水平

在水产品微生物分析中，最早尝试采用的间接方法是通过测定三磷酸腺苷（ATP）水平来估算水产品中的细菌总数（Ward等，1986）。通过荧光素或荧光素酶生物发光反应提取并测量细菌的ATP，其发光强度与ATP的含量成正相关。因此，可依据发光强度和细菌ATP含量的多少来推断水产品中的细菌总数。该方法可以检测低至10^2～10^3个细菌细胞的种群，并且所有测定过程可在1h内完成，非常快速。但是，由于不同微生物的生理状态不同，每个细菌细胞的ATP含量不同，因此经常会出现结果与实际不一致的情况。此外，食品原料、食品配料中的本底ATP也会干扰微生物ATP的检测（Fung，2002年）。尽管存在上述缺陷，但因检测速度快，该方法现已广泛用于监测食品加工、食品的表面清洁和消毒过程。

15.5.2 检测微生物的电导率

通过测定微生物生长过程中的电导率变化来估算细菌总数是微生物的另一种间接测量方法。微生物代谢过程中，不带电荷的分子（如糖）分解代谢可产生带电分子（如乳酸），这些产物的累积改变了微生物体系的电学性质。一般微生物发生这些变化所需的时间（Td）与初始微生物种群的对数成反比，并且在微生物种群水平达到 10^6CFU/mL 时发生这些变化（Fung，2002）。因此，通过检测这些特性变化所需时间可间接估算细菌总数。显然，样品中微生物总数的确定依靠 Td 与细菌总数的校准曲线。

Dalgaardetal（1996）提出了一种灵敏的选择性电导法，用于定量测定水产品中的发光杆菌。在不到 45h 的时间内，可以检测到每克鱼肉中少于 50 个的细菌细胞。Russell（1998）使用电容法分别检测了虹鳟、大西洋鲑鱼、红石斑鱼和罗非鱼中荧光假单胞菌数量，其具体操作是选用带有荧光假单胞菌选择性添加剂的生长培养基（US patent，1998）。Koutsoumanis 等（2002）使用甲硝唑（metronidazole）、苯甲腈（carbenicillin）、西曲美（cetrimide）、环己酰亚胺（cycloheximide）、二酰胺（diamide）作为电导介质进行测定。Salvat 等（1997）首次报道了使用电导法定量测定假单胞菌属。Metcalfe 和 Marshall（2004）使用电导法来定量细菌总数并用来估算虾的微生物数量与虾的品质。Marshall 等（1999）尝试将电导法应用于霍乱弧菌和创伤弧菌的检测与计数，其结果非常令人鼓舞。同时，Dupont 等（1996）成功对双壳贝类中的大肠杆菌进行了定量测定，其检出率大于 96%，只有 0.7% 的大肠杆菌培养物在 20h 内未给出电导信号。

15.5.3 其他间接方法

使用含半胱氨酸、硫代硫酸钠和柠檬酸铁作为硫化铁特定底物的液体生长培养基，可以对鳕鱼、鲑鱼和鲴鱼中的 H_2S 产生菌进行定量检测（Skjerdal 等，2004）。当测定中产生 H_2S 的细菌种群约为 10^9CFU/mL 时，铁硫化物会使培养基变成灰色并掩盖培养基的背景荧光。在 1~10^9CFU/g 的整个范围内，产生 H_2S 的细菌数与检测时间（Td）之间存在线性关系，分别对应于 17h 和 1h 的检测时间。

近期，一种基于测量液体培养基中需氧微生物呼吸活性的间接方法被广泛用于鲑鱼、鳕鱼、鲭鱼中 APC 的定量检测（Hempel 等，2011）。该方法采用荧光的氧气传感探针和荧光读取器来监测需氧细胞的呼吸特性，并研究其特征曲线。其荧光强度高于基线水平需要一定的时间，且这个时间与初始微生物种群有关。该方法可以检测 10^4~10^7CFU/g 范围内的微生物数量，在 2~12h 内，其准确度可达 1log CFU/g，其检测与培养时间同样取决于初始菌数。

15.6 基于显微镜的快速检测技术

15.6.1 荧光显微镜（DEFT）

荧光显微镜快速检测 DEFT 是一种依靠显微镜直接检测吖啶橙（stain acridine orange）颜色深浅进行间接检测的技术，该技术是基于核酸和荧光橙染料的基础上发展起来的。具体操作是用酶和去污剂预处理样品后，将微生物细胞浓缩在聚碳酸酯膜滤器上，然后用染料染色（Jasson 等，2010）。尽管早在 1982 年，Pettipher 和 Rodrigues（1982）曾报道了 DEFT 荧光水产品中的细菌总数存在高度相关性，是一种切实可行的快速检测方法，但该种方法的灵敏度却很低，检测限为 $10^4 \sim 10^5$cells/mL。

15.6.2 荧光原位杂交

尽管分子杂交（FISH）是一种分子生物学技术，但它也是基于显微镜的检测方法，因此将该方法放在本节中介绍。在这种方法中，用荧光染料标记的寡核苷酸靶向探针与固定在载玻片上的微生物细胞的靶 RNA 杂交，洗涤以除去所有未结合的探针后，使用荧光显微镜检测染色的细胞。该方法检出限约为 10^4cell/mL（Jassonetal，2010）。与水样相比，FISH 杂交技术在食品中的实际应用是有一定困难的，因为食品颗粒会干扰荧光显微镜对细菌细胞的检测。为了检测到细菌含量比较低的样品，进行细菌细胞富集是必须步骤。Ootsubo 等（2003）开发了一种杂交过滤器培养（FISHFC）方法。该方法包括在原位杂交之前在膜滤器上进行简短的培养，当样品中的细菌细胞低于 10^2cell/g 时，可将样品接种到膜滤器上快速培养 7h，使细菌快速增殖后再进行检测。Fuchizawa 等（2008）采用荧光杂交技术，在不到 14h 的时间内可检测到烟熏三文鱼中的李斯特菌属。

15.6.3 流式技术

在流式细胞仪中，细菌细胞被迫穿过聚焦光束或激光前的毛细管，该仪器测量前向和侧向的散射和荧光。散射与表面性质有关，而荧光是由细胞内的成分发出的。因此，可以使用荧光染料或其他染色化合物染色测定细菌细胞活力或代谢状态（Jasson 等，2010）。基于上述原理，流式细胞仪可用于细胞自动计数和微生物细胞检测。尽管可以测量单个细胞，但由于处理室的体积限制，流式细胞仪无法克服检出限低的弊端。因此，在检测前，有必要对微生物进行富集处理（Veal 等，2000）。Endo 等（2002）应用流式细胞仪来测定黄鳍鲭鱼上的菌落总数，从样品准备到结果测定可在 30min 内完成。采用流式技术进行菌落总数测定时，细菌总数在 $10^5 \sim 10^9$cell/g 范围内可获得良好的相关性。

15.7 免疫技术

近几十年来，基于高度特异性抗原-抗体结合的方法已经广泛用于检测和/或鉴定食源性病源菌。特定的单克隆或多克隆抗体在特定的子细胞表面可以通过沉淀或其他可视化方式（如颜色或荧光显影）进行结果判定。

目前，使用最广泛的免疫技术是酶联免疫测定（ELISA）。通常，样品的靶抗原与固定在微量滴定板孔表面的抗体结合。洗涤去除未结合的抗原后，添加酶标记的抗体。在洗涤去除未结合的抗体后，可以通过添加抗体连接酶催化的转化为视觉信号的底物来实现可视化检测。该方法可实现快速检测，但检出限约为 $10^5 \sim 10^6$cell/mL，相当于 $10^6 \sim 10^7$cell/g 食品。目前尽管开发了腐烂希瓦菌抗体检测方法，ELISA 技术在腐败微生物检测方面仍未被广泛使用（Fonnesbech 等，1993）。但 ELISA 技术可用于水产品中病原微生物的检测（Kumar 等，2008a，2011）。在检测前，细菌仍需做富集前处理，整个测定过程在 1d 或 2d 内可完成，这与传统测定方法耗时 5d 或更长时间相比，已经具有显著优越性了。目前多数 ELISA 测试都是自动化的，可以增强重复性并减少手动操作对测定结果的干扰。

15.8 分子生物学技术

据报道，环境样品中只有不到1%的微生物能在平板上生长（Ward 等，1990）。虽然采用直接显微镜法和平板计数法测得的菌落总数大致相当（Dalgaard 等，1993），但迄今为止，对于水产品中“不可培养”的细菌及这些细菌在水产品腐败过程中的作用仍未见报道（Rudi 等，2004；Hovda 等，2007a，2007b；Olofsson 等，2007；Parlapani 等，2013）。但是，依赖于培养的传统微生物计数法耗费时间长，细菌表型鉴定缺乏分子生物学技术所具有的准确性，且培养基不能支持所有可培养细菌的生长（Broekaert 等，2011；Svanevik 和 Lunestad，2011；Parlapani 等，2013）。此外，受胁迫或受到膜损伤的细胞无法在选择性培养基上活化和生长，还有一些细菌受优势微生物的抑制也不能很好地生长（Hugenholtz 等，1998）。而分子生物学技术检测可与传统基于培养的方法联合使用，获得互补的结果。在某些情况下，PCR 检测方法可检测到传统方法检测不到的微生物种类。

15.8.1 水产品微生物检测探索

鉴于16S rRNA 基因的系统发育特性和具有大量可变区和保守区的特点。因此，16S rRNA 技术已成为微生物鉴定最常用的方法。目前16S rRNA 的基因序列被广泛用于确定细菌之间的系统发育关系，并可据此鉴定出属或种水平的未知细菌（Sacchi 等，2002）。

仅通过使用少量 DNA 的16S rRNA 序列分析就可以轻松地分离和鉴定在选择性或非选择性琼脂培养基上生长的微生物。但是，水产品中的一些重要微生物无法在某些通用培养基上生长（Broekaert 等，2011）。因此，针对上述问题，可采用直接从样品中提取 DNA 的方法，以获取传统培养方法中无法培养的细菌信息。这个方法的第一步是从水产样品中提取 DNA，其次对16S rRNA 基因的核苷酸序列进行 PCR 扩增，然后使用多种方法分析混合扩增产物中存在的不同细菌的16S rRNA 基因片段。

微生物组成分析可通过 PCR 产物的指纹图谱与使用多种技术和测序方法对扩增的16S rRNA 基因产物进行比对和评估（表15.3）。通常通过末端限制性片段长度多态性（T-RFLP）、变性梯度凝胶电泳（DGGE）或热梯度凝胶电泳（TGGE）等技术进行指纹识别。在 T-RFLP 中，使用限制性酶消化 PCR 产物，然后分别电泳以获取目标条带。在 DGGE 或 TGG E 胶中，常采用化学变性或热变性方法去分离扩增的 PCR 产物（Justé 等，2008）。基于上述凝胶获得的差异表达信号，许多研究者采用序列分析的方式进行鉴定，从而对水产品的优势腐败菌进行表征（Rudi 等，2004；Hovda 等，2007a，2007b；Jaffrès 等，2009；Sestevik 和 Lunestad，2011；Macé 等，2012，2009）。另一种方法是使用克隆技术分离扩增的16S rRNA 基因产物（Rudi 等，2004；Olofsson 等，2007；Jaffrès 等，2009；Parlapani 等，2013）。

表 15.3 基于 PCR 技术的水产品微生物分离、检测与计数

目的	海产品	DNA 来源	方法	目的基因	参考文献
鉴定菌种	烟熏三文鱼片	鱼组织	克隆、扩增核糖体 DNA 限制性酶切分析(ARDRA)、测序	16s rRNA	Cambon-Bonavita 等(2001)
	气调包装三文鱼和河豚	琼脂培养基和鱼组织上的分离物	T - RFLP 克隆测序	16s rRNA	Rudi 等(2004)
	真空包装冷熏三文鱼	TGE 琼脂和鱼组织分离物	克隆测序	16s rRNA	Olofsson 等(2007)
	气调包装养殖大比目鱼和大西洋鳕鱼	PCA 和鱼组织上的分离物	DGGE 测序	16s rRNA	Hovda 等(2007a，2007b)
	虾仁	LH、IA 培养基和鱼组织上的分离物	RFLP - TTGE 克隆测序	16S rRNA 和 16S-23S 基因间隔区(ISRs)	Jaffrès 等(2009)
	发酵海产品	鱼组织	焦磷酸测序和 DGGE 测序	16s rRNA	Roh 等(2010)
	韩国咸发酵海鲜(jeotgal)	琼脂培养基分离物	测序	16s rRNA	Guan 等(2011)
	大西洋鲭鱼	IA 培养基和鱼组织上的分离物	DGGE 测序	16s rRNA	Svanevik 和 Lunestad(2011)
	鱼	常规培养基分离物	DGGE 测序	16s rRNA、gyrB	Broekaert 等(2011)
	真空包装和气调包装生三文鱼牛排	琼脂培养基和鱼组织上的分离物	TTGE 克隆测序	16s rRNA	Macé 等(2012)
	海鲷	鱼组织	克隆测序	16s rRNA	Parlapani 等(2013)
希瓦菌多样性分析	气调包装和普通海鲷	IA 培养基分离物	测序	16s rRNA	Tryfinopoulou 等(2007)
副溶血弧菌的检测	牡蛎	组织	qPCR	tdh	Blackstone 等(2003)

续表

目的	海产品	DNA 来源	方法	目的基因	参考文献
	贻贝	组织	PCR	toxR、tlh、tdh、trh	Di Pinto 等(2008)
	贻贝	组织	PCR	tdh、trh	Ottaviani 等(2005)
	贻贝	组织	PCR-ELISA	tl	Di Pinto 等(2012)
	章鱼	组织	Multiplex qPCR	tdh	Garrido 等(2012)
	魔鬼鱼			trh	
	巴沙鱼				
	水煮冻贻贝				
大肠杆菌、鼠伤寒沙门菌、创伤弧菌、霍乱弧菌、副溶血弧菌的检测	牡蛎	组织	多重 PCR	uidA、cth、invA、ctx、tl	Brasher 等(1998)
创伤弧菌的检测	牡蛎	组织	多重 PCR	vvhA、vcg、16S rRNA、CPS	Han 和 Ge (2010)
副溶血弧菌、霍乱弧菌、创伤弧菌的检测	牡蛎	组织	多重 PCR、DNA 微阵列	vvh、viuB ompU、toxR、tcpI、hlyA、tlh、tdh、trh	Panicker 等(2004)
副溶血弧菌、霍乱弧菌、创伤弧菌的检测	生熟海鲜和鱼类	组织	多重 PCR	vvha、toxR sodB、tdh、trh1、trh2、ctx、toxR	Messelhäusser 等(2010)
霍乱弧菌、副溶血弧菌、创伤弧菌和溶藻弧菌的检测	双壳类	组织	微阵列、PCR-LDR-UA	tdh、trh 和其他特异基因	Cariani 等(2012)
霍乱弧菌 O1，O139，Non-O1，and Non-O139 的检测	牡蛎	组织	TaqMan PCR	hlyA	Lyon(2001)
肉毒梭菌的检测	鱼贝类	组织	PCR-ELISA	bont	Fach 等(2002)

续表

目的	海产品	DNA 来源	方法	目的基因	参考文献
沙门菌检测	海产品 海产品	组织 组织	PCR PCR	Trh invA	Kumar 等 (2008a) Kumar 等 (2008b)
沙门菌、志贺菌的检测	贻贝	组织	多重 PCR	invA virA	Vantarakis 等(2000)
产组胺菌的检测与鉴定	金枪鱼鱼片	鱼组织	测序	组氨酸脱羧酶 (hdc)、16S-23S ISRs、16s rRNA	Ferrario 等 (2012)
E 型肉毒梭菌的定量研究	气调包装的海产品	组织	qPCR	BoNT/E	Kimura 等 (2001)
活菌总数的定量	鳕鱼片	鱼组织	qPCR-溴化乙二氮 (EMA)	16S rRNA	Lee 和 Levin(2007)
TMA 产生菌的定量研究	牙鳕和鲽鱼	鱼组织	qPCR	torA	Duflos 等 (2010)
磷脂菌的定量分析	气调包装的三文鱼	鱼组织	qPCR	gyrB、16S rRNA	Macé 等 (2013)
假单胞菌的定量分析	鳕鱼	鱼组织	qPCR	氨甲酰磷酸合成酶基因 (carA)	Reynisson 等(2008)
嗜热杆菌的定量分析	熟虾和三文鱼	鱼组织	qPCR	16S rRNA	Mamlouk 等(2012)

Rudi 等（2004）通过分子生物学技术，采用 T-RFLP 分析和从鱼肉中直接提取 DNA 的 16S rRNA 基因测序相结合，确定了气调包装条件下鲑鱼和鲥鱼的菌相组成。结果表明，发光杆菌（*P. phosphoreum*）与鲥鱼腐败相关，而拟杆菌属（*Brochothrix* spp.）和食肉杆菌（*Carnobacterium* spp.）与鲑鱼腐败相关。Hovda 等（2007a，2007b）使用 DGGE 和 PCR 产物进一步测序来鉴定水产品优势腐败菌。其研究结果显示，比目鱼中的优势菌为明亮发光杆菌（*P. phosphoreum*）、假单胞菌（*Pseudomonas* spp.）和嗜热芽孢杆菌（*B. thermosphacta*），而鳕鱼中的优势菌为发光细菌（*Photobacterium* sp.）、腐败希瓦氏菌（*S. putrefaciens*）和假单胞菌（*Pseudomonas* spp.）。Olofsson 等（2007）研究了新鲜冷冻的冷熏鲑鱼在真空包装下的腐败菌群，该菌群使用了 16S rRNA 测序技术来检测来自鱼体组织的细菌 DNA。结果表明，乳酸菌（*Lactobacillus* spp.）和发光细菌（*Photobacterium* spp.）而非明亮发光杆菌（*P. phosphoreum*）为优势腐败菌。在细菌菌群中，有 10% 是未知物种。Parlapani 等（2012）使用传统方法和分子生物学技术相结合的方法，研究了在不同贮藏条件下，在 TSA 上分离的腐败鲷鱼的菌相组成。尽管假单胞菌是优势腐败菌，但分子生物学方法却可以突破传统方

法的局限，分离到传统方法分离不到的微生物种类，如嗜冷杆菌（*Psychrobacter*）和食肉杆菌（*Carnobacterium*）。Parlapani 等（2013）采用直接从鱼肉中提取 DNA，并使用 16S rRNA 基因扩增、克隆和测序技术研究了冰鲷的初始和腐败菌相。结果发现，采用传统计数法无法检测到的杀鲑气单胞菌（*Aeromonas salmonicida*）与假单胞菌和希瓦菌共同占据主导地位。因此，基于上述发现，科学家们将会继续采用和改进分子生物学技术来研究微生物群落，并将其研究范围扩大到食品和水产品的微生物分析。

测序技术的快速发展改变了人类探索微生物菌群的方式。使用针对细菌 16S rRNA 基因 V1 至 V3 区域的引物进行焦磷酸测序分析（pyrosequencing analysis）可更好地了解各种环境中的微生物多样性。Roh 等（2010）使用 DGGE 方法和标记焦磷酸测序法检测了发酵水产品中的细菌多样性。其中焦磷酸测序法确定了数百个序列，揭示了许多其他方法（如 DGGE）无法检测的分子程序序列。因此，与经典的分子生物学方法相比，焦磷酸测序技术可以成为水产品微生物菌群鉴定的强大工具。

15.8.2 微生物定量检测

水产品病原微生物另一个代表性检测方式是 PCR 检测方法。实时聚合酶链式反应（qPCR）是 PCR 和 ELISA（PCR-ELISA）结合微阵列技术成功用于检测水产品中食源性细菌的方法（表 15.3）。

目前，许多研究者已经报告了 qPCR 在病原菌（如弧菌属和 E 型肉毒梭菌）中的检测和定量应用（Kimura 等，2001；RobertPillot 等，2010）。qPCR 检测方法，特别是使用 TaqMan 探针的检测方法，已被成功报道可检测水产品中的致病性弧菌（Lyon，2001；Cai 等，2006；Canigral 等，2010）。

对于副溶血弧菌（*V. parahaemolyticus*），其热稳定性溶血素基因（*tdh*）和相关的溶血素基因（*trh*）是被 ISO（ISO，2007a）和 FDA（Kaysner 和 DePaola，2004）认为致病性标记的基因。Blackstone 等（2003）开发并评估了基于检测 *tdh* 基因（检测对象为副溶血弧菌的纯培养物或牡蛎富集物）的 qPCR 分析法。

PCR-ELISA 技术不但可用于水产品中副溶血弧菌的检测，也可用于肉毒梭菌（*C. botulinum*）的检测（Fach 等，2002；Di Pinto 等，2012）。该技术结合了免疫学方法（ELISA），因此可用于 PCR 产物的定量分析（Landgraf 等，1991）。

此外，另一种利用多种生物标记物检测病原菌的多重 PCR 技术也在副溶血弧菌（*V. parahaemousus*）和创伤弧菌（*V. vulnificus*）的检测中广泛应用。其检测的标记基因包括溶细胞素/溶血素基因（*vvhA*），毒力相关基因（*vcg*），16S rRNA 和荚膜多糖操纵子（CPS）等（Garrido 等，2012；Han 和 Ge，2010）。Garrido 等（2013）还开发了一套完整的检测体系，并将其应用于食品和水产品样品检测，该体系通过使用单一富集培养、DNA 提取和多重 qPCR 检测沙门菌（*Salmonella* spp.）和单核细胞增生李斯特菌（*L. monocytogenes*）。qPCR 方法对沙门菌和单核细胞增生李斯特菌重复检测三次，仅使用 25g 样品。

最近，DNA 微阵列杂交方法（主要与多重 PCR 结合使用）已经有效地检测了从水产品中分离的多种致病菌的 PCR 扩增子（Panickeret 等，2004；Gonzalez 等，2004）。DNA 阵列以高密度在固相基质上与大量寡聚核苷酸 DNA 荧光探针发生杂交反应。DNA 微阵列杂交方法也可以用于食源性病毒的检测，但病毒检测需依赖细胞培养。其低灵敏度和高成本仍是该种方法应用的最大限制性问题。

此外，许多病毒（如 HAV）是很难培养或无法培养的。因此，诸如逆转录-聚合酶链反应（RT-PCR）等分子生物学技术已成功用于鱼贝类中 HAV 的检测（Green 和 Lewis，1998；Ribao 等，2004；Sincero 等，2006；Casas 等，2007）。当前，科学家们仍在继续努力探索和改进分子生物学技术来检测食品或水产品中的食源性病毒。

细菌总数和特定腐败菌 SSO，如假单胞菌（*Pseudomonas* spp.）和热死环丝菌（*Brochotrix thermosphacta*）已经可以进行定量分析。Mamlouk 等（2012）研究开发了一种 qPCR 方法，该方法使用叠氮溴化丙（PMA），以 16S rRNA 基因序列为靶标，在 3~4h 内可检测熟虾和鲑鱼中的嗜热芽孢杆菌菌群数量（*B. thermosphacta*）。该研究表明，通过 qPCR 获得虾和鲑鱼的嗜热芽孢杆菌总数与传统平板计数法存在高度相关性。Reynisson 等（2008）开发了另一种 qPCR 定量方法，该方法使用氨基甲酰磷酸合成酶基因（*carA*）作为靶标并配以 SYBR Green 核酸染料，于 5h 内可完成鳕鱼中假单胞菌的定量分析，结果与平板计数法获得的结果有高度相关性。Lee 和 Levin（2007）也开发了一种 qPCR 定量检测方法，该方法采用 qPCR 与荧光染料溴化乙锭（*EMA*）相结合，以区分鳕鱼中的活细菌和死细胞总数。另外，Sheridan 等（1998）采用 mRNA 逆转录-PCR 技术检测到了活的大肠杆菌细胞。尽管 qPCR 被认为是定量检测病原菌和其他微生物的强大工具，但目前仍缺乏该方法对水产品中特定腐败菌的检测研究。

15.9 结语

基于质量控制和研究开发为目的微生物分析可采用基于培养基的传统计数法或其他新技术进行检测。目前，最可靠的微生物检测法依然依赖于培养基计数，但将来会有越来越多的替代方法发展成标准方法用于微生物检测。由于常用的几种替代新技术的检测限较低，在未来一段时间，仍无法排除先行富集的前处理工作。微生物分析中最有前途的方法是分子生物学检测，尤其是基于 PCR 的检测技术。在过去的几年中，这些方法已经得到了不断发展和完善，目前已被确定为有用且可靠的方法，可以对水产品中的微生物进行快速检测、鉴定和定量分析。

参考文献

Ashie，I. N. A.，Smith，J. P. and Simpson，B. K.（1996）. Spoilage and shelf-life extension of fresh fish and shellfish. *Critical Reviews in Food Science and Nutrition*，36，87-121.

ANZFA（2001）. User guide to Standard 1. 6. 1 - Microbiological Limits for Food with additional guideline criteria. Australia New Zealand Food Authority. http：//www. foodstandards. gov. au/code/userguide/pages/microbiologicallimit1410. aspx [accessed on 18 June 2013].

Atlas，R. M.（1995）. *Handbook of Microbiological Media for the Examination of Food*，CRC Press，Boca Raton，FL，USA，p. 10.

Blackstone, G. M. , Nordstrom, J. L. , Vickery, M. C. L. *et al.* (2003). Detection of pathogenic *Vibrio parahaemolyticus* in oyster enrichments by real time PCR. *Journal of Microbiological Methods*, 53, 149-155.

Boziaris, I. S. , Kordila, A. and Neofitou, C. (2011). Microbial spoilage analysis and its effect on chemical changes and shelf-life of Norway lobster (*Nephrops norvegicus*) stored in air at various temperatures. *International Journal of Food Science and Technology*, 46, 887-895.

Boziaris, I. S. , Stamatiou, A. P. and Nychas, G. -J. E. (2013). Microbiological aspects and shelf life of processed seafood products. *Journal of the Science of Food and Agriculture*, 93, 1184-1190.

Brasher, C. W. , DePaola, A. , Jones, D. D. and Bej, A. K. (1998). Detection of microbial pathogens in shellfish with Multiplex PCR. *Current Microbiology*, 37 (2), 101-107.

Broekaert, K. , Heyndrickx, M. , Herman, L. , Devlieghere, F. and Vlaemynck, G. (2011). Seafood quality analysis: Molecular identification of dominant microbiota after ice storage on several general growth media. *Food Microbiology*, 28, 1162-1169.

Caglak, E. , Cakli, S. and Kilinc, B. (2008). Microbiological, chemical and sensory assessment of mussels (*Mytilus galloprovincialis*) stored under modified atmosphere packaging. *European Food Research and Technology*, 226, 1293-1299.

Cai, T. , Jiang, L. , Yang, C. and Huang, K. (2006). Application of real-time PCR for quantitative detection of *Vibrio parahaemolyticus* from seafood in eastern China. *FEMS Immunology and Medical Microbiology*, 46, 180-186.

Cakli, S. , Kilinc, B. , Dincer, T. and Talasa, S. (2006). Comparison of the shelf lives of map and vacuum packaged hot smoked rainbow trout (*Onchoryncus mykiss*). *European Food Research and Technology*, 224, 19-26.

Cambon-Bonavita, M. -A. , Lesongeur, F. , Menoux, S. , Lebourg, A. and Barbier, G. (2001). Microbial diversity in smoked salmon examined by a culture-independent molecular approach-a preliminary study. *International Journal of Food Microbiology*, 70, 179-187.

Canadian Food Inspection Agency (2011). Bacteriological guidelines for fish and fish products. Fish products standards and methods manual. http://www.inspection.gc.ca/food/fish-and-seafood/manuals/standards-and-methods/eng/1348608971859/1348609209602? chap=0 s17c7 [accessed on 18 June 2013].

Canigral, I. , Moreno, Y. , Alonso, J. L. , Gonzalez, A. and Ferrus, M. A. (2010). Detection of *Vibrio vulnificus* in seafood, seawater and waste water samples from a Mediterranean coastal area. *Microbiological Research*, 165, 657-664.

Cariani, A. , Piano, A. , Consolandi, C. *et al.* (2012). Detection and characterization of pathogenic vibrios in shellfish by a Ligation Detection Reaction-Universal Array approach. *International Journal of Food Microbiology*, 153, 474-482.

Casas, N. , Amarita F. and Martíncz de Marañón, I. (2007). Evaluation of an extracting method for the detection of Hepatitis A virus in shellfish by SYBR-Green real-time RT-PCR. *International Journal of Food Microbiology*, 120, 179-185.

Commission Regulation (EC) (2007). No 1441/2007 of 5 December 2007 amending Regulation (EC) No 2073/2005 on microbiological criteria for foodstuffs. *Official Journal of the European Communities* L 322/12, 7. 12. 2007, pp. 12-29.

Corbo, M. R. , Altieri, C. , Bevilacqua, A. *et al.* (2005). Estimating packaging atmosphere-temperature effects on the shelf life of cod filcets. *European Food Research and Technology*, 220, 509-513.

Dainty, R. H. (1996). Chemical/biochemical detection of spoilage. *International Journal of Food*

Microbiology, 33, 19-33.

Dalgaard, P., Gram, L. and Huss, H. H. (1993). Spoilage and shelf life of cod fillets packed in vacuum or modified atmospheres. *International Journal of Food Microbiology*, 19, 283-294.

Dalgaard, P. (1995a). Modelling of microbial activity and prediction of shelf life of packed fresh fish. *International Journal of Food Microbiology*, 19, 305-318.

Dalgaard, P. (1995b). Qualitative and quantitative characterization of spoilage bacteria from packed fish. *International Journal of Food Microbiology*, 26, 319-333.

Dalgaard, P., Mejlholm, O. and Huss, H. H. (1996). Conductance method for quantitative deter mination of *Photobacterium phosphoreum* in fish products. *Journal of Applied Bacteriology*, 81, 57-64.

Dalgaard, P., Mejlholm, O., Christiansen, T. J. and Huss, H. H. (1997). Importance of *Photobac terium Phosphoreum* in relation to spoilage of modified atmosphere packed fish products. *Letters in Applied Microbiology*, 24, 373-378.

Dalgaard, P. (2000). Fresh and lightly preserved seafood, in *Shelf-Life Evaluation of Foods* (eds C. M. D. Man and A. A. Jones), Aspen Publishers, London, pp 110-139.

Davidson, C. M. and Cronin, F. (1973). Medium for the selective enumeration of lactic acid bacteria from foods. *Applied Microbiology*, 26, 439-440.

De Man, J. C., Rogosa, M. and Sharpe, M. E. (1960). A medium for the cultivation of lactobacilli. *Journal of Applied Bacteriology*, 23, 130-135.

Di Pinto, A., Ciccarese, G., De Corato, R., Novello, L. and Terio, V. (2008). Detection of pathogenic *Vibrio parahaemolyticus* in southern Italian shellfish. *Food Control*, 19, 1037-1041.

Di Pinto, A., Terio, V., Di Pinto, P., Colao, V. and Tantillo, G. (2012). Detection of *Vibrio para-haemolyticus* in shellfish using polymerase chain reaction-enzyme-linked immunosorbent assay. *Letters in Applied Microbiology*, 54, 494-498.

Duflos, G., Theraulaz, L., Giordano, G., Mejean, V. and Malle P. (2010). Quantitative PCR Method for evaluating freshness of whiting (*Merlangius merlangus*) and plaice (*Pleuronectes platessa*). *Journal of Food Protection*, 73 (7), 1344-1347.

Dupont, J., Menard, D., Herve, C. *et al.* (1996). Rapid estimation of *Escherichia coli* in live marine bivalve shellfish using automated conductance measurement. *Journal of Applied Bacteriology*, 80, 81-90.

Emborg, J., Laursen, B. G., Rathjen, T. and Dalgaard, P. (2002). Microbial spoilage and formation of biogenic amines in fresh and thawed modified atmosphere-packed salmon (*Salmo salar*) at2 ℃. *Journal of Applied Microbiology*, 92, 790-799.

Endo, H., Nakamura, J., Ren, H. and Hayashi, T. (2002). Flow cytometry for rapid determination of number of microbial cells grown on fish. *Food Science and Technology Research*, 8, 342-346.

Fach, P., Perelle, S., Dilasser, F. *et al.* (2002). Detection by PCR-enzyme-linked immunosorbent assay of *Clostridium botulinum* in fish and environmental samples from a coastal area in northern France. *Applied and Environmental Microbiology*, 68 (12), 5870-5876.

Feldhusen, F. (2000). The role of seafood in bacterial foodborne diseases. *Microbes and Infections*, 2 (13), 1651-1660.

Ferrario, C., Pegollo, C., Ricci, G., Borgo, F. and Fortina, M. G. (2012). PCR Detection and Identification of Histamine-Forming Bacteria in Filleted Tuna Fish Samples. *Journal of Food Science*, 77 (2), 115-120.

Fonnesbech, B., Frockjaer, H., Gram, L. and Jespersen, C. M. (1993). Production and specificities of poly - and monoclonal antibodies against *Shewanella putrefaciens*. *Journal of Applied Bacteriology*, 74, 444-451.

Fuchizawa, I., Shimizu, S., Kawai Y. and Yamazaki, K. (2008). Specific detection and quantitative enumeration of *Listeria* spp. using fluorescent in situ hybridization in combination with filter cultivation (FISHFC). *Journal of Applied Microbiology*, 105, 502-509.

Fung, D. (2002). Rapid methods and automation in microbiology. *Comprehensive Reviews in Food Science and Food Safety*, 1, 3-22.

Garrido, A., Chapela, M. -J., Ferreira, M. *et al.* (2012). Development of a multiplex real - time PCR method for pathogenic *Vibrio parahaemolyticus* detection (*tdh* and *trh*). *Food Control*, 24, 128-135.

Garrido, A., Chapela, M. -J., Román, B. *et al.* (2013). A new multiplex real - time PCR developed method for *Salmonella* spp. and *Listeria monocytogenes* detection in food and environmental samples. *Food Control*, 30, 76-85.

Gennari, M., Tomaselli, S. and Cotrona, V. (1999). The microflora of fresh and spoiled sardines (*Sardina pilchardus*) caught in Adriatic (Mediterranean) Sea and stored in ice. *Food Microbiology*, 16, 15-28.

Gimenez, B., Roncales, P. and Beltran, J. A. (2002). Modified atmosphere packaging of filleted rainbow trout. *Journal of the Science of Food and Agriculture*, 82, 1154-1159.

Gonzalez, S. F., Krug, M. J., Nielsen, M. E., Santos, Y. and Call, D. R. (2004). Simultaneous detection of marine fish pathogens by using multiplex PCR and a DNA microarray. *Journal of Clinical Microbiology*, 42 (4), 1414-1419.

Gornik, S. G., Albalat, A., Macpherson, H., Birkbeck, H. and Neil, D. M. (2011). The effect of temperature on the bacterial load and microbial composition in Norway lobster (*Nephrops norvegicus*) tail meat during storage. *Journal of Applied Microbiology*, 111, 582-592.

Gram, L., Trolle, G. and Huss, H. H. (1987). Detection of specificspoilage bacteria on fish stored at high (20℃) and low (0℃) temperatures. *International Journal of Food Microbiology*, 4, 65-72.

Gram, L., Wedell - Neergaard, C. and Huss, H. H. (1990). The bacteriology of fresh and spoiling Lake Victorian Nile perch (*Lates niloticus*). *International Journal of Food Microbiology*, 10, 303-316.

Gram, L. (1992). Evaluation of the bacteriological quality of seafood. *International Journal of Food Microbiology*, 16, 25-39.

Gram, L. and Huss, H. H. (1996). Microbiological spoilage of fish and fish products. *International Journal of Food Microbiology*, 33, 121-137.

Gram, L. and Dalgaard, P. (2002). Fish spoilage bacteria - problems and solutions. *Current Opinion in Biotechnology*, 13, 262-266.

Gram, L. (2009). Microbiological spoilage of fish and seafood products, in *Compendium of the Microbiological Spoilage of Food and Beverages* (eds W. H. Spenser and M. P. Doyle), Springer Science, pp. 87-119.

Green, D. H. and Lewis, G. D. (1999). Comparative detection of enteric viruses in wastewaters, sediments and oysters by reverse transcription-PCR and cell culture. *Water Research*, 33 (5), 1195-1200.

Guan, L., Cho, K. H. and Lee, J. -H. (2011). Analysis of the cultivable bacterial community in *jeotgal*, a Korean salted and fermented seafood, and identification of its dominant bacteria. *Food Microbiology*, 28 (1), 101-113.

Guizani, N., Al-Busaidy, M. A., Al-Belushi, I. M., Mothershaw, A. and Rahman, M. S. (2005). The effect of storage temperature on histamine production and the freshness of yellowfin tuna (*Thunnus albacares*). *Food Research International*, 38, 215-222.

Han, F. and Ge, B. (2010). Multiplex PCR assays for simultaneous detection and characterization of *Vibrio vulnificus* strains. *Letters in Applied Microbiology*, 51, 234–240.

Hempel, A., Borchert, N., Walsh, H. *et al.* (2011). Analysis of total aerobic viable counts in raw fish by high-throughput optical oxygen respirometry. *Journal of Food Protection*, 74, 776–782.

Hovda, M. B., Lunestad, B. T., Sivertsvik, M. and Rosnes, J. T. (2007a). Characterisation of the bacterial flora of modified atmosphere packaged farmed Atlantic cod (*Gadus morhua*) by PCR-DGGE of conserved 16S rRNA gene regions. *International Journal of Food Microbiology*, 117, 68–75.

Hovda, M. B., Sivertsvik, M., Lunestad, B. T., Lorentzen, G. and Rosnes, J. T. (2007b). Char-acterisation of the dominant bacterial population in modified atmosphere packaged farmed halibut (*Hippoglossus hippoglossus*) based on 16S rDNA-DGGE. *Food Microbiology*, 24, 362–37.

Hozbor, M. C., Saiz, A. I., Yeannes, M. I. and Fritz, R. (2006). Microbiological changes and its correlation with quality indices during aerobic iced storage of sea salmon (*Pseudopercis semifasciata*). *LWT-Food Science and Technology*, 39, 99–104.

Hugenholtz, P, Goebel, B. M. and Pace, N. R. (1998). Impact of culture independent studies on the emerging phylogenetic view of bacterial diversity. *Journal of Bacteriology*, 180, 4765–4774.

Hugh, R. and Leifson, E. (1953). The taxonomic significance of fermentative versus oxidative Gram-negative bacteria. *Journal of Bacteriology*, 66, 24–26.

Huis in't Veld, J. H. J. (1996). Microbial and biochemical spoilage of foods: an overview. *International Journal of Food Microbiology*, 33, 1–18.

Huss, H. H, Reilly, A. and Karim Ben Embarek, P. (2000). Prevention and control of hazards in seafood. *Food Control*, 11, 149–156.

ICMSF (1986). Sampling plan and recommended microbiological limits for Seafood. Inter national Commission on Microbiological Specifications for Foods. www. fao. org/docrep /X5624E/x5624e08. htm [accessed on 18 June 2013].

ISO (1996). ISO 11290-1. Microbiology of Food and Animal Feeding Stuffs. Horizontal Method for the Detection and Enumeration of *Listeria monocytogenes*. Part 1: Detection Method. International Organization for Standardization, Geneva, Switzerland.

ISO (1998). ISO 11290-2. Microbiology of Food and Animal Feeding Stuffs. Horizontal Method for the Detection and Enumeration of *Listeria monocytogenes*. Part 2: Enumeration Method. International Organization for Standardization, Geneva, Switzerland.

ISO (1999). ISO 6888-1: 1999. Microbiology of food and animal feeding stuffs. Horizontal method for the enumeration of coagulase-positive staphylococci (*Staphylococcus aureus* and other species). Part 1: Technique using Baird-Parker agar medium. International Organization for Standardization, Geneva, Switzerland.

ISO (2001a). ISO 17410: 2001. Microbiology of food and animal feeding stuffs. Horizontal method for the enumeration of psychrotrophic microorganisms. International Organization for Standardization, Geneva, Switzerland.

ISO (2001b). ISO 16649-2: 2001. Microbiology of food and animal feeding stuffs. Horizontal method for the enumeration of β-glucuronidase positive *Escherichia coli*. Part 2: Colony-count technique at 44℃ using 5-bromo-4-chloro-3-indolyl-D-glucuronide. International Organiza tion for Standardization, Geneva, Switzerland.

ISO (2001c). ISO 16654: 2001. Microbiology of food and animal feeding stuffs. Horizontal method for the detection of Escherichia coli O157. International Organization for Standard ization, Geneva, Switzerland.

ISO (2002). ISO 6579: 2002. Microbiology of food and animal feeding stuffs. Horizontal method for the detection of *Salmonella* spp. International Organization for Standardization, Geneva, Switzerland.

ISO (2003). ISO 4833. Microbiology of food and animal feeding stuffs. Horizontal method for the enumeration of micro organisms-Colony-count technique at 30℃. International Organization for Standardization, Geneva, Switzerland.

ISO (2004a). ISO 21528-1: 2004. Microbiology of food and animal feeding stuffs. Horizon tal methods for the detection and enumeration of Enterobacteriaceae. Part 1: Detection and enumeration by MPN technique with pre-enrichment. International Organization for Standardization, Geneva, Switzerland.

ISO (2004b). ISO 21528-2: 2004. Microbiology of food and animal feeding stuffs. Horizontal methods for the detection and enumeration of Enterobacteriaceae. Part 2: Colony-count method. International Organization for Standardization, Geneva, Switzerland.

ISO (2004c). ISO 11290-1. Microbiology of Food and Animal Feeding Stuffs. Horizontal Method for the Detection and Enumeration of *Listeria monocytogenes*. Part 1: Detection Method. AMENDMENT 1: Modification of the Isolation Media and the Haemolysis Test, and Inclusion of Precision Data. International Organization for Standardization, Geneva, Switzerland.

ISO (2004d). ISO 11290-2. Microbiology of Food and Animal Feeding Stuffs. Horizontal Method for the Detection and Enumeration of *Listeria monocytogenes*. Part 2: Enumeration Method, AMENDMENT 1: Modification of the Enumeration Medium. International Organization for Standardization, Geneva, Switzerland.

ISO (2005). ISO/TS 16649-3: 2005. Microbiology of food and animal feeding stuffs. Horizontal method for the enumeration of β-glucuronidase positive *Escherichia coli*. Part 3: Most Probable Number technique using 5-bromo-4-chloro-3-indolyl-D-glucuronide. International Organization for Standardization, Geneva, Switzerland.

ISO (2007a). ISO/TS 21872-1: 2007. Microbiology of food and animal feeding stuffs-Horizontal method for the detection of potentially enteropathogenic Vibrio spp. Part 1: Detection of *Vibrio parahaemolyticus* and *Vibrio cholerae*. International Organization for Standardization, Geneva, Switzerland.

ISO (2007b). ISO/TS 21872-2: 2007 Microbiology of food and animal feeding stuffs. Horizontal method for the detection of potentially enteropathogenic Vibrio spp. Part 2: Detection of species other than *Vibrio parahaemolyticus* and *Vibrio cholerae*. International Organization for Standardization, Geneva, Switzerland.

Jaffrès, E., Sohier, D., Leroi, F. *et al.* (2009). Study of the bacterial ecosystem in tropical cooked and peeled shrimps using a polyphasic approach. *International Journal of Food Microbiology*, 131, 20-29.

Jasson, V., Jacxsens, L., Luning, P., Rajkovic, A. and Uyttendaele, M. (2010). Alternative microbial methods: an overview and selection criteria. *Food Microbiology* 27, 710-730.

Jay, J. M., Loessner, M. J. and Golden, D. A. (2005). *Modern Food Microbiology*, 7th edn, Springer Science+Business Media, Inc., New York.

Jøgensen, B. R. and Huss, H. H. (1989). Growth and activity of *Shewanella putrefaciens* isolated from spoiling fish. *International Journal of Food Microbiology*, 9, 51-62.

Justé, A., Thomma, B. P. H. J. and Lievens, B. (2008). Recent advances in molecular techniques to study microbial communities in food-associated matrices and processes. *Food Microbiology*, 25, 745-761.

Kakasis S., Parlapani F. F. and Boziaris, I. S. (2011). Performance and selectivity of media used for the enumeration of bacterial populations in seafood. 33° Scientific Conference of Hellenic Association for Biological Sciences, 19-21 May 2011, Edessa, pp. 100-101.

Kaysner, C. A. and DePaola, A. (2004). *Bacteriological Analytical Manual Online. Vibrio*. US Food and Drug Administration. Center for Food Safety and Applied Nutrition. http: // www. fda. gov/Food/FoodScienceResearch/LaboratoryMethods/ucm070830. htm [accessed on 18 June 2013].

Khan, M. A., Parrish, C. C. and Shahidi, F. (2005). Enumeration of total heterotrophic and psychrotrophic bacteria using different types of agar to evaluate the microbial quality of blue mussels (*Mytilus edulis*) and sea scallops (*Placopecten magellanicus*). *Research International*, 38, 751-758.

Kielwein, G. (1969). Ein Nährboden zur selektiven Züchtung von Pseudomonaden und Aeromonaden. *Archiv fur Lebensmittelhygiene*, 20, 131-133.

Kielwein, G. (1971). Pseudomonaden und Aromonaden in Trinkmilch: Ihr Nachweis und ihre Bewertung. *Archiv fur Lebensmittelhygiene*, 22, 15-19.

Kimura, B., Kawasaki, S., Nakano, H. and Fujii, T. (2001). Rapid, Quantitative PCR monitoring of growth of *Clostridium botulinum* type E in modified-atmosphere-packaged fish. *Applied and Environmental Microbiology*, 67, 206-216.

Koopmans, M., Von Bondsdorff, C. H., Vinjé, J., De Medici, D. and Monroe, S. (2002). Foodborne viruses. *FEMS Microbiology Reviews*, 26, 187-205.

Koutsoumanis, K. and Nychas, G. -J. E. (1999). Chemical and sensory changes associated with microbial flora of Mediterranean Boque (*Boops boops*) stored aerobically at 0, 3, 7 and 10℃. *Applied and Environmental Microbiology*, 65, 698-706.

Koutsoumanis, K. and Nychas, G. -J. E. (2000). Application of a systematic experimental procedure to develop a microbial model for rapid fish shelf-life predictions. *International Journal of Food Microbiology*, 60, 171-184.

Koutsoumanis, K., Taoukis, P. S., Drosinos, E. H. & Nychas, G. -J. E. (2000). Applicability of an Arrhenious model for the combined effect of temperature and CO_2 packaging on the spoilage microflora of fish. *Applied and Environmental Microbiology*, 66, 3528-3534.

Koutsoumanis, K. (2001). Predictive modeling of the shelf life of fish under nonisothermal conditions. *Applied and Environmental Microbiology*, 67, 1821-1829.

Koutsoumanis, K., Giannakourou, M. C., Taoukis, P. S. and Nychas, G. -J. E. (2002). Application of shelf life decision system (SLDS) to marine cultured fish quality. *International Journal of Food Microbiology*, 73, 375-382.

Kumar, R., Surendran, P. K. and Thampuran, N. (2008a). Evaluation of culture, ELISA and PCR assays for the detection of *Salmonella* in seafood. *Letters in Applied Microbiology*, 46, 221-226.

Kumar, R., Surendran, P. K. and Thampuran, N. (2008b). An eight hour PCR-based technique for detection of *Salmonella* serovars in seafood. *World Journal of Microbiology and Biotechnology*, 24, 627-631.

Kumar, B. K., Raghunath, P., Devegowda, D. *et al.* (2011). Development of monoclonal antibody based sandwich ELISA for the rapid detection of pathogenic *Vibrio parahaemolyticus* in seafood. *International Journal of Food Microbiology*, 145, 244-249.

Lalitha, K. V., Sonaji, E. R., Manju, S. *et al.* (2005). Microbiological and biochemical changes in pearl spot (*Etroplus suratensis* Bloch) stored under modified atmospheres. *Journal of Applied Microbiology*, 99, 1222-1228.

Landgraf, A., Reckmann, B. and Pingoud, A. (1991). Direct analysis of polymerase chain reac tion products using enzyme-linked immunosorbent assay techniques. *Analytical Biochemistry*, 198, 86-91.

Lee, J. -L. and Levin, R. E. (2007). Quantification of total viable bacteria on fish fillets by using ethidium bromide monoazide real-time polymerase chain reaction. *International Journal of Food Microbiology*, 118, 312-317.

Levin, R. E. (2010). Assessment of seafood spoilage and the microorganisms involved, in *Handbook of seafood and seafood products analysis* (eds L. L. Leo and F. Toldra), CRC Press, Taylor and Francis Group, Boca Raton, FL, USA, pp. 515-535.

Liston, J. (1980). Microbiology in fishery science, in *Advances in Fish Science and Technology* (eds J. J. Connell and staff of Torry Research Station), Fishing News Books, Farnham, UK, pp. 138-157.

López-Caballero, M. E., Huidobro, A., Pastor, A. and Tejada, M. (2002). Microflora of gilthead seabream (*Sparus aurata*) stored in ice. Effect of washing. *European Food Research and Technology*, 215, 396-400.

Lopez-Caballero, M. E., Martinez-Alvarez, O., Gomez-Guillen, M. C. and Montero, P (2006). Effect of natural compounds alternative to commercial antimelanosisc on polyphenol oxidase activity and microbial growth in cultured prawns (*Marsupenaeous tiger*) during chill storage. *European Food Research Technology*, 223, 7-15.

Lougovois, V. P., Kyranas, E. R. and Kyrana, V. R. (2003). Comparison of selected methods of assessing freshness quality and remaining storage life of iced gilthead sea bream (*Sparus aurata*). *Food Research International*, 36, 551-560.

Lyon, W. J. (2001). TaqMan PCR for Detection of *Vibrio cholerae* O1, O139, Non-O1, and Non-O139 in Pure Cultures, Raw Oysters, and Synthetic Seawater. *Applied and Environmental Microbiology*, 67 (10), 4685-4693.

Macé, S., Cornet, J., Chevalier, F. *et al.* (2012). Characterisation of the spoilage microbiota in raw salmon (*Salmo salar*) steaks stored under vacuum or modified atmosphere packaging combining conventional methods and PCR-TTGE. *Food Microbiology*, 30, 164-172.

Macé, S., Joffraud, J.-J., Cardinal, M. *et al.* (2013). Evaluation of the spoilage potential of bacteria isolated from spoiled raw salmon (*Salmo salar*) fillets stored under modified atmosphere packaging. *International Journal of Food Microbiology*, 160, 227-238.

Mamlouk, K., Macé, S., Guilbaud, M. *et al* (2012). Quantification of viable *Brochothrix. thermosphacta* in cooked shrimp and salmon by real-time PCR. *Food Microbiology*, 30, 173-179.

Marshall, D. L., Domma, D. N. and Grodner, R. M. (1999). A potential capacitance detection and enumeration method for *Vibrio cholerae* and *Vibrio vulnificus*. *Journal of Aquatic Food Product Technology*, 8, 5-19.

Mejlholm, O., Bøknæs, N. and Dalgaard, P. (2005). Shelf life and safety aspects of chilled cooked and peeled shrimps (*Pandalus borealis*) in modified atmosphere packaging. *Journal of Applied Microbiology*, 99, 66-76.

Messelhäusser, U., Colditz, J., Thärigen, D. *et al.* (2010). Detection and differentiation of *Vibrio* spp. in seafood and fish samples with cultural and molecular methods. *International Journal of Food Microbiology*, 142, 360-364.

Metcalfe, A. M. and Marshall, D. L. (2004) Capacitance method to determine the microbiological quality of raw shrimp (*Penaeus setiferus*). *Food Microbiology*, 21, 361-364.

Nordic Committee of Food Analysis (2006). NMKL 184. Aerobic count and specificspoilage organisms in fish and fish products. *NMK Newsletter* No. 61, 1. http://www.nmkl.org/Engelsk/Newsletter/61 - eng.pdf [accessed 18 June 2013].

Olofsson, T. C., Ahrne, S. and Molin, G. (2007). The bacterial flora of vacuum-packed cold-smoked salmon stored at 7℃, identified by direct 16S rRNA gene analysis and pure culture technique. *Journal of Applied Microbiology*, 103, 1364-5072.

Ootsubo, M., Shimizu, T., Tanaka, R. *et al.* (2003). Seven-hour fluorescence in situ hybridization technique for enumeration of Enterobacteriaceae in food and environmental water sample. *Journal of Applied Microbiology*, 95, 1182-1190.

Ottaviani, D., Santarelli, S., Bacchiocchi, S. *et al.* (2005). Presence of pathogenic *Vibrio parahaemolyticus* strains in mussels from the Adriatic Sea, Italy. *Food Microbiology*, 22, 585-590.

Panicker, G., Call, D. R., Krug, M. J. and Bej, A. K. (2004). Detection of pathogenic *Vibrio* spp. in shellfish by using multiplex PCR and DNA microarrays. *Applied and Environmental Microbiology*, 70 (12), 7436-7444.

Parlapani F. F., Kormas, K. Ar. and Boziaris, I. S. (2012). Use of 16S rRNA gene analysis for the identification of dominant microbiota in sea-bream fillets stored at various conditions. FOOD MICRO Conference, 3-7 September 2012, Istanbul, p. 610.

Parlapani F. F., Meziti A., Kormas, K. Ar. and Boziaris I. S. (2013). Indigenous and spoilage microbiota of farmed sea bream stored in ice identified by phenotypic and 16S rRNA gene analysis. *Food Microbiology*, 33, 85-89.

Pettipher, G. L. and Rodrigues, U. M. (1982). Rapid enumeration of microorganisms in foods by the direct epifluorescent filter technique. *Applied and Environmental Microbiology*, 44, 809-813.

Pournis, N., Papavergou, A., Badeka, A., Kontominas, M. G. and Savvaidis, I. N. (2005). Shelf life extension of refrigerated mediterranean mullet (*mullus surmuletus*). using modified atmosphere packaging. *Journal of Food Protection*, 68, 2201-2207.

Reuter, G. (1985). Elective and selective media for lactic acid bacteria. *International Journal of Food Microbiology*, 2, 55-68.

Reynisson, E., Lauzon, H. L., Magnusson, H., Hreggvidsson, G. O. and Marteinsson, V. T. (2008). Rapid quantitative monitoring method for the fish spoilage bacteria *Pseudomonas*. *Journal of Environmental Monitoring*, 10, 1357-1362.

Ribao, C., Torrado, I., Vilariño, M. L. and Romalde J. L. (2004). Assessment of different commercial RNA-extraction and RT-PCR kits for detection of hepatitis A virus in mussel tissues. *Journal of Virological Methods*, 115, 177-182.

Robert-Pillot, A., Copin, S., Gay, M., Malle, P. and Quilici, M. L. (2010). Total and pathogenic *Vibrio parahaemolyticus* in shrimp: fast and reliable quantification by real-time PCR. *Inter national Journal of Food Microbiology*, 143, 190-197.

Robson, A. A., Kelly, M. S. and Latchford, J. W. (2007). Effect of temperature on the spoilage rate of whole, unprocessed crabs: *Carcinus maenas*, *Necora puber* and *Cancer pagurus*. *Food Microbiology*, 24, 419-424.

Roh, S. W., Kim, K.-H., Nam, Y.-D. *et al.* (2010). Investigation of archaeal and bacterial diversity in fermented seafood using barcoded pyrosequencing. *Multidisciplinary Journal of Microbial Ecology*, 4, 1-16.

Rosnes, J. T., Kleiberg, G. H., Sivertsvik, M., Lunestad, B. T. and Lorentzen, G. (2006). Effect of modified atmosphere packaging and superchilled storage on the shelf-life of farmed ready-to-cook spotted wolf-fish (*Anarhichas minor*). *Packaging Technology and Science*, 19, 325-333.

Rudi, K., Maugesten, T., Hannevik, S. E. and Nissen, H. (2004). Explorative multivariate analyses of

16S rRNA gene data from microbial communities in modifid-atmosphere-packed salmon and coalfih. *Applied and Environmental Microbiology*, 70 (8), 5010-5018.

Russell, S. M. (1998). Capacitance microbiology as a means of determining the quantity of spoilage bacteria on fish fillets. *Journal of Food Protection*, 61, 844-848.

Sacchi, C. T., Whitney, A. M., Mayer, L. W. *et al.* (2002). Sequencing of 16S rRNA gene: a rapid tool for identification of *Bacillus anthracis*. *Emerging Infectious Diseases*, 8, 1117-1123.

Salvat, G., Rudelle, S., Humbert, F., Colin, P. and Lahellec, C. (1997). A selective medium for the rapid detection by an impedance technique of *Pseudomonas* spp., associate with poultry meat. *Journal of Applied Microbiology*, 83, 456-463.

Sheridan, G. E., Masters, C. I., Shallcross, J. A. and MacKey, B. M. (1998). Detection of mRNA by reverse transcription-PCR as an indicator of viability in *Escherichia coli* cells. *Applied and Environmental Microbiology*, 64, 1313-1318.

Shewan, J., Hobbs, G. and Hodgkiss, W. (1960a). A determinative scheme for the identification of certain genera of Gram-negative bacteria, with special reference to the Pseudomonadaceae. *Journal of Applied Bacteriology*, 23, 379-390.

Shewan, J., Hobbs, G. and Hodgkiss, W. (1960b). The *Pseudomonas* and *Achromobacter* groups of bacteria in the spoilage of marine white fish. *Journal of Applied Bacteriology*, 23, 463-468.

Shewan, J. M. (1962). The bacteriology of fresh and spoiling fish and some related chemical changes. *Recent Advances in Food Science*, 1, 167-193.

Sincero, T. C. M., Levin, D. B., Simões, C. M. O. and Barardi, C. R. M. (2006). Detection of hepatitis A virus (HAV) in oysters (*Crassostrea gigas*). *Water Research*, 40, 895-902.

Sivertsvik, M., Rosnes, J. T. and Kleiberg, G. H. (2003). Effect of modifid atmosphere packaging and superchilled storage on the microbial and sensory quality of atlantic salmon (*Salmo salar*) fillets. *Journal of Food Science*, 68 (4), 1467-1472.

Skjerdal, O. T., Lorentzen, G., Tryland, I. and Berg, J. D. (2004). New method for rapid and sensitive quantifiation of sulphide-producing bacteria in fish from arctic and temperate waters. *International Journal of Food Microbiology*, 93, 325-333.

Stohr, V, Joffraud, J. J., Cardinal, M. and Leroi, F. (2001). Spoilage potential and ensory profile associated with bacteria isolated from cold-smoked salmon. *Food Research International*, 34, 797-806.

Svanevik, C. M. and Lunestad, B. T. (2011). Characterisation of the microbiota of Atlantic mackerel (*Scomber scombrus*). *International Journal of Food Microbiology*, 151, 164-170.

Sveinsdottir, K., Martinsdottir, E., Hyldig, G., Jorgensen, B. and Kristbergsson, K. (2002). Application of Quality Index Method (QIM) scheme in shelf-life study of farmed Atlantic salmon (*Salmo salar*). *Journal of Food Science*, 67 (4), 1570-1579.

Tomé, E., Teixeira, P. and Gibbs, P. A. (2006). Anti-listerial inhibitory lactic acid bacteria isolated from commercial cold smoked salmon. *Food Microbiology*, 23, 399-405.

Torrieri, E., Cavella, S., Villani, F. and Masi, P. (2006). Influence of modified atmosphere packaging on the chilled shelf life of gutted farmed bass (*Dicentrarchus labrax*). *Journal of Food Engineering*, 77, 1078-1086.

Truelstrup, H. L. and Vogel, B. F. (2011). Desiccation of adhering and biofilm *Listeria monocy togenes* on stainless steel: survival and transfer to salmon products. *International Journal of Food Microbiology*, 146, 88-93.

Tryfiopoulou, P. , Drosinos, E. H. and Nychas, G. -J. E. (2001). Performance of Pseudomonas CFC - selective medium in the fish storage ecosystems. *Journal of Microbiological Methods*, 47, 243-247.

Tryfiopoulou, P. , Tsakalidou, E. and Nychas, G. - J. E. (2002). Characterization of *Pseudomonas* spp. associated with spoilage of gilt-head sea bream stored under various conditions. *Applied and Environmental Microbiology*, 68, 65-72.

Tryfiopoulou, P. , Tsakalidou, E. , Vancanneyt, M. *et al.* (2007). Diversity of *Shewanella* popu lation in fish *Sparus aurata* harvested in the Aegean Sea. *Journal of Applied Microbiology*, 103, 711-721.

US Patent (1998). Selective additive and media for *Pseudomonas fluorescens*. Inventor S. M. Russell. Patent number 5, 741, 663.

Valle, M. , Eb, P. , Tailliez, R. and Malle, P. (1998). Optimization of the enumeration of total aerobic bacterial flora in the flesh of seafich. *Journal of Rapid Methods and Automation in Microbiology*, 6, 29-42.

Van Spreekens, K. J. A. (1974). The suitability of a modifiation of Long and Hammer's medium for the enumeration of more fastidious bacteria from fresh fihery products. *Archiv für Lebensmittelhygiene*, 25, 213-219.

Vantarakis, A. , Komninou, G. , Venieri, D. and Papapetropoulou, M. (2000). Development of a multiplex PCR detection of *Salmonella* spp. and *Shigella* spp. in mussels. *Letters in Applied Microbiology*, 31, 105-109.

Veal, D. A. , Deere, D. , Ferrari, B. , Piper, J. and Attfild, P. V. (2000). Fluorescence staining and flow cytometry for monitoring microbial cells. *Journal of Immunological Methods*, 243, 191-210.

Ward, D. R. , LaRocco, K. A. and Hopn, D. J. (1986). Adenosine triphosphate bioluminescent assay to enumerate bacterial numbers on fresh fish. *Journal of Food Protection*, 49, 647-650.

Ward, D. M. , Weller, R. and Bateson, M. M. (1990). 16S rRNA sequences reveal numerous uncultured microorganisms in a natural community. *Nature* (*London*), 345, 63-65.

16 鱼类和海产品的真伪——物种鉴定

Fátima C. Lago，Mercedes Alonso，Juan M. Vieites，Montserrat Espiñeira
ANFACO-CECOPESCA，Vigo，Pontevedra，Spain

16.1 海产品认证的分子技术

近年来，消费者对市场上可用的产品，尤其是渔业和水产养殖品的质量保证越来越关注。作为食品领域分子技术的目标，物种识别正变得越来越重要。与此同时，随着产品的生产和商业化，我们对食品质量和安全性的控制也得到了提升。

为了保护消费者，防止在渔业和水产养殖品销售中存在的欺诈行为，欧盟制定了欧盟委员会法规（EC）104/2000（EC，2000）。随后，关于正确标签的举措也在欧洲委员会法规（EC）2065/2001 中发布（EC，2001）。这些条例详细地规定了消费者在产品标签上所需要知道的信息，如商品名称和物种科学名称、生产方法以及被捕获的区域。对于人工培育物种，则须注明产品最后发育阶段所在国家。遵守这些规定有助于消费者对产品作出选择，还可以为消费者提供关于产品的全面、准确的信息。

“海产品认证”是指核实海产品的正确标签，确保有充分的物种识别信息，地理起源及生产方法（野生或养殖）。海产品认证的主要方面是物种认证，它既保证了食品质量又确保了市场透明度，从而避免了欺诈行为的发生。通过物种认证可以确认标签上所提供的商业名称和科学名称属于本产品中所包含的物种。

为了鉴定物种已经开发了多种技术；其中一些应用核磁共振波谱法测定同位素、同位素比值质谱法测定耳石、以及检测脂肪酸组成等手段进行地理起源鉴定（Aursand 等，1999；Joensen 等，2000；Secor 等，2002）。还有一些技术专门用于区分野生和养殖鱼类，如脂肪酸组成分析和金属或同位素分析（Villarreal、Rosenblum 和 Fries，1994；Aursand、Mabon 和 Martin，2000；Foran 等，2004）。大多数物种认证技术的目标主要集中在物种鉴定上。

鱼类物种的鉴定一直与它们的形态特征紧密相连，这允许我们利用现有的分类学方法来识别和区分不同的物种，这也是多年来渔船上渔民和港岸上零售商鉴定样品的唯一适当的方法。这种方法依赖于技术人员的技能和资格，不需要使用昂贵的设备，也不需要对鱼进行处理，能保存鱼的完整形态并使其处于良好的销售状态。然而，在加工的不同阶段，鱼的外部形态可能会完全改变，这使得物种鉴定变得困难或不可行。

为了解决这一问题，人们开发了基于组织固有成分和独立于形态学特征的各种分子技术。根据分子标记目标的不同，鱼类认证的分子技术可分为两大类：基于蛋白质的技术和基于 DNA 的技术。

16.1.1 分子标记

分子标记是基于遍布整个基因组的可遗传的生物分子，通过对其分析可以确定给定样品的物种，种群甚至个体。单形分子标记（monomorphic molecular marker）在所有被研究的生物体中都是不变的；但当其分子质量、酶活性、结构或限制性位点存在差异时，则称为多态分子标记（polymorphic）。有时变化程度非常大，称为高变分子标记（hypervariables）。这些分子标记可以是DNA或具有类似属性的蛋白质，尽管蛋白质并未分布在基因组中。

蛋白质分析技术主要利用不同蛋白质的物理化学性质差异，如大小、净电荷和氨基酸组成进行分析。20世纪70年代末，根据蛋白质和同工酶在水中溶解度的差异，在淀粉或聚丙烯酰胺凝胶中通过电泳鉴定蛋白质和同工酶，开发出了第一类蛋白质标记物。这些标记揭示了不同地理起源的物种、品种和种群的结构和遗传异质性。然而，这项技术存在一个非常大的局限性：由于蛋白质是基因表达的产物，在不同的组织、不同发育阶段、不同环境和季节之间可能存在差异，因此无法充分检测到相关品种或物种之间的多态性。

为了解决这些局限性，随着DNA技术的发展，人们开发了使用DNA分子标记的方法，利用该技术能够更稳定地进行物种鉴定。虽然DNA分析比蛋白质分析更复杂，但DNA出色的稳定性和它所提供的大量信息，使其成为一种强有力的用来鉴定物种的分子标记。

16.1.2 参考材料（RM）和组织库（TBs）

为了成功地发展这一方法，有必要收集世界各地所有相关物种的样本，以用作参考材料（RM），尽管这可能是一项单调又困难的任务。

RM是指其性质已充分确定并且可用于不同测量功能的任何物质，它为度量提供了基准。因此，它可用于仪器校准、评价方法、产品质量控制和其他材料的定值。

RM应是均匀的，这样在指定的不确定度范围内，批次样品中确定的值可以应用于其他样品。此外，应明确规定其储存和使用条件，保持RM在整个保质期内有高度的稳定性。

认证标准物质（CRM）是指已通过技术有效程序证明其特性的RM，并附有可追溯性证书或由认证机构签发的其他文件。

在没有CRM，并且缺乏适合我们需求及允许采用正确的质量控制程序进行物种鉴定的商业RM的情况下，我们需要编制，表征和鉴定有效的RM，以确保测定结果的可靠性和准确性。这些RM被详尽地描述成可跟踪的CRM。此外，它们可以被储存在组织库（TBs）中，以便通过分子技术提取用于研究和分析的有用分子，如DNA、RNA、蛋白质或酶。TBs由收集的用于研究的标本集构成，并可用于确定其他标本的RM。这些生物体客观存在的证据都存放在TBs中，科学数据和信息之间互相关联。生物材料可以产生不同序列的分子标记，这些分子标记可用于创建和扩展我们自己的序列数据库，也可以作为分类学研究的比较和参考。因此，该技术可用于识别和分类不同的生物，甚至用于识别新物种。此外，该技术不仅可以正确识别当前广泛销售的物种，还可以正确识别可能是未来资源的其他物种。

TBs是一种具有多种用途的天然历史档案，可以用来保存标本及其相关信息并形成种群遗传学、分类学、系统学、生态学以及系统发育、生物地理和保护研究的基础，而以上所有内容都是生物多样性知识和生物科学进步的重要组成部分。

16.1.3 数据库（DBs）

数据库（DBs）是记录和存储在同一文本中的一组信息，以便计算机程序在需要时快速选择相关信息。

最相关的遗传数据库是核酸数据库和蛋白质数据库。它们的集合包含核苷酸序列、蛋白质、蛋白质结构、基因组、基因表达、参考文献、分类、代谢、转录因子等，其主要作用是提供免费访问科学界出版物所产生的数据。数据库信息应包括作者姓名、出版物来源、生物体和其他重要的伴随特征。

美国、欧洲和日本有三个免费的重要核酸公共数据库，分别是：

- 美国国家生物技术信息中心（NCBI）：基因库（http：//www. ncbi. nlm. nih. gov/）。
- 欧洲生物信息学研究所（EBI）：欧洲分子生物学实验室库（EMBL - BANK）（http：//www. ebi. ac. uk/）。
- 日本 DNA 数据库（DDBJ）（http：//ddbj. sakura. ne. jp/）。

虽然这三个数据库来自不同国家，由不同机构维护，但它们是密切协调的。因此，发送到任意一个数据库的序列均可在其他两个数据库中快速找到，来自这三个站点的几乎所有 DNA 序列信息都可以被访问。

这三个站点都可以免费在线访问。NCBI 有一个非常有用的网页，具有一个名为“ENTREZ”的单一搜索和检索数据系统，包含多个相互连接的生物数据库（序列、蛋白质、基因组、分类、出版物等）。这个搜索系统允许用户从多个数据库同时访问和获取信息。EBI 使用序列检索系统（SRS）作为数据库的管理包，但与 ENTREZ 不同，SRS 是不可分配的，只可以在本地获取并安装。

NCBI 提供的另一个特别有用的工具——BLAST（基于局部比对算法的搜索工具）。在其他应用中，该软件可以通过序列比对，自动将实验室获得的序列与数据库中的序列进行比较，从而识别未知物种。

BLAST 在序列数据库中搜索与序列“查询”（query）类似的序列。为此，它使用了不同的检索策略，但此命令需要至少三个参数来执行此搜索：-i 序列‘询问’（i=输入）；-d 序列数据库（d=数据库）；和-p，表示搜索的类型［p=程序：blastp（使用蛋白质序列与蛋白质数据库中的序列进行比较）］，blastn（使用核酸序列与核酸数据库中的序列进行比较），blastx（将给定的核酸序列按照六种阅读框架将其翻译成蛋白质与蛋白质数据库中的序列进行比对，……）。因此，BLAST 可在至少两个序列之间执行同源性测试：查询序列或未知序列，以及属于 DB 的序列。首先，BLAST 提供了查询序列与每个 DB 序列相似性的定量度量，通过进行局部比对，显示出了高度的相似性。为此，在该工具的搜索窗口中输入未知序列，可以得到与输入序列相似的所有存储序列的列表，按从高到低的相似度排序。虽然它不能保证找到了正确的解决方案，但它能够计算出其结果的重要性。

在不同研究中获得的序列可以在这些公共数据库中进行上传和发布。但当前存在一个问题，序列数据通常在还没有全部完成，或没有得到正确的研究结果，甚至在没有被接受出版之前就被上传。这可能会导致数据库中出现错误的序列。为了避免这些错误，数据库生成的信息需要进行仔细核对。

此外，尽管某些生物体的 DNA 数据库不断地增长，但并不是所有相关的序列都能获得数据。这是创建一个广泛而完整的数据库的另一个原因，该数据库由从所有参考序列或模式序列获得的序列组成。

16.2 基于蛋白质分析的分子技术

蛋白质分析已被用于科学研究、物种鉴定以及其他各种用途。为了将蛋白质分析应用于物种鉴定，需要能够特异性识别存在种间差异的肌肉结构。所有动物物种的肌肉组织中所含有的蛋白质都非常相似，分别为肌原纤维蛋白、结缔组织蛋白、基质蛋白和肌浆蛋白（Westermeier，2001；Roca，2003）。

肌原纤维蛋白占肌肉蛋白的65%～75%，其中包括肌球蛋白、肌动蛋白、原肌球蛋白和肌钙蛋白。它们的提取可在中等或高离子强度的盐溶液中进行，由于氨基酸序列在不同物种之间是十分保守的，因此它们在热变性产品的物种鉴定中起到重要作用（Westermeier，2001；Roca，2003）。

结缔组织蛋白和基质蛋白占肌肉蛋白的3%～10%，其中弹性蛋白和胶原蛋白最为丰富。它们不溶于盐水溶液，仅在酸性或碱性溶液才能溶解（Westermeier，2001；Roca，2003）。

肌浆蛋白占肌肉蛋白的30%～35%，易用水或稀盐溶液提取。肌浆蛋白包括大多数参与肌细胞中间代谢的酶，这使得它们对物种鉴定非常重要（Westermeier，2001；Roca，2003）。

通过蛋白质分析鉴定鱼类的方法多种多样：电泳技术、高效液相色谱（HPLC）和免疫学技术。

16.2.1 电泳技术

电泳是一种分离分析技术，在两个电极之间施加电场，溶解的大分子就可以穿过基质在特定环境中进行迁移。分子的运动是由它们的电泳迁移率决定的，而电泳迁移率取决于它们在用于分析的基质中的大小和净电荷。电荷/尺寸比越高，离子通过电场的速度就越快。净电荷较高的分子比净电荷较低的分子移动速度快。对于相同的净电荷，相对分子质量（MW）较低的分子移动得更快。分子移动的距离与相对分子质量对数之间存在线性关系，这使得确定这些分子的相对分子质量成为可能（Weber 等，1972；Westermeier，2001；Montowska 和 Pospiech，2007）。

通过比较测试样品的肌肉蛋白电泳图谱与相同条件下参考样品的条带图谱可以进行物种鉴定。比较结果是可视化的，尽管这增加了结果的主观性。也可通过使用密度计或图像分析仪进行比较，其中光学波段的密度允许使用适当的软件进行波段检测。因为轻微的实验变化就可以改变获得的蛋白质分布（AOAC，1990），为了比较带型，需要对参考样品进行相同的处理，甚至在相同的凝胶中进行分析。实验条件的重现性还可能受到多种难以控制的因素影响，如电泳系统的内部温度。尽管使用了制冷系统，电泳系统的内部温度在不同的迁移过程中仍然会有所变化（Westermeier，2001）。

为了获得用于物种鉴定的电泳图谱，食品的处理或加工是非常关键的。

16.2.1.1 蛋白质的热变性和沉淀

通过电泳图对肌浆蛋白进行物种鉴定是很困难的，这限制了它在新鲜、微熟或冷冻食品分析中的应用。电泳技术在分析熟食制品中的应用是通过尿素提取、沉淀蛋白质来实现的，这使得在变性条件下提取蛋白质成为可能。然而，罐头产品在加工过程中产生的温度和压力会使蛋白质彻底变性，从而无法获得可复制的电泳图谱（Mackie，1968，1969；Harano 等，2008）

冷冻保存也会影响蛋白质的构象。因为冷冻产品中可利用的水分减少，蛋白质会发生聚集和沉淀，使得蛋白质提取和研究方法的重现变得困难（Matsumoto，1980；Torrejón，1996）。

16.2.1.2 添加剂

加工食品中添加剂的存在也限制了结果的重现性。添加剂可改变产品的 pH，从而导致蛋白质聚集。因为对照样品必须与被测样品进行相同的处理，以确保电泳图谱具有可比性，添加剂的存在使电泳图谱的形成变得困难。此外，与酱汁或香料接触的加工食品需要进行额外的洗涤步骤，以尽量减少这些物质的影响。所有这些准备工作使得此方法变得更加复杂，检测费用也更加昂贵（Matsumoto，1980；AOAC，1990）。

研究人员已经开发出了各种电泳方法来识别经过不同处理的样品的种类，但仍没有解决热处理产品的问题及其中所存在的局限性（Etienne 等，2000；Mackie 等，2000）。电泳技术有很多种，使用哪种电泳技术取决于检测所需的分辨率和分析样品的类型（如新鲜、冷冻、热处理等）。常用的物种鉴定技术有：①等电聚焦（IEF）；②尿素等电聚焦（urea-IEF）；③SDS 聚丙烯酰胺凝胶电泳（SDS-PAGE）；④二维电泳（2DE）；⑤毛细管电泳（CE）（Hall，1997）。

16.2.1.3 等电聚焦

等电聚焦（IEF）是一种 pH 梯度电泳技术，它能分离出样品中仅相差 0.001pH 单位的不同组分。每个蛋白质都存在一个 pH，在该 pH 下蛋白质分子不带净电荷，此时它含有相同数量的正电荷和负电荷——这个 pH 就是等电点（p*I*）。当电场作用于 pH 梯度时，蛋白质根据它们的电荷性质向不同的电极移动，当蛋白质到达等电点（p*I*，净电荷为零）时，它会停止迁移并出现沉淀（图 16.1）。因此，在等电聚焦技术中，蛋白质的分离依赖于等电点，而不是电荷或分子大小（Westermeier，2001）。

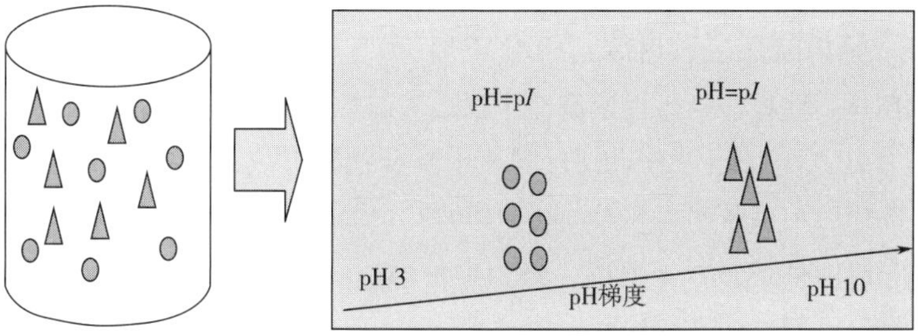

图 16.1 IEF 示意图

IEF 技术已经被用来鉴定一些鱼类。这种方法主要利用蛋白质的肌浆部分来对未加热处理的产品进行物种鉴定。肌浆部分包括参与代谢过程的酶和其他蛋白质，如小清蛋白、肌清蛋白或球蛋白。通过 IEF 获得特征性的带型可用于识别市场上最有可能被替代的一些鱼类物种，例如 Chen 等（2003）提出此技术用于河豚物种的区分。IEF 也被用来鉴别一些常见的新鲜样品和混合物中的肉类（Slattery 和 Sinclair，1983；Skarpeid 等，1998）。

肌肉的肌原纤维部分和耐热肌浆部分（小清蛋白）已被用来对加工产品中进行物种鉴定，如 Esteve-Romer 等（1996）使用小清蛋白来区分各种鲑鱼和比目鱼以及混合的物种。

16.2.1.4 尿素等电聚焦（Urea-IEF）

该技术是对等电聚焦方法的一种改进，在样品制备过程中存在一些差异。经热变性的蛋白质可溶解在 8mol/L 的尿素溶液中，尿素增加了蛋白质的溶解度，提高了蛋白质的分散性。肌球蛋白（14~23ku）、肌钙蛋白（19~30ku）和小清蛋白（12ku）等低分子质量蛋白质通常利用尿素等电聚焦电泳来进行物种鉴定。在自然条件、变性条件和在尿素存在的条件下，对小清蛋白的 p*I* 进行了比较，结果表明其 p*I* 有所提高。这是由于尿素的存在影响了蛋白质的变性，从而引起其中酸性和碱性基团的构象和解离的变化（Etienne 等，2000）。

许多研究人员已经将这种技术用于热加工产品鉴定。Etienne 等（1999）开发了一种使用尿素等电聚焦对鲜鱼和热加工鱼进行鉴定的标准化方法（Etienne 等，1999，2000；Mackie 等，2000）。

与其他电泳技术相比，等电聚焦和尿素等电聚焦有许多优点：

- 在电泳过程中，蛋白质位于一个相对狭窄的区域，这提高了该检测方法的分辨率和灵敏度。
- 在电泳结束时体系是平衡的，因此实验参数的变化对获得的蛋白质图谱影响较小，可以使用照片来比较待测样品和参考样品的谱带。
- 使用商业制备的聚丙烯酰胺凝胶，再加上半自动设备，可提高结果的再现性，并减少分析所需的时间。

但是，这些电泳技术也存在许多不便：

- 得到的蛋白质谱带多，谱图的解析有时会很复杂。
- 操作费时费力，需要专业的操作人员和适宜的设备。
- 取样过程复杂，技术昂贵，这使得该技术在食品分析实验室中很难使用（Westermeier，2001；Rodríguez Ramos，2004）。

16.2.1.5 聚丙酰胺凝胶电泳（SDS-PAGE）

SDS-PAGE 是一种将样品蛋白溶解在十二烷基硫酸钠阴离子洗涤剂（SDS）中的常规电泳，通常浓度为 20g/L。由于 SDS 蛋白-阴离子复合物的形成，这些蛋白质失去了各自的电荷特征并获得了负电荷（Weber 和 Osborn，1969）。单位质量蛋白质加入的洗涤剂量是相同的，因此电泳基质的迁移率完全取决于蛋白的质量。蛋白质在溶解后，通过添加 SDS 的聚丙烯酰胺凝胶进行分离（图 16.2）。

因为 SDS 洗涤剂可以准确提取样品中的变性蛋白质，SDS-PAGE 可用于对加热处理样品进行物种鉴定，这项技术也比尿素等电聚焦凝胶简单（Scobbie 和 Mackie，1988）。Etienne 等（2000）通过 SDS-PAGE 和尿素等电聚焦技术鉴定了熟食产品中的鱼类的品种。作为以前工作的补充，这些方法已应用于物种鉴定和熏制产品中（Mackie 等，2000）。

SDS-PAGE 电泳技术很少用于鉴定未经过热处理的产品。正如前一节所述，IEF 由于其较高的分辨率而成为鉴定这类产品的首选技术。

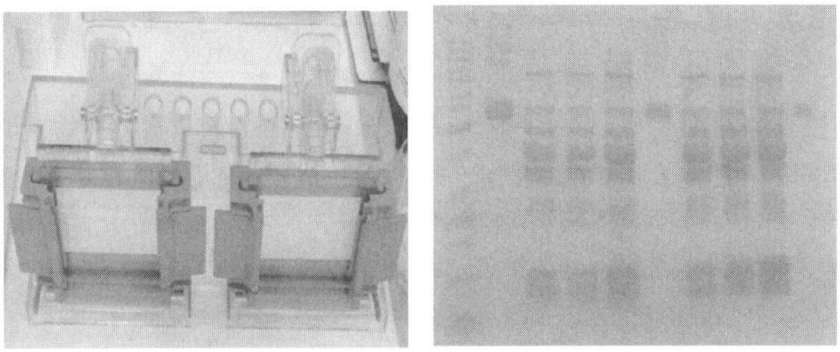

图 16.2 SDS-PAGE 图

SDS-PAGE 技术的优点主要包括：

- 可以使用商业凝胶，分析时间更快。
- 适用于热处理产品的品种鉴定。

SDS-PAGE 技术的缺点与前一节 IEF 中提到的相同（Westermeier，2001）：

- 获得蛋白质图谱的复杂性。
- 样品处理困难，方法成本高。
- 对专业工作人员和仪器有一定要求。

16.2.1.6 二维电泳（2DE）

该技术可以看作是等电聚焦和 SDS-PAGE 电泳的结合技术。蛋白质样品首先通过其 p*I* 进行分离，再通过分子质量大小进行分离。这两种方法的结合比使用单独技术获得的分辨率更高（Westermeier，2001；Rodrguez，2004）（图 16.3）。

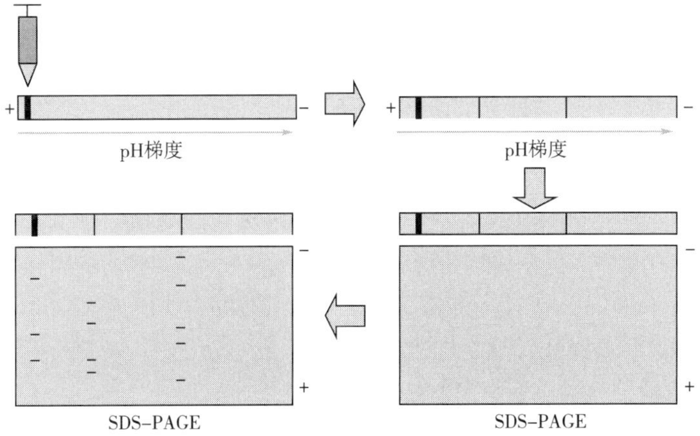

图 16.3 二维电泳的发展概况

2DE 技术除了操作复杂和需要专门工作人员外，还是一项非常耗费体力和时间的技术。因此，它还没有被广泛用于物种的鉴定。

像组成它的技术一样，2DE 可被用于鉴定新鲜样品和热处理海产品的物种鉴定（Valenzuela 等，1999；Chen 等，2004；Berrini 等，2006）。

16.2.1.7 毛细管电泳（CE）

CE 也被用于物种鉴定。该技术早在 1937 年就已经建立，但直到当前，仪器设备的商业化才使其得到广泛的使用（Cancalon，1995a，1995b）。该技术通过在直径为 50~150μm 的石英管内施加电场，将具有相同荷质比和不同质量的分子分离出来。

与其他分析技术相比，这种方法的优点是：

- 由于该设备无须柱填充缓冲液并配备了自动替换为其他填充缓冲液的系统，因此可以同时检测和定量不同的分子。
- 分析可以在 10min 内完成（连续两次分析间的柱清洗和重新平衡只需要 3min）。
- 样品需要量少。

虽然最初这种技术缺乏灵敏度，但检测系统的改进已经解决了这个问题。目前，它的主要限制是：

- 需要为每种试剂调整合适的检测系统，因为使用的试剂体积很小，对灵敏度要求也比较高（Westermeier，2001；Roca，2003）。

利用毛细管电泳进行蛋白质分析是完全自动化的，这是该技术相对于其他电泳方法的一个重要优势。因为电泳方法很难实施，需要专业的技术人员（Hall，1997；Recio，Ramos 和 Lopez-Fandino，2001）。

在不同类型的毛细管电泳中，最常见的是毛细管区带电泳（ECZ），它可以耐受具有较宽 pH 区间（从酸到碱）的试剂来分离样品的不同成分。ECZ 通过分析肌肉蛋白的肌浆部分来鉴定新鲜和冷冻产品的物种（LeBlanc 等，1994；Gallardo 等，1995；Cota-Rivas 和 Vallejo-Cordoba，1997；Vallejo-Cordoba 和 Cota-Rivas，1998）。利用这项技术，Gallardo 等（1995）对多种鱼类进行了区分，而 Cota-Rivas 和 Vallejo-Córdoba（1997）以及 Vallejo-Cordoba B. 和 Cota-Rivas M.（1998）对非水产肉类品种进行了区分。

16.2.2 高效液相色谱（HPLC）

高效液相色谱法是一种利用分子极性分离分子的分析方法。在所有的色谱分离过程中，样品在流动相内移动，流动相可以是气体或液体。流动相通过与之不相溶的固定相，固定相被固定在柱子内部或固体表面上。这两个相必须进行合理选择，以便样品中的不同成分在流动相和固定相之间进行不同的分布。那些保留作用强的组分将随着流动相的流动而缓慢地通过固定相；相反，与固定相弱连接的组分运动得更快。由于不同的流动性，样本中的不同成分被划分为条带或离散区域，可以进行定性和定量分析（图 16.4）。这些结果以色谱图的形式呈现（Westermeier，2001；Roca，2003）。

反相高效液相色谱技术（RP-HPLC）是最常用的动物物种鉴定技术，它根据蛋白质在极性流动相和固定在基质上的有机相之间的分布来分离蛋白质（Ashoor 等，1988）。获得的各物种蛋白质的色谱图谱，可与用于物种鉴定的参考色谱图进行比较。反相高效液相色谱技术与电泳技术相比，显示出重要的优势：

- 简单快捷。
- 具有高分辨率。
- 无须使用有毒试剂。
- 由于结果的高重现性，一旦获得色谱图，无需对参考样品进行综合分析（McCormick

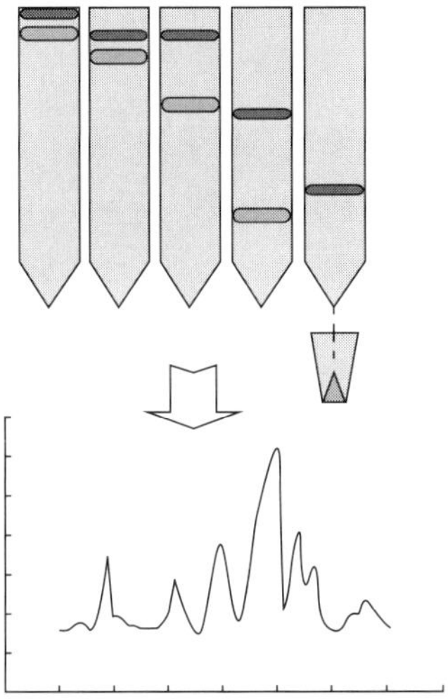

图 16.4 液相色谱分离示意图

等，1988）。

• 检测系统可用于估计混合物中某一物种的蛋白质含量，因此这一技术可用于定量分析（Toorop 等，1997）。

该技术最大的缺点是在制备过程中会造成大量样品的损坏。这是因为这个过程会导致肌浆蛋白的降解或聚集，从而导致色谱图的变化。

HPLC 技术也可用于新鲜或冷冻产品中鱼类物种的鉴定（Osman 等，1987；Armstrong 等，1992）。例如，该技术被用于识别和检测鳕鱼、鲑鱼、鲤鱼和鲈形目物种之间的显著差异（Knuutinen 和 Harjula，1998）。

16.2.3 免疫学技术

免疫学技术是基于抗原（待分析物质）与其相应抗体之间特异性反应的分析技术。

与电泳技术和高效液相色谱法相比，利用免疫学技术进行物种鉴定具有重要的优势，例如：简单，能够同时分析大量样品，所需样品量少，能减少时间和成本，使用不太复杂的材料，半自动化的操作，支持现场测试，以及可制成小型工具包。不利的一面是，如果使用的抗体不是特定物种的特异性抗体，则近亲物种的蛋白质之间可能存在交叉反应（Wolf 等，2000）。由于必须制备大量特异性抗体（Roca，2003；Rodríguez，2004），该方法很少用于多种类样品的评估。

用于鉴定物种的免疫学试验有很多种，如免疫沉淀、免疫扩散、免疫电泳和各种免疫分析。这些技术已被广泛应用于肉制品分析（Martin 等，1988a，1988b，1988c；Hsieh 等，1998；Chen 和 Hsieh，2002），及鉴别熟食和干制品中的鱼类物种，包括黑线鳕鱼、鳕鱼和鳗鱼（Dominguez 等，1997；Ochiai 和 Watabe，2003）。这些技术还可用于对新鲜肉类及其熟制品进行物种鉴定（Martin 等，1988c；Hsieh 等，1998）。

16.2.4 基于蛋白质分析的鱼类识别技术的局限性

多种蛋白质分析技术可以被用于物种鉴定，技术的选择取决于可用的设备、所需的分辨率和被测样品的类型。但是，在选择评估方法时，也要考虑到其缺点。基于蛋白质分析的方法存在很大的局限性：

- 适用性有限——由于蛋白质在处理过程中会变性，因此不能用于分析精加工的产品。
- 由于加工处理和产品中掺入的添加剂妨碍了蛋白质的提取，结果的可重复性会受到一定影响。
- 复杂的色谱图使结果难以解释。
- 有限的分辨能力使其难以区分亲缘关系较近的物种。
- 通常情况下，该技术操作难度大，耗时并且需要专门的技术人员。

16.3 基于 DNA 分析的分子技术

DNA 分析技术不断发展，现已成为最精确的分子分析工具之一，已经被应用到许多领域，包括对食品和海产品真伪进行管制及相关的执法工作。

与基于蛋白质的分析方法相比，利用 DNA 分析有许多优势。虽然 DNA 在食品加工过程中易发生改变，但它比蛋白质具有更强的抗逆性和热稳定性。因此即使在 DNA 断裂的情况下，也可以对 DNA 的一小部分进行扩增，从而满足鉴定要求。此外，由于遗传密码的简并性和非编码区的存在，DNA 分子可以提供比蛋白质更多的信息。

多种基于 DNA 的方法可以用来鉴定鱼类，它们之间的主要区别，除了方法不同外，还应考虑它们的应用范围、复杂性和成本，这些都是在选择具体方法时需要考虑的重要因素。

16.3.1 聚合酶链反应（PCR）

PCR 是一种利用引物检测和扩增特定 DNA 片段的分析方法。引物是一对小的核苷酸序列，限定了扩增的区段。

PCR 的基本原理是一系列反应的循环，每一循环包括 DNA 变性步骤（将双链分开）、引物与模板 DNA 配对步骤和在两条引物之间合成新 DNA 的延伸步骤。延伸步骤结束后，又回到 DNA 变性步骤，开始新的循环。经琼脂糖凝胶电泳分离和可视化后，这些特异性引物产生的 DNA 片段可用来鉴别物种。这种特异性的产生是因为这些引物是根据高度保守的 DNA 区域构建而成的，这些区域在许多物种之间具有很少的多态性。因此，该技术的应用需要事先了解要扩增的基因。

PCR 技术正被广泛应用于许多研究领域。通过 PCR 进行鱼类物种鉴定有以下两种方法：

- 对缺失的片段或存在的片段进行扩增。如果对一个特定物种的特定片段进行扩增，就有可能推断出这个物种。
- 取决于扩增片段的大小。如果观察到扩增出了片段，则需要检测扩增产物的大小以进行鉴定（特异性取决于大小）。

这种方法是有条件的，扩增片段的大小差异可通过电泳检测到。由于某些物种在系统发育上有密切的亲缘关系，因此会扩增出大小相似的片段，从而在物种水平上阻碍了鉴别过程。

有时候不是由于缺少 DNA 模板，而是由于技术问题，不能成功扩增出目的片段。为使

PCR 检测结果更加可信，需要适当的对照，以避免假阳性或假阴性的可能性。表 16.1 根据不同的分类群给出了用 PCR 进行物种鉴定的主要研究。

表 16.1 利用 PCR 对不同分类群进行物种鉴定的研究

分类群	出版物
鲭鱼	Lin 和 Hwang，2008
海豚	Rocha-Olivares 和 Pablo Chavez-Gonzalez，2008
石斑鱼	Han 等，2011
大马哈鱼	Wasko 和 Galetti，2003
沙丁鱼	Durand 等，2010
竹荚鱼	Iguchi 等，2012
鳗鱼	Sezaki 等，2005
剑鱼	Hsieh 等，2004
鳕鱼	Von der Heyden 等，2007
贻贝	Santaclara 等，2006，
	Daguin 等，2001，
	Inoue 等，1995
其他双壳类	Fernandez-Tajes 等，2012
	Freire 等，2011
	Marshall 等，2007
	Larsen 等，20005
海参	Wen 等，2012
肉类	Rojas 等，2011
	Nau 等，2009
	Martin 等，2007a，2007b，2007c
	Chen 等，2005

16.3.2 聚合酶链反应-限制性片段长度多态性（PCR-RFLP）

该技术用于检测由限制性内切酶切割产生的不同相对分子质量的 DNA 片段。限制性内切酶可以识别预先扩增片段的特定位置，然后通过电泳技术将其分离。这种方法需要事先了解要分析的片段序列，并选择一种限制性内切酶使我们能够检测其多态性，获得不同大小的片段形成了特定物种特有的带型（图 16.5）。

尽管与其他基于 PCR 的技术相比，该技术简单、可靠、易于实施且成本较低。但因为所获得的图像难以解释且重复性较差，该技术根据序列鉴定物种的效率也较低（Ram 等，1996；Cespedes 等，1998）。有时 DNA 片段可能不完全酶解，这会影响种内变异的消除或产生额外的限制位点（Lockley 和 Bardsley，2000）。利用 PCR-RFLP 对不同分类群进行物种鉴定的主要研究见表 16.2。

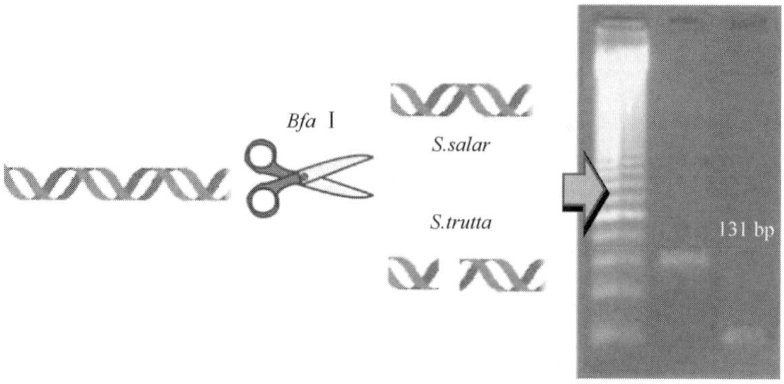

图 16.5 *Bfa* Ⅰ酶对大西洋鲑鱼和鳟鱼序列的作用

表 16.2 利用 PCR-RFLP 对不同分类群进行物种鉴定的研究

分类群	出版物
鲭鱼	Ram 等，1996
	Lin 和 Hwang，2007
凤尾鱼	Santaclara 等，2006
	Rea 等，2009
	Sebastio 等，2001
琵琶鱼	Armani 等，2012
	Espiñeira 等，2008
	Sanjuan 等，2002
大马哈鱼	Rasmussen 等，2010
	Espiñeira 等，2009
	Russell 等，2000
	Carrera 等，1999a，1999b
竹荚鱼	Aranishi 等，2005
	Turan 等，2009
	Karaiskou 等，2007
	Takashima 等，2006
比目鱼	Céspedes 等，1998
	Comesaña 等，2003
	Sanjuan 等，2002
鲻鱼	Trape 等，2009
剑鱼	Chow 等，1997
	Hseih 等，2005；Hseih 等，2007
鲨鱼	Mendonca 等，2009

续表

分类群	出版物
鳕鱼	Perez 等，2005；Perez 和 Presa，2008
	Di Finizico 等，2007
	Akasaki 等，2006
	Aranishi 等，2005
	Quinteiro 等，2001
扁体鱼	Alvarado 等，2005
鰕虎鱼	Larmuseau 等，2008
红鳍银鲫	Aksakal 和 Erdogan，2007
笛鲷鱼	Zhang 等，2007
	Chow 等，1993
叉尾带鱼	Quinta 等，2004
贻贝	Santaclara 等，2006
	Toro，1998
其他双壳类	Fernández 等，2000；Fernández 等，2001；
	Fernández 和 Mendez，2007
	Elliott 等，2002
头足类动物	Santaclara 等，2007
	Colombo 等，2002
海参	Wen 等，2010
其他鱼类品种	Nebola 等，2010
	Hisar 等，2006
	Klossa-Kilia 等，2002
	Asensio 等，2001a
	Wolf 等，2000
	Cocolin 等，2000
	Heindel 等，1998
肉类	Sun 和 Li，2003

16.3.3 实时 PCR（RT-PCR）

在基于 DNA 分析的物种鉴定方法中，RT-PCR 技术的使用越来越多。这是因为 RT-PCR 不仅可以在含有多个物种的产品中识别特定物种，还可以对其含量进行量化。

RT-PCR 是一种高灵敏的技术，可以对特定的 DNA 序列进行扩增和定量，实时检测 PCR 产物。通过测定循环过程中 PCR 产物的含量，可以计算出 DNA、互补 DNA（cDNA）或 RNA 的数量。

该技术将扩增产物转化为荧光信号，并在扩增过程中实时监测荧光强度。PCR 产物含量与荧光强度之间的线性关系可用于计算反应开始时目标 DNA 的含量。更具体地说，RT-PCR 结果以“循环阈值”（*Ct*）来表示，即荧光被检测器检测到的循环数。*Ct* 与特定靶 DNA 的初始拷贝数成反比，靶 DNA 的初始拷贝数越大，荧光阈值越早达到。荧光标记物是与目标 DNA 结合时发出荧光的成分，它的使用使扩增和检测阶段得以结合。此外，化学标记可以分为非特异性和特异性检测。

非特异性检测使用荧光团作为插入剂，在 PCR 反应中结合在双链 DNA 序列上，该结合体会发出荧光信号并被实时检测。因此，PCR 产物的增加导致每个周期检测到的荧光量的增加，使得定量成为可能（Valasek 和 Repa，2005）。在这种化学过程中，测定方法的设计和调整都很直接，材料成本也比较低。然而，实时 PCR 反应的特异性也比较低，因为它们与非特异性扩增产物和引物二聚体之间的联系不明显，这在 PCR 反应中很常见。因此，必须在反应结束时绘制一个变性曲线（熔解曲线），以确认具有正放大曲线的样品是否对应于特定或非特定的产物（图 16.6）。

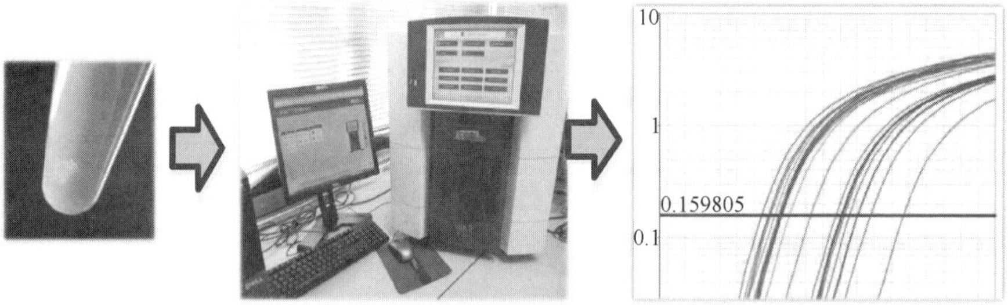

图 16.6　实时 PCR 仪及扩增曲线

特异性检测需要设计和合成一个或多个探针，每个探针都特异性地对应一项分析。探针被定义为与我们想要放大的 DNA 中间部分互补的 DNA 片段。这种探针附着在一个荧光分子（称为荧光团或报告体）和一个“猝灭剂”上，猝灭剂是抑制荧光产生的分子。只有当探针在 DNA 聚合酶的作用下离开其位置时，猝灭剂的作用被解除，探针才会发出荧光。每个荧光团吸收和发射的光的波长和数量都有各自的特点，在实验过程中结合热循环就可以对它们进行特异性检测。

这些检测系统能够区分目的序列和引物二聚体或非特异性扩增。相对于非特异性化学物质，特异性不仅表现于引物中，还存在于探针上，因此只有当探针与互补的靶序列特异性杂交时才会产生荧光信号。在没有靶 DNA 的情况下，就表现为没有荧光或弱荧光。此外，由于这些探针可以用不同的荧光团标记，荧光团的激发光谱和发射光谱不同，因此这种化学方法可以在一个 PCR 反应（多重 PCR）中检测不同序列的扩增产物。

尽管这项技术检测速度很快，但在对给定样本进行物种划分时，还需要考虑几个不同的方面。首先，由于有些物种的亲缘关系很密切，它们的序列几乎没有核苷酸差异，所以需要获得尽可能多的核苷酸信息，才能将样本划分到给定的物种。RT-PCR 仅能对探针和引物的杂交位置进行评估，结合测序等技术时还可以获得更多的定位信息，从而提供更可靠的结果。

所选择的分子标记也必须具有高度的种内保守性。否则，一些引物/探针组的不特定的单倍型变异可能会被忽略。如果没有检测到这种单倍型（尽管它存在于样本中），则可能产生假阴性结果；如果检测到含有允许引物/探针组连接的单倍型变异的非目标物种，则可能产生假阳性结果。

最后，还需要注意产品在加工过程中所经历的机械和化学热过程，以及某些酱汁、酸、脂肪和其他添加剂的存在，这些都会影响 DNA 的质量和数量，也可能会影响 *Ct* 的值，使其升高甚至获得假阴性结果。表 16.3 根据不同分类群显示了使用 RT-PCR 进行物种鉴定的主要研究。

表 16.3 利用实时 PCR 对不同分类群进行物种鉴定的研究

分类群	出版物
鲭鱼	Lopez 和 Pardo，2005
	Dalmasso 等，2007
琵琶鱼	Herrero 等，2011
鲑鱼	Herrero 等，2011
沙丁鱼	Herrero 等，2011
	Armani 等，2012
鳗鱼	Watanabe 等，2004
比目鱼	Herrero 等，2012
剑鱼	Herrero 等，2011
黄花鱼	Bayha 等，2008
石斑鱼	Trotta 等，2005
	Chen 等，2012
鳕鱼	Hird 等，2012
	Herrero 等，2010
	Taylor 等，2002
	Bertoja 等，2009
	Sanchez 等，2009
	Hird 等，2005
	Fox 等，2005
头足类	Herrero 等，2012
	Espiñeira 和 Vieites，2012
肉类	Rojas 等，2011

16.3.4 法医信息核苷酸测序（FINS）

1992 年 Bartlett 和 Davidson 提出了 FINS 技术，他们通过 DNA 序列的系统发育分析提出了物种的遗传鉴定（Bartlett 和 Davidson，1992）。

Bartlett 和 Davidson 是建立 PCR 扩增 DNA 片段直接测序方法的先驱，他们将得到的序列与已知的参考序列进行比对。

从这个意义上说，正如 16.1.2 和 16.1.3 所述，组织库的存在对于从不同目的物种获得遗传信息非常重要。通过对这些参考模型的遗传分析，可以获得可靠的 DNA 序列信息，丰富我们的数据库，还可以验证国际数据库的信息是否是正确的。因此，确保这些数据的准确性可以保证分子方法学的稳健性。如 FINS 技术，该技术会将测试样本序列与模式序列进行比较。

该技术的基础是将未知样本序列与已知物种序列模式进行比较。因此，要应用该方法，需要获得所研究物种的序列模式，然后从一个未知物种序列和一个模式物种的参考序列集合出发，可以生成一个距离矩阵，再将该矩阵的分析结果表示为一个系统发育树。这棵树是用不同的基于距离或特征的生物统计方法建立的，它将同一物种的序列分组到同一节点中，从而根据所处节点对未知物种进行视觉识别（图 16.7）。基于遗传距离的邻接法（Saitou 和 Nei，1987）来构建系统发育树是该方法研究的重点，该方法通过自助检验（bootstrap test）为系统发生树中获得的不同类群提供了统计支持。自助检验验证了将某个物种分配给特定节点的可靠性，检验值大于或等于 70 的通常意味着该集群或节点可能是真实存在的概率大于或等于 95%（Hillis 和 Bull，1993）。

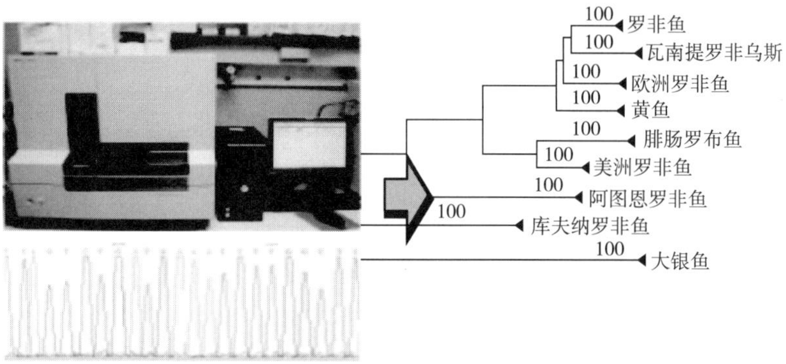

图 16.7 利用 FINS 技术进行系统发育分析

如今，在 FINS 技术发展了二十年之后，技术上的重大突破和这项技术在众多知识领域的延伸，使其所用设备和材料的成本降低，最初繁琐的操作也有所简化。此外，对不同分类群的研究范围越来越广泛，使得这项技术在任何实验室都有可能得到非常准确的鉴定结果。这些进展使它有可能进入质量控制实验室，从而应用于更多的领域。

在以 DNA 工作为基础的分子技术中，FINS 技术虽然是一种较新的方法，但目前已成为应用最广泛、最受肯定的物种鉴定遗传学方法之一。该方法通过非常可靠和强大的技术来确定种间和种内变异，适用于鉴定密切相关的物种，甚至可用于鉴定高度加工的产品。FINS 的完成以经过充分研究的容易成功的操作，如 PCR 和测序为基础，是一种精确的、可重复的方法。

它的主要应用包括：鉴定动物性食物的来源品种、鉴定每种动物的特定遗传物质、向加工部门提供标签方面的意见、追溯食物的来源、基因资源的保护和受保护物种的管制。

与其他分子技术相比，FINS 方法具有特异性强、灵敏度高、精密度高、重现性好等优点。同时，它还提供了更为丰富的信息，不受种内变异性的影响，克服了种内变异性的缺点，可以检测到以前没有研究过的新物种。

然而，该技术所用设备昂贵，工艺难以自动化，需要高素质的人员来操作。表 16.4 根据不同分类群列出了利用 FINS 进行物种鉴定的主要研究。

表 16.4 利用 FINS 对不同分类群进行物种鉴定的研究

分类群	出版物
鲭鱼	Espiñeira 等，2009
	Infante 等，2007
	Manchado 等，2004
	Ram 等，1996
	Barlett 和 Davidson，1991
凤尾鱼	Santaclara 等，2006
琵琶鱼	Espiñeira 等，2008
	Sanjuan 等，2002
鲑鱼	Espiñeira 等，2009
沙丁鱼	Lago 等，2011
	Jerome 等，2003
竹荚鱼	Lago 等，2011
	Karaiskou 等，2003，2007
比目鱼	Espiñeira 等，2008
剑鱼	Herrero 等，2011
鳕鱼	Perez 和 Presa，2008
贻贝	Santaclara 等，2006
其他双壳贝类	Espiñeira 等，2009
头足类	Espiñeira 等，2010
	Santaclara 等，2007
鳐鱼	Lago 等，2011
	Spies 等，2006
鳗鱼	Lago 等，2012
肉类	Lago 等，2011

16.3.5 鱼类物种鉴定的其他方法

除了以上介绍的技术外，还有其他遗传学技术被成功地用于鉴定不同的鱼类物种。

微卫星标记法就是其中一种鉴定方法（Edwards 等，1998；Barroso 等，2003；Beacham 等，2004；Hassanien 和 Gilbey，2005；Rezaei 等，2011）。该方法基于两个、三个或四个核苷酸组成的串联重复，与 DNA 的其他区域相比，具有较大的突变能力。由于微卫星具有高度多态性，这项技术被广泛应用于确定单个物种的个体遗传图谱（Ryan 等，2005；Charrier 等，2006；Pampoulie 等，2006）或群体遗传学（D'Amato 等，1999；Seibert 和 Ruzzante，2006）。多态性 DNA 随机扩增（RAPD）是利用 10 个任意序列的核苷酸集合，通过 PCR 随机扩增基因组。扩增出来的片段可以通过琼脂糖凝胶电泳进行分离，从而为每个物种提供特定的带型（Callejas 和 Ochando，1998，2001；Ruzainah 等，2003；Das 等，2005；Lakra 等，2007）。

另一种用于鉴别不同鱼类的方法是 PCR-单链构象多态性分析（PCR-SSCP）。这个方法以 DNA 单链相对于其折叠构象的迁移性为基础，因此当两条 DNA 链存在一个不同的碱基时，它们的迁移速度也将有所差异，从而为每个物种提供独特的带型（Rehbein 等，1997；Asensio 等，2001b；Weder 等，2001；Colombo 等，2005；Rehbein，2005；Garcia-Vazquez 等，2006；Sriphairoj 等，2010；Aranceta-Garza 等，2011）。

另一种也可用于鉴别鱼类的方法是 PCR-扩增片段长度多态性分析（PCR-AFLP）（Chong 等，2000；Han 和 Ely，2002；Zhang 和 Cai，2006；Hsu 等，2010；Sriphairoj 等，2010；Chiu 等，2012）。该技术结合应用了限制性内切酶和寡核苷酸用于 PCR，能够在事先不了解序列信息的情况下获得特异的分子标记。DNA 先被两种限制性内切酶切割（频繁切割和稀有切割），与酶相容的末端寡核苷酸会连接到产生的片段上，并通过与这些区域互补的引物进行 PCR 扩增。扩增条带的减少或增加取决于寡核苷酸和限制位点之间的互补性。该技术已广泛应用于群体遗传学研究中，以确定同一群体中不同个体间的细微差异（Zhang 等，2004，2007；Maldini 等，2006）。

最后，基于每段序列或者每个物种的变性特征存在差异，变性/热梯度凝胶电泳法（D/TGGE）可通过梯度凝胶电泳将大小相同但序列不同的扩增产物分离开来。该方法已被广泛应用于微生物生态学研究（Ercolini，2004）；然而，它很少被用于鱼类的种类鉴定（Comi 等，2005；Deagle 等，2005；Dooley 等，2005a，2005b；Zhang 等，2007）。

可能是因为以上所有这些技术比较容易开发，而且经济实用，它们都被用于鱼类物种鉴定。但它们也存在许多缺点，这使得一些方法，如 FINS，或其他测序技术更适合于这项任务。RAPD 的方法重现性不好，使得它们不太适合构建参考数据库。另外，与 AFLP 一样，它对于目标 DNA 的质量和数量的微小变化非常敏感，因此它们都不适合用于分析可能会降解的物质（Teletchea，2009）。PCR-SSCP 不太容易重复，因为单链 DNA 可能具有多种构象状态（取决于电泳条件），种内变异与显示不同强度多条带的可能性并存，这可能会使我们获得错误的鉴定结果。D/TGGE 方法的主要缺点是分辨率低，同时难以维持稳定的实验条件。

16.3.6 认证的检测作为质量印章

认证的目的是向社会、政府机构以及企业和消费者表明，现有的产品和服务符合某些要求，这些要求通常与其质量和安全有关。

其中一些要求是法律规定的，因此具有监管性质，但其他要求只能在标准、规范或其他自愿文件中找到，因此这些要求是可选的。其中许多条例并不是强制性的，但很多国家已经建立并应用了一些模式，以使其产品和服务提升附加值，并确保其有效性。

根据欧洲委员会，

……

在欧洲，认证对于一个透明市场的正常运作和产品的质量导向至关重要。认证能够有效促进各个行业的发展，使它们具备充分的竞争力。对于国家和欧洲的政府机构来说，只有对欧洲任何地方颁发的证书取得足够程度的信任，才能够促进产品在整个欧洲经济区（EEA）的自由流动。对于合格评定机构来说，认证也是必不可少的。它能够帮助各个机构独立地展示其技术能力，并确保机构间透明的竞争并作为质量导向。

（皇家法令，1995）

在西班牙，国家认证机构（ENAC）是政府机构任命建立的、维持国家认定制度的组织，它总是遵循欧盟的政策和建议。ENAC 是世界范围内建立的相互承认协议（MLA）的签署者，因此，在国际上，他们的资格得到了 60 多个国家的认可。正如 ENAC 一样，其他国家也有使用其他组织实体，如美国的美国实验室认证协会（A2LA）、荷兰的荷兰认证委员会（RvA）和英国的英国认证服务（UKAS）等。

在 ENAC 认证中，每个类别中认证（LEBA）的化验清单是特别重要的（ENAC，2004），其中也包括鱼类物种鉴定。值得注意的是，ANFACO-CECOPESCA 的分子生物学专研组是西班牙第一个也是唯一一个通过 DNA 测序和法医信息核苷酸测序（FINS）进行物种鉴定的实验室（ANFACO-CECOPESCA）（www. anfaco. es）。此外，LEBA 是一个开放且不断增长的列表，除了鱼类物种外，还包括头足类、贻贝和肉类等其他分类类群，这为这些物种的鉴定报告增加了价值和国际有效性。

参考文献

Alvarado, J. R., Frisk, M. G., Miller, T. J. *et al.* (2005). Genetic identification of cryptic juveniles of little skate and winter skate. *Journal of Fish Biology*, 66 (4), 1177-1182.

Aksakal, E. and Erdogan, O. (2007). Use of PCR-RFLP analysis of mtDNA cytochrome-b gene to determine genetic differences in*Capoeta* spp. *Israeli Journal of Aquaculture-Bamidgeh*, 59 (4), 206-211.

Akasaki, T., Yanagimoto, T., Yamakami, K., Tomonaga, H. and Sato, S. (2006). Species identification and PCR-RFLP analysis of cytochrome b gene in cod fish (order Gadiformes) products. *Journal of Food Science*, 71 (3), C190-C195.

AOAC (1990). *Official Method of Analysis*, 15th edn (Association of Official Analytical Chemists), Washington, DC, pp. 883-889.

Aranceta- Garza, F., Perez - Enriquez, R. and Cruz, P. (2011). PCR - SSCP method for genetic differentiation of canned abalone and commercial gastropods in the Mexican retail market. *Food Control*, 22 (7), 1015-1020.

Aranishi, F. (2005). PCR - RFLP analysis of nuclear nontranscribed spacer for mackerel species identification. *Journal of Agricultural and Food Chemistry*, 53 (3), 508-511.

Aranishi, F., Okimoto, T. and Izumi, S. (2005a). Identification of gadoid species (Pisces, Gadidae) by

PCR-RFLP analysis. *Journal of applied genetics*, 46 (1), 69-73.

Aranishi, F., Okimoto, T., Ohkubo, M. and Izumi, S. (2005b). Molecular identification of commercial spicy pollack roe products by PCR-RFLP analysis. *Journal of Food Science*, 70 (4), C235-C238.

Armani, A., Castigliego, L., Tinacci, L. *et al.* (2012). A rapid PCR-RFLP method for the identification of Lophius species. *European Food Research and Technology*, 235 (2), 253-263.

Armstrong, S. G., Leach, D. N. and Wyllie, S. G. (1992). The use of HPLC protein profiles in fish species identification. *Food Chemistry*, 44 (2), 147-155.

Asensio, L., Gonzalez, I., Fernandez, A. *et al.* (2001a). Genetic differentiation between wreck fish (*Polyprion americanus*) and Nile perch (*Lates niloticus*) by PCR-RFLP analysis of an alpha-actin gene fragment. *Archiv Fur Lebensmittelhygiene*, 52 (6), 131-134.

Asensio, L., Gonzalez, I., Fernandez, A. *et al.* (2001b). PCR-SSCP: a simple method for the authentication of grouper (*Epinephelus guaza*), wreck fish (*Polyprion americanus*), and Nile perch (*Lates niloticus*) fillets. *Journal of Agricultural and Food Chemistry*, 49 (4), 1720-1723.

Ashoor, S. H., Monte, W. C. and Stiles, P. G. (1988). Liquid - chromatographic identification of meats. *Journal of the Association of Official Analytical Chemists*, 71 (2), 397-403.

Aursand, M., Mabon, F., Axelson, D. and Martin, G. J. (1999). Origin testing of fish and fish oil products by using 2H and 13C NMR spectroscopy. 29th WEFTA Conference, Thessaloniki, Greece.

Aursand, M., Mabon, F. and Martin, G. J. (2000). Characterization of farmed and wild salmon (*Salmo salar*) by a combined use of compositional and isotopic analyses. *Journal of the American Oil Chemists Society*, 77 (6), 659-666.

Barroso, R. M., Hilsdorf, A. W. S., Moreira, L. M. *et al.* (2003). Identification and characteriza-tion of microsatellites loci in *Brycon opalinus* (Cuvier, 1819) (Characiforme, Characidae, Bryconiae). *Molecular Ecology Notes*, 3 (2), 297-298.

Bartlett, S. E. and Davidson, W. S. (1991). Identification of *Thunnus* tuna species by the polymerase chain reaction and direct sequence analysis of their mitochondrial cytochrome b genes. *Canadian Journal of Fisheries and Aquatic Sciences*, 48 (2), 309-317.

Bartlett, S. E. and Davidson, W. S. (1992). FINS (forensically informative nucleotide sequencing): a procedure for identifying the animal origin of biological specimens. *Biotechniques*, 12 (3), 408-411.

Bayha, K. M., Graham, W. M. and Hernandez, F. J. (2008). Multiplex assay to identify eggs of three fish species from the northern Gulf of Mexico, using locked nucleic acid Taqman real-time PCR probes. *Aquatic Biology*, 4 (1), 65-73.

Beacham, T. D., Lapointe, M., Candy, J. R. *et al.* (2004). Stock identification of Fraser River sock-eye salmon using microsatellites and major histocompatibility complex variation. *Transactions of the American Fisheries Society*, 133 (5), 1117-1137.

Berrini, A., Tepedino, V., Borromeo, V. and Secchi, C. (2006). Identification of freshwater fish commercially labeled 'perch' by isoelectric focusing and two-dimensional electrophoresis. *Food Chemistry*, 96 (1), 163-168.

Bertoja, G., Giaccone, V., Carraro, L., Mininni, A. N. and Cardazzo, B. (2009). A rapid and high-throughput real-time PCR assay for species identification: application to stockfish sold in Italy. *European Food Research and Technology*, 229 (2), 191-195.

Callejas, C. and Ochando, M. D. (1998). Identification of Spanish barbel species using the RAPD technique. *Journal of Fish Biology*, 53 (1), 208-215.

Callejas, C. and Ochando, M. D. (2001). Molecular identification (RAPD) of the eight species of the genus *Barbus* (Cyprinidae) in the Iberian Peninsula. *Journal of Fish Biology*, 59 (6), 1589-1599.

Cancalon, P. F. (1995a). Capillary electrophoresis-a new tool in food analysis. *Journal of AOAC International*, 78 (1), 12-15.

Cancalon, P. F. (1995b). Capillary electrophoresis-a useful technique for food analysis. *Food Technology*, 49 (6), 52-58.

Carrera, E., Garcia, T., Cespedes, A. *et al.* (1999a). PCR - RFLP of the mitochondrial cytochrome oxidase gene: a simple method for discrimination between Atlantic salmon (*Salmo salar*) and rainbow trout (*Oncorhynchus mykiss*). *Journal of the Science of Food and Agriculture*, 79 (12), 1654-1658.

Carrera, E., Garcia, T., Cespedes, A. *et al.* (1999b). Salmon and trout analysis by PCR - RFLP for identity authentication. *Journal of Food Science*, 64 (3), 410-413.

Cespedes, A., Garcia, T., Carrera E. *et al.* (1998). Polymerase chain reaction restriction fragment length polymorphism analysis of a short fragment of the cytochrome b gene for identification of flatfish species. *Journal of Food Protection*, 61 (12), 1684-1685.

Charrier, G., Durand, J. D., Quiniou, L. and Laroche, J. (2006). An investigation of the popu-lation genetic structure of pollack (*Pollachius pollachius*) based on microsatellite markers. *ICES Journal of Marine Science*, 63 (9), 1705-1709.

Chen, F. C. and Hsieh, Y. H. P. (2002). Porcine troponin I: a thermostable species marker protein. *Meat Science*, 61 (1), 55-60.

Chen, S., Zhang, J., Chen, W. *et al.* (2012). Quick method for grouper species identification using real-time PCR. *Food Control*, 27 (1), 108-112.

Chen, T. Y., Shiau, C. Y., Noguchi, T., Wei, CI. and Hwang, DF. (2003). Identification of puffer fish species by native isoelectric focusing technique. *Food Chemistry*, 83 (3), 475-479.

Chen, T. Y., Shiau, C. Y., Wei, C. I. and Hwang, D. F. (2004). Preliminary study on puffer fish proteome-species identification of puffer fish by two-dimensional electrophoresis. *Journal of Agricultural and Food Chemistry*, 52 (8), 2236-2241.

Chen, Y., Wu, Y. J., Xu, B. L., Wan, J. and Qian, Z. M. (2005). Species-speciflic polymerase chain reaction amplification of camel (*Camelus*) DNA extracts. *Journal of AOAC International*, 88 (5), 1394-1398.

Chiu, T. H., Su, Y. C., Paia, J. Y. and Changa, H. C. (2012). Molecular markers for detection and diagnosis of the giant grouper (*Epinephelus lanceolatus*). *Food Control*, 24 (1-2), 29-37.

Chong, L. K., Tan, S. G., Yusoff, K. and Siraj, S. S. (2000). Identification and characterization of Malaysian river catfish, *Mystus nemurus* (CandV): RAPD and AFLP analysis. *Biochemical Genetics*, 38 (3-4), 63-76.

Chow, S., Okamoto, H., Uozumi, Y., Takeuchi, Y. and Takeyama, H. (1997). Genetic stock struc-ture of the swordfish (*Xiphias gladius*) inferred by PCR-RFLP analysis of the mitochondrial DNA control region. *Marine Biology*, 127 (3), 359-367.

Chow, S. N., Clarke, M. E. and Walsh, P. J. (1993). PCR-RFLP analysis on 13 Western Atlantic snappers (Subfamily Lutjaninae-a simple method for species and stock identification). *Fishery Bulletin*, 91 (4), 619-627.

Cocolin, L., D'Agaro, E., Manzano, M., Lanari, D. and Comi, G. (2000). Rapid PCR-RFLP method for the identification of marine fish fillets (seabass, seabream, umbrine, and dentex). *Journal of Food*

Science, 65 (8), 1315-1317.

Colombo, F., Cerioli, M., Colombo, M. M. *et al.* (2002). A simple polymerase chain reaction-restriction fragment length polymorphism (PCR-RFLP) method for the differentiation of cephalopod mollusc families Loliginidae from Ommastrephidae, to avoid substitutions in fishery field. *Food Control*, 13 (3), 185-190.

Colombo, F., Manglagalli, G. and Renon, P. (2005). Identification of tuna species by computer-assisted and cluster analysis of PCR-SSCP electrophoretic patterns. *Food Control*, 16 (1), 51-53.

Comesana, A. S., Abella, P. and Sanjuan, A. (2003). Molecular identification of five commercial flatfish species by PCR-RFLP analysis of a 12S rRNA gene fragment. *Journal of the Science of Food and Agriculture*, 83 (8), 752-759.

Comi, G., Iacumin, L., Rantsiou, K., Cantoni, C. and Cocolin, L. (2005). Molecular methods for the differentiation of species used in production of cod-fish can detect commercial frauds. *Food Control*, 16 (1), 37-42.

Cota - Rivas, M. and Vallejo - Cordoba, B. (1997). Capillary electrophoresis for meat species differentiation. *Journal of Capillary Electrophoresis*, 4 (4), 195-199.

Dalmasso, A., Fontanella, E., Piatti, P. *et al.* (2007). Identification of four tuna species by means of real-time PCR and melting curve analysis. *Veterinary Research Communications*, 31, 355-357.

Daguin, C., Bonhomme, F. and Borsa, P. (2001). The zone of sympatry and hybridization of *Mytilus edulis* and *M - galloprovincialis*, as described by intron length polymorphism at locus *mac* - 1. *Heredity*, 86, 342-354.

D'Amato, M. E., Lunt, D. H. and Carvalho, G. R. (1999). Microsatellite markers for the hake *Macruronus magellanicus* amplify other gadoid fish. *Molecular Ecology*, 8 (6), 1086-1088.

Das, P., Prasad, H., Meher, P. K., Barat, A. and Jana, R. K. (2005). Evaluation of genetic relationship among six *Labeo* species using randomly amplified polymorphic DNA (RAPD). *Aquaculture Research*, 36 (6), 564-569.

Deagle, B. E., Tollit, D. J., Jarman, S. N. *et al.* (2005). Molecular scatology as a tool to study diet: analysis of prey DNA in scats from captive Steller sea lions. *Molecular Ecology*, 14 (6), 1831-1842.

Di Finizio, A., Guerriero, G., Russo, G. L. and Ciarcia, G. (2007). Identification of gadoid species (Pisces, Gadidae) by sequencing and PCR - RFLP analysis of mitochondrial 12S and 16S rRNA gene fragments. *European Food Research and Technology*, 225 (3-4), 337-344.

Dominguez, E., Perez, M. D., Puyol, P. and Calvo, M. (1997). Use of immunological techniques for detecting species substitution in raw and smoked fish. *Zeitschrift Fur Lebensmittel - Untersuchung Und - Forschung a-Food Research and Technology*, 204 (4), 279-281.

Dooley, J. J., Sage, H. D., Brown, H. M. and Garrett, S. D. (2005a). Improved fish species identification by use of lab-on-a-chip technology. *Food Control*, 16 (7), 601-607.

Dooley, J. J., Sage, H. D., Clarke, M. A. L., Brown, H. M. and Garrett, S. D. (2005b). Fish species identification using PCR-RFLP analysis and lab-on-a-chip capillary electrophoresis: Application to detect white fish species in food products and an interlaboratory study. *Journal of Agricultural and Food Chemistry*, 53 (9), 3348-3357.

Durand, J. D., Diatta, M. A., Diop, K. and Trape, S. (2010). Multiplex 16S rRNA haplotype-specific PCR, a rapid and convenient method for fish species identification: an application to West African clupeiform larvae. *Molecular Ecology Resources*, 10 (3), 568-572.

EC (2000). Council Regulation (EC) No. 104/2000, of 17 December 2000 on the com-mon organisation of the markets in fishery and aquaculture products. *Official Journal of the European Communities*, L 17/22. http://eur-lex.europa.eu/LexUriServ/LexUriServ.do?uri=OJ:L:2000:017:0022:0052:EN:PDF [accessed 18 June 2013].

EC (2001). Commission Regulation (EC) No. 2065/2001, of 22 October 2001 laying down detailed rules for the application of the Council Regulation (EC) No. 104/2000 as regards informing consumers about fishery and aquaculture products. *Official Journal of the European Communities*, L 278/6. http://eur-lex.europa.eu/LexUriServ/LexUriServ.do?uri=OJ:L:2001:278:0006:0008:EN:PDF.

Edwards, Y. J. K., Elgar, G., Clark, M. S. and Bishop, M. J. (1998). The identification and characterization of microsatellites in the compact genome of the Japanese pufferfish, *Fugu rubripes*: perspectives in functional and comparative genomic analyses. *Journal of Molecular Biology*, 278 (4), 843-854.

Elliott, N. G., Bartlett, J., Evans, B. and Sweijd, N. A. (2002). Identification of southern hemi-sphere abalone (*Haliotis*) species by PCR-RFLP analysis of mitochondrial DNA. *Journal of Shellfish Research*, 21 (1), 219-226.

ENAC (2004). Testing Laboratories: Accreditation for Testing Categories. NT-18 Rev. 1.

Ercolini, D. (2004). PCR-DGGE fingerprinting: novel strategies for detection of microbes in food. *Journal of Microbiological Methods*, 56 (3), 297-314.

Espiñeira, M., Gonzalez-Lavin, N., Vieites, J. M. and Santaclara, F. J. (2008). Authentication of anglerfish species (*Lophius* spp) by means of polymerase chain reaction-restriction frag-ment length polymorphism (PCR-RFLP) and forensically informative nucleotide sequencing (FINS) methodologies. *Journal of Agricultural and Food Chemistry*, 56 (22), 10594-10599.

Espiñeira, M. and Vieites, J. M. (2012). Rapid method for controlling the correct labeling of products containing common octopus (*Octopus vulgaris*) and main substitute species (*Eledone cirrhosa* and *Dosidicus gigas*) by fast real-time PCR. *Food Chemistry*, 135 (4), 2439-2444.

Espiñeira, M., Vieites, J. M. and Santaclara, F. J. (2009). Development of a genetic method for the identification of salmon, trout, and bream in seafood products by means of PCR-RFLP and FINS methodologies. *European Food Research and Technology*, 229 (5), 785-793.

Espiñeira, M., Vieites, J. M. and Santaclara, F. J. (2010). Species authentication of octopus, cuttlefish, bobtail and bottle squids (families Octopodidae, Sepiidae and Sepiolidae) by FINS methodology in seafoods. *Food Chemistry*, 121 (2), 527-532.

Esteve-Romero, J. S., Yman, I. M., Bossi, A. and Righetti, P. G. (1996). Fish species identification by isoelectric focusing of parvalbumins in immobilized pH gradients. *Electrophoresis*, 17, 1380-1385.

Etienne, M., Jerome, M., Fleurence, J. *et al.* (1999). A standardized method of identification of raw and heat-processed fish by urea isoelectric focusing: A collaborative study. *Electrophoresis*, 20 (10), 1923-1933.

Etienne, M., Jerome, M., Fleurence, J. *et al.* (2000). Identification of fish species after cooking by SDS-PAGE and urea IEF: A collaborative study. *Journal of Agricultural and Food Chemistry*, 48 (7), 2653-2658.

Fernandez, A., Garcia, T., Asensio, L. *et al.* (2000). Identification of the clam species *Ruditapes decussatus* (grooved carpet shell), *Venerupis pullastra* (pullet carpet shell), and *Ruditapes philippinarum* (Japanese carpet shell) by PCR-RFLP. *Journal of Agricultural and Food Chemistry*, 48 (8), 3336-3341.

Fernandez, A., Garcia, T., Asensio, L. *et al.* (2001). PCR-RFLP analysis of the internal transcribed spacer (ITS) region for identification of 3 clam species. *Journal of Food Science*, 66 (5), 657-661.

Fernandez-Tajes, J., Arias-Perez, A., Gaspar, M. B. and Mendez, J. (2012). Identification of *Ensis siliqua* samples and establishment of the catch area using a species-specific microsatellite marker. *Journal of AOAC International*, 95 (3), 820-823.

Fernandez-Tajes, J. and Mendez, J. (2007). Identification of the razor clam species *Ensis arcuatus*, *E-siliqua*, *E-directus*, *E-macha*, and *Solen marginatus* using PCR-RFLP analysis of the 5S rDNA region. *Journal of Agricultural and Food Chemistry*, 55 (18), 7278-7282.

Foran, J. A., Hites, R. A., Carpenter, D. O. *et al.* (2004). A survey of metals in tissues of farmed Atlantic and wild pacific salmon. *Environmental Toxicology and Chemistry*, 23 (9), 2108-2110.

Fox, C. J., Taylor, M. I., Pereyra, R., Villasana, M. I. and Rico, C. (2005). TaqMan DNA technology confirms likely overestimation of cod (*Gadus morhua* L.) egg abundance in the Irish Sea: implications for the assessment of the cod stock and mapping of spawning areas using egg-based methods. *Molecular Ecology*, 14 (3), 879-884.

Freire, R., Arias, A., Mendez, J. and Insua, A. (2011). Identification of European commercial cockles (*Cerastoderma edule* and *C. glaucum*) by species-specific PCR amplification of the ribosomal DNA ITS region. *European Food Research and Technology*, 232 (1), 83-86.

Gallardo, J. M., Sotelo, C. G., Pineiro, C. and Perez-Martin, R. I. (1995). Use of capillary zone electrophoresis for fish species identification. differentiation of flatfish species. *Journal of Agricultural and Food Chemistry*, 43 (5), 1238-1244.

Garcia-Vazquez, E., Alvarez, P., Lopes, P. *et al.* (2006). PCR-SSCP of the 16S rRNA gene, a simple methodology for species identification of fish eggs and larvae. *Scientia Marina*, 70, 13-21.

Hall, G. M. (1997). *Fish Processing Technology*, Springer.

Han, K. P. and Ely, B. (2002). Use of AFLP analyses to assess genetic variation in*Morone* and *Thunnus* species. *Marine Biotechnology*, 4 (2), 141-145.

Han J., Lv, F. and Cai H. (2011). Detection of species-specific long VNTRs in mitochondrial control region and their application to identifying sympatric Hong Kong grouper (*Epinephelus akaara*) and yellow grouper (*Epinephelus awoara*). *Molecular Ecology Resources*, 11 (1), 215-218.

Harano, Y., Yoshidome, T. and Kinoshita, M. (2008). Molecular mechanism of pressure denaturation of proteins. *The Journal of Chemical Physics*, 129 (14), 145103.

Hassanien, H. A. and Gilbey, J. (2005). Genetic diversity and differentiation of Nile tilapia (*Oreochromis niloticus*) revealed by DNA microsatellites. *Aquaculture Research*, 36 (14), 1450-1457.

Heindel, U., Scheider, M. and Rubach, K. (1998). Fish species identification by DNA fingerprinting-PCR-RFLP analysis. *Deutsche Lebensmittel-Rundschau*, 94 (1), 20-23.

Herrero, B., Lago, F. C., Vieites, J. M. and Espiñeira, M. (2012). Real-time PCR method applied to seafood products for authentication of European sole (*Solea solea*) and differentiation of common substitute species. *Food Additives and Contaminants Part a-Chemistry Analysis Control Exposure and Risk Assessment*, 29 (1), 12-18.

Herrero, B., Madriñan, M., Vieites, J. M. and Espiñeira, M. (2010). Authentication of Atlantic cod (*Gadus morhua*) using real time PCR. *Journal of Agricultural and Food Chemistry*, 58 (8), 4794-4799.

Hillis, D. M. and Bull, J. J. (1993). An empirical-test of bootstrapping as a method for assessing confidence in phylogenetic analysis. *Systematic Biology*, 42 (2), 182-192.

Hird, H. J., Chisholm, J., Kaye, J. *et al.* (2012). Development of real-time PCR assays for the detection of Atlantic cod (*Gadus morhua*), Atlantic salmon (*Salmo salar*) and European plaice (*Pleuronectes platessa*) in complex food samples. *European Food Research and Technology*, 234 (1), 127-136.

Hird, H. J., Hold, G.., Chisholm, J. *et al.* (2005). Development of a method for the quantification of haddock (*Melanogrammus aeglefinus*) in commercial products using real-time PCR. *European Food Research and Technology*, 220 (5-6), 633-637.

Hisar, O., Erdogan, O., Aksakal, E. and Hisar, SA. (2006). Authentication of fish species using a simple PCR-RFLP method. *Israeli Journal of Aquaculture-Bamidgeh*, 58 (1), 62-65.

Hsieh, H. S., Chai, T., Cheng, C. A., Hsieh, Y. W. and Hwang, D. F. (2004). Application of DNA technique for identifying the species of different processed products of swordfish meat. *Journal of Food Science*, 69 (1), C1-C6.

Hsieh HS., Chai TJ. and Hwang DF. (2005). Rapid PCR-RFLP method for the identification of 5 billfish species. *Journal of Food Science*, 70 (4), C246-C249.

Hsieh, H. S., Chai, T. J. and Hwang, D. F. (2007). Using the PCR-RFLP method to identify the species of different processed products of billfish meats. *Food Control*, 18 (4), 369-374.

Hsieh, Y. H. P., Sheu, S. C. and Bridgman, R. C. (1998). Development of a monoclonal antibody specific to cooked mammalian meats. *Journal of Food Protection*, 61 (4), 476-481.

Hsu, T. H., Wang, Z. Y., Takata, K. *et al.* (2010). Use of microsatellite DNA and amplified frag-ment length polymorphism for Cherry salmon (*Oncorhynchus masou*) complex identification. *Aquaculture Research*, 41 (9), e316-e325.

Iguchi, J., Takashima, Y., Namikoshi, A. and Yamashita, M. (2012). Species identification method for marine products of *Seriola* and related species. *Fisheries Science*, 78 (1), 197-206.

Inoue, K., Waite, J. H., Matsuoka, M., Odo, S. and Harayama, S. (1995). Interspecific variations in adhesive protein sequences of *Mytilus edulis*, *M-galloprovincialis*, and *M-trossulus*. *Biological Bulletin*, 189 (3), 370-375.

Jérôme, M., Lemaire, C., Verrez-Bagnis, V. and Etienne, M. (2003). Direct sequencing method for species identification of canned sardine and sardine-type products. *Journal of Agricultural and Food Chemistry*, 51 (25), 7326-7332.

Joensen, H., Steingrund, P., Fjallstein, I. and Grahl-Nielsen, O. (2000). Discrimination between two reared stocks of cod (*Gadus morhua*) from the Faroe Islands by chemometry of the fatty acid composition in the heart tissue. *Marine Biology*, 136 (3), 573-580.

Karaiskou, N., Alvarez, P., Lopes, P., Garcia-Vazquez, E. and Triantaphyllidis, C. (2007). Horse mackerel egg identification using DNA methodology. *Marine Ecology-an Evolutionary Perspective*, 28 (4), 429-434.

Karaiskou, N., Apostolidis, A. P., Triantafyllidis, A., Kouvatsi, A. and Triantaphyllidis, C. (2003). Genetic identification and phylogeny of three species of the genus *Trachurus* based on mitochondrial DNA analysis. *Marine Biotechnology*, 5 (5), 493-504.

Klossa-Kilia, E., Papasotiropoulos, V., Kilias, G. and Alahiotis, S. (2002). Authentication of Messolongi (Greece) fih roe using PCR-RFLP analysis of 16s rRNA mtDNA segment. *Food Control*, 13 (3), 169-172.

Knuutinen, J. and Harjula, P. (1998). Identification of fish species by reversed-phase high-performance liquid chromatography with photodiode-array detection. *Journal of Chro-matography B*, 705 (1), 11-21.

Lago, F. C., Herrero, B., Vieites, J. M. and Espiñeira, M. (2011). FINS methodology to identifi-cation of sardines and related species in canned products and detection of mixture by means of SNP analysis systems. *European Food Research and Technology*, 232 (6), 1077-1086.

Lago, F. C., Vieites, J. M. and Espiñeira, M. (2012). Authentication of the most important species of freshwater eels by means of FINS. *European Food Research and Technology*, 234 (4), 689-694.

Lakra, W. S., Goswami, M., Mohindra, V., Lal, K. K. and Punia, P. (2007). Molecular iden - tification of five Indian sciaenids (Pisces: Perciformes, Sciaenidae) using RAPD markers. *Hydrobiologia*, 583, 359-363.

Larmuseau, M. H. D., Guelinckx, J., Hellemans, B., Van Houdt, J. K. J. and Volckaert, F. A. M. (2008). Fast PCR - RFLP method facilitates identification of *Pomatoschistus* species from the North Atlantic. *Journal of Applied Ichthyology*, 24 (3), 342-344.

Larsen, J. B., Frischer, M. E., Rasmussen, L. J. and Hansen, B. W. (2005). Single - step nested multiplex PCR to differentiate between various bivalve larvae. *Marine Biology*, 146 (6), 1119-1129.

LeBlanc, E. L., Singh, S. and LeBlanc, R. J. (1994). Capillary zone electrophoresis of fish muscle sarcoplasmic proteins. *Journal of Food Science*, 59 (6), 1267-1270.

Lin, W. F. and Hwang, D. F. (2007). Application of PCR-RFLP analysis on species identification of canned tuna. *Food Control*, 18 (9), 1050-1057.

Lin, W. F. and Hwang, D. F. (2008). Application of species - specific PCR for the identification of dried bonito product (Katsuobushi). *Food Chemistry*, 106 (1), 390-396.

Lockley, A. K. and Bardsley, R. G. (2000). DNA - based methods for food authentication. *Trends in Food Science and Technology*, 11 (2), 67-77.

Lopez, I. and Pardo, M. A. (2005). Application of relative quantifiation TaqMan real-time polymerase chain reaction technology for the identification and quantifiation of *Thun - nus alalunga* and *Thunnus albacares*. *Journal of Agricultural and Food Chemistry*, 53 (11), 4554-4560.

Mackie, I., Craig, A., Etienne, M. *et al.* (2000). Species identification of smoked and gravad fish products by sodium dodecylsulphate polyacrylamide gel electrophoresis, urea isoelectric focusing and native isoelectric focusing: a collaborative study. *Food Chemistry*, 71 (1), 1-7.

Mackie, I. M. (1968). Species identification of cooked fish by disc electrophoresis. *Analyst*, 93 (1108), 458.

Mackie, I. M. (1969). Identification of fish species by a modified polyacrylamide disc elec - trophoresis technique. *J. Assoc. Public Analysts*, 7, 83-87.

Maldini, M., Marzano, F. N., Fortes, G., Papa, R. and Gandolfi, G. (2006). Fish and seafood traceability based on AFLP markers: Elaboration of a species database. *Aquaculture*, 261 (2), 487-494.

Manchado, M., Catanese, G. and Infante, C. (2004). Complete mitochondrial DNA sequence of the Atlantic bluefin tuna*Thunnus thynnus*. *Fisheries Science*, 70 (1), 68-73.

Marshall, H. D., Johnstone, K. A. and Carr, S. M. (2007). Species-specific oligonucleotides and multiplex PCR for forensic discrimination of two species of scallops, *Placopecten magellanicus* and *Chlamys islandica*. *Forensic Science International*, 167 (1), 1-7.

Martin, I., Garcia, T., Fajardo, V. *et al.* (2007a). Species-specific PCR for the identification of ruminant species in feedstuffs. *Meat Science*, 75 (1), 120-127.

Martin, I., Garcia, T., Fajardo, V. *et al.* (2007b). Technical note: detection of cat, dog, and rat or mouse tissues in food and animal feed using species - specific polymerase chain reaction. *Journal of Animal Science*, 85 (10), 2734-2739.

Martin, I., Garcia, T., Fajardo, V. *et al.* (2007c). Technical note: detection of chicken, turkey, duck, and goose tissues in feedstuffs using species-specific polymerase chain reaction. *Journal of Animal Science*, 85 (2), 452-458.

Martin, R., Azcona, J. I., Casas, C., Hernandez, P. E. and Sanz, B. (1988a). Sandwich ELISA for detection of pig meat in raw beef using antisera to muscle soluble-proteins. *Journal of Food Protection*, 51 (10), 790-794.

Martin, R., Azcona, J. I., Garcia, T., Hernandez, P. E. and Sanz, B. (1988b). Sandwich ELISA for detection of horse meat in raw meat mixtures using antisera to muscle soluble-proteins. *Meat Science*, 22 (2), 143-153.

Martin, R., Azcona, J. I., Tormo, J., Hernandez, P. E. and Sanz, B. (1988c). Detection of chicken meat in raw meat mixtures by a sandwich enzyme-immunoassay. *International Journal of Food Science and Technology*, 23 (3), 303-310.

Matsumoto, J. J. (1980). Chemical deterioration of muscle proteins during frozen storage, in *Chemical Deterioration of Proteins* (eds J. R. Whitaker and M. Fujimaki), American Chemical Society, Washington, DC.

McCormick, R. J., Reeck, G. R. and Kropf, D. H. (1988). Separation and identification of porcine sarcoplasmic proteins by reversed-phase high-performance liquid-chromatography and polyacrylamide-gel electrophoresis. *Journal of Agricultural and Food Chemistry*, 36 (6), 1193-1196.

Mendonca, F. F., Hashimoto, D. T., Porto-Foresti, F. *et al.* (2009). Identification of the shark species *Rhizoprionodon lalandii* and *R-porosus* (Elasmobranchii, Carcharhinidae) by multi-plex PCR and PCR-RFLP techniques. *Molecular Ecology Resources*, 9 (3), 771-773.

Montowska, M. and Pospiech, E. (2007). Species identification of meat by electrophoretic methods. *Acta Scientarum Polonorum, Technologia Alimentaria*, 6 (1), 5-16.

Nau, F., Desert, C., Cochet, M. F. *et al.* (2009). Detection of turkey, duck, and guinea fowl egg in hen egg products by species-specific PCR. *Food Analytical Methods*, 2 (3), 231-238.

Nebola, M., Borilova, G. and Kasalova, J. (2010). PCR-RFLP analysis of DNA for the differentiation of fish species in seafood samples. *Bulletin of the Veterinary Institute in Pulawy*, 54 (1), 49-53.

Ochiai, Y. and Watabe, S. (2003). Identification of fish species in dried fish products by immunos-taining using anti-myosin light chain antiserum. *Food Research International*, 36 (9-10), 1029-1035.

Osman, M. A., Ashoor, S. H. and Marsh, P. C. (1987). Liquid-chromatographic identification of common fish species. *Journal of the Association of Official Analytical Chemists*, 70 (4), 618-625.

Pampoulie, C., Ruzzante, D. E., Chosson, V. *et al.* (2006). The genetic structure of Atlantic cod (*Gadus morhua*) around Iceland: insight from microsatellites, the Pan I locus, and tagging experiments. *Canadian Journal of Fisheries and Aquatic Sciences*, 63 (12), 2660-2674.

Perez, M. and Presa, P. (2008). Validation of a tRNA-Glu-cytochrome b key for the molecular identification of 12 hake species (*Merluccius* spp.) and Atlantic cod (*Gadus morhua*) using PCR-RFLPs, FINS, and BLAST. *Journal of Agricultural and Food Chemistry*, 56 (22), 10865-10871.

Perez, M., Vieites, J. M. and Presa, P. (2005). ITS1-rDNA-Based methodology to identify world-wide hake species of the genus *Merluccius*. *Journal of Agricultural and Food Chemistry*, 53 (13), 5239-5247.

Quinta, R., Gomes, L. and dos Santos, A. T. (2004). A mitochondrial DNA PCR-RFLP marker for population studies of the black scabbardfish (*Aphanopus carbo*). *ICES Journal of Marine Science*, 61 (5), 864-867.

Quinteiro, J., Vida, l R., Izquierdo, V. *et al.* (2001). Identification of hake species (*Merluccius* genus) using sequencing and PCR - RFLP analysis of mitochondrial DNA control region sequences. *Journal of Agricultural and Food Chemistry*, 49 (11), 5108-5114.

Ram, J. L., Ram, M. L. and Baidoun, F. F. (1996). Authentication of canned tuna and bonito by sequence and restriction site analysis of polymerase chain reaction products of mitochondrial DNA. *Journal of Agricultural and Food Chemistry*, 44 (8), 2460-2467.

Rasmussen, R. S., Morrissey, M. T. and Walsh, J. (2010). Application of a PCR-RFLP method to identify salmon species in US commercial products. *Journal of Aquatic Food Product Technology*, 19 (1), 3-15.

Rea, S., Storani, G., Mascaro, N., Stocchi, R. and Loschi, A. R. (2009). Species identification in anchovy pastes from the market by PCR-RFLP technique. *Food Control*, 20 (5), 515-520.

Recio, I., Ramos, M. and Lopez-Fandino, R. (2001). Capillary electrophoresis for the analysis of food proteins of animal origin. *Electrophoresis*, 22 (8), 1489-1502.

Rehbein, H. (2005). Identification of the fish species of raw or cold-smoked salmon and salmon caviar by single-strand conformation polymorphism (SSCP) analysis. *European Food Research and Technology*, 220 (5-6), 625-632.

Rehbein, H., Kress, G. and Schmidt, T. (1997). Application of PCR-SSCP to species identification of fishery products. *Journal of the Science of Food and Agriculture*, 74 (1), 35-41.

Rezaei, M., Shabani, A., Shabanpour, B. and Kashiri, H. (2011). Microsatellites reveal weak genetic differentiation between *Rutilus frisii kutum* (Kamenskii, 1901) populations south of the Caspian Sea. *Animal Biology*, 61 (4), 469-483.

Roca, P. (2003). *Bioquímica: técnicas y métodos / Pilar Roca, Jordi Oliver, Ana Mª Rodríguez*, Hélice, D. L., Madrid.

Rocha-Olivares, A. and Pablo Chavez-Gonzalez, J. (2008). Molecular identification of dolphin-fish species (genus Coryphaena) using multiplex haplotype-specific PCR of mitochondrial DNA. *Ichthyological Research*, 55 (4), 389-393.

Rodríguez, M. A. (2004) In Facultad de Veterinaria. Departamento de Nutrición, Bromatologíay Tecnología de los Alimentos, Vol. Doctor. Umiversidad Complutense de Madrid, Madrid, pp. 319.

Rodrígaez Ramos, M. A. (2004) In Departamento de Nutrición, Bromatologíay Tecnología de los Alimentos, Universidad Complutense de Madrid, Madrid.

Rojas, M., Gonzalez, I., De la Cruz, S. *et al.* (2011). Application of species-specific polymerase chain reaction assays to verify the labeling of quail (*Coturnix coturnix*), pheasant (*Phasianus colchicus*) and ostrich (*Struthio camelus*) in pet foods. *Animal Feed Science and Technology*, 169 (1-2), 128-133.

Royal Decree (1995). Royal Decree 2200/1995 of 28 December 1995 approving the Regulation of Infrastructure for Quality and Industrial Safety, which complements the Royal Decree 2584/1981 of 18 September 1981.

Russell, V. J., Hold, G. L., Pryde, S. E. *et al.* (2000). Use of restriction fragment length polymor-phism to distinguish between salmon species. *Journal of Agricultural and Food Chemistry*, 48 (6), 2184-2188.

Ruzainah, A., Azizah, M. N. S., Patimah, I. and Amirrudin, A. (2003). RAPID fingerprinting of the eel-loaches *Pangio filinaris* and *Pangio piperata*: preliminary evaluation. *Aquaculture Research*, 34 (11), 959-965.

Ryan, A. W., Mattiangeli, V. and Mork, J. (2005). Genetic differentiation of blue whiting (*Micromesistius poutassou* Risso) populations at the extremes of the species range and at the Hebrides-Porcupine Bank spawning grounds. *ICES Journal of Marine Science*, 62 (5), 948-955.

Saitou, N. and Nei, M. (1987). The neighbor-joining method-a new method for reconstructing phylogenetic trees. *Molecular Biology and Evolution* 4 (4), 406-425.

Sanchez, A., Quinteiro, J., Rey - Mendez, M., Perez - Martin, R. I. and Sotelo, C. G. (2009). Identification of European hake species (*Merluccius merluccius*) using real-time PCR. *Journal of Agricultural and Food Chemistry*, 57 (9), 3397-3403.

Sanjuan, A. and Comesana, A. S. (2002). Molecular identification of nine commercial flatfish species by polymerase chain reaction-restriction fragment length polymorphism analysis of a segment of the cytochrome b region. *Journal of Food Protection*, 65 (6), 1016-1023.

Sanjuan, A., Raposo-Guillan, J. and Comesana, A. S. (2002). Genetic identification of *Lophius budegassa* and *L-piscatorius* by PCR-RFLP analysis of a mitochondrial tRNA (Glu) /cytochrome b segment. *Journal of Food Science*, 67 (7), 2644-2648.

Santaclara, F. J., Cabado, A. G. and Vieites, J. M. (2006). Development of a method for genetic identification of four species of anchovies: *E - encrasicolus*, *E - anchoita*, *E - ringens and E - japonicus*. *European Food Research and Technology*, 223 (5), 609-614.

Santaclara, F. J., Espiñeira, M., Cabado, G. *et al.* (2006). Development of a method for the genetic identification of mussel species belonging to *Mytilus*, *Perna*, *Aulacomya*, and other genera. *Journal of Agricultural and Food Chemistry*, 54 (22), 8461-8470.

Santaclara, F. J., Espiñeira, M. and Vieites, J. M. (2007). Genetic identification of squids (Families Ommastrephidae and Loliginidae) by PCR-RFLP and FINS methodologies. *Journal of Agricultural and Food Chemistry*, 55 (24), 9913-9920.

Scobbie, A. E. and Mackie, I. M. (1988). The Use of sodium dodecyl - sulfate polyacrylamide - gel electrophoresis in fish species identification-a procedure suitable for cooked and raw fish. *Journal of the Science of Food and Agriculture*, 44 (4), 343-351.

Sebastio, P., Zanelli, P. and Neri, T. M. (2001). Identification of anchovy (*Engraulis encrasicholus* L.) and gilt sardine (*Sardinella aurita*) by polymerase chain reaction, sequence of their mitochondrial cytochrome b gene, and restriction analysis of polymerase chain reaction products in semipreserves. *Journal of Agricultural and Food Chemistry*, 49 (3), 1194-1199.

Secor, D. H., Campana, S. E., Zdanowicz, V. S. *et al.* (2002). Inter-laboratory comparison of Atlantic and Mediterranean bluefin tuna otolith microconstituents. *ICES Journal of Marine Science*, 59 (6), 1294-1304.

Seibert, J. and Ruzzante, D. E. (2006). Isolation and characterization of eight microsatellite loci for white hake (*Urophycis tenuis*). *Molecular Ecology Notes*, 6 (3), 924-926.

Sezaki, K., Itoi, S. and Watabe, S. (2005). A simple method to distinguish two commercially valuable eel species in Japan *Anguilla japonica* and *A-anguilla* using polymerase chain reaction strategy with a species-specific primer. *Fisheries Science*, 71 (2), 414-421.

Skarpeid, H. J., Kvaal, K. and Hildrum, K. I. (1998). Identification of animal species in ground meat mixtures by multivariate analysis of isoelectric focusing protein profies. *Electrophoresis*, 19 (18), 3103-3109.

Slattery, W. J. and Sinclair, A. J. (1983). Differentiation of meat according to species by the electrophoretic separation of muscle lactate-dehydrogenase and esterase isoenzymes and isoelectric-focusing of soluble muscle proteins. *Australian Veterinary Journal*, 60 (2), 47-51.

Spies, I. B., Gaichas, S., Stevenson, D. E., Orr, J. W. and Canino, M. F. (2006). DNA - based identification of Alaska skates (*Amblyraja*, *Bathyraja* and *Raja*: Rajidae) using cytochrome c oxidase subunit I (coI) variation. *Journal of Fish Biology*, 69 (sb), 283-292.

Sriphairoj, K., Klinbu-nga, S., Kamonrat, W. and Na-Nakorn, U. (2010). Species identification of four economically important Pangasiid catfishes and closely related species using SSCP markers. *Aquaculture*, 308, S47-S50.

Sun, Y. L. and Lin, C. S. (2003). Establishment and application of a fluorescent polymerase chain reaction-restriction fragment length polymorphism (PCR-RFLP) method for identifying porcine, caprine, and bovine meats. *Journal of Agricultural and Food Chemistry*, 51 (7), 1771-1776.

Takashima, Y., Morita, T. and Yamashita, M. (2006). Complete mitochondrial DNA sequence of Atlantic horse mackerel *Trachurus trachurus* and molecular identification of two com-mercially important species *T-trachurus* and *T-japonicus* using PCR-RFLP. *Fisheries Science*, 72 (5), 1054-1065.

Taylor, M. I., Fox, C., Rico. I. and Rico, C. (2002). Species-specific TaqMan probes for simultaneous identification of (*Gadus morhua* L.), haddock (*Melanogrammus aeglefius* L.) and whiting (*Merlangius merlangus* L.). *Molecular Ecology Notes*, 2 (4), 599-601.

Teletchea, F. (2009). Molecular identification methods of fish species: reassessment and possible applications. *Reviews in Fish Biology and Fisheries*, 19 (3), 265-293.

Toorop, R. M., Murch, S. J. and Ball, R. O. (1997). Development of a rapid and accurate method for separation and quantification of myofibrillar proteins in meat. *Food Research International*, 30 (8), 619-627.

Toro, JE. (1998). Molecular identification of four species of mussels from southern Chile by PCR-based nuclear markers: The potential use in studies involving planktonic surveys. *Journal of Shellfish Research*, 17 (4), 1203-1205.

Torrejón, R. (1996) In Facultad de Farmacia, Vol. Doctor en farmacia Universidad complutense de Madrid, Madrid, pp. 295.

Trape, S., Blel, H., Panfili, J. and Durand, J. D. (2009). Identification of tropical Eastern Atlantic Mugilidae species by PCR-RFLP analysis of mitochondrial 16S rRNA gene fragments. *Biochemical Systematics and Ecology*, 37 (4), 512-518.

Trotta, M., Schonhuth, S., Pepe, T. *et al.* (2005). Multiplex PCR method for use in real-time PCR for identification of fish fillets from grouper (*Epinephelus* and *Mycteroperca* species) and common substitute species. *Journal of Agricultural and Food Chemistry*, 53 (6), 2039-2045.

Turan, C., Ozturk, B., Gurlek, M. and Yaglioglu, D. (2009). Genetic differentiation of Mediterranean horse mackerel (*Trachurus mediterraneus*) populations as revealed by mtDNAPCR-RFLP analysis. *Journal of Applied Ichthyology*, 25, 142-147.

Valasek, M. A. and Repa, J. J. (2005). The power of real-time PCR. *Advances in Physiology Education*, 29 (3), 151-159.

Valenzuela, M. A., Gamarra, N., Gómez, L. *et al.* (1999). A comparative study of fish species identification by gel isoelectrofocusing two-dimensional gel electrophoresis, and capillary zone electrophoresis. *Journal of Capillary Electrophoresis Microchip Technology*, 6 (3-4), 85-91.

Vallejo-Cordoba, B. and Cota-Rivas, M. (1998). Meat species identification by linear discrimi-nant analysis of capillary electrophoresis protein profiles. *Journal of Capillary Electrophoresis*, 5 (5-6), 171-175.

Villarreal, B. W., Rosenblum, P. M. and Fries L. T. (1994). Fatty-acid profiles in red drum muscle-comparison between wild and cultured fish. *Transactions of the American Fisheries Society*, 123 (2),

194–203.

von der Heyden, S., Lipinski, M. R. and Matthee, C. A. (2007). Species-specific genetic markers for identification of early life-history stages of Cape hakes, *Merluccius capensis* and *Merluccius paradoxus* in the southern Benguela Current. *Journal of Fish Biology*, 70, 262–268.

Wasko, A. P. and Galetti, P. M. (2003). PCR primed with minisatellite core sequences yields species-specific patterns and assessment of population variability in fishes of the genus*Brycon*. *Journal of Applied Ichthyology*, 19 (2), 109–113.

Watanabe, S., Minegishi, Y., Yoshinaga, T., Aoyama, J. and Tsukamoto, K. (2004). A quick method for species identification of Japanese eel (*Anguilla japonica*) using real-time PCR: An onboard application for use during sampling surveys. *Marine Biotechnology*, 6 (6), 566–574.

Weber, K. and Osborn, M. (1969). Reliability of molecular weight determinations by dode-cyl sulfate-polyacrylamide gel electrophoresis. *Journal of Biological Chemistry*, 244 (16), 4406–4412.

Weber, K., Pringle, J. and Osborn, M. (1972). Measurement of molecular weights by elec-trophoresis on SDS-acrylamide gel. *Methods in Enzymology*, 26, 3–27.

Weder, J. K. P., Rehbein, H. and Kaiser, K. P. (2001). On the specificity of tuna-directed primers in PCR-SSCP analysis of fish and meat. *European Food Research and Technology*, 213 (2), 139–144.

Wen, J., Hu, Ch., Zhang, L. and Fan, S. (2012). Identification of 11 sea cucumber species by species-specific PCR method. *Food Control*, 27 (2), 380–384.

Wen, J., Hu, Ch., Zhang, L. *et al.* (2010). The application of PCR-RFLP and FINS for species identification used in sea cucumbers (Aspidochirotida: Stichopodidae) products from the market. *Food Control*, 21 (4), 403–407.

Westermeier, R. (2001). *Electrophoresis in Practice: a Guide to Methods and Applications of DNA and Protein Separations*, John Wiley & Sons, Ltd, Chichester, UK.

Wolf, C., Burgener, M., Hubner, P. and Luthy, J. (2000). PCR-RFLP analysis of mitochon-drial DNA: differentiation of fish species. *Lebensmittel-Wissenschaft Und-Technologie-Food Science and Technology*, 33 (2), 144–150.

Zhang, J. B. and Cai, Z. P. (2006). Differentiation of the rainbow trout (*Oncorhynchus mykiss*) from Atlantic salmon (*Salmon salar*) by the AFLP-derived SCAR. *European Food Research and Technology*, 223 (3), 413–417.

Zhang, J., Huang, H., Cai, Z. and Huang, L. (2007). Species identification in salted products of red snappers by semi-nested PCR-RFLP based on the mitochondria 12S rRNA gene sequence. *Food Control*, 18 (11), 1331–1336.

Zhang, J. B., Huang, L. M. and Huo, H. Q. (2004). Larval identification of *Lutjanus Bloch* in Nansha coral reefs by AFLP molecular method. *Journal of Experimental Marine Biology and Ecology*, 298 (1), 3–20.

Zhang, J., Wang, H. and Cai, Z. (2007). The application of DGGE and AFLP-derived SCAR for discrimination between Atlantic salmon (*Salmo salar*) and rainbow trout (*Oncorhynchus mykiss*). *Food Control*, 18 (6), 672–676.

17 确保海产品安全——风险评估

John Sumner,[1] Catherine McLeod[2], Tom Ross[1]

[1]*University of Tasmania, Tasmanian Institute of Agriculture-School of Agricultural Science, Hobart, Australia*

[2]*South Australian Research and Development Institute, Adelaide, Australia and Seafood Safety Assessment, Tournissan, France*

17.1 引言

人类为确保食品安全做了不懈的努力，在这个漫长历程中，1959 年，皮尔斯伯公司（Pillsbury）的霍华德·鲍曼（Howard Bauman）接到了美国武装部队食品和容器研究所的电话，问："皮尔斯伯公司（Pillsbury）可以生产在零重力太空舱中食用的食品吗?"人们常说，正是由于太空食品的检测成本高昂，才产生了危害分析关键控制点（HACCP）概念。"实际上，生产中的很大一部分……不得不用于测试，仅留下一小部分，因此产生了巨大的生产成本……"（Bauman，1994）。

尽管皮尔斯伯公司（Pillsbury）早在 1971 年就全面实施了 HACCP，但 HACCP 在全球范围内却没有得到广泛应用，通常都是在发生重大食物中毒事件后才开始实施。例如美国发生了由大肠埃希菌 O157：H7 导致的"Jack-in-the-Box"汉堡食品中毒事件（Bell 等，1994），澳大利亚发生了人食用发酵香肠导致的 O111 大肠杆菌发病事件（Cameron 等，1995）。这些食品卫生事件促使这些国家强制实施 HACCP，才使得 HACCP 成为首选的食品安全管理体系。但是，在最初的版本中，HACCP 七项基本原则中的一些原则被认为难以实现。例如，原则一要求进行危害分析，这就涉及对危害的严重性及其发生可能性的评估，换句话说，就是"风险评估"。就 HACCP 的某些实施人员而言，风险评估只是应付，再加上关键控制点（CCP）的定义不一致且关键限值难以确定，从而导致"HACCP 计划成为一纸空文"。HACCP 通常由顾问撰写，很快就被摆上质量保证经理的书架，仅在极少数的情况下，例如当地监管机构进行现场检查时，才会被拿下来翻看。

17.2 风险和危害的区别

直到 1994 年，风险评估才与 HACCP 结合在一起，那年诺特曼斯（Notermans）与他的同事在欧洲出版了《HACCP 概念：使用定量风险评估的标准规范》（Notermans 等，1995）。在美国，Buchanan（1995）也将风险评估与 HACCP 进行了类似的关联，农业科学理事会

（CAST）发表了与食源性病原体相关的风险评估（Foegeding 和 Roberts，1996）。加拿大工作人员发表了一篇与风险分析有关的论文（Todd 和 Harwig，1996），以及一篇关于将定量风险评估（QRA）作为新兴病原体工具的论文（Lammerding 和 Paoli，1997），随后进行了关于食用大肠埃希杆菌（*E. coli* O157：H7）污染的汉堡包有关风险的第一次定量风险评估（Cassin 等，1998）。

食品微生物标准国家咨询委员会（NACMCF，1998）和食品法典委员会（Codex，联合国内部建立的成员国国际组织，旨在建立国际公认食品标准和法规）的工作组编写了微生物风险评估原则和指南（CAC，1999）。同时，国际食品微生物标准委员会（ICMSF）发表了有关风险评估应用于国际食品贸易有关微生物问题的可行性研究（ICMSF，1998）。更为重要的是，世界贸易组织（WHO，联合国成立的通过国际贸易来促进各国经济发展的组织）1995 年敲定了两份十分重要的协议，为世界贸易制定了一致的规则，即《卫生与植物检疫措施（SPS）协议》和《技术性贸易壁垒（TBT）协议》（WTO，2007a，2007b）。协议中强制规定，在限制国际食品贸易时，其唯一依据是证明从其他国家进口的食品对进口国的人类、植物或动物健康有不可接受的风险。世贸组织提出把基于科学的风险评估方法作为风险评估的工具。因此，到第一个十年结束时，微生物风险评估已经成为用于巩固国际食品贸易基础的坚定原则，并得到了食品微生物标准国家咨询委员会，食品法典委员会和国际食品微生物标准委员会的大力支持。

1999 年，联合国粮食与农业组织（FAO）首次对海产品进行了风险评估，并就李斯特菌对鱼类产品的贸易影响举办了一次专家磋商会。整个研究结果，包括一些个人论文，已发表（FAO，1999）在《国际食品微生物学杂志》专刊，其中汇集了预测微生物学（Ross 等，2000）、暴露评估（Karunasagar 和 Karunasagar，2000）等不同风险要素和控制点（Huss 等，2000），可以作为风险评估的参考资料（Notermans 和 Hoornstra，2000）。

FAO 专家顾问为 FAO 和 WHO 委托开展的一系列风险评估作了充分的准备，称为 FAO/WHO 微生物风险评估联合专家会议（JEMRA），旨在向食品法典委员会提供建议。JEMRA 于 2001 年成立了一个团队，致力于研究海产品弧菌对人体健康的危害；在接下来的十年中，该团队发布了生牡蛎创伤弧菌的评估报告（FAO/WHO，2005a），国际贸易中暖水虾霍乱弧菌的评估报告（FAO/WHO，2005b）和海产品中副溶血弧菌的评估报告（FAO/WHO，2011）。

Lindqvist 和 Westoo（2000）首次对瑞典熏制或浇汁鲑鱼和虹鳟鱼中的单核细胞增生李斯特氏菌进行了海产品定量风险评估（QRA）分析，并向读者介绍了（许多）剂量-反应、蒙特卡洛模拟、风险估计和不确定性等难懂的术语。

相比之下，Ross 和 Sumner（2002 年）用简单的、半定量的工具 Risk Ranger 来描述澳大利亚海产品行业中的 10 种危害，并将产品归为低、中和高风险等级（Sumner 和 Ross，2002）。

美国于 1997 年和 1998 年两次暴发由牡蛎副溶血弧菌引起的食物中毒事件后，美国食品与药物管理局食品安全和应用营养中心（CFSAN）就该产品病原体组合对公共健康的风险进行了定量评估。长时间的公共/业内（“利益相关者”）咨询会推迟了基于风险控制措施的发布（FDA，2005）和实施，并引起了人们的关注，即风险评估只是风险分析的一项内容，还涉及风险管理和风险交流。同时，由于美国暴发了一系列由即食肉类食品（RTE）导致的李斯特菌病发病事件，食品安全和应用营养中心（CFSAN）（与 FDA 和食品安全检验局一起）对众多即食食品中的单核细胞增生李斯特菌进行了第二次大规模的风险评估。在该评估中，以每次食用量为标准，将烟熏海产品和烹调后的甲壳类动物产品评估为高风险，但由于消费量相对较低，总体上属于中等风险（FDA，2003）。

特别指出，风险评估是风险管理方法的一个方面，风险评估可以提供危害相关风险程度的证据，还可以提供“从收获到食用”途径中各种风险因素如何影响风险的证据。目的是帮助风险管理人员根据风险紧迫性和严重性做出决策，并确定将风险降低到可容许水平的潜在方式。但是，最佳的风险管理决策并不总是以那些技术上最有效的解决方案为基础，因为风险管理还可能涉及受风险影响的人（利益相关者）的心理。例如，他们对风险的承受程度、与危害相关的“恐惧”、他们自己控制风险的能力、通过允许一定程度的危害获得的收益（如果有）等。因此，了解利益相关者的利益和看法是进行风险管理决策的重要方面。后一方面涉及到对利益相关者提供咨询，是“风险交流”的一部分，还包括告诉利益相关者将如何管理风险并解释这些决策的依据。

在召开 JEMRA 和进行 CFSAN 评估时，发现了许多问题：特别需要指出的是它们成本高昂，可能需要数年才能完成，因为需要收集相关数据、需要风险管理者、风险交流者和同行之间进行互动。Buchanan 等（2004）讲述了 CFSAN 从早期风险评估中学到的知识。微生物的食品安全风险评估（MFSRA）在美国也是具有挑战性的；而对于发展中国家，人员和必要技术的缺少使得困难进一步加重。Cahill 和 Jouve（2004）列出了这些挑战，例如，需要遵守国际食品贸易规定，FAO 发布了专门针对较小国家的文本/CD ROM（Sumner 等，2004）。为了能够简化风险评估，或者至少可以通过初始筛选来确定是否需要评估，或者明确风险管理者需要哪些信息用于决策（即“食品安全问题”），食品卫生法典委员会将风险预测定义为“对食品安全问题及其背景的描述，目的是识别与风险管理决策相关的危害或风险要素”（CAC，1999）。在新西兰初级产业部的官网上可以实时查看风险信息（www. foodsafety. govt. nz/science-risk/risk-assessment/risk-profiles），产品概况是根据新西兰消费情况进行的评估；必要时，根据风险信息，一些风险将逐步发展为全面的定量风险评估（QRA）。

微生物食品安全风险评估现在已经进入第二个十年，在食品安全管理中占有重要的地位：尽职调查、进口检测和加入世界贸易组织（WTO）都对进行风险评估有推动作用。在世贸组织的诉讼中，还使用风险评估来解决进口限制和贸易争端。但是，地方、国家和国际层面的监管者使用风险评估的范围有多广？监管者是否经常将危害等同于风险？零容忍和预防原则仅仅是监管者声明零风险并用这种思维完成标准制订吗？

本章中，我们探讨了风险评估的四个要素：危害识别、暴露评估、危害描述和风险描述。我们从这样的一个观点出发，风险管理者是否能接受并根据风险评估“坏消息”的结论做出决策，如“即使实施了降低风险的策略，食用 A 产品也很可能会导致每年 3 例死亡和 25 例严重疾病”。

17.3 危害、风险和食品安全风险评估

风险评估已经应用于人类活动的诸多领域。它可以用多种不同的方式完成，包括从简单的、基于经验的定性分析，到需要强大的计算机来解决的、数据密集复杂的数学建模方法。

虽然有几个国家和组织一直在探索将风险评估应用到食品安全管理的方法（Hathaway 和 McKenzie，1991；Buchanan，1995；Notermans 和 Teunis，1996；Todd 和 Harwig，1996；Hathaway and Cook，1997；NACMCF，1998；ICMSF，1998；McNab，1998），但他们对此尚未达成一致意见。世界贸易组织（WTO）决定强制采用基于科学的风险评估，以统一管理国际食品贸易规则，这极大地推动了这些方法的发展，特别是在当时没有其他约定方法的前提下。

FAO/WHO 组建的国际小组［如 FAO/WHO 下的食品添加剂联合专家委员会（JECFA）］长期以来一直采用已确定、统一的方法来确定食品添加剂和化学污染物的标准，主要关注确定典型饮食中的剂量反应关系和预期水平，从而制定可耐受的每日摄入量，即这个摄入量水平不会对消费者造成急性或长期伤害。根据这些每日摄入量，可以确定食物的最高可容许水平。这些可容许水平的估计值通常是预期导致消费者健康不良危害浓度的 1/1000~1/100：这个安全边际将不同人群敏感度的差异、动物模型和人类反应差异等也计算在内。

尽管 JECFA 已经商定了制定食源性化学危害标准的方法，但有些人认为，由于食品中微生物种群的动态性质，微生物食品安全风险评估是不可行的。微生物危害水平会随时间发生变化并因食品成分、贮藏和加工条件、以及微生物污染物在食品上的随机和不均匀的分布情况而受到影响。微生物学预测的引入以及随之而来的关于食品中病原体反应的大型数据库的开发（如 ComBase、SymPrevius、病原体建模程序、海产品变质和安全预测程序），以及计算机的大规模应用，至少为克服其中一些局限性提供了新的手段。此外，有些人认为，JECFA 的方法较少基于风险，更多地基于危害，而针对随机模拟建模的新计算机软件的可用性（允许将可变性包括在计算中）意味着微生物食品安全风险评估可以基于更为全面的内容，与 JECFA 当前使用的方法相比，微生物食品安全风险评估可以更客观地利用数据。确定这些方法的任务交给了食品法典委员会。

如前所述，食品法典委员会召开了一系列国际专家会议，考虑将微生物食品安全风险评估方法作为整体风险分析框架的一部分。最初的输出成果之一是有关微生物食品安全风险评估实施的指导文件（CAC，1999 年）。该文未指定方法，而是确立了风险评估的原则，把风险评估作为管理微生物食品安全的一种基于科学的辅助手段。不同国家在制定相关标准时都会参考该文件，同时，该文件还被应用于食品安全管理中。

文件阐明了十二项原则，其中包括：

- 微生物风险评估应以科学为基础。
- 微生物风险评估应按照结构化方法进行，包括：

- 危害识别
- 危害描述

- 暴露评估
- 风险描述

• 微生物风险评估的开展过程应透明。

• 应识别任何影响风险评估的限制因素，如成本、资源或时间，并描述其可能产生的后果。

• 风险估计应包含对不确定性的描述，以及不确定性会出现在风险评估过程中何处的描述。

• 微生物风险评估应明确考虑食品中微生物生长、存活和死亡的变化以及食用后人与病原体或毒素之间相互作用（包括后遗症）的复杂性，以及进一步传播的可能性。

进行风险评估之前，提议评估的人必须做出两个重要的决定。首先，必须阐明风险评估的目的。风险评估使用的方法会根据问题的答案或寻求其他见解的决策的不同而有所不同。当对美国四次因食用副溶血弧菌污染的生蚝暴发疾病的事件提出风险评估时，它的主要目标有两个：①确定生蚝中致病副溶血弧菌在食用后的致病风险因素；②评估不同控制措施对公共健康可能产生的影响，包括当前和替代微生物标准的有效性（FDA，2005）。

第二个决定涉及负责开展评估的团队组成。这个团队不可避免地需要拥有涵盖多个学科技能的人才。例如，FAO/WHO 组建的“海产品弧菌”小组就包括四名弧菌学家、一名预测微生物学家、一名加工专家、一名公共卫生专家和一名统计学家/建模师。

在本章中，我们解释和评论了微生物食品安全风险评估的原理和实践。推荐了更多关于海产品源性危害（Ababouch 和 Karunasagar，印刷中）、暴露评估（FAO/WHO，2008）、危害描述（FAO/WHO，2003）、风险描述（FAO/WHO，2009）和海产品风险评估建模（Fazil，2005）的书籍。

17.4 危害识别/风险预测

危害识别是风险评估的第一阶段，危害识别记录了特定情形下（国家、特定人群、产品）危害对消费者构成风险的证据。如前所述，随后引入了“风险预测”的概念，作为第一道筛选程序，用来评估是否值得进行全面风险评估，和/或风险评估是否有足够的信息从而能够为风险管理者提供有用的建议。早期风险评估中的危害识别可能已经起到了风险预测的作用，但是现在的风险评估可能会在风险预测阶段停止。危害识别现在已经被视为证明该危害对所食用此食品人群构成威胁的证据。

识别危害的方法之一是调查流行病学数据，从而识别该国贮藏、销售和食用情形下引起疾病的致病因子。表 17.1 展示了典型国家间的比较。就美国（Smith de Waal 等，2000）和澳大利亚（Sumner，2001）而言，海产品源性疾病的发病率差异很大，最为明显的是双壳软体动物生物毒素、雪卡毒素和贝类生物毒素引起的病毒性疾病的发病率。澳大利亚 2001—2010 年的公共卫生统计数据（OzFoodNet，2012）表明，雪卡毒素仍然是最为常见的引发疾病的因素。尽管实施了贝类质量保证计划，但当地收获的贝类仍然引起了病毒性疾病的暴发；2001—2010 年美国没有可比较的数据。表 17.1 中总结了常见的危害，主要是致病微生物和毒素，但美国和澳大利亚的流行病学数据缺少两个常见的海产品疾病诱因。第一个就是，在许多热带国家，寄生虫是海产品源性疾病的主要原因。再有，在西方和亚洲国家，海产品过敏是海产品疾病的主要组成部分，且发病率正在上升。在后者情形下，海产品是引起多达40%的儿童和33%的成年人过敏的主要过敏原（Lopata 和 Lehrer，2009）。

表17.1 1990—2000年期间美国和澳大利亚海产品源性疾病年发病率

危害	美国		澳大利亚	
	病例总数（1990—2000年）	10万人中年发病率	病例总数（1990—2000年）	10万人中年发病率
鱼肉毒	328	0.013	616	0.36
组胺	680	0.027	28	0.017
病毒	1573	0.063	1737	1.022
细菌性病原体	1246	0.05	159	0.094
生物毒素	125	0.005	102	0.06
合计	3952	0.158	2642	1.552

风险既涉及危害的严重性，又涉及其发生的可能性。如果所有消费者每天都接触该危害，那么在消费者中相对较小的疾病危害可能会构成巨大风险。相反，即使接触的频率非常低，但危及生命的危害也可能构成高风险。因此，危害识别的另一个方面是主要贸易集团认为特定危害的轻重程度，不管是基于消费者对危害严重程度的敏感程度还是暴露频率，其本身都与所交易和消费的产品的数量相关。一个例子是暖水虾的国际贸易，2008年为350万t，其中约50%是中国、泰国、越南、印度尼西亚和印度生产的（FAO，2012）。1974年，FDA将暖水虾列入贸易黑名单的行列，这被称之为"对付严重或长期违规或违规者采取的有效措施"（Reilly 等，1992）。这种做法针对的是进口亚洲虾，对它们进行了污物、变质情况和沙门菌检测，检测结果发现进口暖水虾存在这些不合格因素。因此自动扣留这些货物，同时将供应商置于更加严格的检测制度之下。其他贸易集团认为没有必要对进口虾进行污秽检验。

1997年，由于认为弧菌的存在给公众健康构成了风险，欧盟同样禁止从孟加拉国进口对虾。其他大型贸易集团并未遵循这一单方面禁令。2001年，欧盟颁布禁令禁止进口含有广谱抗微生物剂氯霉素（CAP）的海产品（主要是虾）。对氯霉素执行零容忍标准，利用现代分析设备的卓越分析能力，得出的正值范围为μg/kg（十亿分率）至ng/kg（万亿分率）。在缺少最大允许水平数据的情况下（从毒理学的角度来看），欧盟采用了预防性原则。其他贸易集团，如日本和澳大利亚，也实施了氯霉素检测，拒收标准是根据实验室试验确定的检测限（约0.1μg/kg）。欧盟也将其他残留物，如硝基呋喃、亚硫酸盐和镉，添加到被认为对消费者有害的列表中。

更重要的是，后面所说的这些决策代表了基于感知到的危害程度而采取的风险管理措施，并且没有用风险评估来支持量化由于产品中存在危害导致的风险。在没有风险评估的情况下，后面的风险管理方法引入了两个对风险评估不利的概念：零容忍和预防原则。在本章的后面部分，将重新回到这些方法，并在基于风险的上下文中对其进行介绍。

17.5 暴露评估

暴露评估（EA）是对通过食物可能摄入的病原体或其毒素的量（频率和数量）的定性评估和/或定量评估。换句话说，暴露评估的目的是回答以下问题：从特定的一种或几种喜欢的食物中摄入危害的频次是多少？数量是多少？以及摄取的人群是什么样的？

由于沿海地区的饮食中海产品摄入量相对较大，因此沿海地区因海产品相关危害而带来的风险最大。20世纪50年代，居住在日本水俣海湾附近的人们几乎每餐都食用贝类。不幸的是，工厂排放的废水导致从这个地区收获的有鳍鱼类和贝类的甲基汞含量较高。总共发生了700多起中毒事件，共46人死亡。

类似地，生活在太平洋岛屿的人群鱼肉毒中毒的风险日益增加。斯金纳等（2011）对19个太平洋岛国和地区展开了调查，估计1998—2008年的平均年发病率为194例/10万人口。基于此，可以估计在过去的35年里，可能有500000名太平洋岛民遭受了鱼肉毒带来的折磨。

风险评估人员收集数据进行暴露评估时，其目的是为了确定以下问题。

①污染是如何产生的，如在从农场到餐桌的路径上的哪个环节产生。

②食物受污染的频率及受污染的程度。

③危害程度从收获或加工时到消费是否发生变化，变化幅度是多大？

④吃了多少食物，谁吃了以及多久吃一次。

通常，风险评估人员通过建立一个框架来实现第一个目的，该框架遵循从收获到消费的关键流程步骤——通常称为流程模型。流程模型应详细说明危害（和随之而来的风险）级别的变化步骤，发生方式以及变化程度。这个框架沿循食物从收获到消费所要经历的过程，这个框架以及影响整个供应链风险的因素，通常被称为“概念模型”。为实现第二个目的，需要收集产品污染可能发生率的数据，理想情况下，还应收集污染浓度数据。特定产品中病原体或毒素的有关发病率数据可通过多种渠道找到，例如，文献或贝类质量保证项目以及实施进口检测国家的网站，如美国（www. accessdata. fda. gov/scripts/importrefusals/）、日本（www. mhlw. go. jp/english/topics/importantfoods/index. html）和欧盟快速预警系统（http：//ec. europa. eu/food/food/rapidalert/rasff_portal_database_zh. htm）。这些数据库都可以查询，例如，通过筛选检测具有危害的样品占测试样品总数的比例，可以估算患病率，即使检测总数并不总是记录在册。此外，一些数据库还记录了检测到具有危害的样品的浓度数据。

在此过程的某些阶段，目标危害的浓度可能会发生变化，如通过冷冻、干燥、混合、烹饪等（前文第③点）。为量化浓度的这些变化，对多个来源的数据进行了合并。重要的是，数据需要由风险评估团队评估，这个团队应涵盖所有学科。正如FAO/WHO（2005b）详述的那样，JEMRA弧菌风险评估团队结合文献知识和生产流程经验，利用综合专业知识，为国际贸易暖水虾的霍乱弧菌建立了捕捞—零售概念模型（图17.1），然后根据浓度变化填入数据（表17.2）。

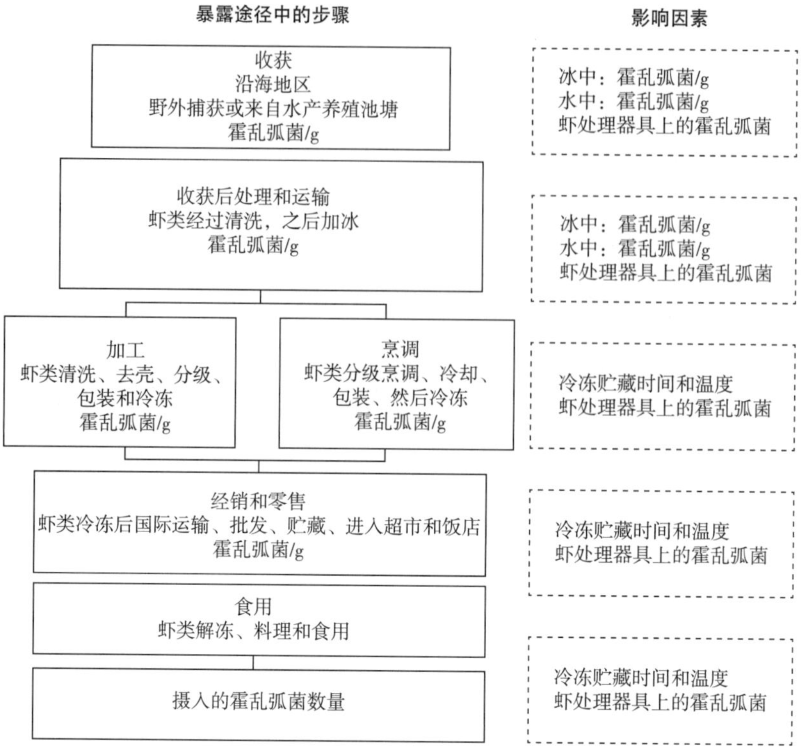

图 17.1　国际贸易中捕获和加工的暖水虾霍乱弧菌暴露评估的产品—消费路径

资料来源：FAO/WHO. 海产品中副溶血弧菌的风险评估：解释性总结和技术报告．微生物风险评估系列，2011（16）：28（表 5）. http://www. fao. org/docrep014j2225e/j2225e00. pdf。

表 17.2　野外捕获和水产养殖暖水虾霍乱弧菌的时间和温度分布及其水平效应

加工步骤	温度	时间范围	对 O1 型霍乱弧菌种群的影响	资料来源
收获				
冰镇前处理				
水产养殖虾	15~35℃	0~1h	没有影响	（a）（b）
野生捕获虾	10~30℃	0~3h	0~1 个数量级	
清洗				
对水产养殖虾进行清洗和冰鲜处理	0~7℃	1~4h		
对野生捕获虾用海水清洗	0~30℃	1~4h	增长 1 个数量级	（c）
冰鲜处理				
运输至加工商途中冰鲜处理（包括登上野外捕获虾的捕捞船只）	0~7℃	2~16h（水产养殖虾） 2~48h（野外捕获虾）	减少 2~3 个数量级	（d）

续表

加工步骤	温度	时间范围	对 O1 型霍乱弧菌种群的影响	资料来源
用水 加工厂处理过程中的用水	4~10℃	1~3h	没有影响	(a)(b)
温度 冷冻前的加工温度	4~10℃	2~8h	没有影响	(a)(b)
烹调 加工厂的烹调	> 90℃	0.5~1.0min (这是大于 90℃的维持时间)	减少 6 个数量级以上	(e)(f)
冷冻 熟品和生品的冷冻、储存和运输时间	−20~12℃	15~60d	减少 2~6 个数量级	(g)(h)

资料来源：FAO/WHO（2011），经 FAO 许可转载。

（a）印度芒格洛尔 M/S Sterling Seafoods 公司关于时间和温度的行业数据，个人通信（2002）。

（b）Kolvin 和 Roberts（1982）的乘法运算。

（c）Dinesh（1991）。

（d）印度卡鲁纳萨加尔，个人通信（2002）。

（e）印度芒格洛尔 M/S Sterling Foods 公司关于细菌总数的行业数据，个人通信（2002）。

（f）在虾匀浆中，$D_{82.2}=0.28$（Hinton 和 Grodner，1985）。

（g）INFOFISH，个人通信；运输时间；Reilly 和 Hackney（1985）。

（h）Nascumento 等关于冷冻虾中的生存数据（1998）。

就消费量估算而言（前文第④点），数据来源包括国家营养/饮食调查、各食品行业的生产数据以及进出口统计数据、超市或市场调查公司估算各类产品和食品等销售额的数据。国家饮食调查可能还包括按不同年龄、性别和地理区域划分的消费明细。但是，这些调查中使用的食品类别通常是基于营养方面的考虑，而不是可能存在食源性危害的类别。

要想获得对风险评估来说有用的、与之相关的且准确的数据并不容易，方法之一是要求目标消费者群体提供特定产品的消费信息。当目标群体庞大、成分复杂且涵盖众多辖区时，这项任务将变得十分困难。框图 17.1 中的案例历史为我们说明了欧洲食品安全局（EFSA）就贝类生物毒素为欧盟制定潜在新标准而提供科学建议时所面临任务的复杂性：法规应保护普通消费者，还是 80%的消费者，还是保护那些一口气吃了 1500g 贻贝肉（约 250 只贻贝）的消费者？

框图 17.1　食用——为什么数据的质量很重要

2009 年，欧洲食品安全局（EFSA）对贝类海洋生物毒素特别是石房蛤毒素（STX）群提供了科学意见（Anon，2009）。EFSA 专家组要求成员国提供消费数据，但仅从 27 个成员国中获得 5 个国家的数据。专家组关注“高端消费者”，并关注一次性摄入第 95 百分位（400 克贝类肉）的摄入量，该摄入量被专家组用来计算贝类中新的（更严格的）石房蛤毒素群的管制限量。

外部评审人员指出，相比之下，FAO/IOC/WHO 专家组在制定“衍生指导水平”时引用了三个消费水平：

- 100g（风险评估中使用的标准份量，近似于平均消费量）
- 250g（大多数国家/地区为第 97.5 百分位）
- 380g（荷兰为第 97.5 百分位）

评审人员还质疑是否有 5% 的德国消费者真的一次食用 400～1500g 的贝类肉，等于［根据 EFSA 对贻贝肉质量的估计］62～80 只贻贝肌肉（400g）和 231～300 只贻贝肌肉（1500g）。

在欧盟委员会的要求下，EFSA 健康与消费者总司要求成员国提供更多信息，有四个成员国就此做出了回应；还提供了其他资料。尽管 EFSA 欧洲食品消费综合数据库显示，251g 为贝类肉类的最高百分位数，为第 95 位，在法国进行的一项“仅限于消费者”调查确定为 300g 为第 95 个百分位数，但 EFSA 专家组得出的结论是，他们先前对 400g 的估计是为了适当保护高风险消费者免受海洋生物毒素的急性影响（Anon，2010）。

上面的例子说明了获得令人满意数据的难度，这又可在建立新的监管标准时促使人们采取保守的立场。

17.6 危害描述

FAO/WHO（2003）对危害描述进行了全面讨论，但在这里我们集中讨论用于感染过程的剂量-反应模型。危害特征描述并理想地量化了食物中可能存在微生物危害的致病可能性或致感染可能性。如果能够获得数据，则需要进行剂量反应评估。在实践中，病原体/毒素与疾病之间的关系可以更好地描述为剂量与感染概率或疾病概率的关系。

出于伦理原因，尽管存在一些来自志愿者试验的数据集，但尚无数据来定义微生物剂量-反应关系。由于这些疾病通常涉及健康的年轻人，因此它们并不能反映一般人群的易感性：少年和老年人通常更容易感染食源性疾病。同样地，在许多国家，越来越多的消费者因潜在疾病或医学治疗而削弱了他们自身的免疫系统。鉴于此，食源性病原体的剂量-反应关系往往来自对疫情数据的分析。动物模型也用来获取某些危害剂量-感染关系的相关信息，但它们并不能总是准确反映人类的感染过程（由于微生物与宿主结合的抗原差异），也不能总是准确反映毒素摄入的后果，这是因为物种之间存在生理差异和生化差异。关于感染过程的性质以及如何对其进行数学建模，目前尚有争议。然而，JEMRA 关于危害描述的专家磋商会（FAO/WHO，2003）得出结论，基于单击（一种存活生物体）感染假说的模型在生物学上是最合理的。

在此类模型中，指数模型和贝塔-泊松模型的使用最为广泛，其中指数模型更简单，依赖的假设更少。两种模型都预测感染概率是摄入细胞剂量的函数，直至达到一定的极限剂量。在此剂量之上，患病概率不会进一步增加。指数模型预测在足够高的剂量下，感染概率总是接近 1。贝塔-泊松模型可以描述某种病原体，某些比例的人员将永远不会因为此类病原体生病，也就是说，无论剂量多大，致病概率可能永远不会接近 1。当剂量接近并超过 ID_{50}（即预测有 50% 的暴露人群被感染/患病的剂量）时，这两种模型在预测疾病概率时还有其他细微的差异。

两种模型有不同的基础理论。指数模型假定所有细胞都具有相同的毒力，而贝塔-泊松模型则考虑了单个细胞可能的毒力差异。这种差异用拟合数据的贝塔分布来描述。贝塔分布可能极不对称，但是当分布对称时，贝塔-泊松模型实际上可以简化为指数模型。

为溶血性弧菌风险评估选择的剂量-反应模型（FAO/WHO，2011）描述了贝塔-泊松反应曲线的形状（图 17.2），在这种情形下它与指数模型（未显示）十分相似。用来估计接触该生物体发病概率的数据点来自人类志愿者研究，结果看起来发病的原因是摄入了大约一百万个副溶血弧菌而引起的。但是，只有 4 个数据点，且都处于高剂量水平，这导致剂量-反应估计值存在不确定性。

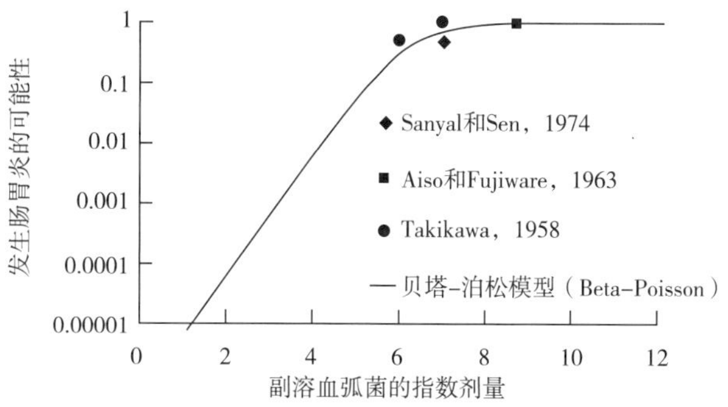

图 17.2 拟合健康人类志愿者中副溶血弧菌感染数据的贝塔-泊松剂量-反应曲线

资料来源：FAO/WHO. 海产品中副溶血弧菌的风险评估：解释性摘要和技术报告．微生物风险评估系列，2011（16）：26（图 1）. http://www. fao. org/docrep014j2225e/j2225e00. pdf。

一些食品监管机构正在考虑对贝类病毒实施监管限制。贝类中的甲型肝炎（HAV）病毒和诺如病毒（NoV）等已经与世界性的食源性病毒感染关联起来。例如，1991 年在上海，消费者食用了被甲型肝炎病毒污染的毛蚶后，有近 30 万人感染肝炎，其中 9 人死亡（Tang 等，1991）。就感染而言，我们都知道：

- 保留在海水和食物中的病毒颗粒，数月之久仍然可以检出。
- 甲肝病毒的潜伏期很长，介于 2~6 周（平均潜伏期为 4 周）。
- 假定感染剂量较低，例如，10~100 个病毒颗粒，其中一个诺如病毒毒株的 ID_{50} 估计为 18 个病毒基因组（Teunis 等，2008）。

最近，人们已经清楚地知道贝类中存在的某些诺如病毒颗粒是非传染性的。McLeod 等（2009）证明约有 30% 新传播的传染性甲肝病毒在被太平洋牡蛎摄取后，会成为非感染性的病毒，这是评估风险时需要考虑的一个因素。

如 Lindqvist 和 Westoo（2000）在瑞典对食用熏鱼引起的李斯特菌病开展的定量风险评估中所示，剂量-反应曲线的选择对最终风险估计可能有很大影响。指数模型预测每年 168

例（47~2779例），而威布尔-伽马（Weibull-Gamma）模型预测每年95000例（34000~160万）。研究人员假设只有1%~10%的单核细胞增生李斯特菌菌株具有毒性，每年发病率预计降低至9（指数模型）和5202（威布尔-伽马模型），从而完善了估计值。在瑞典，平均每年报告37例食物源性李斯特菌病，这表明所建立的威布尔-伽马模型过于保守且不可靠。

17.7 风险描述

风险描述（RC）将暴露评估与剂量-反应关系（危害描述）结合起来，以估算出人类健康风险。估计的风险可用多种方式表示，包括每份风险、个人风险、整个种群的风险等，且可以用绝对风险或相对风险表示。在后一种情况下，可以评估备选方案的相对风险，从而可以确定在一系列替代风险管理备选方案中的哪一种可最大程度地降低风险，这样就避免了估计绝对风险。

17.7.1 风险描述方法

FAO/WHO微生物风险评估联合专家会议（JEMRA）已经发布了风险描述指南，并认识到最合适的风险描述方法取决于当前所要解决的问题（FAO/WHO，2009）。因此，在某些情形下定性（描述性）方法可能有用且恰当，可使用“较高”或“较低”之类的术语或等级来描述相对风险。但是，这些术语是主观的。在大多数情况下，风险评估会需要量化风险的大小或风险差异的大小。从本质上讲，风险是一个定量的概念，通常需要采用数学方法进行风险评估。在定量风险评估中，概念模型可用一系列数学方程式进行表达。

在定量风险评估中，可以用单个代表值来定义导致风险的每个因素的值。这被称为确定性方法。但是这些风险因素很少处于恒定水平，同时还引出了一个问题：每个因素的最佳代表值是什么？很明显平均值是一个选择，但可能导致风险评估时低估或忽略风险。例如，如果使用平均贮藏温度和平均贮藏时间来估计弧菌在寿司上的生长情况，则可能得出不会对人体健康构成威胁的结论，因为病原体永远不会生长到不可接受的水平。但是，如果产品长期处于温暖状态，则可能存在无法接受的风险。这种可能性需要包含在风险评估中，因为这是识别风险管理需求最重要的情景。另一种方法是对导致风险的每个因素使用最极端（最坏的情况）水平，但这将导致高估风险水平。因为一个情形下每个因素都处于最危险水平的情况非常罕见，并且不具有代表性。

实际上，特定食品和特定过程的风险会因许多可变因素而变化。因此，表征风险的方法之一是计算一系列情景的风险，能够影响风险的每个因素的值都不同。由此，可以确定风险范围和极端风险水平的估计值，还可以确定一些代表性的度量值（如平均值或众数）。随着对更多情景开展评估，风险估值将变得更加完整、更为有用。尽管计算过程很繁琐，但可以使用基于蒙特卡洛模拟方法的随机模拟软件自动进行计算。在这种方法中，概念模型中的每个因素都通过可能值的分布来加以描述，即该变量可以采用的整个值的范围，包括将会观察到的该范围内任何给定值的概率。然后，使用随机模拟软件对系统进行数万或数十万次的系统性评估，每次使用每种分布不同值的组合，并根据概念模型计算预期结果。每次计算都称为迭代，代表一种可能的用餐情景，例如，在特定情形下来自一个单位食物的风险。随着更多迭代的执行，将生成可能出现的风险等级分布，代表该食品及其消费者的越来越多的可能情景集，从中可以计算出所有特定置信水平的估计风险。

从前面的讨论中可以看出，可以在三个级别估计风险：定性、半定量和定量。接下来，我们将介绍 FAO/WHO 弧菌风险评估团队如何使用这三种方法来确定国际贸易中暖水虾消费引起的霍乱疾病风险。

17.8 定性风险评估

我们用澳大利亚食品科学局（2000）制定的风险框架来进行定性的风险估计。在危害识别、危害描述和危害暴露评估中收集的数据：产品同时告知我们六个问题，涉及危害的严重程度、暴露、加工、消费者准备和流行病学联系。危害严重程度分为：轻微（很少需要药物治疗）、轻度（有时需要药物治疗）、中度（大多数情况下需要药物治疗）和重度（危及生命和/或具有重大长期影响）。

从表 17.3 中可以看出，评估人员估计了消费人员食用生虾（作为寿司）或煮熟后风险“非常低”的虾导致霍乱疾病（一种严重疾病）的风险。评估人员的估计考虑了加工过程中病原体浓度的逐步降低以及食用虾类引发霍乱的风险水平较低。尽管框架很简单，但不应忽视获取每个要素所需的信息。例如，为了建立流行病学联系，弧菌风险评估团队从 11 个进口暖水虾的主要国家收集了 6 年的公共卫生数据。再有，2000 年报告了 88 起相关案件（来自所有食物和水源），其中 75 起是输入性的（受害人在国外感染）。同年，在这 11 个国家中，消费了超过 30 亿只暖水虾。

表 17.3　采用澳大利亚食品科学局（FSA）（2000 年）方法对虾霍乱弧菌微生物危害风险进行分级

产品	已识别危害	严重程度	出现风险	引起疾病需要在产品中生长	生产/加工/操作	消费者终端步骤	流行病学联系	风险评级
生虾	霍乱弧菌	II	很低	是	清洗、冰鲜处理和冷冻过程中失活	无	无	很低
在工厂熟制的虾，且未经进一步热处理而进食	霍乱弧菌	II	很低	是	清洗、冰鲜处理、烹调（可选）和冷冻过程中失活	无	无	很低
熟制后马上食用的虾	霍乱弧菌	II	很低	是	清洗、冰鲜处理（可选）、冷冻、解冻和熟制过程中失活	有	无	很低

资料来源：FAO/WHO，2011。经 FAO 许可转载。

17.9 半定量风险评估

为了产生风险等级并估计预期疾病，弧菌风险评估团队随后使用了名为 Risk Ranger 的电子表格软件工具。该工具要求用户从定性说明中选择和/或提供定量的风险因素数据，这些数据将影响特定人群食品因某种危害而带来的食品安全风险：产品配对。电子表格将定性输入信息转换为数值，并使用标准电子表格功能按照一系列数学和逻辑的步骤将其与定量输入信息组合起来。风险评级的估计范围为 0~100，其中零代表无风险，而 100 代表人群中每个人每一天在一餐中进食含有致命剂量的危害。该等级是对数的，风险等级中增加 6 大约相当于风险增加了 10 倍。可以从 http：//www. foodsafetycentre. com. au/riskranger. php 下载 Risk Ranger。Ross 和 Sumner（2002）（工具设计者）警示说，输出数据的可靠与否取决于输入数据的可靠性，用户应始终注意软件的预期用途和局限性；FAO/WHO（2011）对工具的局限性作了更为全面的描述。

弧菌小组估计了 7 个主要进口国因食用暖水虾而感染霍乱的风险（FAO/WHO，2011）。最终获得的风险评级很低，介于 25（日本和西班牙）和 21（美国、意大利、英国、法国和德国）之间，这个差异表明日本和西班牙的人均食用量较高。日本，美国和西班牙预计每年因食用暖水虾而引起的霍乱疾病风险很低，为 1~2 例霍乱，其他国家每 25 年约有 1 例霍乱。

17.10 定量风险评估

在对食用暖水虾引起霍乱的风险进行描述的最后阶段，弧菌风险评估小组开展了定量风险评估。由于捕捞—加工链中的数据有限，该团队对从进口国的入境口岸到消费者的步骤进行了建模。这个模型的暴露评估部分的主要输入数据是进口到选定国家的虾数量、入境口岸对进口暖水虾霍乱弧菌的分析结果以及选定进口国的特定消费人群。现有的暖水虾进口检测数据包括日本（1995—2000 年）、美国（2000 年）和丹麦（1995 年）的数据。假设 10%的进口暖水虾被生食，而对于烹饪后食用的虾，工厂加工或饮食料理过程中消除了其中危害。可以接受的是，在前一种情况下，有可能发生再次污染，但小组成员认为该事件发生的可能性非常低。使用了用霍乱弧菌 El Tor 生物型数据开发的贝塔-泊松剂量-反应模型（Levine 等，1988），并使用蒙特卡洛模拟评估平均暴露量和平均风险。

使用这个模型，得出各国食用进口暖水虾而罹患霍乱疾病的中等预测风险不尽相同；日本为每 5 年 1~5 例，而德国为每 100 年 2 例。

17.11 真实性检验

风险评估完成后，明智的做法是对其进行真实性检验，以至少确保风险估计的数量级是正确的。如上所述，据估计，食用暖水虾引起霍乱的风险非常低（定性），在1~2例/年（日本）到其他国家1例/100年之间（半定量），以及1~5例/5年（日本）到2例/100年（德国）之间。这些估值与11个主要进口国的公共卫生记录相符。例如，2000年报告了88例霍乱病例（来自所有来源），其中71例是在国外感染的。弧菌风险评估小组得出结论："……由于没有发现流行病学证据，即没有发现世界上发达国家因进口暖水虾而导致霍乱流行的证据，因此采用每种方法得出结果都有力支撑了低风险预测"。

另一方面，正如我们先前所见，瑞典每年因食用烟熏鱼导致李斯特菌病的均值估计为95000，而全部食物源性案例为平均37例/年（Lindquist和Westoo，2000）。即便存在少报情况，该估计也没有通过"真实性检验"，Lindquist和Westoo（2000）得出结论：Weibull-Gamma剂量-反应模型过于保守，没有用。

17.12 不确定性和可变性

很少能够获得风险评估所需的全部信息和知识，因此大多数风险评估得到的结果是对风险以及各种影响因素的重要性的不完善估计。风险评估是用来帮助决策的，因此，需要说明风险评估准确性和可靠性的置信水平或风险评估的范围，以便风险管理人员在制定风险管理决策时，可以考虑其他注意事项来平衡风险评估信息。

不确定性和可变性都会影响风险估计的置信度。不确定性描述了必需但不可得的信息，或者风险评估者对可得数据缺乏信心（无论是因为数据过时、存在争议，还是与所评估的风险具有不确定的相关性）。志贺氏痢疾杆菌的剂量-反应信息常被用作肠出血性大肠杆菌剂量-反应关系的代表数据，因为后者的数据非常稀少。类似地，一个国家零售店的温度数据有时被用作与另一个国家有关风险评估的替代指标。可以通过收集更多数据来减少不确定性。

在所有系统中，条件的细微差异都会影响到过程的结果，例如温度和保持时间的差异会影响病原体的生长。尽管由于气候或是否有可靠制冷方式的差别，或者消费者在管理和维护家用冰箱的方式上的不同，不同国家或地区之间可能会存在系统性差异。这些区域中每个区域的时间和温度都会发生变化，而这些变化无法通过其他信息轻松预测。可变性描述了无法通过收集更多数据来轻易解释或进一步减少的变化。例如，单个冰箱内随时间的温度变化将取决于特定冰箱的容量和绝缘性、恒温器的质量以及门的打开频率。在某些情况下，可以通过使模型更详细和/或离散地识别那些差异的来源来减少可变性。但是，这样做会使概念模型变得更加复杂，并可能导致需要个别情形特有的、无法获得的其他数据，从而增加了不确定性。在任何风险评估中，可减少不确定性的具体细节的水平，与随后需要更多信息的模型复杂性增加之间都会存在一定的折衷。FAO/WHO微生物风险评估联合专家会议（JEMRA）的出版物和已发表的文献中考虑了系统处理及评估可变性和不确定性的数学方法。在许多微生物食品安全风险评估中，可变性是通过随机模拟建模过程来估算的。但记录风险评估中的不确定性来源也很重要，例如，缺失/不可得数据或知识、所做的假设以及风险估计不确定性可能造成的后果。通过为不同的假设或不确定因素的不同数值计算概念模型，并将新的风险估计与原始假设下的估计进行比较，可以解决这个评估问题。如果风险估计几乎不受新假设的影响，则表明信息的缺失或不确定性对风险影响很小，并且这类信息对风险估计和后续风险管理决策不是至关重要的。更多讨论信息可以查看 Fazil（2005）的文献报道。

17.13 数据缺口

作为风险评估的一部分，应当识别所需但不可得的信息（“数据缺口”）来改善或完成风险评估。尽管数据缺口是特定风险评估所特有的，但有一个却很有规律：特定病原体不同菌株的毒力。例如，FAO/WHO（2005a）把创伤弧菌菌株之间的毒力确定为数据缺口，而对于溶血性弧菌风险评估（FAO/WHO，2011），评估者仅通过假设所有菌株都具有相同的毒力，就克服了这一缺口。同样，由于缺乏信息，对单核细胞增生李斯特氏菌的风险评估通常假定所有菌株均具有同等毒性。相比之下，Lindqvist 和 Westoo（2000）假设只有 1%～10%的菌株具有毒性，估计了瑞典食用烟熏鱼引起的李斯特菌病风险。

如果菌株毒力确实发生变化（似乎是不可避免的），则会产生一些问题，如它是否会随季节、区域或产品、细胞密度（由于群体感应现象）而变化，以及所有处于危险中的种群是否同等易感。

识别数据缺口不应被视为风险评估的负面情况，而应被视为如果/当有更多信息时重新评估风险估计的机会。

17.14 风险管理方法

在引言中，我们提出了三个问题，将风险评估和风险管理联系起来：

（1）风险管理人员在地方、国家和国际层面使用风险估算有多普遍？

（2）风险管理人员有时将危害与风险等同吗？

（3）零容忍原则和预防原则仅仅是让监管机构宣布零风险、然后制定适合这种思维的绩效标准的准则吗？

在本结论部分中，我们通过案例研究对这些问题加以评论，这些案例研究涉及各国风险管理人员如何使用风险评估中生成的估计来确定风险管理策略。

17.14.1 案例研究 1：生食牡蛎中的副溶血弧菌

1997—1998 年，在美国，人们生食牡蛎后暴发了 4 波共 683 例由副溶血弧菌引起的弧菌病（表 17.4）（FDA，2005）。

表 17.4 1997—1998 年美国因牡蛎副溶血弧菌造成的发病

地点	案例数量
太平洋西北地区①	209②
太平洋西北地区①	48

续表

地点	案例数量
得克萨斯州	416③
东北大西洋	10②

资料来源：FDA，2005。

注：①太平洋西北地区包括加利福尼亚州、俄勒冈州、华盛顿州和不列颠哥伦比亚省；

②经过细菌培养确认的病例数；

③包括得克萨斯州的 296 例和其他州的 120 例，经追溯，病原为得克萨斯州收获的牡蛎。

1999 年，食品安全和应用营养中心（CFSAN）、FDA 和美国卫生与公共服务部进行了一次风险评估。一个由 16 人组成的风险评估小组在一个由更多外部专家组成的小组的支持下开展了这项工作。2001 年，将这次风险评估的报告和模型提供给有关利益相关者进行查看并评论，并根据收到的意见和得到的新数据进行了修改。修订后的文件和模型再次经历了全面审查。

该评估估计，食用生牡蛎每年可能造成 2826 起病例，大部分发生在墨西哥湾（2596 例）。还探讨了降低风险的“假设情景”，其干预措施的重点在于收获牡蛎后尽快降低温度，以减少副溶血弧菌的生长。

风险管理者如何降低牡蛎中弧菌（即在这种情况下为 *V. vulnificus* 和 *V. parahaemolyticus*）的致病可能性在不同国家/地区有许多种方法。在加拿大，加拿大食品检验局要求牡蛎收获人员在其 HACCP 计划中设定关键限值，以“……确保贝类在收获、贮藏以及从收获地运输到加工厂的过程中未曾暴露于污染源，也未曾暴露于允许微生物病原体生长到不可接受水平的条件下”（CFIA，2012）。在加拿大的不列颠哥伦比亚省，这个措施转化为一项要求，即要求牡蛎收获后 1h 之内必须进行冰镇。相比之下，在加利福尼亚州，卫生当局在春季和夏季的温暖季节禁止从美国路易斯安那州进口牡蛎，理由是最近有人因食用来自路易斯安那州的牡蛎而死亡，路易斯安那州供应的牡蛎占到加利福尼亚州的 70%（Anon，2003a）。由于海水中副溶血弧菌的总数很高，因此禁止在夏季收获牡蛎也是日本的风险管理措施（K. Osaka，*pers. comm.*）。因此，我们注意到两个截然相反的回应：一种是通过基于风险的 HACCP 计划进行管理，另一种是通过不允许消费产品来消除风险。

17.14.2 案例研究 2：煮熟甲壳动物中的单核细胞增生李斯特菌

2000 年在澳大利亚，澳大利亚-新西兰食品标准委员会（ANZFSC）卫生部长要求审查鱼类和甲壳动物中单核细胞增生李斯特菌的微生物学限值。作为这项审查工作的一部分，澳大利亚-新西兰食品局（ANZFA）考虑了煮熟的甲壳动物中单核细胞增生李斯特菌的情况（ANZFA，2002）。然而，流行病学没有发现这两种危害的联系：病原体配对和没有进行风险评估。不过，还是颁布了一份新条例，尽管这个条例的颁布可能受到美国单核细胞增生李斯特氏菌风险评估（Anon，2003b）结果的影响。即以每份为单位，煮熟的甲壳类动物（蟹和虾）属于高风险类别。

继澳大利亚对虾业的声明之后，澳大利亚-新西兰食品标准局（FSANZ）对本地对虾（$n=230$）和进口对虾（$n=139$）的单核细胞增生李斯特菌进行了调查（Marro 等，2003），发现致病率分别为2%和5%；阳性样品的计数均不大于检出限值（50CFU/g）。这些数据连同有关加工和贮藏信息一起用于一条链式定量风险评估（QRA）（Anon，2002），该定量风险评估（QRA）预计澳大利亚每年<1例李斯特菌病；如果购买对虾当天食用，则风险减小到每千年<1例，故此减少了感染剂量增加的可能性。

标准制定机构（FSANZ）取消了该法规，本案例证明风险评估是至关重要的。

17.14.3 案例研究3：零容忍度和预防原则

经过二十多年的贸易后，欧盟于2001年颁布海产品禁令，主要是针对含有广谱抗生素氯霉素（CAP）的虾；一些国家因此销毁了一批含有氯霉素的虾。这项禁令是在使用了检出限值约为0.1μg/kg（十亿分之0.1）的设备进行检测之后出台的。有人指出氯霉素被用作兽药是非法的。这一观点受到Hanekamp等的质疑（2003），他们认为氯霉素是一种天然化学物质，由无处不在的土壤细菌——链霉菌属生产。在亚洲，氯霉素还是一种常用的抗生素，可以从柜台直接购买。尽管Hanekamp等（2003）持有此类观点，且人们清楚氯霉素是虾类养殖常用的治疗药物，但主要出口国的管理当局还是逐步停止使用氯霉素。

氯霉素对多种革兰阳性细菌和革兰阴性细菌具有抗菌作用，且可凭处方局部施用，特别是在滴眼液中作为细菌性结膜炎的治疗成分（Lancaster等，1998）。但是，氯霉素应用于治疗的副作用是再生障碍性贫血，这种情况很少见，但一般是致命的，并且通常在治疗停止后数周或数月发生；氯霉素治疗还与骨髓抑制有关。

已知氯霉素副作用的严重性导致欧盟对氯霉素实施零容忍标准并启用了预防原则。

那么，氯霉素治疗带来再生障碍性贫血的全球负担是什么？根据Hanekamp等的观点（2003），FAO和WHO下设的食品添加剂联合专家委员会（JECFA）估计其每年总发病率少于每一千万人1例。这些专家估计氯霉素治疗期间的暴露量为25~125μg［kg（bw）·d］。荷兰国家公共卫生与环境研究所（RIVM）对氯霉素含量为1~10μg/kg的食用进口虾进行了暴露分析，计算得出的水平为0.00000017mg/［kg（bw）·d］（Janssen等，2001）。治疗用途和食用虾后导致的暴露水平差异为1500000000~735000000，故此Janssen等（2001）认为人类因食用虾带来的最危险情况是增加了1∶1000000的癌症风险。

零容忍（意味着零风险）和预防原则为风险评估所深恶痛绝，因为这样的原则实际上就是认为危害是如此严重，以至于无法接受任何浓度的存在。这种做法的必然结果是，我们可以预期随着实验室检测变得越来越先进，今天被人们接受的虾有朝一日将会成为“不可接受的”的人类食品。基于零容忍/预防原则的方法引发了一个问题：“欧洲消费者的公共卫生在多大程度上得到了改善，给养殖虾的主要发展中国家生产国带来了哪些社会和经济成本？”

17.15 结语

风险评估建立在一个模型支撑的框架上，正如统计学家乔治·博克斯（George Box）所写的那句名言：“虽然所有模型都是错误的，但有些模型是有用的。”（Box和Draper，1987）但是用处有多大呢？在本章中，我们描述了风险评估团队如何有目的地完成他们的任务。我们还研究了风险评估方法，从相对简单的定性评估和半定量的评估再到完全定量的风险评估。后者需要大量的人力、数据和财务资源，“大”风险评估所需的时间也很长。例如，美国对生牡蛎中副溶血弧菌的风险评估始于 1999 年 1 月，并于 2005 年 7 月完成，其中很大一部分必要内容需要利益相关者评论、专家评审并重新起草。相比之下，Lammerding（2006）引用了不同的策略，使用半定量方法在 12 个月内完成了对澳大利亚肉类行业的风险预测（Pointon 等，2005）。

相对于需要多长时间来完成评估，更重要的也许是风险管理人员在多大程度上利用了这些发现？有些人可能更喜欢维护昂贵的检测方案，而不是对风险估计做出响应（可能已经纳入了这些检测方案的结果）。一个典型的例子是对暖水虾中霍乱弧菌的评估，其中进口国的霍乱病例显然与虾没有联系，估计每十年或每百年也不到 1 例。

毋庸置疑，作为世界海产品贸易中的主要商品，霍乱弧菌的风险评估尚未影响到暖水虾的检测。为什么还没有影响呢？是因为风险管理者认为维持检测制度“更安全”吗？如果是这样，那么对谁更安全？是消费者还是风险管理人员他们自己？保守方法的正当性传统上是基于这样一个事实，即风险管理者对其管辖范围内的公共卫生负有责任，而风险评估者则没有。现在的情况已经不一定如此了。在对本章内容进行最后编辑时，意大利一家法院判处六名科学家过失杀人罪成立，罪名是低估了地震可能发生的效应，当地震发生时，记录等级为里氏 6.3 级，导致拉奎拉市 309 人在此次地震中丧生。此案引发了这样一个问题：六年监禁以及六位科学家所承担的 1000 万美元的诉讼和损害赔偿费是否会对未来的风险评估尤其是微生物风险评估产生威慑作用？

参考文献

Ababouch, L. and Karunasagar, I. (*in press*). Seafood safety and quality: current practices and emerging issues, *FAO Fisheries Technical Paper* No. 574, Food and Agriculture Organization, Rome.

Anonymous. (2002). *Final assessment report Proposal P239 Listeria - risk assessment and risk management strategy*. Food Standards Australia New Zealand. Canberra, Australia.

Anonymous. (2003a). California ban Louisiana oyster industry. *Louisiana Sea Grant News Archive* (May 6, 2003).

Anonymous. (2003b). Listeria monocytogenes *Risk Assessment. Quantitative Assessment of Relative Risk to Public Health from Foodborne Listeria monocytogenes Among Selected Categories of Ready-to-Eat Foods*. FDA/Center for Food Safety and Applied Nutrition USDA/Food Safety and Inspection Service, Washington.

Anonymous. (2009). Marine biotoxins in shellfish - saxitoxin group: Scientific opinion of the panel on contamination in the food chain. *EFSA Journal*, 1019, 1-76.

Anonymous. (2010). Statement on further elaboration of the consumption figure of 400 g shellfish meat on the basis of new consumption data. *EFSA Journal*, 8, 1706.

ANZFA (Australian New Zealand Food Safety Authority). (2002). *Draft microbiological risk assessment. Listeria monocytogenes in cooked crustacea*. Australia New Zealand Food Authority, Canberra, Australia. April, 2002.

Bauman, H. (1994). The origin of the HACCP system and subsequent evolution. *Food Science and Technology Today*, 8, 66-72.

Bell, B., Goldoft, M., Griffin, P., Davis, M., Gordon, D. C., Tarr, P. I., Bartleson, C. A., Lewis, J. H., Barrett, T. J., Wells, J. G., Baron, R. and Kobayashi, J. (1994). A Multistate Outbreak of *Escherichia coli* O157: H7-Associated Bloody Diarrhea and Hemolytic Uremic Syn drome From Hamburgers: The Washington Experience. *Journal of the American Medical Association*, 272, 1349-1353.

Box, G. and Draper, N. (1987). *Empirical Model-Building and Response Surfaces*. John Wiley & Sons, Ltd, New York.

Buchanan, R. (1995). The role of microbiological criteria and risk assessment in HACCP. *Food Microbiology*, 12, 421-424.

Buchanan, R., Dennis, S. and Miliotis, M. (2004). Initiating and managing risk assessments within a risk analysis framework: FDA/CFSAN's practical approach. *Journal of Food Protection*, 67, 2058-2062.

CAC (Codex Alimentarius Commission) (1999). *Principles and guidelines for the conduct of microbiological risk assessment*. CAC/GL-30 (1999).

Cahill, S. and Jouve, S. (2004). Microbiological risk assessment in developing countries. *Journal of Food Protection*, 67, 2016-2023.

Cameron, S., Walker, C., Beers, M., Rose, N. and Annear, E. (1995). Enterohaemorrhagic *Escherichia coli* outbreak in South Australia associated with the consumption of mettwurst. *Communicable Diseases Intelligence*, 19, 70-71.

Cassin, M., Lammerding, A., Todd, E., Ross, W. and McColl, R. (1998). Quantitative risk assessment for *Escherichia coli* O157: H7 in ground beef hamburgers. *International Journal of Food Microbiology*, 41, 21-44.

CFIA (2012) Canadian shellfish sanitation program - Manual of operations. Canadian Food Inspection Agency. http: //www. inspection. gc. ca/food/fish - and - seafood/manuals/canadian - shellfish - sanitation - program/eng/1351609988326/1351610579883 [accessed 7 June 2013].

Dinesh, P. (1991). Effect of iodophor on pathogenic bacteria associated with seafood', MFSc thesis. University of Agricultural Sciences, Bangalore.

FAO (1999). Expert consultation on the trade impact of *Listeria* in fish products. Amherst, 17 - 20 May 1999. *FAO Fisheries Report No*. 604. Food and Agriculture Organization, Rome, 34 pp.

FAO (2012). Fisheries and Aquaculture Department: Statistics - Introduction. http: //www. fao. org/fishery/statistics/en [accessed 18 June 2013].

FAO/WHO (2003). Hazard characterisation for pathogens in food and water. *Microbiological Risk Assessment Series* No. 3, Food and Agriculture Organization, Rome/World Health Organization, 53 pp.

FAO/WHO (2005a). Risk assessment of *Vibrio vulnificus* in raw oysters: Interpretative summary and technical report. *Microbiological Risk Assessment Series* No. 8, Food and Agriculture Organization/World Health Organization, 115 pp.

FAO/WHO (2005b). Risk assessment of *Vibrio cholerae* O1 and O139 in warm-water shrimp in international trade: Interpretative summary and technical report. *Microbiological Risk Assessment Series* No. 9, Food and Agriculture Organization/World Health Organization, 91 pp.

FAO/WHO (2008). Exposure assessment of microbiological hazards in food. *Microbiological Risk Assessment Series* No. 7, Food and Agriculture Organization/World Health Organization, 89 pp.

FAO/WHO (2009). Risk Characterization of Microbiological Hazards in Foods, Guidelines. *Microbiological Risk Assessment Series* No. 17, Food and Agriculture Organization/World Health Organization, 119 pp.

FAO/WHO (2011). Risk assessment of *Vibrio parahaemolyticus* in seafood: Interpretative summary and technical report. *Microbiological Risk Assessment Series* No. 16, Food and Agriculture Organization/World Health Organization, 193 pp.

Fazil, A. (2005). A primer on risk assessment modelling: focus on seafood products. *FAO Fisheries Technical Paper* No. 462, Food and Agriculture Organization, Rome, 56 pp.

FDA (2003). *Quantitative assessment of relative risk to public health from foodborne* Listeria monocytogenes *among selected categories of ready-to-eat foods.* United States Food and Drug Administration, Center for Food Safety and Applied Nutrition, USDA/Food Safety and Inspection Service. 272 pp.

FDA (2005). *Quantitative risk assessment on the public health impact of pathogenic Vibrio para-haemolyticus in raw oysters.* United States Food and Drug Administration, US Department of Health and Human Services, 141 pp.

Foegeding, P. and Roberts, T. (1996). Assessment of the risks associated with foodborne pathogens: an overview of a Council for Agricultural Science and Technology report. *Journal of Food Protection*, 1996 supplement, 19-23.

FSA (2000). *Final Report - Scoping study on the risk of plant products (SafeFood NSW)*, Food Science Australia, North Ryde, NSW, Australia.

Hanekamp, J., Frapporti, G. and Olieman, K. (2003). Chloramphenicol, food safety and precautionary thinking in Europe. *Environmental Liability*, 11, 209-221.

Hathaway, S. and Mckenzie, A. (1991). Meat Inspection in New Zealand-prospects for change. *New Zealand Veterinary Journal*, 39, 1-7.

Hathaway, S. and Cook, R. (1997). A regulatory perspective on the potential uses of microbial risk assessment in international trade. *International Journal of Food Microbiology*, 36, 127-133.

Hinton, A. and Grodner, R. (1985). Determination of the thermal death time of *V. cholerae* in shrimp (*Penaeus setiferus*). Proceedings 9th Annual Tropical and Subtropical Fisheries Conference of the Americas, 109-119. Texas A & M University.

Huss, H., Jorgensen, L. and Vokel, B. (2000). Control options for *Listeria moncytogenes* in seafoods. *International Journal of Food Microbiology*, 62, 267-274.

ICMSF (International Commission on Microbiological Specifications for Foods) (1998). Poten-tial application of risk assessment techniques to microbiological issues related to international trade in food and food products. *Journal of Food Protection*, 61, 1075-1086.

Janssen, P., Baars, A. and Pieters, M. (2001). Advies met betrekking tot chloramphenicol in garnalen (Advice regarding chloramphenicol in shrimp). RIVM/CSR, Bilthoven, The Netherlands.

Karunasagar, I. and Karunasagar, I. (2000). *Listeria* in tropical fish and fishery products. *International Journal of Food Microbiology*, 62, 177-181.

Kolvin, J. and Roberts, D. (1982). Studies on the growth of *Vibrio cholerae* biotype El Tor and biotype Classical in foods. *Journal of Hygiene Cambridge*, 89, 243-252.

Lammerding, A. (2006). Modeling and risk assessment for *Salmonella* in meat and poultry. *Journal of AOAC International*, 89, 543-552.

Lammerding, A. and Paoli, G. (1997). Quantitative risk assessment: an emerging tool for emerging foodborne pathogens. *Emerging Infectious Diseases*, 3, 483-487.

Lancaster, T., Stewart, A. and Jick, H. (1998). Risk of serious haematological toxicity with use of chloramphenicol eye drops in a British general practice database. *British Medical Journal*, 316, 667.

Levine, M., Kaper, J., Herrington, E. *et al.* (1998). Volunteer studies of deletion mutants of *Vibrio cholerae* O1 prepared by recombinant techniques. *Infection and Immunity*, 56, 161–167.

Lindqvist, R. and Westöö, A. (2000). Quantitative risk assessment for *Listeria monocytogenes* in smoked or gravid salmon and rainbow trout in Sweden. *International Journal of Food Microbiology*, 58, 181–196.

Lopata, A. and Lehrer, S. (2009). New insights into seafood allergy. *Current Opinion in Allergy and Clinical Immunology*, 9, 270–277.

McLeod, C., Hay, B., Grant, C., Greening, G. and Day, D. (2009). Inactivation and elimination of human enteric viruses by Pacific oysters. *Journal of Applied Microbiology*, 107, 1809–1818.

McNab, W. (1998). A general framework illustrating an approach to quantitative microbial food safety risk assessment. *Journal of Food Protection*, 161, 1216–1228.

Marro, M., Hasell, S., Boorman, J. and Crerar, S. (2003). Survey of *Listeria monocytogenes* in cooked prawns. Annual Conference, Australian Institute of Food Science and Technology, March, 2003.

NACMCF (National Advisory Committee on Microbiological Criteria for Foods) (1998). Principles of risk assessment for illness caused by foodborne biological agents. *Journal of Food Protection*, 61, 1071–1074.

Nascumento, D., Viera, R., Almeida, H., Patel, T. and Laria, S. (1998). Survival of *Vibrio cholerae* O1 strains in shrimp subjected to freezing and boiling, *Journal of Food Protection*, 61, 1317–1320.

Notermans, S., Gallhoff, G., Zwietering, M. and Mead, G. (1995). The HACCP concept: specification of criteria using quantitative risk assessment. *Food Microbiology*, 12, 81–90.

Notermans, S. and Teunis, P. (1996). Quantitative risk analysis and the production of micro-biologically safe food: An introduction. *International Journal of Food Microbiology*, 30, 3–7.

Notermans, S. and Hoornstra, E. (2000). Risk assessment of *Listeria monocytogenes* in fish products: some general principles, mechanism of infection and the use of performance standards to control human exposure. *International Journal of Food Microbiology*, 62, 223–229.

OzFoodNet (2012). *Foodborne disease in Australia Annual reports of the OzFoodNet network.* http://www.health.gov.au/internet/main/publishing.nsf/Content/cda-pubs-annlrpt-ozfnetar.htm [accessed on 18 June 2013].

Pointon, A., Jenson, I., Jordan, D. *et al.* (2005). A risk profile of the Australian red meat industry: approach and management. *Food Control*, 17, 712–718.

Reilly, A. and Hackney, C. R. (1985). Survival of *Vibrio cholerae* during storage in artificially contaminated seafoods. *Journal of Food Science*, 50, 838–839.

Reilly, A., Twiddy, D. and Fuchs, R. (1992) Review of the occurrence of Salmonella in cultured tropical shrimp. *FAO Fisheries Circular* No. 851, Food and Agriculture Organization, Rome.

Ross, T., Dalgaard, P. and Tienungoon, S. (2000). Predictive modelling of the growth and survival of *Listeria* in fishery products. *International Journal of Food Microbiology*, 62 (SI), 231–245.

Ross, T. and Sumner, J. (2002). A simple, spreadsheet - based, food safety risk assessment tool. *International Journal of Food Microbiology*, 77, 39–53.

Skinner, M., Brewer, T., Johnstone R., Fleming, L. and Lewis, R. (2011). Ciguatera fish poisoning in the Pacific islands (1998 to 2008). *PLoS Neglected Tropical Diseases*, 5, e1416. doi: 10.1371/journal.pntd.0001416.

Smith de Waal, C., Alderton, L. and Jacobsen, M. (2000). *Closing the Gaps in our Federal Food-Safety Net*, Center for Science in the Public Interest, Washington, DC.

Sumner, J. (2001). *Australian Seafood Safety Risk Assessment*, Seafood Services Australia, Brisbane, Australia.

Sumner, J. and Ross, T. (2002). A semi-quantitative seafood safety risk assessment. *International Journal of Food Microbiology*, 77, 55-59.

Sumner, J, Ross, T. and Ababouch, L. (2004). Application of risk assessment in the fish industry. *FAO Fisheries Technical Paper* No. 442, Food and Agriculture Organization, Rome.

Takikawa, I. (1958). Studies on pathogenic halophilic bacteria. *Yokohama Medical Bulletin*, 9, 313-322.

Tang, Y., Wang, J., Xu, Z.. *et al.* (1991). A serologically confirmed, case-control study, of a large outbreak of hepatitis A in China, associated with consumption of clams. *Epidemiology and Infection*, 107, 651-657.

Teunis, P., Moe, L., Liu, P. *et al.* (2008). Norwalk virus: How infectious is it? . *Journal of Medical Virology*, 80, 1468-1476.

Todd, E. and Harwig, J. (1996). Microbial risk analysis of food in Canada. *Journal of Food Protection*, 1996 supplement, pp. 10-18.

WTO (2007a). *The WTO agreement on technical barriers to trade.* World Trade Organization. http://www.wto.org/english/docs_e/legal_e/17-tbt_e.htm [accessed 18 June 2013].

WTO (2007b). *The WTO Agreement on the application of sanitary and phytosanitary mea sures.* World Trade Organization. http://www.wto.org/english/tratop_e/sps_e/spsagr_e.htm [accessed 18 June 2013].